从新手到高手

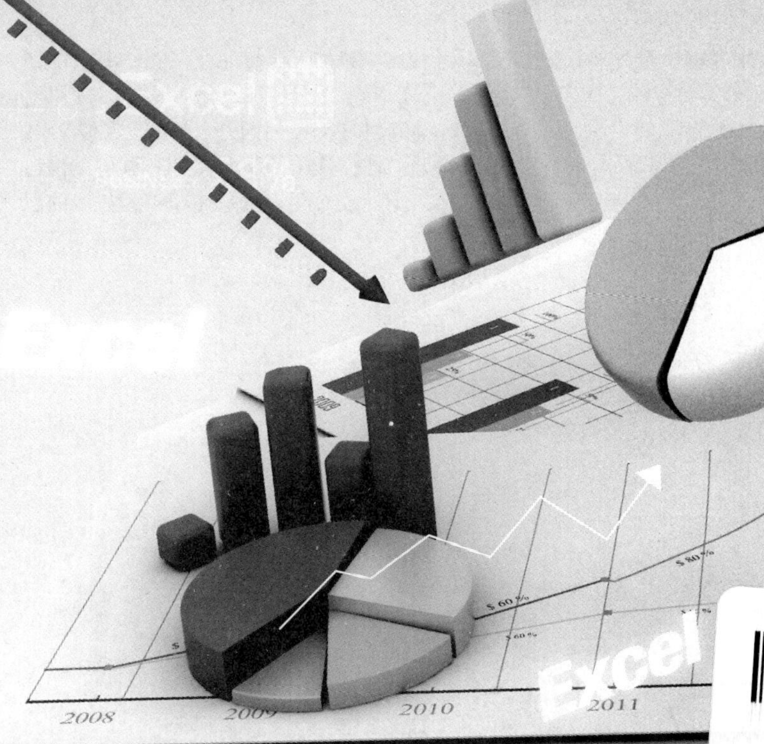

ABOUT US SERVICES SUPPORT CONTACTS SEARCH

Excel 2016 办公应用从新手到高手

Home START MISSION Company WHO WE ARE Services WHAT WE DO

杨继萍 吴华 编著

清华大学出版社
北京

内容简介

本书从商业办公实践的角度，详细介绍使用 Excel 设计不同用途电子表格的方法与过程。全书共分为 15 章，介绍 Excel 2016 学习路线图、Excel 基础操作、操作工作表、美化工作表、管理数据、使用公式、使用函数、使用图像、使用形状、使用 SmartArt 图形、使用图表、分析数据、阅读和打印、协同办公，以及宏与 VBA 等知识。本书图文并茂，秉承基础知识与实例相结合的特点，内容精简易懂，结构清晰，实用性强，案例经典，适合项目管理人员、办公自动化人员、大中专院校师生及计算机培训人员使用，也是 Excel 爱好者的必备参考书。

图书在版编目（CIP）数据

Excel 2016 办公应用从新手到高手/杨继萍，吴华编著. —北京：清华大学出版社，2016
（从新手到高手）
ISBN 978-7-302-43464-1

Ⅰ. ①E…　Ⅱ. ①杨…　②吴…　Ⅲ. ①表处理软件　Ⅳ. ①TP391.13

中国版本图书馆 CIP 数据核字（2016）第 078263 号

责任编辑：冯志强　薛　阳
封面设计：杨玉芳
责任校对：徐俊伟
责任印制：沈　露

出版发行：清华大学出版社
　　网　　址：http://www.tup.com.cn, http://www.wqbook.com
　　地　　址：北京清华大学学研大厦 A 座　　**邮　　编：**100084
　　社 总 机：010-62770175　　**邮　　购：**010-62786544
　　投稿与读者服务：010-62776969，c-service@tup.tsinghua.edu.cn
　　质量反馈：010-62772015，zhiliang@tup.tsinghua.edu.cn
印 装 者：北京鑫海金澳胶印有限公司
经　　销：全国新华书店
开　　本：190mm×260mm　**印　张：**21　**插　页：**1　**字　数：**605 千字
（附光盘 1 张）
版　　次：2016 年 10 月第 1 版　　**印　次：**2016 年 10 月第 1 次印刷
印　　数：1～3500
定　　价：59.80 元

产品编号：068245-01

光盘导航

光盘界面

案例欣赏

案例欣赏

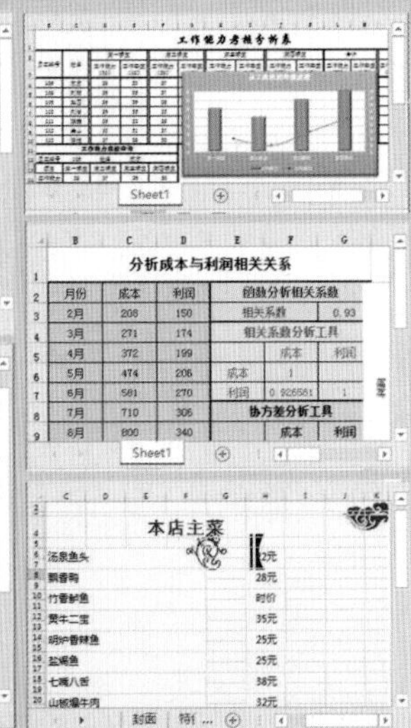

素材下载

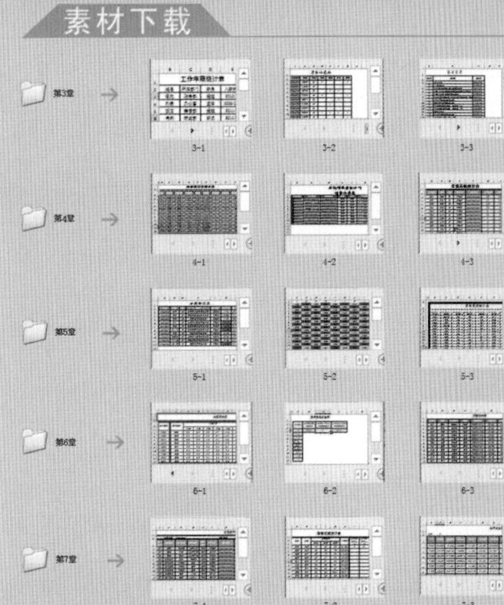

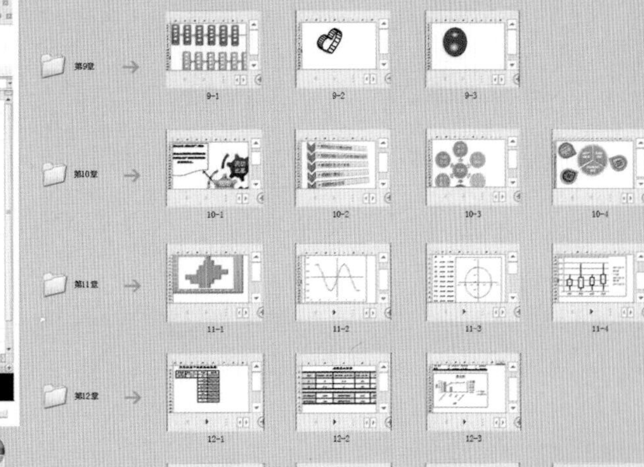

视频文件

案例欣赏

产品销售报表

产品ID	产品名称	价格日期	单位零售价	单位批发价
5	短裤	2013/1/1	¥ 200.00	200.00
1	衬衫	2013/1/1	¥ 880.00	540.00
2	凉鞋	2013/1/1	¥ 700.00	440.00
3	雨伞	2013/1/1	¥ 630.00	440.00
4	水瓶	2013/1/1	¥ 350.00	270.00
1	衬衫	2013/2/1	¥ 550.00	440.00
2	凉鞋	2013/2/1	¥ 830.00	540.00
3	雨伞	2013/2/1	¥ 340.00	340.00
4	水瓶	2013/2/1	¥ 350.00	250.00
5	短裤	2013/2/1	¥ 410.00	380.00
1	衬衫	2013/2/26	¥ 270.00	180.00
2	凉鞋	2013/2/26	¥ 380.00	280.00
3	雨伞	2013/2/26	¥ 920.00	920.00

费用趋势预算图

分析就诊人数

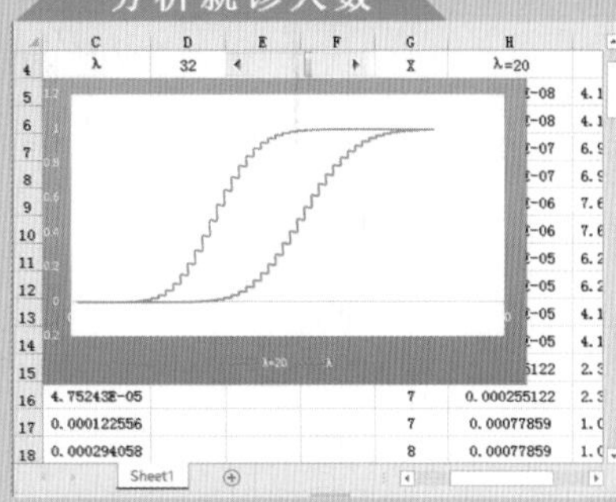

工作能力考核分析表

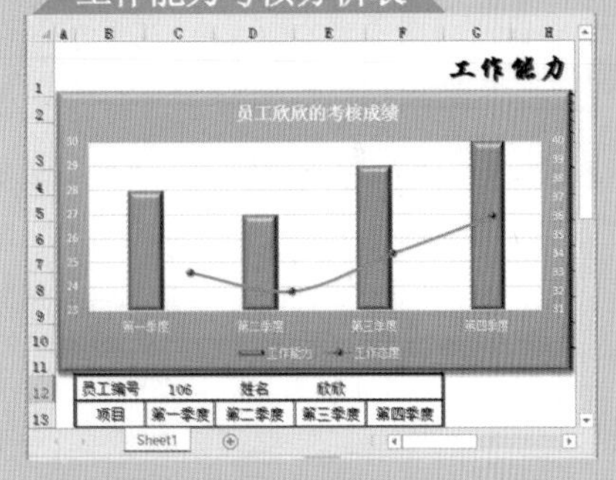

股票交易表

股票交易表

股票代码	股票名称	当前价	涨跌幅度	收盘价格	最高价	最低价
000004	工业指数	¥1,154.32	(¥0.01)	¥1,162.60	¥1,172.71	¥1,152.87
000005	商业指数	¥998.20	(¥0.01)	¥995.98	¥1,000.63	¥987.25
000006	基金安信	¥2,602.83	(¥0.01)	¥2,616.75	¥2,639.25	¥2,600.18
000007	基金兴华	¥0.72	¥0.00	¥0.72	¥0.73	¥0.72
000008	基天高通	¥0.92	¥0.00	¥0.92	¥0.92	¥0.91
000009	人福科技	¥5.08	(¥0.01)	¥5.15	¥5.20	¥5.07
000010	弘业股份	¥5.04	(¥0.02)	¥5.13	¥5.16	¥5.04
000011	天大科技	¥10.69	(¥0.02)	¥5.12	¥5.19	¥5.04

个人收支记录表

个人收支记录表

编号	收支项目	金额	编号	收支项目	金额
001	上月结余	¥45,239.00	013	理发	¥-20.00
002	本月工资	¥9,539.20	014	买CD	¥-150.00
003	购房按揭	¥-2,500.00	015	电费	¥-160.00
004	看电影	¥-200.00	016	水费	¥-60.00
005	买书	¥-349.50	017	燃气费	¥-59.00
006	日常开销	¥-1,130.20	018	电话费	¥-39.00
007	油耗	¥-315.00	019	买速溶咖啡	¥-49.00
008	洗车	¥-220.00	020	买茶叶	¥-90.00
009	手机费	¥-119.20	021	买电池	¥-20.00
010	宽带费	¥-120.00	022	停车费	¥-300.00
011	电脑维修费	¥-60.00	023	物业费	¥-600.00
012	下馆子	¥-390.00	024	修水龙头	¥-120.00

固定资产查询卡

固定资产查询

资产编号	001	资产名称		空调
启用日期	2013年1月2日	折旧方法		平均年限
使用状况	在用	可使用年限		5
资产原值	20000	已使用年限		3
残值率	0.05	净残值	1000	已计提月
已计提累计折旧额	12033.33333	剩余计提折旧额	6966.6667	剩余使用

课程表

课程表

时间＼星期		星期一	星期二	星期三	星期四	星期五	星期六
晨会							
上午		语文	数学	作文	英语	语文	语文
		数学	英语	作文	语文	化学	语文
眼保健操							
		英语	计算机	物理	数学	英语	数学
		政治	体育	生物	地理	生物	数学
午间休息							
下午		历史	语文	化学	美术	体育	英语
		地理	音乐	政治	历史	音乐	英语

售后服务流程图

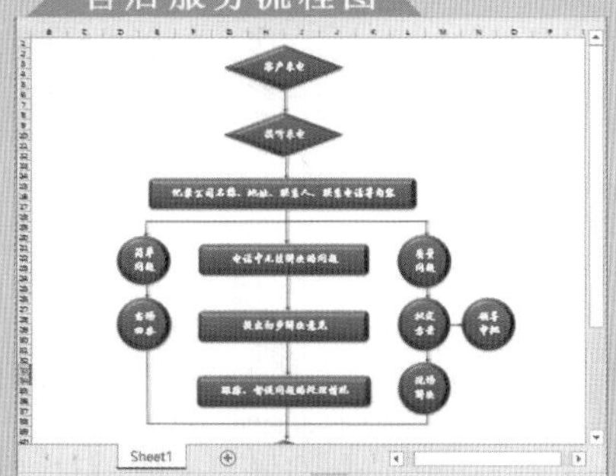

农家菜谱

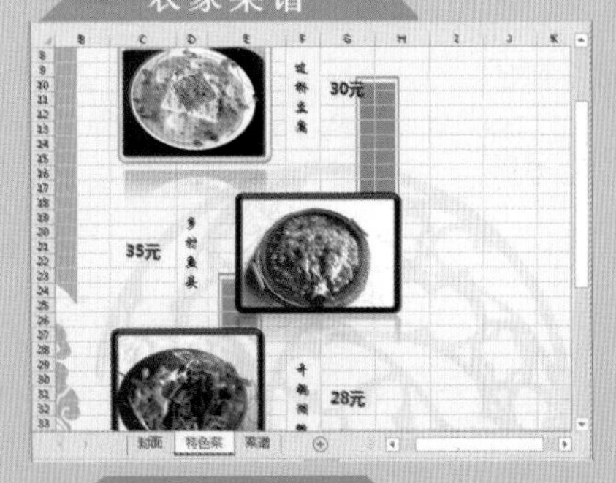

授课情况统计表

闻翔计算机培训学校授课情况

序号	教师编号	姓名	课程名称	星期	上课地点	班级
1	W02	王小明	word	星期一	2-1教室	215702
2	M03	马东东	Flash	星期一	2-2教室	215701
3	S01	程宇	Excel	星期二	3-3教室	215701
4	W03	吴斌	图形图像	星期二	3-4教室	215702
5	H02	何洁	PPT	星期三	2-5教室	215701
6	L02	刘康军	摄影	星期三	3-2教室	215701
7	P01	潘新宇	网页	星期四	2-2教室	215701
8	X01	徐志英	英语	星期四	2-3教室	215702
9	S01	孙晓宇	Excel	星期五	3-1教室	215702
10	S02	张双嘉	word	星期五	3-1教室	215702

镶嵌分类销售数据

销售明细账工作表

日期	销售员	产品编号	产品类别	单价	数量	金
2015/1/12	杨昆	C330	冰箱	5300	17	901
2015/1/12 汇总						901
2015/1/15	张建军	C330	冰箱	5300	12	636
2015/1/15 汇总						636
2015/1/18	魏颖	C330	冰箱	5300	17	901
2015/1/18	杨昆	C330	冰箱	5300	18	954
2015/1/18 汇总						1855
		C330 汇总			64	3392
2015/1/14	仝明	C340	冰箱	5259	20	1051
2015/1/14 汇总						1051
2015/1/15	周晖	C340	冰箱	5259	44	2313
2015/1/15 汇总						2313
2015/1/18	杜云鹤	C340	冰箱	5259	12	631
2015/1/18 汇总						631
		C340 汇总			76	3996
2015/1/16	王丽华	CL340	冰箱	4099	30	1229
2015/1/16 汇总						1229

薪酬表

姓名	所属部门	职务	工资总额	考勤应扣额	业绩奖金	应扣
杨光	财务部	经理	¥9,200.00	¥419.00	¥ -	¥1,74
刘晓	办公室	主管	¥8,500.00	¥50.00	¥ -	¥1,61
贺龙	销售部	经理	¥7,600.00	¥20.00	¥1,500.00	¥1,44
冉然	研发部	职员	¥8,400.00	¥1,000.00	¥500.00	¥1,59
刘鸿	人事部	经理	¥9,400.00	¥ -	¥ -	¥1,78
金鑫	办公室	经理	¥9,300.00	¥ -	¥ -	¥1,76
李娜	销售部	主管	¥6,500.00	¥220.00	¥8,000.00	¥1,23
李娜	研发部	职员	¥7,200.00	¥ -	¥ -	¥1,36
张冉	人事部	职员	¥6,600.00	¥800.00	¥ -	¥1,25
赵军	财务部	主管	¥8,700.00	¥600.00	¥ -	¥1,65
苏飞	办公室	职员	¥7,100.00	¥ -	¥ -	¥1,34
黄亮	销售部	职员	¥5,000.00	¥ -	¥6,000.00	¥1,14
王雯	研发部	经理	¥9,700.00	¥300.00	¥ -	¥1,84
王雯	人事部	职员	¥8,100.00	¥ -	¥ -	¥1,53

预测投资

预测投资

投资日期	投资额	贴现率	投资日期
前期投资额（万）	-2000	18%	前期投资额（万）
第一年利润额（万）	500		第一年利润额（万）
第二年利润额（万）	600		第二年利润额（万）
第三年利润额（万）	900		第三年利润额（万）
第四年利润额（万）	1200		第四年利润额（万）
第五年利润额（万）	1500		第五年利润额（万）
第六年利润额（万）	1800		第六年利润额（万）
净现值	¥1,343.79		净现值
期值	¥3,627.65		期值

组织结构图

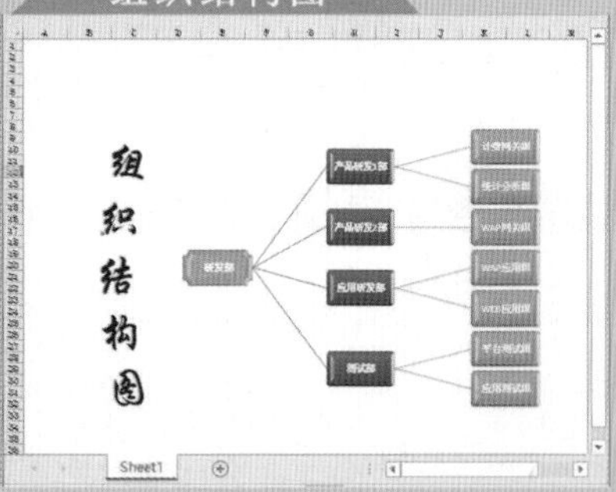

前　言

Excel 2016 是微软公司发布的 Office 2016 办公软件的重要组成部分，主要用于数据计算、统计和分析。Excel 2016 在继承以前版本优点的基础上增加了一些新功能，使用起来更加方便。

使用 Excel 2016 可以高效、便捷地完成各种数据统计和分析工作。在 Excel 中创建和编辑报表，对数据进行排序、筛选和汇总，通过单变量求解、规划求解，使用方案管理器等功能，可以很方便地管理、分析数据，掌握错综复杂的客观变化规律，进行科学发展趋势预测，为企事业单位决策管理提供可靠依据。

本书是一本典型的案例实例教程，由多位经验丰富的 Excel 数据管理者编著而成。并且，立足于企事业办公自动化和数字化，详细介绍各类数据处理和分析的实用方法。

1．本书内容介绍

全书系统全面地介绍 Excel 2016 的应用知识，每章都提供了丰富的实用案例，用来巩固所学知识。本书共分为 15 章，内容概括如下。

第 1 章：全面介绍 Excel 2016 学习路线图，包括 Excel 概述、Excel 2016 新增功能、Excel 2016 工作界面、快速了解 Excel 2016、Excel 窗口操作、设置 Excel 工作环境等内容。

第 2 章：全面介绍 Excel 基础操作，包括创建工作簿、编辑数据、填充数据、调整单元格、复制单元格等内容。

第 3 章：全面介绍如何操作工作表，包括设置工作表的数量、移动工作表、复制工作表、设置工作表标签等内容。

都 4 章：全面介绍如何美化工作表，包括设置文本格式、设置对齐格式、设置数字格式、设置边框格式、设置填充格式、应用表格样式和格式等内容。

第 5 章：全面介绍如何管理数据，包括排序数据、筛选数据、分类汇总数据、使用条件格式、使用数据验证等内容。

第 6 章：全面介绍如何使用公式，包括公式的应用、输入公式、输入数组公式、单元格的引用、公式审核、复制和移动公式等内容。

第 7 章：全面介绍如何使用函数，包括函数概述、输入函数、求和计算、创建名称、使用和管理名称等内容。

第 8 章：全面介绍如何使用图像，包括插入图片、调整图片、设置图片效果、设置图片格式、设置图片样式、使用三维地图等内容。

第 9 章：全面介绍如何使用形状，包括插入形状、设置形状样式、设置形状格式、使用文本框、使用艺术字、设置艺术字效果等内容。

第 10 章：全面介绍如何使用 SmartArt 图形，包括创建 SmartArt 图形、编辑 SmartArt 图形、设置 SmartArt 图形布局、设置 SmartArt 图形样式等内容。

第 11 章：全面介绍如何使用图表，包括创建图表、创建迷你图、调整图表、编辑图表数据、设置图表布局、设置图表样式、添加分析线、设置图表格式等内容。

第 12 章：全面介绍如何分析数据，包括单变量求解、模拟运算表、规划求解、数据透视表、数据透视图、数据分析工具库、使用方案管理器等内容。

第 13 章：全面介绍如何审阅和打印，包括使用批注、查找与替换、语言转换与翻译、使用分页符、打印工作表等内容。

第 14 章：全面介绍如何协同办公，包括审阅共享、电子邮件共享、发布到 Power BI、保护文档、使用外部链接、软件交互协作等内容。

第 15 章：全面介绍宏与 VBA，包括创建宏、管理宏、VBA 脚本介绍、VBA 控制语句、VBA 设计、使用表单控件等内容。

2．本书主要特色

（1）系统全面，超值实用。全书提供了 38 个练习案例，通过示例分析、设计过程讲解 Excel 2016 的应用知识。每章穿插大量提示、分析、注意和技巧等栏目，构筑了面向实际的知识体系。采用紧凑的体例和版式，篇幅缩减了 30%以上，实例数量增加了 50%。

（2）串珠逻辑，收放自如。统一采用三级标题灵活安排全书内容。每章都配有扩展知识点，便于用户查阅相应的基础知识。内容安排收放自如，方便读者学习。

（3）全程图解，快速上手。各章内容分为基础知识和实例演示两部分，全部采用图解方式，图像均做了大量的裁切、拼合、加工，信息丰富，设计精美，阅读体验轻松，上手容易。让读者在翻开图书就获得强烈的视觉冲击。

（4）书盘结合，相得益彰。本书使用 Director 技术制作了多媒体光盘，提供本书实例完整素材文件和全程配音教学视频文件，便于读者自学和跟踪练习。

（5）新手进阶，加深印象。全书提供了 64 个基础实用案例，通过示例分析、设计应用全面加深 Excel 2016 的基础知识应用方法的理解。在新手进阶部分，每个案例都提供了操作简图与操作说明，并在光盘中配以相应的基础文件，以帮助用户完全掌握案例的操作方法与技巧。

（6）知识链接，扩展应用。本书新增加了知识链接内容，增加了一些针对 Excel 中知识的高级应用内容。本书中所有的知识链接内容，都以 PDF 格式存放在光盘中，并以视频步骤讲解作为读者学习的辅助教材，方便读者学习知识链接中的案例与实际应用技巧。

3．本书使用对象

本书从 Excel 2016 的基础知识入手，全面介绍 Excel 2016 面向应用的知识体系，提供的多媒体光盘图文并茂，能有效吸引读者学习。

本书适合作为高职高专院校学生学习使用，也可作为计算机办公应用用户深入学习 Excel 2016 的培训和参考资料。

参与本书编写的人员除了封面署名人员之外，还有于伟伟、王翠敏、张慧、冉洪艳、刘红娟、谢华、夏丽华、谢金玲、张振、卢旭、王修红、扈亚臣、程博文、方芳、房红、孙佳星、张彬等人。由于作者水平有限，书中疏漏之处在所难免，欢迎读者朋友登录清华大学出版社的网站 www.tup.com.cn 与我们联系，帮助我们改进提高。

编　者

2016 年 8 月

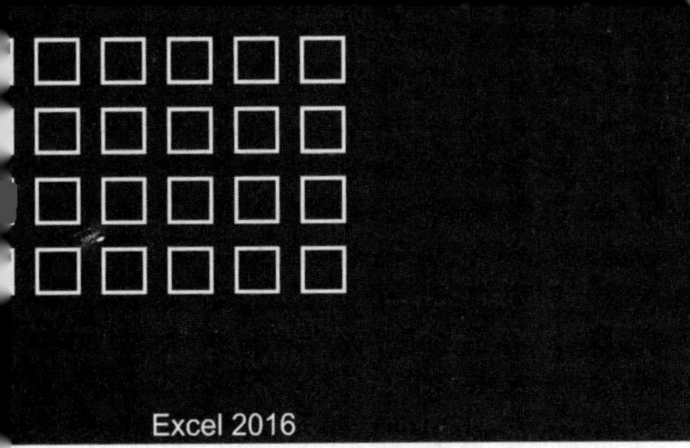

目　录

第 1 章　Excel 2016 学习路线图……1

1.1　Excel 概述……2

1.1.1　Excel 的结构……2

1.1.2　Excel 的功能……2

1.2　Excel 2016 新增功能……4

1.2.1　新增分析功能……4

1.2.2　新增图形功能……6

1.2.3　新增搜索与共享功能……7

1.2.4　新增其他功能……8

1.3　Excel 2016 快速入门……8

1.3.1　Excel 2016 工作界面……9

1.3.2　快速了解 Excel 2016……10

1.4　Excel 窗口操作……13

1.4.1　新建和重排窗口……13

1.4.2　拆分与冻结窗口……14

1.4.3　并排查看窗口……14

1.5　设置 Excel 工作环境……15

1.5.1　使用访问键……15

1.5.2　设置快速访问工具栏……16

1.5.3　自定义功能区……17

1.5.4　自定义显示……19

第 2 章　Excel 基础操作……22

2.1　创建工作簿……23

2.1.1　创建空白工作簿……23

2.1.2　创建模板工作簿……23

2.1.3　保存工作簿……24

2.2　编辑数据……26

2.2.1　选择单元格……26

2.2.2　输入数据……28

2.2.3　填充数据……29

2.2.4　示例：股票交易表……30

2.3　编辑单元格……33

2.3.1　插入单元格……33

2.3.2　调整单元格……34

2.3.3　复制单元格……35

2.4　练习：制作课程表……36

2.5　新手训练营……39

第 3 章　操作工作表……42

3.1　设置工作表的数量……43

3.1.1　增减工作表……43

3.1.2　更改默认的工作表数量……44

3.1.3　选择工作表……44

3.2　编辑工作表……45

3.2.1　移动工作表……46

3.2.2　复制工作表……46

3.2.3　隐藏和恢复工作表……47

3.3　整理工作表……48

3.3.1　重命名工作表……49

3.3.2　设置工作表标签……49

3.4　练习：制作人事资料分析表……50

3.5　练习：制作个人收支表……53

3.6　新手训练营……56

第 4 章　美化工作表……58

4.1　设置文本格式……59

4.1.1　设置字体格式……59

4.1.2　设置特殊格式……60

4.1.3　设置字体颜色……61

4.2　设置对齐格式……62

4.2.1　对齐数据……62

4.2.2　文本控制……62

4.2.3　设置文本方向……63

4.3　设置数字格式……63

4.3.1　使用内置格式……63

4.3.2　自定义数字格式……65

4.3.3　示例：设置统计表数据……65

4.4 设置边框格式……68
4.4.1 使用内置样式……68
4.4.2 自定义边框格式……68
4.5 设置填充格式……69
4.5.1 设置纯色填充……70
4.5.2 设置渐变填充……70
4.6 应用表格样式和格式……71
4.6.1 应用表格样式……71
4.6.2 应用表格格式……72
4.6.3 示例：美化统计表……73
4.7 练习：制作授课情况统计表……75
4.8 练习：制作人力资源供给预测表…77
4.9 新手训练营……80

第 5 章 管理数据……83
5.1 排序数据……84
5.1.1 简单排序……84
5.1.2 自定义排序……85
5.1.3 排序销售数据……86
5.2 筛选数据……88
5.2.1 自动筛选……88
5.2.2 高级筛选……89
5.2.3 筛选员工信息数据……90
5.3 分类汇总数据……93
5.3.1 创建分类汇总……93
5.3.2 创建分级显示……94
5.3.3 取消分级显示……95
5.3.4 嵌套分类销售数据……96
5.4 使用条件格式……97
5.4.1 突出显示单元格规则……97
5.4.2 其他规则……98
5.4.3 新建规则……99
5.4.4 管理规则……99
5.5 使用数据验证……100
5.5.1 设置数据验证……100
5.5.2 设置提示信息……101
5.6 练习：制作合同续签统计表……102
5.7 练习：制作学生成绩统计表……105
5.8 新手训练营……108

第 6 章 使用公式……110
6.1 公式的应用……111
6.1.1 公式概述……111
6.1.2 公式与 Excel……111
6.1.3 公式中的常量……111
6.1.4 公式中的运算符……112
6.1.5 公式中的运算顺序……113
6.2 创建公式……113
6.2.1 输入公式……113
6.2.2 使用数组公式……114
6.2.3 复制和移动公式……115
6.2.4 示例：最值求和……116
6.3 单元格的引用……118
6.3.1 基本引用规则……118
6.3.2 常见单元格引用……118
6.3.3 其他引用方式……119
6.3.4 示例：制作薪酬表……120
6.4 公式审核……122
6.4.1 错误信息类型……123
6.4.2 使用审核工具……123
6.5 练习：分析员工信息……125
6.6 练习：制作评估投资决策表……128
6.7 新手训练营……132

第 7 章 使用函数……134
7.1 函数概述……135
7.1.1 函数的应用……135
7.1.2 了解 Excel 函数……135
7.1.3 示例：预测销售额……138
7.2 创建函数……139
7.2.1 输入函数……139
7.2.2 求和计算……140
7.2.3 示例：预测投资……142
7.3 使用名称……143
7.3.1 创建名称……143
7.3.2 使用和管理名称……144
7.4 练习：制作销售数据统计表……145
7.5 练习：制作动态交叉数据分析表…148
7.6 新手训练营……151

第 8 章 使用图像……154
8.1 插入图片……155
8.1.1 插入本地图片……155
8.1.2 插入联机图片……155
8.1.3 插入屏幕截图……156
8.2 编辑图片……157
8.2.1 调整图片……157
8.2.2 排列与组合图片……158
8.2.3 设置图片效果……159
8.2.4 裁剪图片……160
8.3 设置图片样式……161
8.3.1 应用快速样式……161
8.3.2 自定义边框样式……161
8.3.3 设置效果和版式……162
8.4 使用三维地图……163
8.4.1 启动三维地图……163
8.4.2 设置新场景……163
8.4.3 设置地图……164
8.5 练习：制作商品销售统计表……166
8.6 练习：制作农家菜谱……168
8.7 新手训练营……171

第 9 章 使用形状……173
9.1 插入形状……174
9.1.1 绘制形状……174
9.1.2 编辑形状……175
9.1.3 排列形状……176
9.1.4 示例：制作售后服务流程图……178
9.2 美化形状……179
9.2.1 应用内置形状样式……179
9.2.2 设置形状填充……180
9.2.3 设置形状轮廓……181
9.2.4 设置形状效果……182
9.2.5 示例：美化售后服务流程图……183
9.3 使用文本框……184
9.3.1 绘制文本框……184
9.3.2 设置文本框属性……185
9.4 使用艺术字……185
9.4.1 插入艺术字……185
9.4.2 设置填充颜色……186
9.4.3 设置轮廓颜色……187
9.4.4 设置文本效果……187
9.5 练习：制作条形磁铁的磁感线……187
9.6 新手训练营……192

第 10 章 使用 SmartArt 图形……194
10.1 创建 SmartArt 图形……195
10.1.1 SmartArt 图形的布局技巧……195
10.1.2 插入 SmartArt 图形……196
10.2 编辑 SmartArt 图形……196
10.2.1 设置形状文本……196
10.2.2 调整图形大小……197
10.2.3 设置图形形状……198
10.2.4 示例：制作组织结构图……198
10.3 美化 SmartArt 图形……200
10.3.1 设置布局和样式……200
10.3.2 设置图形格式……201
10.3.3 示例：美化组织结构图……202
10.4 练习：制作万年历……204
10.5 新手训练营……209

第 11 章 使用图表……211
11.1 创建图表……212
11.1.1 图表概述……212
11.1.2 创建常用图表……213
11.1.3 创建迷你图表……213
11.2 编辑图表……215
11.2.1 调整图表……215
11.2.2 编辑图表数据……216
11.3 设置布局和样式……218
11.3.1 设置图表布局……218
11.3.2 设置图表样式……219

11.3.3 添加分析线……219
11.4 设置图表格式……221
11.4.1 设置图表区格式……221
11.4.2 设置数据系列格式……222
11.4.3 设置坐标轴格式……223
11.5 练习：制作费用趋势预算图……224
11.6 练习：制作销售数据分析表……230
11.7 新手训练营……234

第 12 章 分析数据……237
12.1 使用模拟分析工具……238
12.1.1 单变量求解……238
12.1.2 使用模拟运算表……238
12.2 使用规划求解……240
12.2.1 准备工作……240
12.2.2 设置求解参数……241
12.2.3 生成求解报告……242
12.3 使用数据透视表……243
12.3.1 创建数据透视表……243
12.3.2 编辑数据透视表……244
12.3.3 美化数据透视表……245
12.3.4 使用数据透视图……245
12.4 数据分析工具库……246
12.4.1 指数平滑分析工具……246
12.4.2 描述统计分析工具……247
12.4.3 直方图分析工具……248
12.4.4 回归分析工具……248
12.5 使用方案管理器……249
12.5.1 创建方案……249
12.5.2 管理方案……250
12.6 练习：制作产品销售报表……251
12.7 练习：分析成本与利润相关关系……257
12.8 新手训练营……259

第 13 章 审阅和打印……262
13.1 使用批注……263
13.1.1 创建批注……263
13.1.2 编辑批注……263
13.2 语言与数据处理……264
13.2.1 查找与替换……264
13.2.2 语言转换与翻译……265
13.3 使用分页符……266
13.3.1 插入分页符……266
13.3.2 编辑分页符……266
13.4 打印工作表……267
13.4.1 设置页面属性……267
13.4.2 设置打印选项……269
13.5 练习：制作工作能力考核分析表……270
13.6 练习：分析 GDP 增长率……275
13.7 新手训练营……279

第 14 章 协同办公……281
14.1 共享工作簿……282
14.1.1 审阅共享……282
14.1.2 电子邮件共享……284
14.2 保护文档……287
14.2.1 保护工作簿结构与窗口……287
14.2.2 保护工作表和单元格……287
14.3 使用外部链接……288
14.3.1 创建链接……288
14.3.2 获取和转换数据……289
14.3.3 刷新外部链接……292
14.4 软件交互协作……292
14.4.1 Excel 与 Word 之间的协作……292
14.4.2 Excel 与 PowerPoint 之间的协作……293
14.5 练习：制作电视节目表……294
14.6 练习：制作固定资产查询卡……297
14.7 新手训练营……300

第 15 章 宏与 VBA……303
15.1 使用宏……304
15.1.1 宏安全……304
15.1.2 创建宏……304
15.1.3 管理宏……305

15.2 使用 VBA ·····························307
15.2.1 VBA 脚本简介 ·····························307
15.2.2 VBA 控制语句 ·····························309
15.2.3 VBA 设计 ·····························310
15.3 使用表单控件 ·····························312
15.3.1 插入表单控件 ·····························312
15.3.2 插入 ActiveX 控件 ·····························313
15.3.3 设置控件格式和属性 ·····························313
15.4 练习：预测单因素盈亏平衡销量 ·····························314
15.5 练习：分析就诊人数 ·····························320
15.6 新手训练营 ·····························322

第 1 章

Excel 2016 学习路线图

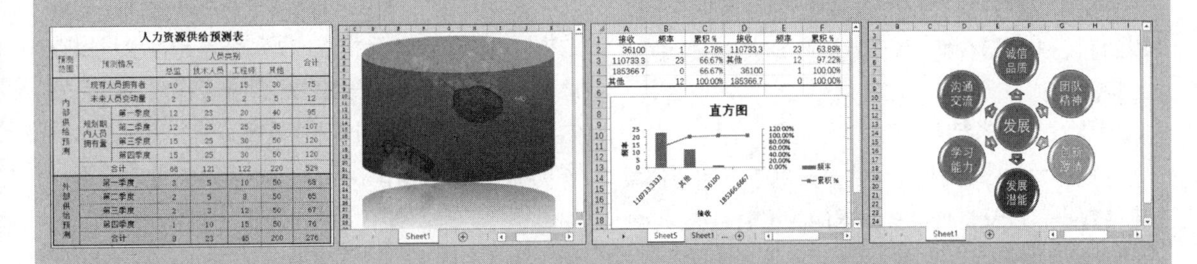

Excel 是 Office 办公系列软件的重要组件之一，集数据表格、图表和数据库三大基本功能于一身，不仅具有直观方便的制表功能和强大精巧的数据图表功能，还具有丰富多彩的图形功能和简单易用的数据库功能。使用 Excel 可以替代传统的算盘、计算器等工具，对输入的数据进行批量快速运算，降低企事业单位的运营成本，因此被广泛应用于管理、统计财经、金融等众多领域，目前已成为办公人员处理各类数据的必备工具。本章将从 Excel 的概述入手，循序渐进地介绍 Excel 的一些基本知识，为读者将来学习高深的 Excel 知识打下坚实的基础。

1.1 Excel 概述

Excel 是微软公司推出的 Office 办公套装软件中的一个重要组件。Excel 不仅可以对各种数据进行处理、统计与计算，而且可以进行辅助决策操作，目前已被广泛应用于众多领域。

1.1.1 Excel 的结构

自微软公司于 1993 年发布了 Office 5.0 版本之后，Excel 便逐渐成为操作平台上有关电子制表软件的霸主。用户不仅可以应用 Excel 执行数据计算，还可以以多种方式透视数据，并以各种具有专业外观的图表来显示数据，从而达到多方位分析数据的效果。

1. Excel 文档结构

典型的 Excel 文档通常由若干基于行和列的单元格数据，以及整合这些数据的数据表组成。

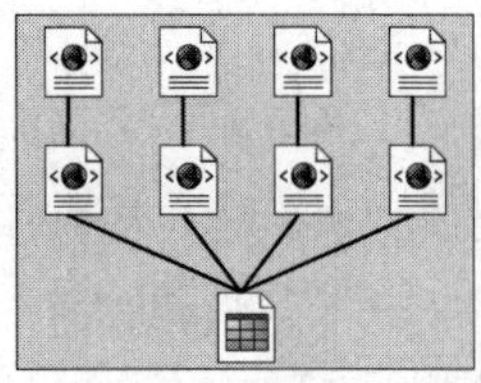
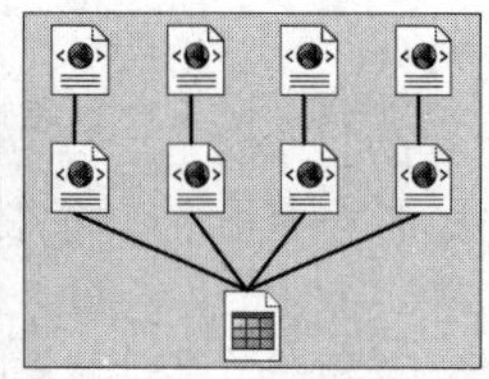
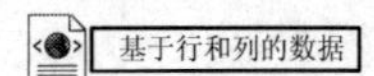

每个 Excel 文档都可以包含若干数据表。每个数据表内可包含不超过 220 行 × 214 列的数据。

2. 行标签和列标签

行标签与列标签是标识单元格数据的重要标识。通过这一标识，用户可快速确认某个单元格在数据表中的位置。

Excel 文档的行标签为数字，列标签则为拉丁字母。用户可通过列标签+行标签的方式描述某个单元格中的数据。

例如，第 1 行第 1 列的单元格被称作 A1，而第 10 行第 23 列的单元格则被称作 W10。

对于超过 26 列的数据，微软采用叠加拉丁字母的方式标识。例如，第 27 列被标注为 AA 列，最后一列则被标注为 XFD。

3. 工作簿

当用户创建工作簿时，系统会自动显示名为“工作簿 1”的电子表格。新版本的 Excel 默认情况下每个工作簿中只包括名称为 Sheet1 的一个工作表，而工作簿的扩展名为.xlsx。用户可通过执行【文件】|【选项】命令，在弹出的对话框中设置工作表的默认数量。

4. 工作表

工作表又称为电子表格，主要用来存储与处理数据。工作表由单元格组成，每个单元格中可以存储文字、数字、公式等数据。每张工作表都具有一个工作表名称，默认的工作表名称均为 Sheet 加数字。例如，Sheet1 工作表即表示该工作簿中的第一个工作表。用户可以通过单击工作表标签的方法，在工作表之间进行快速切换。

5. 单元格

单元格是 Excel 中的最小单位，主要是由交叉的行与列组成的，其名称（单元格地址）是通过行号与列标来显示的，Excel 的每一张工作表由 1 000 000 行、16 000 列组成。例如，【名称框】中的单元格名称显示为 B2，表示该单元格中的行号为 2、列标为 B。在 Excel 中，活动单元格将以加粗的黑色边框显示。当同时选择两个或者多个单元格时，这组单元格被称为单元格区域。单元格区域中的单元格可以是相邻的，也可以是彼此分离的。

1.1.2 Excel 的功能

Excel 具有较强的数据管理、数据分析、丰富的宏和函数功能，以及强有力的决策预测与分析工具。除此之外，Excel 还具有下列 8 个特点。

1. 分析功能

在 Excel 中，除了可以运用简单的四则运算功能，对一些简单的数据进行计算之外，还可以运用系统提供的四百多个函数，对数据进行复杂的运算与分析。例如，运用财务函数来预测未来值，以及计算贷款到期日等；运用数学函数计算数据的角度值、数据的合计值，以及计算数值的公约数等；运用统计分析函数统计数值的最大值、最小值，以及数值的排位等。

另外，微软公司还为Excel设计了【分析工具库】加载选项，运用这些分析工具为一些复杂的数据统计或计量分析工作带来极大的方便。

2．数据存储

Excel可管理多种格式的专用数据文档，以及各种数据存储文件。

通过与VBA脚本和ASP/ASP.NET等编程语言的结合，Excel甚至可以演进为数据库系统，实现强大的数据管理功能。

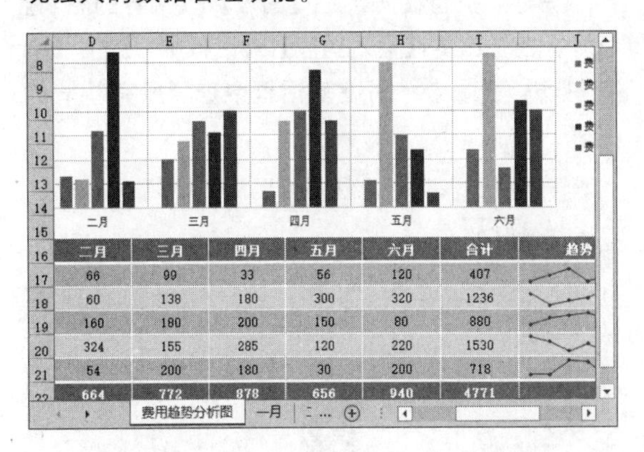

二月	三月	四月	五月	六月	合计	趋势
66	99	33	56	120	407	
60	138	180	300	320	1236	
160	180	200	150	80	880	
324	155	285	120	220	1530	
54	200	180	30	200	718	
664	772	878	656	940	4771	

3．数据处理

Excel为用户提供了大量的公式和函数，允许用户对数据进行比较和分析，从而协助其进行商业决策。

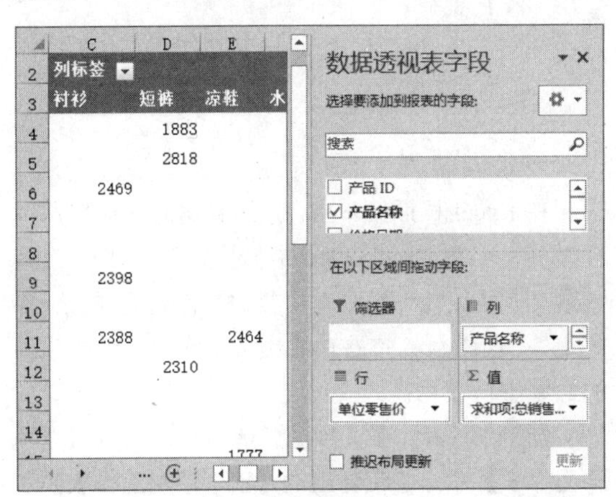

同时，Excel还提供了各种筛选、排序、比较和分析工具，允许用户链接外部的数据库，对数据进行分类和汇总。

4．科学运算

科学运算也是Excel的一项重要应用。在进行各种科学研究时，往往需要进行大量的科学运算，分析和比较各种实验数据或工程数据。

使用Excel可以方便地打开各种设备生成的逗号分隔符数据文档，并将其转换为易于阅读的数据文档，进行快速而精确的运算和分析。

产品销售统计表

单位零售价	单位批发价	售出件数（零售）	售出件数（批发）
¥ 200.00	¥ 200.00	629.00	1,254.00
¥ 880.00	¥ 540.00	734.00	1,427.00
¥ 700.00	¥ 440.00	744.00	1,043.00
¥ 630.00	¥ 440.00	681.00	1,523.00
¥ 350.00	¥ 270.00	602.00	1,822.00
¥ 550.00	¥ 440.00	678.00	1,515.00
¥ 830.00	¥ 540.00	753.00	1,005.00
¥ 340.00	¥ 340.00	986.00	1,069.00
¥ 350.00	¥ 250.00	848.00	1,211.00

5．图表演示

Excel内置了强大的图表功能，允许用户将数据表以图形的方式展示，通过更直观的方式查看数据的变化趋势或比例等信息。

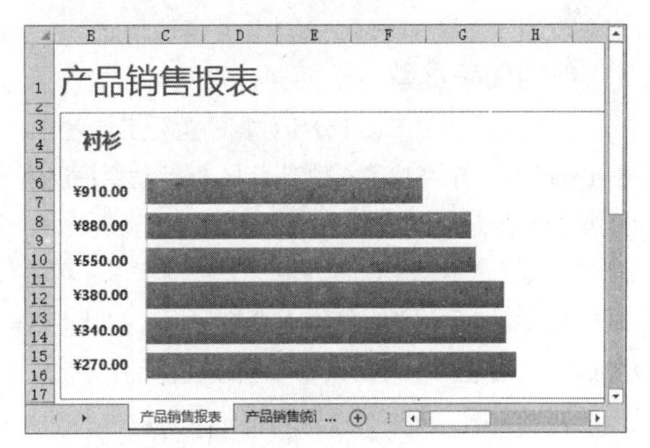

6．宏语言功能

宏语言功能可以将用户经常执行的操作录制下来，并可以将该过程用一组简单的组合按钮或工具按钮保存下来，减少用户由于重复操作而浪费的工作时间，从而可以使Excel更适合用户的工作习惯与一些特殊的要求。

7．连接和合并功能

企业在制作大量数据时，需要将数据按类别分别放入不同的工作表中，而 Excel 中多工作表的特性正好符合这一点要求。Excel 的一个工作簿可以容纳 255 个工作表，用户可以在同一工作簿中记录并保存不同类型的数据，并可以汇总与合并同一工作簿中不同工作表中的数据，以达到综合分析数据的目的。

8．对象连接和嵌入功能

Excel 还具有对象连接和嵌入的功能，用户可以将利用其他软件制作的图形插入到工作表中。另外，还可以将某个声音文件或视频文件嵌入到 Excel 工作表中，达到声形并茂的效果。

知识链接 1-1 Excel 的通用功能

Excel 之所以能被广大用户所青睐，是因为它被设计成为一个数据计算与分析的平台，具有编辑单元格、操作工作表、整理工作表、使用函数等通用功能。

1.2 Excel 2016 新增功能

Excel 是 Office 应用程序中的电子表格处理组件，主要应用于各生产和管理领域，具有数据存储管理、数据处理、科学运算和图表演示等功能。在使用 Excel 处理与分析数据之前，先来了解一下 Excel 2016 的新增功能、工作界面和常用术语。

1.2.1 新增分析功能

Excel 是一个功能强大的数据处理与分析软件，最新版本的 Excel 2016 在数据分析方面新增了图表类型、一键式预测、多选切片器等功能。

1．新增图表类型

可视化视图是 Excel 分析数据的重要工具之一，在 Excel 2016 中增加了 6 种新图表，以帮助用户创建财务或分层类数据，以及显示数据中的统计属性。

在【插入】选项卡的【图表】选项组中，可通过执行【插入层次结构图表】命令，插入树状图或旭日图，通过执行【插入瀑布图或股价图】命令，来插入瀑布图，或执行【插入统计图表】命令，来插入直方图、排列图或箱形图。

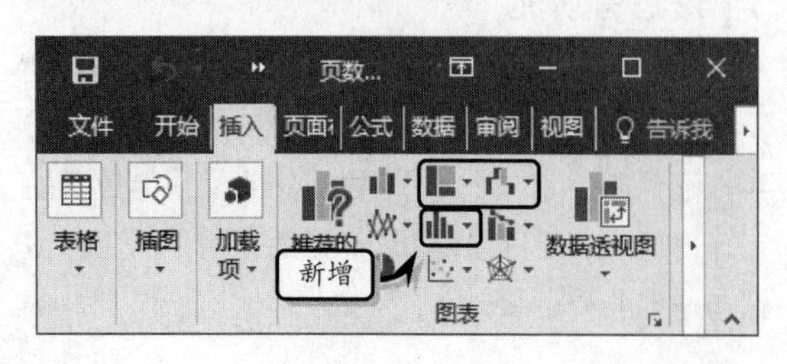

另外，执行【插入】|【图表】|【推荐的图表】命令，在弹出的【插入图表】对话框中，激活【所有图表】选项卡，可在对话框中查看所有新增的图表。

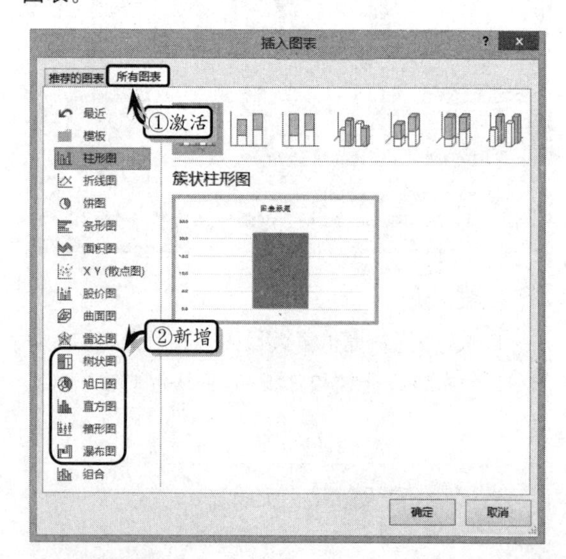

2．一键式预测

在 Excel 早期版本中，预测数据时只能使用线性预测。而在 Excel 2016 中，扩展了 FORECAST 函数，该函数允许用户基于指数平滑进行预测。除此之外，该函数的扩展功能也可以作为一键式预测的命令进行使用。

启动 Excel，在【数据】选项卡中，执行【预测工作表】命令，在弹出的【创建预测工作表】对话框中，设置相应选项，单击【创建】按钮，即可快速创建数据系列的预测可视化效果。

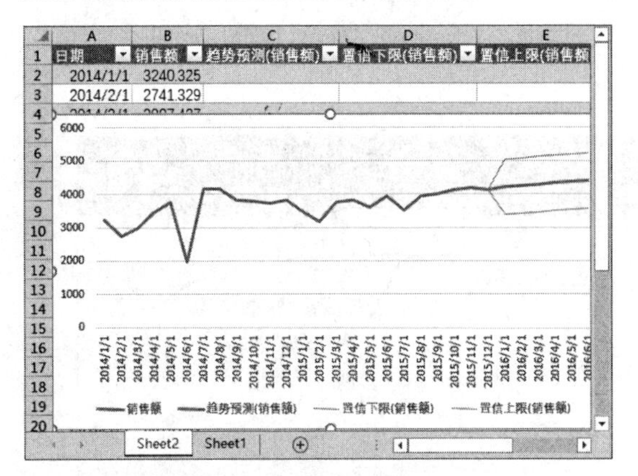

在【创建预测工作表】对话框中，可以通过【选项】选项卡来设置默认的【置信区间】和【季节性】选项，对数据自动检测和分析。

3. 获取和转换数据

在使用 Excel 2016 对数据进行分析之前，可使用新增的【获取和转换】功能轻松地获取和转换数据，以帮助用户查找所需数据并将其导入到指定的位置。该功能在旧版本中只能作为 Power Query 加载项来使用，而新版本的 Excel 则内置了该功能。

在【数据】选项卡中的【获取和转换】选项组中，执行相应的命令即可。例如，执行【数据】|【获取和转换】|【新建查询】命令，在其级联菜单中选择相应的选项即可。

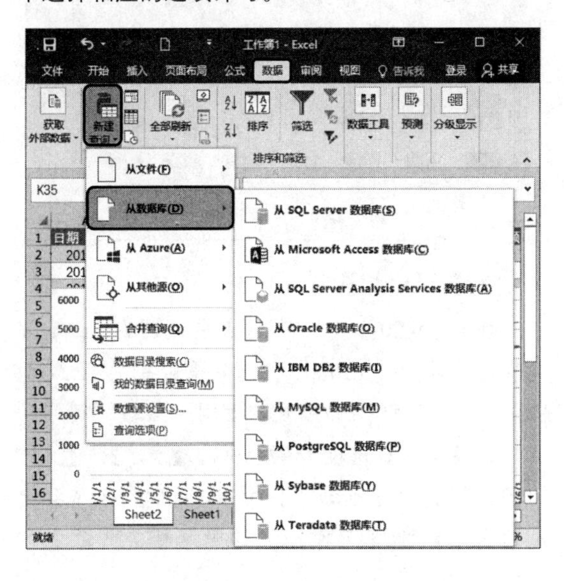

4. 多选切片器

Excel 2016 新增了多选切片器功能，当打开切片器时可以使用位于切片器标签中的新按钮进入切片器的多选模式，而不像旧版本中的切片器那样只能选择一项。

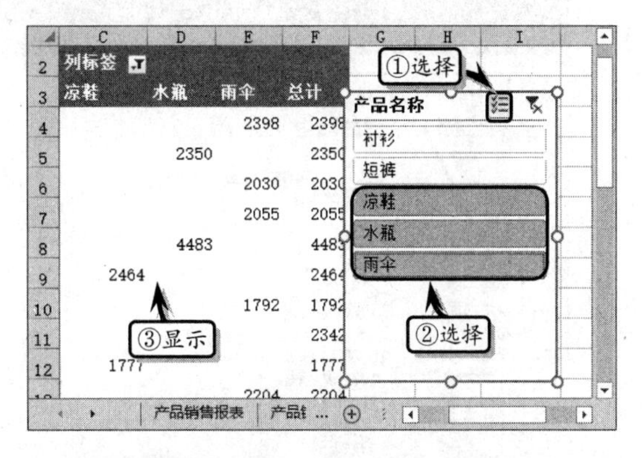

5. 数据透视表增强

Excel 2016 增强了数据透视表中的一些功能，从而使用户能够跨数据轻松地构建复杂的数据模型。

数据透视表的新增功能，主要包括下列 7 个方面。

(1) 自动关系检测。该功能可以在工作簿数据模型的各个表之间发现并创建关系。用户只需依次单击，便可以构建各表之间的关系。

(2) 创建、编辑和删除自定义度量值。该功能可以直接在数据透视表字段列表中进行，以节省因添加其他计算进行分析所需要的大量时间。

(3) 自动时间分组。该功能可在数据透视表中自动检测与时间相关的字段并对其进行分组，将分组组合后可方便用户对其进行操作。除此之外，可以使用分组功能中的向下钻取功能对不同级别的时间进行分析。

(4) 数据透视图向下钻取功能。通过该功能可以跨时间分组，同时还可以和数据中的其他层次结构进行放大和缩小。

(5) 字段搜索功能。该功能可以帮助用户在字段列表中快速访问所需分析的数据。

(6) 智能重命名。该功能可以重命名工作簿数据模型中的表和列，Excel 2016 对于每个更改可以在整个工作簿中自动更新相关的表和计算。

(7) 实现了多个可用性改进。该功能支持用户在 Power Pivot 中执行多个更改，无须等到每个更改在整个工作簿中传播，更改会在 Power Pivot 窗口关闭之后，一次性地进行传播。

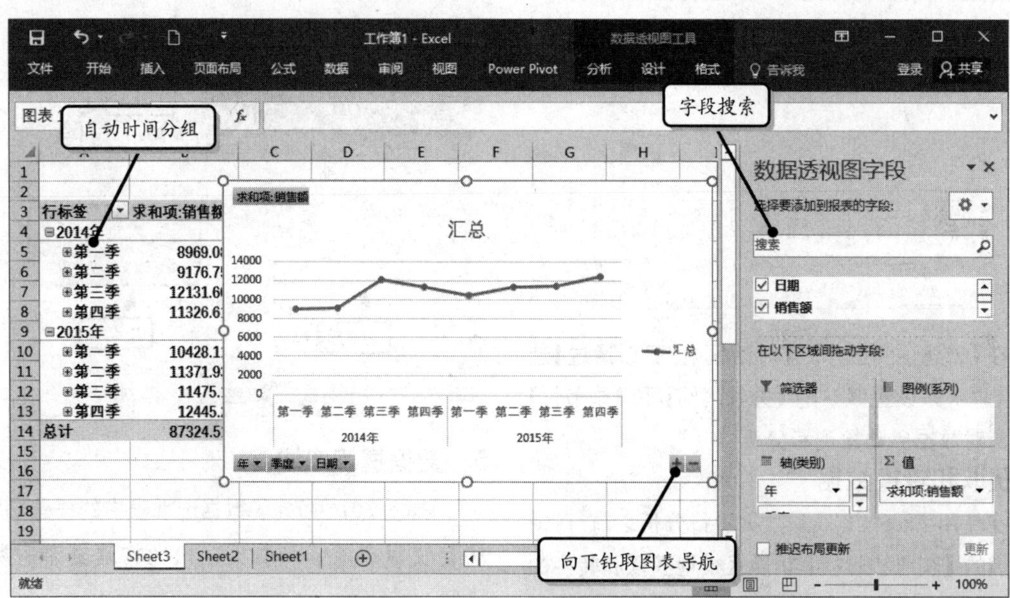

1.2.2 新增图形功能

Excel 2016 除了增强了多个分析功能之外，对图形功能方面也做出了一些调整。例如，新增快速形状格式设置功能，以及新增按方向插入图片和 3D 地图等功能。

1. 按方向插入图片

Excel 2016 新增了按正确的方向插入图片的功能，该功能可以在插入新图像时，使用自动图像旋转功能，从而使图像插入的方向保持与相机的方向一致。该功能只适用于新插入的图像，不适用于现有工作表中的图像。除此之外，插入图像后，用户也可以手动将图像旋转到任何角度。

2. 快速形状格式设置

Excel 2016 在旧版本的基础上，新增了 35 种形状的“预设”样式。用户只需选择形状，执行【格式】|【形状样式】|【其他】命令，在其级联菜单中选择【预设】栏中的样式即可。

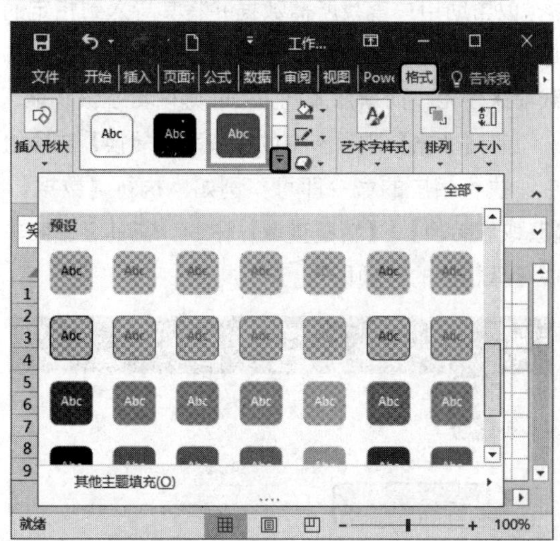

3. 新增 3D 地图

在 Excel 2016 中，内置了最受欢迎的三维地图可视化工具 Power Map，并将其重命名为“三维地图”，以供所有的 Excel 用户使用。

在【插入】选项卡中，执行【演示】|【三维地图】|【打开三维地图】命令。此时，系统会自动打开三维地图工作簿，并显示相应的命令和

内容。

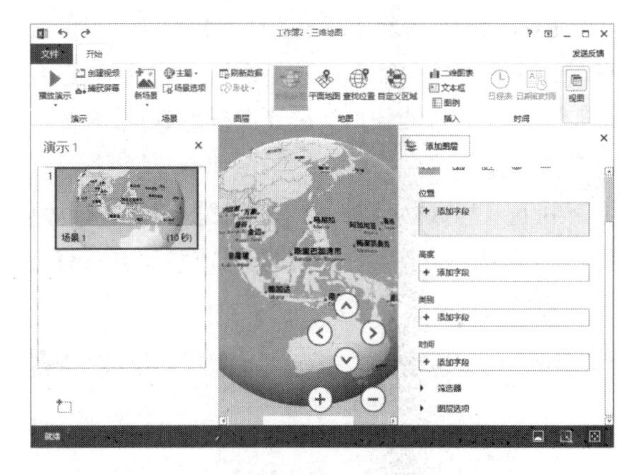

1.2.3　新增搜索与共享功能

新版本的 Excel 增加了多种共享功能，以协助用户快速且有效地传阅和审批工作簿数据。除此之外，在搜索方面，新版本也增加了快速搜索和智能查找功能。

1．新增快速搜索功能

对于新版本的 Excel，用户会最先注意到在界面功能区中，新增加了一个文本框，其内容显示为“告诉我你想要做什么”。

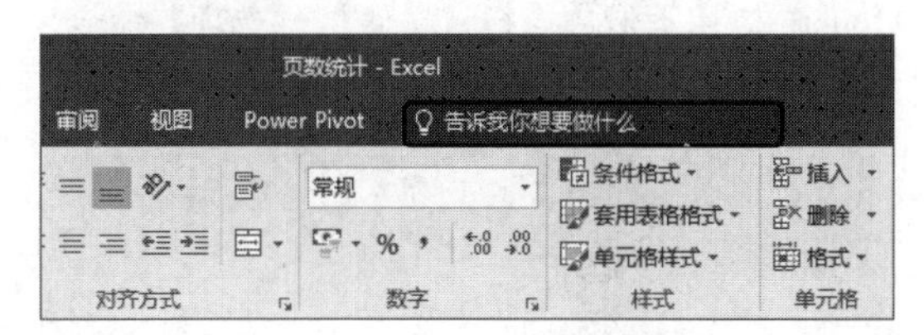

单击该文字段，系统会自动弹出“试用”内容。除此之外，用户还可以直接在文本框中输入想要搜索的模糊信息，并在其列表中选择具体内容。

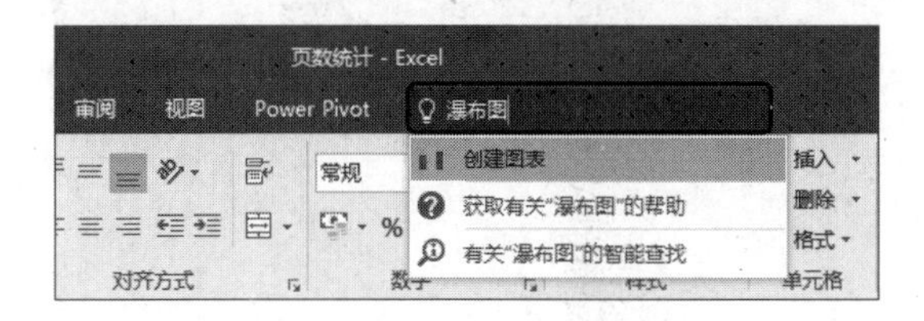

2．试用 Power BI 发布和共享分析

Excel 2016 新增了 Power BI 发布功能，运用该功能可以轻松地将报表分享给其他用户。当用户将报表发布到 Power BI 后，可使用数据模型快速构建交互式报表和仪表板。

启动 Excel 2016，执行【文件】|【发布】命令，单击【保存到云】按钮，即可将工作表发布到 Power BI 中。

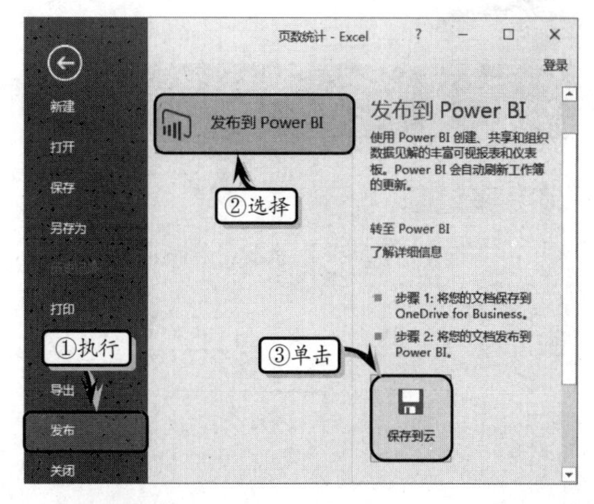

3．智能查找

智能查找是由“必应”提供支持的【见解】选项组中的功能。选择包含字词或短语的单元格，执行【审阅】|【见解】|【智能查找】命令，即可打开【智能查找】窗格。在该窗格中，包含有关所选字词或短语的定义、来自 Web 中的搜索等内容。

除此之外，右击包含字词或短语的单元格，在弹出的菜单中执行【智能查找】命令，也可弹出【智能查找】窗格。

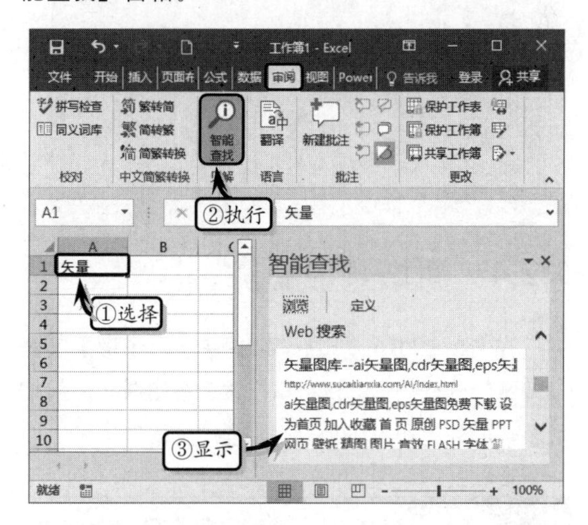

4．增强的共享功能

Excel 2016 增强了共享功能，以简便的操作协助用户在 SharePoint、OneDrive 或 OneDrive for Business 上与他人共享工作簿。

对于初次使用的用户来讲，首先需要登录微软账户。然后，单击工作界面右上角的【共享】按钮，单击【保存到云】按钮，根据提示和向导将当前工作簿保存到云中。

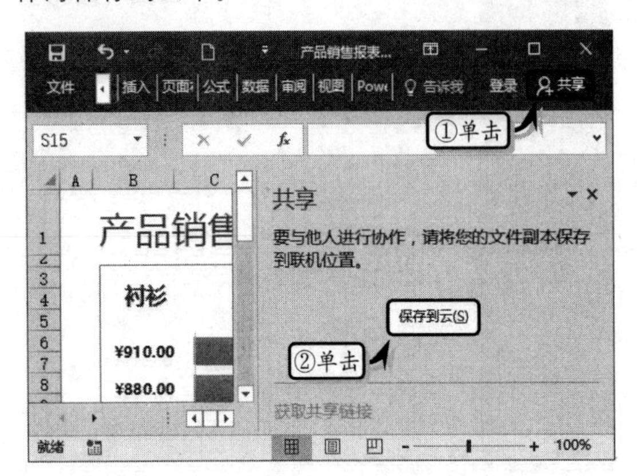

此时，系统会自动上载工作簿。稍等一段时间后，【共享】窗格中将显示共享选项和信息。

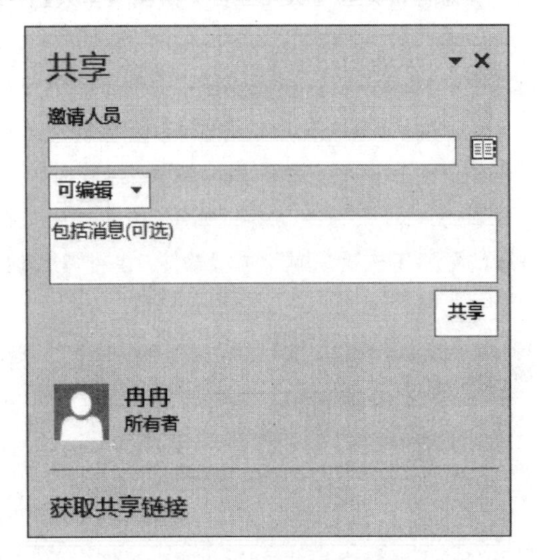

1.2.4 新增其他功能

在 Excel 2016 众多新增功能中，除了彰显其一些特殊的分析数据、共享和搜索功能之外，还新增了多彩的外观和墨迹公式等其他功能。

1. 墨迹公式

Excel 2016 新增了【墨迹公式】功能，不仅方便用户在工作表中输入比较复杂的公式，而且还方便拥有触摸设备的用户对公式进行手写、擦除及选择等编辑操作。

执行【插入】|【符号】|【公式】|【墨迹公式】命令，在弹出的对话框中使用鼠标或触摸屏书写公式内容即可。

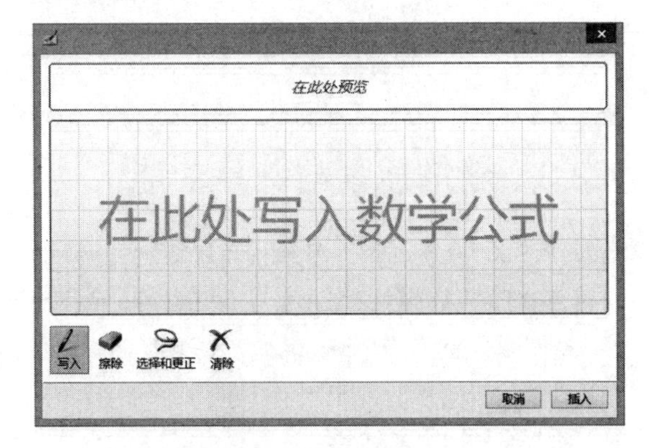

2. 新增多彩主题

Excel 2016 中新增加了多彩的 Colorful 主题，更多色彩丰富的选择将加入其中，其风格与 Modern 应用类似。执行【文件】|【选项】命令，在弹出的对话框中设置【Office 主题】选项即可。

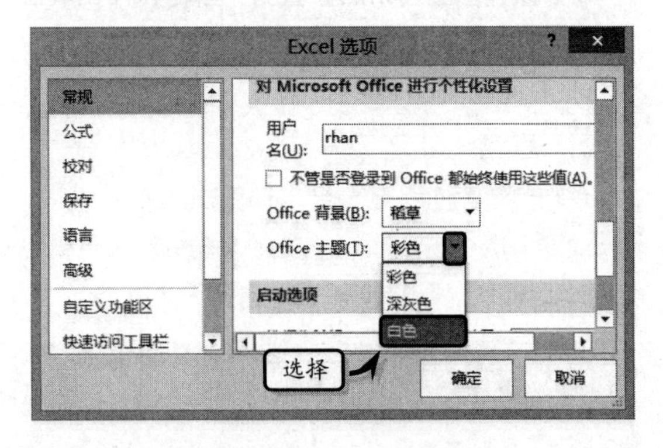

1.3 Excel 2016 快速入门

Excel 2016 可以帮助用户轻松地处理、计算与分析各类数据，并可以通过创建与数据相关的多种图表和数据透视表以可视化的方式显示数据之间的相关性和发展趋势。

1.3.1　Excel 2016 工作界面

相对于上一版本，Excel 2016 突出了对高性能计算机的支持，并结合时下流行的云计算理念，增强了与互联网的结合。在使用 Excel 2016 处理数据之前，需要先了解一下 Excel 2016 的工作界面，以及常用术语。

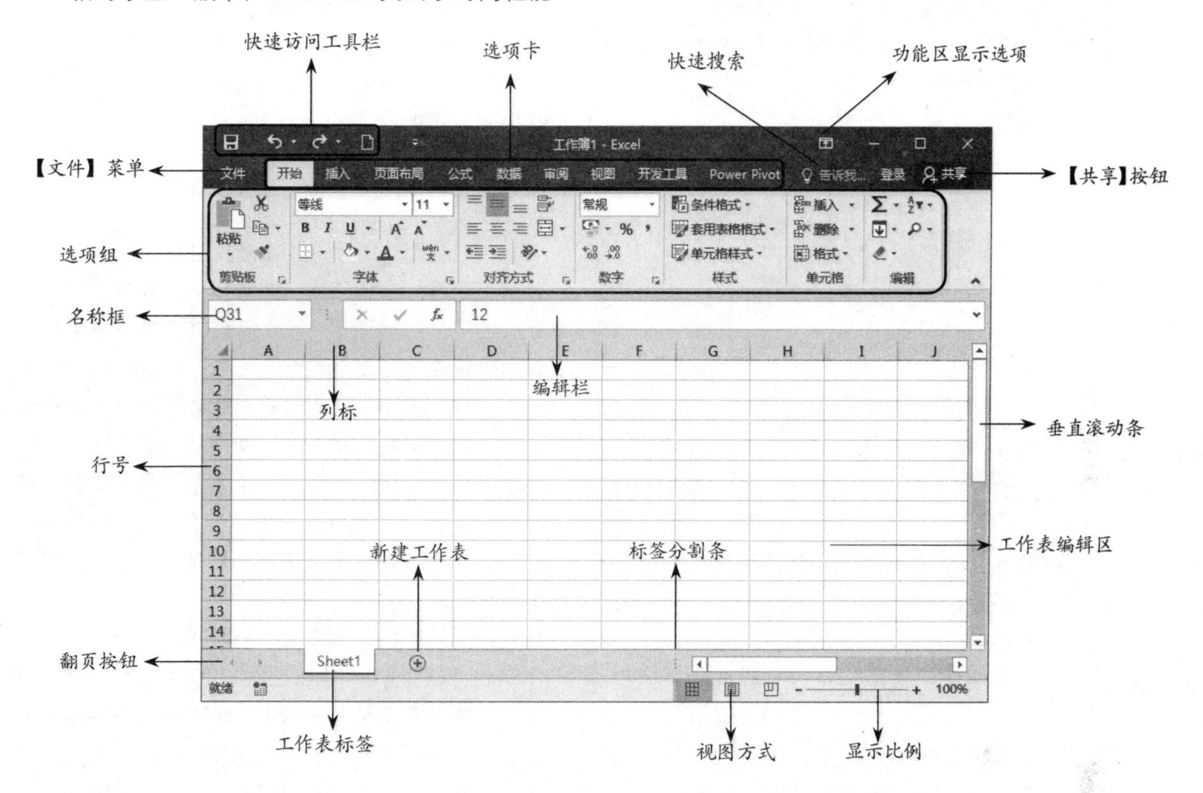

下面将详细介绍具体部件的用途和含义。

1. 标题栏

标题栏由快速访问工具栏、文档名称栏、功能区显示选项和窗口管理按钮等 4 部分组成。

快速访问工具栏是 Excel 提供的一组可自定义的工具按钮，用户可单击【自定义快速访问工具栏】按钮，执行【其他命令】命令，将 Excel 中的各种预置功能或自定义宏添加到快速访问工具栏中。

2. 选项卡

选项卡栏是一组重要的按钮栏，它提供了多种按钮，用户在单击该栏中的按钮后，即可切换功能区，应用 Excel 中的各种工具。

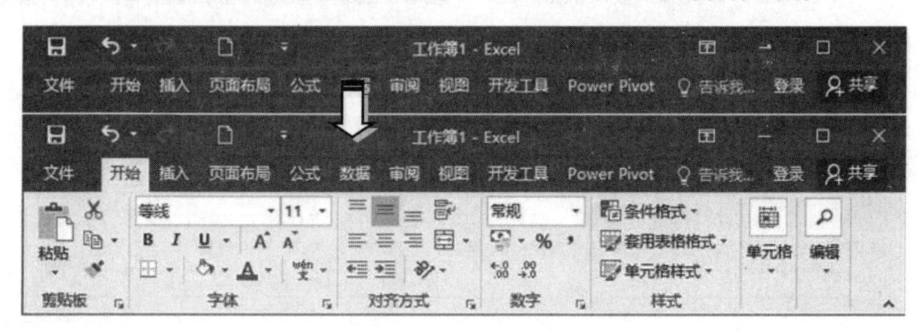

3. 选项组

选项组集成了 Excel 中绝大多数的功能。根据用户在选项卡栏中选择的内容，功能区可显示各种相应的功能。

在功能区中，相似或相关的功能按钮、下拉菜单以及输入文本框等组件以组的方式显示。一些可自定义功能的组还提供了【扩展】按钮，辅助用户以对话框的方式设置详细的属性。

4. 编辑栏

编辑栏是 Excel 独有的工具栏，其包括两个组成部分，即名称框和编辑栏。

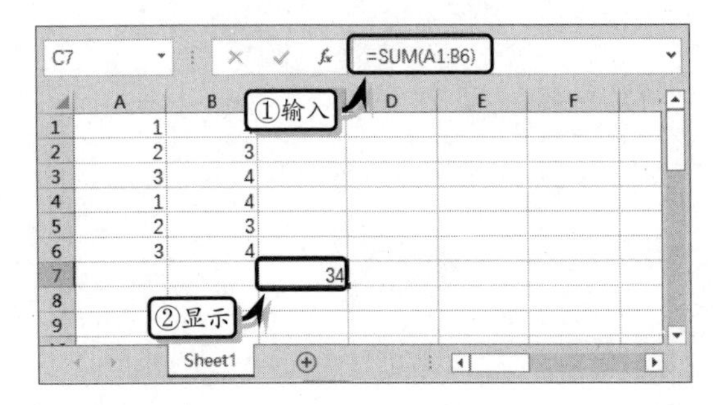

在名称框中，显示了当前用户选择单元格的标题。用户可直接在此输入单元格的标题，快速转入到该单元格中。

编辑栏的作用是显示对应名称框的单元格中的原始内容，包括单元格中的文本、数据以及基本公式等。单击编辑栏左侧的【插入函数】按钮，可快速插入 Excel 公式和函数，并设置函数的参数。

5. 工作区

工作区是 Excel 最主要的窗格，其中包含【全选】按钮、水平标题栏、垂直标题栏、工作窗格、工作表标签栏以及水平滚动条和垂直滚动条等。

单击【全选】按钮，可选中工作表中的所有单元格。单击水平标题栏或垂直标题栏中的某一个标题，可选择该标题范围内的所有单元格。

6. 状态栏

状态栏可显示当前选择内容的状态，并切换 Excel 的视图、缩放比例等。在状态栏的自定义区域内，用户可右击，在弹出的菜单中选择相应的选项。然后当用户选中若干单元格后，自定义区域内就会显示相应的属性。

1.3.2 快速了解 Excel 2016

Excel 是一款便于办公人员对复杂的数据进行可视化处理、分析和计算的数据处理软件，它具有专业外观的数据图表，可以协助用户对一些复杂的数据进行深入了解和分析。

在使用 Excel 处理数据时，除了使用其管理和计算功能来处理基础数据之外，还可以使用图表、数据透视表、数据透视图、单变量求解、规划求解等分析工具对数据进行全方位的分析。在本节中，将通过 4 个数据案例，详细介绍使用 Excel 处理各类数据的入门操作方法。

1. 处理数据

处理数据是运用 Excel 中的最基础的功能，对数据进行一系列的处理操作，既可以规范各种类别的数据又可以达到美化工作表的目的。例如，在"闻翔计算机培训学校授课情况统计表"工作表中，便可以通过 Excel 中的序列填充、设置字体格式、设置边框格式、套用表格格式等功能，来充分展示授课数据。

闻翔计算机培训学校授课情况统计表

序号	教师编码	姓名	课程名称	星期	上课地点	班级	课时	课酬	金额
1	W02	王小明	word	星期一	2-1教室	200702	4	60	240
2	M03	马京京	Flash	星期一	2-2教室	200701	4	60	240
3	S01	程宇	Excel	星期二	3-3教室	200701	4	60	240
4	W03	吴斌	图形图像	星期二	3-4教室	200702	4	60	240
5	H02	何注	PPT	星期三	2-5教室	200701	4	60	240
6	L02	刘层军	摄影	星期三	3-2教室	200701	4	60	240
7	P01	潘新宇	网页	星期四	2-2教室	200701	4	60	240
8	X01	徐志英	英语	星期四	2-3教室	200702	4	60	240
9	S01	孙晓宇	Excel	星期五	3-1教室	200702	4	60	240
10	S02	张双喜	word	星期五	3-1教室	200702	4	60	240

Sheet1 Sheet2 Sheet3

在“闻翔计算机培训学校授课情况统计表”工作表中，用户需要执行下列操作来完成表格的制作。

（1）新建工作簿，单击【全选】按钮，设置工作表的行高。

（2）合并单元格 B2:K2，输入标题文本并设置文本的字体格式。

（3）输入列标题，在单元格 B4 中输入“1”，然后使用序列填充功能向下填充数字到 10。

（4）输入基础数据，并设置数据的对齐格式。

（5）选择合并后的单元格 B2，执行【开始】|【字体】|【填充颜色】|【浅蓝】命令，设置其背景颜色。

（6）选择单元格区域 B3:K13，执行【开始】|【字体】|【边框】|【所有框线】命令，设置边框格式。

（7）选择单元格区域 B2:K13，执行【开始】|【字体】|【边框】|【粗外侧框线】命令，设置外边框。

（8）选择单元格区域 B3:K13，执行【开始】|【样式】|【套用表格格式】|【表样式中等深浅 11】命令，设置表格样式。

（9）选择表格区域中的任意单元格，执行【设计】|【工具】|【转换为区域】命令，转换为普通区域。

2. 计算数据

计算数据是使用 Excel 内置的各类函数及简单的公式功能，根据基础数据计算相应的数据。例如，在“商品销售表”工作表中，除了可以使用平均值函数和求和函数来计算平均销量、总销量和合计值之外，还需要使用普通的计算公式来计算百分率值。

商品销售表

货号	商品名	第一季	第二季	第三季	第四季	平均销量	总销售	百分率
101	洗发水	285	513	431	430	415	1659	10%
102	淋浴露	531	345	400	240	379	1516	9%
103	洗面奶	311	210	454	500	369	1475	8%
104	香皂	521	546	455	456	495	1978	11%
105	护发素	54	300	245	300	225	899	5%
106	电视机	800	380	390	660	558	2230	13%
107	冷气机	250	480	760	770	565	2260	13%
108	电话机	700	610	400	930	660	2640	15%
109	洗衣机	440	1000	460	840	685	2740	16%
合计		3892	4384	3995	5126	4349	17397	

Sheet2 Sheet3

在“商品销售表”工作表中，用户需要执行下列操作来完成表格的制作。

（1）新建工作表，单击【全选】按钮设置工作表的行高。合并单元格区域 B2:J2，输入标题并设置标题的字体格式。

（2）输入基础数据，并设置基础数据的【居中】对齐格式。

（3）选择单元格 H4，在编辑栏中输入“=AVERAGE(D4:G4)”公式，按 Enter 键返回货号 101 对应的平均销量。

（4）选择单元格 I4，在编辑栏中输入“=SUM(D4:G4)”公式，按 Enter 键返回货号 101 对应的总销量。

（5）选择单元格 J4，在编辑栏中输入“=I4/$I$13”公式，按 Enter 键返回货号 101 对应的百分率。

(6) 选择单元格区域 H4:J12，执行【开始】|【编辑】|【填充】|【向下】命令，向下填充公式。

(7) 选择单元格 D13，在编辑栏中输入"=SUM(D4:D12)"公式，按 Enter 键返回第一季度的合计值。使用同样方法，计算其他合计值。

(8) 最后，分别设置不同单元格区域的填充颜色、文本颜色和边框格式。

3. 图表显示数据

Excel 中的图表是一种生动的描述数据的方式，可以将工作表中的数据转换为各种图形信息，方便用户对数据进行观察。例如，在"2014 年销售数据分析表"工作表中，可以运用"折线图"图表详细地展示一年内销售数据的变化情况，并可通过趋势线来显示销售数据的变化趋势。

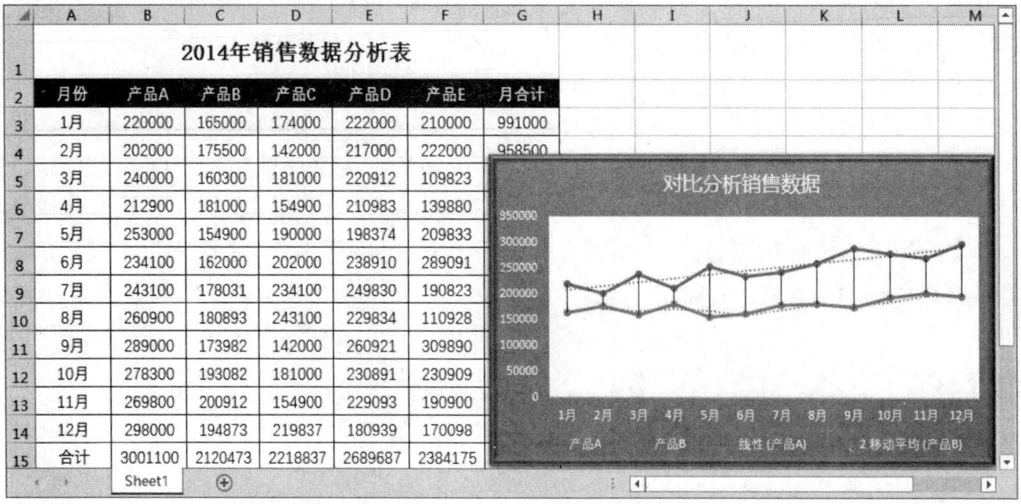

2014年销售数据分析表

月份	产品A	产品B	产品C	产品D	产品E	月合计
1月	220000	165000	174000	222000	210000	991000
2月	202000	175500	142000	217000	222000	958500
3月	240000	160300	181000	220912	109823	
4月	212900	181000	154900	210983	139880	
5月	253000	154900	190000	198374	209833	
6月	234100	162000	202000	238910	289091	
7月	243100	178031	234100	249830	190823	
8月	260900	180893	243100	229834	110928	
9月	289000	173982	142000	260921	309890	
10月	278300	193082	181000	230891	230909	
11月	269800	200912	154900	229093	190900	
12月	298000	194873	219837	180939	170098	
合计	3001100	2120473	2218837	2689687	2384175	

在"2014 年销售数据分析表"工作表中，用户需要执行下列操作来完成表格的制作。

(1) 新建工作表，制作基础表格，计算表格数据并设置表格格式。

(2) 选择单元格区域 A3:C14，执行【插入】|【图表】|【插入折线图和面积图】|【带数据标记的折线图】命令，插入一个折线图图表。

(3) 更改图表标题，并执行【图表工具】|【设计】|【数据】|【选择数据】命令，编辑图表数据。

(4) 执行【图表工具】|【设计】|【图表布局】|【添加图表元素】|【趋势线】|【线性】命令，添加产品 A 的线性趋势线。

(5) 执行【图表工具】|【设计】|【图表布局】|【添加图表元素】|【趋势线】|【移动平均】命令，添加产品 B 的移动平均趋势线。

(6) 执行【图表工具】|【设计】|【图表布局】|【添加图表元素】|【线条】|【高低点连线】命令，为数据系列添加高低点连线。

(7) 选择图表，执行【图表工具】|【格式】|【形状样式】|【其他】|【强烈效果-橙色，强调颜色 2】命令，设置图表的形状样式。

(8) 选择绘图区，执行【图表工具】|【格式】|【形状样式】|【形状填充】|【白色，背景 1】命令，设置绘图区的填充效果

(9) 选择图表，执行【绘图工具】|【格式】|【形状样式】|【形状效果】|【棱台】|【松散嵌入】命令，设置图表的棱台效果。

4. 数据透视表分析数据

数据透视表是Excel中重要的数据处理工具之一，它不仅能够建立数据集的交互视图，对数据进行快速分组；而且还可以在很短的时间内对分组数据进行各种运算，汇总大量数据并以直观的方式显示报表中数值的变化趋势。例如，在"分析工资表"工作簿中，需要运用数据透视表和数据透视图功

能，多方位地分析员工的工资情况。

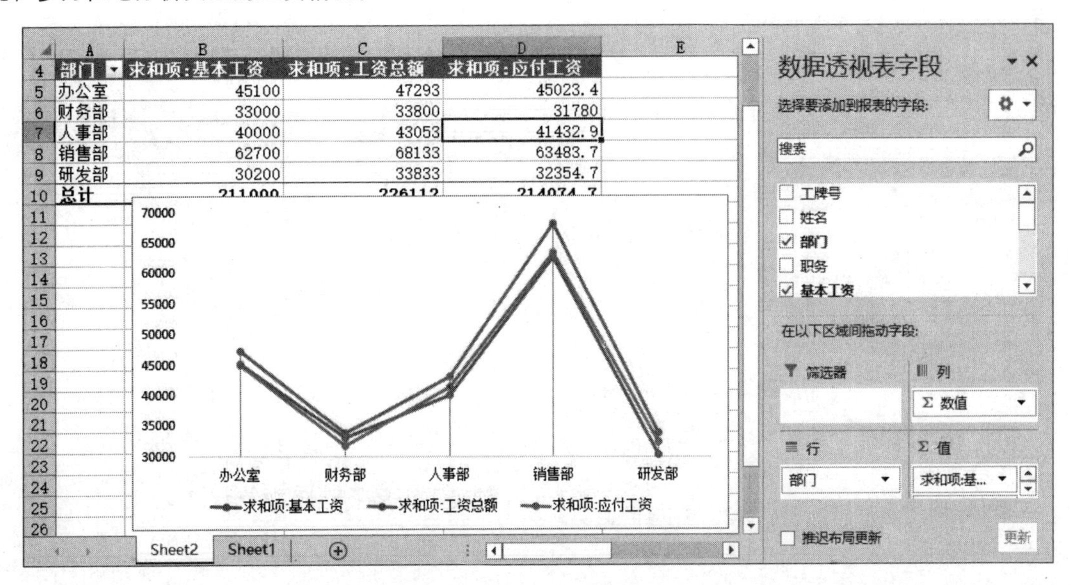

在“分析工资表”工作簿中，用户需要执行下列操作来完成表格的制作。

(1)打开基础数据表，将光标放置在数据表内，执行【插入】|【表格】|【数据透视表】命令，创建数据透视表。

(2) 然后，在【数据透视表字段】窗格中，将相应的字段添加到相应的列表框中。

(3) 执行【设计】|【数据透视表样式】|【数据透视表样式中等深浅 14】命令，设置数据透视表的样式。

(4) 执行【设计】|【布局】|【报表布局】|【以表格的形式显示】命令，设置报表布局。

(5) 执行【分析】|【工具】|【数据透视图】命令，在弹出的【插入图表】对话框中，选择图表类型，插入数据透视图。

(6) 隐藏字段按钮，双击【垂直】坐标轴，在弹出的【设置坐标轴格式】窗格中，设置最小值和最大值。

(7) 选择图表，执行【设计】|【图表布局】|【快速样式】|【布局 4】命令，设置图表布局。

1.4 Excel 窗口操作

Excel 窗口操作是对窗口的一系列操作，包含对窗口的新建、重排和拆分等。通过窗口操作，不仅可以方便比较不同窗口中的 Excel 数据，而且还可以同步对比同一个窗口中不同区域内的数据。

1.4.1 新建和重排窗口

执行【视图】|【窗口】|【新建窗口】命令，即可新建一个包含当前文档视图的新窗口，并自动在标题文字后面添加数字。如原来标题为“每月大学预算 1-Excel”，变为“每月大学预算 1:2-Excel”。

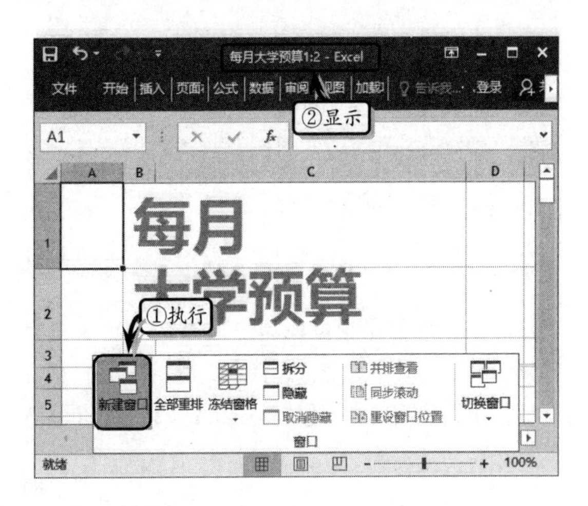

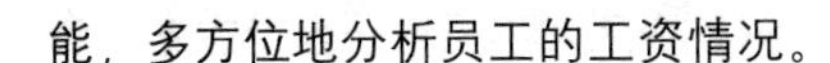

新建窗口之后，此时在计算机中会存在多个Excel 窗口。执行【视图】|【窗口】【全部重排】命令，在弹出的【重排窗口】对话框中，选择【垂直并排】选项，即可以垂直并排的方式显示窗口。

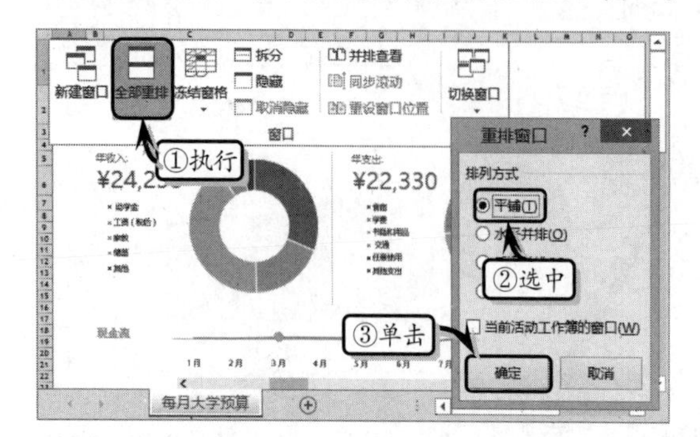

另外，如果用户启用【当前活动工作簿的窗口】复选框，则用户无法对打开的多个窗口进行重新排列。

1.4.2 拆分与冻结窗口

拆分工作表是将工作表拆分为多个部分，以便可同时查看分隔较远的工作表内容。选择要拆分的单元格，执行【视图】|【窗口】|【拆分】命令，即可将工作表拆分为 4 部分。

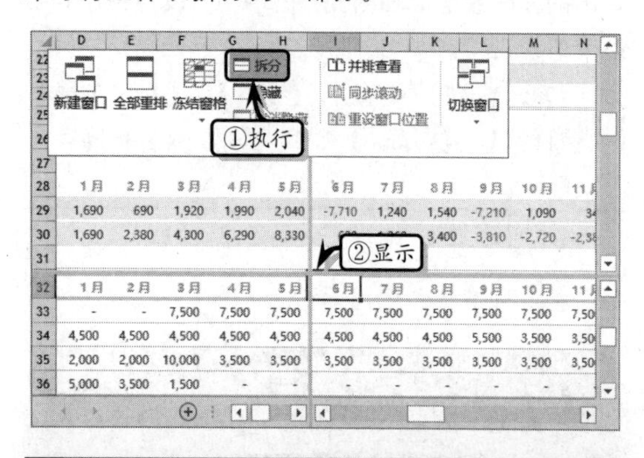

> **技巧**
>
> 将鼠标置于编辑栏右下方，变成“双向”箭头时，双击拆分框，即可将窗口进行水平拆分。

冻结工作表是根据所选位置固定工作表中的部分内容，使其不可变。选择要冻结的单元格，执行【视图】|【窗口】|【冻结窗口】|【冻结拆分窗格】命令，冻结窗口。

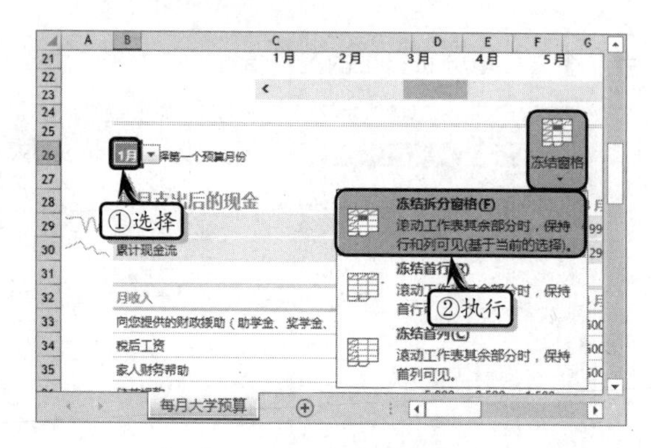

其中，【冻结首行】选项表示滚动工作表其余部分时，保持首行可见。而【冻结首列】选项表示滚动工作表其余部分时，保持首列可见。

1.4.3 并排查看窗口

【并排查看】功能只能并排查看两个工作表以便比较其内容。执行【窗口】|【并排查看】命令，在弹出的【并排比较】对话框中，选择要并排比较的工作簿，单击【确定】按钮即可。

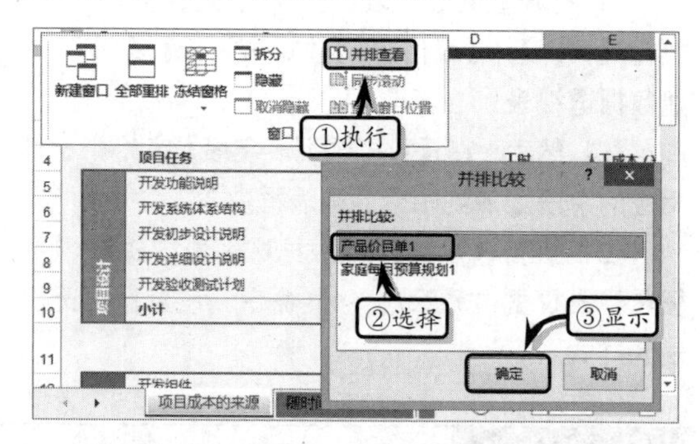

当用户对窗口进行并排查看设置之后，将发现同步滚动和重设窗口位置两个按钮变成正常显示状态（蓝色）。此时用户可以通过执行【同步滚动】命令，同步滚动这两个文档，使它们一起滚动。

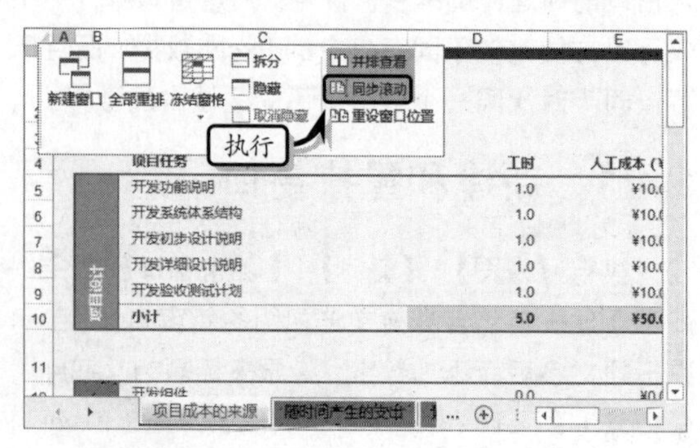

另外，可以通过执行【重设窗口】命令，重置正在并排比较的文档的窗口位置，使它们平分屏幕。

提示

执行【窗口】|【隐藏】命令，隐藏当前窗口。另外，执行【窗口】|【取消隐藏】命令，取消被隐藏的窗口。

知识链接 1-2　设置屏幕显示比例

当需要浏览较大的工作表时，可以通过调整屏幕的显示比例的方法，调整屏幕内容，来查看到完整的数据。

1.5　设置 Excel 工作环境

Excel 中的工作界面以默认的界面颜色和工作方式进行显示，例如界面颜色、快速访问工具栏中的命令、视图样式等。当默认的工作方式无法满足用户的使用时，则可以运用相应的功能自定义 Excel 的工作环境。

1.5.1　使用访问键

访问键是通过使用功能区中的快捷键，在无须借助鼠标的状态下快速执行相应的任务。在 Excel 2016 中，在处于程序的任意位置中使用访问键，都可以执行访问键对应的命令。

启动 Excel 2016 组件，按下并释放 Alt 键，即可在快速工具栏与选项卡上显示快捷键字母。

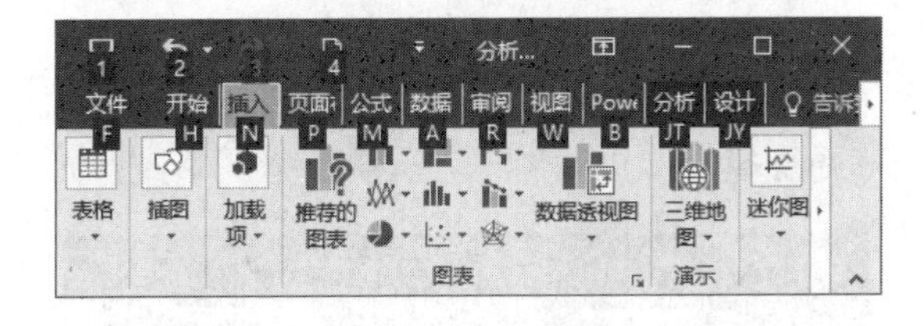

此时，按下选项卡对应的字母键，即可展开选项组，并显示选项组中所有命令的访问键。

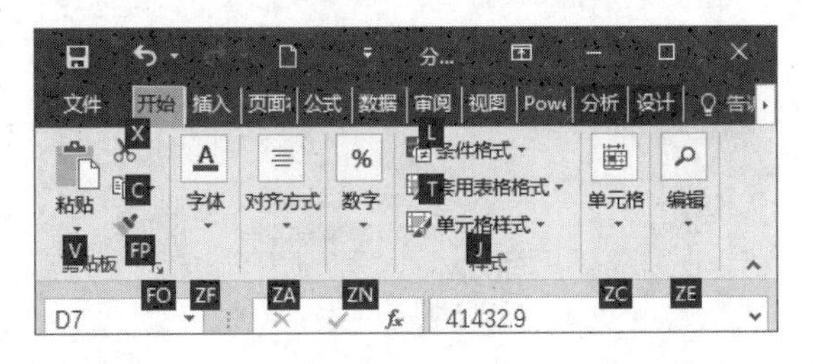

在选项组中按下命令所对应的访问键，即可执行相应的命令。例如，按下【剪贴板】选项组中的【粘贴】命令所对应的访问键 V，即可展开【粘贴】菜单。

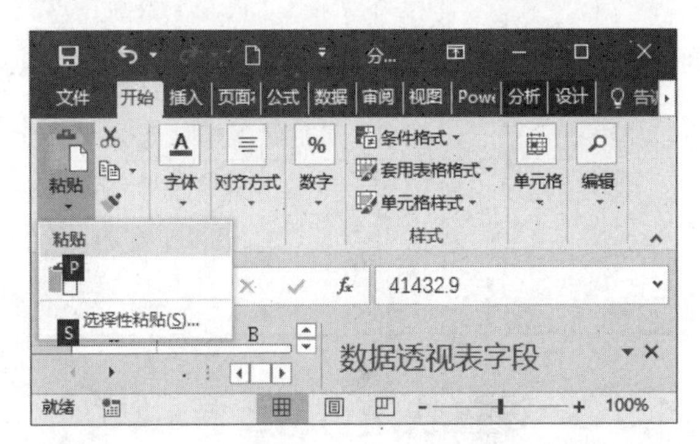

然后，执行【粘贴】命令相对应的访问键 P，即可执行该命令。

另外，使用键盘操作功能区程序的另一种方法是在各选项卡和命令之间移动焦点，直到找到要使用的功能为止。不使用鼠标移动键盘焦点的一些操作技巧，如下表所示。

访　问　键	功　　能
Alt 或 F10	可选择功能区中的活动选项卡并激活访问键，再次按下该键可将焦点返回文档并取消访问键
左、右方向键	按 Alt 或 F10 键选择活动选项卡，然后按左方向键或右方向键，可移至功能区的另一个选项卡
Ctrl+ 右箭头或左箭头	按 Alt 或 F10 键选择活动选项卡，然后按 Ctrl+右箭头或左箭头在两个组之间移动

续表

访问键	功能
Ctrl+F1	最小化或还原功能区
Shift+F10	显示所选命令的快捷菜单
F6	执行该访问键，可以移动焦点以选择功能区中的活动选项卡
	执行该访问键，可以选择窗口底部的视图状态栏
	执行该访问键，可以选择文档
Tab 或 Shift+Tab	按 Alt 或 F10 键选择活动选项卡，然后按 Tab 或 Shift+Tab 键，可向前或向后移动，使焦点移到功能区中的每个命令处
上、下、左、右方向键	在功能区的各项目之间上移、下移、左移或右移
空格键或 Enter	激活功能区中的所选项命令或控件
	打开功能区中的所选菜单或库
Enter	激活功能区中的命令或控件以便可以修改某个值
	完成对功能区中某个控件值的修改，并将焦点移回文档
F1	获取有关功能区中所选命令或控件的帮助（当没有与所选命令相关的帮助主题时，系统会显示有关该程序的帮助目录）

1.5.2 设置快速访问工具栏

快速访问工具栏是包括独立命令的一个工具栏，包含用户经常使用命令的工具栏，并确保始终可单击访问。

1．设置显示位置

快速访问工具栏的位置主要显示在功能区上方与功能区下方两个位置。

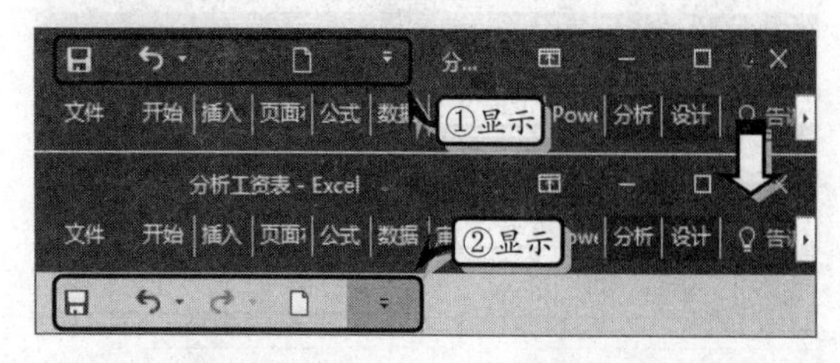

单击【自定义快速访问工具栏】下拉按钮，在其下拉列表中选择【在功能区上方显示】命令，即可将快速访问工具栏显示在功能区的上方。

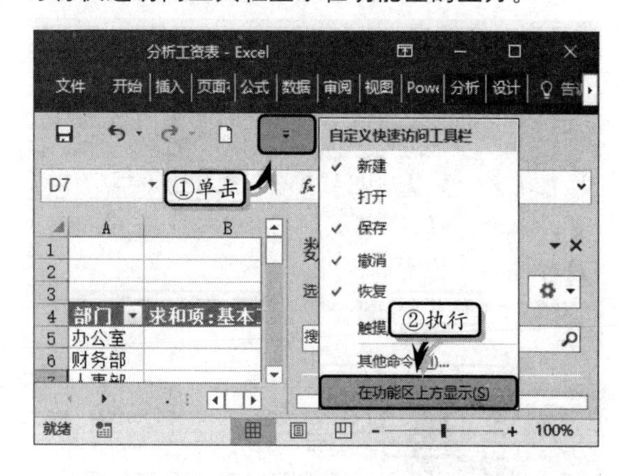

相反，单击【自定义快速访问工具栏】下拉按钮，在其下拉列表中选择【在功能区下方显示】命令，即可将快速访问工具栏显示在功能区的下方。

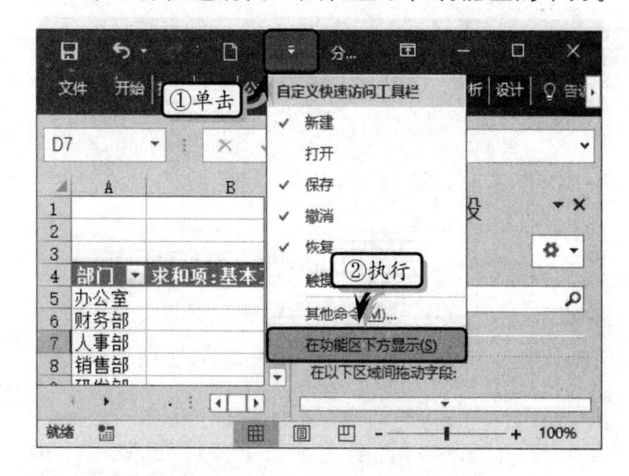

2．添加命令

在 Excel 中，单击【自定义快速访问工具栏】下拉按钮，选择相应的命令，即可向快速工具栏中添加命令。

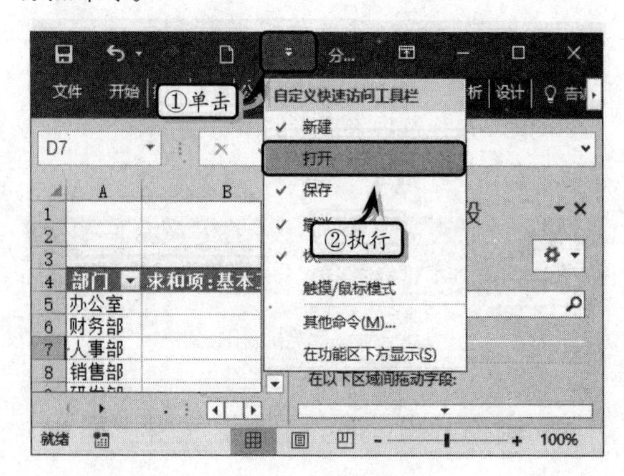

另外，在功能区上右击相应选项组中的命令，执行【添加到快速访问工具栏】命令，即可将该命令添加到快速访问工具栏中。

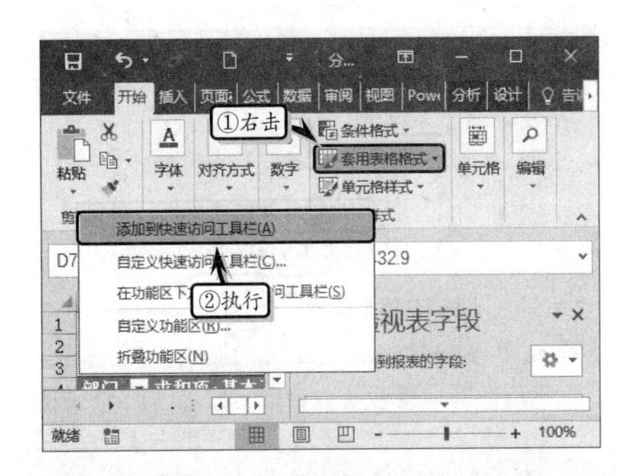

技巧

在快速访问工具栏中，右击命令执行【从快速访问工具栏删除】命令，即可删除该命令。

3. 自定义工具栏

执行【文件】|【选项】命令，激活【快速访问工具栏】选项卡。单击【从下列位置选择命令】下拉按钮，选择【不在功能区中的命令】选项，并在列表框中选择相应的命令，单击【添加】按钮，即可将命令添加到快速访问工具栏中。

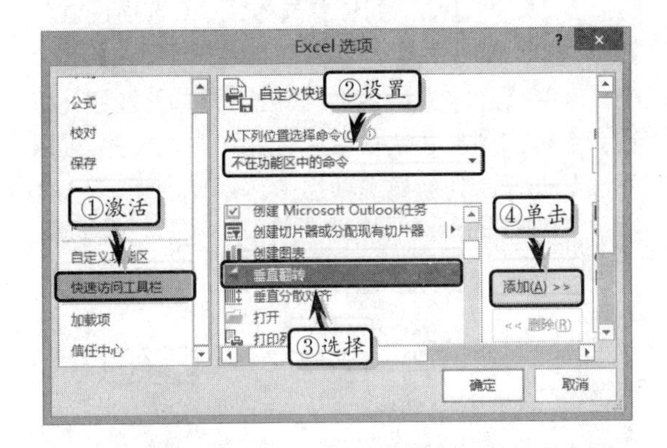

然后，在【自定义快速访问工具栏】列表框中选择【垂直翻转】选项，单击【删除】按钮，即可删除快速访问工具栏中的命令。

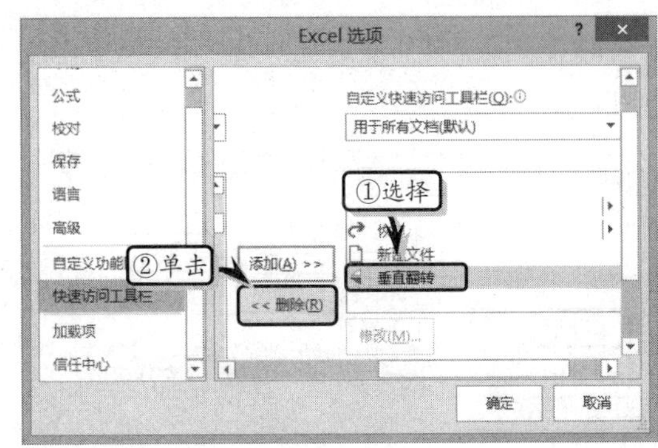

另外，执行【自定义快速访问工具栏】列表下方的【重置】|【仅重置快速访问工具栏】选项，即可取消自定义操作，恢复到自定义之前的状态。

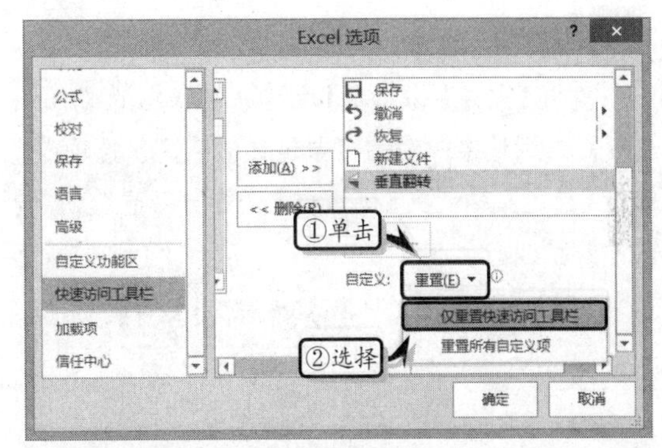

技巧

在【快速访问工具栏】选项卡中，选择【自定义快速访问工具栏】列表框中的命令，单击【上移】或【下移】按钮，可上下调整命令的显示位置。

1.5.3 自定义功能区

在 Excel 2016 中，用户可以根据使用习惯，创建新的选项卡和选项组，并将相应的命令添加到选项组中。除此之外，用户还可以加载相应的选项卡，完美使用 Excel 操作各类数据。

1. 加载【开发工具】选项卡

在 Excel 2016 中，默认情况下不包含【开发工具】选项卡，该选项卡主要包括宏、控件、XML 等命令。

执行【文件】|【选项】命令，激活【自定义功能区】选项卡。然后，启用【自定义功能区】列

表中的【开发工具】复选框，单击【确定】按钮即可。

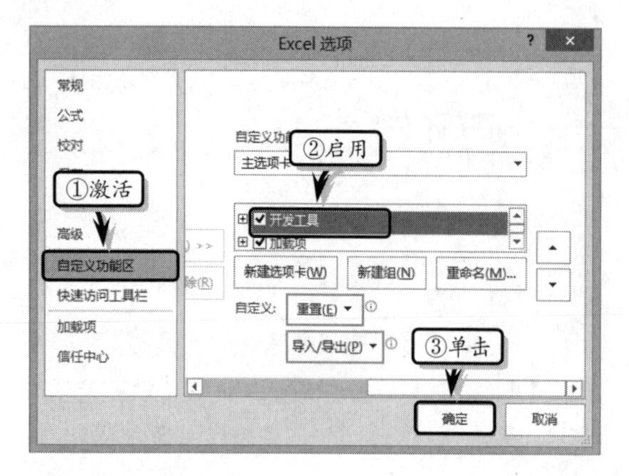

2．自定义选项卡

执行【文件】|【选项】命令，在弹出的【Excel 选项】对话框中，激活【自定义功能区】选项卡。单击【自定义功能区】列表框下方的【新建选项卡】按钮，新建一个选项卡。

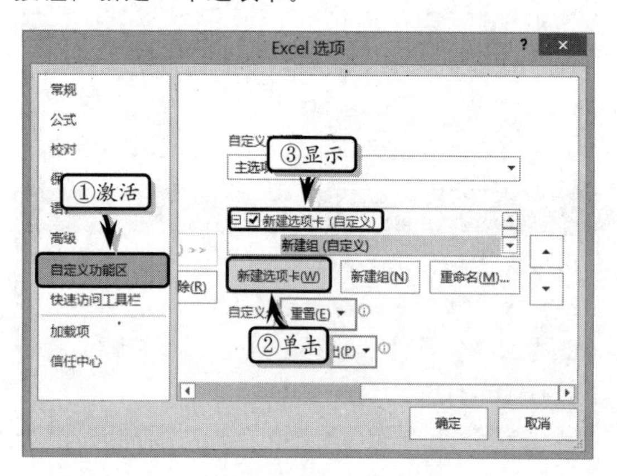

选择新建的选项卡，单击【重命名】按钮，在弹出的【重命名】对话框中，输入选项卡的名称，单击【确定】按钮即可。

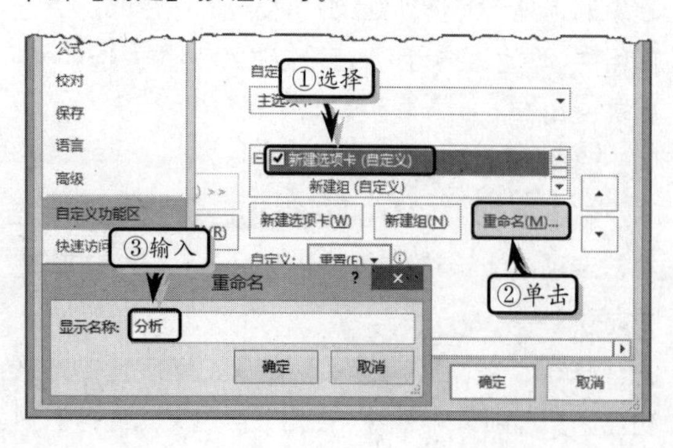

3．自定义选项组

新建选项卡之后，在该选项卡下方系统将自带一个新建组，除此之外用户还可以单击【新建组】按钮，创建新的选项组。

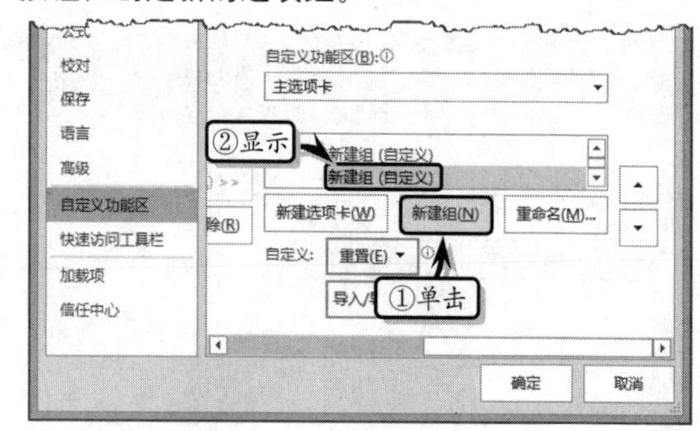

然后，选择【分析（自定义）】选项卡下方的第一个【新建组（自定义）】选项，单击【重命名】按钮，在【显示名称】文本框中输入选项组的命令，在【符号】列表框中选择相应的符号。

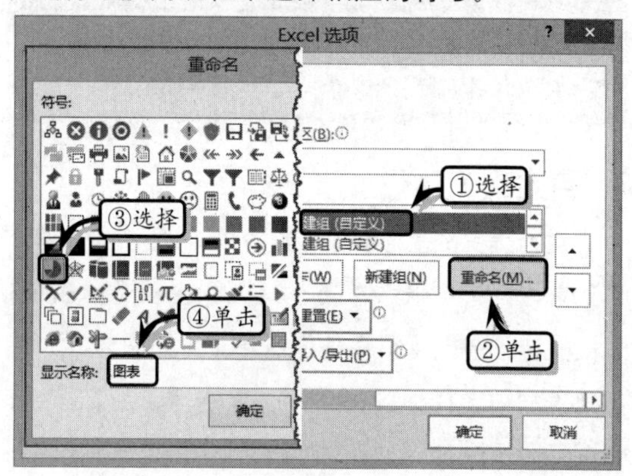

此时，将【从下列位置选择命令】选项设置为【所有选项卡】，并在其列表框中展开【插入】选项卡，选择【迷你图】选项，单击【添加】按钮，将该命令添加到新建选项组中。使用同样方法，可以添加其他命令到新建选项组中。

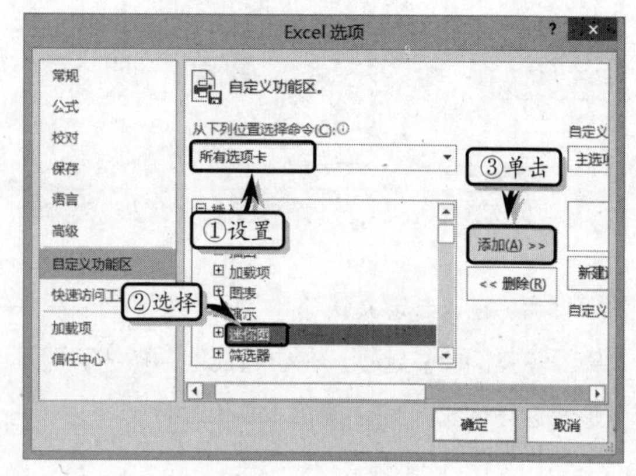

4．导入/导出自定义设置

在【Excel 选项】对话框中的【自定义功能区】选项卡中，单击【导入/导出】下拉按钮，在其下拉列表中选择【导出所有自定义设置】选项。

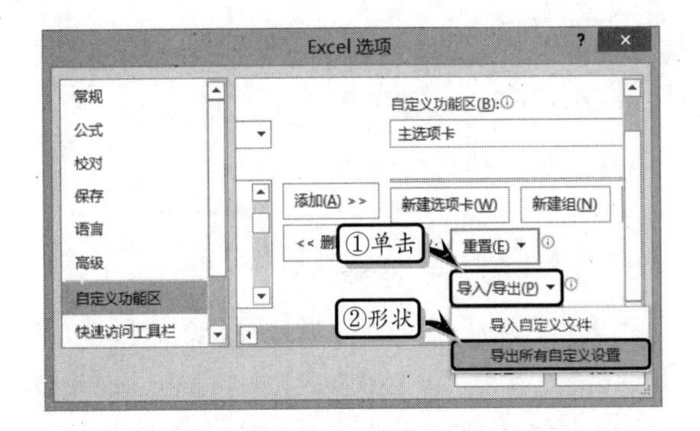

在弹出的【保存文件】对话框中，选择保存位置，单击【保存】按钮，保存自定义文件。

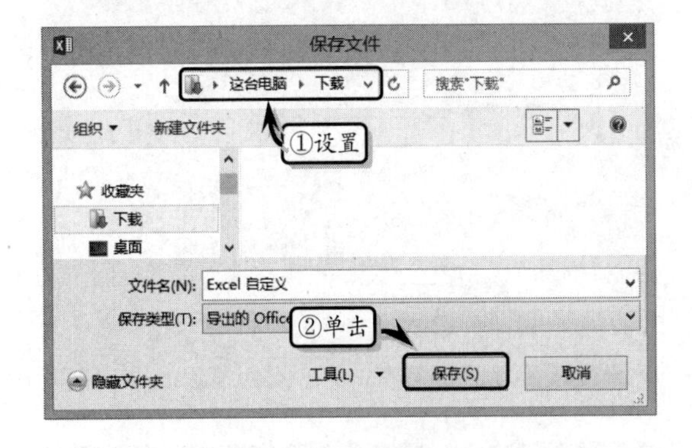

然后，单击【重置】下拉按钮，在其下拉列表中选择【重置所有自定义项】选项，取消自定义的选项卡。在弹出的对话框中，单击【是】按钮，自动删除恢复到创建自定义之前的状态。

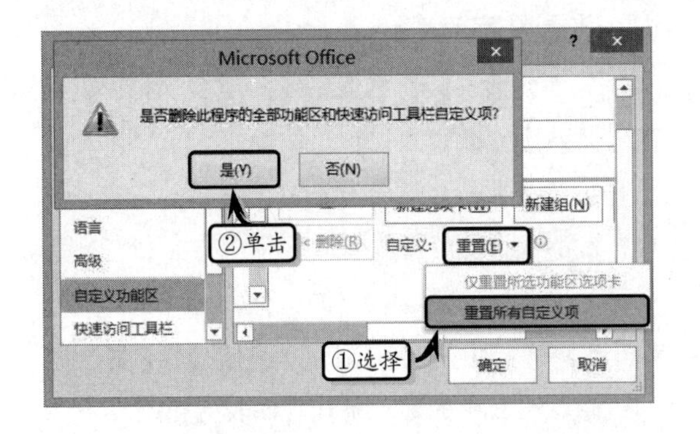

将自定义设置导出之后，即使用户删除了所有的自定义选项，只要将导出的自定义文件导入即可还原自定义设置。首先，单击【导入/导出】下拉按钮，在其下拉列表中选择【导入自定义文件】选项。

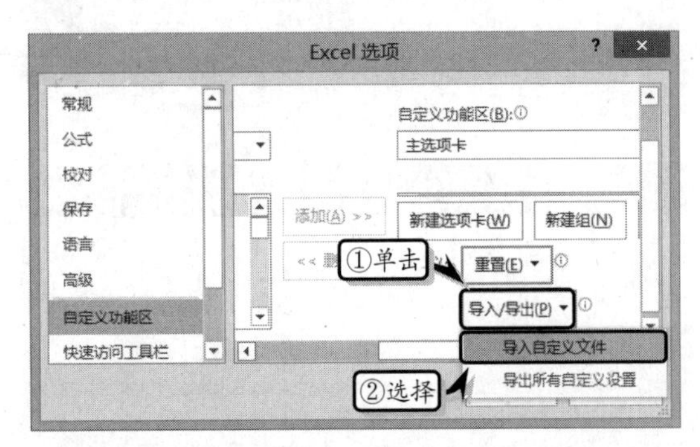

然后，在弹出的【打开】对话框中，选择自定义文件，单击【打开】按钮。在弹出的对话框中，单击【是】按钮即可。

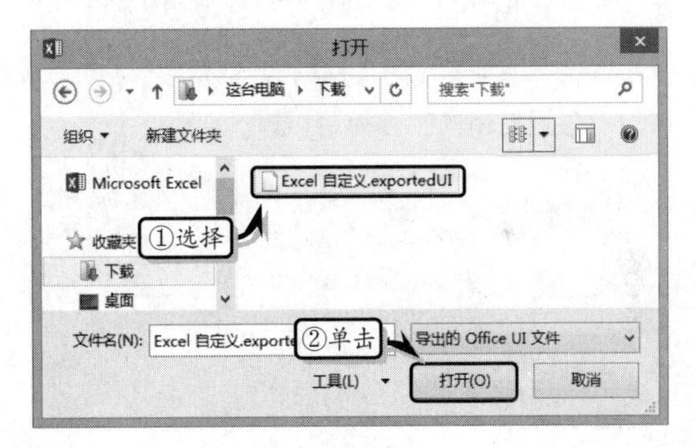

1.5.4　自定义显示

在 Excel 中，除了可以自定义快速访问工具栏和功能区之外，还可以自定义一些常规元素。例如，设置网格线、设置字号、设置界面元素等。

1．设置默认字号与字体

执行【文件】|【选项】命令，在【Excel 选项】对话框中，激活【常规】选项卡，在【新建工作簿】选项组中设置【使用此字体作为默认字体】和【字号】选项即可。

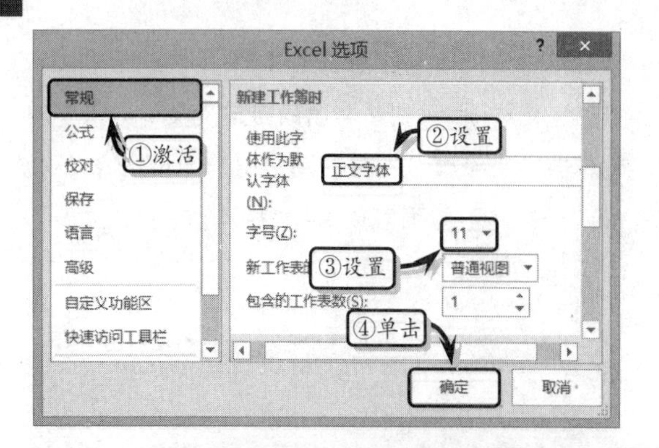

提示

在【新建工作簿时】选项组中，可通过设置【包含的工作表数】选项，来自定义新建工作簿中所包含的工作表的数量。

2．设置“最近使用的工作簿”数量

当用户启动 Excel 组件后，系统会在启动或新建界面中显示最近使用的工作簿名称，如若不想显示太多的使用信息，则需要执行【文件】|【选项】命令。在弹出的【Excel 选项】对话框中，激活【高级】选项卡，更改【显示】选项组中的【显示此数目的“最近使用的工作簿”】选项即可。

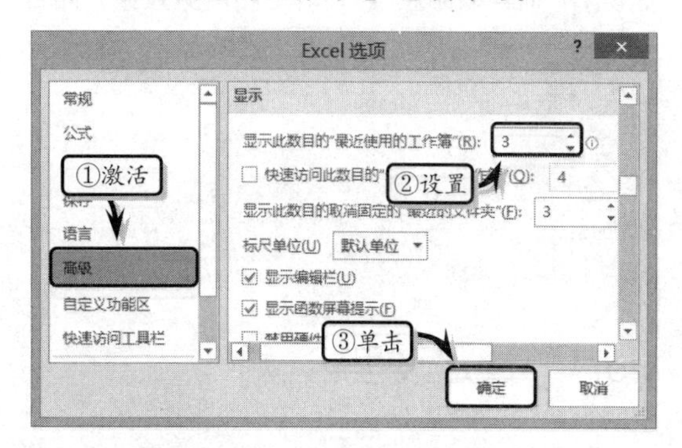

3．设置网格线

启用 Excel 后，系统会在工作表中显示默认的网格线。为了调节眼睛的视觉，减少眼睛疲劳，需要设置网格线的颜色。除此之外，为了突出显示工作表中的数据或图表，还需要隐藏网格线。

执行【文件】|【选项】命令，在【Excel 选项】对话框中激活【高级】选项卡。在【此工作表的显示选项】选项组中，禁用【显示网格线】复选框，单击【确定】按钮即可隐藏网格线。

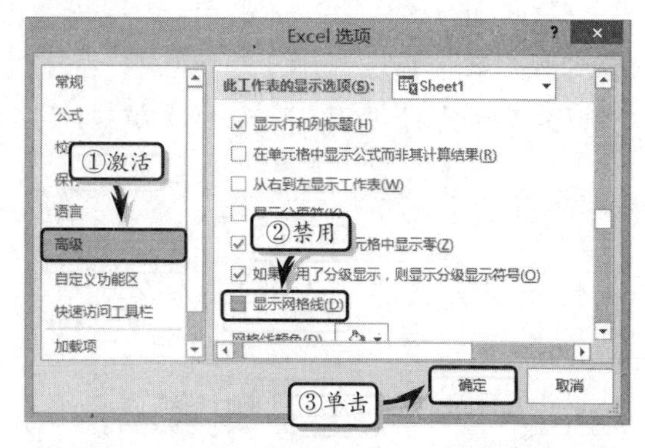

除此之外，启用【显示网格线】复选框即可显示网格线。单击【网格线颜色】下拉按钮，在其级联菜单中选择相应的色块，即可设置网格线的颜色。

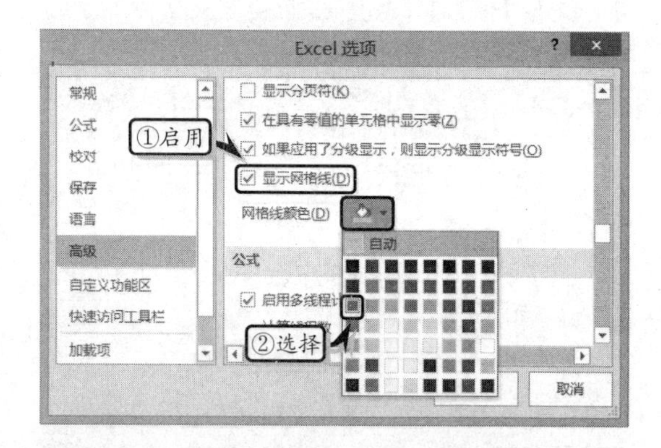

提示

用户也可以在【视图】选项卡【显示】选项组中，通过禁用或启用【网格线】复选框，来隐藏或显示网格线。

4．设置界面元素

界面元素一般包括滚动条、编辑栏等元素，可通过隐藏这些元素来扩容工作表。

执行【文件】|【选项】命令，弹出【Excel 选项】对话框。激活【高级】选项卡，在【此工作簿的显示选项】选项组中，禁用【显示工作表标签】、【显示水平滚动条】和【显示垂直滚动着】复选框，即可隐藏界面中的滚动条和工作表标签。

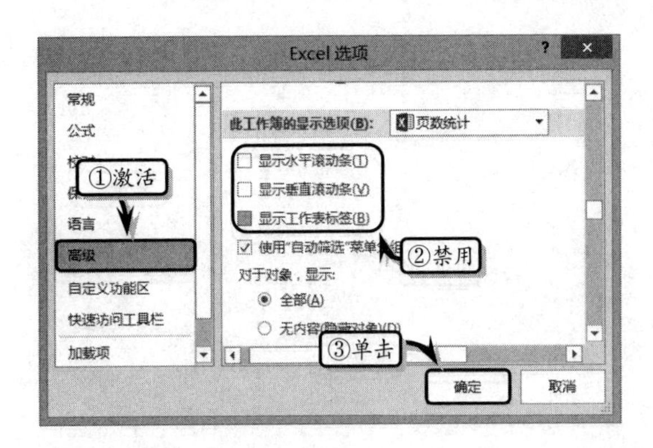

Excel

知识链接 1-3 提升 Excel 的速度

当 Excel 中包含大量公式或数据时，会造成 Excel 运行速度过慢。此时，用户可通过设置 Excel 自动重算、自动保存与迭代计算选项的方法，提升 Excel 的启动速度。

第 2 章

Excel 基础操作

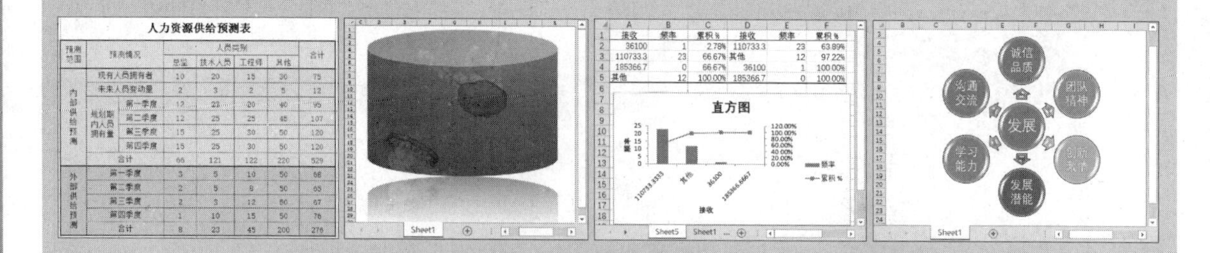

人力资源供给预测表

预测范围	预测情况		人员类别				合计
			总监	技术人员	工程师	其他	
内部供给预测	现有人员拥有者		10	20	15	30	75
	未来人员变动量		2	3	2	5	12
	规划期内人员拥有量	第一季度	12	23	20	40	95
		第二季度	12	25	25	45	107
		第三季度	15	25	30	50	120
		第四季度	15	25	30	50	120
	合计		66	121	122	220	529
外部供给预测	第一季度		3	5	10	50	68
	第二季度		2	5	8	50	65
	第三季度		2	3	12	50	67
	第四季度		1	10	15	50	76
	合计		8	23	45	200	276

在 Excel 中，工作簿包含一个或多个工作表，而工作表则由若干单元格组成。单元格是 Excel 中的最小组成单位，也是数据的存储容器，它标识了数据的存储位置，以方便用户对数据进行管理与计算。单元格的操作是 Excel 中最常用、最基础的操作之一，但单元格的操作是建立在工作簿的基础之上。因此，在对单元格进行一系列操作之前，需要根据数据类型及数据分析方法来创建空白或模板工作簿。在本章中，将从创建工作簿入手，循序渐进地介绍创建、保存工作簿以及编辑数据、单元格的基础知识和操作方法，使读者轻松地学习并掌握 Excel 的基础操作。

2.1 创建工作簿

工作簿包含所有的工作表和单元格，是所有数据的存储载体，因此在对 Excel 进行编辑操作之前，还需要先掌握创建和保存工作簿的各种方法。

2.1.1 创建空白工作簿

Excel 2016 在创建工作簿时，相对于旧版本有很大的改进，一般情况下用户可通过下列两种方法，来创建空白工作簿。

1．直接创建

启用 Excel 2016 组件，系统将自动进入【新建】页面，此时选择【空白工作簿】选项即可。另外，执行【文件】|【新建】命令，在展开的【新建】页面中，单击【空白工作簿】选项，即可创建空白工作表。

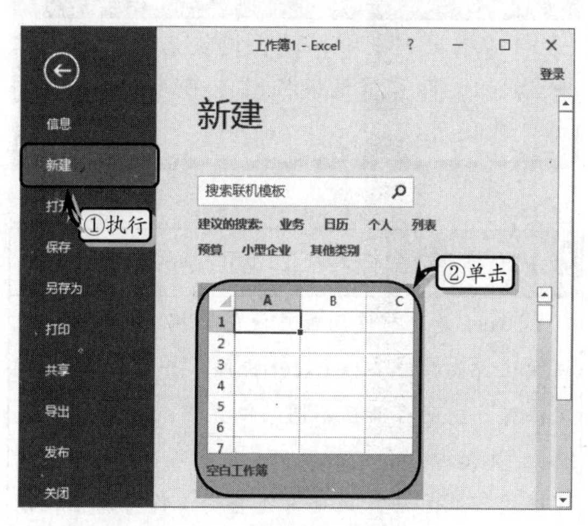

2．【快速访问工具栏】创建

用户也可以通过【快速访问工具栏】中的【新建】命令，来创建空白工作簿。

对于初次使用的 Excel 2016 的用户来讲，需要单击【快速访问工具栏】右侧的下拉按钮，在其列表中选择【新建】选项，将【新建】命令添加到【快速访问工具栏】中。然后，直接单击【快速访问工具栏】中的【新建】按钮，即可创建空白工作簿。

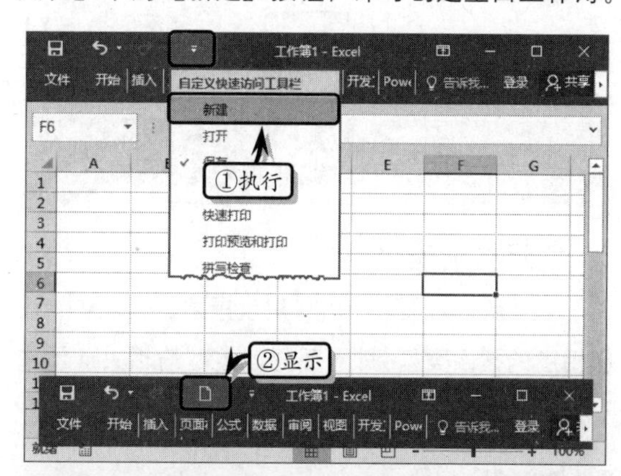

技巧

按 Ctrl+N 键，也可创建一个空白的工作簿。

2.1.2 创建模板工作簿

Excel 2016 有别于前面旧版本中的模板列表，用户可通过下列三种方法，来创建模板工作簿。

1．创建常用模板

执行【文件】|【新建】命令之后，系统只会在该页面中显示固定的模板样式，以及最近使用的模板样式。在该页面中，选择需要使用的模板样式。

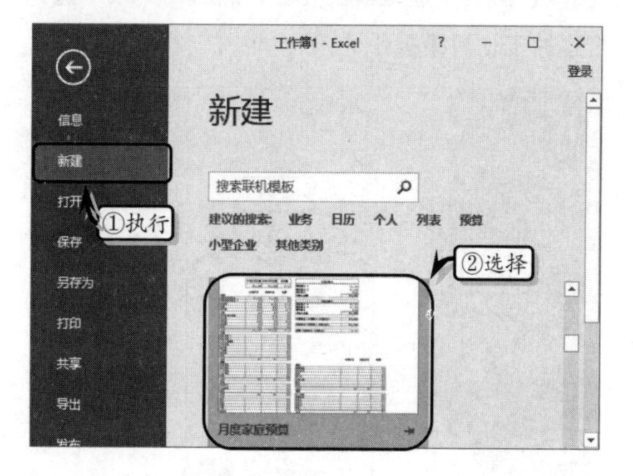

然后，在弹出的创建页面中，预览模板文档内容，单击【创建】按钮即可。

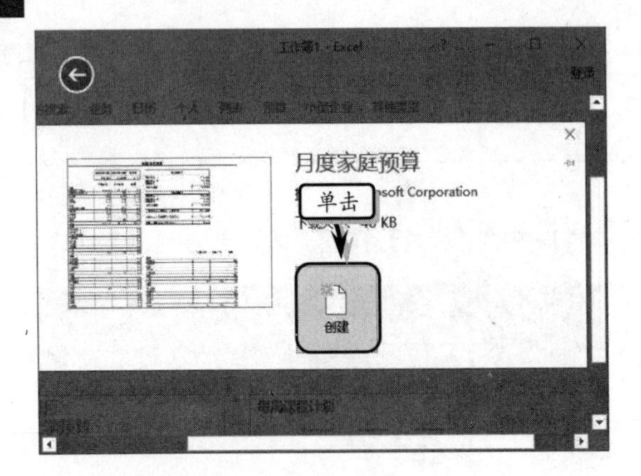

2. 创建类别模板

在【新建】页面中的【建议搜索】列表中，选择相应的搜索类型，即可新建该类型的相关演示文稿模板。例如，在此选择【业务】选项。

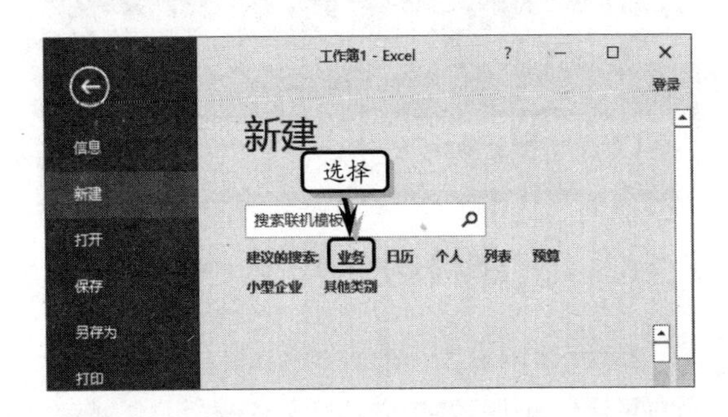

然后，在弹出的【业务】模板页面中，将显示联机搜索到的所有有关【业务】类型的工作簿模板。用户只需在列表中选择模板类型，或者在右侧的【类别】窗口中选择模板类型，然后在列表中选择相应的工作簿模板即可。

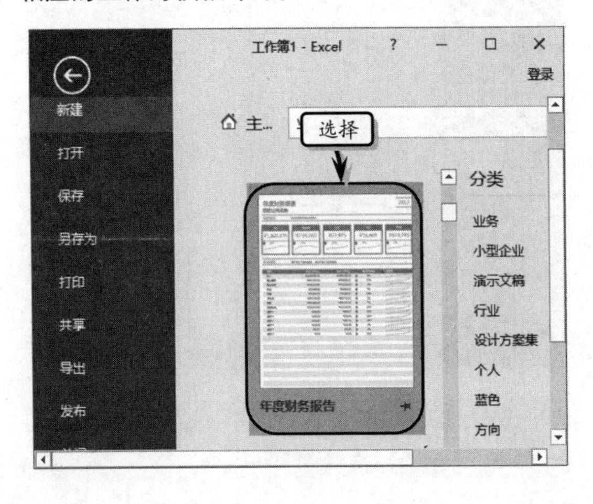

注意

在【业务】模板页面中，单击搜索框左侧的【主页】选项，即可将页面切换到【新建】页面中。

3. 搜索模板

在【新建】页面中的【搜索】文本框中，输入需要搜索的模板类型。例如，输入“财务报告”文本。然后，单击【搜索】按钮，即可创建搜索后的模板文档。

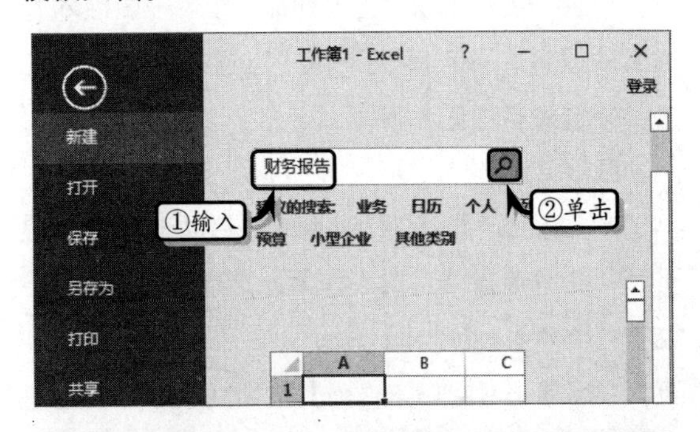

技巧

在新建模板列表中，单击模板名称后面的 按钮，即可将该模板固定在列表中，便于下次使用。

知识链接 2-1 查看工作簿的路径

Excel 是目前使用最广泛的数据处理软件，用户往往需要存储多个 Excel 文件，并且多个 Excel 文件有可能会存储在不同的位置中。默认情况下，Excel 界面中没有直接显示文件的路径，此时用户可通过下列方法，来查看完整的工作簿路径，以便于下次查找或按类更改保存位置。

2.1.3 保存工作簿

当用户创建并编辑完工作簿之后，为保护工作簿中的数据与格式，需要将工作簿保存在本地计算机中。在 Excel 2016 中，保存工作簿的方法大体可分为手动保存与自动保存两种方法。

1. 手动保存

对于新建工作簿，则需要执行【文件】|【保存】或【另存为】命令，在展开的【另存为】列表中，选择【这台电脑】选项，并在右侧选择所需保存的具体位置，例如选择【文档】选项。

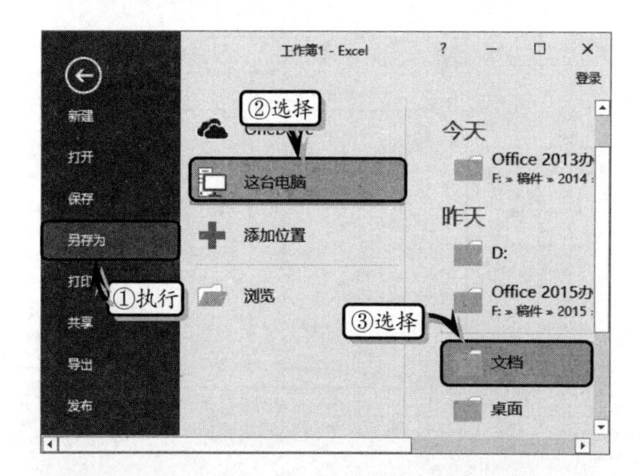

技巧

在【另存为】列表中，用户也可以直接选择【浏览】选项，在弹出的【另存为】对话框中，自定义保存位置。

在弹出的【另存为】对话框中，选择保存位置，设置保存名称和类型，单击【保存】按钮即可。

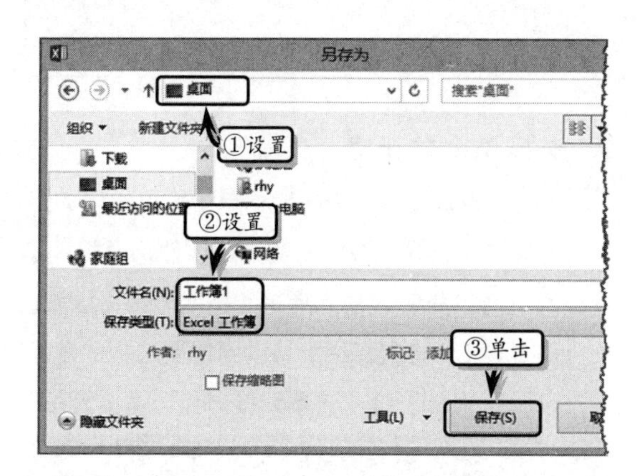

对于已保存过的演示文稿，用户可以直接单击【快速访问工具栏】中的【保存】按钮，直接保存演示文稿即可。

其中，【保存类型】下拉列表中的各文件类型及其功能如下表所示。

类　型	功　能
Excel 工作簿	表示将工作簿保存为默认的文件格式
Excel 启用宏的工作簿	表示将工作簿保存为基于 XML 且启用宏的文件格式
Excel 二进制工作簿	表示将工作簿保存为优化的二进制文件格式，提高加载和保存速度
Excel 97-2003 工作簿	表示保存一个与 Excel 97-2003 完全兼容的工作簿副本
XML 数据	表示将工作簿保存为可扩展标识语言文件类型
单个文件网页	表示将工作簿保存为单个网页
网页	表示将工作簿保存为网页
Excel 模板	表示将工作簿保存为 Excel 模板类型
Excel 启用宏的模板	表示将工作簿保存为基于 XML 且启用宏的模板格式
Excel 97-2003 模板	表示保存为 Excel 97-2003 模板类型
文本文件（制表符分隔）	表示将工作簿保存为文本文件
Unicode 文本	表示将工作簿保存为 Unicode 字符集文件
XML 电子表格 2003	表示保存为可扩展标识语言 2003 电子表格的文件格式
Microsoft Excel 5.0/95 工作簿	表示将工作簿保存为 5.0/95 版本的工作簿
CSV（逗号分隔）	表示将工作簿保存为以逗号分隔的文件
带格式文本文件（空格分隔）	表示将工作簿保存为带格式的文本文件
DIF（数据交换格式）	表示将工作簿保存为数据交换格式文件
SYLK（符号链接）	表示将工作簿保存为以符号链接的文件
Excel 加载宏	表示保存为 Excel 插件
Excel 97-2003 加载宏	表示保存一个与 Excel 97-2003 兼容的工作簿插件
PDF	表示保存一个由 Adobe Systems 开发的基于 PostScriptd 的电子文件格式，该格式保留了文档格式并允许共享文件

续表

类　型	功　能
XPS 文档	表示保存为一种版面配置固定的新的电子文件格式，用于以文档的最终格式交换文档
Strict Open XML 电子表格	表示可以保存一个 Strict Open XML 类型的电子表格，可以帮助用户读取和写入 ISO8601 日期以解决 1900 年的闰年问题
OpenDocument 电子表格	表示保存一个可以在使用 OpenDocument 演示文稿的应用程序中打开，还可以在 PowerPoint 2010 中打开.odp 格式的演示文稿

注意

在 Excel 2016 中，保存文件也可以像打开文件那样，将文件保存到 OneDrive 和其他位置中。

2. 自动保存

用户在使用 Excel 2016 时，往往会遇到计算机故障或意外断电的情况。此时，便需要设置工作簿的自动保存与自动恢复功能。执行【文件】|【选项】命令，在弹出的对话框中激活【保存】选项卡，在右侧的【保存工作簿】选项组中进行相应的设置即可。例如，保存格式、自动恢复时间以及默认的文件位置等。

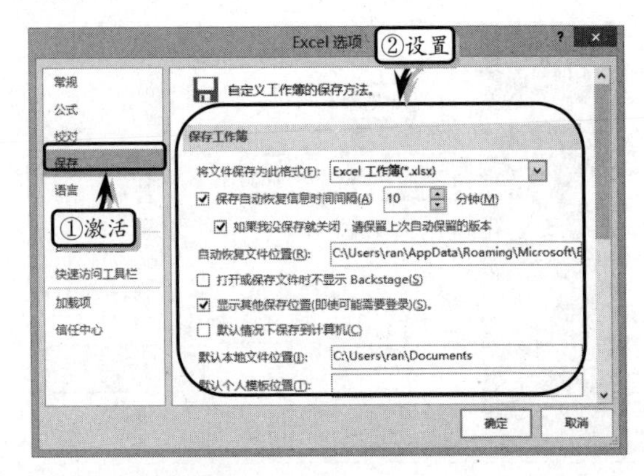

知识链接 2-2 保护工作簿

Excel 提供了文档的保护工作簿的功能，允许用户限制文档的编辑和查看，包括标记为最终状态、加密文档等功能。

2.2 编辑数据

单元格是存储数据的位置，而数据则是工作表的灵魂，用户不仅可以通过单元格来输入多种类型及形式的数据，还可以通过单元格的填充功能，快速填充具有一定规律的数据。

2.2.1 选择单元格

输入数据的前提条件是选择单元格，也就是选择数据存储的位置。在选择单元格时，可以选择一个单元格，也可以选择多个单元格（即单元格区域，区域中的单元格可以相邻或不相邻）。选择单元格时，用户可以通过鼠标或者键盘进行操作。

1. 选择单个单元格

启动 Excel 组件，使用鼠标单击需要编辑的工作表标签即为当前工作表。用户可以使用鼠标、键盘或通过【编辑】选项选择单元格或单元格区域。

移动鼠标，将鼠标指针移动到需要选择的单元格上，单击鼠标左键，该单元格即为选择单元格。

提示

如果选择单元格不在当前视图窗口中，可以通过拖动滚动条，使其显示在窗口中，然后再选取。

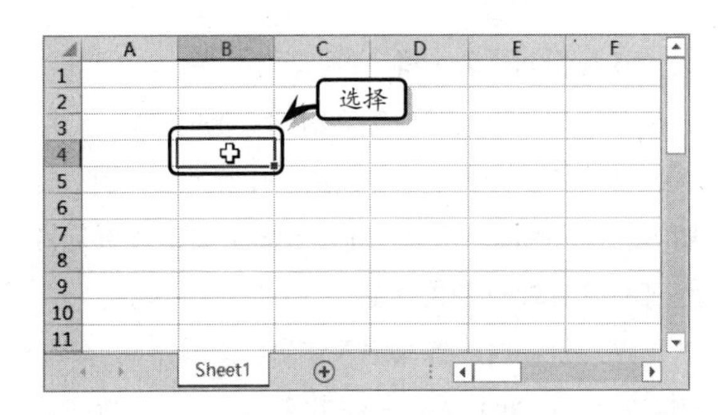

除了使用上述的鼠标选择单元格外，还可以通过键盘上的方向键来选择单元格。

图标及功能	键名	含　义
↑	向上	在键盘上按【向上】键，即可向上移动一个单元格
↓	向下	在键盘上按【向下】键，即可向下移动一个单元格
←	向左	在键盘上按【向左】键，即可向左移动一个单元格
→	向右	在键盘上按【向右】键，即可向右移动一个单元格
Ctrl+↑	——	选择列中的第一个单元格，即 A1、B1、C1 等
Ctrl+↓	——	选择列中的最后一个单元格
Ctrl+←	——	选择行中的第一个单元格，即 A1、A2、A3 等
Ctrl+→	——	选择行中的最后一个单元格

技巧

还可以按 Page Up 和 Page Down 功能键，进行翻页操作。

2．选择相邻的单元格区域

使用鼠标除了可以选择单元格外，还可以选择单元格区域。例如，选择一个连续单元格区域，单击该区域左上角的单元格，按住鼠标左键并拖动鼠标到该单元格区域的右下角单元格，松开鼠标左键即可。

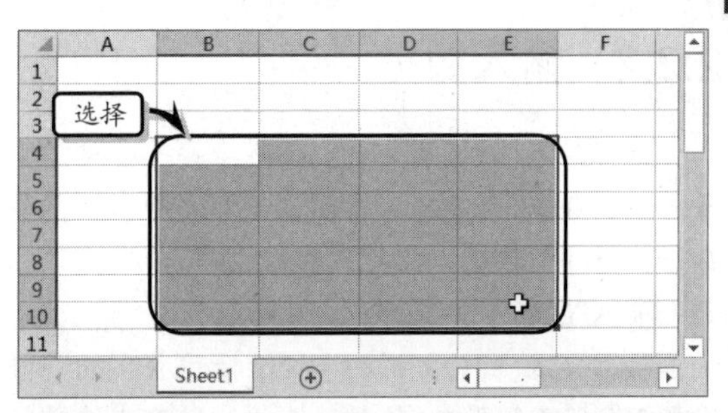

技巧

使用键盘上的方向键，移动选择单元格区域的任一角上的单元格，按下 Shift 键的同时，通过方向键移至单元格区域对角单元格即可。

3．选择不相邻的单元格区域

在操作单元格时，根据不同情况的需求，有时需要对不连续单元格区域进行操作。具体操作如下。

使用鼠标选择 B3 至 B8 单元格区域，在按下 Ctrl 键的同时，选择 D4 至 D8 单元格区域。

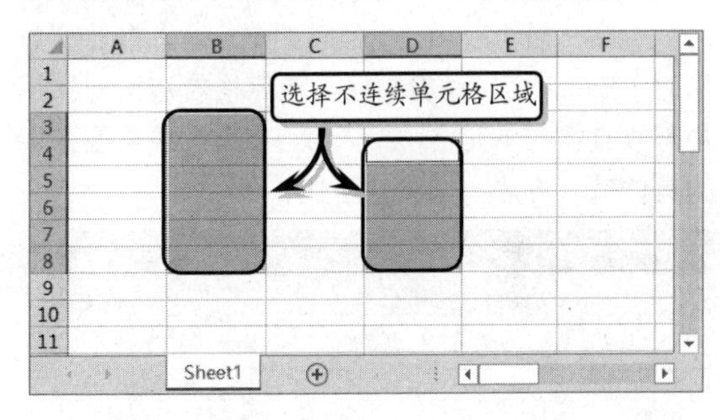

另外，经常需要到对一些特殊单元格区域进行操作。具体情况如下表所述。

单元格区域	选 择 方 法
整行	单击工作表最前面的行号
整列	单击工作表最上面的列标
整个工作表	单击行号与列标的交叉处，即【全选】按钮
相邻的行或列	单击工作表行号或者列标，并拖动行号或列标。也可以按 Shift 键，通过方向键操作
不相邻的行或列	单击选择第一个行号或列标，按住 Ctrl 键，再单击其他行号或列标

2.2.2 输入数据

选择单元格后，用户可以在其中输入多种类型及形式的数据。例如，常见的数值型数据、字符型数据、日期型数据以及公式和函数等。

1．输入文本

输入文本，即输入以数字或者字母开头的字符串和汉字等字符型数据。输入文本之前应先选择单元格，然后输入文字。此时，输入的文字将同时显示在编辑栏和活动单元格中。单击【输入】按钮✓，即可完成输入。

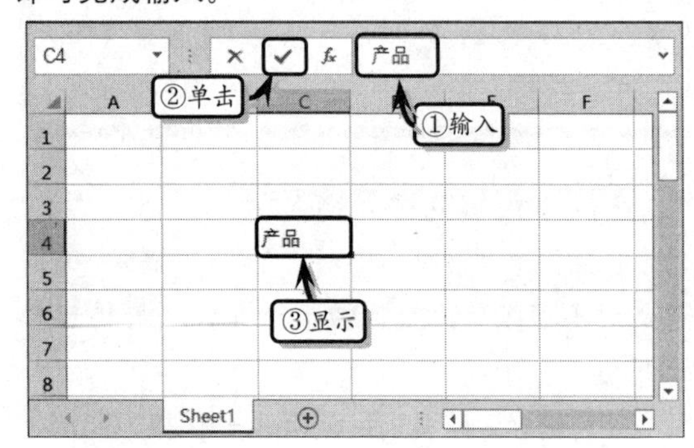

2．输入数字

数字一般由整数、小数等组成。输入数值型数据时，Excel 会自动将数据沿单元格右边对齐。用户可以直接在单元格中输入数字，其各种类型数字的具体输入方法，如下表所述。

类　型	方　法
负数	在数字前面添加一个“－”号或者给数字添加上圆括号。例如：－50 或 (50)
分数	在输入分数前，首先输入“0”和一个空格，然后输入分数。例如：0+空格+1/3
百分比	直接输入数字然后在数字后输入“%”，例如：45%
小数	直接输入小数即可。可以通过【数字】选项组中的【增加数字位数】或【减少数字位数】按钮，调整小数位数。例如：3.1578
长数字	当输入长数字时，单元格中的数字将以科学记数法显示，且自动调整列宽直至显示11位数字为止。例如，输入123456789123，将自动显示为1.23457E+11
以文本格式输入数字	可以在输入数字之前先输入一个单引号“'”（单引号必须是英文状态下的），然后输入数字，例如输入身份证号

3．输入日期和时间

在单元格中输入日期和时间数据时，其单元格中的数字格式会自动从“通用”转换为相应的“日期”或者“时间”格式，而不需要去设定该单元格为日期或者时间格式。

输入日期时，首先输入年份，然后输入 1～12 数字作为月，再输入 1～31 数字作为日，注意在输入日期时，需用“/”号分开“年/月/日”，例如“2013/1/28”。

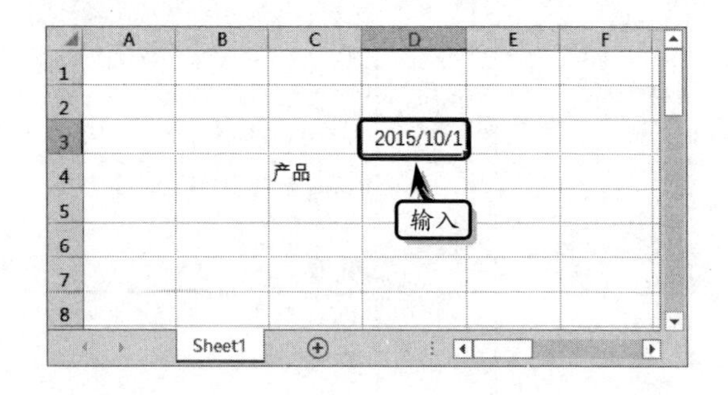

在输入时间和日期时，需要注意以下几点。

（1）时间和日期的数字格式：时间和日期在 Excel 工作表中，均按数字处理。其中，日期被保存为序列数，表示距 1900 年 1 月 1 日的天数；而时间被保存为 0～1 之间的小数，如 0.25 表示上午 6 点，0.5 表示中午 12 点等。由于时间和日期都是数字，因此可以进行各种运算。

（2）以 12 小时制输入时间和日期：要以 12 小时制输入时间和日期，可以在时间后加一个空格并输入 AM 或者 PM，否则 Excel 将自动以 24 小时制来处理时间。

（3）同时输入日期和时间：如果用户要在某一个单元格中同时输入日期和时间，则日期和时间要用空格隔开，例如“2007-7-1 13：30”。

Excel 知识链接 2-3 输入特殊数据

在利用 Excel 处理数据的过程中，经常会遇到输入一些特殊数据的情况。一般情况下，可通过一些特殊技巧，来输入不同类型的特殊数据。

2.2.3　填充数据

在输入具有规律的数据时，可以使用填充功能来完成。该功能可根据数据规则及选择单元格区域的范围，进行自动填充。

1．使用填充柄

选择单元格后，其右下角会出现一个实心方块的填充柄。通过向上、下、左、右 4 个方向拖动填充柄，即可在单元格中自动填充具有规律的数据。

在单元格中输入有序的数据，将光标指向单元格填充柄，当指针变成十字光标后，沿着需要填充的方向拖动填充柄。然后，松开鼠标左键即可完成数据的填充。

2．普通填充

首先，选择需要填充数据的单元格区域。然后，执行【开始】|【编辑】|【填充】|【向下】命令，即可向下填充相同的数据。

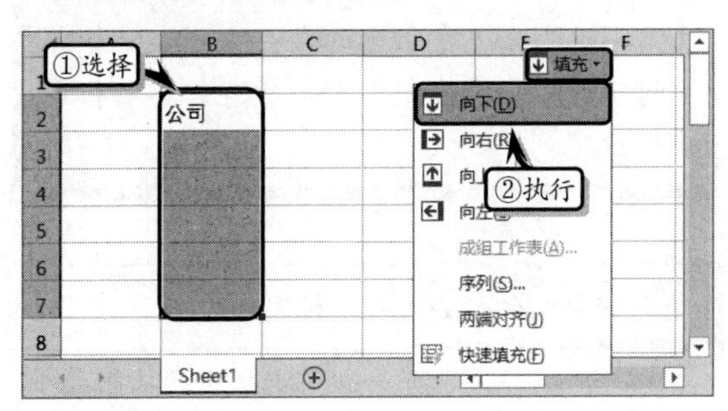

另外，在【填充】级联菜单中，还包括下表中的一些选项。

选项	说　明
向下	在单元格中输入数据后，选择从该单元格开始向下的单元格区域，执行该命令，即可使数据向下自动填充
向右	在单元格中输入数据后，选择从该单元格开始向右的单元格区域，执行该命令，即可使数据向右自动填充

续表

选项	说　明
向左	在单元格中输入数据后，选择从该单元格开始向左的单元格区域，执行该命令，即可使数据向左自动填充
成组工作表	当同时选择两个工作表后，选择该选项，则可以将两个工作表组成为一个表。当在其中任意一个工作表中输入数据后，另一个表中的相同位置也会出现该内容
序列	选择该选项，可以在弹出的对话框中，选择某种数据序列，填充到选择的单元格中
两端对齐	将选择的单元格中的内容，按两端对齐方式重新排列
快速填充	选择该选项，可根据旁边行或列中的数据系列的规律自动填充该行或列中的数据

3．序列填充

执行【开始】|【编辑】|【填充】|【系列】命令，在弹出的【序列】对话框中，可以设置序列产生在行或列、序列类型、步长值及终止值。

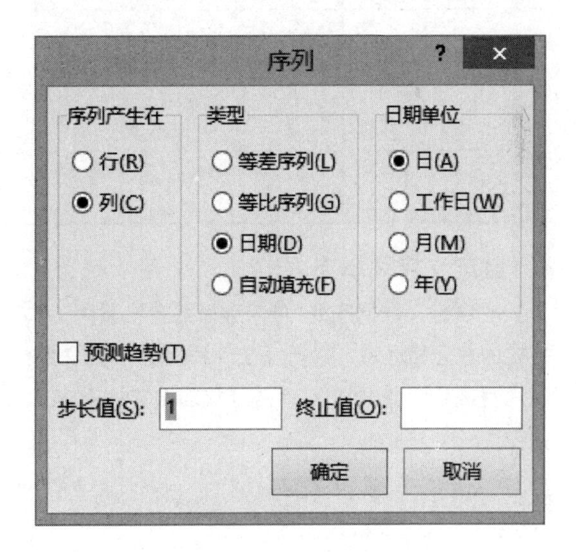

在【序列】对话框中，主要包括【序列产生在】和【日期单位】等选项组或选项，其具体请如下表所述。

选项组	选项	说明
序列产生在		用于选择数据序列是填充在行中还是在列中
类型	等差序列	把【步长值】文本框内的数值依次加入到单元格区域的每一个单元格数据值上来计算一个序列。等同启用【趋势预测】复选框
	等比序列	忽略【步长值】文本框中的数值，而直接计算一个等差级数趋势列。把【步长值】文本框内的数值依次乘到单元格区域的每一个单元格数值上来计算一个序列。如果启用【趋势预测】复选框，则忽略【步长值】文本框中的数值，而会计算一个等比级数趋势序列
	日期	根据选择【日期】单选按钮计算一个日期序列
	自动填充	获得在拖动填充柄时产生相同结果的序列
预测趋势		启用该复选框，可以让 Excel 根据所选单元格的内容自动选择适当的序列
步长值		从目前值或默认值到下一个值之间的差，可正可负，正步长值表示递增，负的则为递减，一般默认的步长值是 1
终止值		用户可在该文本框中输入序列的终止值

4. 自定义序列填充

要自定义数据序列，可以选择需要设置为文本格式的单元格区域，执行【文件】|【选项】命令，激活【高级】选项卡，单击【编辑自定义列表】按钮。

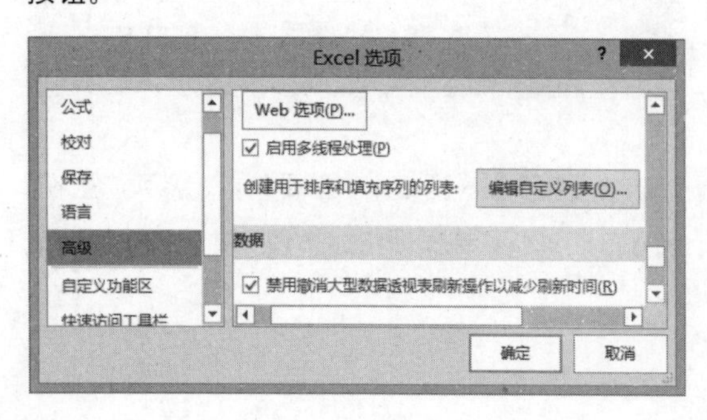

然后，在弹出的【选项】对话框中，选择序列或输入定义填充的序列，如果输入定义填充的序列，则需要单击【添加】按钮。然后选择需要填充的单元格区域，并单击【导入】按钮。最后依次单击【确定】按钮，完成自定义数据序列填充的设置。

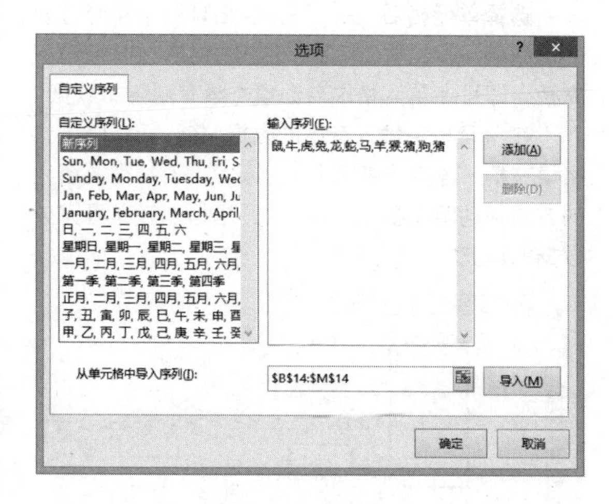

另外，如果用户需要删除自定义填充序列，可以在【自定义序列】列表框中，选择需要删除的序列，单击【删除】按钮即可。

注意

自定义列表只可以包含文字或混合数字的文本。对于只包含数字的自定义列表，如从 0 到 100，必须首先创建一个设置为文本格式的数字列表。

知识链接 2-4 数据填充技巧

在 Excel 中，除了一般填充数据的功能之外，还可以运用右键或双击鼠标的方法，来填充数据。

2.2.4 示例：股票交易表

通过本节的学习，大多读者已掌握了数据的输入和填充技巧。下面通过制作“股票交易表”工作表，详细展示数据输入和数据填充的使用方法。

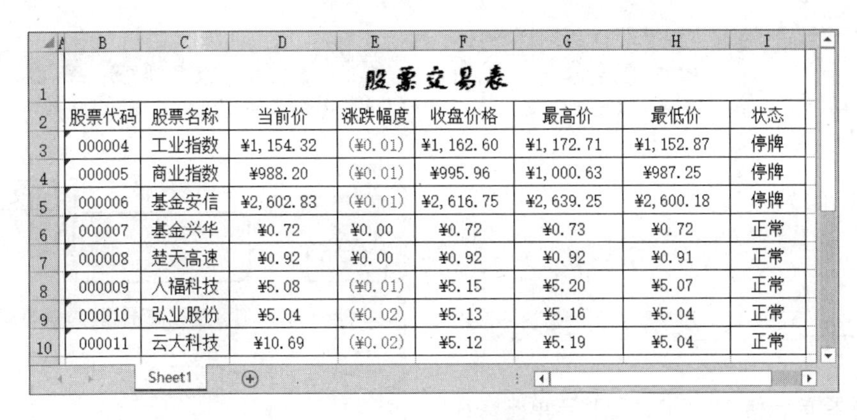

	B	C	D	E	F	G	H	I
1	股票交易表							
2	股票代码	股票名称	当前价	涨跌幅度	收盘价格	最高价	最低价	状态
3	000004	工业指数	¥1,154.32	(¥0.01)	¥1,162.60	¥1,172.71	¥1,152.87	停牌
4	000005	商业指数	¥988.20	(¥0.01)	¥995.96	¥1,000.63	¥987.25	停牌
5	000006	基金安信	¥2,602.83	(¥0.01)	¥2,616.75	¥2,639.25	¥2,600.18	停牌
6	000007	基金兴华	¥0.72	¥0.00	¥0.72	¥0.73	¥0.72	正常
7	000008	楚天高速	¥0.92	¥0.00	¥0.92	¥0.92	¥0.91	正常
8	000009	人福科技	¥5.08	(¥0.01)	¥5.15	¥5.20	¥5.07	正常
9	000010	弘业股份	¥5.04	(¥0.02)	¥5.13	¥5.16	¥5.04	正常
10	000011	云大科技	¥10.69	(¥0.02)	¥5.12	¥5.19	¥5.04	正常

通过上图可以发现，在该工作表中包含 10 行 8 列数据。第 1 列数据属于特殊类型的数据，它们都是以 0 开头的数据，输入该类数据不同于普通数据，必须在单元格中先输入“'”然后再输入数据。而第 3~7 列表现为“货币”类型的数据，该数据类型没有内置在 Excel 常用数据格式中，用户需要在【设置单元格格式】对话框中自定义其数据格式，使其以特殊的“货币”格式进行显示。

STEP|01 设置行高。新建工作表，单击【全选】按钮，选择整个工作表。右击行标签处，执行【行高】命令，在弹出的【行高】对话框中设置行高值。

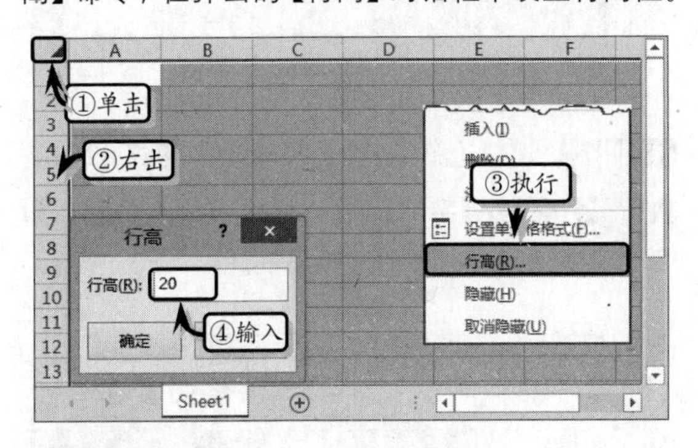

STEP|02 制作标题。选择单元格区域 B1:I1，调整行高并执行【开始】|【对齐方式】|【合并后居中】命令，合并单元格区域。

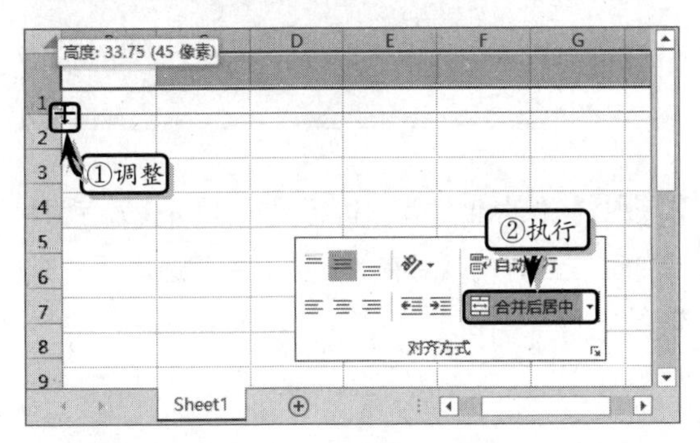

STEP|03 选择合并后的单元格，在【开始】选项卡【字体】选项组中设置字体、字号和加粗格式，同时在单元格中输入标题文本。

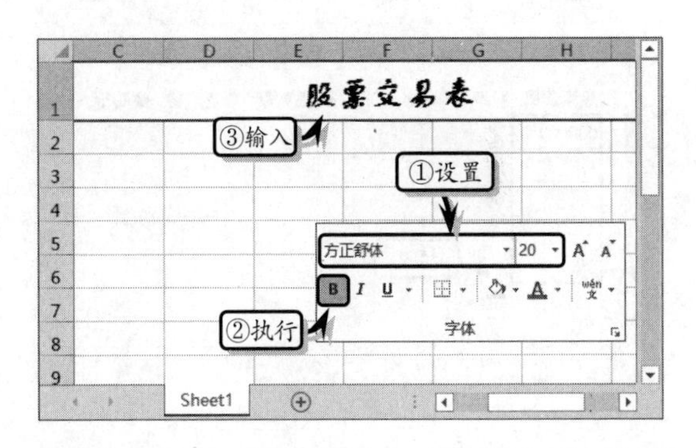

STEP|04 输入列标题。选择单元格 B2，输入“股票代码”文本，按 Enter 键完成输入。使用同样方法，输入其他列标题。

STEP|05 输入零开头数据。选择单元格 B3，在编辑栏中输入“'000004”，按 Enter 键完成输入。

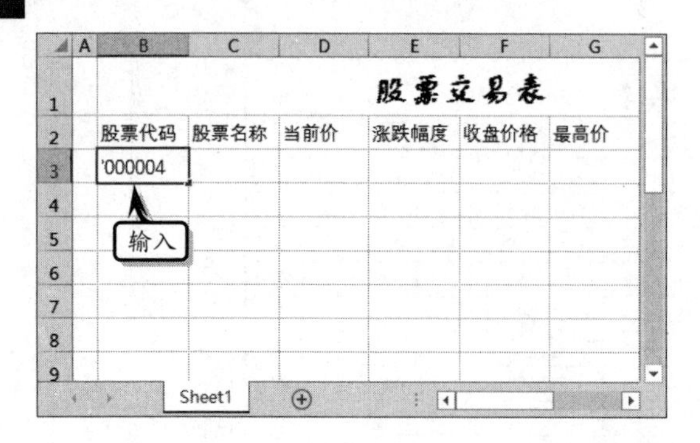

STEP|06 选择单元格 B3，将鼠标移至单元格右下角，当鼠标变成“十”字形状后，按住鼠标左键向下拖动鼠标，填充序列数据。

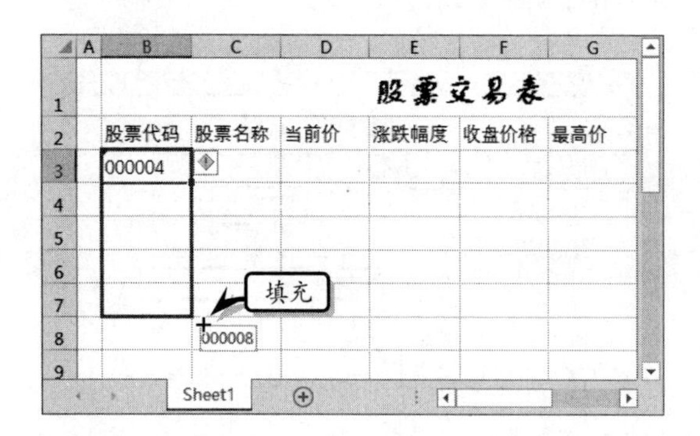

STEP|07 设置“货币”格式。输入其他基础数据，选择单元格区域 D3:H10，右击执行【设置单元格格式】命令。

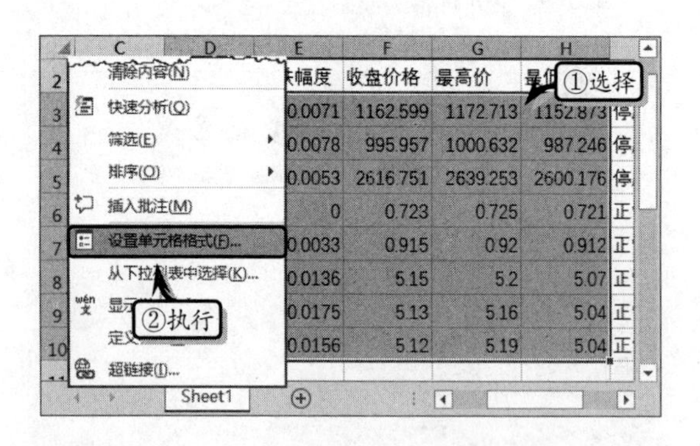

STEP|08 在弹出的【设置单元格格式】对话框中，选择【货币】选项，设置【小数位数】和【货币符号（国家/地区）】选项，并在列表框中选择负数显示方式。

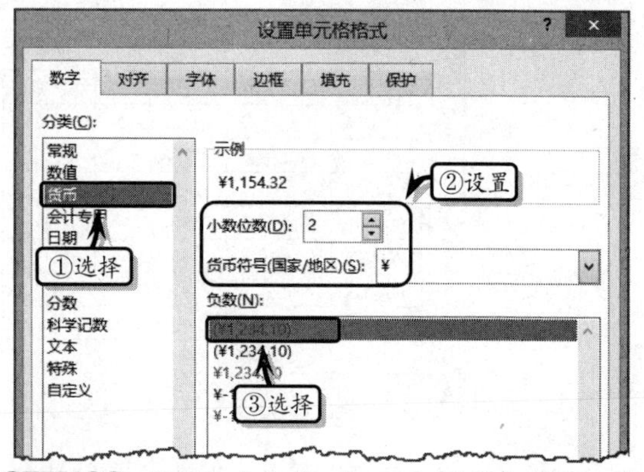

STEP|09 设置对齐格式。选择单元格区域 B2:I10，执行【开始】|【对齐方式】|【居中】命令，设置其对齐格式。

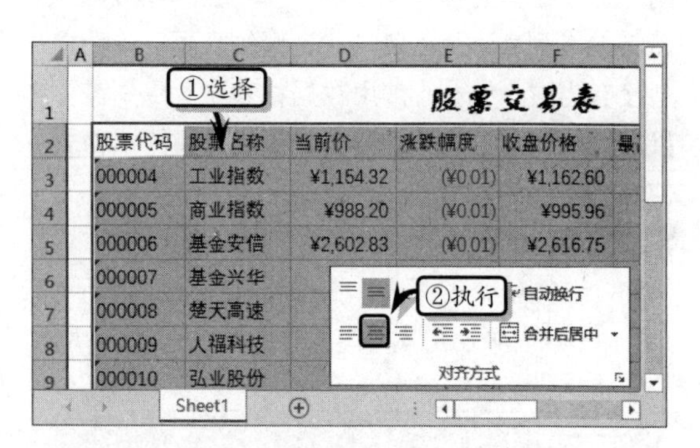

STEP|10 设置边框格式。选择单元格区域 B2:I10，执行【开始】|【字体】|【边框】|【所有框线】命令，设置单元格区域的边框格式。

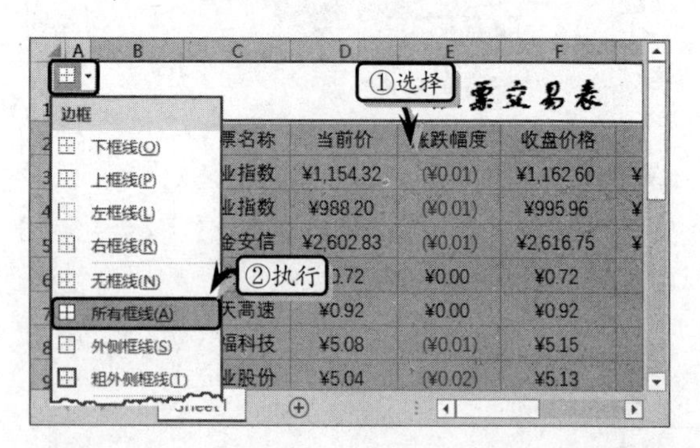

STEP|11 保存工作簿。执行【文件】|【另存为】命令，在展开的【另存为】列表中，选择【浏览】选项。

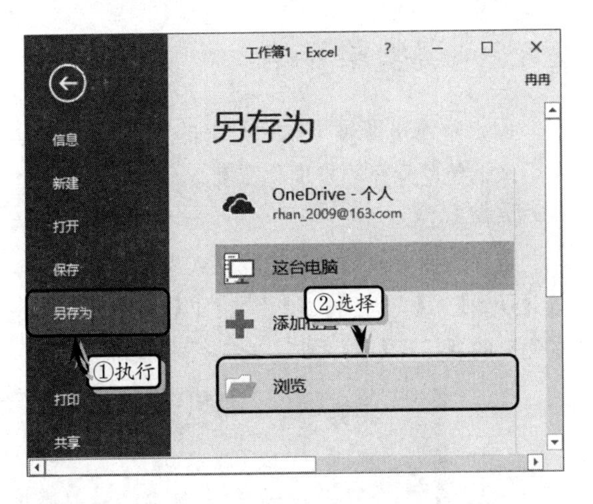

STEP|12 然后，在弹出的【另存为】对话框中，设置保存位置和名称，单击【保存】按钮保存工作簿。

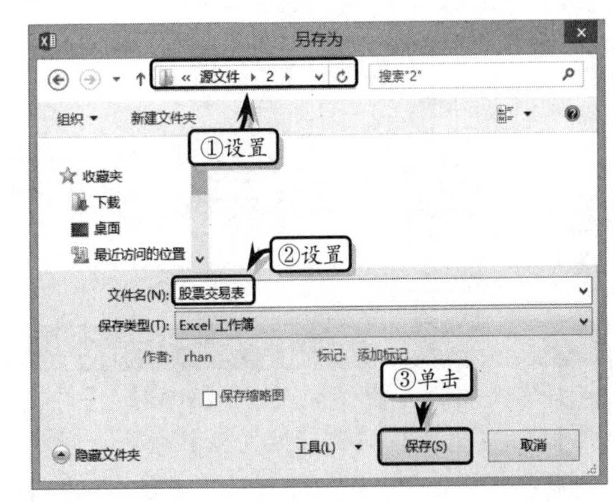

2.3 编辑单元格

在进行数据处理过程中，需要通过编辑单元格来改变表格中数据的位置。例如，插入单元格、插入行/列，或合并单元格等操作。

2.3.1 插入单元格

当用户需要改变表格中数据的位置或插入新的数据时，可以先在表格中插入单元格、行或列。

1. 插入单元格

在选择要插入新空白单元格的单元格或者单元格区域时，其所选择的单元格数量应与要插入的单元格数量相同。例如，要插入两个空白单元格，需要选取两个单元格。

然后，执行【开始】|【单元格】|【插入】|【插入单元格】命令，或者按 Shift+Ctrl+=键。在弹出的【插入】对话框中，选择需要移动周围单元格的方向。

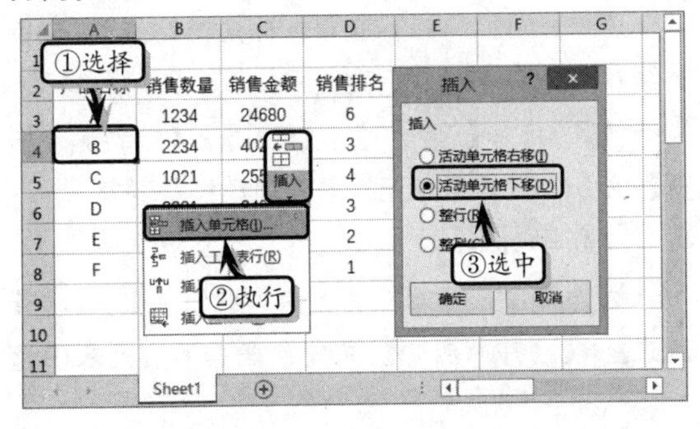

> **提示**
> 选择单元格或单元格区域后，右击执行【插入】命令，也可以打开【插入】对话框。

在【插入】对话框中，主要包括下列 4 种选项。

选　项	说　明
活动单元格右移	选中该选项，表示在选择的单元格左侧插入单元格
活动单元格下移	选中该选项，表示在选择的单元格上方插入单元格
整行	选中该选项，表示在选择的单元格下方插入与所选择单元格区域相同行数的行
整列	选中该选项，表示在选择的单元格左侧插入与所选择单元格区域相同列数的列

2. 插入行

要插入一行，选择要在其上方插入新行的行或该行中的一个单元格，执行【开始】|【单元格】|【插入】|【插入工作表行】命令即可。

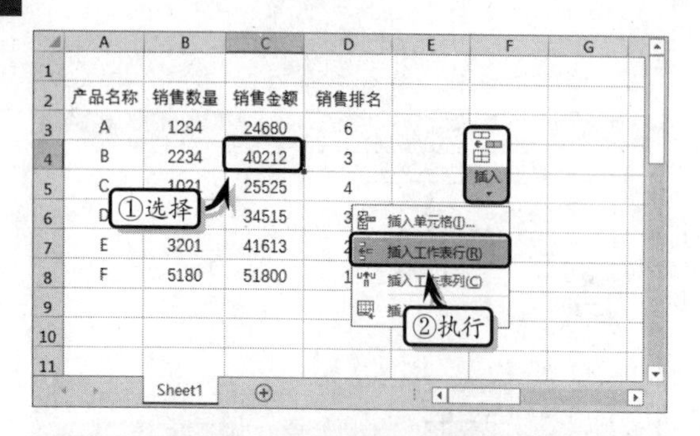

注意

选择需要删除的单元格，执行【开始】|【单元格】|【删除】|【删除单元格】命令，即可删除该单元格。删除行或列的方法，同删除单元格的方法大体一致。

另外，要快速重复插入行的操作，请单击要插入行的位置，然后按 Ctrl+Y 键。

技巧

要插入多行，选择要在其上方插入新行的那些行。所选的行数应与要插入的行数相同。

3．插入列

如果要插入一列，应选择要插入新列右侧的列或者该列中的一个单元格，执行【开始】|【单元格】|【插入】|【插入工作表列】命令即可。

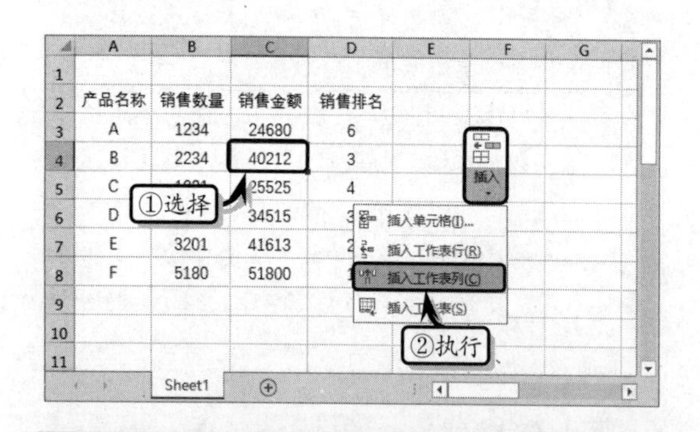

注意

当在工作表中插入行时，受插入影响的所有引用都会相应地做出调整，不管它们是相对引用，还是绝对引用。

2.3.2 调整单元格

调整单元格即是根据字符串的长短和字号的大小来调整单元格的高度和宽度。

1．调整高度

选择需要更改行高的单元格或单元格区域，执行【开始】|【单元格】|【格式】|【行高】命令。在弹出的【行高】对话框中输入行高值即可。

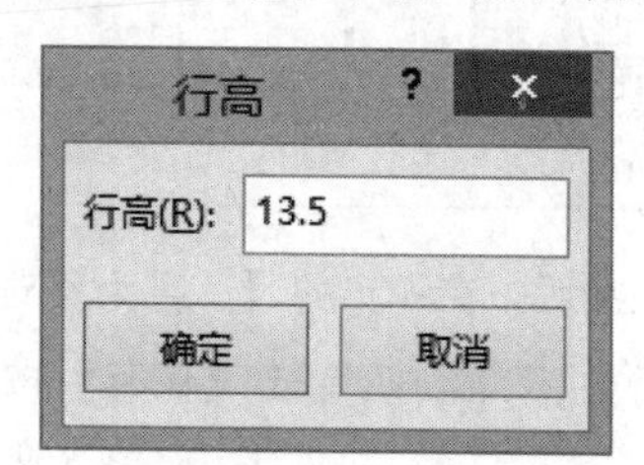

用户也可以通过拖动鼠标的方法调整行高。即将鼠标置于要调整行高的行号处，当光标变成单竖线双向箭头✛时，拖动鼠标即可。同时，双击即可自动调整该行的行高。

另外，用户可以根据单元格中的内容自动调整行高。执行【开始】|【单元格】|【格式】命令，选择【自动调整行高】选项即可。

2．调整宽度

调整列宽的方法与调整行高的方法大体一致。选择需要调整列宽的单元格或单元格区域后，执行【开始】|【单元格】|【格式】|【列宽】命令，在弹出的【列宽】对话框中输入列宽值即可。

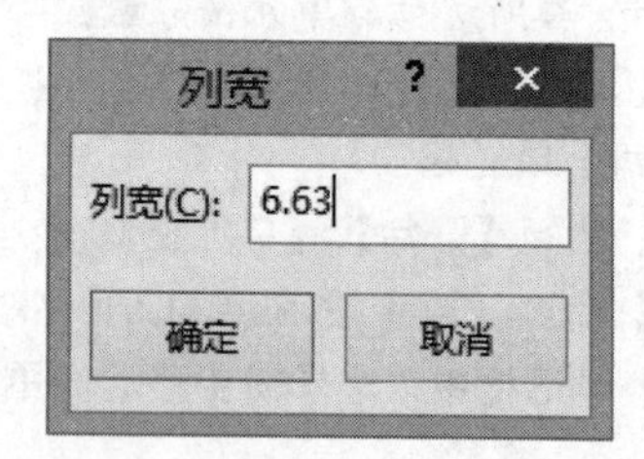

用户也可以将鼠标置于列标处，当光标变成单竖线双向箭头✛时，拖动鼠标或双击即可。另外，执行【开始】|【单元格】|【格式】|【自动调整列宽】命令，可根据单元格内容自动调整列宽。

3．合并单元格

选择要合并单元格后，执行【开始】|【对齐方式】|【合并后居中】命令，在其下拉列表中选

择相应的选项即可合并单元格。例如，选择 B1 至 E1 单元格区域，执行【开始】|【对齐方式】|【合并后居中】命令，合并所选单元格。

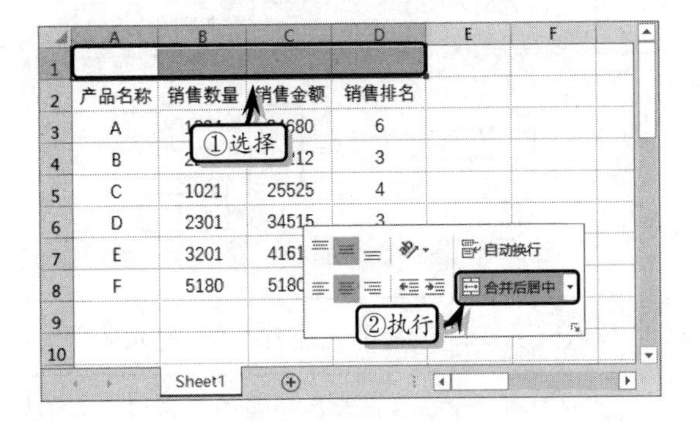

其中，Excel 组件为用户提供以下三种合并方式。

方　式	含　义
合并后居中	将选择的多个单元格合并成一个大的单元格，并将单元格内容居中
跨越合并	行与行之间相互合并，而上下单元格之间不参与合并
合并单元格	将所选单元格合并为一个单元格

选择合并后的单元格，执行【对齐方式】|【合并后居中】|【取消单元格合并】命令，即可将合并后的单元格拆分为多个单元格，且单元格中的内容将出现在拆分单元格区域左上角的单元格中。

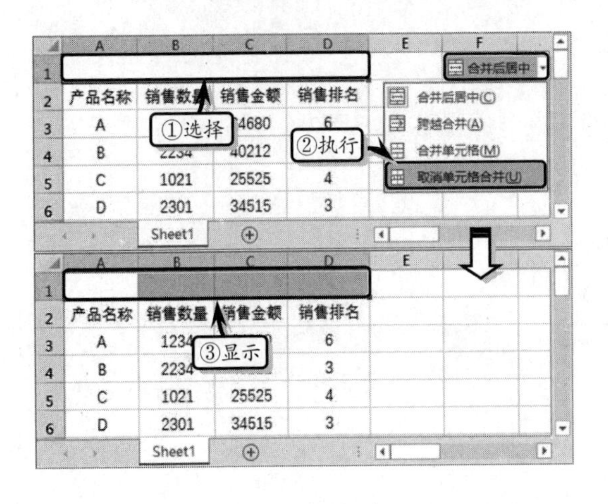

> **提示**
>
> 另外，选择合并后的单元格，执行【开始】|【对齐方式】|【合并后居中】命令，也可以取消已合并的单元格。

2.3.3　复制单元格

使用复制单元格数据方法，可避免重复输入相同的数据。复制单元格数据时，Excel 将复制整个单元格，包括公式及其结果值、单元格格式和批注。

1．复制单个单元格

选择需要复制的单元格，执行【开始】|【剪贴板】|【复制】命令，或者按 Ctrl+C 键。然后，选择放置复制内容的单元格，执行【开始】|【剪贴板】|【粘贴】命令，或者按 Ctrl+V 键即可。

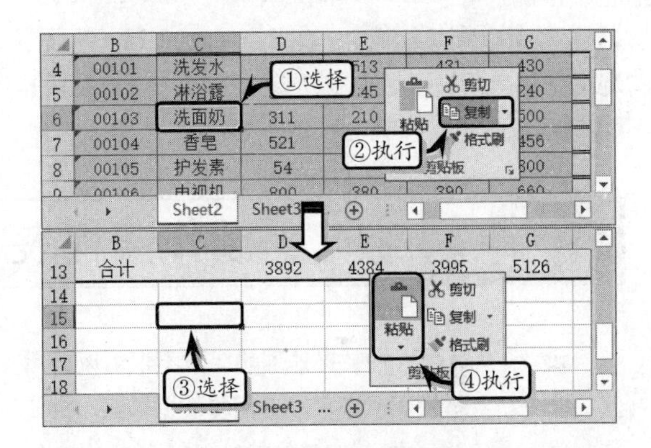

> **提示**
>
> 在复制单元格时，单击【复制】下拉按钮，选择【复制为图片】命令，即可将文本复制为图片。

2．复制单个单元格中的部分数据

双击包含要复制的数据的单元格，在该单元格中选择要移动或复制的字符，执行【开始】|【剪贴板】|【复制】命令。然后，单击需要粘贴字符的位置或者单击需要移至的单元格，执行【剪贴板】|【粘贴】命令，再按 Enter 键确认输入。

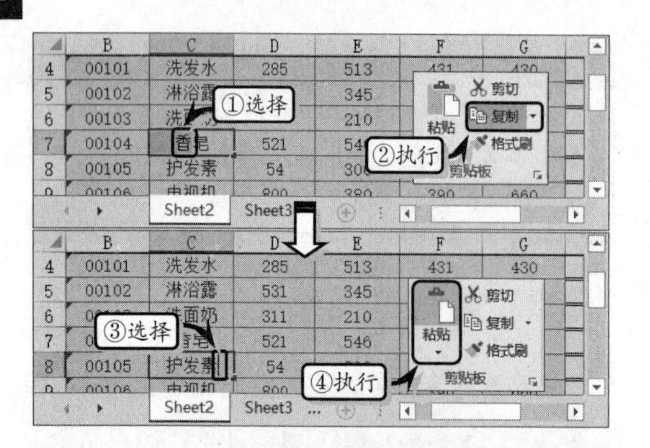

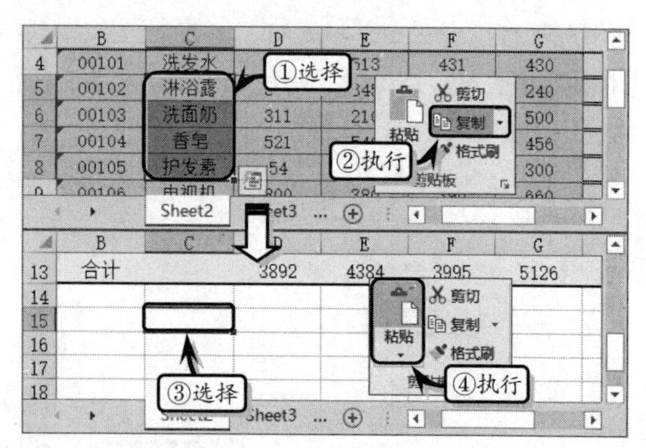

注意

默认情况下，用户可以通过双击单元格直接在单元格中编辑和选择单元格数据，但也可以在【编辑】栏中编辑和选择单元格数据。

3. 复制单元格区域中的数据

选择需要复制的单元格区域，执行【开始】|【剪贴板】|【复制】命令，或者按 Ctrl+C 键。然后，选择粘贴单元格区域左上角单元格，执行【剪贴板】|【粘贴】命令，或者按 Ctrl+V 键。

知识链接 2-5 复制单元格中的特定数据

在 Excel 中，如果需要在粘贴单元格时选择特定选项，可以执行【粘贴】命令，在其级联菜单中选择所需选项即可。在【粘贴】级联菜单中，主要包括粘贴、粘贴数据和其他粘贴等栏中的各类选项。

2.4 练习：制作课程表

Excel 具有强大的数据处理功能，不仅可以运用其计算、筛选和排序功能分析各类数据，还可以运用其数据输入、单元格格式等常规功能来制作一些简单且常用的基础表格。在本练习中，将通过制作“课程表”工作表，来详细介绍 Excel 强大的数据处理功能。

课程表

星期/时间	星期一	星期二	星期三	星期四	星期五	星期六
晨会						
上午	语文	数学	作文	英语	语文	语文
	数学	英语	作文	语文	化学	语文
	眼保健操					
	英语	计算机	物理	数学	英语	数学
	政治	体育	生物	地理	生物	数学
午间休息						
下午	历史	语文	化学	美术	体育	英语
	地理	音乐	政治	历史	音乐	英语
活动、打扫卫生						

操作步骤

STEP|01 设置行高。新建工作簿，单击【全选】按钮，右击行标签执行【行高】命令，在弹出的【行高】对话框中，输入行高值并单击【确定】按钮。

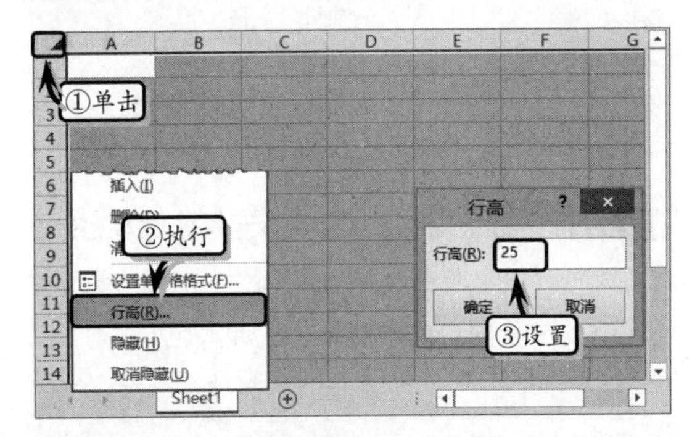

STEP|02 制作标题。选择单元格区域 B1:H1，执行【开始】|【对齐方式】|【合并后居中】命令，合并单元格区域。

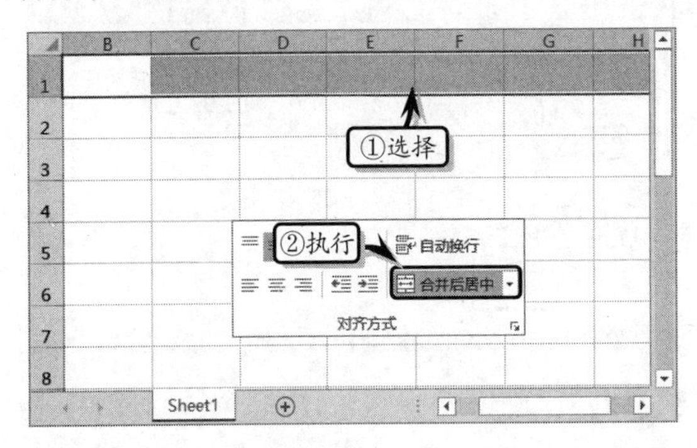

STEP|03 然后，在合并后的单元格中输入标题文本，在【开始】选项卡【字体】选项组中，设置文本的字体格式并调整其行高。

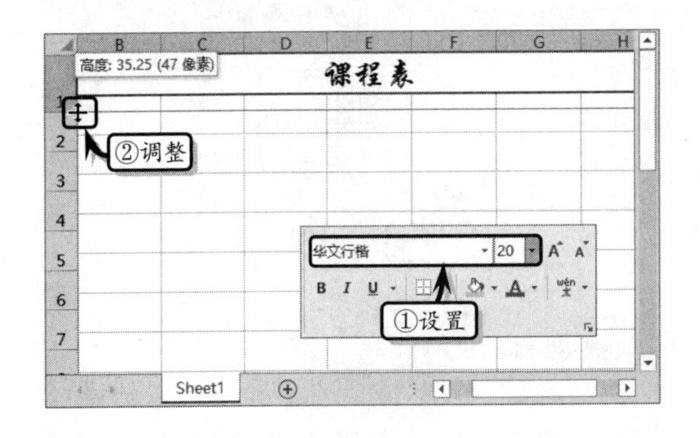

STEP|04 制作表格列标题。在单元格区域 C2:H2 中输入列标题，在【字体】选项组中设置文本的字体格式，同时执行【开始】|【对齐方式】|【居中】命令，设置对齐格式。

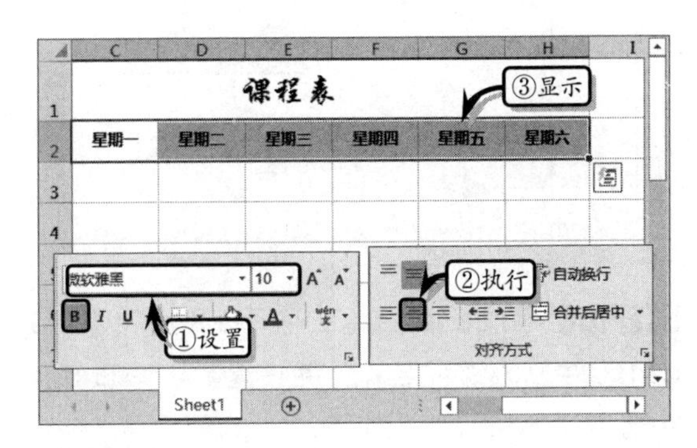

STEP|05 然后，合并单元格区域 B3:H3，在合并后的单元格中输入“晨会”文本，并在【字体】选项组中设置文本的字体格式。

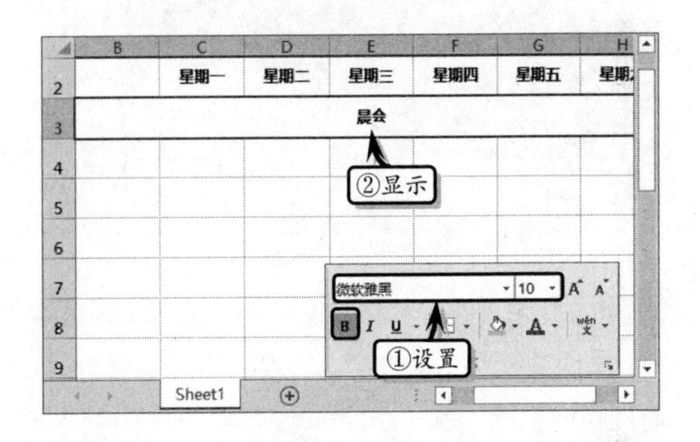

STEP|06 合并单元格区域 B4:B8，输入“上午”文本，并在【字体】选项组中设置文本的字体格式。

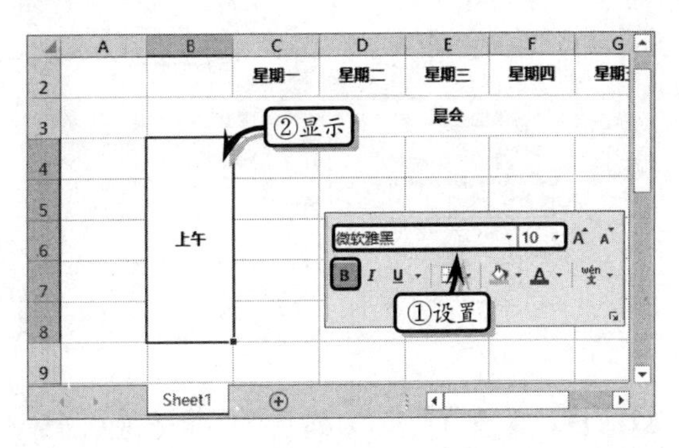

STEP|07 选择合并后的单元格，执行【开始】|【对齐格式】|【方向】|【竖排文字】命令，设置文本的显示方向。

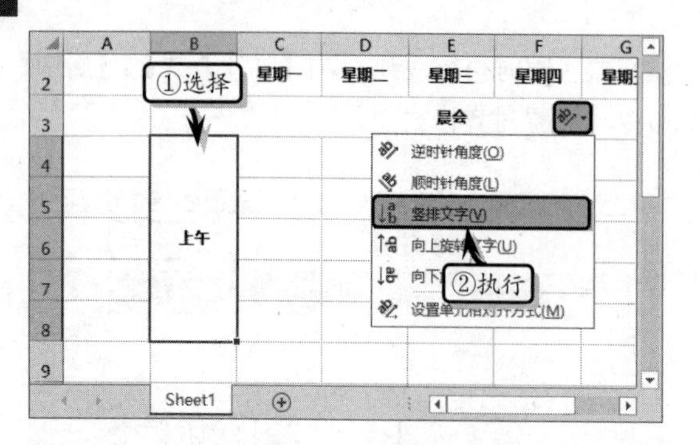

STEP|08 制作表格内容。在单元格区域 C4:H5 与 C7:H8 中输入课程名称，并设置其字体和对齐格式。

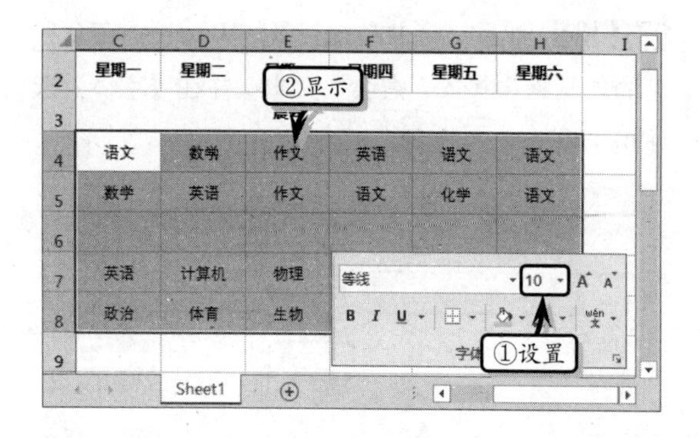

STEP|09 合并单元格区域 C6:H6，输入“眼保健操”文本并设置文本的字体格式。同时，将第 6 行的行高设置为“20”。使用同样方法，制作其他课程内容。

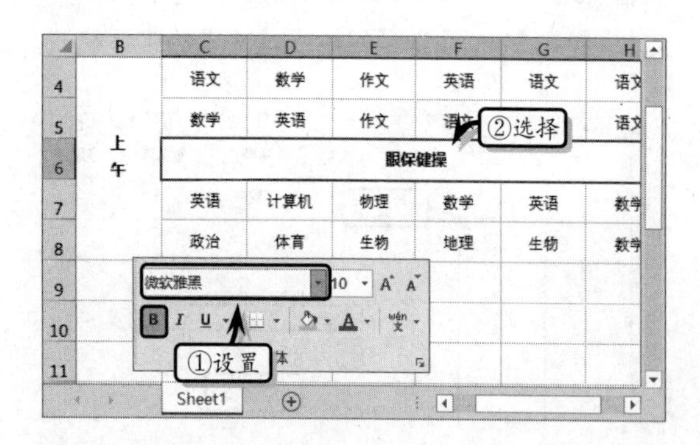

STEP|10 设置背景颜色。选择单元格区域 B2:H2，执行【开始】|【字体】|【填充颜色】|【绿色，个性色，淡色 60%】命令，设置背景填充颜色。使用同样方法，设置其他单元格的填充颜色。

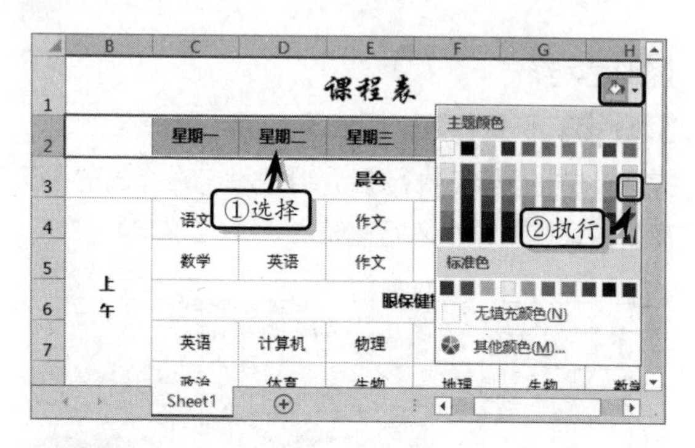

STEP|11 设置边框格式。选择单元格区域 B2:H12，右击执行【设置单元格格式】命令，在【边框】选项卡中，设置内边框的线条样式和颜色。

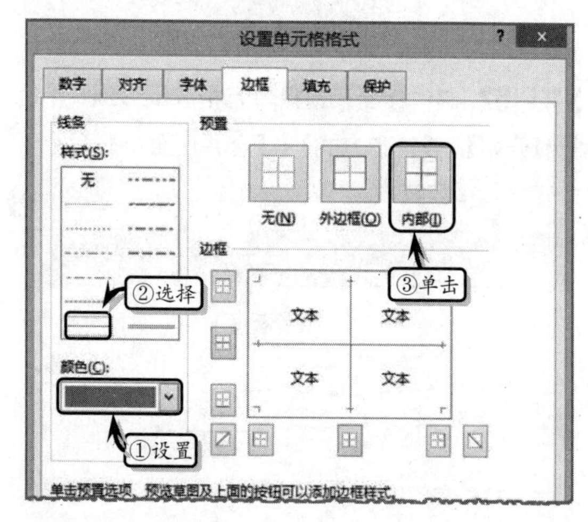

STEP|12 同时，右击执行【设置单元格格式】命令，在【边框】选项卡中，设置外边框的线条样式和颜色。

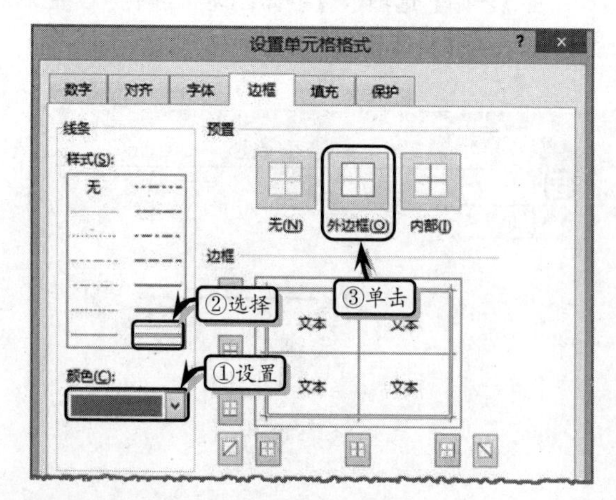

STEP|13 制作斜线表头。选择单元格 B2，右击执行【设置单元格格式】命令，在【边框】选项卡中，

设置边框颜色和样式，单击【右斜下】按钮，设置边框位置。

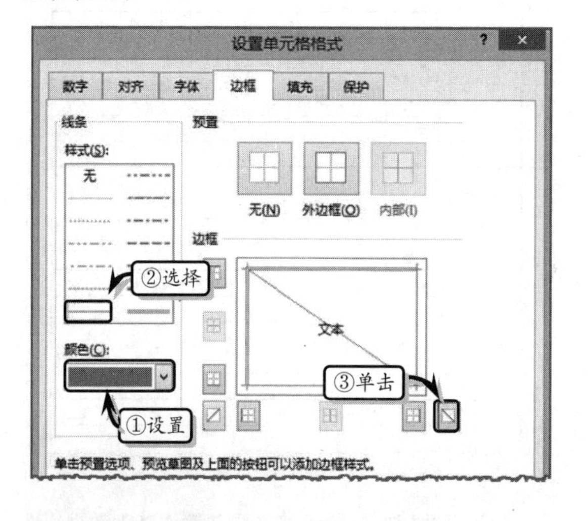

STEP|14 在单元格中输入文本，设置文本的字体格式，执行【开始】|【对齐方式】|【自动换行】命令，调整该行高并按空格键隔开两个文本之间的距离。

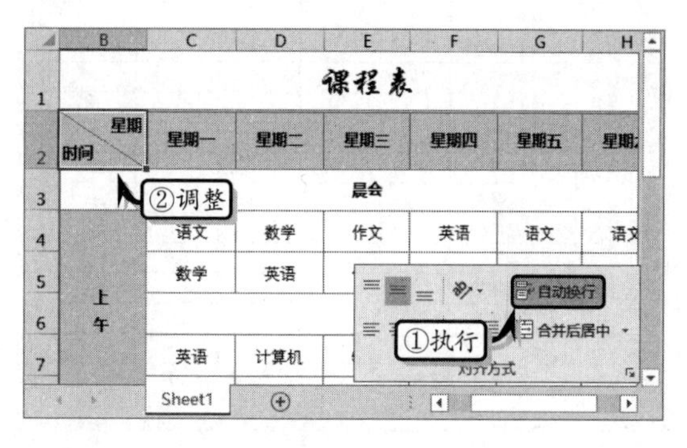

1.5 新手训练营

练习 1：制作员工档案表

downloads\2\新手训练营\员工档案表

提示：本练习中，主要使用 Excel 中的合并单元格、设置对齐格式、设置边框格式，以及设置文本方向等常用功能。

	B	C	D	E	F
1	员工档案表				
2	基本情况	姓名		性别	
3		出生日期		民族	
4		政治面貌		身份证号码	
5		毕业学校		婚姻状况	
6		毕业时间		学历	
7		所学专业		参加工作时间	
8		籍贯			
9		户口所在地			
10		联系电话		电子信箱	
11		备注			
12	入职情况	所属部门		担任职务	
13		入职时间		转正时间	
14		合同到期日		续签时间	
15		调档情况		聘用形式	
16		备注			
17	档案资料	个人简历		求职人员登记表	
18		面试结果表		身份证复印件	
19		学历证书复印件		劳动合同书	
20		员工报到派遣单		员工转正审批表	
21		员工职务变更审批表		员工工资变更审批表	
22		员工续签合同申报审批表			
23	备注				
24					
25					

其中，主要制作步骤如下所述。

（1）新建工作表，单击【全选】按钮，右击行标签，设置工作表的行高。

（2）选择单元格区域 B1:F1，执行【开始】|【对齐方式】|【合并后居中】命令，合并单元格区域。

（3）调整行高，输入标题文本，并在【开始】选项卡【字体】选项组中设置文本的字体格式。

（4）输入基础数据并设置其居中对齐格式，然后分别合并单元格区域 B2:B11、B12:B16、B17:22 和 B23:25。

（5）选择合并后的单元格 B2、B12 和 B17，执行【开始】|【对齐方式】|【方向】|【竖排文字】命令，设置文本方向。

（6）同时选择单元格 B2、B12、B17、B23，以及单元格区域 B2:F11、B12:F16、B17:F22 和 B23:F25，执行【开始】|【字体】|【边框】|【粗外侧框线】命令，设置边框格式。

（7）同时，选择单元格区域 B2:F11、B12:F16、B17:F22 和 B23:F25，右击执行【设置单元格格式】命令，激活【边框】选项卡，自定义内部边框样式。

练习 2：制作人力资源规划表

downloads\2\新手训练营\人力资源规划表

提示：本练习中，主要使用 Excel 中的合并单元格、横向填充带文本的数据、自动换行、计算功能，以及设置表格对齐和边框格式等功能。

人力资源规划表						
规划类别		年份				备注
		2012年	2013年	2014年	2015年	
各类别职位人员计划	高层管理人员					
	中层管理人员					
	基础管理人员					
	技术人员					
	普通员工					
各部门人员计划	财务部					
	人力资源部					
	生产部					
	工程部					
	市场营销部					
	公关推广部					
合计		0	0	0	0	
填表人：		审核人：		填表时间：年 月 日		

其中，主要制作步骤如下所述。

（1）新建工作表，单击【全选】按钮，右击行标签执行【行高】命令，设置工作表的行高。

（2）合并单元格区域 B1:H1，调整行高，输入标题文本并在【字体】选项组中设置文本的字体格式。

（3）合并相应的单元格区域，输入基础数据。同时选择合并后的单元格 B4 和 B9，执行【开始】|【对齐方式】|【自动换行】命令。

（4）在单元格 D3 中输入“2012 年”，然后选择单元格 D3，将光标放置在该单元格的右下角，当光标变成“十”字形状时，按住左键向右拖动鼠标填充数据。

（5）选择单元格区域 B2:H15，执行【开始】|【对齐方式】|【居中】命令，设置其对齐格式。

（6）同时，执行【开始】|【字体】|【边框】|【所有框线】命令，设置边框格式。

（7）选择单元格 D15，在编辑栏中输入“=SUM(D9:D14)”公式，按 Enter 键完成公式的输入。

（8）选择单元格区域 D15:G15，执行【开始】|【编辑】|【填充】|【向右】命令，向右填充公式。

练习 3：制作人事资料卡

downloads\2\新手训练营\人事资料卡

提示：本练习中，主要使用 Excel 中的输入数据、合并单元格、设置字体格式和设置对齐格式，以及设置内部和外部边框格式等功能。

其中，主要制作步骤如下所述。

（1）新建工作表，单击【全选】按钮，右击行标签执行【行高】命令，设置工作表的行高。

（2）合并单元格区域 B1:H1，调整行高，输入标题文本并在【字体】选项组中设置文本的字体格式。

人事资料卡						
日期：					编号：	
基本信息	姓名		性别		出生日期	
	籍贯					
	现居住地					
	身份证号					
	专长					
	爱好					
入厂经历	介绍人					
	考试情况					
	保证书					
	报告日期					
工作经历	服务单位	职别	工资	离职原因		
工资	年 月 日		薪水	记事		

（3）合并相应的单元格区域并输入基础数据，选择单元格区域 B3:B30，执行【开始】|【对齐方式】|【方向】|【竖排文字】命令，设置文字方向。

（4）选择单元格区域 C3:H30，执行【开始】|【对齐方式】|【居中】命令，设置居中对齐格式。

（5）选择单元格区域 B3:H8，右击执行【设置单元格格式】命令，激活【边框】选项卡，设置内边框和外边框格式。使用同样方法，设置其他单元格区域的边框格式。

练习 4：制作航班时刻表

downloads\2\新手训练营\航班时刻表

提示：本练习中，主要使用 Excel 中的输入数据、合并单元格、设置数字格式以及设置对齐和边框格式等功能。

北京至广州航班时刻表					
航班号	机型	起飞时间	到港时间	起始日期	截止日期
CA1351	JET	7:45:00	10:50:00	2014年1月4日	2014年1月23日
HU7803	767	8:45:00	11:40:00	2014年12月13日	2014年3月24日
CA1321	777	8:45:00	11:50:00	2014年1月2日	2014年1月25日
CZ3196	757	8:45:00	11:55:00	2014年12月13日	2014年3月24日
CZ3162	319	9:55:00	13:00:00	2014年12月14日	2014年3月24日
CA1315	772	11:25:00	14:20:00	2014年1月2日	2014年1月23日
CZ3102	777	11:55:00	15:05:00	2014年10月29日	2014年1月1日
CZ346	77B	12:55:00	16:05:00	2014年12月30日	2014年3月25日
CZ3106	JET	14:00:00	17:05:00	2014年10月31日	2014年1月1日
CA1327	320	14:10:00	17:15:00	2014年12月6日	2014年3月24日
HU7801	767	14:55:00	17:45:00	2014年12月14日	2014年3月24日

其中，主要制作步骤如下所述。

（1）新建工作表，单击【全选】按钮，右击行标签执行【行高】命令，设置工作表的行高。

（2）合并单元格区域 A1:F1，调整行高，输入标题文本并在【字体】选项组中设置文本的字体格式。

（3）输入列表格，选择单元格区域 C3:D13，执行【开始】|【数字】|【数字格式】|【时间】命令，设置时间数据格式。

（4）选择单元格区域 E3:F13，执行【开始】|【数字】|【数字格式】|【长日期】命令，设置日期数据格式。

（5）选择单元格区域 A2:F13，执行【开始】|【字体】|【字体】|【隶书】命令，设置字体样式。

（6）执行【开始】|【对齐方式】|【居中】命令，同时执行【开始】|【字体】|【边框】|【所有框线】命令，设置其对齐和边框格式。

练习 5：制作仓库库存表

downloads\2\新手训练营\仓库库存表

提示：本练习中，主要使用 Excel 中的输入以零开头的数据、输入日期数据、合并单元格和自动换行，以及设置字体格式、对齐和边框格式等功能。

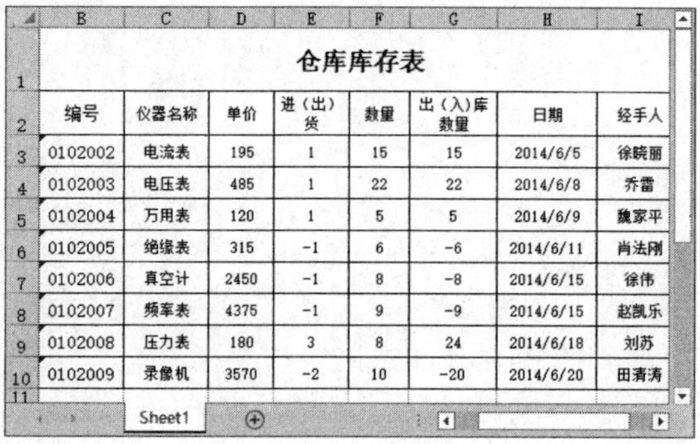

仓库库存表

编号	仪器名称	单价	进（出）货	数量	出（入）库数量	日期	经手人
0102002	电流表	195	1	15	15	2014/6/5	徐晓丽
0102003	电压表	485	1	22	22	2014/6/8	乔雷
0102004	万用表	120	1	5	5	2014/6/9	魏家平
0102005	绝缘表	315	-1	6	-6	2014/6/11	肖法刚
0102006	真空计	2450	-1	8	-8	2014/6/15	徐伟
0102007	频率表	4375	-1	9	-9	2014/6/15	赵凯乐
0102008	压力表	180	3	8	24	2014/6/18	刘苏
0102009	录像机	3570	-2	10	-20	2014/6/20	田清涛

Sheet1

其中，主要制作步骤如下所述。

（1）新建工作表，单击【全选】按钮，右击行标签执行【行高】命令，设置工作表的行高。

（2）合并单元格区域 B1:I1，调整行高，输入标题文本并在【字体】选项组中设置文本的字体格式。

（3）输入列标题，调整行号和列宽，选择单元格区域 E2:G2，执行【开始】|【对齐方式】|【自动换行】命令，设置自动换行功能。

（4）选择单元格 B3，在编辑栏中输入"'0102002"数据。同样方法输入其他以零开头的数据。

（5）选择单元格区域 H3:H10，执行【开始】|【数字】|【数字格式】|【短日期】命令，设置单元格区域的数据格式。

（6）选择单元格区域 B2:I10，执行【开始】|【对齐方式】|【居中】命令，设置其居中对齐格式。

（7）同时，执行【开始】|【字体】|【边框】|【所有框线】命令，设置单元格区域的边框格式。

（8）最后，执行【文件】|【另存为】命令，在列表中选择【浏览】选项。在弹出的【另存为】对话框中，设置保存位置和名称，并单击【保存】按钮。

第 3 章

操作工作表

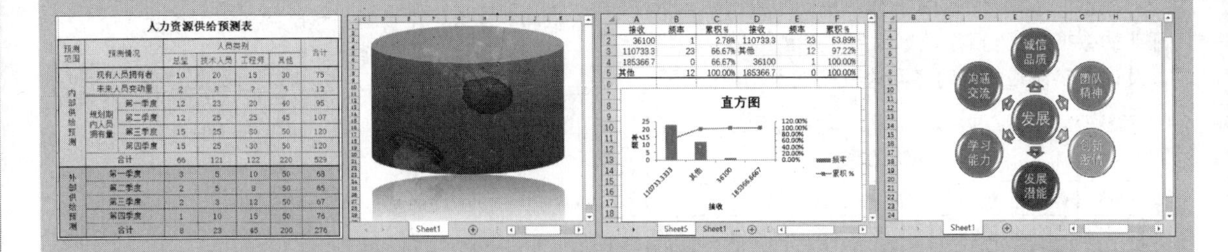

人力资源供给预测表

预测范围	预测情况		人员类别				合计
			总监	技术人员	工程师	其他	
内部供给预测	现有人员拥有者		10	20	15	30	75
	未来人员变动量		2	3	2	5	12
	规划期内人员拥有量	第一季度	12	23	20	40	95
		第二季度	12	25	25	45	107
		第三季度	15	25	30	50	120
		第四季度	15	25	30	50	120
	合计		66	121	122	220	529
外部供给预测	第一季度		3	5	10	50	68
	第二季度		2	5	8	50	65
	第三季度		2	3	12	50	67
	第四季度		1	10	15	50	76
	合计		8	23	45	200	276

Excel 中的所有操作都是基于工作簿内的一张工作表进行的，对于其他工作簿或工作表中的数据则可以使用移动或复制等功能进行传递，方便用户将多种类型的数据整合在一个工作簿中进行运算和发布。另外，为了使表格的外观更加美观、排列更加合理、重点更加突出、条理更加清晰，还需要对工作表进行整理操作。本章将以工作表为操作对象，着重介绍如何在同一个工作簿内同时建立多张工作表以及在多张工作表之间进行移动、复制等操作，以及如何重命名工作表、隐藏及恢复工作表及工作表中的行与列等知识。

3.1 设置工作表的数量

在 Excel 2016 中，每个工作簿中默认包含一个工作表，此时为方便存储更多的数据用户还需要增加工作簿的数量。另外，增加工作表数量后，为方便操作还需要掌握选择工作表的一些操作技巧。

3.1.1 增减工作表

增减工作表便是通过更改工作表的数量，达到使用多表工作的目的。其中，增加工作表是通过插入工作表的方法来增长工作表的数量，而减少工作表则是通过删除工作表的方法来减少工作表的数量。

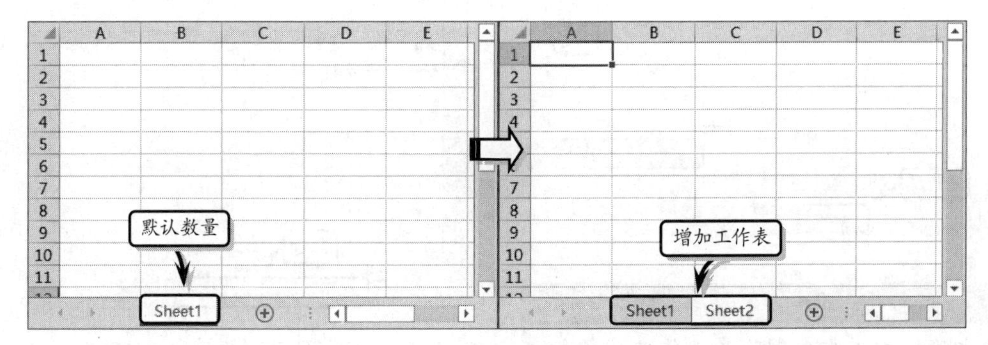

1. 插入工作表

新建工作簿，单击【状态栏】中的【插入工作表】按钮，即可在当前的工作表后面插入一个新的工作表。

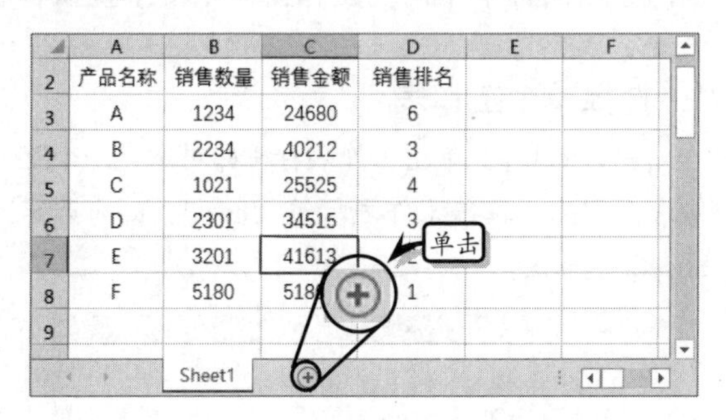

另外，新建工作簿，执行【开始】|【单元格】|【插入】|【插入工作表】命令，即可插入一个新的工作簿。

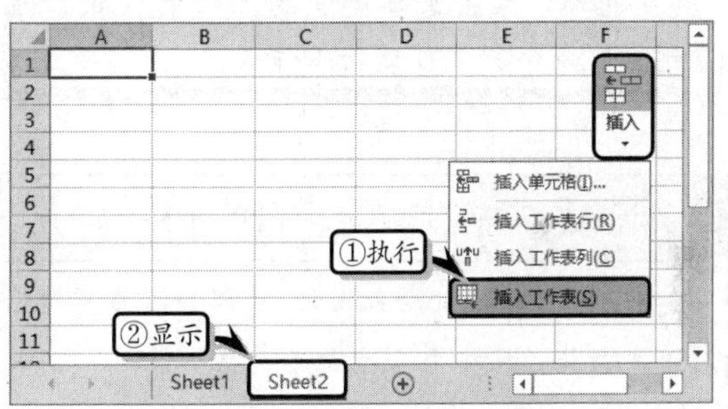

除此之外，右击活动的工作表标签，执行【插入】命令。在弹出的【插入】对话框中，激活【常用】选项卡，选择【工作表】选项，单击【确定】按钮即可。

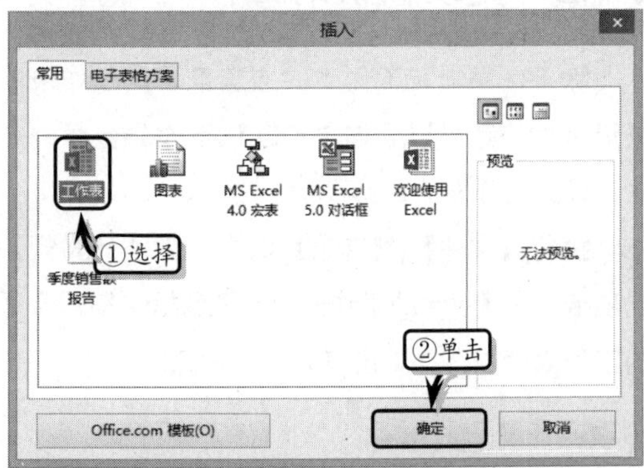

技巧

选择与插入的工作表个数相同的工作表，执行【开始】|【单元格】|【插入】|【插入工作表】命令，即可一次性插入多张工作表。

注意

当进行过一次的插入工作表操作后，选择工作表标签，按 F4 键可在其工作表前插入一个新的工作表。

2. 删除工作表

选择要删除的工作表，执行【开始】|【单元格】|【删除】|【删除工作表】命令即可。

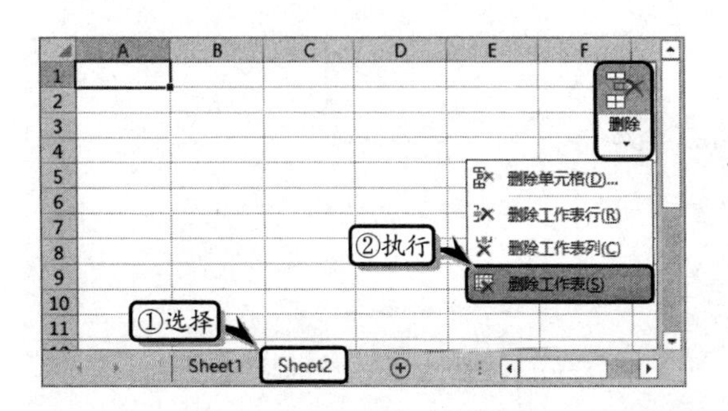

技巧

用户也可以右击需要删除的工作表，执行【删除】命令，即可删除工作表。

知识链接 3-1 快速填充空白单元格

在利用 Excel 处理数据时，经常会因为某种原因造成数据区域中包含空白单元格的情况。下面将详细介绍如何利用“0”值或其他数字快速填充所有空白单元格的操作技巧。

3.1.2 更改默认的工作表数量

除了使用增减工作表的方法来设置工作表的数量之外，还可以通过更改默认工作表数量的方法，设置工作表的数量。

执行【文件】|【选项】命令，激活【常规】选项卡，在【包含的工作表数】微调框中输入合适的工作表个数，并单击【确定】按钮。

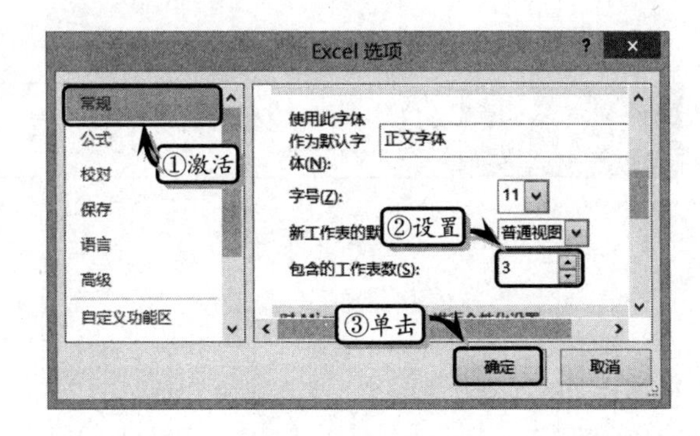

关闭 Excel 组件，重新启动组件并新建空白工作簿。此时，在新建工作簿中将显示更改后的三个工作表。

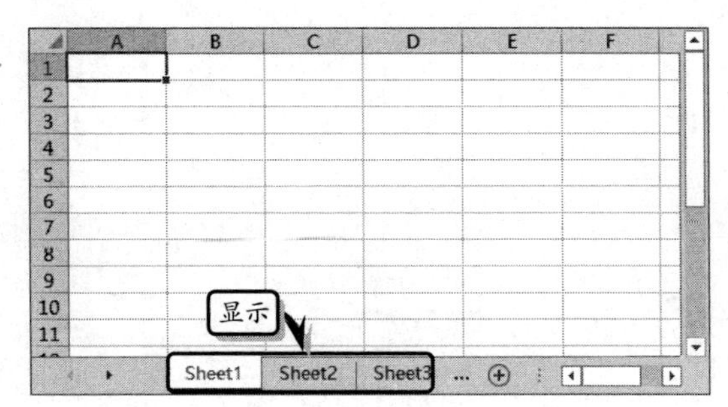

3.1.3 选择工作表

当用户需要在 Excel 中进行某项操作时，应首先指定相应的工作表为当前工作表，以确保不同类型的数据放置于不同的工作簿中，便于查找和编辑。

1. 选择单个工作表

在 Excel 中，单击工作表标签即可选定一个工作表。例如，单击工作表标签 Sheet2，即可选定 Sheet2 工作表。

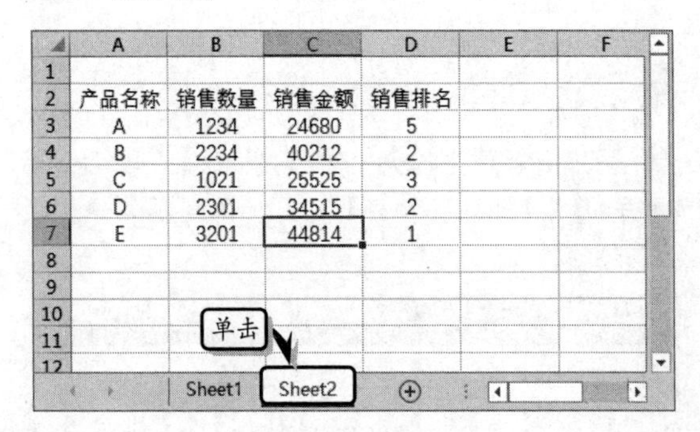

当工作簿中包含多个工作表时，可以右击标签滚动按钮，在弹出的【激活】对话框中，选择相应

的工作表名称，单击【确定】按钮即可选定该工作表。

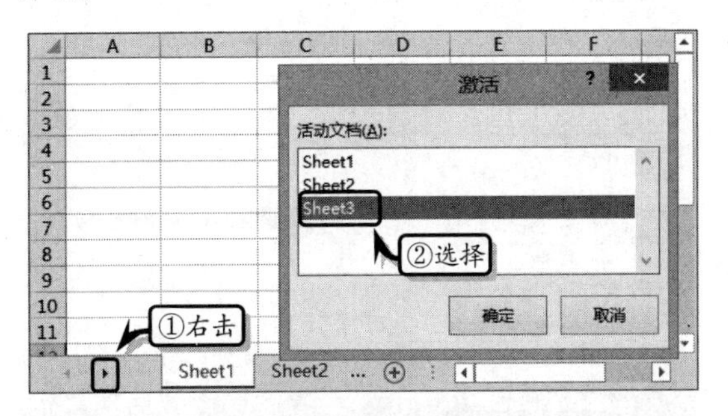

提示

工作表标签位于工作簿窗口的底端，用来显示工作表的名称。标签滚动按钮位于工作表标签的前端。

2. 选择相邻的多个工作表

首先应单击要选定的第一张工作表标签，然后按住 Shift 键的同时，单击要选定的最后一张工作表标签，此时将看到在活动工作表的标题栏上出现"工作组"的字样。

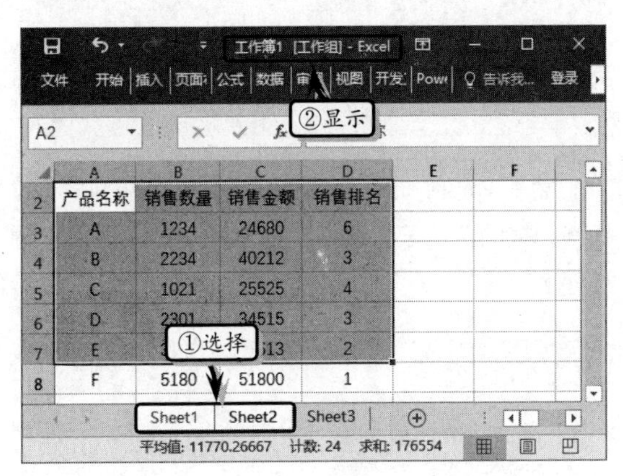

3. 选择不相邻的多个工作表

单击要选定的第一张工作表标签，按住 Ctrl 键的同时，逐个单击要选定的工作表标签即可。

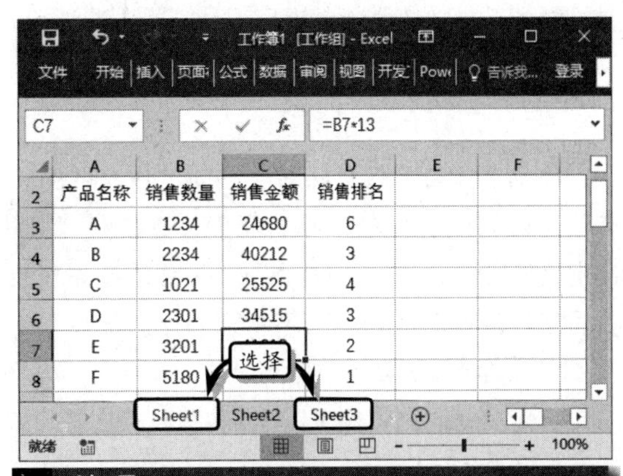

技巧

Shift 键和 Ctrl 键可以同时使用。也就是说，可以用 Shift 键选取一些相邻的工作表，然后再用 Ctrl 键选取另外一些不相邻的工作表。

4. 选择全部工作表

右击工作表标签，执行【选定全部工作表】命令，即可将工作簿中的工作表全部选定。

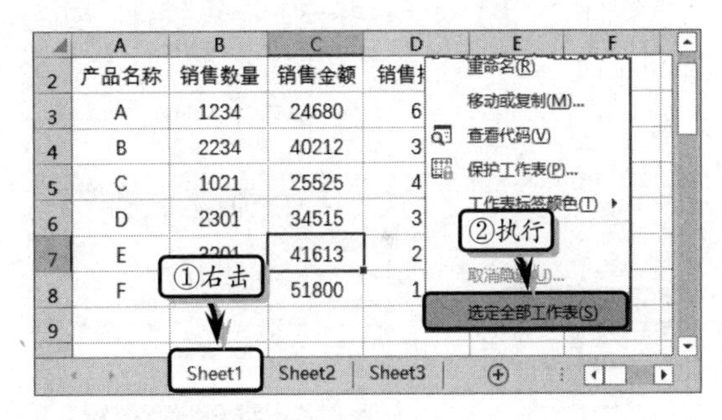

知识链接 3-2　查看多个工作簿中的数据

当用户在对比多个工作簿中的数据时，需要来回切换工作簿，以查看不同工作簿中的数据。为节省用户的工作时间与操作次数，还需要设置工作簿窗口的排列方式，以及同步查看与滚动窗口。

3.2 编辑工作表

当工作簿中存在多张工作表时，为了便于处理各工作表中的数据，需要对工作表进行移动、复制或隐藏等一系列的编辑操作。

3.2.1 移动工作表

移动工作表不仅意味着要移动工作表中的所有单元格，还包括该工作表的页面设置参数，以及自定义的区域名称等。一般情况下，移动工作表包括同工作簿和不同工作簿两种移动方法。

1. 同工作簿移动

选定要复制的工作表标签，按下鼠标左键，拖动至合适位置后松开。

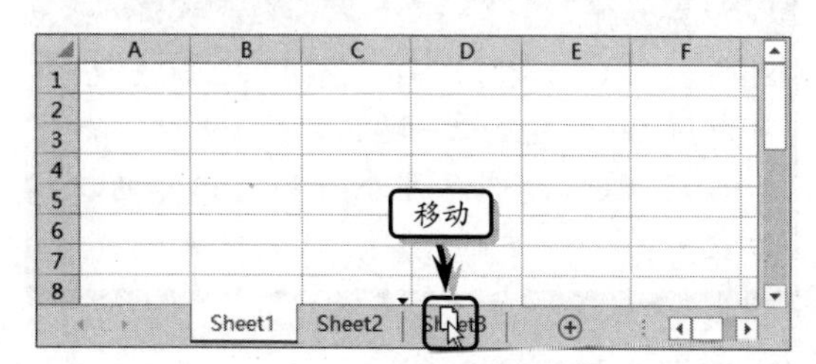

另外，右击工作表标签，执行【移动或复制】命令，弹出【移动或复制工作表】对话框。在【移动或复制工作表】对话框中选择工作表名称，如选择 Sheet3，即可将当前工作表移至 Sheet3 工作表之前。

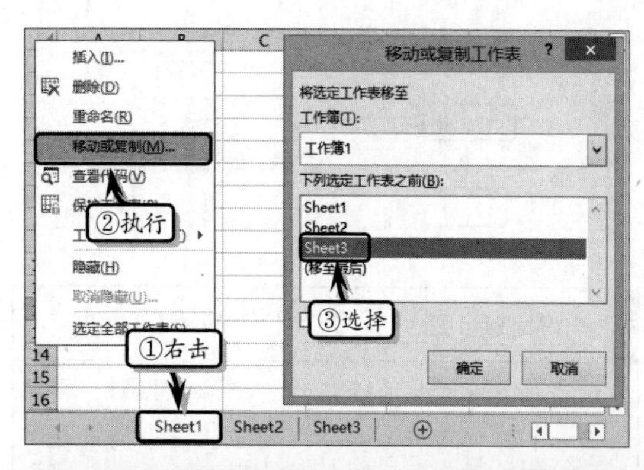

> **提示**
>
> 若在不同的工作表之间进行移动，只需在【移动或复制工作表】对话框中设置【将选定工作表移至工作簿】选项即可。

除此之外，选定要移动的工作表标签，执行【开始】|【单元格】|【格式】|【移动或复制工作表】命令。然后，在弹出的【移动或复制工作表】对话框中，选择合适的选项即可。

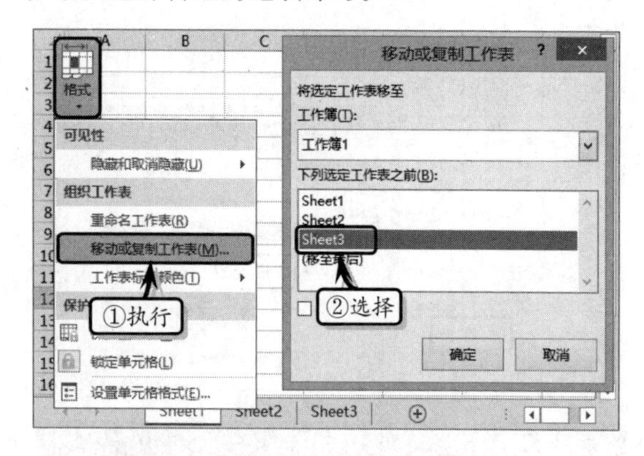

2. 不同工作簿移动

如若需要在不同工作簿中移动工作表，则需要执行【视图】|【窗口】|【全部重排】命令，在弹出的【重排窗口】对话框中选中【垂直并排】选项。

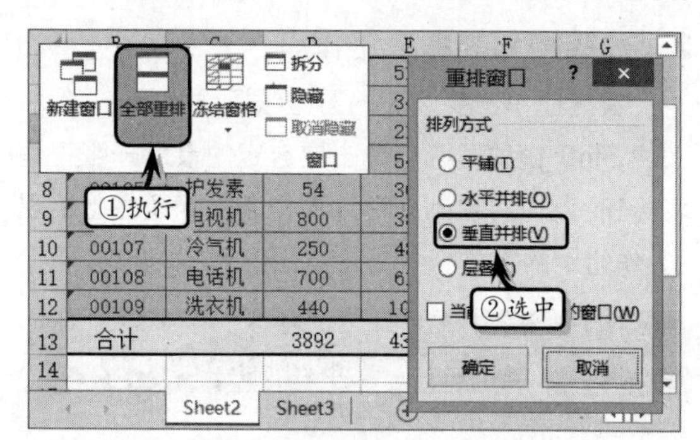

然后，选择“商品销售表”工作簿中的 Sheet2 标签，拖动至“工作簿 1”中的 Sheet1 中，松开鼠标即可。

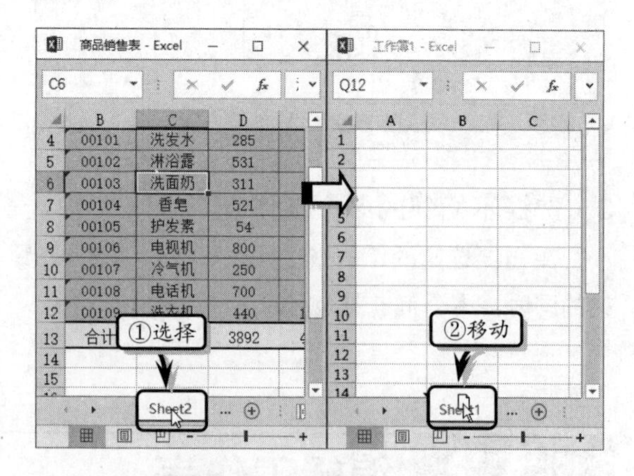

3.2.2 复制工作表

复制工作表是由 Excel 自动命名，其规则是在显示目录工作表名后加上一个带括号的编号，如源工作表名为 Sheet1，则第一次复制的工作表名为 Sheet(2)，第二次复制的工作表名为 Sheet(3)……，以此类推。

1．同工作簿复制

选定要复制的工作表标签，按下 Ctrl 键的同时，拖动至合适位置即可。

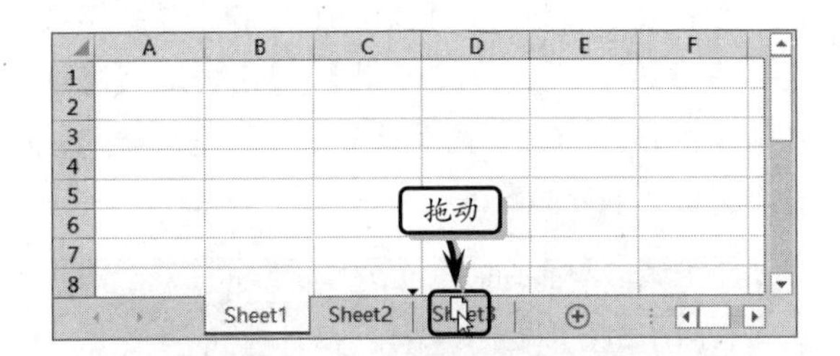

另外，右击工作表标签，执行【移动或复制】命令，弹出【移动或复制工作表】对话框。在弹出的【移动或复制工作表】对话框中选择工作表名称，启用【建立副本】复选框，单击【确定】按钮即可。

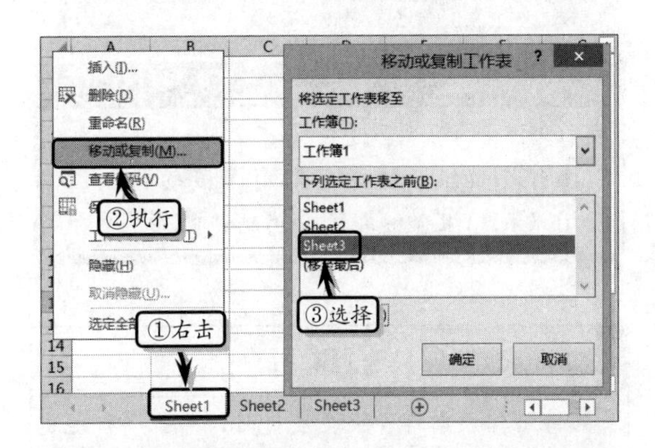

提示

选择需要移动的工作表标签，执行【开始】|【单元格】|【格式】|【移动或复制工作表】命令，选择工作表名称，启用【建立副本】选项即可复制所选工作表。

2．不同工作簿复制

如若需要在不同工作簿中复制工作表，则需要执行【视图】|【窗口】|【全部重排】命令，在弹出的【重排窗口】对话框中选中【垂直并排】选项。

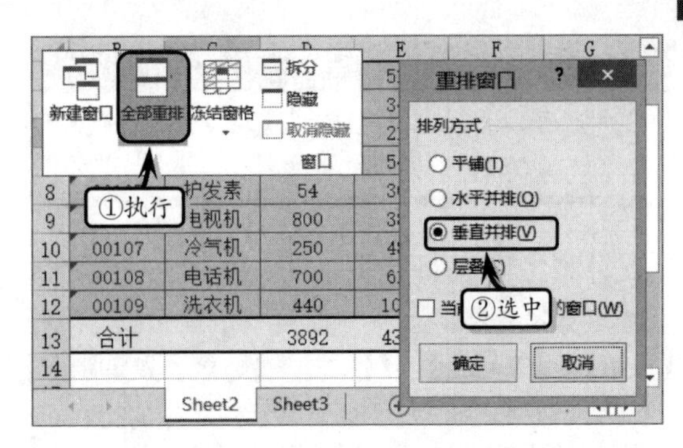

然后，选择“商品销售表”工作簿中的 Sheet2 标签，按住 Ctrl 键拖动至“工作簿 1”中的 Sheet1 中，松开鼠标即可。

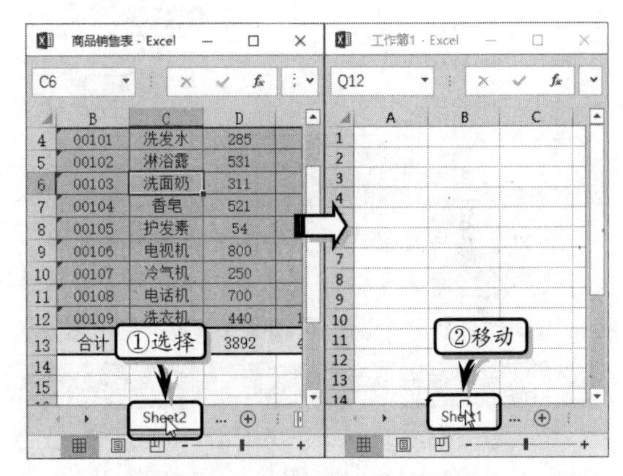

3.2.3　隐藏和恢复工作表

用户在进行数据处理时，为了避免操作失误，需要将数据表隐藏起来。当用户再次查看数据时，可以恢复工作表，使其处于可视状态。

1．隐藏工作表

激活需要隐藏的工作表，执行【开始】|【单元格】|【格式】|【隐藏和取消隐藏】|【隐藏工作表】命令，即可隐藏当前工作表。

技巧

用户也可以右击工作表标签，执行【隐藏】命令，来隐藏当前的工作表。

提示

右击工作表标签，执行【取消隐藏】命令，在弹出的【取消隐藏】对话框中，选择工作表名称，单击【确定】按钮，即可显示隐藏的工作表。

2. 隐藏工作表行或列

选择需要隐藏行中的任意一个单元格，执行【开始】|【单元格】|【格式】|【隐藏和取消隐藏】|【隐藏行】命令，即可隐藏单元格所在的行。

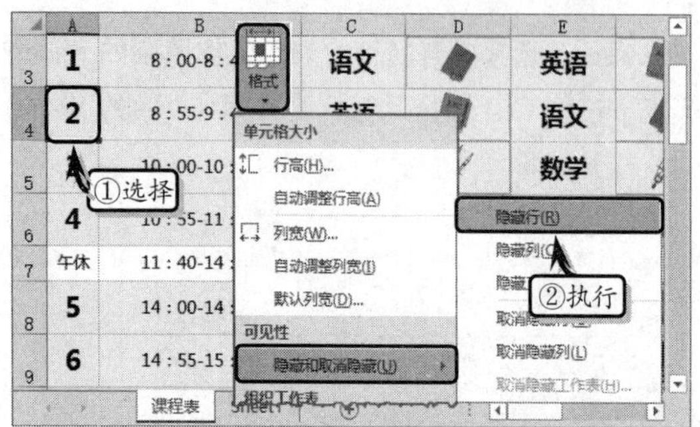

另外，选择需要隐藏列中的任意一个单元格，执行【开始】|【单元格】|【格式】|【隐藏和取消隐藏】|【隐藏列】命令，即可隐藏单元格所在的列。

技巧

选择任意一个单元格，按下 Ctrl+9 键可快速隐藏行，而按下 Ctrl+0 键可快速隐藏列。

3. 恢复工作表

执行【单元格】|【格式】|【隐藏和取消隐藏】|【取消隐藏工作表】命令，同时选择要取消的工作表名称，单击【确定】按钮即可恢复工作表。

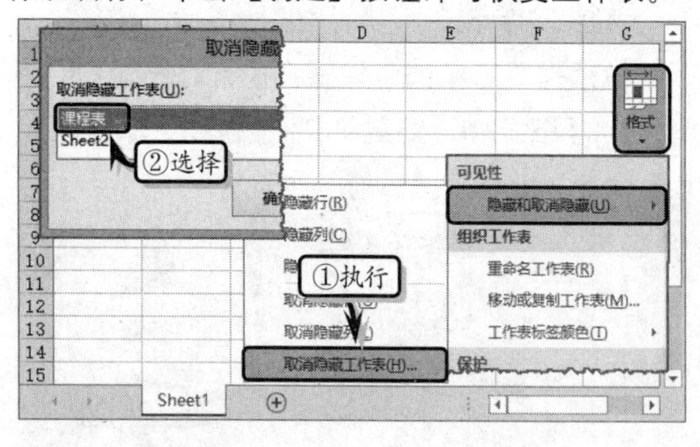

4. 恢复工作表行或列

单击【全选】按钮或按 Ctrl+A 键，选择整张工作表。然后，执行【单元格】|【格式】|【隐藏和取消隐藏】|【取消隐藏行】或【取消隐藏列】命令，即可恢复隐藏的行或列。

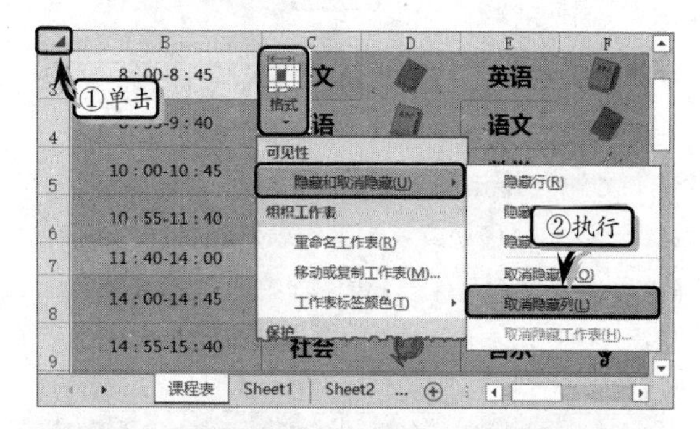

技巧

按 Ctrl+A 键，全选整张工作表，然后按 Shift+Ctrl+(组合键即可取消隐藏的行，按 Shift+Ctrl+)组合键即可取消隐藏的列。

知识链接 3-3 快速删除所有空行

当工作表中存在大量空行时，一行一行地进行删除比较麻烦。用户可通过两种方法，快速删除工作表中的所有空行。

3.3 整理工作表

为了使表格的外观更加美观、排列更加合理、重点更加突出、条理更加清晰，还需要对工作表标签进行美化，以及设置工作表属性等整理操作。

3.3.1　重命名工作表

默认情况下，Excel 中工作表标签的颜色与字号，以及工作表名称都是默认的。为了区分每个工作表中的数据类别，也为了突出显示含有重要数据的工作表，需要设置工作表的标签颜色，以及重命名工作表。

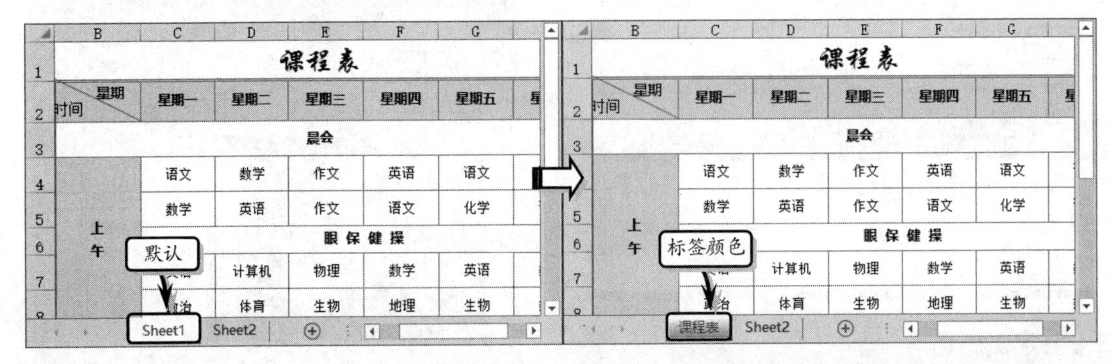

Excel 默认工作表的名称都是 Sheet 加序列号。对于一个工作簿中涉及的多个工作表，为了方便操作，需要对工作表进行重命名。

右击需要重新命名的工作表标签，执行【重命名】命令，输入新名称，按 Enter 键即可。

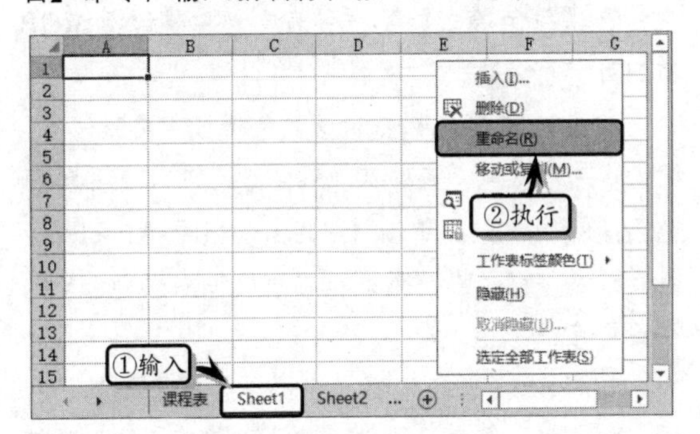

另外，选择需要重命名的工作表标签，执行【开始】|【单元格】|【格式】|【重命名工作表】命令，输入新工作表的名称，按 Enter 键即可。

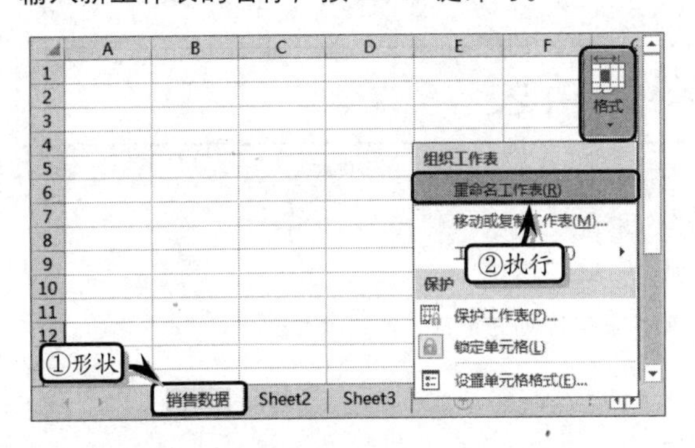

> **技巧**
>
> 双击需要重命名的工作表标签，输入新的名称，按 Enter 键即可。

3.3.2　设置工作表标签

Excel 允许用户为工作表标签定义一个背景颜色，以标识工作表的名称。

1．使用内置颜色

选择工作表，执行【开始】|【单元格】|【格式】|【工作表标签颜色】命令，在其展开的子菜单中选择一种颜色即可。

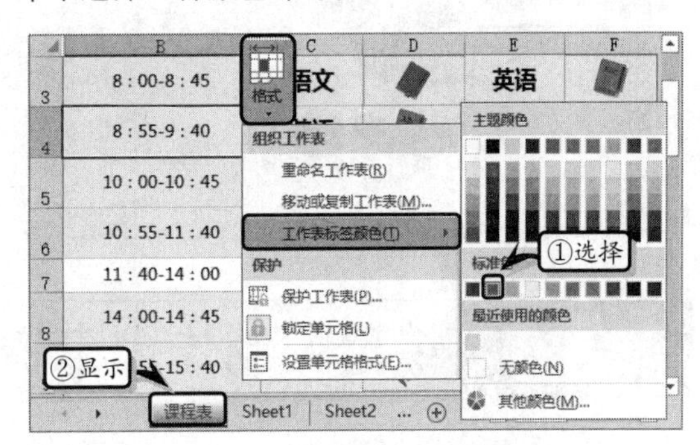

另外，选择工作表，右击工作表标签，执行【工作表标签颜色】命令，在其子菜单中选择一种颜色，即可设置工作表标签的颜色。

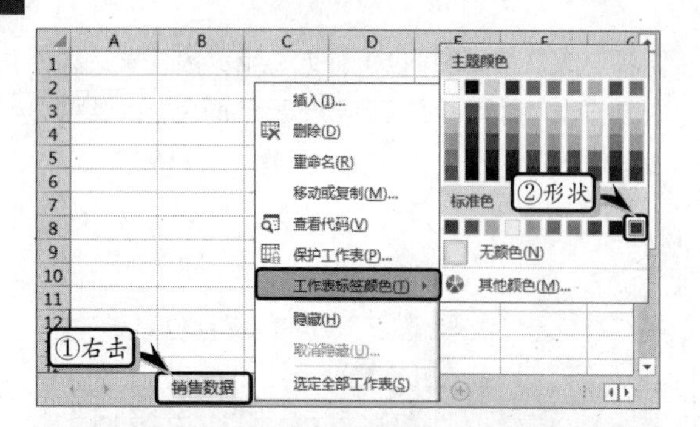

提示

右击工作表标签，执行【工作表标签颜色】|【无颜色】命令，可取消工作表标签中的颜色。

2. 自定义颜色

右击工作表标签，执行【工作表标签颜色】命令，在其子菜单中选择【其他颜色】选项，在弹出的【颜色】对话框中，激活【标准】选项卡，选择任意一种色块，即可为文本设置独特的颜色。

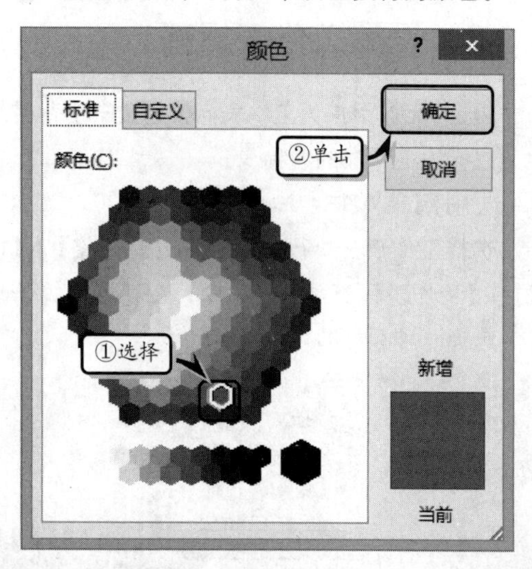

另外，在【颜色】对话框中，激活【自定义】选项卡，单击【颜色模式】下列按钮，在其下拉列表中选择 RGB 选项，分别设置相应的颜色值即可自定义字体颜色。

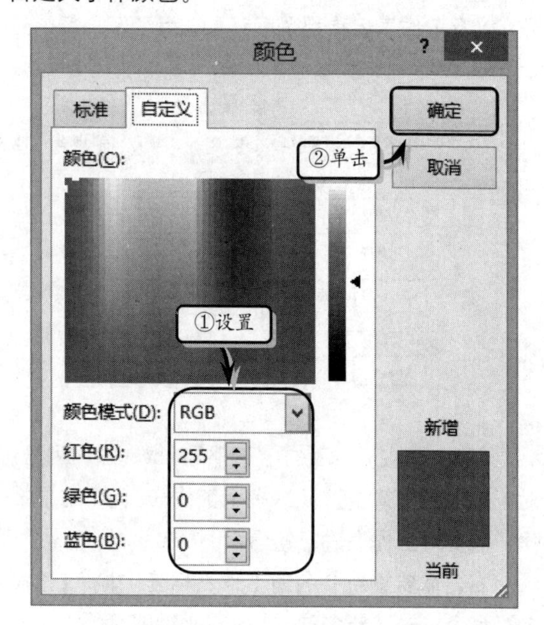

在【颜色模式】下拉列表中，主要包括 RGB 与 HSL 颜色模式。

（1）RGB 颜色模式：该颜色模式主要基于红、绿、蓝三种基色，三种基色均由 0~255 共 256 种颜色组成。用户只需单击【红色】、【绿色】和【蓝色】微调按钮，或在微调框中直接输入颜色值，即可设置字体颜色。

（2）HSL 颜色模式：该颜色模式主要基于色调、饱和度与亮度三种效果来调整颜色，其各数值的取值范围介于 0~255 之间。用户只需在【色调】、【饱和度】与【亮度】微调框中设置数值即可。

Excel 3.4 练习：制作人事资料分析表

在本练习中，将通过 Excel 制作的人事资料分析表，对员工的身份证号码和参加工作的时间进行记录。并且运用函数功能，通过员工的身份证号码提取该员工的出生日期及性别，还可以通过员工参加工作的时间，来计算该员工的工龄。

人事资料分析表					
				制表时间：	2016/1/19 8:55
姓名	性别	出生日期	身份证号	参加工作时间	年资
张鹏	男	1976/04/05	110010197604056123	2004/2/25	11年10个月
王利伟	女	1956/05/12	110010195605125326	2001/4/5	14年9个月
赵飞	女	1975/02/21	110010197502212000	2005/6/26	10年6个月
张永	男	1987/02/03	110010198702035697	2006/9/8	9年4个月
闻一	男	1988/09/10	110010198809102555	2005/5/12	10年8个月
丁红	男	1978/08/15	110010197808152559	2005/12/5	10年1个月
陈曦	女	1989/09/30	110010198909302302	2004/2/26	11年10个月
姜文文	女	1978/09/28	110010197809282406	2006/10/12	9年3个月
姚乐乐	男	1983/10/23	110010198310232567	2000/7/8	15年6个月

操作步骤

STEP|01 制作基础表格。设置工作表的行高，输入基础数据，并设置数据区域的字体和对齐格式。

STEP|02 合并单元格区域 B2:G2，输入标题文本，并设置文本的字体格式。

STEP|03 合并单元格区域 E3:F3，执行【开始】|【对齐方式】|【右对齐】命令，设置其对齐方式，输入文本并设置其字体格式。

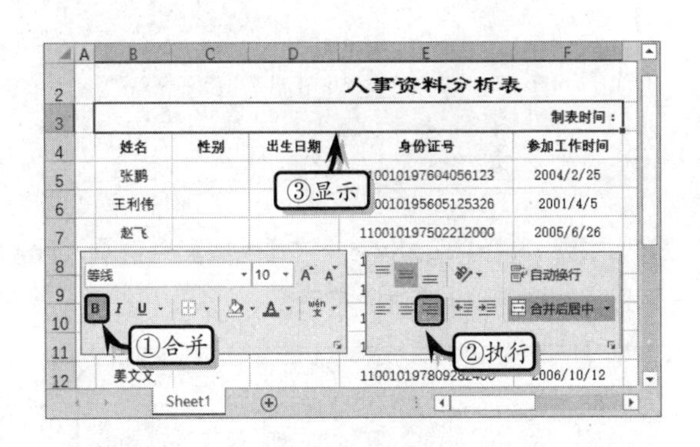

STEP|04 显示当前时间。选择单元格 G3，在【编辑】栏中输入计算公式，按 Enter 键返回当前时间。

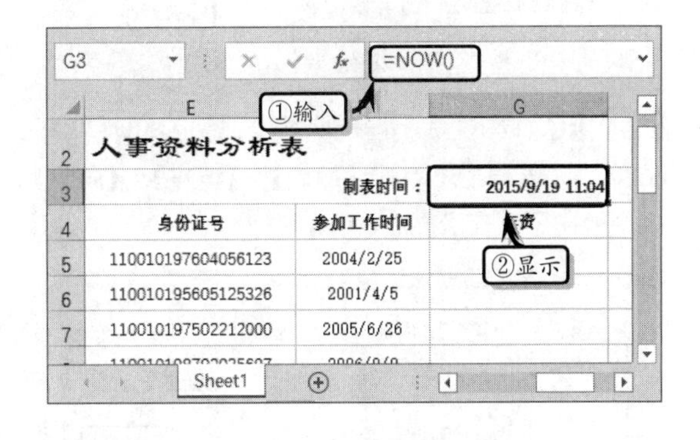

STEP|05 计算表格数据。选择单元格 C5，在【编辑】栏中输入计算公式，按 Enter 键返回性别。

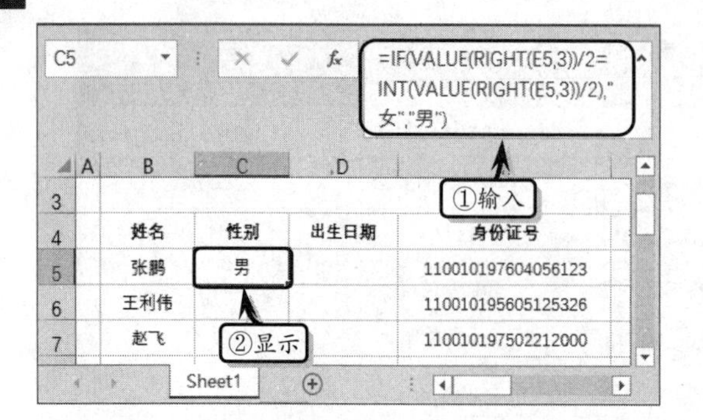

STEP|06 选择单元格 D5，在【编辑】栏中输入计算公式，按 Enter 键返回出生日期。

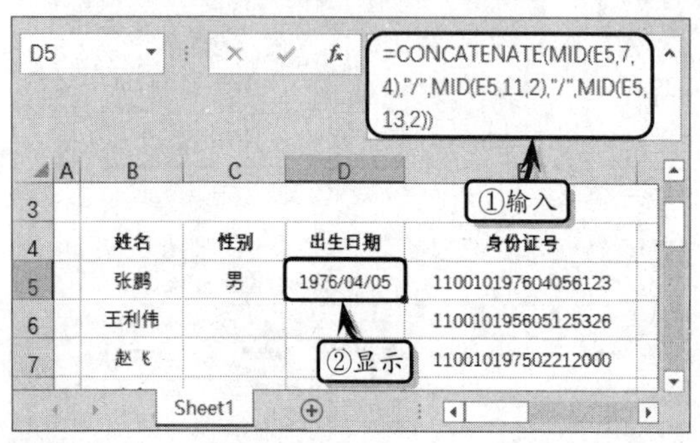

STEP|07 选择单元格 G5，在【编辑】栏中输入计算公式，按 Enter 键返回年资。

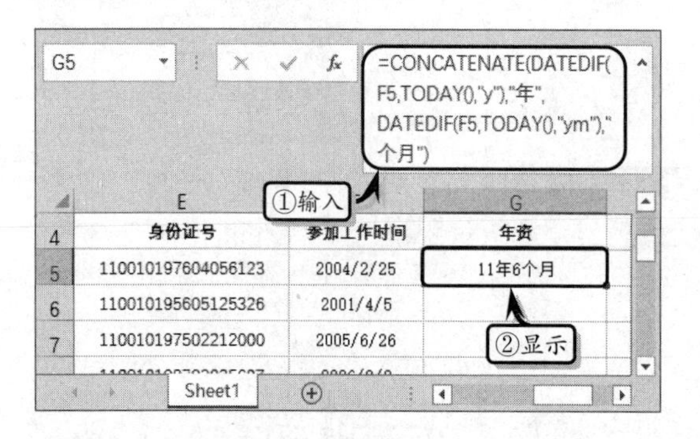

STEP|08 同时选择单元格区域 C5:D13 和 G5:G13，执行【开始】|【编辑】|【填充】|【向下】命令，向下填充公式。

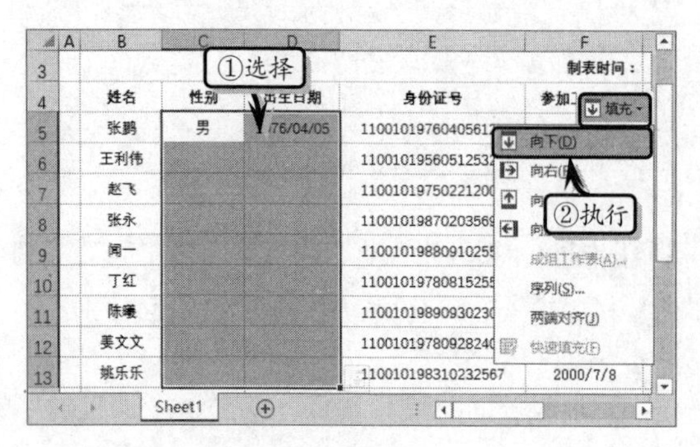

STEP|09 自定义边框样式。选择单元格区域 B4:G13，右击执行【设置单元格格式】命令，激活【边框】选项卡，设置边框线条样式、颜色和显示位置。

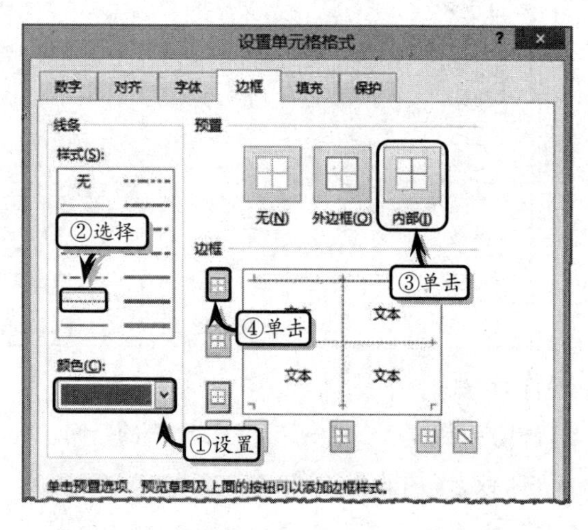

STEP|10 选择单元格 B2 和单元格区域 B3:G13，右击执行【设置单元格格式】命令，激活【边框】选项卡，设置边框线条样式、颜色和显示位置。

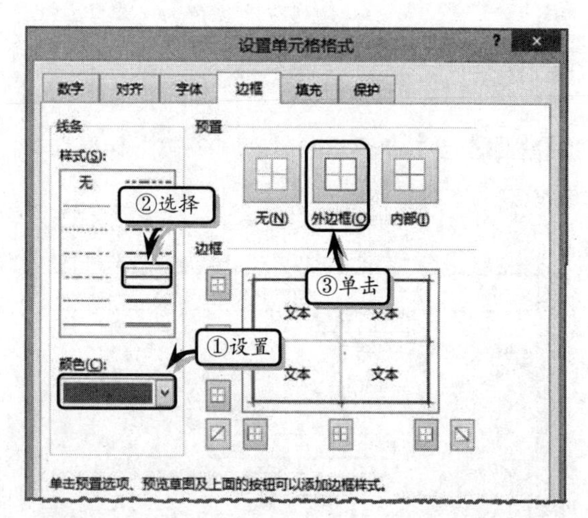

STEP|11 设置填充颜色。选择单元格区域 B3，执行【开始】|【字体】|【填充颜色】|【其他颜色】命令，在【标准】选项卡中选择填充颜色。

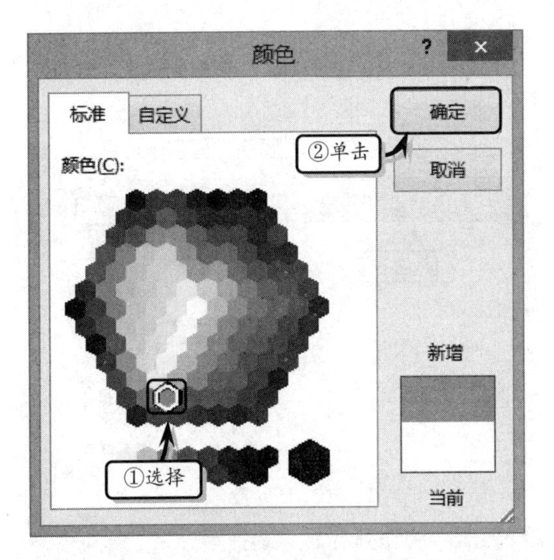

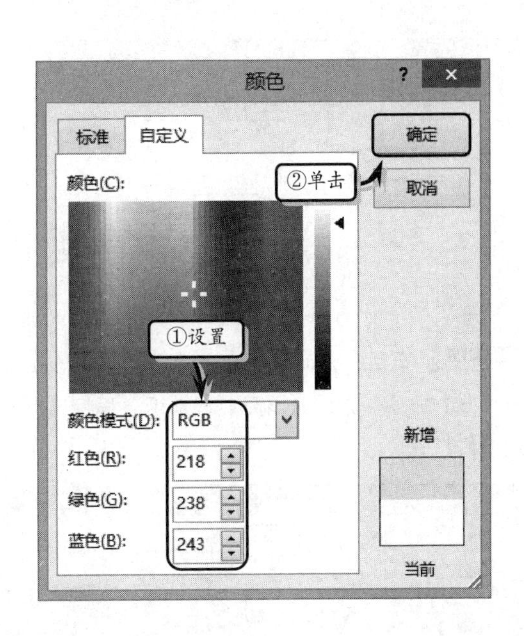

STEP|12 选择单元格区域 B6:G7，执行【开始】|【字体】|【填充颜色】|【其他颜色】命令，在【颜色】对话框中自定义填充颜色。使用同样方法，设置其他单元格区域的填充颜色。

Excel 3.5 练习：制作个人收支表

Excel 不仅可应用于企业办公用途，还可在个人日常生活中管理个人财务状况，包括处理个人支出、统计收入等。本练习将使用 Excel 的公式功能，制作一个个人日常收支表，统计个人的上月结余以及本月支出的各种项目。

个人收支记录表								
编号	收支项目	金额	编号	收支项目	金额	编号	收支项目	金额
001	上月结余	¥45,239.00	013	理发	¥-20.00	025	卫生费	¥-120.00
002	本月工资	¥9,539.20	014	买CD	¥-150.00	026	买床罩	¥-600.00
003	购房按揭	¥-2,500.00	015	电费	¥-160.00	027	维修防盗网	¥-450.00
004	看电影	¥-200.00	016	水费	¥-60.00	028	换节能灯	¥-40.00
005	买书	¥-349.50	017	燃气费	¥-59.00	029		
006	日常开销	¥-1,130.20	018	电话费	¥-39.00	030		
007	油耗	¥-315.00	019	买速溶咖啡	¥-49.00	031		
008	洗车	¥-220.00	020	买茶叶	¥-90.00	032		
009	手机费	¥-119.20	021	买电池	¥-20.00	033		
010	宽带费	¥-120.00	022	停车费	¥-300.00	034		
011	电脑维修费	¥-60.00	023	物业费	¥-600.00	余额	¥46,497.30	
012	下馆子	¥-390.00	024	修水龙头	¥-120.00			

操作步骤

STEP|01 制作表格标题。选择单元格区域 B2:J3，执行【开始】|【对齐方式】|【合并后居中】命令，合并单元格区域。

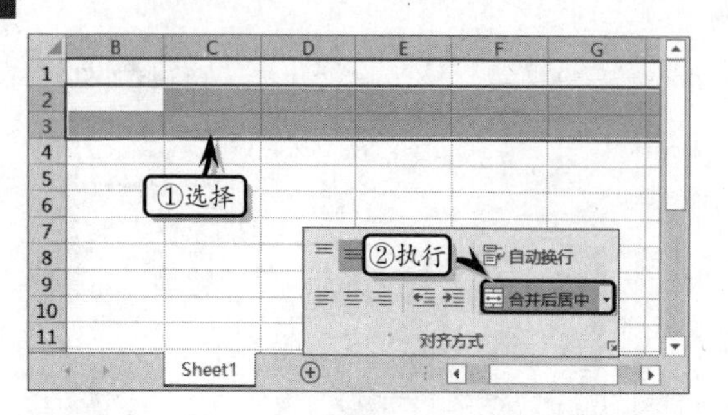

STEP|02 右击合并后的单元格，执行【设置单元格格式】命令，激活【填充】选项卡，单击【填充效果】按钮。

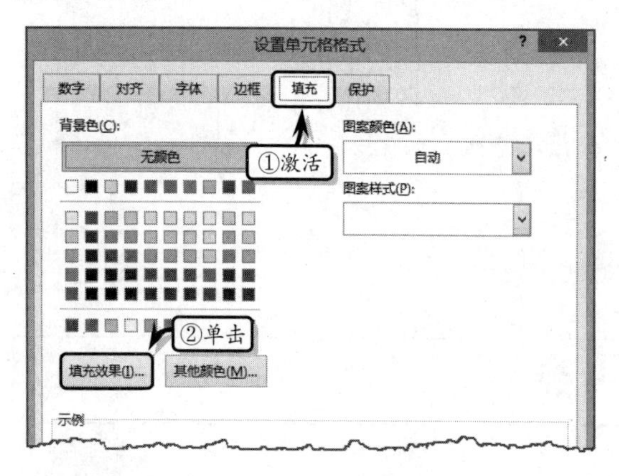

STEP|03 在【填充效果】对话框中，选中【双色】选项，设置【颜色 1】、【颜色 2】和【底纹样式】选项。

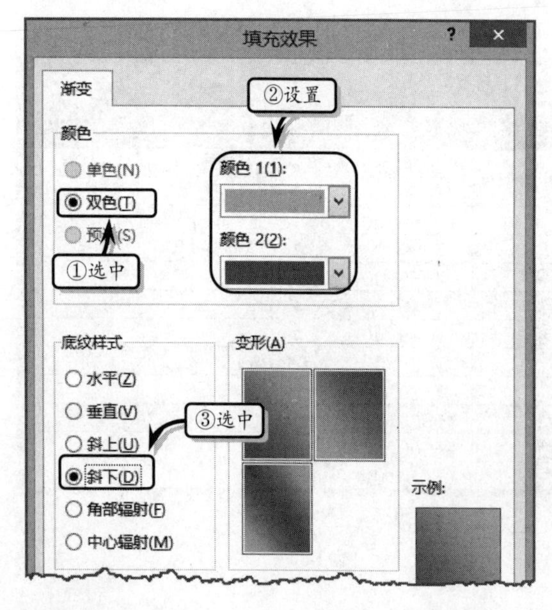

STEP|04 在合并后的单元格中输入标题文本，并在【开始】选项卡【字体】选项组中设置文本的字体格式。

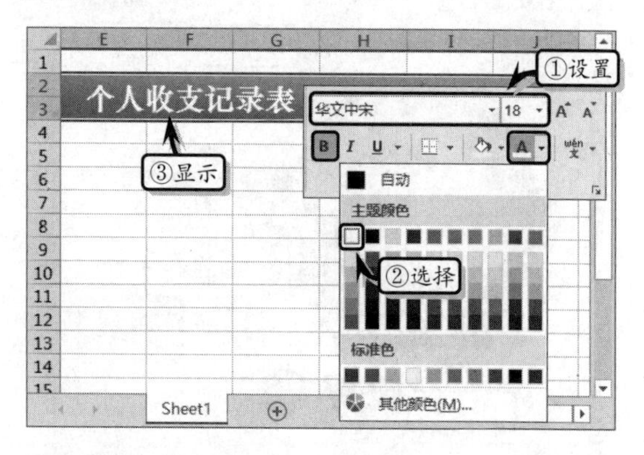

STEP|05 制作列标题。选择单元格区域 B4:J4，执行【开始】|【字体】|【填充颜色】|【绿色，个性色 6，深色 25%】命令，设置其填充颜色。

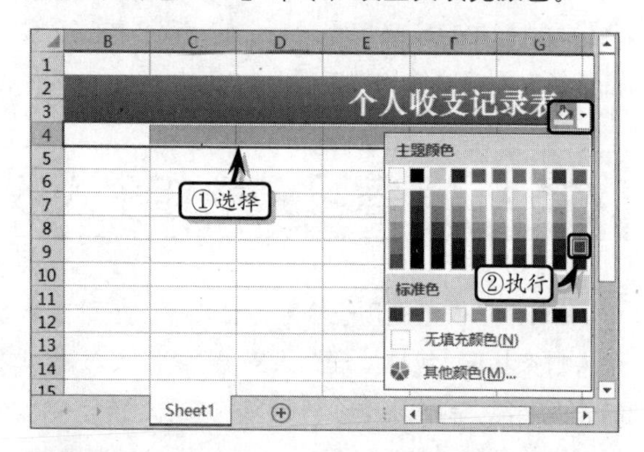

STEP|06 在单元格 B4:J4 中输入列标题文本，并在【开始】选项卡【字体】选项组中设置文本的字体格式。

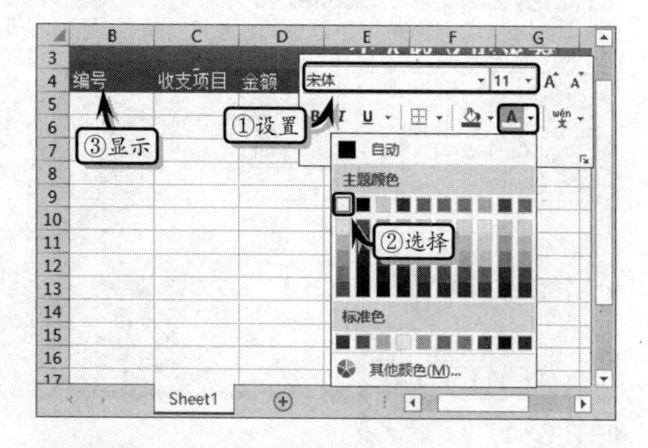

STEP|07 制作表格数据。合并相应的单元格区域，输入基础数据。同时选择单元格区域 B5:B16、E5:E16 和 H5:H15，右击执行【设置单元格格式】

命令。

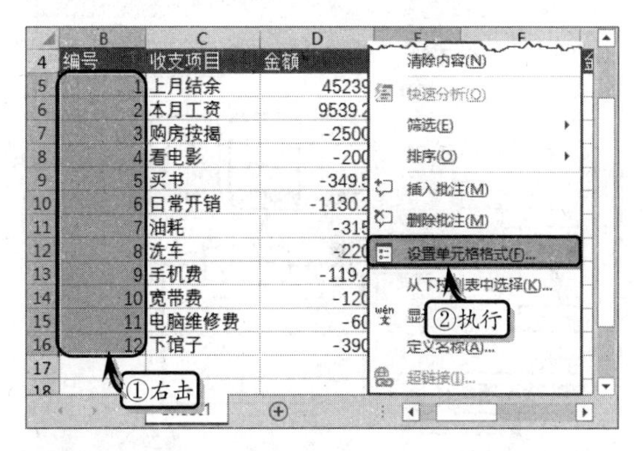

STEP|08 激活【数字】选项卡，在【分类】列表框中选择【特殊】选项，在【类型】文本框中选择【邮政编码】选项。

STEP|09 同时选择单元格区域 B5:B16、E5:E16 和 H5:H16，执行【开始】|【字体】|【填充颜色】|【绿色，个性色 6，淡色 40%】命令，设置其填充颜色。

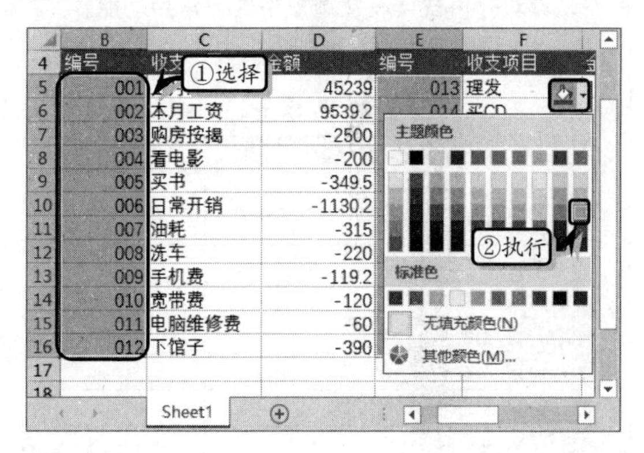

STEP|10 选择包含金额数据的所有单元格，右击执行【设置单元格格式】命令，选择【货币】选项，并设置负数样式。

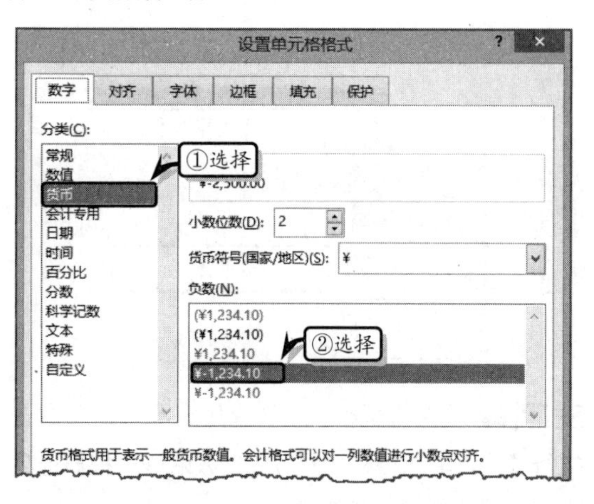

STEP|11 选择列标题及表示所有编号的单元格，执行【开始】|【对齐方式】|【居中】命令，设置其居中对齐格式。使用同样方法，设置其他单元格的对齐格式。

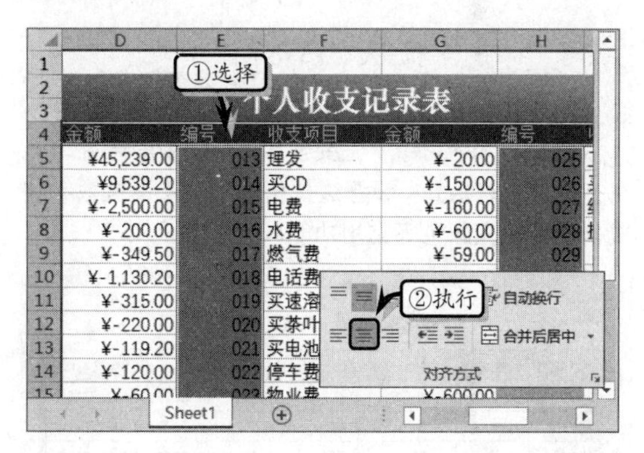

STEP|12 选择单元格区域 C6:D6，执行【开始】|【字体】|【填充颜色】|【绿色，个性色 6，淡色 80%】命令。使用同样方法，设置其他单元格区域的填充颜色。

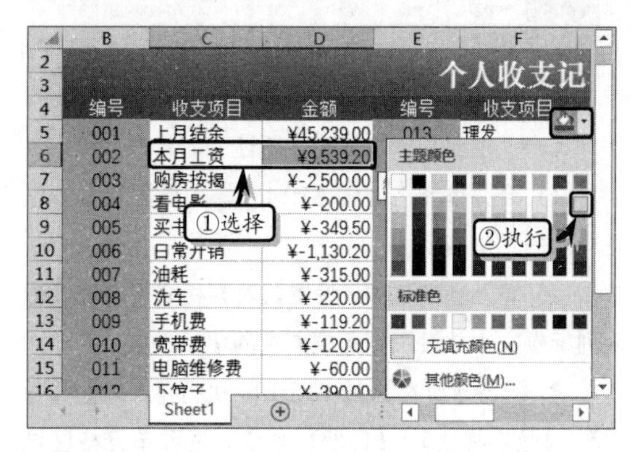

STEP|13 计算数据。选择单元格 I15，在编辑栏中

输入计算公式，按 Enter 键返回余额值。

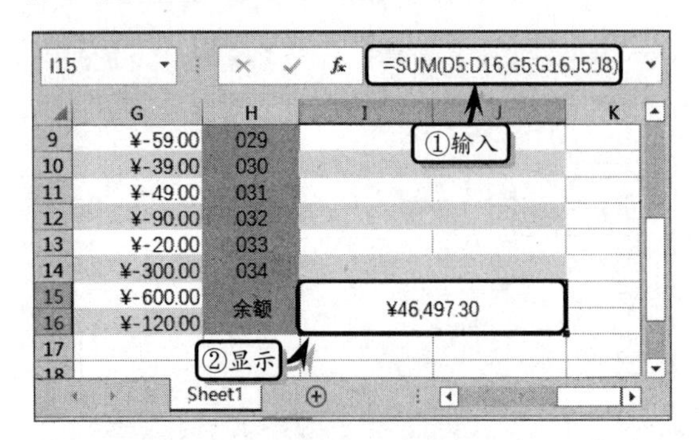

STEP|14 设置边框格式。选择所有单元格，右击执行【设置单元格格式】命令，激活【边框】选项卡，设置边框颜色和样式。

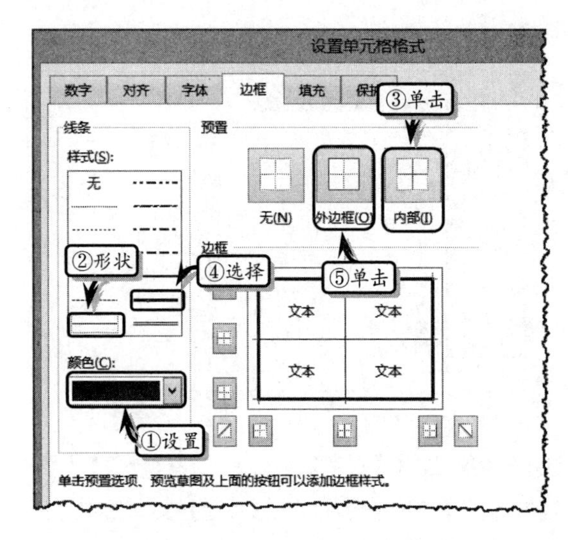

Excel 3.6 新手训练营

练习 1：制作销售人员资料表

downloads\3\新手训练营\销售人员资料表

提示：本练习中，主要使用 Excel 中的合并单元格、设置对齐格式、设置边框格式，以及设置数字格式、设置填充颜色等常用功能。

销售部员工资料表					
员工编号	姓名	性别	学历	工作时间	身份证号码
SL04025	张晓丽	女	专科	2007/1/2	410522198402233000
SL04012	孙艳艳	女	本科	2008/2/1	410522198308212000
SL04241	周广西	男	本科	2005/3/25	410522198505062000
SL04015	乔蕾蕾	女	研究生	2007/9/10	410522198112233000
SL04013	魏家平	女	专科	2004/2/23	410522198203032000
SL04130	孙茂艳	女	本科	2006/6/23	410522198109102000
SL04285	徐宏伟	男	研究生	2004/5/2	410522198202252000
SL04169	徐晓丽	女	专科	2005/8/7	410522198401022000
SL04432	张莹营	男	博士	2008/2/26	410522197905062000

其中，主要制作步骤如下所述。

（1）合并单元格区域 A1:F1，输入标题文本并设置文本的字体格式。

（2）输入基础数据，设置其对齐格式。同时，输入列标题文本并设置列标题文本的字体格式。

（3）选择单元格区域 E3:E19，执行【开始】|【数字】|【数字格式】|【日期】命令，设置单元格区域的日期数字格式。

（4）选择单元格区域 F3:F19，右击执行【设置单元格格式】命令，选择【分类】列表框中的【特殊】选项，并选择【类型】列表框中的【邮政编码】选项。

（5）选择单元格区域 A2:F19，执行【开始】|【字体】|【边框】|【所有框线】命令，设置边框格式。

（6）选择单元格区域 A2:F2，执行【开始】|【字体】|【填充颜色】|【橙色】命令，设置其填充颜色。同样方法，设置其他单元格区域的填充颜色。

练习 2：制作考勤记录表

downloads\3\新手训练营\考勤记录表

提示：本练习中，主要使用 Excel 中的合并单元格、设置对齐格式、设置边框格式等常用功能。

考勤记录表						
员工编号	姓名	性别	迟到	早退	旷工	加班
SL04025	张晓丽	女	2			1
SL04012	孙艳艳	女				
SL04241	周广西	男		1	1	
SL04015	乔蕾蕾	女	2			1
SL04013	魏家平	女			1	
SL04130	孙茂艳	女		1		
SL04285	徐宏伟	男				
SL04169	徐晓丽	女	1	1	1	1
SL04432	张莹营	男				1
SL04045	李掸掸	女	2		3	

其中，主要制作步骤如下所述。

(1) 合并单元格区域 A1:G1，输入标题文本并设置文本的字体格式。

(2) 输入基础数据，设置其对齐格式。同时，输入列标题文本并设置列标题文本的字体格式。

(3) 选择单元格区域 A2:G19，执行【开始】|【字体】|【边框】|【所有框线】命令，设置边框格式。

(4) 选择单元格区域 A2:G2，执行【开始】|【字体】|【填充颜色】|【橙色】命令，设置其填充颜色。

(5) 选择单元格 A3:A19，执行【开始】|【字体】|【填充颜色】|【浅绿】命令，设置其填充颜色。

练习 3：制作图书书目表

downloads\3\新手训练营\图书书目表

提示：本练习中，主要使用 Excel 中的合并单元格、设置对齐格式、设置边框格式、设置文本格式，以及设置自定义数字格式等常用功能。

	A	B	C
1	图书目录		
2	编号	名称	单价
3	1	古代中国	￥29.80
4	2	门窗与阳台	￥29.00
5	3	水力发电工程CAD制图技术规定	￥30.00
6	4	3DS MAX4动画典例教程暨高级欣赏大全	￥32.00
7	5	3DS MAX4建模与渲染典例	￥49.00
8	6	3000万能工具库《2000万能工具库》姊妹篇	￥20.00
9	7	书刊广告设计及作品集	￥79.00
10	8	世界商用购物袋设计集	￥8.56
11	9	中国建筑艺术图集　梁思成（上）	￥28.00
12	10	中国建筑艺术图集　梁思成（下）	￥49.00
13	11	摄影与设计	￥49.90
14	12	产品样本的封面设计集	￥55.00
15	13	日本的电话磁卡和名片集	￥49.00
16	14	世界商品包装装潢集	￥78.00

Sheet1　Sheet2 ...

其中，主要制作步骤如下所述。

(1) 合并单元格 A1:C1，输入标题文本并设置文本的字体格式。

(2) 输入列标题文本，同时设置列标题文本的字体格式。

(3) 在单元格 A3 中输入数字"1"，然后选择单元格 A3，移动鼠标至单元格右下角的填充柄上，按住鼠标左键向下填充数字。

(4) 输入基础数据，然后分别设置不同列的对齐方式。

(5) 选择单元格 C3:C31，右击执行【设置单元格格式】命令，在【分类】列表框中选择【自定义】选项，并在【类型】文本框中输入自定义代码。

(6) 选择单元格区域 A2:C31，执行【开始】|【字体】|【边框】|【所有框线】命令，设置其边框格式。

练习 4：制作工作年限统计表

downloads\3\新手训练营\工作年限统计表

提示：本练习中，主要使用 Excel 中的合并单元格、设置对齐格式、设置边框格式，以及自定义数字格式和函数等常用功能。

	A	B	C	D	E	F
1	工作年限统计表					
2	工牌号	姓名	所属部门	职务	入职时间	工作年限
3	001	杨光	财务部	经理	2010/1/1	5
4	002	刘晓	办公室	主管	2009/12/1	6
5	003	贺龙	销售部	经理	2011/2/1	4
6	004	冉然	研发部	职员	2010/3/1	5
7	005	刘娟	人事部	经理	2009/6/1	6
8	006	金鑫	办公室	经理	2009/3/9	6
9	007	李娜	销售部	主管	2013/4/2	2
10	008	李娜	研发部	职员	2014/4/3	1
11	009	张冉	人事部	职员	2015/3/1	0

Sheet1　Sheet2 ...

其中，主要制作步骤如下所述。

(1) 合并单元格区域 A1:F1，输入标题文本并设置文本的字体格式。

(2) 输入列标题和基础数据，选择单元格区域 A2:F25，执行【开始】|【对齐方式】|【居中】命令，设置其对齐格式。

(3) 选择单元格区域 A3:A25，右击执行【设置单元格格式】命令，自定义前置零数字格式。

(4) 选择单元格区域 A2:F25，执行【开始】|【字体】|【边框】|【所有框线】命令，设置其边框格式。

(5) 选择单元格 F3，在编辑栏中输入计算公式，按下 Enter 键返回工作年限值。

(6) 选择单元格区域 F3:F25，执行【开始】|【编辑】|【填充】|【向下】命令，向下填充公式。

第 4 章

美化工作表

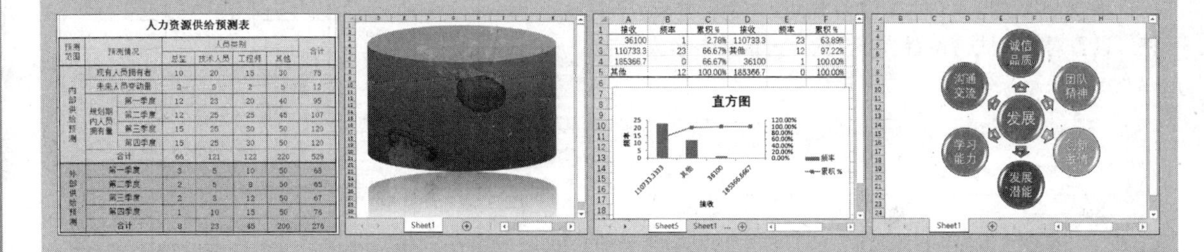

在 Excel 中，默认的工作簿无任何修饰，为了突出重点数据和数据类别，也为了增加工作表版面的清晰、美观的视觉效果，需要对工作表进行一系列的美化设置。例如，可通过强大的字体格式、数字格式以及边框格式等内置格式功能，来增强表格的规范性与整齐性，另外还可通过应用内置的表格样式和格式，来增强表格的统一性与美观性。在本章中，将详细介绍美化工作表的基础知识和实用技巧，以协助用户根据自身需求自定义单元格格式，在保证工作表的布局更加合理的基础上，达到美化工作表的目的。

4.1 设置文本格式

在 Excel 中，用户可通过设置文本的字体、字号、字形或特色文本效果等文本格式，来增加版面的美观性。

4.1.1 设置字体格式

字体格式包括文本的字体样式、字号格式和字形格式，其具体操作方法如下所述。

1. 设置字体样式

在 Excel 中，单元格中默认的【字体】为【宋体】。如果用户想更改文本的字体样式，只需执行【开始】|【字体】|【字体】命令，选择一种字体格式即可。

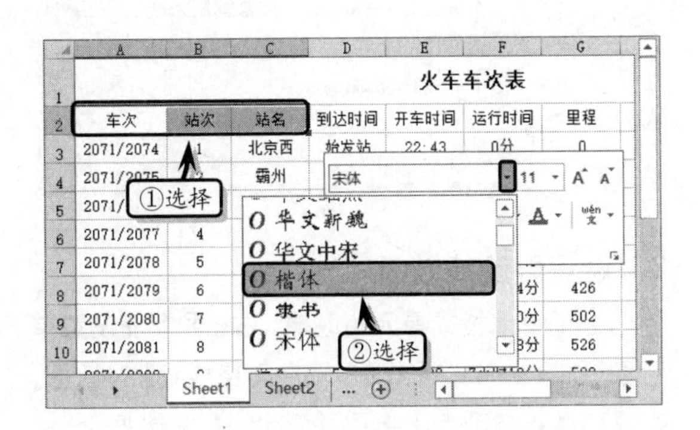

另外，单击【字体】选项组中的【对话框启动器】按钮，在【字体】选项卡中的【字体】列表框中选择一种文本字体样式即可。

技巧

选择需要设置文本格式的单元格或单元格区域。按 Shift+Ctrl+F 或 Ctrl+I 键快速显示【设置单元格格式】对话框的【字体】选项卡。

2. 设置字号格式

选择单元格，执行【开始】|【字体】|【字号】命令，在其下拉列表中选择字号。

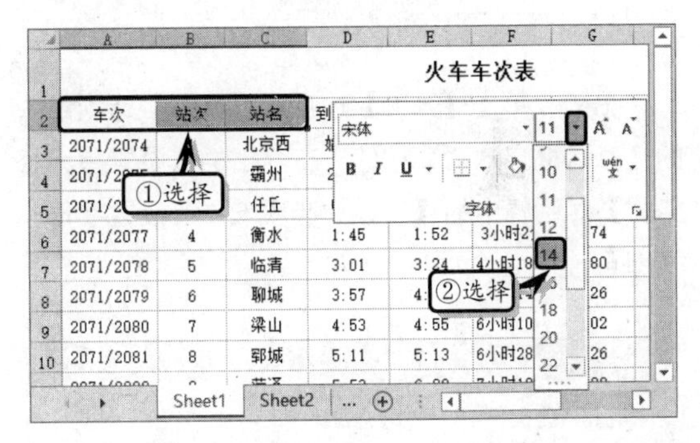

另外，选择需要设置的单元格或单元格区域，右击执行【设置单元格格式】命令，在【字体】选项卡中的【字号】列表中，选择相应的字号即可。

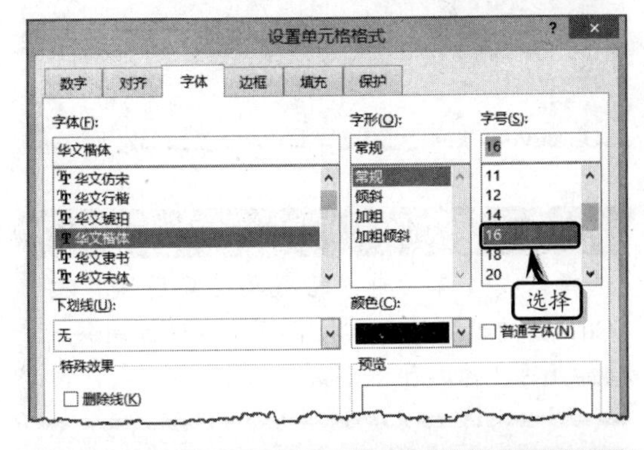

提示

用户也可以选择需要设置格式的单元格或单元格区域，右击选区，在弹出的【浮动工具栏】中设置字号。

3. 设置字形格式

文本的常用字形包括加粗、倾斜和下划线三种，主要用来突出某些文本，强调文本的重要性。

选择单元格，执行【开始】|【字体】|【加粗】命令，即可设置单元格文本的加粗字形格式。

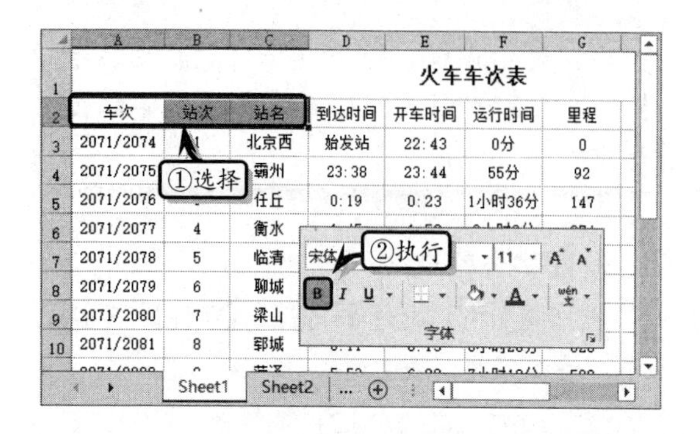

另外，单击【开始】选项卡【字体】选项组中的【对话框启动器】按钮，在弹出的【设置单元格格式】对话框中的【字体】选项卡中，设置字形格式即可。

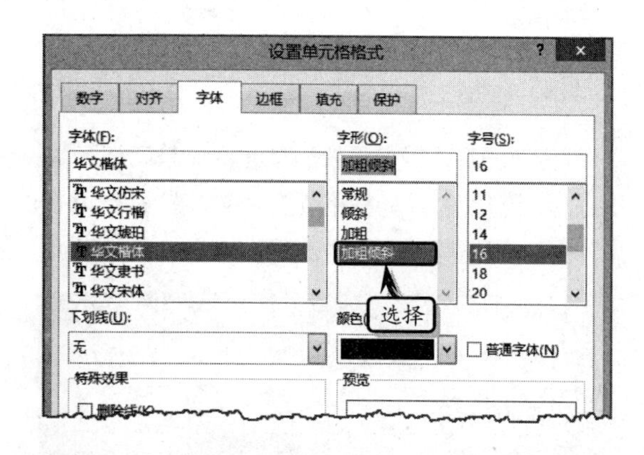

技巧

选择需要设置的单元格或单元格区域，按Ctrl+B键设置加粗；按Ctrl+I键设置倾斜；按Ctrl+U键添加下划线。

4.1.2 设置特殊格式

在Excel工作表中，用户还可以根据实际需求，来设置文本的一些特色效果，例如设置删除线、会计用下划线等一些特殊效果。

1. 设置会计专用下划线效果

选择单元格或单元格区域，右击执行【设置单元格格式】命令，弹出【设置单元格格式】对话框。在【字体】选项卡中，单击【下划线】下拉按钮，在其列表中选择一种下划线样式。例如，选择【会计用双下划线】选项，系统则会根据单元格的列宽显示双下划线。

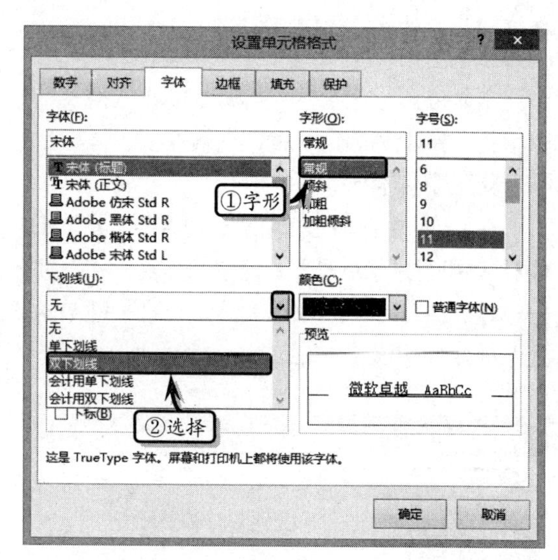

2. 设置删除线效果

选择单元格或单元格区域，右击执行【设置单元格格式】命令。弹出【设置单元格格式】对话框。在【字体】选项卡中启用【删除线】复选框。

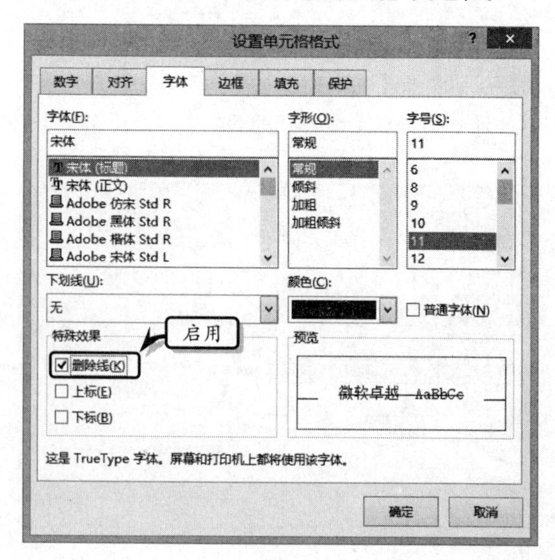

4.1.3　设置字体颜色

在 Excel 中，除了可以为文本设置内置的字体颜色之外，还可以自定义字体颜色，以突出美化版面的特效。

1. 使用内置字体颜色

选择单元格或单元格区域，执行【开始】|【字体】|【字体颜色】命令，在其列表中的【主题颜色】或【标题颜色】栏中选择一种色块即可。

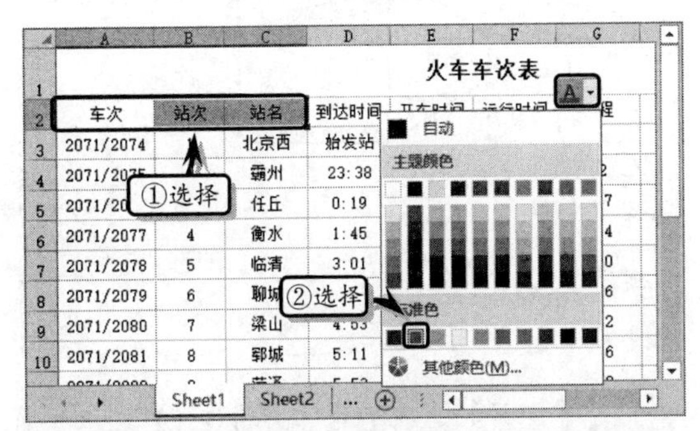

提示

选择单元格或单元格区域，右击执行【设置单元格格式】命令，在【字体】选项卡中，单击【颜色】下拉按钮，也可设置字体颜色。

2. 自定义字体颜色

选择单元格或单元格区域，执行【开始】|【字体】|【字体颜色】|【其他颜色】命令。在弹出的【颜色】对话框中，激活【标准】选项卡，选择任意一种色块，即可为文本设置独特的颜色。

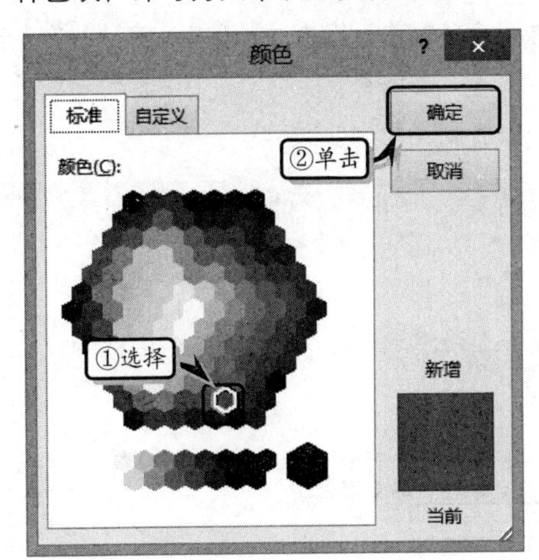

另外，在【颜色】对话框中，激活【自定义】选项卡，单击【颜色模式】下列按钮，在其下拉列表中选择 RGB 选项，分别设置相应的颜色值即可自定义字体颜色。

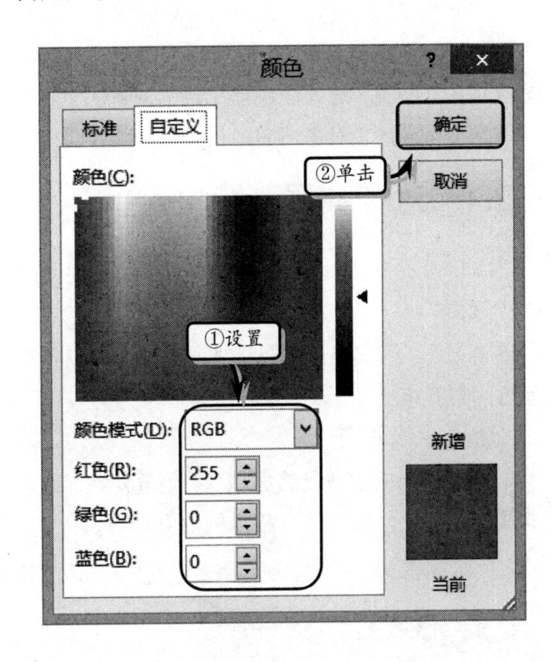

在【颜色模式】下拉列表中，主要包括 RGB 与 HSL 颜色模式。

（1）RGB 颜色模式：该颜色模式主要基于红、绿、蓝三种基色，三种基色均由 0~255 共 256 种颜色组成。用户只需单击【红色】、【绿色】和【蓝色】微调按钮，或在微调框中直接输入颜色值，即可设置字体颜色。

（2）HSL 颜色模式：该颜色模式主要基于色调、饱和度与亮度三种效果来调整颜色，其各数值的取值范围介于 0~255 之间。用户只需在【色调】、【饱和度】与【亮度】微调框中设置数值即可。

提示

设置字体颜色之后，可通过执行【开始】|【字体】|【字体颜色】|【自动】命令，取消已设置的字体颜色。

4.2 设置对齐格式

对齐格式是指单元格中的内容相对于单元格四周边框的距离，以及文字的显示方向与文本的缩进量等文本格式。通过设置单元格的对齐方式，可以增加工作表版面的整齐性。

4.2.1 对齐数据

默认情况下，工作表中的文本对齐方式为左对齐，而数字为右对齐，逻辑值和错误值为居中对齐。一般情况下，用户可通过下列两种方法，来设置单元格的对齐格式。

1. 选项组设置法

选择单元格或单元格区域，执行【开始】选项卡【对齐方式】选项组中相应的命令即可。

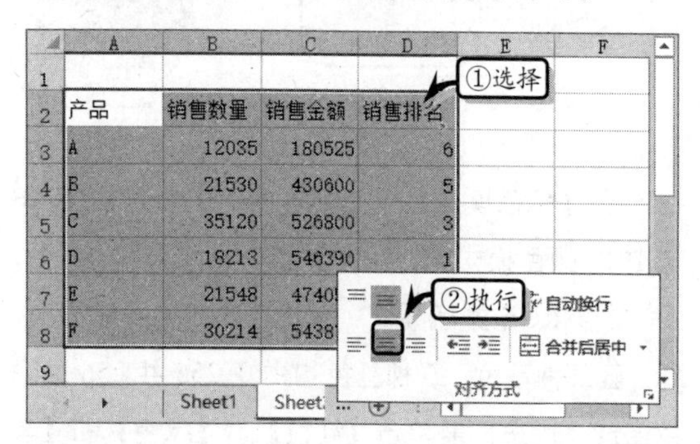

【对齐方式】选项组中的各命令的具体功能，如下表所述。

按钮	命令	功能
	顶端对齐	沿单元格顶端对齐文本
	垂直居中	对齐文本，使其在单元格中上下居中
	底端对齐	沿单元格底端对齐文本
	文本左对齐	将文本左对齐
	居中	将文本居中对齐
	文本右对齐	将文本右对齐

2. 对话框设置法

选择单元格或单元格区域，单击【对齐方式】选项组中的【对话框启动器】按钮，在【设置单元格格式】对话框中的【文本对齐方式】选项卡中，设置文本的水平与垂直对齐方式即可。

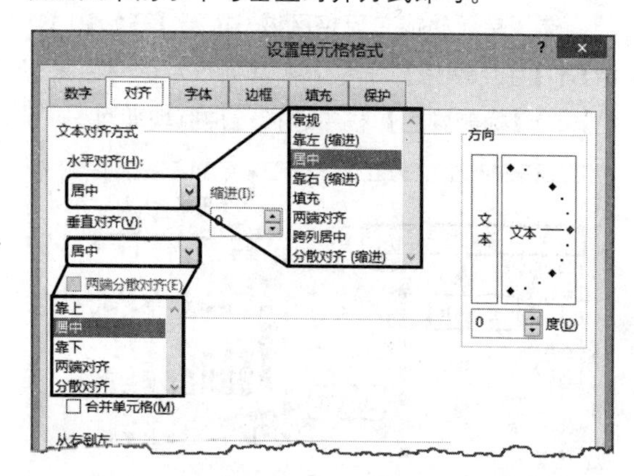

【水平对齐】选项中的【两端对齐】选项只有当单元格中的内容是多行才起作用，其多行文本两端对齐；【分散对齐】选项是单元格中的内容以两端顶格方式与两边对齐；【填充】选项通常用于修饰报表，当选择单元格填充对齐时，即使在单元格中输入一个“*”，Excel 也会自动将单元格填满，而且其“*”的个数随列宽自动调整。

4.2.2 文本控制

文本控制主要包括自动换行、缩小字体填充、合并单元格等内容。选择单元格或单元格区域，右击执行【设置单元格格式】命令。在【对齐】选项卡中的【文本控制】栏中，启用或禁用不同的复选框，以达到不同的效果。

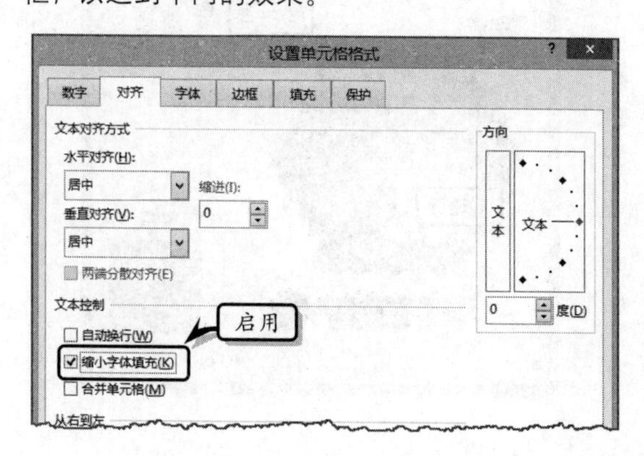

其中，【缩小字体填充】选项表示可以自动缩减单元格中字符的大小，以使数据的宽度与列宽一致；若调整列宽，字符的大小自动调整，位置不变。而【自动换行】选项则表示将根据单元格列宽把文本拆行，并自动调整单元格的高度。

4.2.3　设置文本方向

选择单元格或单元格区域，执行【开始】|【对齐方式】|【方向】命令，在其下拉列表中选择相应的选项即可。

在【方向】命令中，主要包括 5 种文字方向，其具体内容，如下表所述。

按钮	选　项	功　能
	逆时针角度	表示文本将按逆时针旋转
	顺时针角度	表示文本将按顺时针旋转
	竖排文字	表示文本将以垂直方向排列
	向上旋转文字	表示文本将向上旋转
	向下旋转文字	表示文本将向下旋转

另外，选择单元格区域，右击执行【设置单元格格式】命令。在【对齐】选项卡中的【方向】栏中，拖动【方向】栏中的文本指针，或者直接在微调框中输入具体的值，即可调整文本方向的角度。

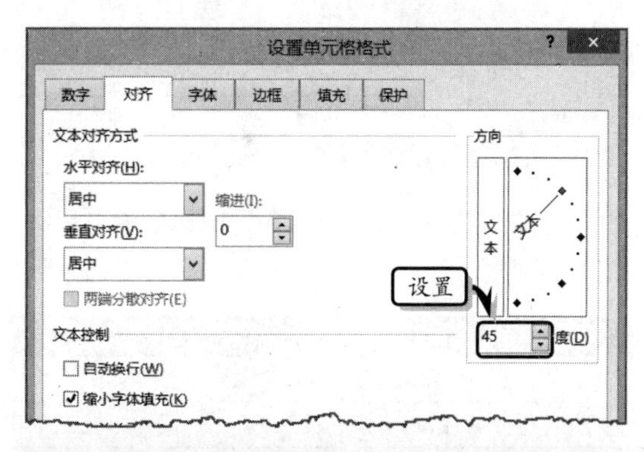

提示

用户还可以在【对齐】选项卡中单击【从右到左】栏中的【文字方向】下拉按钮，在其下拉列表中选择相应的选项，来更改文字的显示方向。

4.3　设置数字格式

默认情况下，Excel 中的数字是以杂乱无章的方式进行显示，既不便于查看也不便于分析。此时，用户可以使用【数字格式】功能，根据不同的数据类型设置相对应的数字格式，以达到突出数据类型和便于查看和分析的目的。

4.3.1　使用内置格式

内置格式是 Excel 为用户提供的数字格式集，包括常规、数值、货币、会计专用、日期、时间、百分比、分数、科学记数、文本、特殊以及自定义等类型。

1. 选项组设置法

选择含有数字的单元格或单元格区域，执行【开始】|【数字】|【数字格式】命令，在下拉列表中选择相应的选项，即可设置所选单元格中的数据格式。

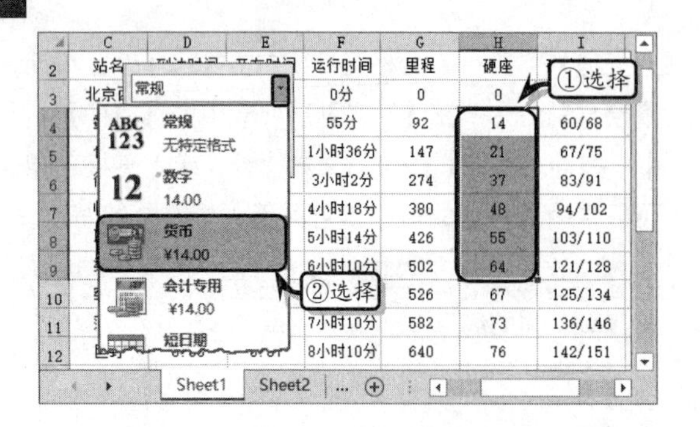

其【数字格式】命令中的各种图标名称与示例，如下表所述。

图标	选　项	示　例
ABC 123	常规	无特定格式，如 ABC
12	数字	2222.00
	货币	￥1222.00
	会计专用	￥1232.00
	短日期	2007-1-25
	长日期	2008 年 2 月 1 日
	时间	12:30:00
%	百分比	10%
½	分数	2/3、1/4、4/6
10^2	科学记数	0.09e+04
ABC	文本	中国北京

另外，用户还可以执行【数字】选项组中的其他命令，来设置数字的小数位数、百分比、会计货币格式等数字样式。各项命令的具体含义如下表所述。

按钮	命　令	功　能
	增加小数位数	表示数据增加一个小数位
	减少小数位数	表示数据减少一个小数位
,	千位分隔符	表示每个千位间显示一个逗号
	会计数字格式	表示在数据前显示使用的货币符号
%	百分比样式	表示在数据后显示使用百分比形式

2. 对话框设置法

选择相应的单元格或单元格区域，单击【数字】选项组中的【对话框启动器】按钮。在【数字】选项卡中，选择【分类】列表框中的数字格式分类即可。例如，选择【数值】选项，并设置【小数位数】选项。

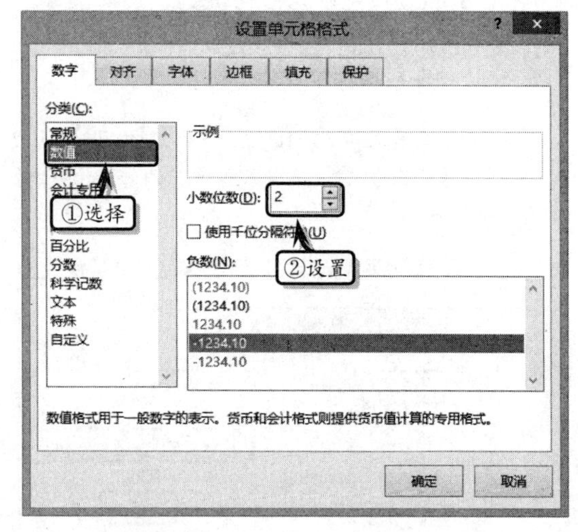

在【分类】列表框中，主要包含数值、货币、日期等 12 种格式，每种格式的功能如表所述。

分类	功　能
常规	不包含特定的数字格式
数值	适用于千位分隔符、小数位数以及不可以指定负数的一般数字的显示方式
货币	适用于货币符号、小数位数以及不可以指定负数的一般货币值的显示方式
会计专用	与货币一样，但小数或货币符号是对齐的
日期	将日期与时间序列数值显示为日期值
时间	
百分比	将单元格乘以 100 并为其添加百分号，而且还可以设置小数点的位置
分数	以分数显示数值中的小数，而且还可以设置分母的位数
科学记数	以科学记数法显示数字，而且还可以设置小数点位置
文本	表示数字作为文本处理
特殊	用来在列表或数字数据中显示邮政编码、电话号码、中文大写数字和中文小写数字
自定义	用于创建自定义的数字格式，在该选项中包含 12 种数字符号

4.3.2　自定义数字格式

自定义数字格式是使用 Excel 允许的格式代码，来表示一些特殊的、不常用的数字格式。

在【设置单元格格式】对话框中，用户还可以通过选择【分类】列表框中的【自定义】选项，来自定义数字格式。

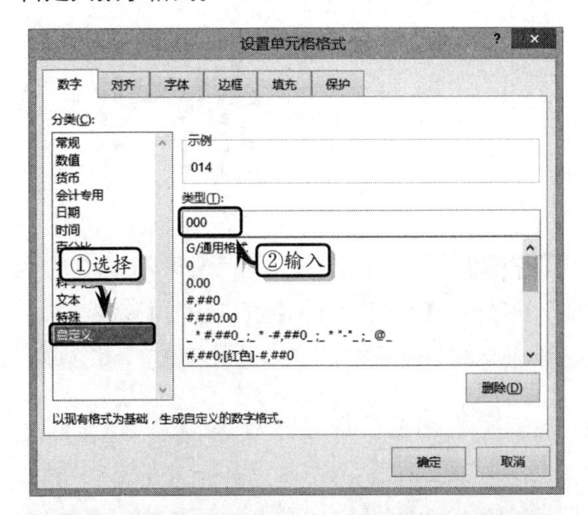

提示

为单元格或单元格指定自定义数据类型之后，可以在【类型】列表框中选择该数据类型的代码，单击【删除】按钮，删除该自定义数据代码。

另外，自定义数字格式中的每种数字符号的含义，如下表所述。

符　号	含　义
G/通用格式	以常规格式显示数字
0	预留数字位置。确定小数的数字显示位置，按小数点右边的 0 的个数对数字进行四舍五入处理，当数字位数少于格式中零的个数时，将显示无意义的 0
#	预留数字位数。与 0 相同，只显示有意义的数字
?	预留数字位置。与 0 相同，允许通过插入空格来对齐数字位，并除去无意义的 0

续表

符　号	含　义
.	小数点，用来标记小数点的位置
%	百分比，其结果值是数字乘以 100 并添加%符号
,	千位分隔符，标记出千位、百万位等数字的位置
_（下划线）	对齐。留出等于下一个字符的宽度，对齐封闭在括号内的负数，并使小数点保持对齐
：￥-()	字符。表示可以直接被显示的字符
/	分数分隔符，表示分数
“”	文本标记符，表示括号内引述的是文本
*	填充标记，表示用星号后的字符填满单元格剩余部分
@	格式化代码，表示将标识出输入文字显示的位置
[颜色]	颜色标记，表示将用标记出的颜色显示字符
h	代表小时，其值以数字进行显示
d	代表日，其值以数字进行显示
m	代表分，其值以数字进行显示
s	代表秒，其值以数字进行显示

Excel **知识链接 4-1** 自定义格式应用技巧

虽然自定义数字格式可以满足用户的一般需求，但对于一些特殊的数字格式，则需要使用单独的技巧来实现。例如，隐藏零值、智能百分比格式、智能分数格式等自定义格式。

4.3.3　示例：设置统计表数据

通过上述章节的学习，读者已基本掌握了设置文本、数字和对齐格式的基础知识和实用技巧。下面通过制作“员工成绩统计表”表格，来详细介绍美化工作表中最基础的文本、数字和对齐格式的操作方法。

	员工成绩统计表									
编号	姓名	培训课程							平均成绩	总成绩
		企业概论	规章制度	法律知识	财务知识	电脑操作	商务礼仪	质量管理		
018758	刘 韵	93	76	86	85	88	86	92	86.57	606
018759	张 康	89	85	80	75	69	82	76	79.43	556
018760	王小童	80	84	68	79	86	80	72	78.43	549
018761	李圆圆	80	77	84	90	87	84	80	83.14	582
018762	郑 远	90	89	83	84	75	79	85	83.57	585
018763	郝莉莉	88	78	90	69	80	83	90	82.57	578
018764	王 浩	80	86	81	92	91	84	80	84.86	594
018765	苏 户	79	82	85	76	78	86	84	81.43	570
018766	东方祥	80	76	83	85	81	67	92	80.57	564
018767	李 宏	92	90	89	80	78	83	85	85.29	597
018768	赵 刚	87	83	85	81	65	85	80	80.86	566

通过上图可以发现，该表中所有数据统一设置为【居中】对齐格式，而【编号】列中的数据在数字前面显示了一个0，表示为自定义的前置零格式；【平均成绩】列数据统一保留了小数点后两位数，该数据类型为自定义的“0.00”数字格式。除此之外，单元格区域D4:J5中的文本内容是以两行并排存储的，表示该单元格区域中使用了【自动换行】格式。而【总成绩】和【平均成绩】列中的数据，则是通过SUM和AVERAGE函数计算而得的。

STEP|01 设置行高。新建空白工作表，右击【全选】按钮，选择整个工作表。然后，右击行标签，执行【行高】命令，设置工作表的行高。

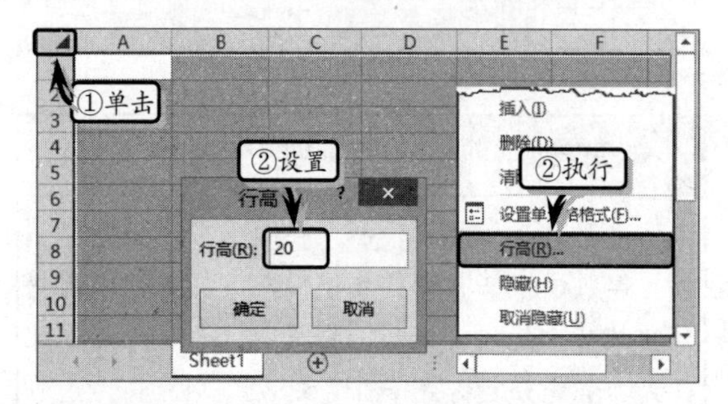

STEP|02 制作表格标题。设置工作表的行高，选择单元格区域B2:L2，执行【开始】|【对齐方式】|【合并后居中】命令，合并单元格区域。

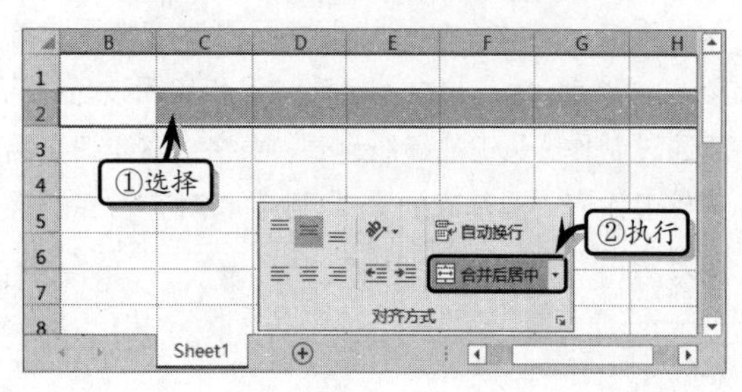

STEP|03 在合并后的单元格中输入文本，并在【开始】选项卡【字体】选项组中设置文本的字体格式，同时调整标题行的行高。

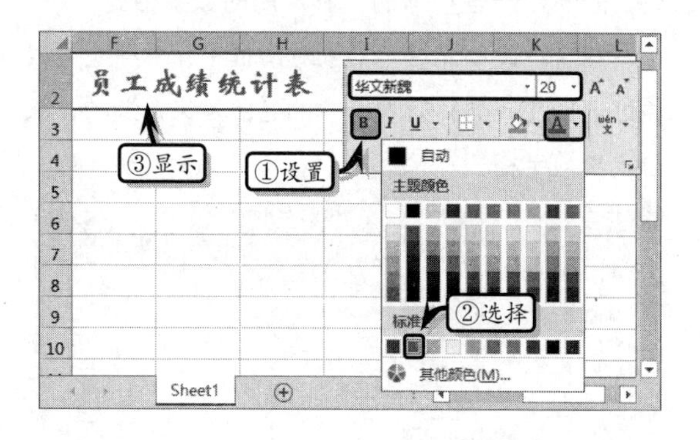

STEP|04 制作列标题。选择单元格区域B4:B5，执行【开始】|【对齐方式】|【合并后居中】命令，合并单元格区域。使用同样方法，合并其他单元格区域。

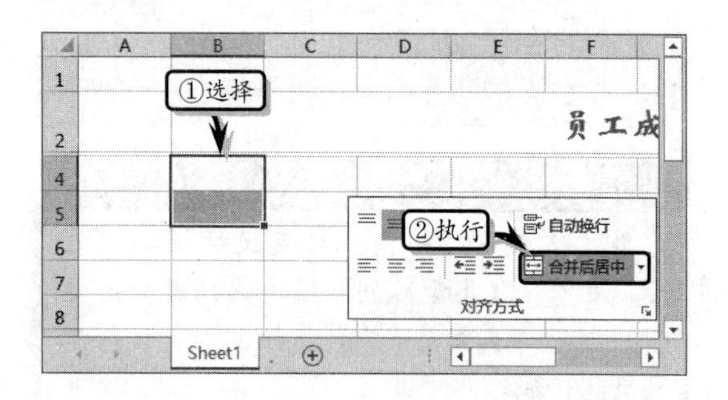

STEP|05 输入标题文本，并在【开始】选项卡【字体】选项组中，设置文本的字体格式。

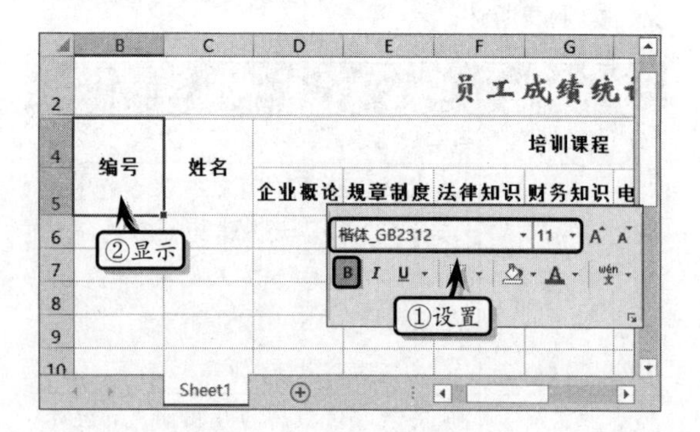

STEP|06 选择单元格区域D4:J4，执行【开始】|【对齐方式】|【自动换行】命令，设置自动换行格式并调整列宽和行高。

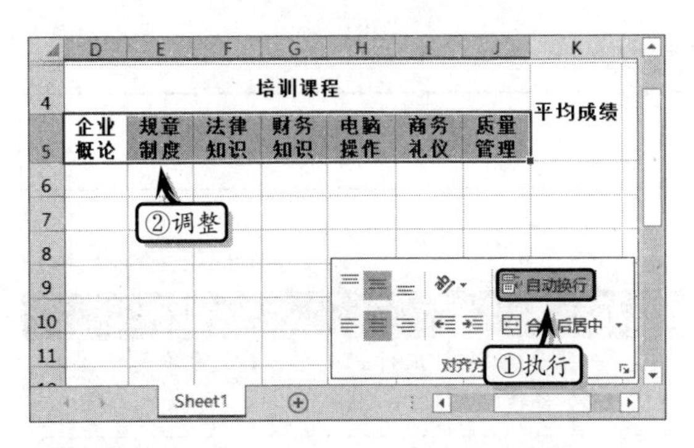

STEP|07 设置数字格式。输入表格基础数据，选择单元格区域 B6:B16，右击执行【设置单元格格式】命令，选择【数字】选项卡中的【自定义】选项，并在【类型】文本框中输入"000000"。

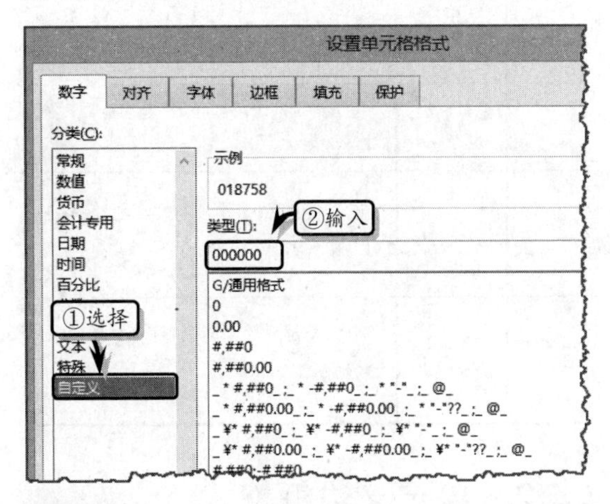

STEP|08 选择单元格区域 K6:K16，右击执行【设置单元格格式】命令，选择【数字】选项卡中的【自定义】选项，并在列表框中选择"0.00"选项。

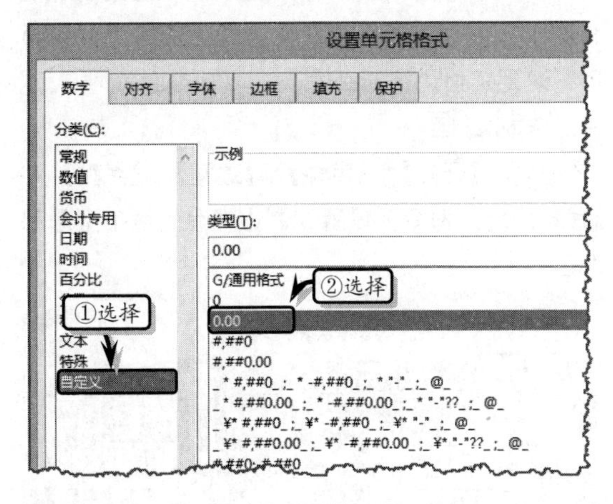

STEP|09 设置对齐格式。选择单元格区域 B6:L16，执行【开始】|【对齐方式】|【居中】命令，设置单元格区域的居中对齐格式。

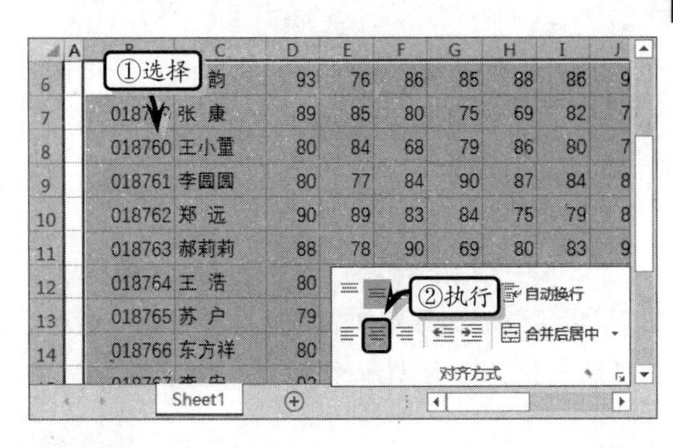

STEP|10 计算数据。选择单元格 K6，在编辑栏中输入计算公式，按 Enter 键返回平均成绩。

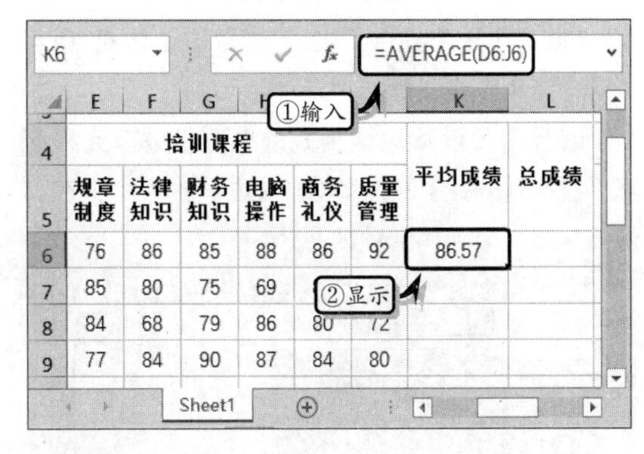

STEP|11 选择单元格 L6，在编辑栏中输入计算公式，按 Enter 键返回总成绩。

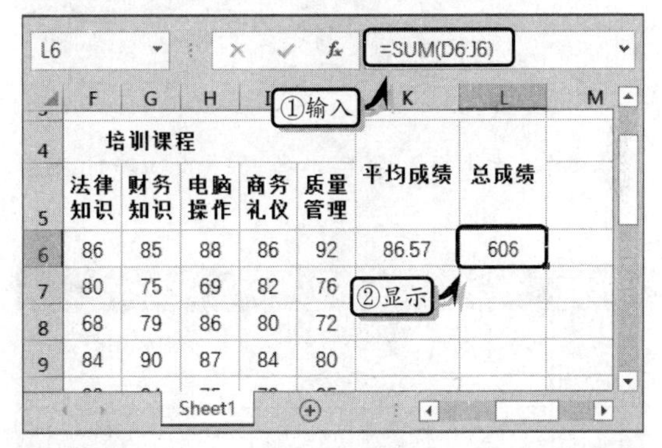

STEP|12 选择单元格区域 K6:L16，执行【开始】|【编辑】|【填充】|【向下】命令，向下填充公式。

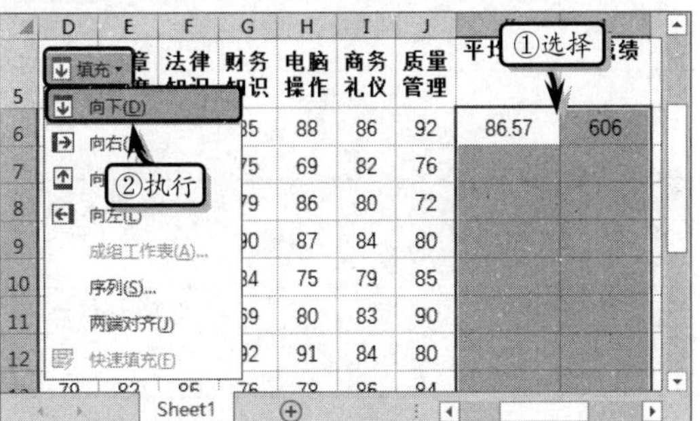

4.4 设置边框格式

Excel 中默认的表格边框为网格线，无法显示在打印页面中。为了增加表格的视觉效果，也为了使打印出来的表格具有整洁度，需要美化表格边框。

4.4.1 使用内置样式

Excel 为用户提供了 13 种内置边框样式，以帮助用户美化表格边框。

选择需要设置边框格式的单元格或单元格区域，执行【开始】|【字体】|【边框】命令，在其列表中选择相应的选项即可。

其中，【边框】命令中各选项的功能如下表所述。

图标	名 称	功 能
	下框线	执行该选项，可以为单元格添加下框线
	上框线	执行该选项，可以为单元格添加上框线
	左框线	执行该选项，可以为单元格添加左框线
	右框线	执行该选项，可以为单元格添加右框线
	无框线	执行该选项，可以清除单元格中的边框样式
	所有框线	执行该选项，可以为单元格添加所有框线
	外侧框线	执行该选项，可以为单元格添加外部框线
	粗外侧框线	执行该选项，可以为单元格添加较粗的外部框线
	双底框线	执行该选项，可以为单元格添加双线条的底部框线
	粗底框线	执行该选项，可以为单元格添加较粗的底部框线
	上下框线	执行该选项，可以为单元格添加上框线和下框线
	上框线和粗下框线	执行该选项，可以为单元格添加上部框线和较粗的下框线
	上框线和双下框线	可以为单元格添加上框线和双下框线

4.4.2 自定义边框格式

在 Excel 2016 中除了可以使用内置的边框样式，为单元格添加边框之外，还可以通过绘制边框和自定义边框功能，来设置边框线条的类型和颜色，达到美化边框的目的。

1. 绘制边框

执行【开始】|【字体】|【边框】|【线型】和【线条颜色】命令，设置绘制边框线的线条型号和颜色。

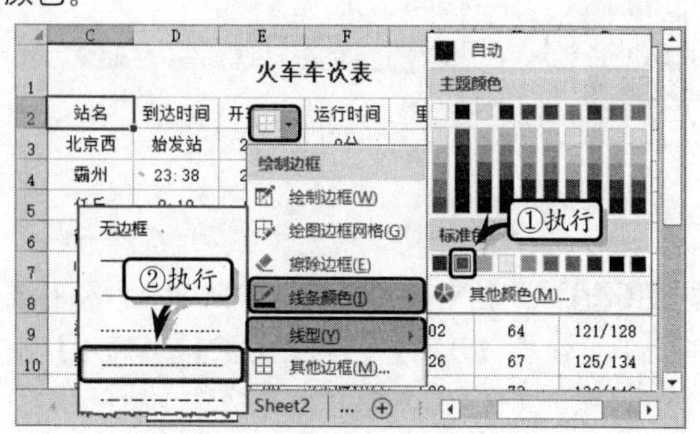

然后，执行【开始】|【字体】|【边框】|【绘制边框网格】命令，拖动鼠标即可为单元格区域绘制边框。

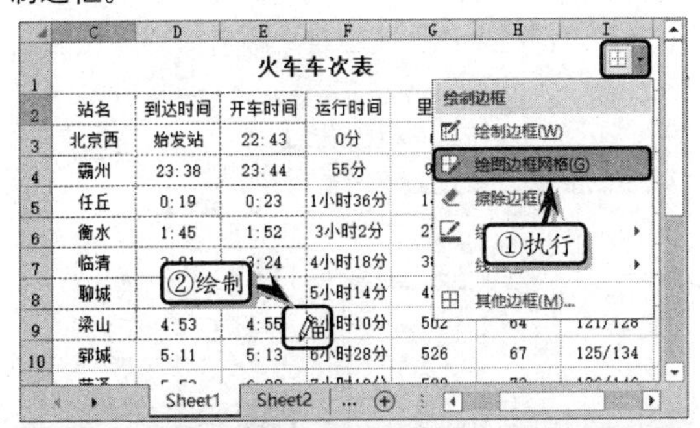

提示

为单元格区域添加边框样式之后，可通过执行【边框】|【擦除边框】命令，拖动鼠标擦除不需要的部分边框或全部边框。

2. 自定义边框

选择单元格或单元格区域，右击执行【设置单元格格式】命令。激活【边框】选项卡，在【样式】列表框中选择相应的样式。然后，单击【颜色】下拉按钮，在其下拉列表中选择相应的颜色，并设置边框的显示位置，在此单击【内部】和【外边框】按钮。

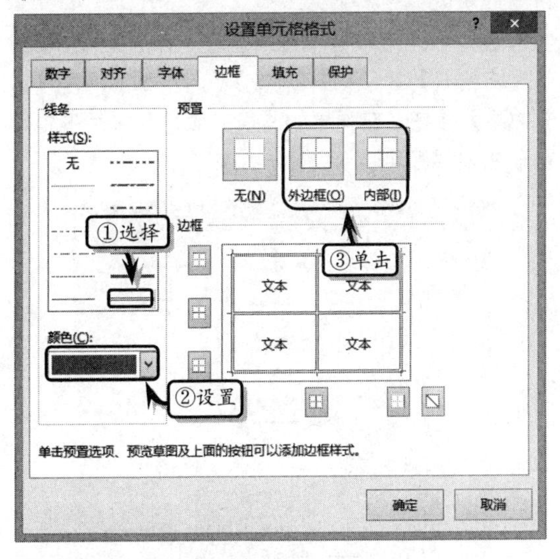

提示

为单元格区域添加边框样式之后，可通过执行【边框】|【无框线】命令，取消已设置的边框样式。

在【边框】选项卡中，主要包含以下三个选项组。

(1) 线条：主要用来设置线条的样式与颜色，【样式】列表中为用户提供了 14 种线条样式，用户选择相应的选项即可。同时，用户可以在【颜色】下拉列表中，设置线条的主题颜色、标准色与其他颜色。

(2) 预置：主要用来设置单元格的边框类型，包含【无】、【外边框】和【内部】三种选项。其中，【外边框】选项可以为所选的单元格区域添加外部边框。【内部】选项可为所选单元格区域添加内部框线。【无】选项可以帮助用户删除边框。

(3) 边框：主要按位置设置边框样式，包含上框线、中间框线、下框线和斜线框线等 8 种边框样式。

Excel 知识链接 4-2　制作斜线表头

在利用工作表制作各种报表时，经常需要制作斜线表头，以用来表达更多的信息。

Excel 4.5 设置填充格式

为单元格或单元格区域设置填充颜色，不仅可以达到美化工作表外观的效果，还能够区分工作表中的各类数据，使其重点突出。

4.5.1 设置纯色填充

设置单元格的填充颜色与设置字体颜色的方法大体一致，也分为预定义颜色和自定义颜色两种方法。

1. 预定义纯色填充

选择单元格或单元格区域，执行【开始】|【字体】|【填充颜色】命令，在其列表中选择一种色块。

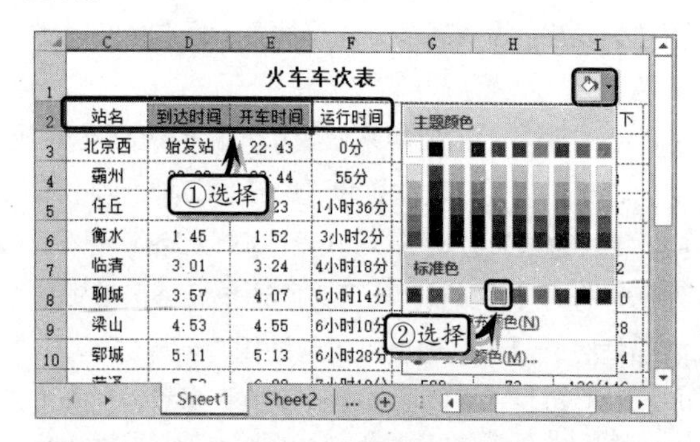

技巧

为单元格区域设置填充颜色之后，执行【填充颜色】|【无填充颜色】命令，即可取消已设置的填充颜色。

另外，选择单元格或者单元格区域，单击【字体】选项组中的【对话框启动器】按钮，激活【填充】选项卡，选择【背景色】列表中相应的色块，并设置其【图案颜色】与【图案样式】选项。

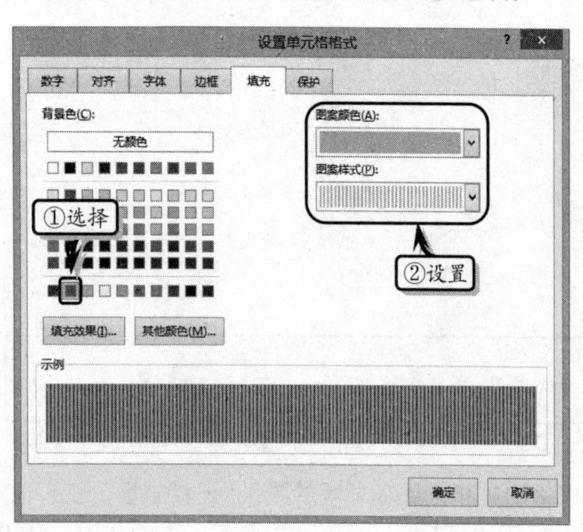

2. 自定义纯色填充

选择单元格或单元格区域，执行【开始】|【字体】|【填充颜色】|【其他颜色】命令，在弹出的【颜色】对话框中设置其自定义颜色即可。

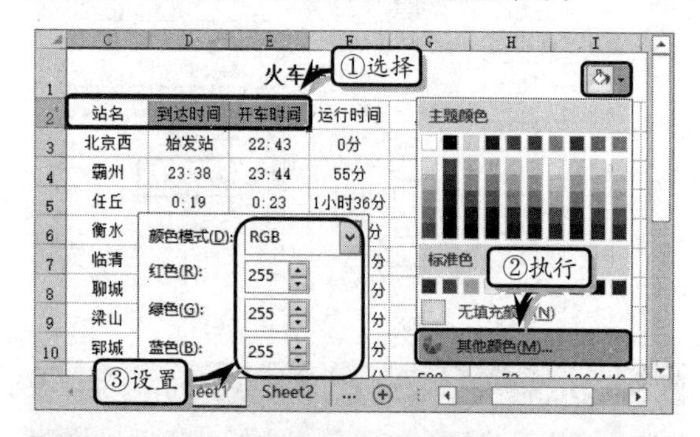

提示

用户也可以在【设置单元格格式】对话框中的【填充】选项卡中，单击【其他颜色】按钮，在弹出的【颜色】对话框中自定义填充颜色。

4.5.2 设置渐变填充

渐变填充是由一种颜色向另外一种颜色过渡的一种双色填充效果。

选择单元格或者单元格区域，右击执行【设置单元格格式】命令。在【填充】选项卡中，单击【填充效果】按钮，在弹出的【填充效果】对话框中设置渐变效果即可。

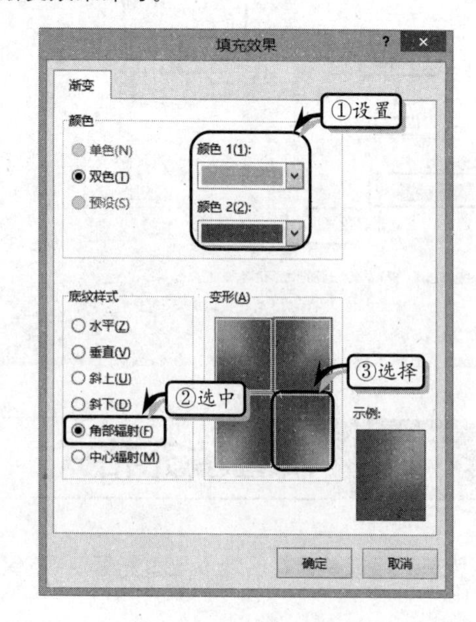

其中，【底纹样式】选项组中的各种填充效果如下表所述。

名 称	填充效果
水平	渐变颜色由上向下渐变填充
垂直	渐变颜色由左向右渐变填充
斜上	渐变颜色由左上角向右下角渐变填充
斜下	渐变颜色由右上角向左下角渐变填充
角部辐射	渐变颜色由某个角度向外扩散填充
中心辐射	渐变颜色由中心向外渐变填充

4.6 应用表格样式和格式

在编辑工作表时，用户可以运用 Excel 提供的样式和格式集功能，快速设置工作表的数字格式、对齐方式、字体字号、颜色、边框、图案等格式，从而使表格具有美观与醒目的独特特征。

4.6.1 应用表格样式

表格样式是一套包含数字格式、文本格式、对齐方式、填充颜色、边框样式和图案样式等多种格式的样式合集。

1. 应用样式

选择单元格或单元格区域，执行【开始】|【样式】|【单元格样式】命令，在其列表中选择相应的表格样式即可。

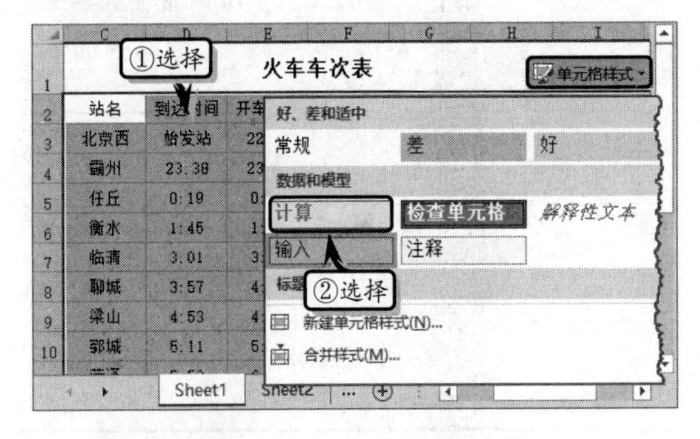

2. 创建新样式

执行【开始】|【样式】|【单元格样式】|【新建单元格样式】命令，在弹出的【样式】对话框中设置各项选项。

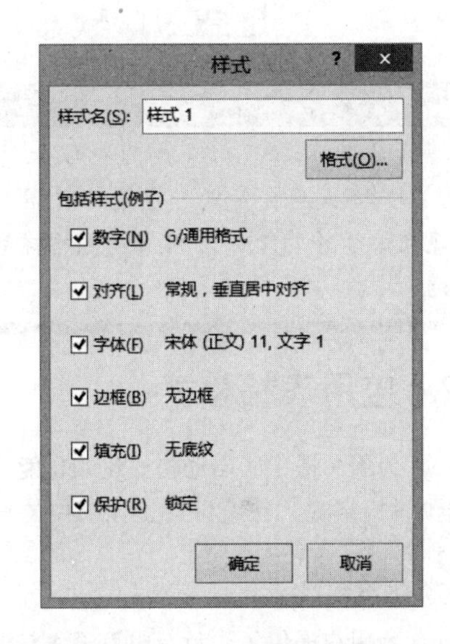

在【样式】话框中，主要包括下表中的一些选项。

样 式		功 能
样式名		主要用来输入所创建样式的名称
格式		启用该选项，可以在弹出的【设置单元格格式】对话框中设置样式的格式
包括样式	数字	显示已定义的数字的格式
	对齐	显示已定义的文本对齐方式
	字体	显示已定义的文本字体格式
	边框	显示已定义的单元格的边框样式
	填充	显示已定义的单元格的填充效果
	保护	显示工作表是锁定状态还是隐藏状态

3．合并样式

合并样式是指将工作簿中的单元格样式，复制到其他工作簿中。首先，同时打开包含新建样式的多个工作簿。然后，在其中一个工作簿中执行【单元格样式】|【合并样式】命令。在弹出的【合并样式】对话框中，选择合并样式来源即可。

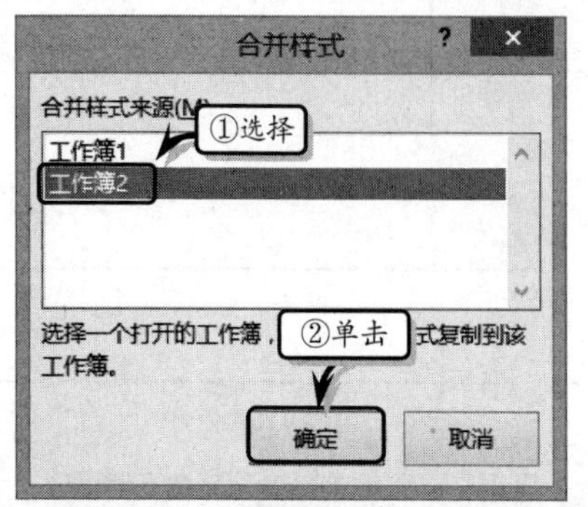

> **注意**
>
> 合并样式应至少打开两个或两个以上的工作簿。合并样式后会发现自定义的新样式将会出现在被合并的工作簿的【单元格样式】下拉列表中。

4.6.2　应用表格格式

Excel 为用户提供了自动格式化的功能，它可以根据预设的格式，快速设置工作表中的一些格式，达到美化工作表的效果。

1．自动套用格式

Excel 为用户提供了浅色、中等深浅与深色三种类型的 60 种表格格式。选择单元格或单元格区域，执行【开始】|【样式】|【套用表格格式】命令，选择相应的选项，在弹出的【套用表格格式】对话框中单击【确定】按钮即可。

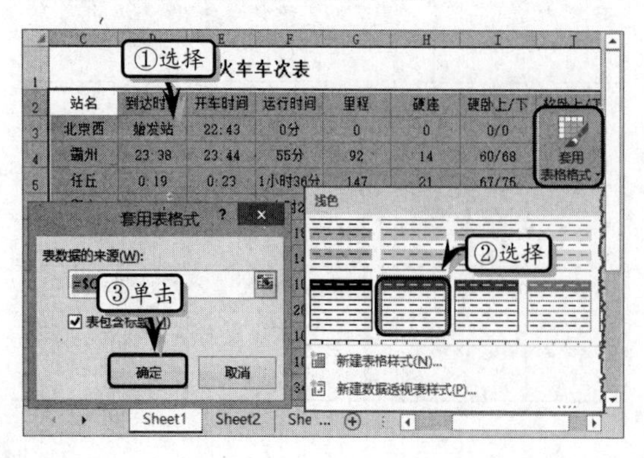

在【套用表格式】对话框中，包含一个【表包含标题】复选框。若启用该复选框，表格的标题将套用样式栏中的标题样式，反之，则表格的标题将不套用样式栏中的标题样式。

2．新建自动套用格式

执行【开始】|【样式】|【套用表格格式】|【新建表样式】命令，在弹出的【新建表样式】对话框中设置各选项。

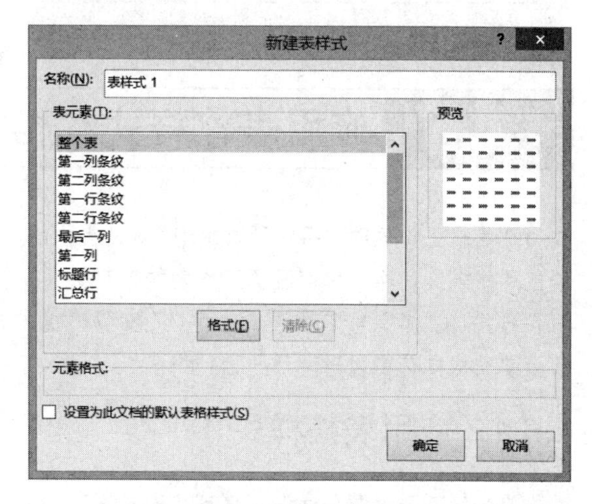

在【新建表样式】对话框中，主要包括下表中的一些选项。

样　式	功　能
名称	主要用于输入新表格样式的名称
表元素	用于设置表元素的格式，主要包含 13 种表格元素
格式	单击该按钮，可以在【设置单元格格式】对话框中，设置表格元素的具体格式
清除	单击该按钮，可以清除所设置的表元素格式
设置为此文档的默认表格样式	启用该选项，可以将新表样式作为当前工作簿的默认的表样式。但是，自定义的表样式只存储在当前工作簿中，不能用于其他工作簿

3．转换为区域

为单元格区域套用表格格式之后，系统将自动将单元格区域转换为筛选表格的样式。此时，选择套用表格格式的单元格区域，或选择单元格区域中

的任意一个单元格，执行【表格工具】|【设计】|【工具】|【换行为区域】命令，即可将表格转换为普通区域，便于用户对其进行各项操作。

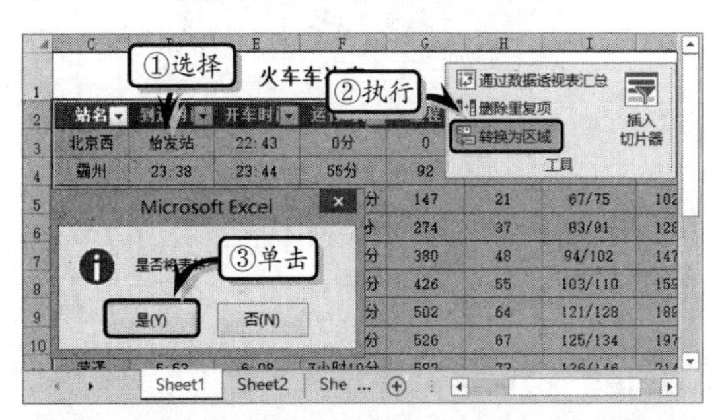

技巧

选择套用单元格格式的单元格，右击执行【表格】|【转换为区域】命令，也可将表格转换为普通区域。

4．删除自动套用格式

选择要清除自动套用格式的单元格或单元格区域，执行【表格工具】|【设计】|【表格样式】|【快速样式】|【清除】命令，即可清除已应用的样式。

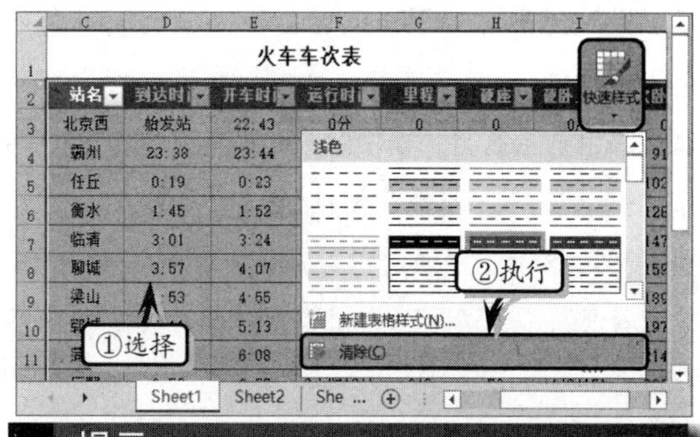

提示

用户也可以通过执行【设计】选项卡中的各项命令，来设置表格的属性、表格样式选项，以及外部表数据与表格样式等。

4.6.3　示例：美化统计表

在“设置统计表数据”示例中，只单纯地设置了文本、数据和对齐格式；虽然具备了数据表的基础功能，但赤裸裸的数据显得既枯燥又乏味。此时，需要运用 Excel 中的边框格式、填充格式和表格样式等内置美化功能，对统计表进行一定的美化操作，以增加数据表的可读性和整齐性。

员工成绩统计表

编号	姓名	培训课程							平均成绩	总成绩
		企业概论	规章制度	法律知识	财务知识	电脑操作	商务礼仪	质量管理		
018758	刘 韵	93	76	86	85	88	86	92	86.57	606
018759	张 康	89	85	80	75	69	82	76	79.43	556
018760	王小童	80	84	68	79	86	80	72	78.43	549
018761	李圆圆	80	77	84	90	87	84	80	83.14	582
018762	郑 远	90	89	83	84	75	79	85	83.57	585
018763	郝莉莉	88	78	90	69	80	83	90	82.57	578
018764	王 浩	80	86	81	92	91	84	80	84.86	594
018765	苏 户	79	82	85	76	78	86	84	81.43	570
018766	东方祥	80	76	83	85	81	67	92	80.57	564
018767	李 宏	92	90	89	80	78	83	85	85.29	597
018768	赵 刚	87	83	85	81	65	85	80	80.86	566

通过上图可以明显地看出整个数据表具有一定的条理性，列标题和基础数据之间通过使用背景填充颜色进行区分，同时通过设置单元格样式来增加数据区域的条理性，使枯燥的数据更具有阅读性。另外，该示例中通过设置数据区域外边框颜色，以及标题下边框颜色的方法，增加了数据表的多彩性。

STEP|01 制作标题下划线。执行【开始】|【字体】|【边框】|【线条颜色】|【红色】命令，设置边框线条的颜色。

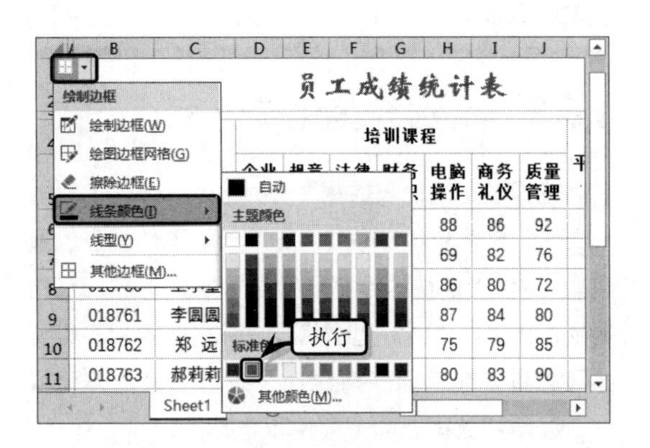

STEP|02 同时，执行【字体】|【边框】|【线型】命令，在其级联菜单中选择一种线条类型。然后，拖动鼠标在单元格 B2 中绘制下框线。

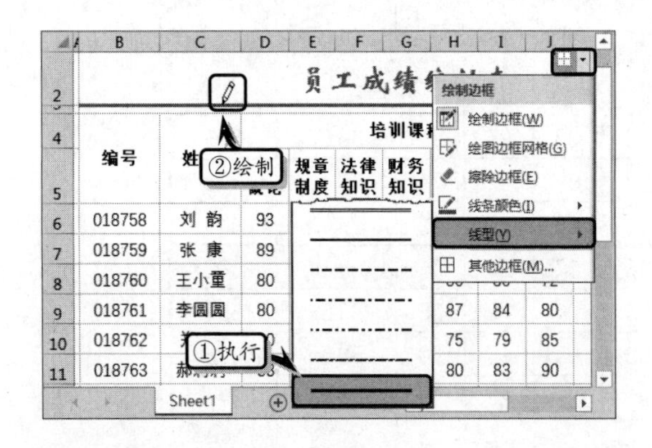

STEP|03 设置列标题填充颜色。选择单元格区域 B4:L5，执行【开始】|【字体】|【填充颜色】|【浅绿】命令，设置其填充颜色。

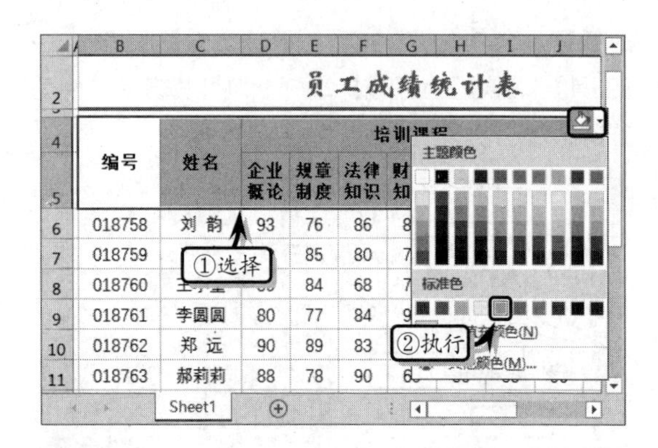

STEP|04 设置单元格样式。选择单元格区域 B7:L7，执行【开始】|【样式】|【单元格样式】|【40%-着色 4】命令。使用同样方法，设置其他单元格区域的单元格样式。

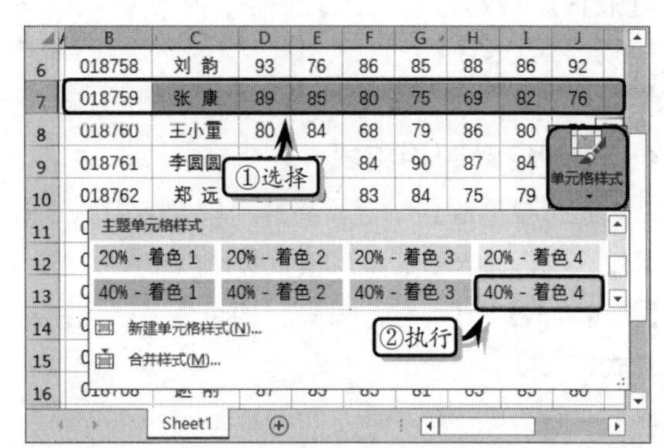

STEP|05 设置边框样式。选择单元格区域 B4:L16，执行【开始】|【字体】|【边框】|【所有框线】命令，设置其边框格式。

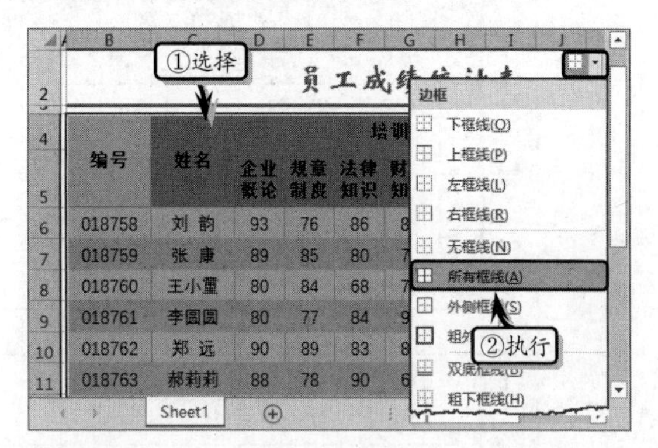

STEP|06 然后，右击执行【设置单元格格式】命令，激活【边框】选项卡，设置外框线线条样式和颜色。

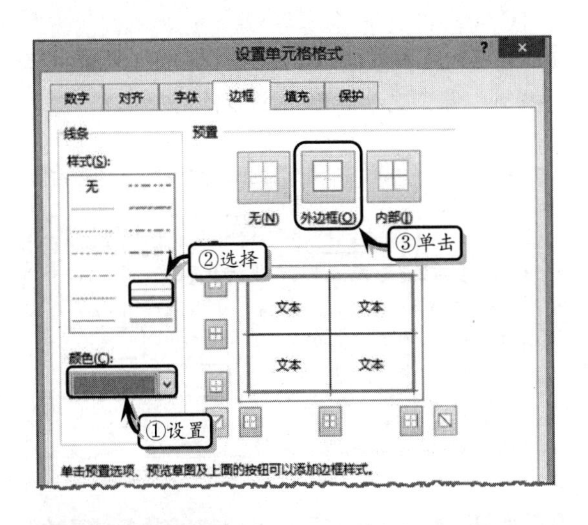

4.7 练习：制作授课情况统计表

授课情况统计表，主要用于反映教师的课程安排及课时情况，方便管理者查看每位老师的授课信息和授课课酬。在本练习中，将通过运用 Excel 中的美化工作表和计算数据等功能，来制作一份授课情况统计表。

闻翔计算机培训学校授课情况统计表									
序号	教师编码	姓名	课程名称	星期	上课地点	班级	课时	课酬	金额
1	W02	王小明	word	星期一	2-1教室	215702	4	60	240
2	M03	马京京	Flash	星期一	2-2教室	215701	4	60	240
3	S01	程宇	Excel	星期二	3-3教室	215701	4	60	240
4	W03	吴斌	图形图像	星期二	3-4教室	215702	4	60	240
5	H02	何注	PPT	星期三	2-5教室	215701	4	60	240
6	L02	刘层军	摄影	星期三	3-2教室	215701	4	60	240
7	P01	潘新宇	网页	星期四	2-2教室	215701	4	60	240
8	X01	徐志英	英语	星期四	2-3教室	215702	4	60	240
9	S01	孙晓宇	Excel	星期五	3-1教室	215702	4	60	240
10	S02	张双喜	word	星期五	3-1教室	215702	4	60	240

操作步骤

STEP|01 设置行高。单击【全选】按钮，右击行标签执行【行高】命令，在弹出的【行高】对话框中，输入行高值并单击【确定】按钮。

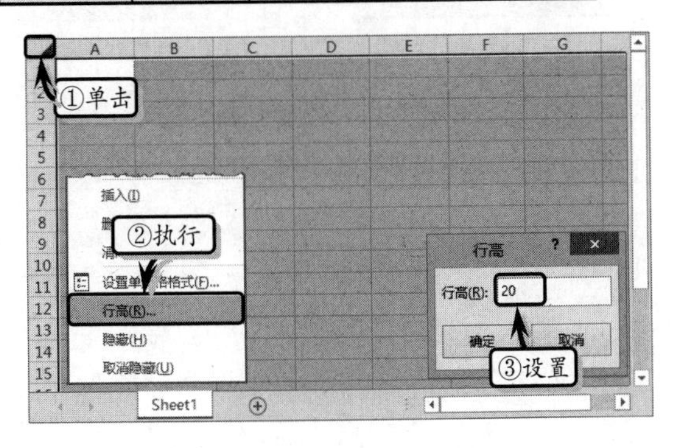

STEP|02 制作标题。选择单元格区域 B2:K2，执行【开始】|【对齐方式】|【合并后居中】命令，合并单元格区域。

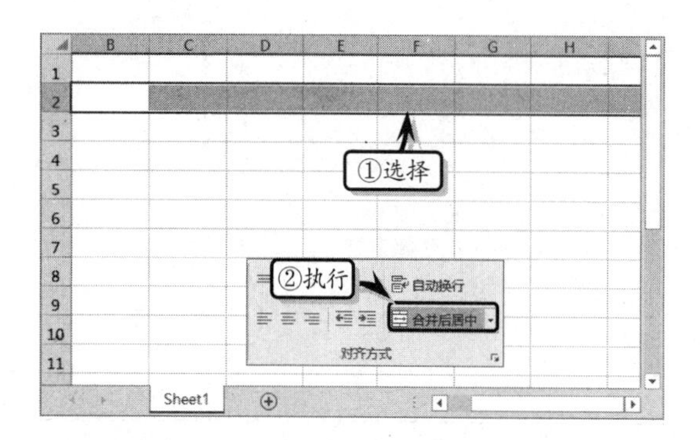

STEP|03 在合并后的单元格中输入标题文本，设置文本的字体格式并拖动行 2 分隔线调整该行行高。

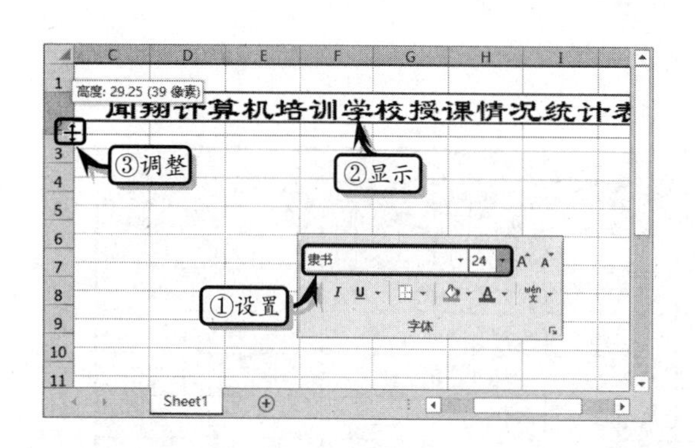

STEP|04 制作表格内容。在表格中输入基础数据，选择所有内容数据，执行【开始】|【对齐方式】|【居中】命令，设置居中对齐格式。

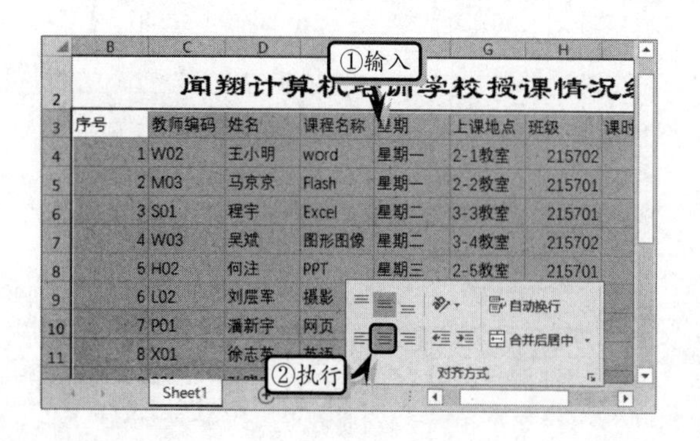

STEP|05 计算数据。选择单元格 K4，在编辑栏中输入计算公式，按 Enter 键返回金额值。

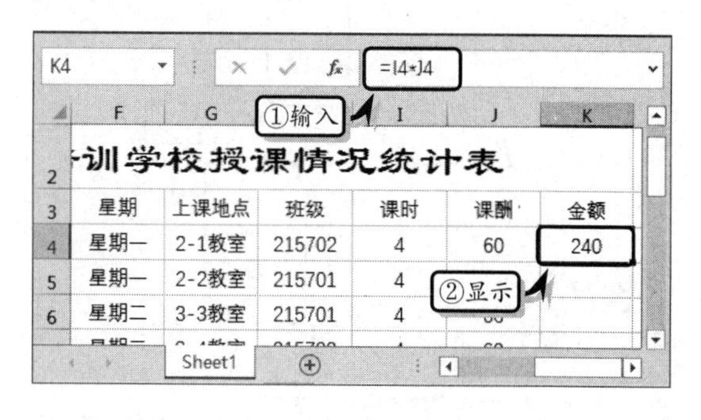

STEP|06 选择单元格区域 K4:K13，执行【开始】|【编辑】|【填充】|【向下】命令，向下填充公式。

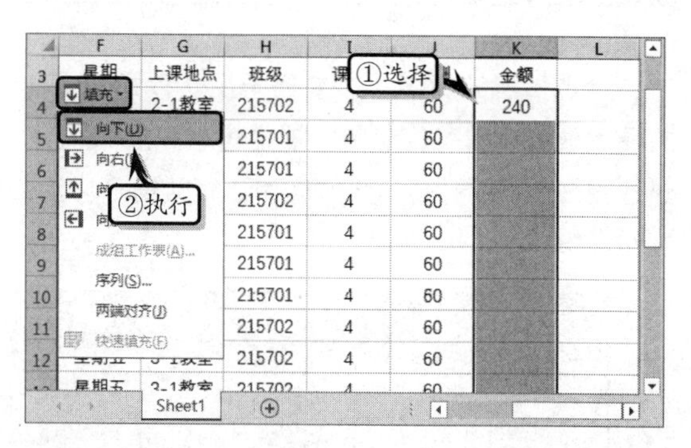

STEP|07 套用表格格式。选择单元格区域 B3:K13，执行【开始】|【样式】|【套用表格格式】|【表样式中等深浅 12】命令，套用表格格式。

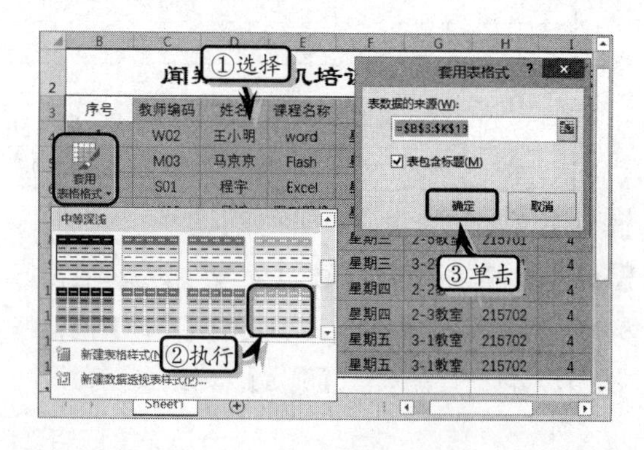

STEP|08 然后，执行【表格工具】|【设计】|【工具】|【转换为区域】命令，将表格式转换为普通区域。

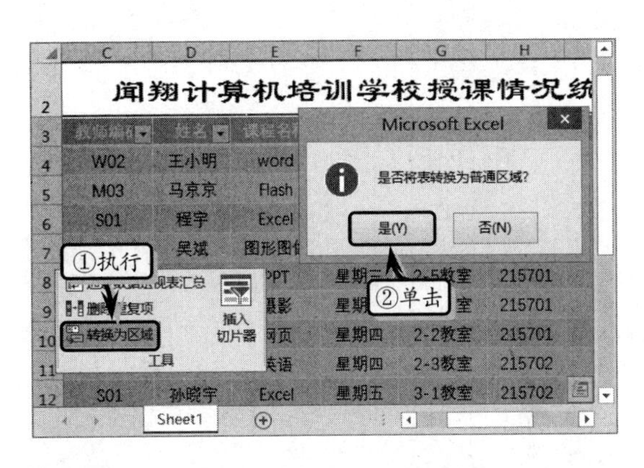

STEP|09 设置边框格式。选择单元格区域 B3:K13，执行【开始】|【字体】|【边框】|【所有框线】命令，设置所有框线样式。

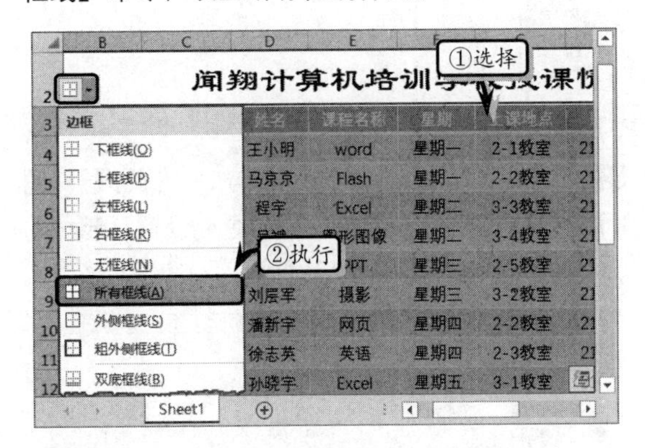

STEP|10 选择单元格区域 B2:K13，执行【开始】|【字体】|【边框】|【粗外侧框线】命令，设置外边框样式。

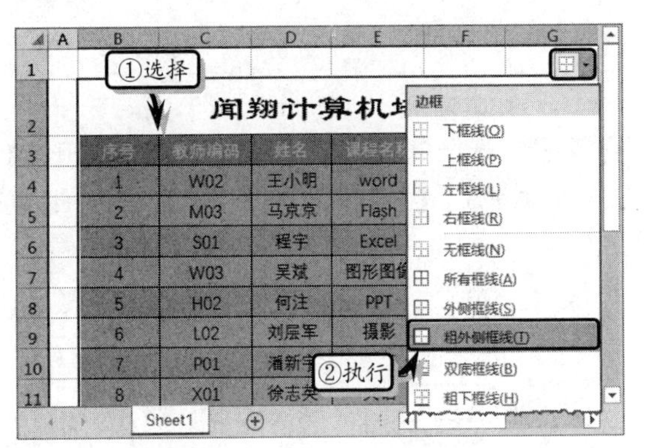

STEP|11 设置背景颜色。选择单元格 B2，执行【开始】|【字体】|【填充颜色】|【浅绿】命令，设置单元格的背景颜色。

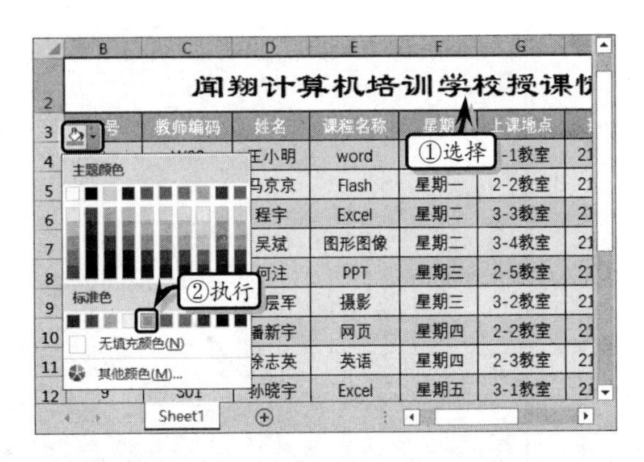

STEP|12 隐藏网格线。在【视图】选项卡【显示】选项组中，禁用【网格线】复选框，隐藏网格线。

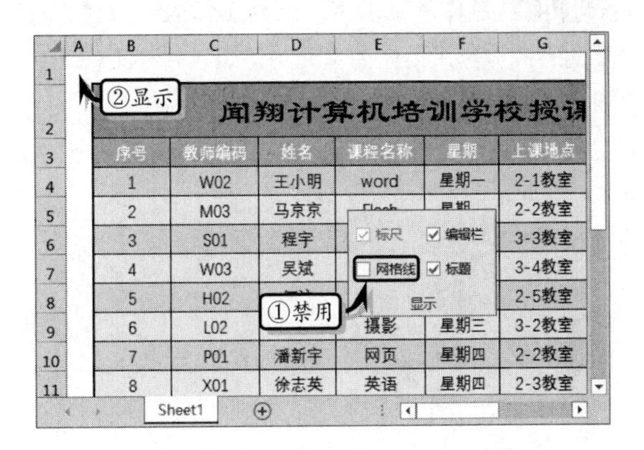

4.8 练习：制作人力资源供给预测表

人力资源供给预测表是用于预测企业内部与外部供给人员情况

的表格，通过该表格可以根据现有人员数量，以及预测变动人员数量，调整招聘规划。在本练习中，将通过制作人力资源供给预测表，来详细介绍制作和美化电子表格的操作方法和技巧。

人力资源供给预测表

预测范围	预测情况		人员类别				合计
			总监	技术人员	工程师	其他	
内部供给预测	现有人员拥有者		10	20	15	30	75
	未来人员变动量		2	3	2	5	12
	规划期内人员拥有量	第一季度	12	23	20	40	95
		第二季度	12	25	25	45	107
		第三季度	15	25	30	50	120
		第四季度	15	25	30	50	120
	合计		66	121	122	220	529
外部供给预测	第一季度		3	5	10	50	68
	第二季度		2	5	8	50	65
	第三季度		2	3	12	50	67
	第四季度		1	10	15	50	76
	合计		8	23	45	200	276

操作步骤

STEP|01 制作基础表格。新建工作表，设置工作表的行高，合并相应的单元格区域，并在工作表中输入表格的基础数据。

STEP|02 选择单元格区域 C2:J15，执行【开始】|【对齐方式】|【居中】命令，设置表格的居中对齐格式。

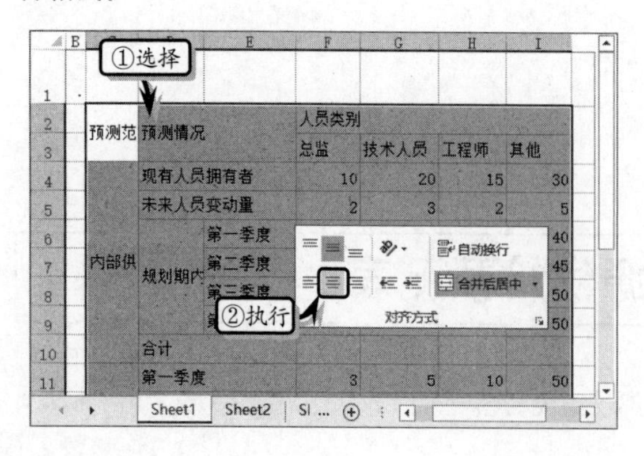

STEP|03 同时选择单元格 C2 与 D6，执行【开始】|【对齐方式】|【自动换行】命令，设置单元格的自动换行格式。

STEP|04 选择单元格区域 C4:C15，执行【开始】|【对齐方式】|【方向】|【竖排文字】命令，设置文本的显示方向。

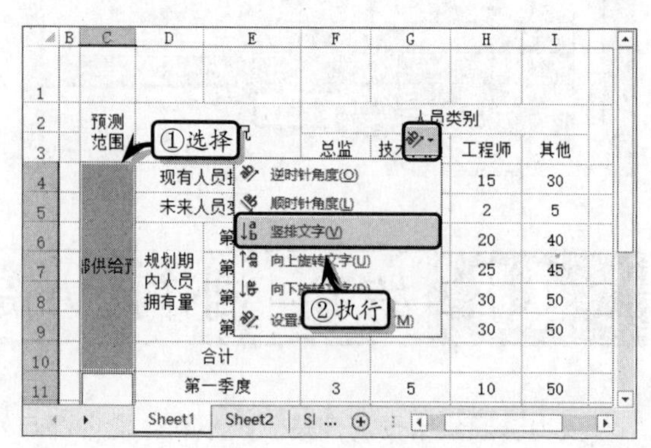

STEP|05 合并单元格区域 C1:J1，输入标题文本并在【字体】选项组中，设置文本的字体格式。

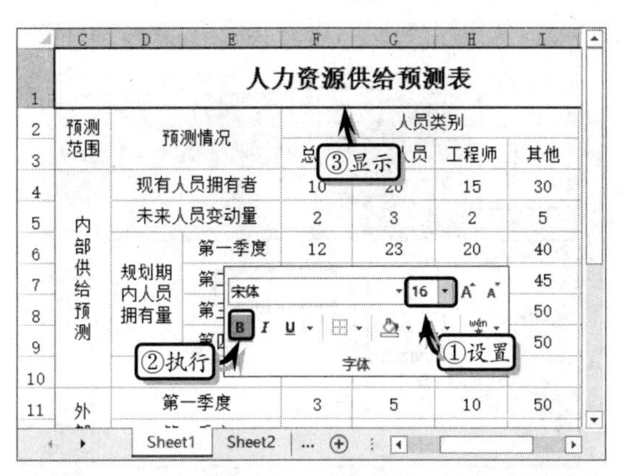

STEP|06 计算表格数据。选择单元格 F10，在编辑栏中输入求和公式，按 Enter 键返回内部供给中总监人数的合计值。使用同样方法，计算其他合计值。

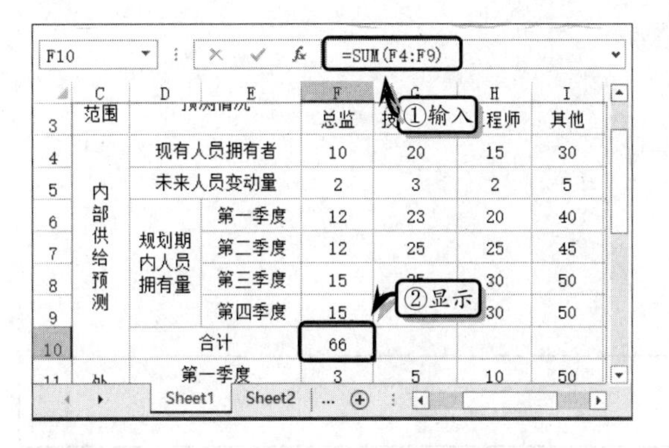

STEP|07 选择单元格 F15，在编辑栏中输入求和公式，按 Enter 键返回外部供给中总监人数的合计值。使用同样方法，计算其他合计值。

STEP|08 选择单元格 J4，在编辑栏中输入求和公式，按 Enter 键返回现有人员拥有者的合计值。

STEP|09 选择单元格区域 J4:J15，执行【开始】|【编辑】|【填充】|【向下】命令，向下填充公式。

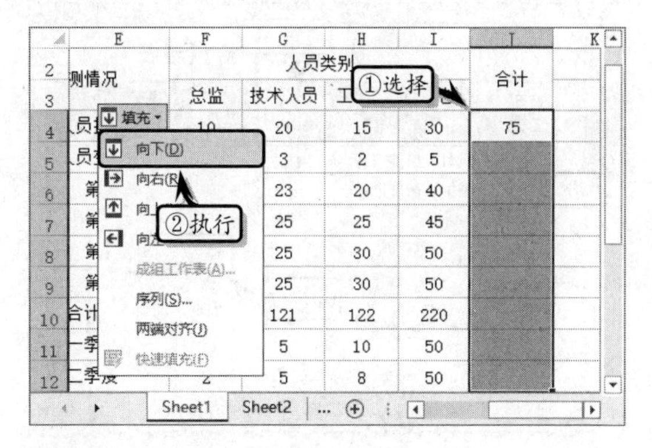

STEP|10 美化表格。选择单元格区域 C2:J15，右击执行【设置单元格格式】命令，设置线条样式与颜色，并单击【内部】按钮。

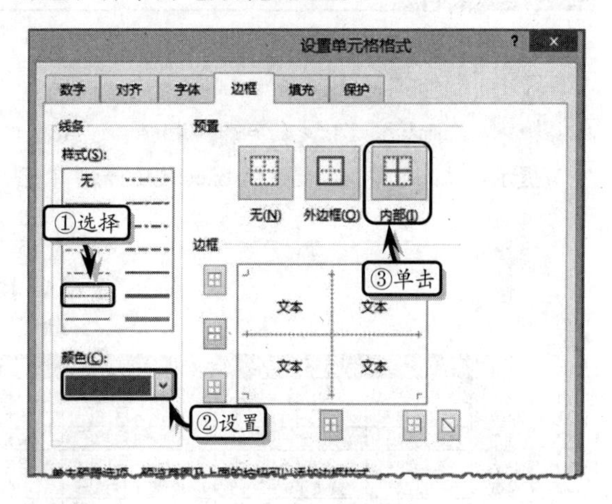

STEP|11 同时选择单元格区域 C2:J3、C4:J10 与 C10:J15，右击执行【设置单元格格式】命令，设置线条样式与颜色，并单击【外边框】按钮。

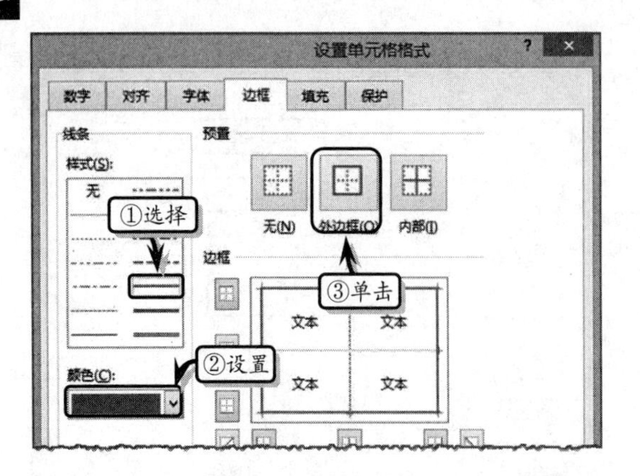

STEP|12 选择单元格区域 C2:J3，执行【开始】|【样式】|【单元格样式】|【适中】命令，设置单元格的样式。

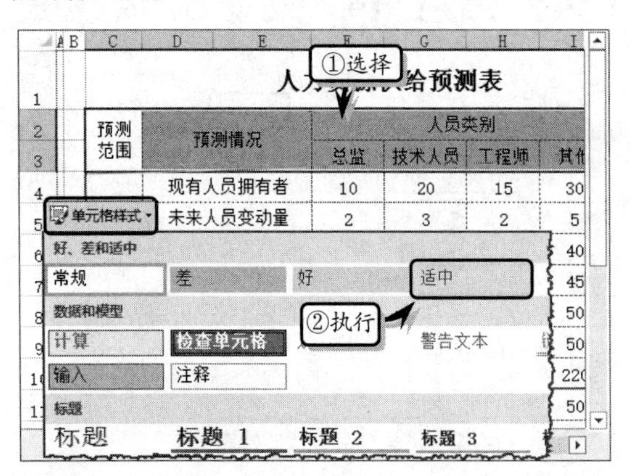

STEP|13 选择单元格区域 C3:J10，执行【开始】|【样式】|【单元格样式】|【好】命令，设置单元格的样式。使用同样方法，设置其他单元格的表样式。

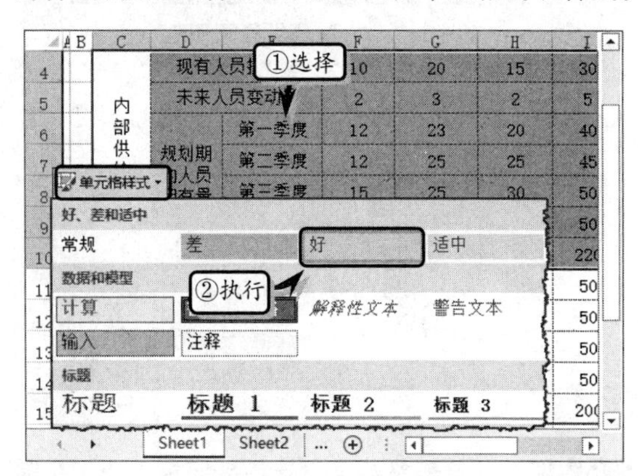

4.9 新手训练营

练习 1：制作销售记录表

downloads\4\新手训练营\销售记录表

提示：本练习中，主要使用 Excel 中的合并单元格、设置对齐格式、设置边框和数字格式，以及套用表格格式和隐藏网格线等常用功能。

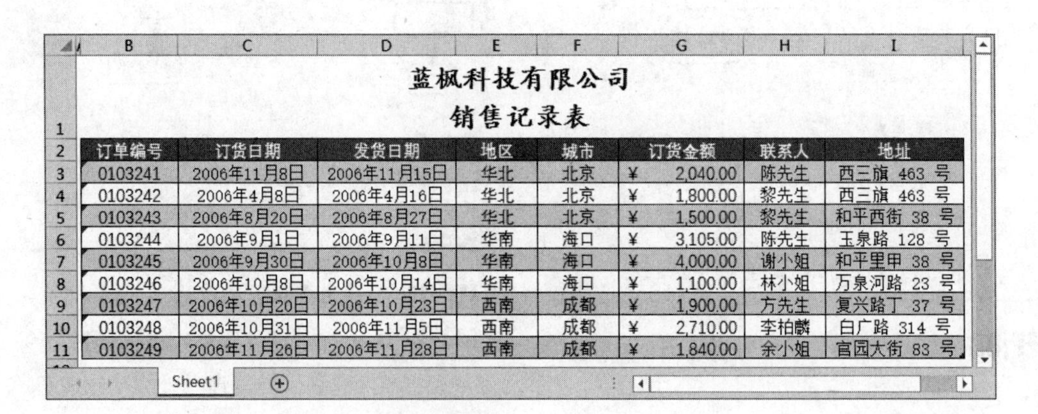

蓝枫科技有限公司
销售记录表

订单编号	订货日期	发货日期	地区	城市	订货金额	联系人	地址
0103241	2006年11月8日	2006年11月15日	华北	北京	¥ 2,040.00	陈先生	西三旗 463 号
0103242	2006年4月8日	2006年4月16日	华北	北京	¥ 1,800.00	黎先生	西三旗 463 号
0103243	2006年8月20日	2006年8月27日	华北	北京	¥ 1,500.00	黎先生	和平西街 38 号
0103244	2006年9月1日	2006年9月11日	华南	海口	¥ 3,105.00	陈先生	玉泉路 128 号
0103245	2006年9月30日	2006年10月8日	华南	海口	¥ 4,000.00	谢小姐	和平里甲 38 号
0103246	2006年10月8日	2006年10月14日	华南	海口	¥ 1,100.00	林小姐	万泉河路 23 号
0103247	2006年10月20日	2006年10月23日	西南	成都	¥ 1,900.00	方先生	复兴路丁 37 号
0103248	2006年10月31日	2006年11月5日	西南	成都	¥ 2,710.00	李柏麟	白广路 314 号
0103249	2006年11月26日	2006年11月28日	西南	成都	¥ 1,840.00	余小姐	宣园大街 83 号

其中，主要制作步骤如下所述。

（1）合并单元格区域 B1:I1，输入标题文本并设置文本的字体格式。

（2）输入表格数据，设置其对齐和边框格式。选择单元格区域 C3:D11，执行【开始】|【数字】|【数字格式】|【长日期】命令，设置数字日期格式。

（3）选择单元格区域 G3:G11，执行【开始】|【数字】|【数字格式】|【会计专用】命令，设置会计专用数字格式。

（4）选择单元格区域 B2:I11，执行【开始】|【样式】|【套用表格格式】|【表样式中等深浅 6】命令，设置表样式。

（5）最后，在【视图】选项卡【显示】选项组中，禁用【网格线】复选框，隐藏网格线。

练习 2：制作员工信息统计表

downloads\4\新手训练营\员工信息统计表

提示：本练习中，主要使用 Excel 中的合并单元格、设置对齐格式、设置边框格式，以及设置文本格式、填充颜色和函数等常用功能。

其中，主要制作步骤如下所述。

（1）合并单元格区域 A1:R1，输入标题文本并设置文本的字体格式。

（2）同时，选择合并后的单元格 A1，右击执行【设置单元格格式】命令，激活【边框】选项卡，设置下边框的颜色和样式。

（3）选择单元格区域 G5:G13，执行【开始】|【数字】|【数字格式】|【文本】命令，设置其文本数字格式。

（4）选择单元格区域 A5:A13，右击执行【设置单元格格式】命令，选择【特殊】选项，并选择【邮政编码】选项。

（5）输入表格基础数据，并设置相应单元格区域的对齐和边框格式。

（6）选择单元格 R5，在编辑栏中输入计算公式，按下 Enter 键返回到期日。使用同样方法，计算其他到期日。

（7）选择单元格区域 A3:R4，执行【开始】|【字体】|【填充颜色】|【浅绿】命令，设置其填充颜色。使用同样方法，设置其他单元格区域的填充颜色。

员工信息统计表

基本情况						工作情况						合同		
学历	年龄	出生日期	身份证号	联系电话	联系地址	所属部门	职务	入职时间	工作年限	试用期（月）	基本工资	合同类型	签署日期	到期日
大专	30	1980/2/1	223456198602011234	22347890	山东省	人事部	职员	2014/2/1	3	2	2000	三年	2014/2/1	2017/2/
本科	30	1980/3/5	223456198003051234	12345678	北京市	财务部	会计	2013/3/1	4	2	3000	四年	2013/3/1	2017/3/
研究生	29	1981/4/3	223456198104031234	34215678	河北省	财务部	经理	2014/1/1	4	2	8000	五年	2014/1/1	2018/1/
本科	28	1982/9/10	223456198209101234	54321456	陕西省	宣传部	推广员	2015/3/1	2	2	2000	一年	2015/3/1	2017/3/
本科	27	1983/10/11	223456198310111234	87965436	山西省	销售部	销售员	2015/9/1	2	2	2000	一年	2015/9/1	2017/9/
本科	27	1983/12/2	223456198312021234	98345679	北京市	生产部	部长	2015/11/1	3	2	6000	三年	2015/11/1	2018/11
大专	26	1984/9/1	223456198409011234	12378954	天津市	生产部	科长	2015/9/10	2	2	4000	两年	2015/9/10	2017/9/
本科	25	1985/10/1	223456198510071223	33214567	山东省	广告部	策划	2015/11/1	2	2	3000	一年	2015/11/1	2017/11
研究生	34	1976/12/3	223445197612031432	51712347	河北省	人事部	经理	2015/1/1	3	2	5000	三年	2015/1/1	2018/1/

Sheet1

练习 3：制作供货商信用统计表

downloads\4\新手训练营\供货商信息统计表

提示：本练习中，主要使用 Excel 中的合并单元格、设置对齐格式、设置边框格式，以及设置填充颜色等常用功能。

供货商信用统计表

序号	供货商	商品名称	商品编号	数量	金额	延迟天数	退货记录	信用评价
1	京鑫	白酒	101	129	103200	0	0	优
2	张钰	红酒	102	166	99600	1	0	良
3	鸿运	啤酒	103	220	6600	1	0	良
4	麦迪	饮料	104	139	4170	4	0	差
5	恒通	瓜果	105	347	1071	2	0	良
6	永达	蔬菜	106	522	1121.2	0	0	优
7	徐晃	肉类	107	364	3396.5	0	0	优
8	大丰	海鲜	108	140	28000	0	0	优
9	绿竹	干货	109	45	54000	2	1	差
10	永庆	调料	110	50	3000	1	1	差

供应商信用统计表

其中，主要制作步骤如下所述。

（1）合并单元格区域 B1:J1，输入标题文本并设置文本的字体格式。

（2）输入表格数据，并设置数据区域的居中对齐格式。

（3）选择单元格区域 B2:J2，执行【开始】|【样式】|【单元格样式】|【检查单元格】命令，设置单元格区域样式。使用同样方法，设置其他单元格区域的样式。

（4）选择单元格区域 B2:J12，右击执行【设置单元格格式】命令，激活【边框】选项卡，设置边框样式。

练习 4：制作员工年假天数统计表

downloads\4\新手训练营\员工年假天数统计表

提示：本练习中，主要使用 Excel 中的合并单元格、设置对齐格式、设置边框格式，以及设置文本方向等常用功能。

年假天数统计表

员工编号	姓名	性别	所属部门	入职日期	工作年限	年假
001	金鑫	男	广告部	2005年3月4日	10	2
002	刘能	女	研发部	2004年7月5日	11	2
003	赵四	男	行政部	2005年10月15日	10	2
004	沉香	男	市场部	2002年9月5日	13	3
005	孙伟	男	广告部	2006年4月16日	9	2
006	孙佳	女	研发部	2003年4月4日	12	2

Sheet1 Sheet2 Sheet3 ...

其中，主要制作步骤如下所述。

（1）合并单元格区域 B1:H1，输入标题文本并设置文本的字体格式。

（2）输入基础数据，并设置数据区域的居中对齐和边框格式。

（3）选择单元格区域 A3:A22，右击执行【设置单元格格式】命令，设置前置零数字格式。

（4）选择单元格区域 F3:F22，执行【开始】|【数字】|【数字格式】|【长日期】命令，设置日期格式。

（5）选择单元格区域 B2:H22，执行【开始】|【样式】|【套用表格格式】|【表样式中等深浅 3】命令，设置表样式。

（6）同时，在【设计】选项卡【表样式和选项】选项组中，禁用【筛选按钮】复选框，取消筛选按钮。

第 5 章

管理数据

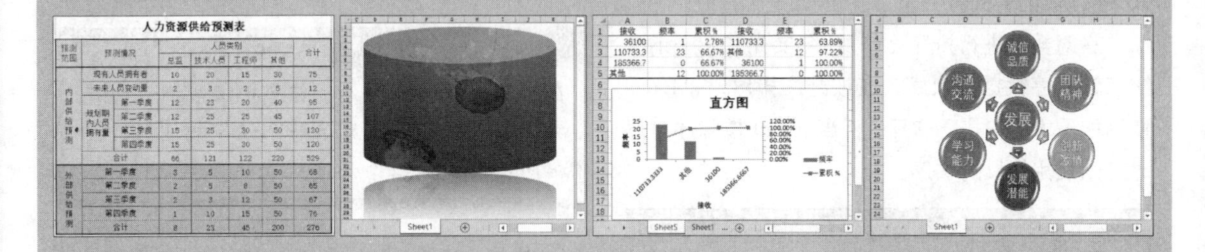

运用 Excel 中的数据管理功能，可以对数据进行一系列的归纳、限定、分析和汇总管理操作，方便、快捷地获取与整理相关数据，以便可以更好地显示工作表中的明细数据，帮助用户发现数据之间的变化规律。除此之外，还可以通过条件格式功能，以指定的颜色显示数据所在单元格，以便可以直观地查看和分析数据，帮助用户发现关键问题以及识别数据模式和发展趋势。在本章中，将详细介绍使用 Excel 管理各类数据的基础知识和操作方法，以帮助读者可以从多角度的视角来观察和分析工作表中的数据。

Excel

5.1 排序数据

对数据进行排序有助于快速直观地显示、理解数据、查找所需数据等，有助于做出有效的决策。在 Excel 中，用户可以对文本、数字、时间等对象进行排序操作。

5.1.1 简单排序

简单排序是运用 Excel 内置的排序命令，对数据按照一定规律进行排列。在排序数据之前，用户还需要先了解一下 Excel 默认的排序次序。

1．默认排序次序

在对数据进行排序之前，还需要先了解一下系统默认排序数据的次序。在按升序排序时，Excel 使用如下表中的排序次序。但当 Excel 按降序排序时，则使用相反的次序。

值	次 序
数字	数字按从最小的负数到最大的正数进行排序
日期	日期按从最早的日期到最晚的日期进行排序
文本	字母按从左到右的顺序逐字符进行排序。文本以及包含存储为文本的数字的文本按以下次序排序：0 1 2 3 4 5 6 7 8 9（空格）！"#$%&()*,./:;?@[\]^_`{|}~+<=>A B C D E F G H I J K L M N O P Q R S T U V W X Y Z ('')撇号和(-)连字符会被忽略。但例外情况是：如果两个文本字符串除了连字符不同外其余都相同，则带连字符的文本排在后面
逻辑	在逻辑值中，FALSE 排在 TRUE 之前
错误	所有错误值（如#NUM!和#REF!）的优先级相同
空白单元格	无论是按升序还是按降序排序，空白单元格总是放在最后

2．对文本进行排序

在工作表中，选择需要排序的单元格区域或单元格区域中的任意一个单元格，执行【数据】|【排序和筛选】|【升序】或【降序】命令。

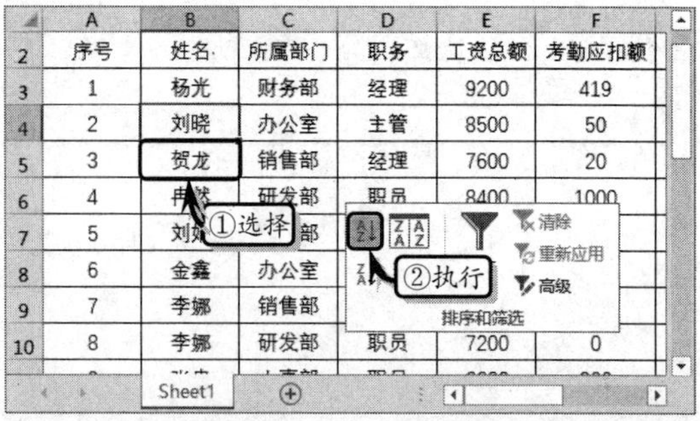

注意

在对汉字进行排序时，首先按汉字拼音的首字母进行排列。如果第一个汉字相同时，按相同汉字的第二个汉字拼音的首字母排列。

另外，如果对字母列进行排序时，即将按照英文字母的顺序排列。如从 A 到 Z 升序排列或者从 Z 到 A 降序排列。

3．对数字进行排序

选择单元格区域中的一列数值数据，或者列中任意一个包含数值数据的单元格。然后，执行【数据】|【排序和筛选】|【升序】或【降序】命令。

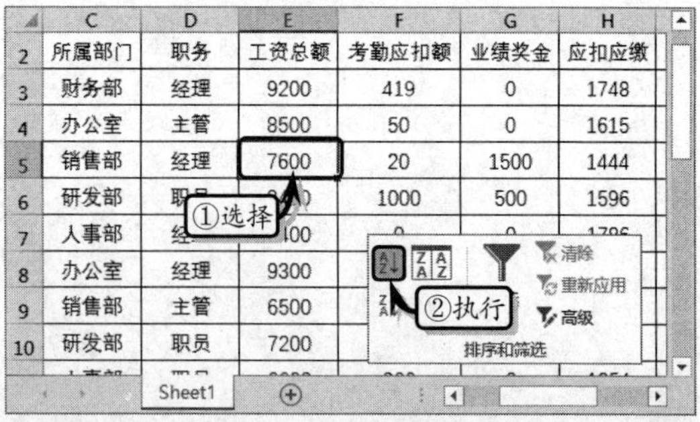

注意

在对数字列排序时，检查所有数字是否都存储为【数字】格式。如果排序结果不正确时，可能是因为该列中包含【文本】格式（而不是数字）的数字。

4．对日期或时间进行排序

选择单元格区域中的一列日期或时间，或者列中任意一个包含日期或时间的单元格。然后，执行【数据】|【排序和筛选】|【升序】或【降序】命令，对单元格区域中的日期按升序进行排列。

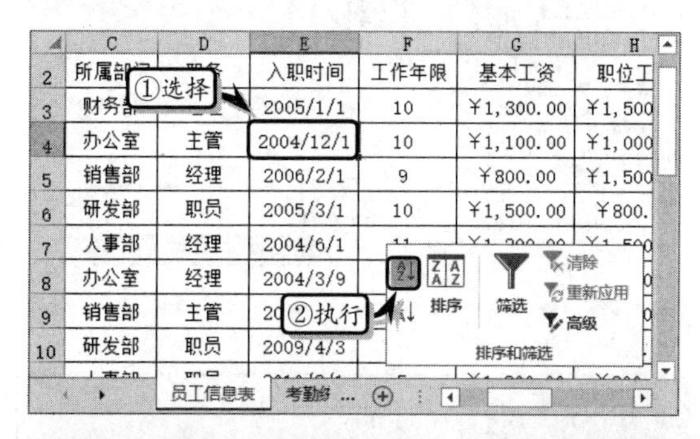

注意

如果对日期或时间排序结果不正确时，可能因为该列中包含【文本】格式（而不是日期或时间）的日期或时间格式。

5.1.2 自定义排序

当 Excel 提供的内置的排序命令无法满足用户需求时，可以使用自定义排序功能创建独特单一排序或多条件排序等排序规则。

1．单一排序

首先，选择单元格区域中的一列数据，或者确保活动单元格在表列中。然后，执行【数据】|【排序和筛选】|【排序】命令，打开【排序】对话框。

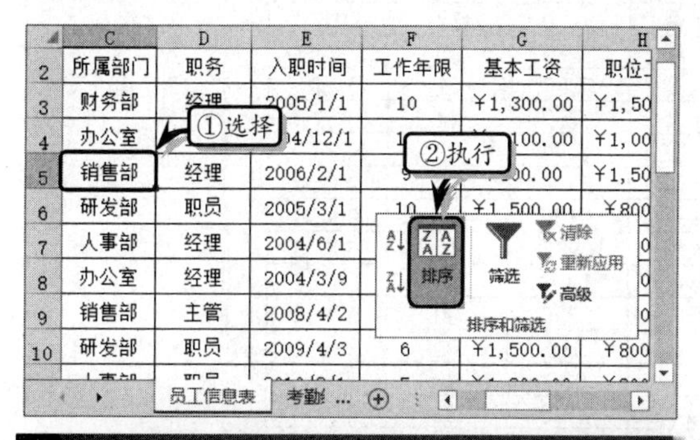

注意

用户也可以通过执行【开始】|【编辑】|【排序和筛选】|【自定义排序】命令，打开【排序】对话框。

在弹出的【排序】对话框中，分别设置【主要关键字】为【所属部门】字段；【排序依据】为【数值】；【次序】为【升序】。

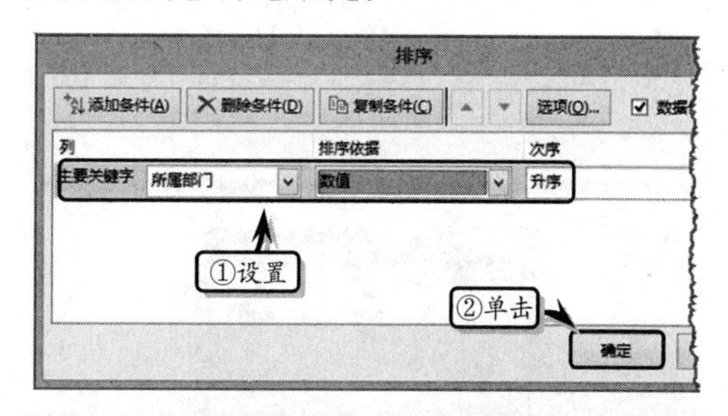

提示

在【排序】对话框中，如果禁用【数据包含标题】复选框时，【主要关键字】中的列表框中将显示列标识（如列 A、列 B 等）。并且字段名有时也将参与排序。

2．多条件排序

除了单一排序之外，用户还可以在【排序】对话框中，单击【添加条件】按钮，添加【次要关键字】条件，并通过设置相关排序内容的方法，来进行多条件排序。

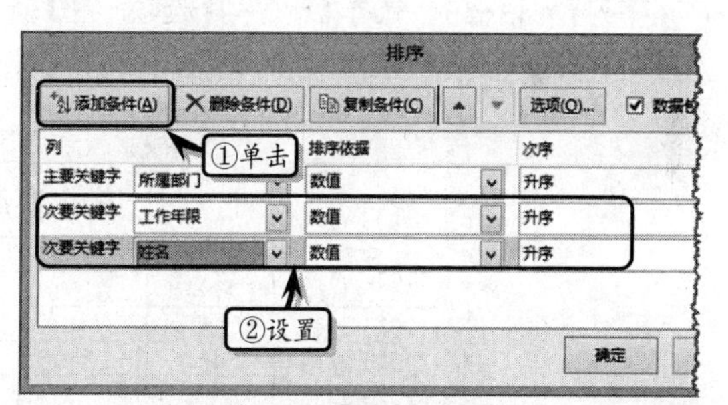

注意

可以通过单击【删除条件】按钮，来删除当前的条件关键字；另外还可以单击【复制条件】按钮，复制当前的条件关键字。

3．设置排序选项

在【排序】对话框中，单击【选项】按钮，在弹出的【排序选项】对话框中，设置排序的方向和方法。

注意

如果在【排序选项】对话框中，启用【区分大小写】复选框，则字母字符的排序次序为：aAbBcCdDeEfFgGhHiIjJkKlLmMnNoOpPqQrRsStTuUvVwWxXyYzZ

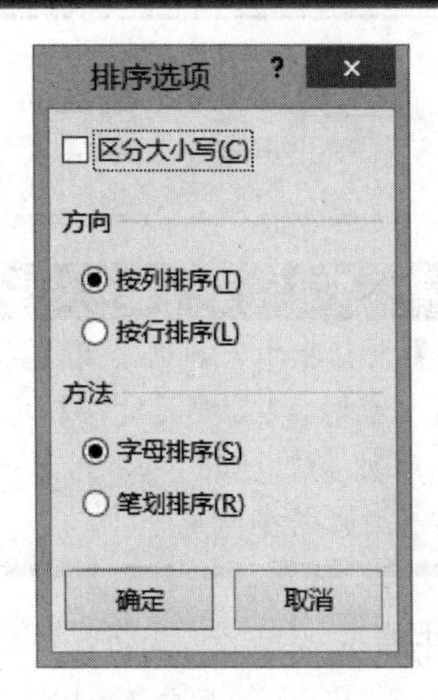

4．设置排序序列类型

在【排序】对话框中，单击【次序】下拉按钮，在其下拉列表中选择【自定义】选项。在弹出的【自定义序列】对话框中，选择【新序列】选项，在【输入序列】文本框中输入新序列文本，单击【添加】按钮即可自定义序列的新类别。

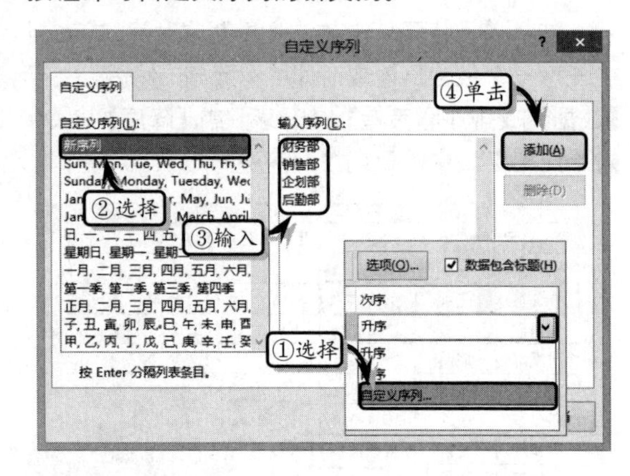

Excel 知识链接 5-1 隔行插入技巧

在 Excel 中，用户可以使用【排序】和【填充】功能，在包含数据的区域中每隔一行插入一个空行。

5.1.3 排序销售数据

排序数据是根据数据类型按照不同的顺序对数据进行排列，以方便用户可以直观地查看和分析各类数据。下面通过制作并排序“销售明细账工作表”表格数据，来详细介绍排序数据的操作方法。

	A	B	C	D	E	F	G
1	销售明细账工作表						
2	日期	销售员	产品编号	产品类别	单价	数量	金额
3	2015/1/12	杨昆	C330	冰箱	5300	17	90100
4	2015/1/14	仝明	C340	冰箱	5259	20	105180
5	2015/1/15	张建军	C330	冰箱	5300	12	63600
6	2015/1/15	闫辉	C340	冰箱	5259	44	231396
7	2015/1/16	王丽华	CL340	冰箱	4099	30	122970
8	2015/1/18	魏骊	C330	冰箱	5300	17	90100
9	2015/1/18	杨昆	C330	冰箱	5300	18	95400
10	2015/1/18	杜云鹃	C340	冰箱	5259	12	63108
11	2015/1/12	闫辉	YEL-03	彩电	1220	48	58560
12	2015/1/13	杜云鹃	YEL-03	彩电	1220	80	97600
13	2015/1/13	王丽华	YEL-45	彩电	980	80	78400
14	2015/1/14	张建军	NL-45	彩电	930	40	37200
15	2015/1/17	杜云鹃	NL-345	彩电	1130	80	90400
16	2015/1/17	闫辉	NL-45	彩电	930	21	19530
17	2015/1/18	张建军	YEL-45	彩电	980	80	78400
18	2015/1/19	杨昆	NL-345	彩电	1130	65	73450

Sheet1

通过上图可以发现，表格中存储了日期、销售员、产品编号、产品类别、单价、数量和金额 7 列数据，按照默认状态 7 列数据的排序顺序是根据【日期】列的先后顺序进行排列。但目前 7 列数据的排列顺序则是根据【产品编号】列中的数据，根据产品编号名称的首字母进行排序的。

STEP|01 制作基础数据。新建 Excel 工作簿，选择单元格区域 A1:G1，执行【开始】|【对齐方式】|【合并后居中】命令，合并单元格区域。

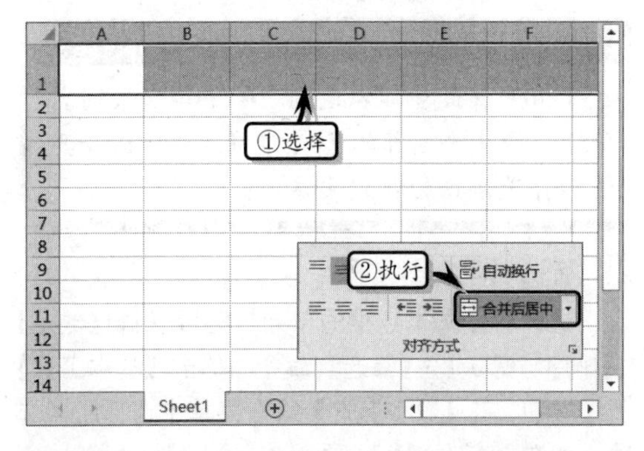

STEP|02 在合并后的单元格中输入标题文本，并在【开始】选项卡【字体】选项组中，设置文本的字体格式。

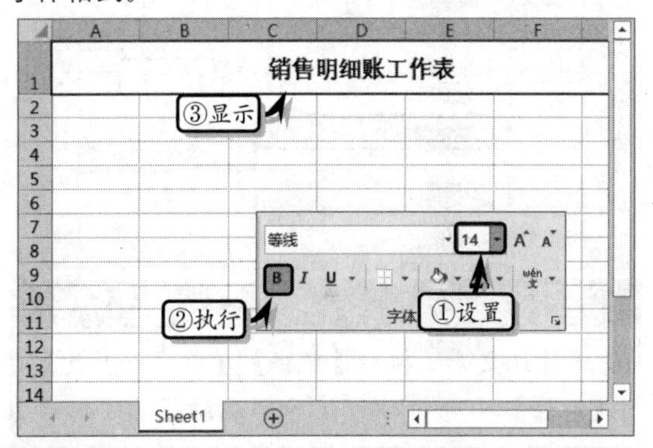

STEP|03 在工作表中输入基础数据，选择数据区域，执行【开始】|【对齐方式】|【居中】命令，设置数据区域的对齐方式。

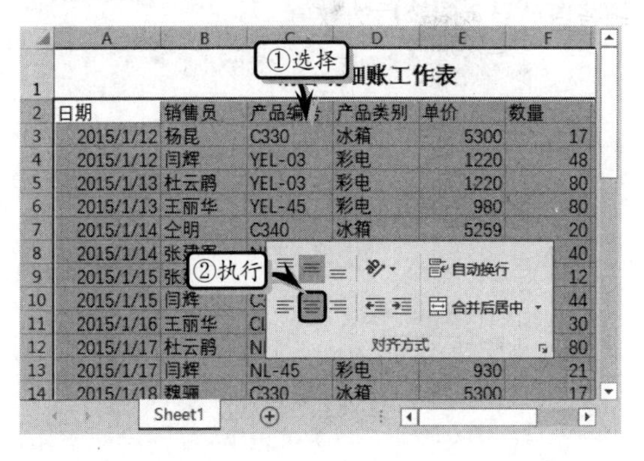

STEP|04 同时，执行【开始】|【字体】|【边框】|【所有框线】命令，设置数据区域的边框格式。

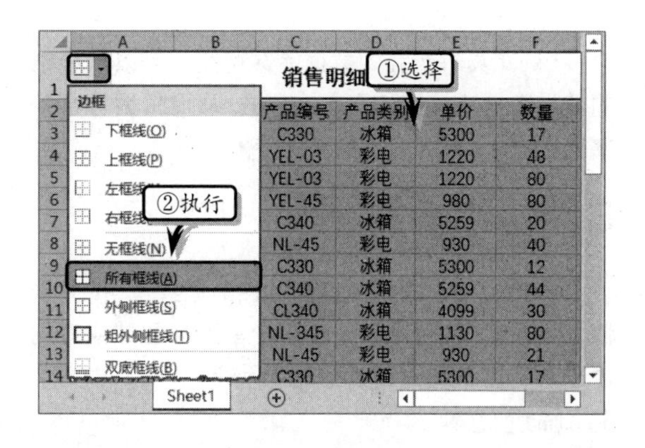

STEP|05 计算金额。选择单元格 G3，在【编辑】栏中输入计算公式，按 Enter 键显示计算结果。使用同样方法，计算其他产品的金额。

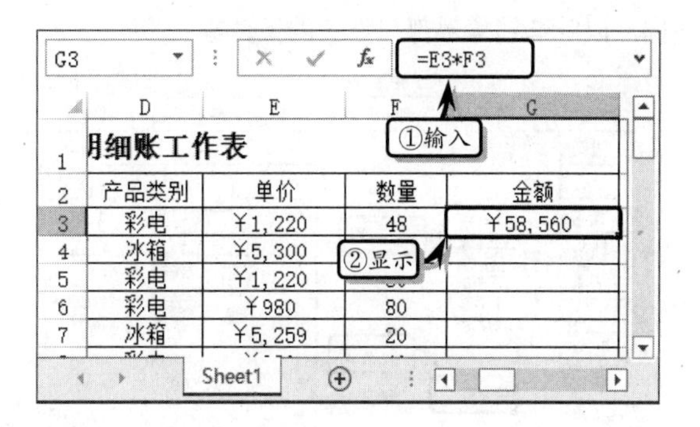

STEP|06 排序数据。选择单元格 C2，执行【开始】|【编辑】|【排序和筛选】|【升序】命令，排序数据。

5.2 筛选数据

Excel 具有较强的数据筛选功能，可以从庞杂的数据中挑选并删除无用的数据，从而保留符合条件的数据。

5.2.1 自动筛选

使用自动筛选可以创建三种筛选类型：按列表值、按格式和按条件。对于每个单元格区域或者列表来说，这三种筛选类型是互斥的。

1．筛选文本

选择包含文本数据的单元格区域，执行【数据】|【排序与筛选】|【筛选】命令，单击【所属部门】筛选下拉按钮，在弹出的文本列表中可以取消作为筛选依据的文本值。例如，只启用【销售部】复选框，以筛选销售部部门员工的工资额。

另外，单击【所属部门】下拉按钮，选择【文本筛选】级联菜单中的选项，如选择【不等于】选项，在弹出的对话框中，进行相应设置，即可对文本数据进行相应的筛选操作。

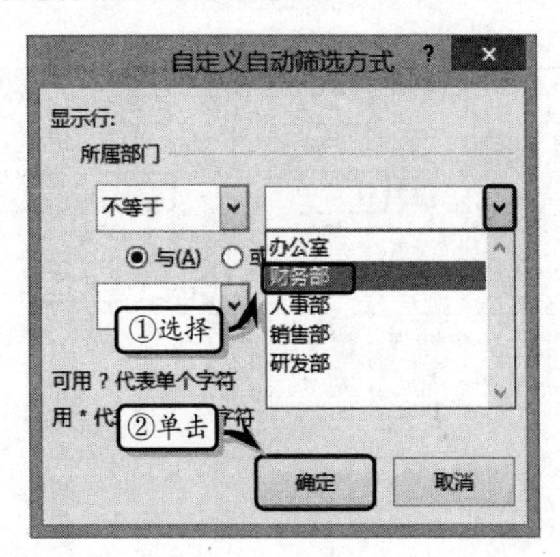

在筛选数据时，如果需要同时满足两个条件，需选择【与】单选按钮；若只需满足两个条件之一，可选择【或】单选按钮。

> **提示**
>
> 文本值列表最多可以达到 10 000。如果列表很大，请清除项部的【(全选)】，然后选择要作为筛选依据的特定文本值。

2．筛选数字

选择包含文本数据的单元格区域，执行【数据】|【排序与筛选】|【筛选】命令，单击【基本工资】下拉按钮，在【数字筛选】级联菜单中选择所需选项，如选择【大于】选项。

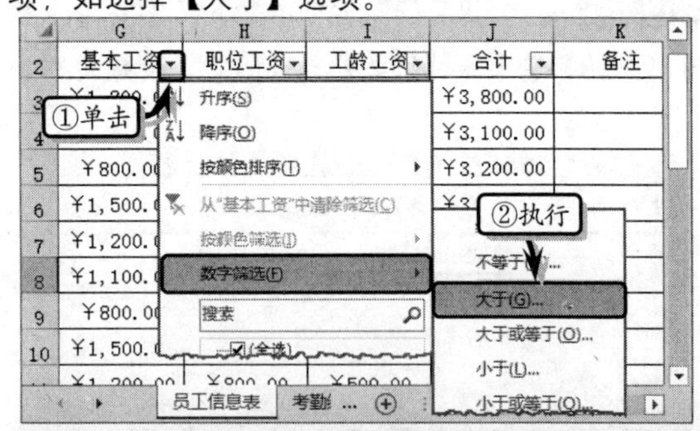

> **提示**
>
> 创建筛选之后，执行【数据】|【排序和筛选】|【清除】命令，即可清除筛选结果。

然后，在弹出的【自定义自动筛选方式】对话框中，设置筛选添加，单击【确定】按钮之后，系统将自动显示筛选后的数值。

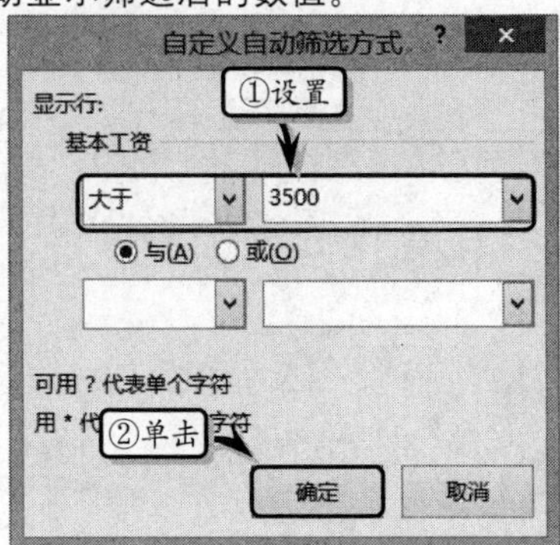

在【自定义自动筛选方式】对话框中最多可以设置两个筛选条件，筛选条件可以是数据列中的数据项，也可以为自定义筛选条件，对每个筛选条件，共有 12 种筛选方式供用户选择，其具体情况如下表所述。

方　式	含　义
等于	当数据项与筛选条件完全相同时显示
不等于	当数据项与筛选条件完全不同时显示
大于	当数据项大于筛选条件时显示
大于或等于	当数据项大于或等于筛选条件时显示
小于	当数据项小于筛选条件时显示
小于或等于	当数据项小于或等于筛选条件时显示
开头是	当数据项以筛选条件开始时显示
开头不是	当数据项不以筛选条件开始时显示
结尾是	当数据项以筛选条件结尾时显示
结尾不是	当数据项不以筛选条件结尾时显示
包含	当数据项内含有筛选条件时显示
不包含	当数据项内不含筛选条件时显示

提示

以下通配符可以用作筛选的比较条件。
(1) ?（问号）：任何单个字符。
(2) *（星号）：任何多个字符。

5.2.2　高级筛选

当用户需要按照指定的多个条件筛选数据时，可以使用 Excel 中的高级筛选功能。在进行高级筛选数据之前，还需要按照系统对数据筛选的规律，制作筛选条件区域。

1．制作筛选条件

一般情况下，为了清晰地查看工作表中的筛选条件，需要在表格的上方或下方制作筛选条件和筛选结果区域。

	D	E	F	G	H	
23	职员	2006/9/10	8	￥1,100.00	￥800.00	￥
24	职员	2008/11/3	6	￥800.00	￥800.00	￥
25	职员	2009/12/9	5	￥1,500.00	￥800.00	￥
26	筛选条件					
27	职务	入职时间	工作年限	基本工资	职位工资	工
28			>5			
29						
30	筛选结果					
31						

员工信息表　考勤 ...

提示

在制作筛选条件区域时，其列标题必须与需要筛选的表格数据的列标题一致。

2．设置筛选参数

执行【排序和筛选】|【高级】命令，在弹出的【高级筛选】对话框中，选中【将筛选结果复制到其他位置】选项，并设置【列表区域】、【条件区域】和【复制到】选项。

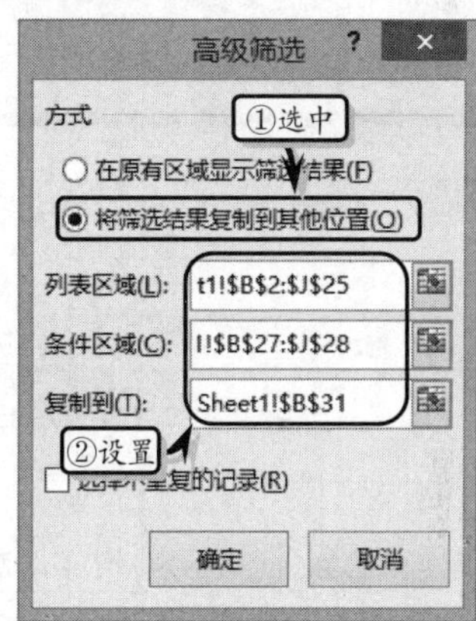

在【高级筛选】对话框中，主要包括下列表格中的一些选项。

选　项	说　明
在原有区域显示筛选结果	表示筛选结果显示在原数据清单位置，且原有数据区域被覆盖
将筛选结果复制到其他位置	表示筛选后的结果将显示在其他单元格区域，与原表单并存，但需要指定单元格区域
列表区域	表示要进行筛选的单元格区域
条件区域	表示包含指定筛选数据条件的单元格区域
复制到	表示放置筛选结果的单元格区域
选择不重复的记录	启用该项，表示将取消筛选结果中的重复值

3. 显示筛选结果

在【高级筛选】对话框中，单击【确定】按钮之后，系统将自动在指定的筛选结果区域，显示筛选结果值。

	D	E	F	G	H	
30	筛选结果					
31	职务	入职时间	工作年限	基本工资	职位工资	工
32	经理	2005/1/1	10	￥1,300.00	￥1,500.00	￥1,
33	主管	2004/12/1	10	￥1,100.00	￥1,000.00	￥1,
34	经理	2006/2/1	9	￥800.00	￥1,500.00	￥
35	职员	2005/3/1	10	￥1,500.00	￥800.00	￥1,
36	经理	2004/6/1	11	￥1,200.00	￥1,500.00	￥1,
37	经理	2004/3/9	11	￥1,100.00	￥1,500.00	￥1,
38	主管	2008/4/2	7	￥800.00	￥1,000.00	￥

员工信息表 考勤 …

提示

在同一行输入两个条件进行筛选时，则筛选的结果必须同时满足这两个条件；如果在不同行输入了两个条件进行筛选时，则筛选结果只需满足其中任意一个条件。

Excel 知识链接 5-2 筛选重复值

在实际工作中，为了追求精确值，往往需要删除一些无用的重复值。对于少量重复值来讲，用户只需同时选择，手动删除即可。但是，对于大量且零散的重复值来讲，手动删除比较麻烦。下面，将运用 Excel 中的【删除重复值】功能，快速删除无用的重复值。

5.2.3 筛选员工信息数据

筛选数据可以从庞杂的数据中快速查找和显示所需的一种相关数据，而高级筛选则可以按照一定的筛选条件对数据进行多条件筛选。下面通过制作“员工信息档案表”数据表，来详细介绍高级筛选数据的操作方法和实用技巧。

	B	C	D	E	F	G	H	I
1	员工信息档案表							
19	028	刘毅	研发部	职员	2010年5月13日	本科	1329***4742	6
20	029	叶甜	销售部	职员	2011年5月9日	大专	1329***4742	5
21								
22	筛选条件							
23	员工编号	员工姓名	所属部门	职务	入职时间	学历	联系方式	工作年限
24						本科		>5
25								
26	筛选结果							
27	员工编号	员工姓名	所属部门	职务	入职时间	学历	联系方式	工作年限
28	011	刘晓	办公室	主管	2009年11月1日	本科	1329***4742	6
29	015	刘娟	人事部	经理	2010年5月2日	本科	1329***4742	6
30	020	赵军	财务部	主管	2009年5月1日	本科	1329***4742	7

Sheet1 Sheet2 Sheet3

通过上图可以发现，数据表共分为“员工信息档案表”“筛选条件”和“筛选结果”三部分，其中“员工信息档案表”部分是主体部分，“筛选结果”部分中的数据则是根据“筛选条件”区域内的条件，并依据“员工信息档案表”部分的数据进行查找并显示的。

STEP|01 设置行高。新建工作表，设置工作表的行高。合并单元格 B1:I1，输入标题文本并设置文本的字体格式。

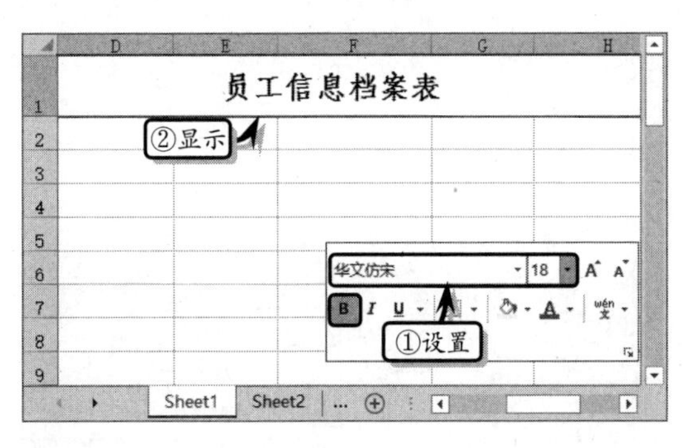

STEP|02 设置数据格式。在表格中输入列标题，选择单元格区域 B3:B20，右击执行【设置单元格格式】命令。

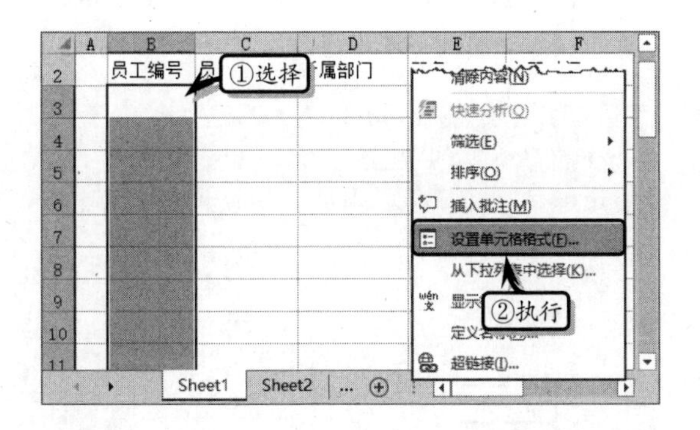

STEP|03 激活【数字】选项卡，在【分类】列表框中选择【自定义】选项，并输入自定义代码。

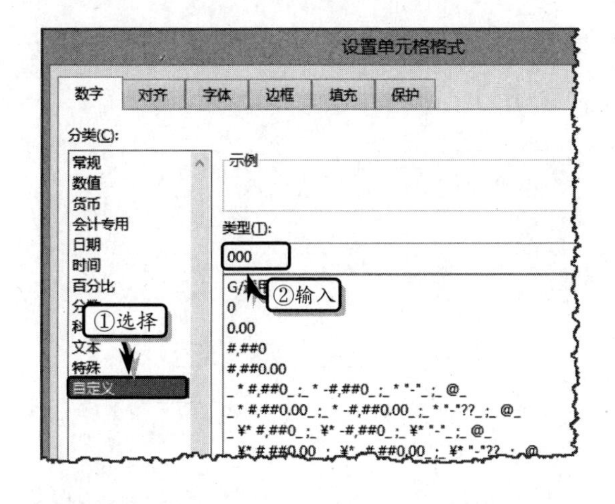

STEP|04 选择单元格区域 F3:F20，右击执行【设置单元格格式】命令。在【分类】列表框中选择【日期】选项，并在【类型】列表框中选择一种日期格式。

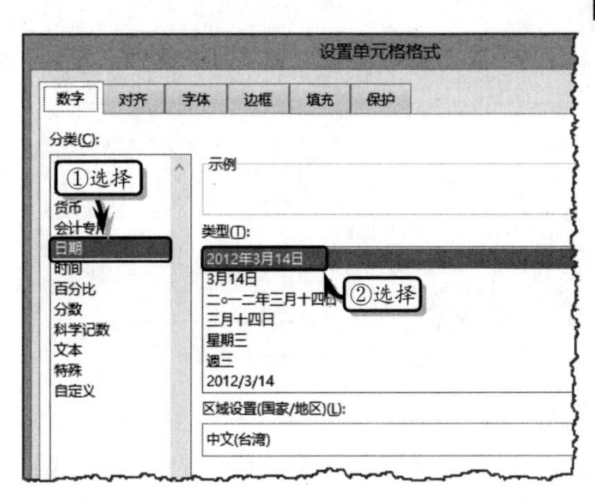

STEP|05 计算工作年限。在表格中输入基础数据，选择单元格 I3，在编辑栏中输入计算公式，按 Enter 键返回计算结果。

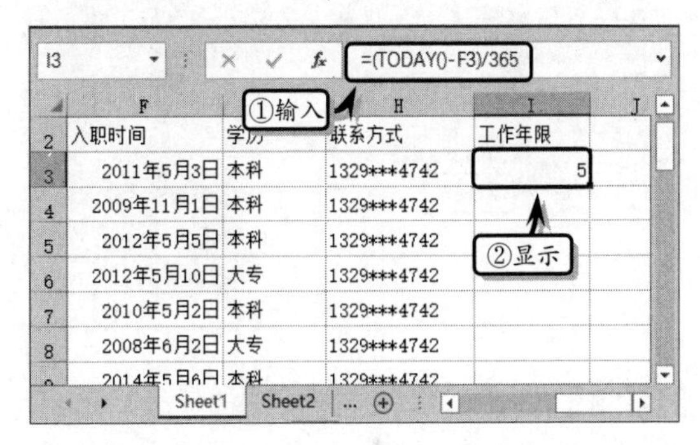

STEP|06 选择单元格区域 I3:I20，执行【开始】|【编辑】|【填充】|【向下】命令，向下填充公式。

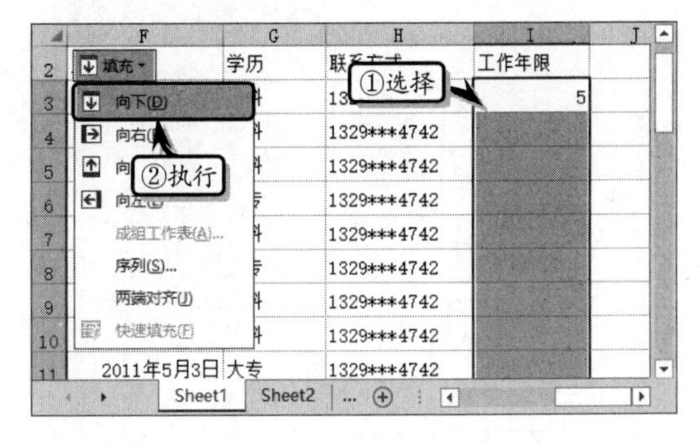

STEP|07 设置对齐格式。选择单元格区域 B3:I20，执行【开始】|【对齐方式】|【居中】命令。

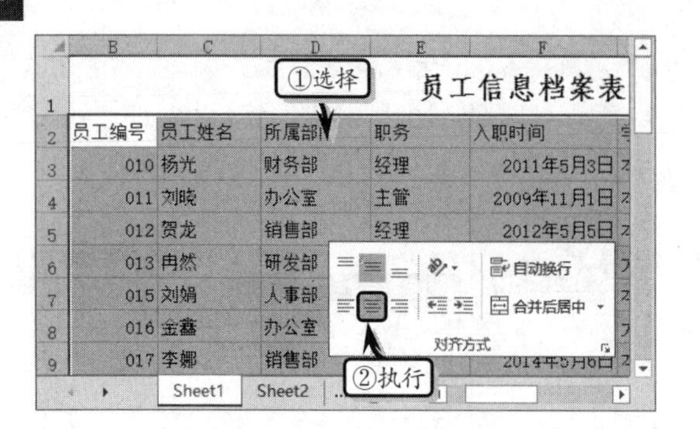

STEP|08 设置单元格样式。选择单元格区域B3:I20，执行【开始】|【样式】|【单元格样式】|【计算】命令，设置单元格样式。

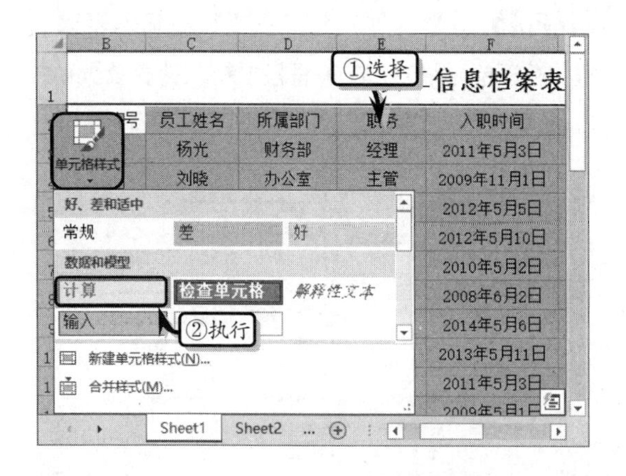

STEP|09 筛选数据。选择表格中的任意一个单元格，执行【数据】|【排序和筛选】|【筛选】命令，添加筛选按钮。

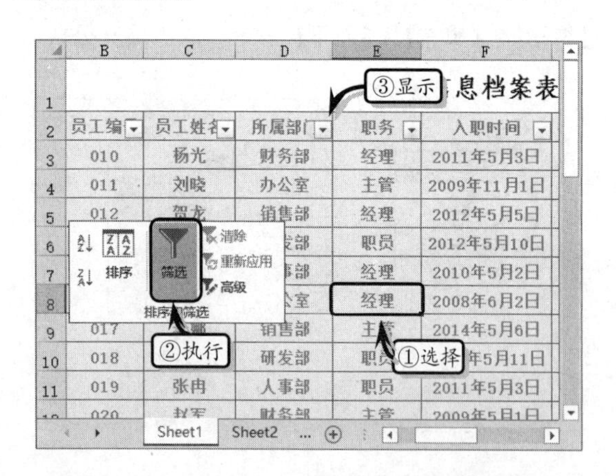

STEP|10 单击【学历】筛选按钮，启用【本科】复选框，单击【确定】按钮，查看学历为本科的员工信息。

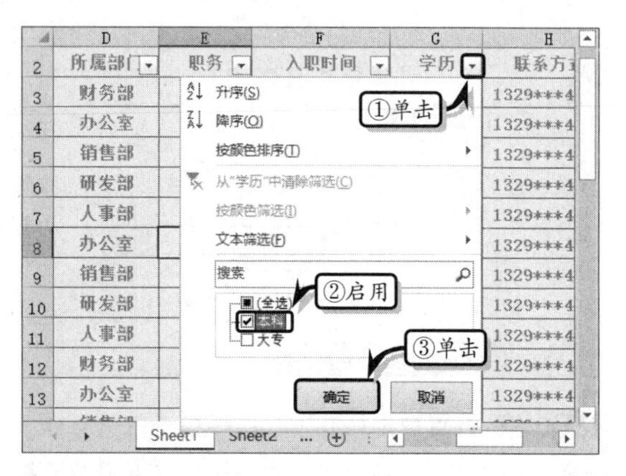

STEP|11 撤销上步操作，单击【所属部门】筛选按钮，启用【研发部】复选框，单击【确定】按钮，查看研发部员工的基本信息。

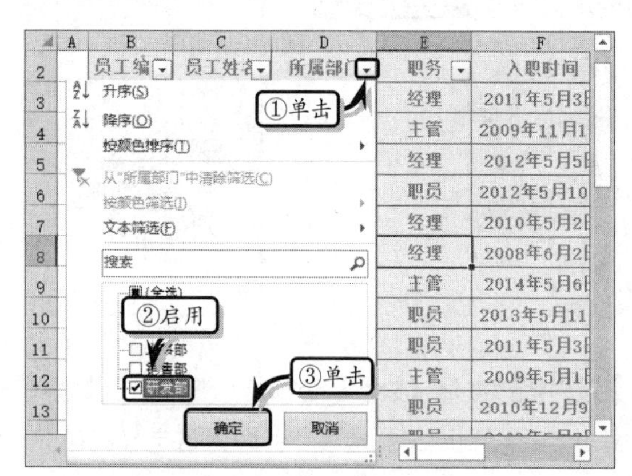

STEP|12 撤销上步操作，再次执行【数据】|【排序和筛选】|【筛选】命令，取消筛选按钮。

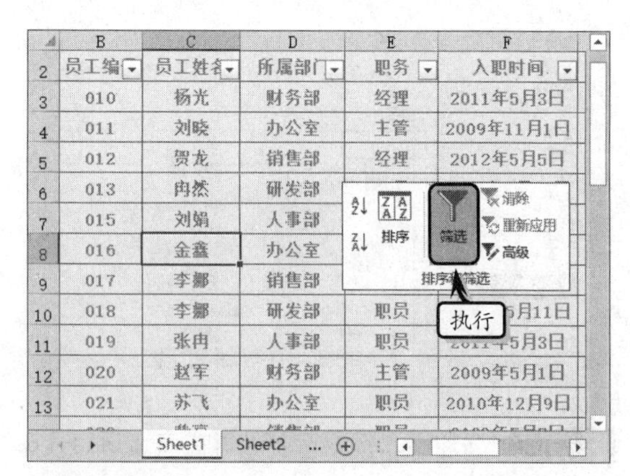

STEP|13 多条件筛选数据。在表格的底部制作筛选条件与筛选结果列表，并设置其单元格格式。

STEP|14 执行【数据】|【排序和筛选】|【高级】命令，在弹出的【高级筛选】对话框中设置列表区域、条件区域与复制到区域即可。

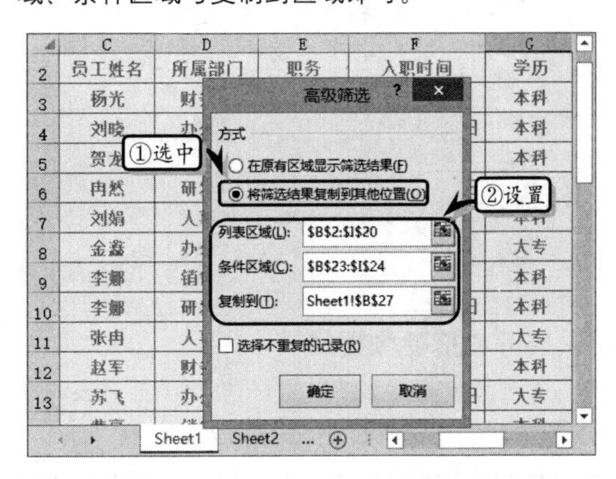

5.3 分类汇总数据

分类汇总是数据处理的另一种重要工具，它可以在数据清单中轻松快速地汇总数据，用户可以通过分类汇总功能对数据进行统计汇总操作。

5.3.1　创建分类汇总

在 Excel 中，用户可以根据分析需求为数据创建分类汇总，并根据阅读需求展开或折叠汇总数据，以及复制汇总结果。

1．创建分类汇总

选择列中的任意单元格，执行【数据】|【排序和筛选】|【升序】或【降序】命令，排序数据。然后，执行【数据】|【分级显示】|【分类汇总】命令。

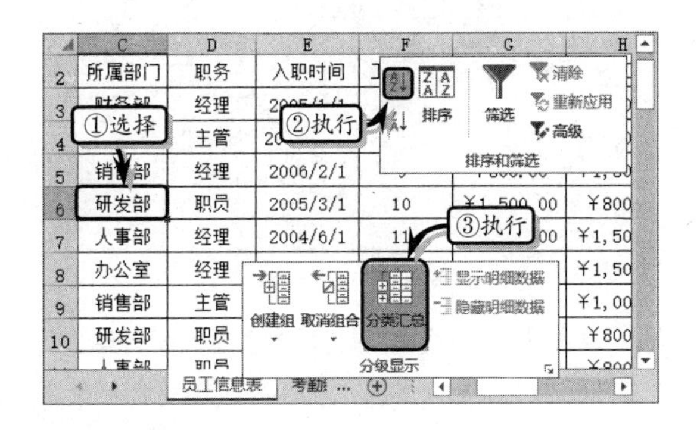

在弹出的【分类汇总】对话框中，将【分类字段】设置为【所属部门】。然后，启用【选定汇总项】列表框中的【基本工资】选项。

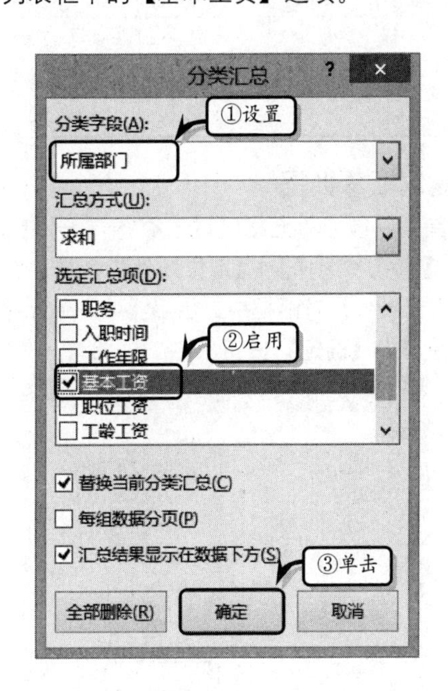

单击【确定】按钮之后，工作表中的数据将以部门为基准进行汇总计算。

	A	B	C	D	E
5	011	苏飞	办公室	职员	2008/7/3
6	015	李红	办公室	职员	2006/4/6
7	021	宋江	办公室	职员	2006/9/10
8			办公室 汇总		
9	001	杨光	财务部	经理	2005/1/1
10	010	赵军	财务部	主管	2005/4/3
11			财务部 汇总		
12	005	刘娟	人事部	经理	2004/6/1
13	009	张冉	人事部	职员	2010/3/1

2．展开或折叠数据细节

在显示分类汇总结果的同时，分类汇总表的左侧自动显示一些分级显示按钮。

图标	名　称	功　能
+	展开细节	单击此按钮可以显示分级显示信息
−	折叠细节	单击此按钮可以隐藏分级显示信息
1	级别	单击此按钮只显示总的汇总结果，即总计数据
2	级别	单击此按钮则显示部分数据及其汇总结果
3	级别	单击此按钮显示全部数据
|	级别条	单击此按钮可以隐藏分级显示信息

3．复制汇总数据

首先，选择单元格区域，执行【开始】|【编辑】|【查找和选择】|【定位条件】命令。在弹出的【定位条件】对话框中，启用【可见单元格】选项，并单击【确定】按钮。

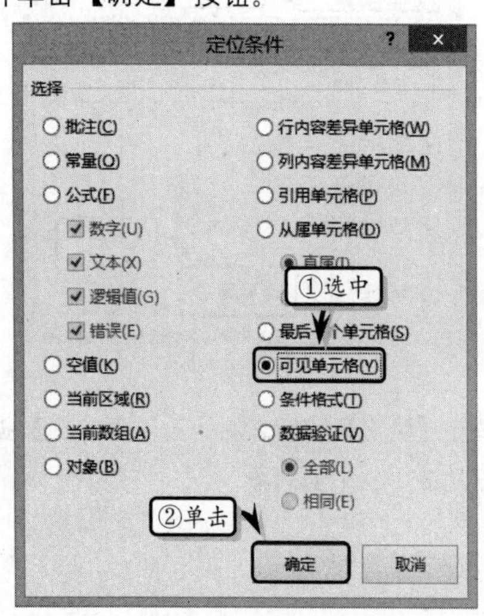

然后，右击执行【复制】命令，复制数据。

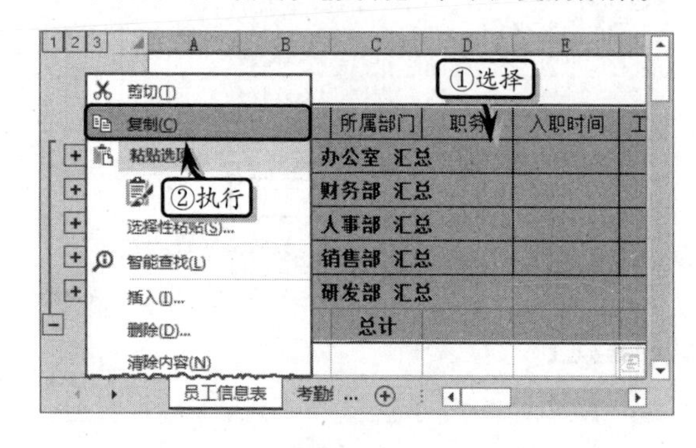

最后，选择需要复制的位置，右击执行【粘贴】|【粘贴】命令，粘贴汇总结果值。

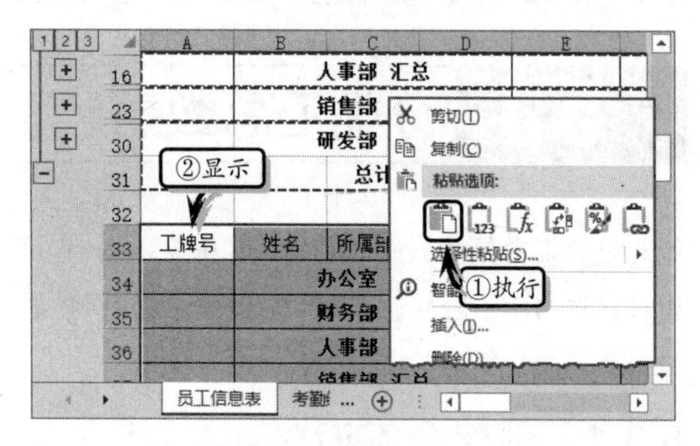

5.3.2　创建分级显示

在 Excel 中，用户还可以通过【创建组】功能分别创建行分级显示和列分级显示。

1．创建行分级显示

选择需要分级显示的单元格区域，执行【数据】|【分级显示】|【创建组】|【创建组】命令，在弹出的【创建组】对话框中，选中【行】选项。

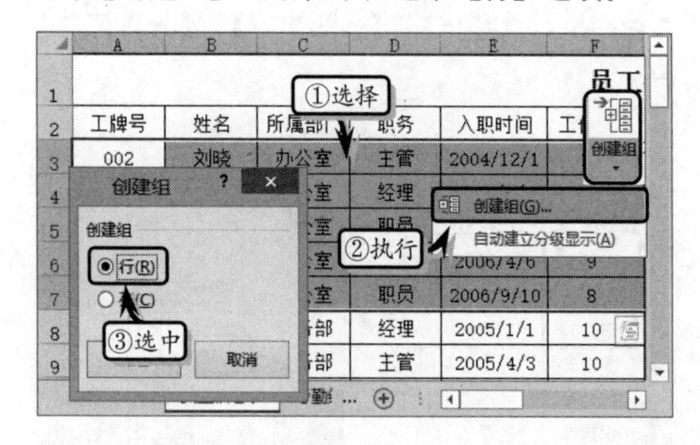

单击【确定】按钮后，系统会显示所创建的行分级。使用同样的方法，可以为其他行创建分级功能。

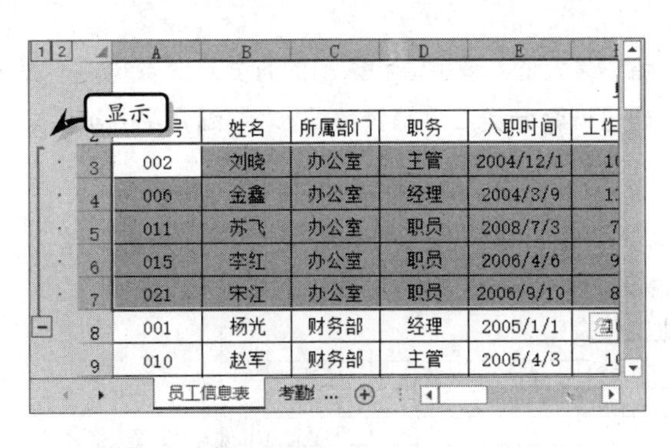

2．创建列分级显示

列分级显示与行分级显示操作方法相同。选择需要创建的列，执行【分级显示】|【创建组】|【创建组】命令，在弹出的【创建组】对话框中，选中【列】选项。

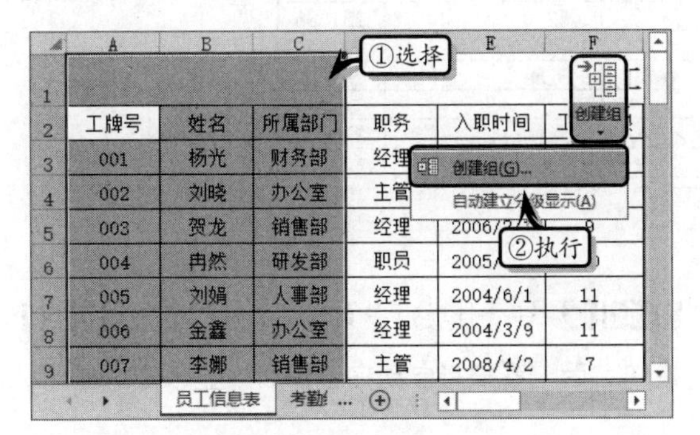

此时，系统会自动显示所创建的行分级。使用同样的方法，可以为其他列创建分级功能。

5.3.3　取消分级显示

当用户不需要在工作表中显示分级显示时，可以通过下列两种方法清除所创建的分级显示，将工作表恢复到常态中。

1．命令法

执行【数据】|【分级显示】|【取消组合】|【清除分级显示】命令，来取消已设置的分类汇总效果。

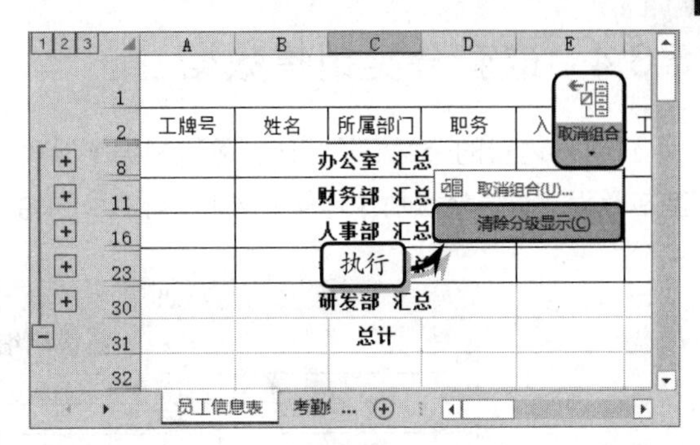

2．对话框法

执行【数据】|【分类显示】|【分类汇总】命令。在弹出的【分类汇总】对话框中，单击【全部删除】按钮，即可取消已设置的分类汇总效果。

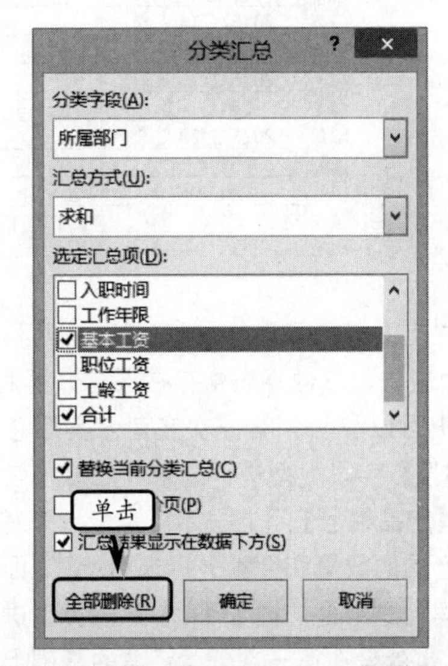

提示

如果用户需要取消行或列的分级显示，可先选择需要取消组的行或列中任意单元格。然后，执行【分级显示】|【取消组合】|【取消组合】命令。在弹出的【取消组合】对话框中，选择行或列选项即可。

Excel 知识链接 5-3　复制汇总结果

创建分类汇总之后，当用户复制表格中的数据时会发现明细数据也会被一起复制。此时，用户可通过本知识链接的操作方法，只复制汇总结果值。

5.3.4 嵌套分类销售数据

Excel 内置的分类汇总功能，可以根据字段类型在数据清单中轻松快速地按照求和、计数、平均值、最大值、最小值和乘积的方式汇总数据。下面通过嵌套分类汇总销售数据，来详细介绍分类汇总的操作方法。

	A	B	C	D	E	F	G
1	销售明细账工作表						
2	日期	销售员	产品编号	产品类别	单价	数量	金额
3	2015/1/12	杨昆	C330	冰箱	5300	17	90100
4	2015/1/12 汇总						90100
5	2015/1/15	张建军	C330	冰箱	5300	12	63600
6	2015/1/15 汇总						63600
7	2015/1/18	魏骊	C330	冰箱	5300	17	90100
8	2015/1/18	杨昆	C330	冰箱	5300	18	95400
9	2015/1/18 汇总						185500
10			C330 汇总			64	339200
11	2015/1/14	仝明	C340	冰箱	5259	20	105180
12	2015/1/14 汇总						105180
13	2015/1/15	闫辉	C340	冰箱	5259	44	231396
14	2015/1/15 汇总						231396
15	2015/1/18	杜云鹏	C340	冰箱	5259	12	63108
16	2015/1/18 汇总						63108
17			C340 汇总			76	399684
18	2015/1/16	王丽华	CL340	冰箱	4099	30	122970

Sheet1

通过上图可以发现，数据表中存在两种"汇总"方式，也就是说该数据表中存在嵌套分类汇总。从数据表中可以看出，第一次嵌套分类汇总是依据【产品编号】字段类型进行的求和汇总，它在每个类型的【产品编号】下方显示汇总值，即对相同产品编号产品的数量和金额进行求和计算。而第二次嵌套分类汇总则是依据【日期】字段类型进行的求和汇总，也就是在第一次分类汇总的基础上对具有相同日期的产品金额进行汇总。

STEP|01 分类汇总数据。执行【数据】|【分级显示】|【分类汇总】命令，将【分类字段】设置为【产品编号】，同时启用【数量】和【金额】复选框。

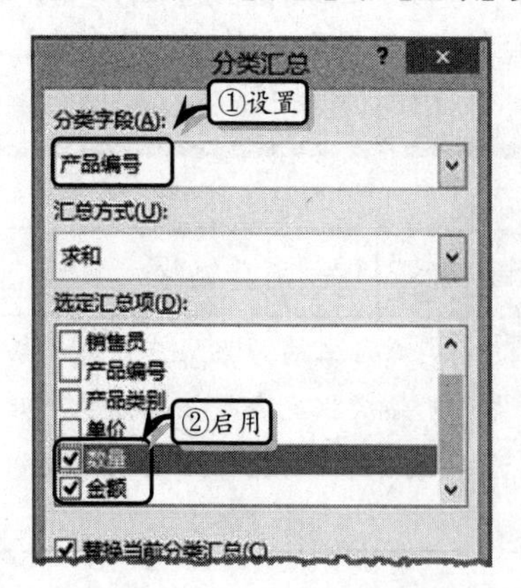

STEP|02 在【分类汇总】对话框中，单击【确定】按钮之后，系统将自动在工作表中显示汇总结果。

	A	B	C	D	E
1	销售明细账工作表				
2	日期	销售员	产品编号	产品类别	单价
3	2015/1/12	杨昆	C330	冰箱	5300
4	2015/1/15	张建军	C330	冰箱	5300
5	1/18	魏骊	C330	冰箱	5300
6	2015/1/18	杨昆	C330	冰箱	5300
7			C330 汇总		
8	2015/1/14	仝明	C340	冰箱	5259
9	2015/1/15	闫辉	C340	冰箱	5259
10	2015/1/18	杜云鹏	C340	冰箱	5259
11			C340 汇总		
12	2015/1/16	王丽华	CL340	冰箱	4099
13			CL340 汇总		
14	2015/1/17	杜云鹏	NL-345	彩电	1130

显示

Sheet1

STEP|03 嵌套分类汇总。执行【分级显示】|【分类汇总】命令，将【分类字段】设置为【日期】，禁用【数量】和【替换当前分类汇总】复选框。

STEP|04 在【分类汇总】对话框中，单击【确定】按钮之后，系统将自动显示嵌套分类汇总结果。

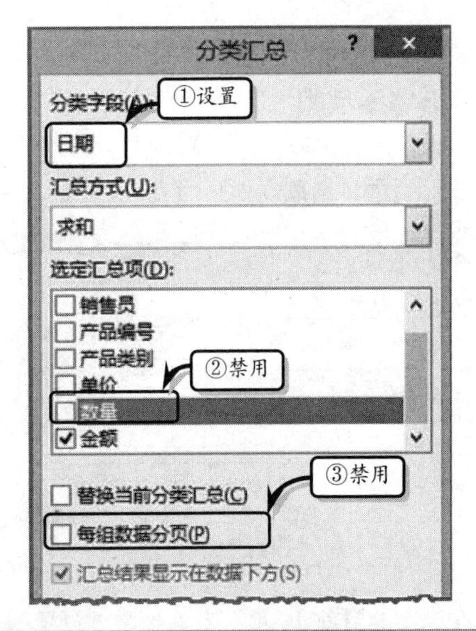

STEP|05 查看汇总。在工作表的左侧，折叠三级汇总按钮，显示日期和产品编号汇总结果。

STEP|06 取消分类汇总。展开所有的分类数据，执行【数据】|【分级显示】|【取消组合】|【清除分级显示】命令，取消分类汇总。

5.4 使用条件格式

条件格式可以凸显单元格中的一些规则，除此之外条件格式中的数据条、色阶和图标集还可以区别显示数据的不同范围。

5.4.1　突出显示单元格规则

突出显示单元格规则是运用Excel中的条件格式，来突出显示单元格中指定范围段等数据规则。

1. 突出显示大于值

选择单元格区域，执行【开始】|【样式】|【条件格式】|【突出显示单元格规则】|【大于】命令。

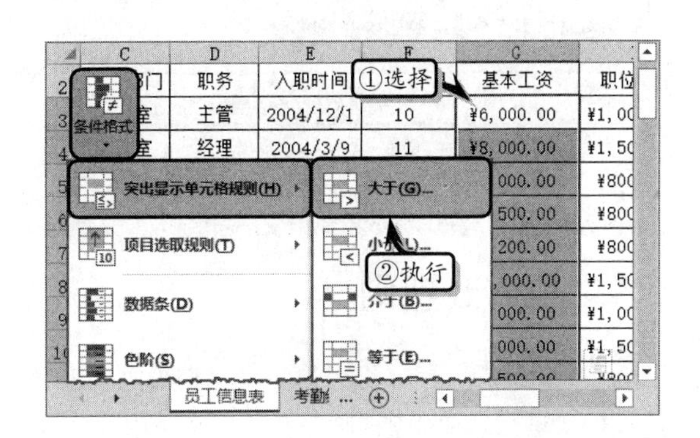

在弹出的【大于】对话框中，可以直接修改数值。或者单击文本框后面的【折叠】按钮，来选择

Excel 2016 办公应用从新手到高手

单元格。同时，单击【设置为】下拉按钮，在其下拉列表中选择【绿填充色深绿色文本】选项。

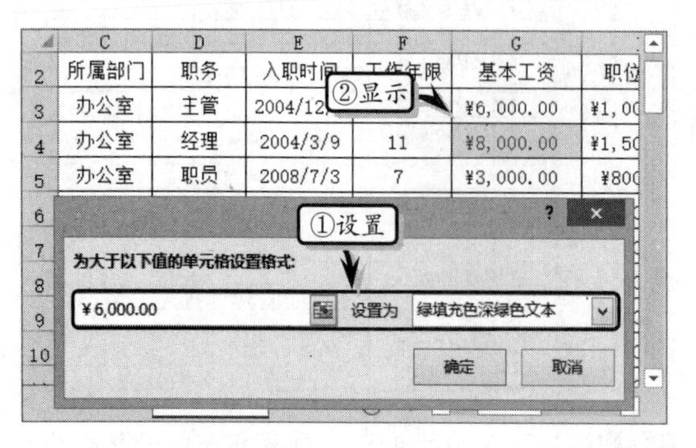

2. 突出显示重复值

选择单元格区域，执行【开始】|【样式】|【条件格式】|【突出显示单元格规则】|【重复值】命令。

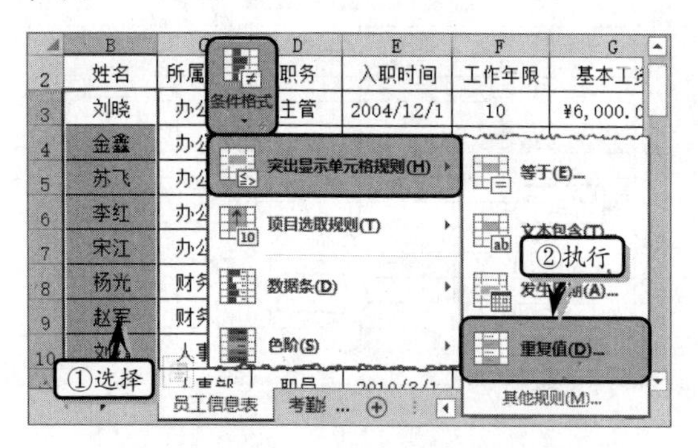

在弹出的【重复值】对话框中，单击【值】下拉按钮，选择【重复】选项。并单击【设置为】下拉按钮，选择【黄填充色深黄色文本】选项。

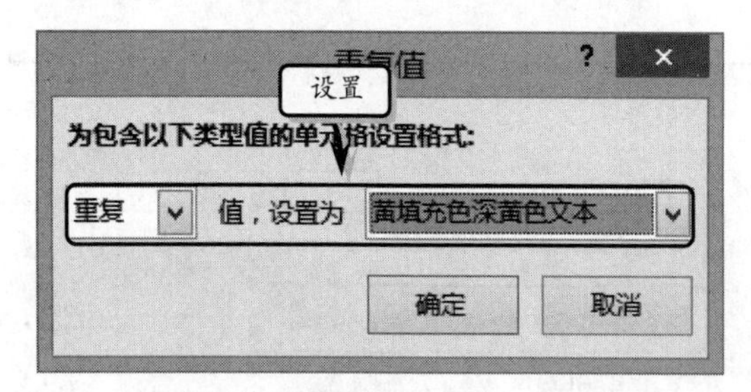

5.4.2 其他规则

在 Excel 中，除了突出显示单元格规则之外，还提供了项目选取规则，来分析数据区域中的最大值、最小值与平均值。除此之外，系统还为用户提供了数据条、图标集和色阶规则，便于用户以图形的方式显示数据集。

1. 项目选取规则

选择单元格区域，执行【开始】|【样式】|【条件格式】|【项目选取规则】|【前 10 项】命令。

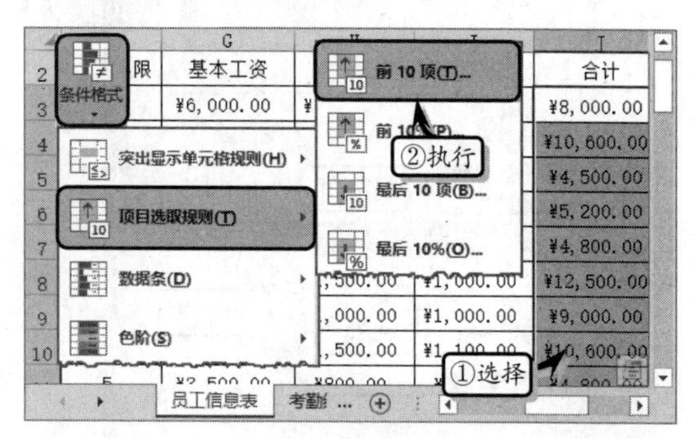

在弹出的【前 10 项】对话框中，设置最大项数，以及单元格显示的格式。单击【确定】按钮，即可查看所突出显示的单元格。

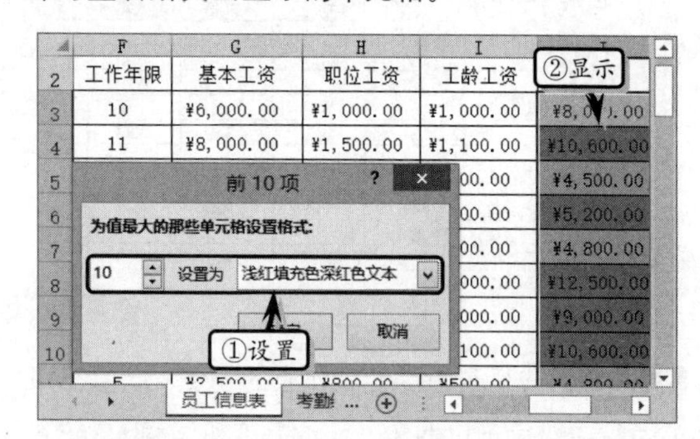

2. 数据条

条件格式中的数据条，是以不同的渐变颜色或填充颜色的条形形状，形象地显示数值的大小。

选择单元格区域，执行【开始】|【样式】|【条件格式】|【数据条】命令，并在其级联菜单中选择相应的数据条样式即可。

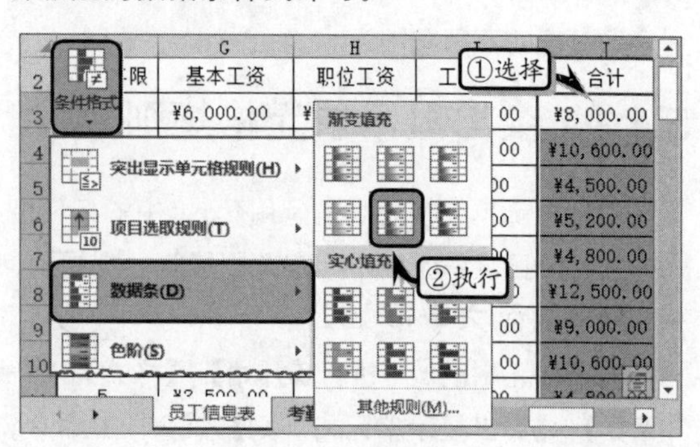

> **提示**
>
> 数据条可以方便用户查看单元格中数据的大小。因为带颜色的数据条的长度表示单元格中值的大小，数据条越长，则所表示的数值越大。

3. 色阶

条件格式中的色阶，是以不同的颜色条显示不同区域段内的数据。

选择单元格区域，执行【样式】|【条件格式】|【色阶】命令，在其级联菜单中选择相应的色阶样式。

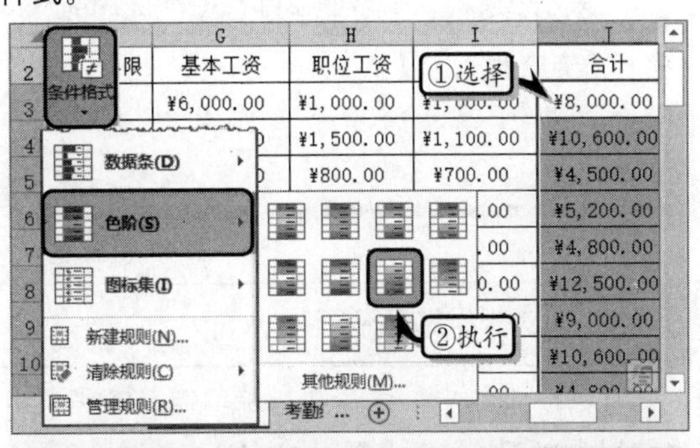

> **提示**
>
> 颜色刻度作为一种直观的指示，可以帮助用户了解数据分布和数据变化。双色刻度通过两种颜色的深浅程度来比较某个区域的单元格。颜色的深浅表示值的高低。

4. 图标集

使用图标集可以对数据进行注释，并可以按阈值将数据分为3~5个类别。每个图标代表一个值的范围。

选择单元格区域，执行【开始】|【样式】|【条件格式】|【图标集】命令，并在其级联菜单中选择相应的图标样式即可。

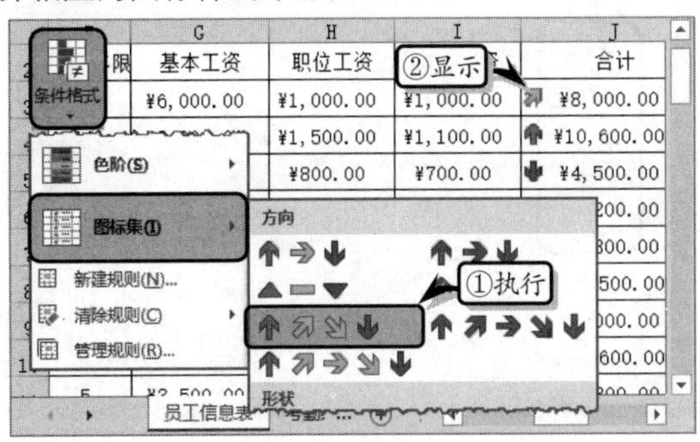

5.4.3 新建规则

规则是用户在用条件格式查看数据、分析数据时的准则，主要用于筛选并突出显示所选单元格区域中的数据。

选择单元格区域，执行【开始】|【样式】|【条件格式】|【新建规则】命令。在弹出的【新建格式规则】对话框中，选择【选择规则类型】列表中的【基于各自值设置所有单元格的格式】选项，并在【编辑规则说明】栏中，设置各个选项。

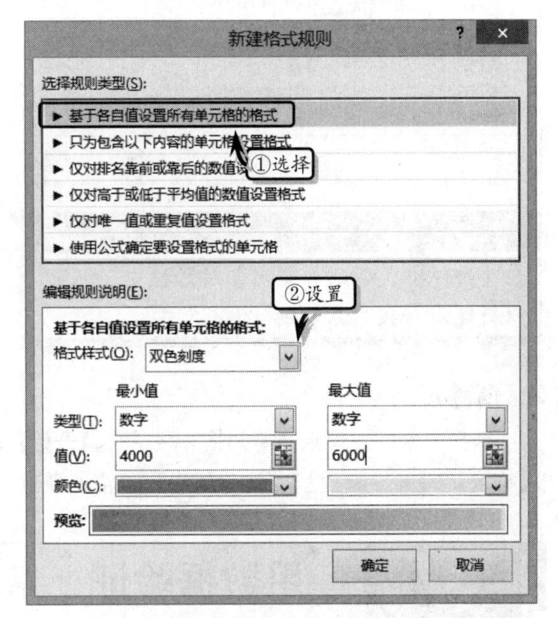

单击【确定】按钮，即可在工作表中使用红色和绿色，来突出显示符合规则的单元格。

> **提示**
>
> 在【选择规则类型】列表框中，可以选择不同类型创建其规则。而创建的规则其样式与默认条件格式（如【突出显示单元格规则】、【项目选取规则】、【数据条】等）样式大同小异。

5.4.4 管理规则

当用户为单元格区域或表格应用条件规则之后，可以通过【管理规则】命令，来编辑规则。或者，使用【清除规则】命令，单独删除某一个规则或整个工作表的规则。

1．编辑规则

执行【开始】|【样式】|【条件格式】|【管理规则】命令，在弹出的【条件格式规则管理器】对话框中，选择某个规则，单击【编辑规则】按钮，即可对规则进行编辑操作。

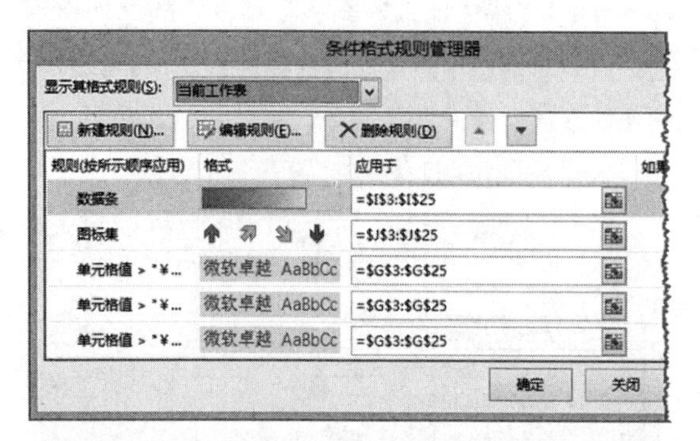

> **提示**
>
> 在【条件格式规则管理器】对话框中，还可以新建规则和删除规则。

2．清除规则

选择包含条件规则的单元格区域，执行【开始】|【样式】|【条件格式】|【清除规则】|【清除所选单元格的规则】命令，即可清除单元格区域的条件格式。

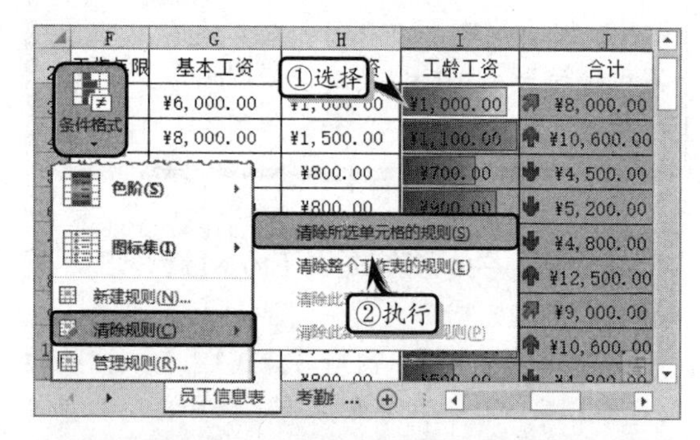

> **提示**
>
> 执行【清除规则】|【清除整个工作表的规则】命令，则可以清除整个工作表中的条件规则。

知识链接 5-4 突出显示双休日

在实际工作中，为合理安排工作，需要在工作计划中以不同的颜色显示双休日。

5.5 使用数据验证

数据验证是指定向单元格中输入数据的权限范围，该功能可以避免数据输入中的重复、类型错误、小数位数过多等错误情况。

5.5.1 设置数据验证

在 Excel 中，不仅可以使用【数据验证】功能设置序列列表，还可以设置整数、小数、日期和长数据样式，便于限制多种数据类型的输入。

1．设置整数或小数类型

选择单元格或单元格区域，执行【数据】|【数据工具】|【数据验证】|【数据验证】命令。在弹出的【数据验证】对话框中，选择【允许】列表中的【整数】或【小数】选项，并设置其相应的选项。

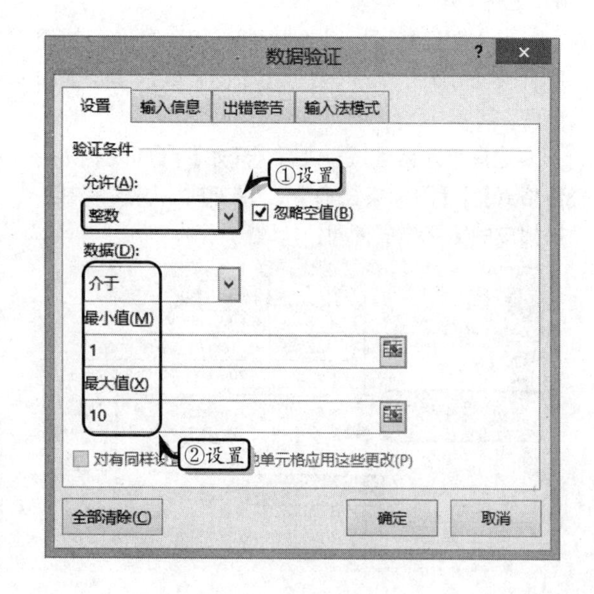

提示

设置数据的有效性权限是（$1 \leqslant A1 \leqslant 9$）的整数，当在 A1 单元格中输入权限范围以外的数据时，系统自动显示提示对话框。

2．设置序列类型

选择单元格或单元格区域，在【数据验证】对话框的【允许】列表中选择【序列】选项，并在【来源】文本框中设置数据来源。

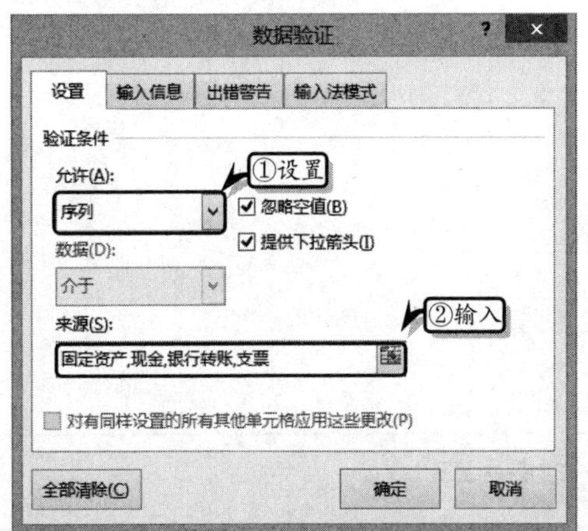

提示

用户也可以在【允许】列表中选择【自定义】选项，通过在【来源】文本框中输入公式的方法，来达到高级限制数据的功效。

3．设置日期或时间类型

在【数据验证】对话框中的【允许】列表中，选择【日期】或【时间】选项，设置其相应的选项。

注意

如果指定设置数据验证的单元格为空白单元格，启用【数据验证】对话框中的【忽略空值】复选框即可。

4．设置长数据样式

选择单元格或单元格区域，在【数据验证】对话框中，将【允许】设置为【文本长度】，将【数据】设置为【等于】，将【长度】设置为【13】，即只能设置在单元格中输入长度为 13 位的数据。

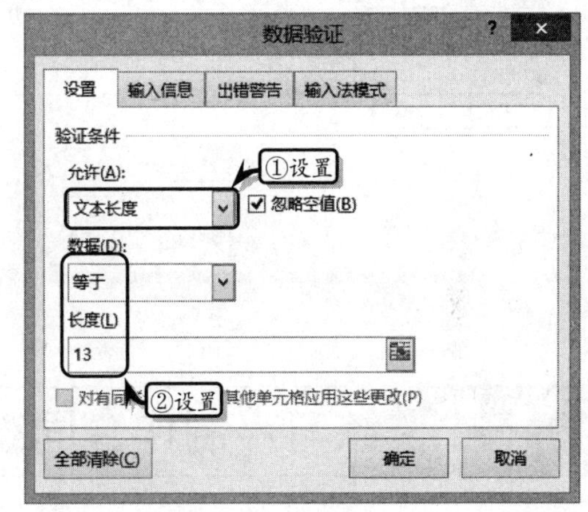

5.5.2　设置提示信息

在单元格区域中设置数据验证功能之后，当用户输入限制之外的数据时，系统将会自动弹出提示信息，提示用户所需输入的数据类型。Excel 为用户提供了出错警告和输入信息两种提示方式。

1．设置出错警告

在【数据验证】对话框中，激活【出错警告】选项卡，设置在输入无效数据时系统所显示的警告样式与错误信息。

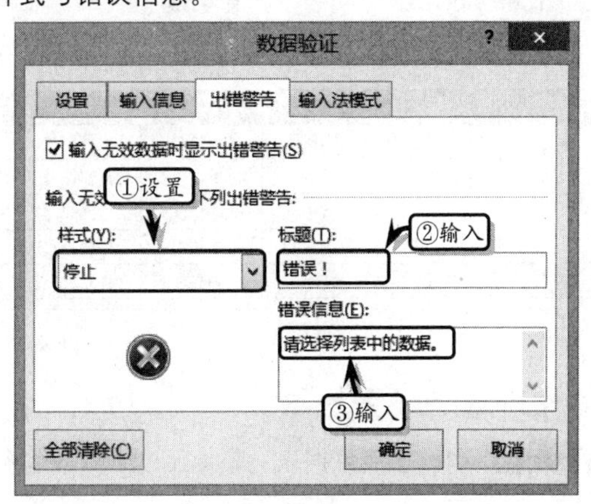

2. 设置文本信息

在【数据验证】对话框中，激活【输入信息】选项卡，在【输入信息】文本框中输入需要显示的文本信息即可。

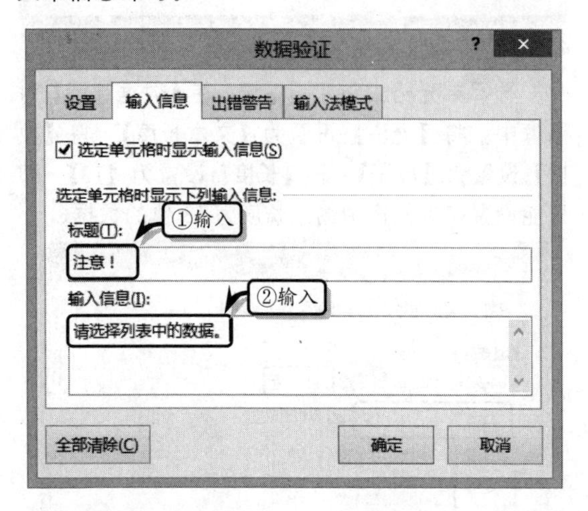

知识链接 5-5 制作多范围下拉列表

普通情况下，利用数据有效性制作的下拉列表只能显示单一类别选项。例如，在为单元格输入序号时，只能输入A、B、C类或1、2、3等单一的类别序列。下面将详细介绍如何在同一个单元格中，显示不同的序列类别。

5.6 练习：制作合同续签统计表

某企业的行政部门负责管理公司内除劳动合同之外的所有合同，在合同到期前一个月提醒相关部门续签合同。为了便于及时提醒相关部门续签合同，行政部门管理人员需要比较当前日期与合同终止日期，如两者之差小于30天即将提醒相关部门准备续签合同，如果两者之差大于合同终止日期，则表示合同已过期。此时，用户可以通过使用Excel中的函数和条件格式等功能，来突出显示过期和即将到期的合同。

合同续签统计表

当前日期	2016/1/20		即将到期	2	已过期	1
序号	合同号	合同种类	签约单位	开始日期	终止日期	是否续签
1	A211010	建筑工程	单位A	2014/12/1	2016/8/30	
2	A211011	建筑工程	单位B	2014/9/10	2015/12/29	
3	B211012	运输	单位A	2015/3/1	2016/1/31	
4	B211013	运输	单位C	2013/10/10	2016/9/30	
5	B211014	运输	单位D	2014/4/1	2016/11/11	
6	A211015	建筑工程	单位A	2015/1/1	2016/3/31	
7	C211016	技术	单位B	2014/10/12	2016/1/26	

操作步骤

STEP|01 制作基础数据表。新建工作表，设置行高。然后，合并单元格区域B1:H1，输入标题文本并设置文本的字体格式。

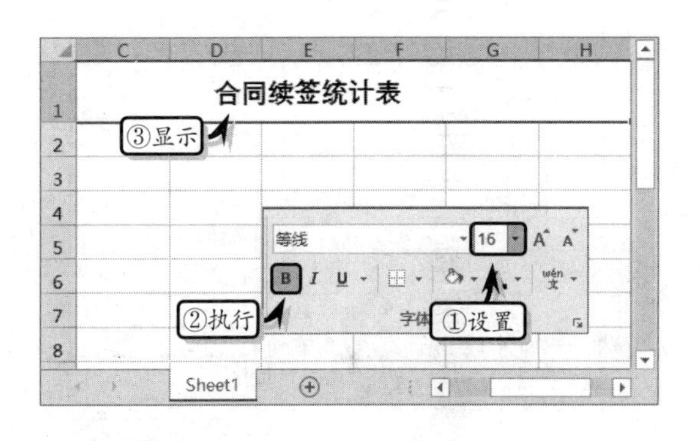

STEP|02 在表格中输入基础数据，并分别设置其字体格式、对齐和边框格式。

	C	D	E	F	G
1	合同续签统计表				
2			即将到期		已过期
3	合同号	合同种类	签约单位	开始日期	终止日期
4	A211010		单位A	2014/12/1	2016/8/30
5	A211011		单位B	2014/9/10	2015/12/29
6	B211012		单位A	2015/3/1	2016/1/31
7	B211013		单位C	2013/10/10	2016/9/30
8	B211014		单位D	2014/4/1	2016/11/11
9	A211015		单位A	2015/1/1	2016/3/31
10	C211016		单位B	2014/10/12	2016/1/26

STEP|03 设置数据验证。选择单元格区域D4:D10，执行【数据】|【数据工具】|【数据验证】|【数据验证】命令。

STEP|04 在弹出的【数据验证】对话框中，将【允许】设置为【序列】，在【来源】文本框中输入序列内容。

STEP|05 选择单元格区域 H4:H10，执行【数据】|【数据工具】|【数据验证】|【数据验证】命令。

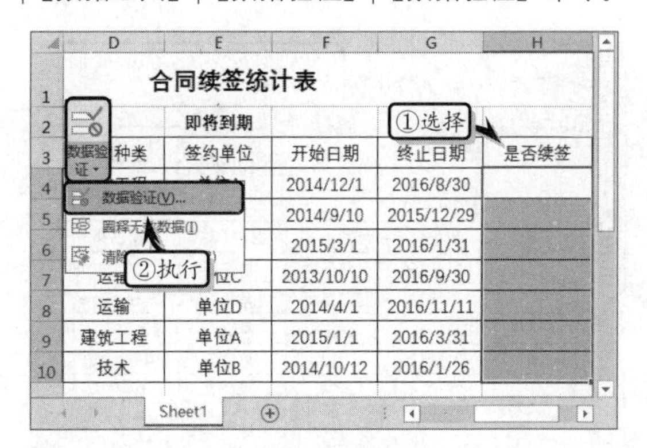

STEP|06 在弹出的【数据验证】对话框中，将【允许】设置为【序列】，在【来源】文本框中输入序列内容，并单击【确定】按钮。

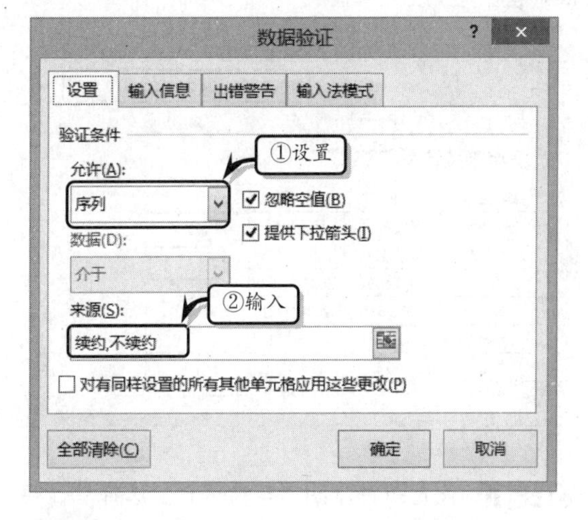

STEP|07 显示当前日期。选择单元格 C2，在编辑栏中输入计算公式，按 Enter 键返回当前日期。

STEP|08 计算统计数据。选择单元格 F2，在编辑栏中输入计算公式，按 Shift+Ctrl+Enter 组合键返回即将到期的合同数目。

STEP|09 选择单元格 H2，在编辑栏中输入计算公式，按 Shift+Ctrl+Enter 组合键返回已过期的合同数目。

STEP|10 设置即将过期的条件格式。选择单元格区域 B4:H10，执行【开始】|【样式】|【条件格式】|【新建规则】命令。

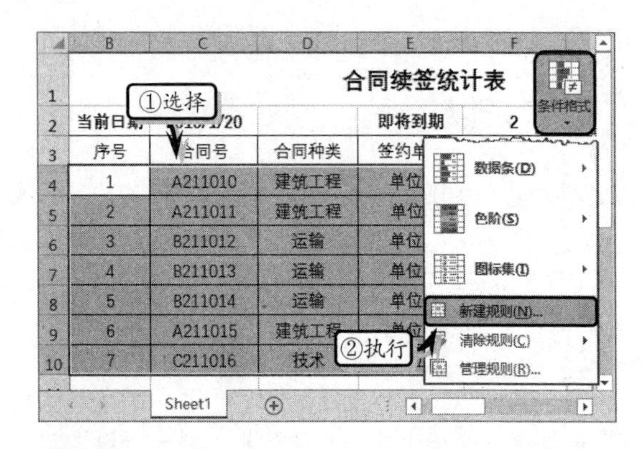

STEP|11 选择【使用公式确定要设置格式的单元格】选项，在【为符合此公式的值设置格式】文本框中，输入格式公式，并单击【格式】按钮。

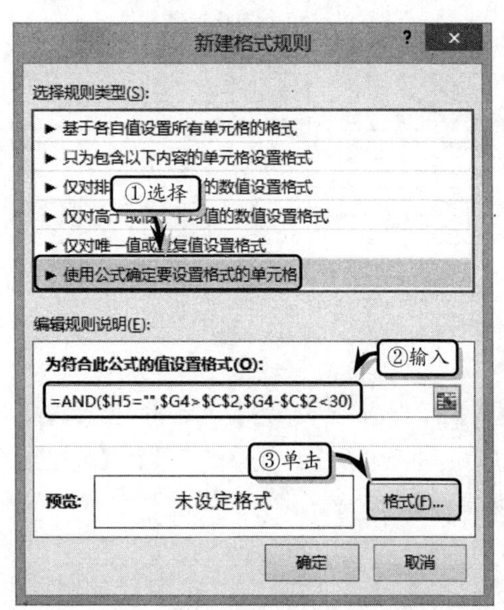

STEP|12 然后，在弹出的【设置单元格格式】对话框中，激活【填充】选项卡，选择【黄色】选项，并单击【确定】按钮。

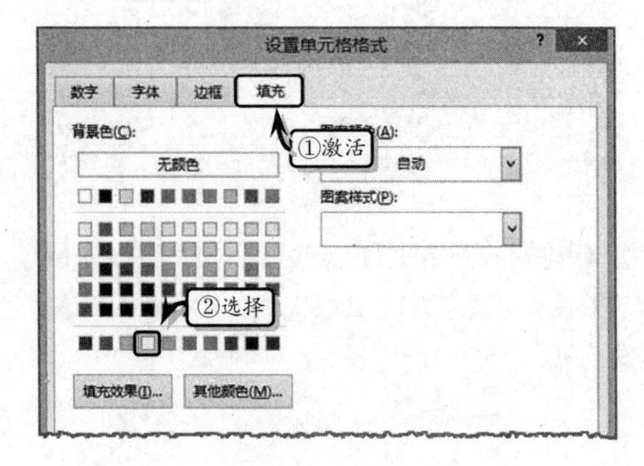

STEP|13 设置已过期条件格式。再次执行【条件格式】|【新建规则】命令，选择【使用公式确定要设置格式的单元格】选项，在【为符合此公式的值设置格式】文本框中，输入格式公式并单击【格式】按钮。

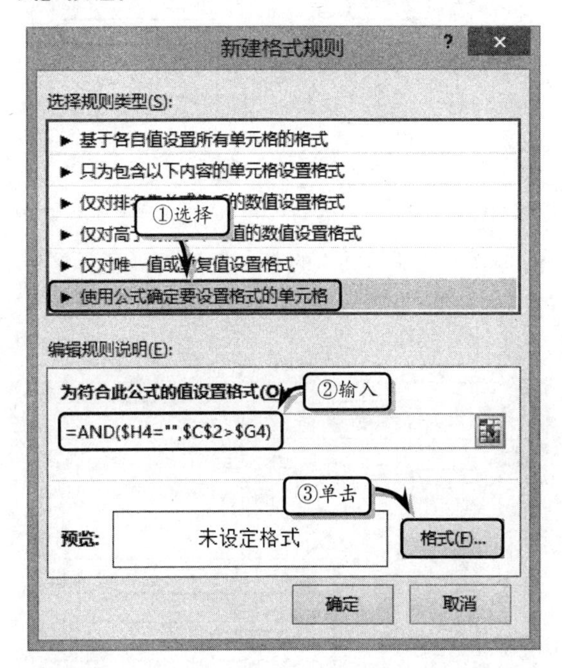

STEP|14 然后，在弹出的【设置单元格格式】对话框中，激活【填充】选项卡，选择【红色】选项，并单击【确定】按钮。

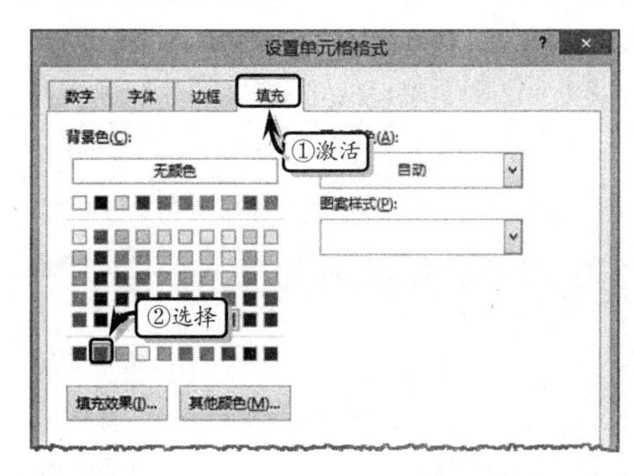

STEP|15 此时，单元格区域中将以黄色背景色显示即将过期的合同数据，以红色背景色显示已过期的合同数据。

合同续签统计表				
	即将到期	2	已过期	1
合同种类	签约单位	开始日期	终止日期	是否续签
建筑工程	单位A	2014/12/1	2016/8/30	
建筑工程	单位B	2014/9/10	2015/12/29	
运输	单位A	2015/3/1	2016/1/31	
运输	单位C	2013/10/10	2016/9/30	
运输	单位D	2014/4/1	2016/11/11	
建筑工程	单位A	2015/1/1	2016/3/31	
技术	单位B	2014/10/12	2016/1/26	

Excel 5.7 练习：制作学生成绩统计表

学生成绩统计表用于记录学生各阶段的成绩。在本练习中，将利用 Excel 中的公式和函数功能，轻松实现自动计算学生总分、平均分的目的；并通过排序功能，使学生的成绩按照从高到低的顺序进行排列。

学生成绩统计表							
学号	姓名	平时	期中	期末	总分	平均分	等级分
011	夏小东	98	85	88	271	90.33	优
009	李依	96	68	96	260	86.67	优
006	林林	86	84	62	232	77.33	良
003	陈小娟	89	38	89	216	72.00	良
001	李青	78	78	58	214	71.33	良
004	张依	35	94	77	206	68.67	及格
007	姚文	56	64	74	194	64.67	及格
012	崔泽	57	64	67	188	62.67	及格
010	刘敏	95	29	54	178	59.33	不及格
002	谢红	56	65	46	167	55.67	不及格
005	钟昱	17	72	45	134	44.67	不及格
008	姚章	74	29	31	134	44.67	不及格

操作步骤

STEP|01 制作基础表格。在表格中输入基础数据，选择单元格区域 B5:B16，右击执行【设置单元格格式】命令，选择【自定义】选项，输入自定义代码。

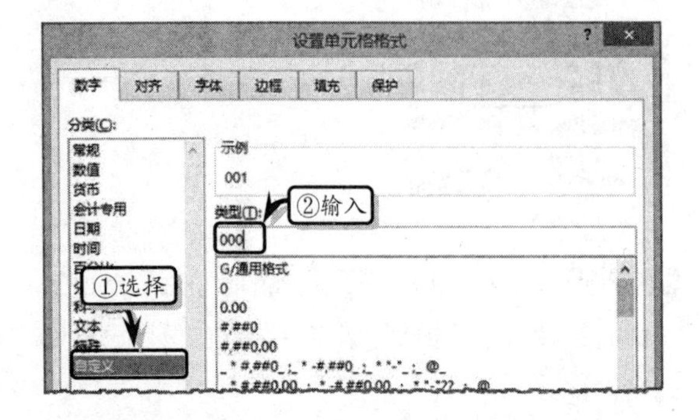

STEP|02 选择数据区域，执行【开始】|【对齐方式】|【居中】命令，设置其对齐格式。

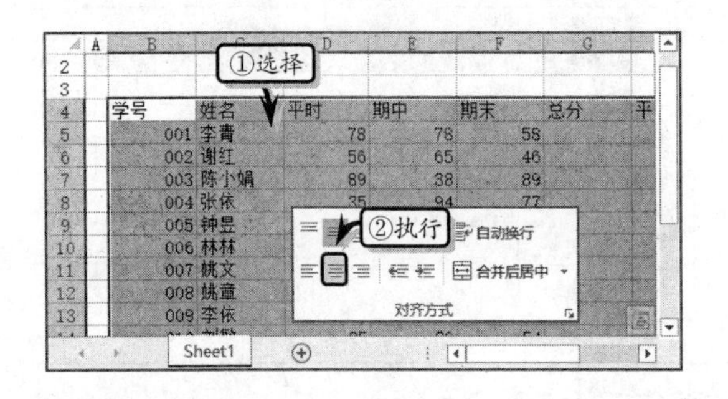

STEP|03 选择单元格区域 H5:H16，右击执行【设置单元格格式】命令，选择【数值】选项，将【小数位数】设置为【2】。

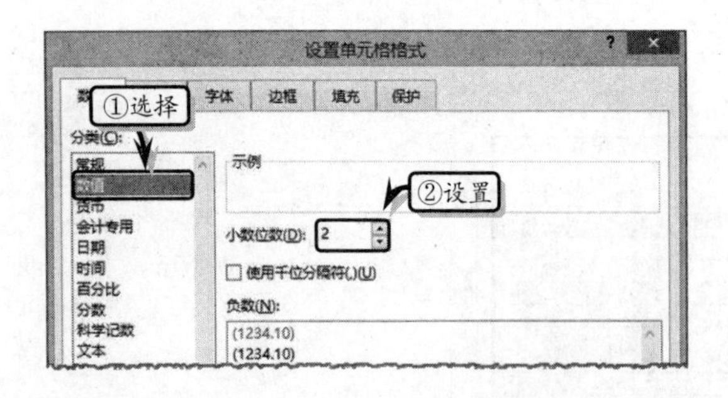

STEP|04 同时选择单元格区域 B2:I2 和 B3:I3，执行【开始】|【对齐方式】|【合并后居中】|【跨越合并】命令，合并单元格区域。

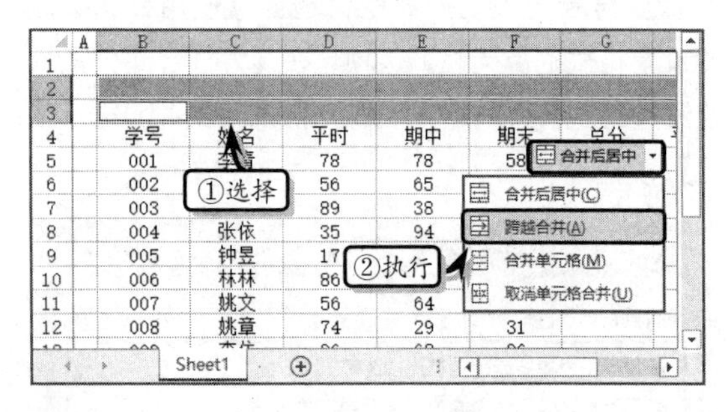

STEP|05 选择单元格 B2，输入标题文本，在【字体】选项组中设置文本的字体格式，并调整标题行的行高。

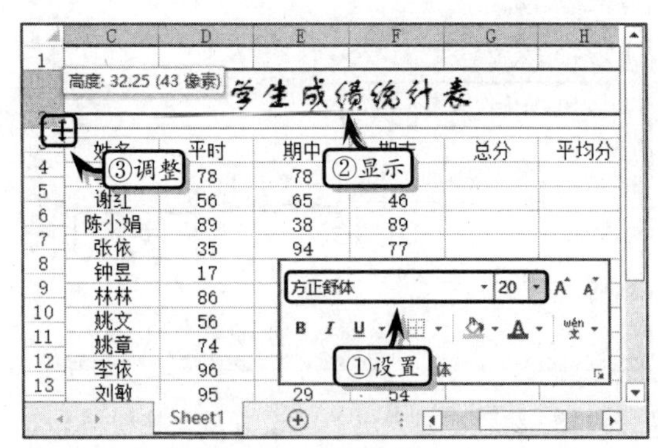

STEP|06 计算数据。选择单元格 G5，在【编辑】栏中输入计算公式，按 Enter 键返回总分。

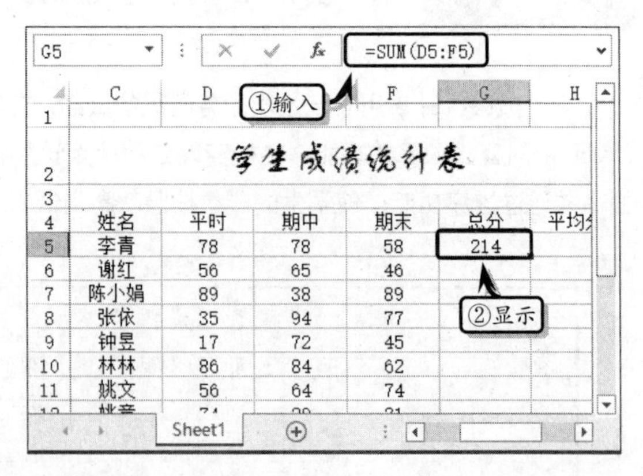

STEP|07 选择单元格 H5，在【编辑】栏中输入计算公式，按 Enter 键返回平均分。

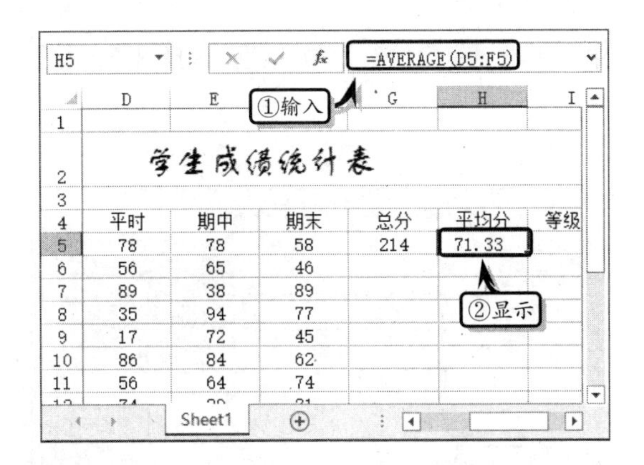

STEP|08 选择单元格 I5，在【编辑】栏中输入计算公式，按 Enter 键返回等级分。

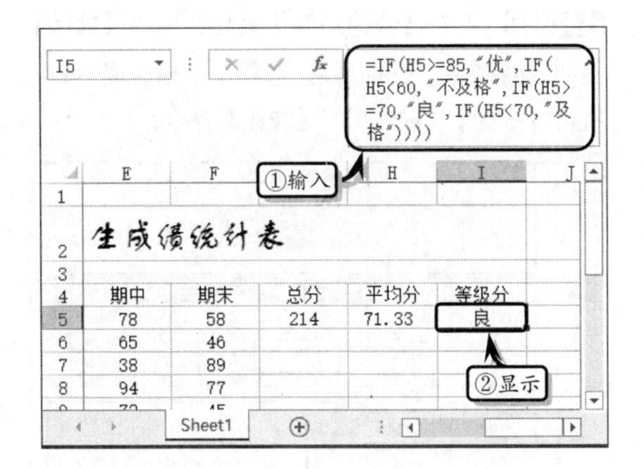

STEP|09 选择单元格区域 G5:I16，执行【开始】|【编辑】|【填充】|【向下】命令，向下填充公式。

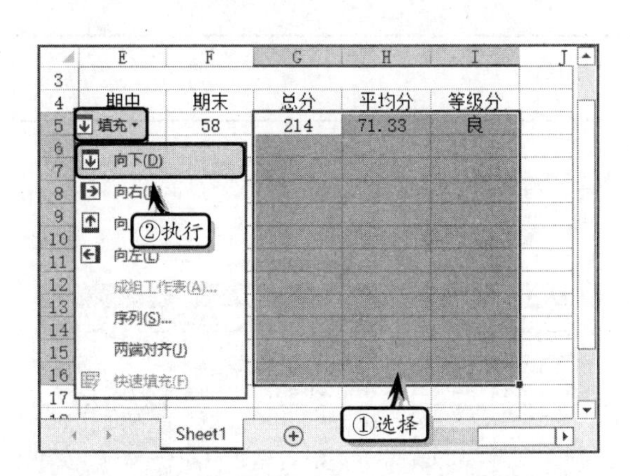

STEP|10 设置边框格式。选择单元格区域 B2:I16，右击执行【设置单元格格式】命令，设置边框样式和位置。

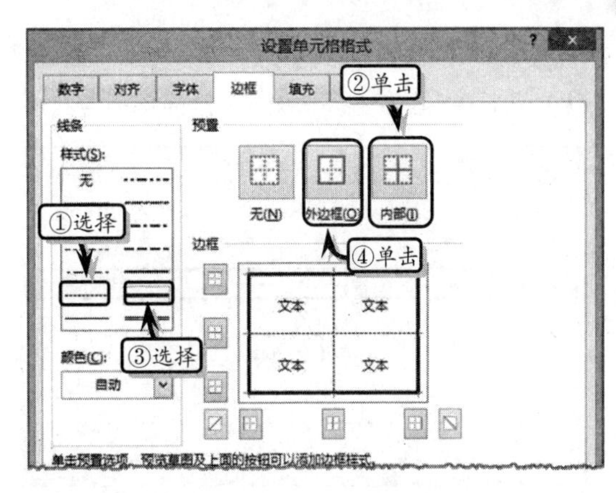

STEP|11 设置填充颜色。选择单元格 B2，执行【开始】|【字体】|【填充颜色】|【其他颜色】命令，自定义填充颜色。

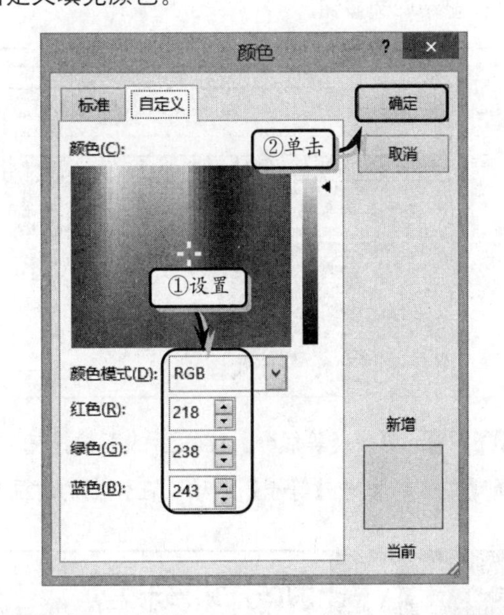

STEP|12 选择单元格区域 B3:I16，执行【开始】|【字体】|【填充颜色】|【白色，背景 1，深色 5%】命令，设置其填充颜色。

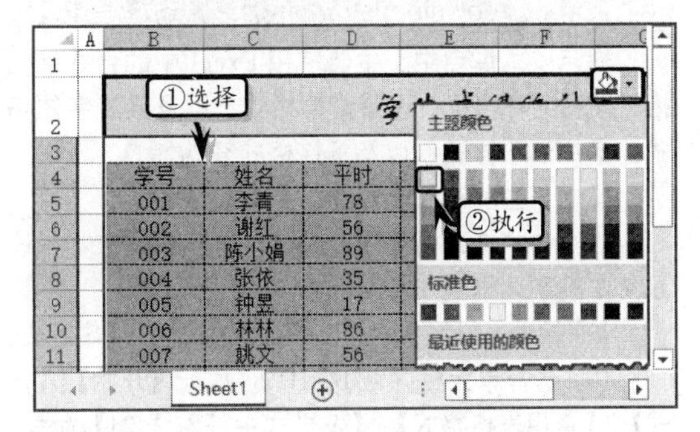

STEP|13 排序数据。选择单元格区域 B4:I16，执

行【数据】|【排序和筛选】|【排序】命令，在【排序】对话框中，设置排序关键字、排序依据与次序。

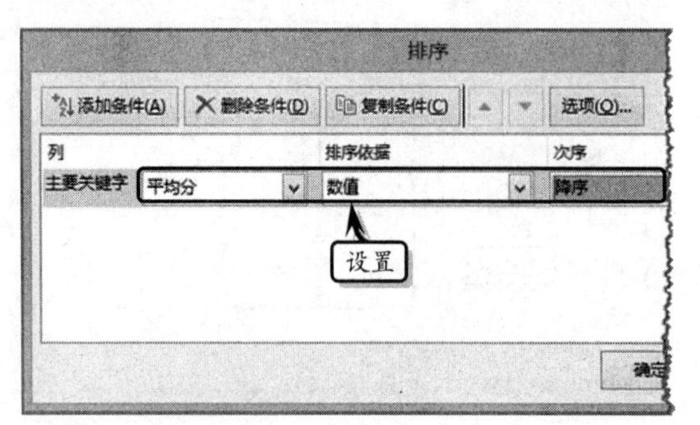

STEP|14 筛选数据。选择单元格区域 B4:I16，执行【开始】|【编辑】|【排序和筛选】|【筛选】命令，显示筛选按钮。

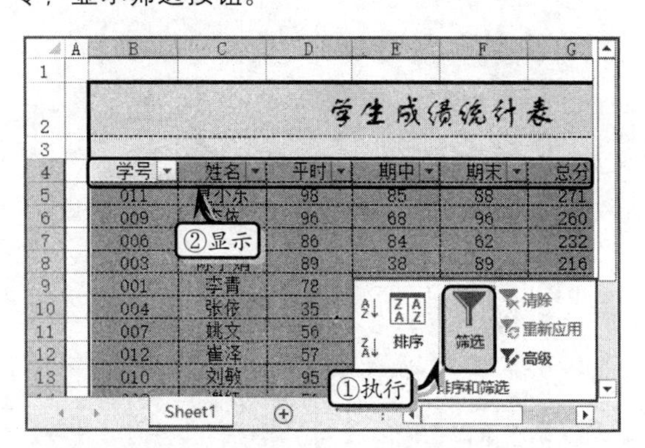

STEP|15 单击【等级分】字段后的下拉按钮，选择【文本筛选】|【等于】选项，在弹出的对话框中，单击【等级分】下拉按钮，选择【不及格】选项。

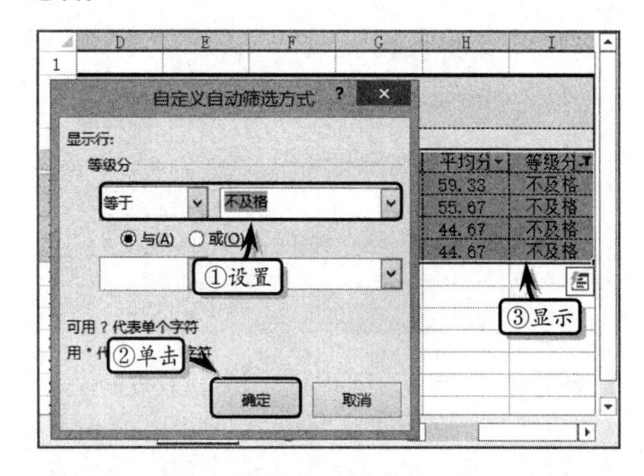

STEP|16 单击【快速访问工具栏】中的【撤销】按钮，撤销筛选状态。然后，选择单元格区域 B4:I4，执行【开始】|【字体】|【加粗】命令。

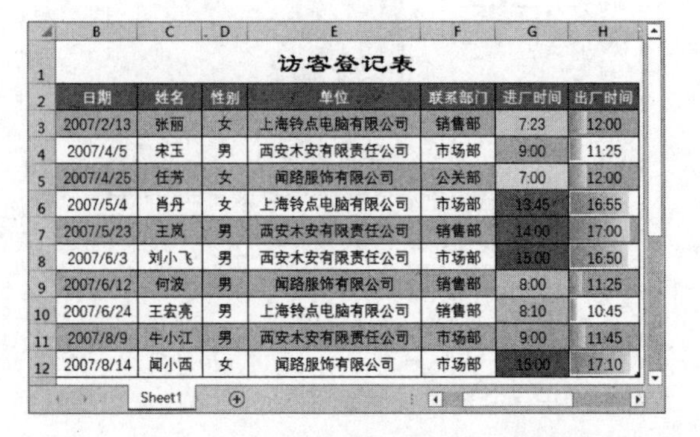

Excel 5.8 新手训练营

练习 1：制作访客登记表

downloads\5\新手训练营\访客登记表

提示：本练习中，主要使用 Excel 中的合并单元格、设置对齐格式、设置边框格式，以及设置字体格式、套用表格样式，以及条件格式等功能。

其中，主要制作步骤如下所述。

（1）合并单元格区域 B1:H1，输入标题文本并设置文本的字体格式。

（2）输入基础数据，并设置数据的居中对齐格式。

（3）选择单元格区域 B2:H12，执行【开始】|【样式】|【套用表格格式】|【表样式中等深浅 21】命令。

（4）执行【设计】|【工具】|【转换为区域】命令，将表样式转换为普通区域。

访客登记表

日期	姓名	性别	单位	联系部门	进厂时间	出厂时间
2007/2/13	张丽	女	上海铃点电脑有限公司	销售部	7:23	12:00
2007/4/5	宋玉	男	西安木安有限责任公司	市场部	9:00	11:25
2007/4/25	任芳	女	闻路服饰有限公司	公关部	7:00	12:00
2007/5/4	肖丹	女	上海铃点电脑有限公司	市场部	13:45	16:55
2007/5/23	王岚	男	西安木安有限责任公司	销售部	14:00	17:00
2007/6/3	刘小飞	男	西安木安有限责任公司	市场部	15:00	16:50
2007/6/12	何波	男	闻路服饰有限公司	销售部	8:00	11:25
2007/6/24	王宏亮	男	上海铃点电脑有限公司	销售部	8:10	10:45
2007/8/9	牛小江	男	西安木安有限责任公司	市场部	9:00	11:45
2007/8/14	闻小西	女	闻路服饰有限公司	市场部	15:00	17:10

（5）同时，执行【开始】|【字体】|【边框】|【所

有框线】命令，设置边框格式。

（6）选择单元格区域 G3:G12，执行【开始】|【样式】|【条件格式】|【新建规则】命令，设置双色刻度渐变格式。

（7）选择单元格区域 H3:H12，执行【开始】|【样式】|【条件格式】|【新建规则】命令，设置数据条渐变格式。

练习 2：制作漂亮的背景色

downloads\5\新手训练营\漂亮的背景色

提示：本练习中，主要使用 Excel 中的对齐格式和条件格式等功能。

	B	C	D	E	F	G	H
1	A	B	C	D	E	F	G
2	100	100	100	100	600	120	111
3	120	120	111	120	100	300	301
4	300	300	301	300	120	500	303
5	500	500	303	500	300	567	414
6	567	567	414	567	500	600	304
7	600	600	304	600	567	100	100
8	100	100	100	100	400	500	303
9	120	120	111	120	345	567	414
10	300	300	301	300	301	600	304
11	500	500	303	500	303	100	100
12	567	567	414	567	414	120	111
13	600	600	304	100	567	435	414
14	500	345	303	120	600	600	304
15	567	435	414	300	100	120	100
16	600	600	304	500	120	130	111

Sheet1

其中，主要制作步骤如下所述。

（1）在工作表中输入基础数据，并设置数据区域的居中对齐格式。

（2）选择单元格区域 B2:K31，执行【样式】|【条件格式】|【新建规则】命令。

（3）选择【使用公式确定要设置格式的单元格】选项，并在【为符合此公式的值设置格式】文本框中输入公式，随后设置条件格式。

（4）使用同样方法，新建另外一个条件规则。

练习 3：制作深浅间隔的条纹

downloads\5\新手训练营\深浅间隔的条纹

提示：本练习中，主要使用 Excel 中的对齐格式和条件格式等功能。

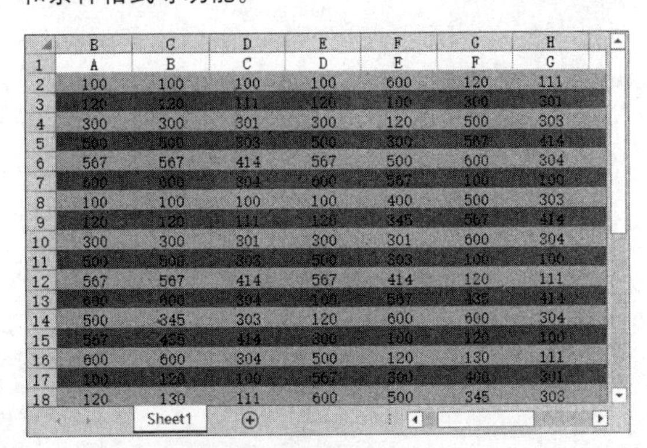

	B	C	D	E	F	G	H
1	A	B	C	D	E	F	G
2	100	100	100	100	600	120	111
3	120	120	111	120	100	300	301
4	300	300	301	300	120	500	303
5	500	500	303	500	300	567	414
6	567	567	414	567	500	600	304
7	600	600	304	600	567	100	100
8	100	100	100	100	400	500	303
9	120	120	111	120	345	567	414
10	300	300	301	300	301	600	304
11	500	500	303	500	303	100	100
12	567	567	414	567	414	120	111
13	600	600	304	100	567	435	414
14	500	345	303	120	600	600	304
15	567	435	414	300	100	120	100
16	600	600	304	500	120	130	111
17	100	120	100	567	300	400	301
18	120	130	111	600	500	345	303

Sheet1

其中，主要制作步骤如下所述。

（1）在工作表中输入基础数据，并设置数据区域的居中对齐格式。

（2）选择单元格区域 B2:K31，执行【样式】|【条件格式】|【新建规则】命令。

（3）选择【使用公式确定要设置格式的单元格】选项，并在【为符合此公式的值设置格式】文本框中输入公式，随后设置条件格式。

（4）使用同样方法，新建另外一个条件规则。

第 6 章

使用公式

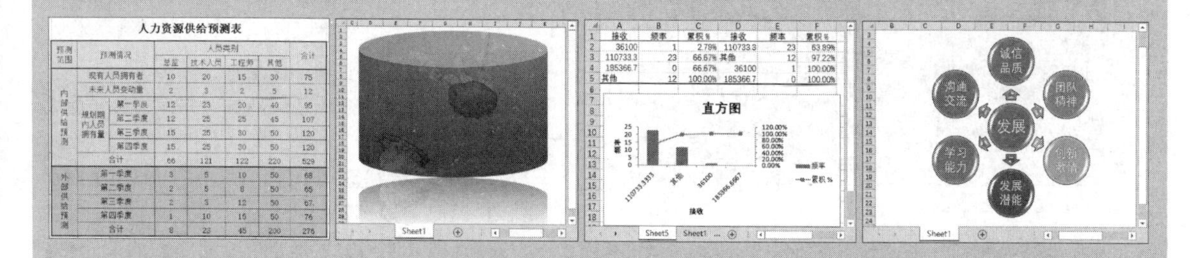

Excel 是办公室自动化中非常重要的一款软件，不仅可以创建、存储与分析数据，还可以使用公式，通过调用 Excel 中的数据，辅以各种数学运算符号对数据进行处理，从而充分体现 Excel 的动态特性。

本章将详细介绍 Excel 的公式编辑、数学计算以及数组公式、循环引用等公式功能，帮助读者通过使用 Excel 来处理复杂的数据，并研究数据之间的关联性。另外，在本章中还将介绍如何使用公式审核工具来查找工作表中的公式错误，以确保工作表运算的正确性。

6.1 公式的应用

公式是由数学中引入的一种概念。公式的狭义概念为数据之间的数学关系或逻辑关系，其广义概念则涵盖了对数据、字符的处理方法。在使用公式之前，还需先了解一下公式的概念、常量和单元格引用规则等有关公式的基础知识。

6.1.1 公式概述

公式是一个包含运算符、常量、函数以及单元格引用等元素的数学方程式，也是单个或多个函数的结合运用，可以对数值进行加、减、乘、除等各种运算。

一个完整的公式，通常由运算符和参与计算的数据组成。其中，数据可以是具体的常数数值，也可以是由各种字符指代的变量；运算符是一类特殊的符号，其可以表示数据之间的关系，也可以对数据进行处理。

在日常的办公、教学和科研工作中会遇到很多的公式，例如：

```
E = MC²
sin2α + cos2α = 1
```

在上面的两个公式中，E、M、C、sin α、cos α 以及数字 1 均为公式中的数值。而等号“=”、加号“+”和以上标数字 2 显示的平方运算符号等则是公式的运算符。

6.1.2 公式与 Excel

传统的数学公式通常只能在纸张上运算使用，如想在计算机中使用这些公式，则需要对公式进行一些改造，通过更改公式的格式来帮助计算机识别和理解。

因此，在 Excel 中使用公式时，需要遵循 Excel 的规则，将传统的数学公式翻译为 Excel 程序可以理解的语言。这种翻译后的公式就是 Excel 公式。Excel 公式的主要特点如下。

1. 全部公式以等号开始

Excel 将单元格中显示的内容作为等式的值，因此，在 Excel 单元格中输入公式时，只需要输入等号“=”和另一侧的算式即可。在输入等号“=”后，Excel 将自动转入公式运算状态。

2. 以单元格名称为变量

如用户需要对某个单元格的数据进行运算，则可以直接输入等号“=”，然后输入单元格的名称，再输入运算符和常量进行运算。

例如，将单元格 A2 中的数据视为圆的半径，则可以在其他的单元格中输入以下公式来计算圆的周长。

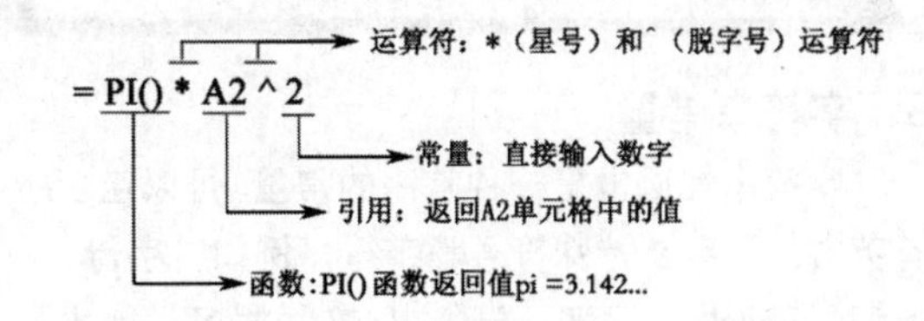

在上面的公式中，单元格的名称 A2 也被称作“引用”。

> **提示**
>
> PI()是 Excel 预置的一种函数，其作用是返回圆周率 π 的值。关于函数的使用方法，可参考之后相关的章节。

在输入上面的公式后，用户即可按 Enter 键退出公式编辑状态。此时，Excel 将自动计算公式的值，将其显示到单元格中。

6.1.3 公式中的常量

常量是在公式中恒定不发生改变、无须计算直接引用的数据。Excel 2010 中的常量分为 4 种，即数字常量、日期和时间常量、字符串常量和逻辑常量。

1. 数字常量

数字常量是最基本的一种常量，包括整数和小数两种，通常显示为阿拉伯数字。例如，3.14、25、

0 等数字都属于数字常量。

2. 日期和时间常量

日期与时间常量是一种特殊的转换常量，本身是由 5 位整数和若干位小数构成的数据，包括日期常量和时间常量两种。

日期常量可以显示为多种格式，例如，"2010 年 12 月 26 日""2010/12/26""2010-12-26"以及"12/26/2010"等。将"2010 年 12 月 26 日"转换为常规数字后，将显示一组 5 位整数 40 538。

时间常量与日期常量类似，也可以显示为多种格式，例如，"12:25:39""12:25:39 PM""12 时 25 分 39 秒"等。将其转换为常规数字后，将显示一组小数 0.517 812 5。

提示

日期与时间常量也可以结合在一起使用。例如，数值 40 538.517 812 5，就可以表示"2010 年 12 月 26 日 12 时 25 分 39 秒"。

3. 字符串常量

字符串常量也是一种常用的常量，可以包含所有英文、汉字及特殊符号等字符。例如，字母 A、单词"Excel"、汉字"表"、日文片假名"せす"以及实心五角星"★"等。

4. 逻辑常量

逻辑常量是一种特殊的常量，表示逻辑学中的真和假等概念。逻辑常量只有两种，即全大写的英文单词 TRUE 和 FALSE。逻辑常量通常应用于逻辑运算中，通过比较运算符计算出最终的逻辑结果。

提示

有时 Excel 也可以通过数字来表示逻辑常量，用数字 0 表示逻辑假（FALSE），用数字 1 表示逻辑真（TRUE）。

6.1.4 公式中的运算符

运算符是 Excel 中的一组特殊符号，其作用是对常量、单元格的值进行运算。Excel 中的运算符大体可分为如下 4 种。

1. 算术运算符

算术运算符是最基本的运算符，用于对各种数值进行常规的数学运算，包括如下 6 种。

算术运算符	含义	解释及示例
+	加	计算两个数值之和（6=2+4）
-	减	计算两个数值之差（3=7-4）
*	乘	计算两个数值的乘积（4*4=16 等同于 4×4=16）
/	除	计算两个数值的商（6/2=3 等同于 6÷2=3）
%	百分比	将数值转换成百分比格式（10+20）%
^	乘方	数值乘方计算（2^3=8 等同于 2^3=8）

2. 比较运算符

比较运算符的作用是对数据进行逻辑比较，以获取这些数据之间的大小关系，包括如下 6 种。

比较运算符	含义	示例
=	相等	A5=10
<	小于	5<10
>	大于	12>10
>=	大于等于	A6>=3
<=	小于等于	A7<=10
<>	小于等于	8<>10

3. 文本连接符

文本运算符只有一个连接符&，使用连接符"&"运算两个相邻的常量时，Excel 会自动把常量转换为字符串型常量，再将两个常量连接在一起。

例如，数字 1 和 2，如使用加号"+"进行计算，其值为 3，而使用连接符"&"进行运算，则其值为 12。

4. 引用运算符

引用运算符是一种特殊的运算符，其作用是将不同的单元格区域合并计算，包括如下三种类型。

引用运算符	名称	含义
:	区域运算符	包括在两个引用之间的所有单元格的引用
,	联合运算符	将多个引用合并为一个引用
	交叉运算符	对两个引用共有的单元格的引用

6.1.5　公式中的运算顺序

在使用单一种类的运算符时，Excel 将默认以自左至右的顺序进行运算。

而在使用多种运算符时，Excel 就会根据运算符的优先级决定计算的顺序。下表以从上到下的顺序排列优先级从高到低的各种运算符。

运　算　符	说　明
：（冒号）	引用运算符
（空格）	
，（逗号）	
—（负号）	负号（负数）
%（百分比号）	数字百分比
^（幂运算符）	乘幂
*(乘号)和／(除号)	乘法与除法运算
+(加号)和-（减号）	加法与减法
&（文本连接符）	连接两个字符串
=(等于号) <(小于号) >（大于号）<=（小于等于号）>=（大于等于号）<>（不等于号）	比较运算符

若要更改求值的顺序，可以将公式中先计算的部分用括号括起来。例如，在单元格中输入如下公式：

```
=5+2*3
```

由于 Excel 先进行乘法运算后进行加法运算，因此上面的公式结果为 11。

如在“5+2”的算式两侧加上括号“()”，则 Excel 将先求出 5 加 2 之和，再用结果乘以 3 得 21：

```
=(5+2)*3
```

Excel 6.2 创建公式

在了解了 Excel 公式的各种组成部分以及运算符的优先级后，即可使用公式、常量进行计算。另外，在 Excel 中，用户还可以像操作数据那样复制、移动和填充公式。

6.2.1　输入公式

在 Excel 中，用户可以直接在单元格中输入公式，也可以在【编辑】栏中输入公式。另外，除了在单元格中显示公式结果值之外，还可以直接将公式显示在单元格中。

1．直接输入

在输入公式时，首先将光标置于该单元格中，输入“=”号，然后再输入公式的其他元素，或者在【编辑】栏中输入公式，单击其他任意单元格或按 Enter 键确认输入。此时，系统会在单元格中显示计算结果。

技巧

用户也可以在输入公式后，单击【编辑】栏中的【输入】按钮✓，确认公式的输入。

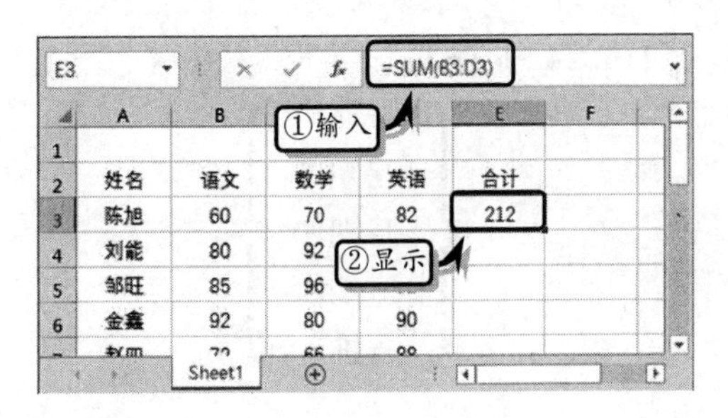

2．显示公式

在默认状态下，Excel 只会在单元格中显示公式运算的结果。如用户需要查看当前工作表中所有的公式，则可以执行【公式】|【公式审核】|【显示公式】命令，显示公式内容。

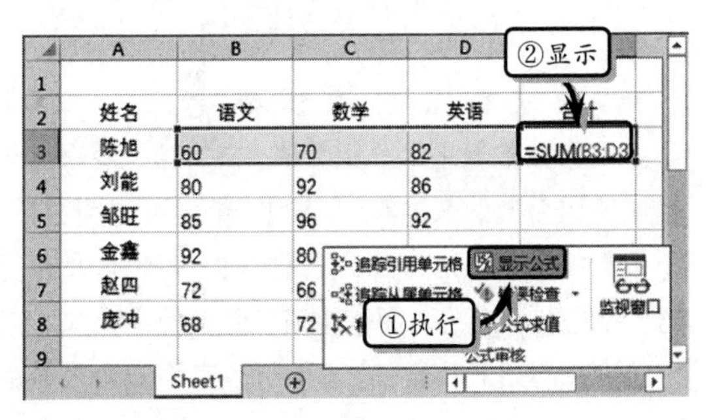

再次单击【公式审核】组中的【显示公式】按钮，将其被选中的状态解除，然后 Excel 又会重新显示公式计算的结果。

提示

用户也可以在按 Ctrl+'键快速切换显示公式或显示结果的状态。

6.2.2 使用数组公式

数组是计算机程序语言中非常重要的一部分，主要用来缩短和简化程序。运用这一特性不仅可以帮助用户创建非常雅致的公式，还可以帮助用户运用 Excel 完成非凡的计算操作。

1．理解数组

数组是由文本、数值、日期、逻辑、错误值等元素组成的集合。这些元素是按照行和列的形式进行显示，并可以共同参与或个别参与运算。元素是数组的基础，结构是数组的形式。在数组中，各种数据元素可以共同出现在同一个数组中。例如，下列 4 个数组。

{1 2 3 4 5 6 7 8 9}

{星期一
星期二
星期三
星期四
星期五}

{111 112 113 111 115
211 212 213 211 215
311 312 313 311 315
411 412 413 411 415}

{1 2 3 4 5 6
壹 贰 叁 肆 伍 陆}

而常数数组是由一组数值、文本值、逻辑值与错误值组合成的数据集合。其中，数值可以为整数、小数与科学记数法格式的数字；但不能包含货币符号、括号与百分号。而文本值，必须使用英文状态下的双引号进行标记，文本值可以在同一个常数数组中并存不同的类型。另外，常数数组中不可以包含公式、函数或另一个数组作为数组元素。例如，下列常数数组，便是一个错误的常数数组。

{1 2 3 4 5 6% 7% 8% 9% 10%}

2．输入数组

在 Excel 中输入数组时，需要先输入数组元素，然后用大括号括起来即可。数组中的横向元素需要用英文状态下的“,”号进行分隔，数组中的纵向元素需要运用英文状态下的“;”号进行分隔。例如，数组{1 2 3 4 5 6 7 8 9}表示为{1,2,3,4,5,6,7,8,9}。数组

{1 2 3 4 5 6
壹 贰 叁 肆 伍 陆}

表示为{1,2,3,4,5,6;"壹","贰","叁","肆","伍","陆"}

横向选择放置数组的单元格区域，在【编辑】栏中输入“=”与数组，并按 Shift+Ctrl+Enter 组合键。

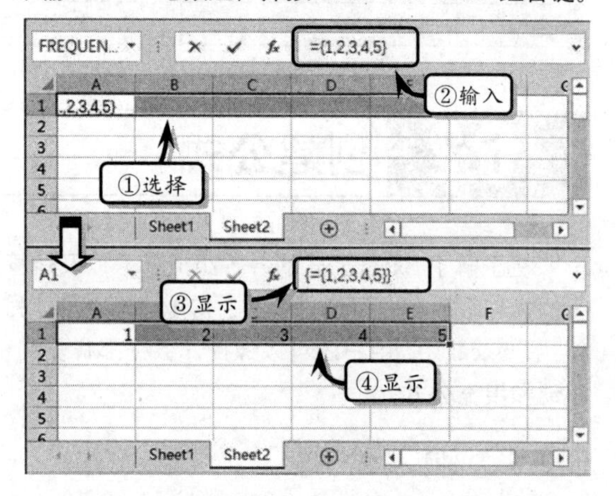

纵向选择单元格区域，用来输入纵向数组。然后，在【编辑】栏中输入“=”与纵向数组。按 Shift+Ctrl+Enter 组合键，即可在单元格区域中显示数组。

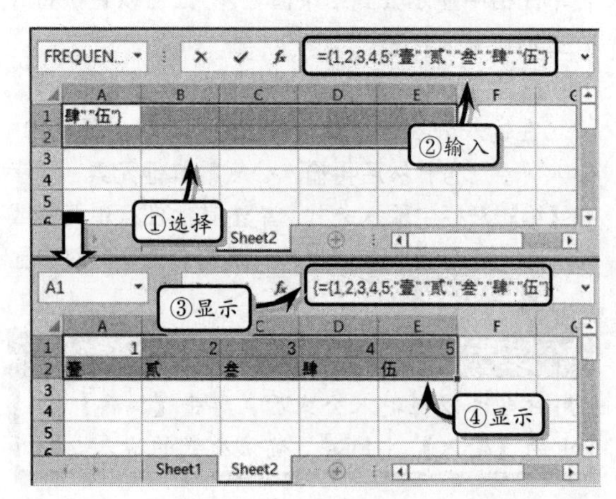

3．理解数组维数

通常情况下，数组以一维与二维的形式存在。

数组中的维数与 Excel 中的行或列是相对应的，一维数组即数组是以一行或一列进行显示。另外，一维数组又分为一维横向数组与一维纵向数组。

其中，一维横向数组是以 Excel 中的行为基准进行显示的数据集合。一维横向数组中的元素需要用英文状态下的逗号分隔，例如，下列数组便是一维横向数组。

（1）一维横向数值数组：{1,2,3,4,5,6}。

（2）一维横向文本值数组：{"优","良","中","差"}。

另外，一维纵向数组是以 Excel 中的列为基准进行显示的数据集合。一维纵向数组中的元素需要用英文状态下的分号分开。例如，数组{1;2;3;4;5}便是一维纵向数组。

二维数组是以多行或多列共同显示的数据集合，二维数组显示的单元格区域为矩形形状，用户需要用逗号分隔横向元素，用分号分隔纵向元素。例如，数组{1,2,3,4;5,6,7,8}便是一个二维数组。

4．多单元格数组公式

当多个单元格使用相同类型的计算公式时，一般公式的计算方法则需要输入多个相同的计算公式。而运用数组公式，一步便可以计算出多个单元格中相同公式类型的结果值。

选择单元格区域 D3:D8，在【编辑】栏中输入数组公式，按 Shift+Ctrl+Enter 组合键即可。

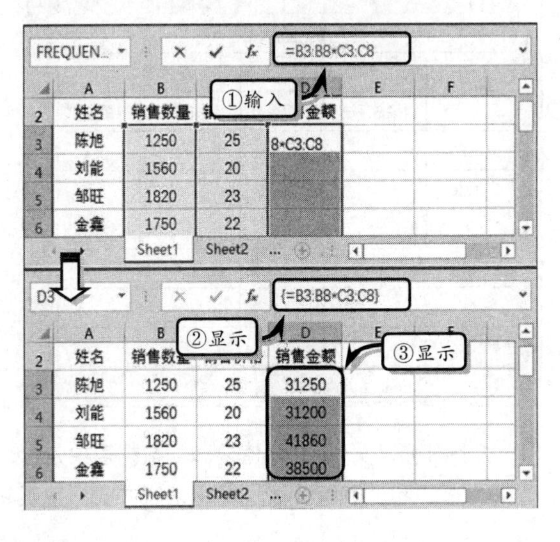

提示

使用数组公式，不仅可以保证指定单元格区域内具有相同的公式，还可以完全防止新手篡改公式，从而达到保护公式的目的。

5．单个单元格数组公式

单个单元格数组公式即是数组公式占据一个单元格，用户可以将单个单元格数组输入任意一个单元格中，并在输入数组公式后按 Shift+Ctrl+Enter 组合键，完成数组公式的输入。

例如，选择单元格 D9，在【编辑】栏中输入计算公式，按 Shift+Ctrl+Enter 组合键，即可显示合计额。

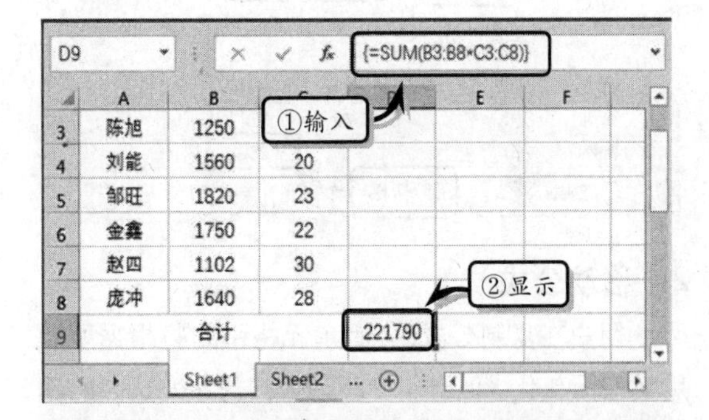

提示

使用数组公式时，可以选择包含数组公式的单元格或单元格区域，按下 F2 键进入编辑状态。然后，再按 Shift+Ctrl+Enter 键完成编辑。

Excel 知识链接 6-1　统计字符个数

在 Excel 中，用户还可以运用数组公式，统计指定单元格区域中的字符个数。

假设工作表中的 B4:B7 单元格区域中包含文本字符串，用户可以运用文本函数中的 LEN 函数，统计每个单元格中的字符个数。然后，再运用 SUM 函数，根据 LEN 函数计算出来的中间数值，计算所有文本的字符个数。

6.2.3　复制和移动公式

如果多个单元格中所使用的表达式相同，可以通过移动、复制公式或填充公式的方法，来达到快速输入公式的目的。

1. 复制公式

选择包含公式的单元格，按 Ctrl+C 键复制公式。然后，选择需要放置公式的单元格，按 Ctrl+V 键粘贴公式即可。

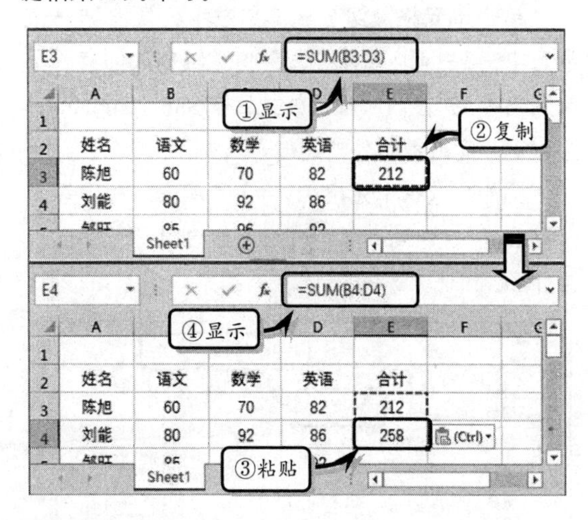

2. 移动公式

用户在复制公式时，其单元格引用将根据所引用类型而变化。但当用户移动公式时，公式内的单元格引用不会更改。例如，选择单元格 D3，按 Ctrl+X 键剪切公式。然后，选择需要放置公式的单元格，按 Ctrl+V 键复制公式，即可发现公式没有变化。

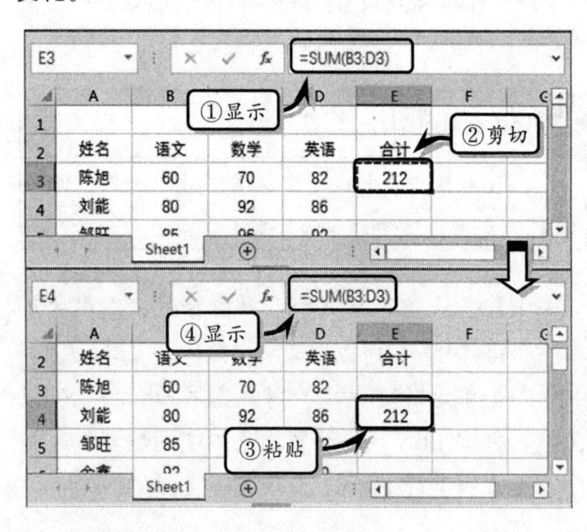

3. 填充公式

通常情况下，在对包含多行或多列内容的表格数据进行有规律的计算时，可以使用自动填充功能快速填充公式。

例如，已知单元格 D3 中包含公式，选择单元格区域 D3:D8，执行【开始】|【编辑】|【填充】|【向下】命令，即可向下填充相同类型的公式。

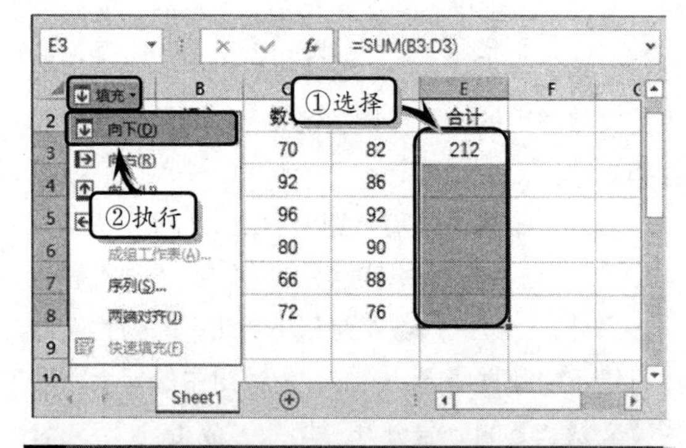

提示

用户可将鼠标移至单元格 D3 的右下角，当鼠标变成“十”字形状时，向下拖动鼠标即可快速填充公式。

6.2.4 示例：最值求和

在 Excel 中，除了运用数组公式统计字符个数之外，还可以运用数组公式计算指定数据集合中的 N 个最大与最小值之和。下面，将通过“最值求和”数据表，来详细介绍使用数组公式求解最大值和最小值之和的操作方法。

最值求和				
原数值	最小值之和		最大值之和	
	传统方法	数组公式	传统方法	数组公式
12	15	15	164	164
112				
1				
2				
25				
27				

从上图可以发现，“最值求和”数据表中包含“传统方法”和“数组公式”两种求和方式。按照

传统的计算方法，可以运用SMALL函数与LARGE函数求解数据集合的 N 个最大与最小值，然后再运用SUM函数求 N 个最大与最小值之和。但是，如果使用数组公式，只需定义名称并使用一个简单的公式便可以求解出最大值和最小值之和，无须使用复杂的嵌套函数来完成计算。

STEP|01 制作基础表格。新建工作表，设置行高和标题，输入基础数据并设置其对齐和边框格式。

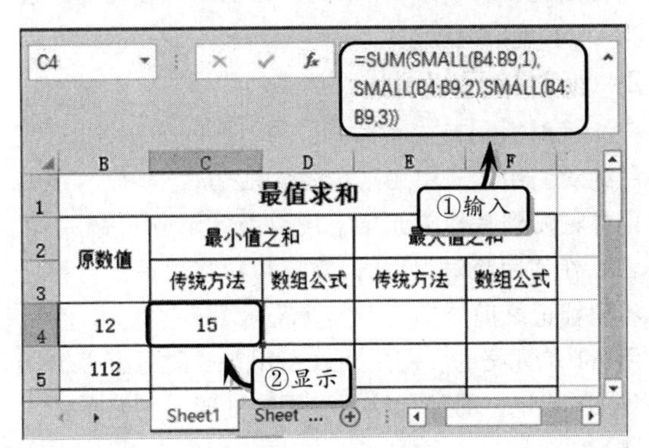

STEP|02 传统方法。在单元格C4中输入计算三个最小值之和的公式，按Enter键返回计算结果。

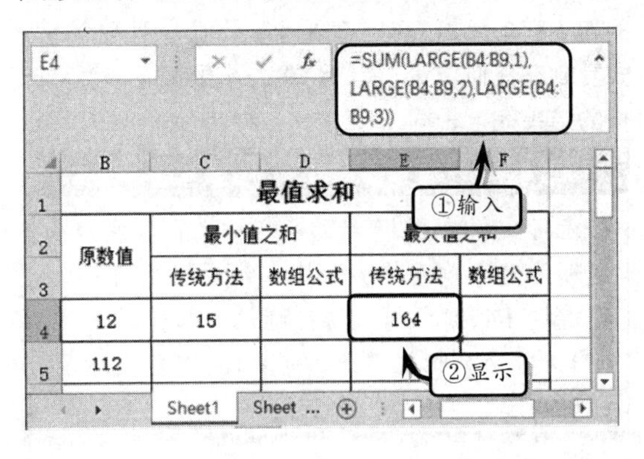

STEP|03 在单元格E4中输入计算三个最大值之和的公式，按Enter键返回计算结果。

STEP|04 数组公式。选择单元格区域B4:B9，执行【公式】|【定义名称】|【定义名称】命令，在弹出的【新建名称】对话框中的【名称】文本框中，输入单元格区域的名称即可。

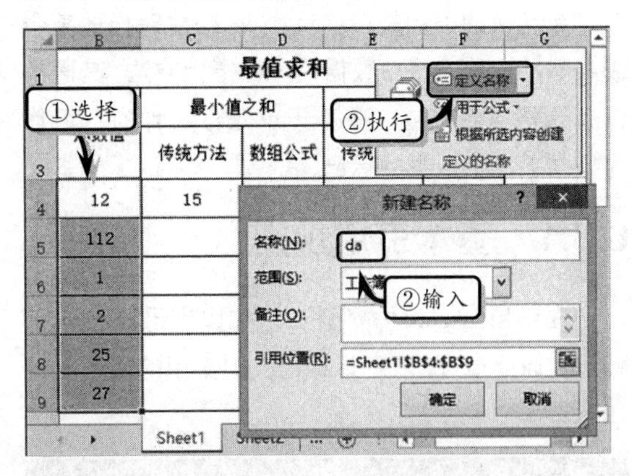

STEP|05 在单元格D4中输入求和公式，按Shift+Ctrl+Enter组合键返回计算结果。

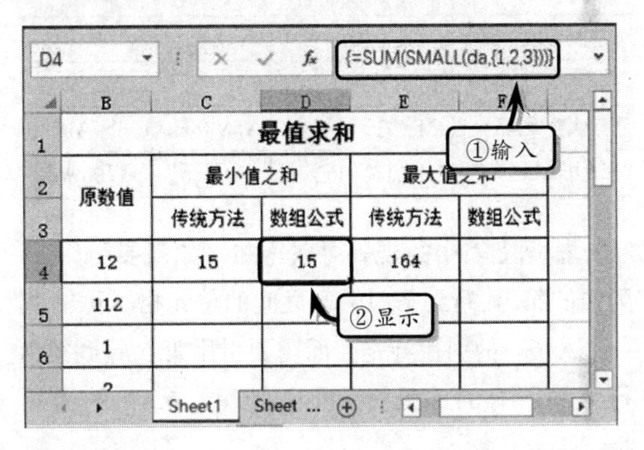

STEP|06 在单元格F4中输入求和公式，按Shift+Ctrl+Enter组合键返回计算结果。

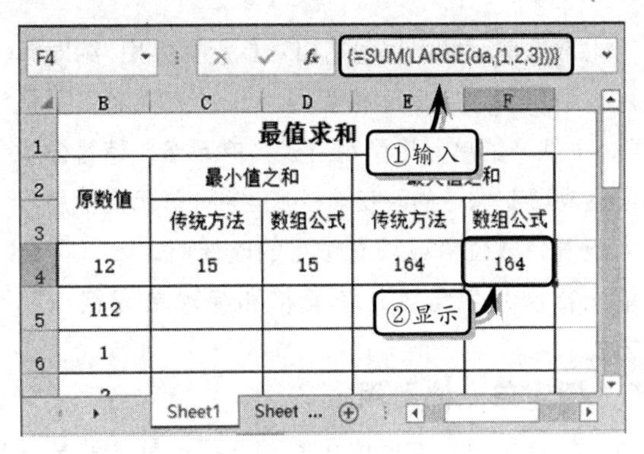

Excel 6.3 单元格的引用

单元格的引用是在编辑Excel公式时描述某个或某些特定单元格中数据的一种指代方法，其通常以单元格的名称或一些基于单元格名称的字符作为指向单元格数据的标记。

6.3.1 基本引用规则

在引用 Excel 的单元格时，如以字母 C 表示列标记，以字母 R 表示行标记，则常用的引用规则如下。

引　用	规　则	示　例
单个单元格	CR	A1，B15，H256
列中的连续行	CR1:CR2	A1:A16，E5:E8
行中的连续列	C1R:C2R	C8:F8，G5:M5
整行单元格	R1:R2	6:6，8:22，72:99
整列单元格	C1:C2	A:A，H:G，S:AF
矩形区域	C1R1:C2R2	A6:B15，C37:AA22

根据上表中的规则可以得知，如需要引用 A 列中的第 1 行到第 16 行之间的单元格，可输入“A1:A16”的引用标记，而需要引用第 5 行到第 8 行之间所有的单元格，则可使用“5:8”的引用标记。

6.3.2 常见单元格引用

常见单元格引用包括相对单元格引用、绝对单元格引用和混合单元格引用。其中，相对引用是 Excel 默认的单元格引用方式，单元格会随着公式位置或填充位置的改变而改变；绝对单元格引用不会随着公式位置或填充位置的改变而改变；混合单元格引用包含相对单元格和绝对单元格引用方式。

1．相对单元格引用

相对引用方式所引用的对象不是具体的某一个固定单元格，而是与当前输入公式的单元格具有相对应的位置。

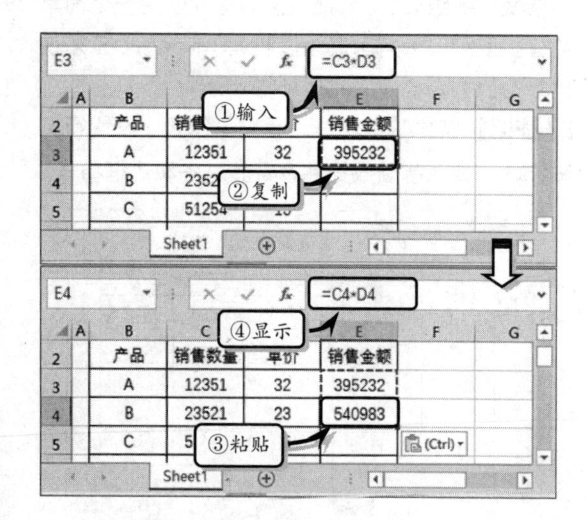

例如，在 E3 的单元格中输入公式，使用“C3”和“D3”的标记进行引用。此时，将 E3 单元格中的公式复制到 E4 单元格时，该引用将被自动转换为“C4”和“D4”。

2．绝对单元格引用

绝对引用方式与相对引用方式的区别在于，使用绝对引用方式引用某个单元格之后，如复制该引用并粘贴到其他单元格，被引用单元格不变。

在使用绝对引用时，需要用户在引用的行标记和列标记之前添加一个美元符号“$”。例如，在引用 A1 单元格时，使用相对引用方式时可直接输入“A1”标记，而使用绝对引用方式时，则需要输入“$A$1”。

以绝对引用方式编写的公式，在进行自动填充时，公式中的引用不会随当前单元格变化而改变。例如，在单元格 E3 中输入计算公式，则无论将公式复制在任何位置，最终计算的结果都是和源单元格的结果完全相同。

提示

将光标定位在引用单元格名称之前，按 F4 键可为整个单元格引用添加绝对引用符号。再次按 F4 键，则只为行标记添加，第三次按 F4 键为列标记添加，再次按 F4 键则取消标记添加。

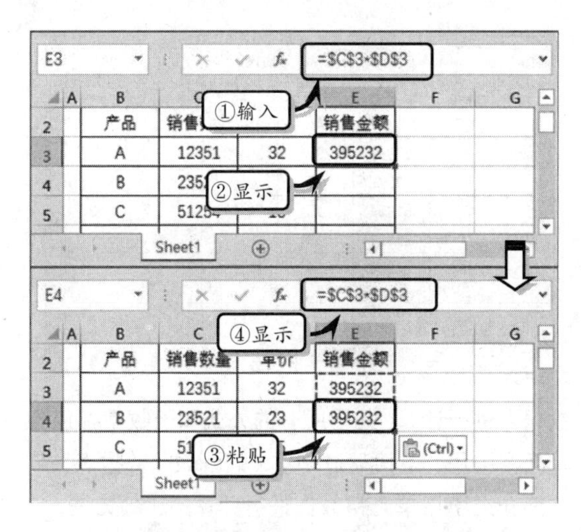

3．混合单元格引用

在引用单元格时，用户不仅可以使用绝对引用与相对引用，还可以同时使用两种引用方式。例如，设置某个单元格引用中的行标记为绝对引用、列标记为相对引用等。这种混合了绝对引用与相对引用的引用方式就被称作混合引用。

E3 =C$3*$D3

	B	C	D	E
2	产品	销售数量	单价	销售金额
3	A	12351	32	395232
4	B	23521	23	
5	C	51254	15	
6	D	21521	20	
7	E	31241	18	

Sheet1

6.3.3 其他引用方式

在 Excel 中，除了最常使用的相对单元格引用、绝对单元格引用和混合单元格引用方式之外，还包括 R1C1 样式引用、循环引用和三维地址引用样式等引用方式。

1．R1C1 样式引用

R1C1 引用样式用于计算位于宏内的行和列很方便。在 R1C1 样式中，Excel 指出了行号在 R 后而列号在 C 后的单元格位置。在录制宏时，Excel 将使用 R1C1 引用样式录制命令。

续表

引 用	含 义
R[-2]C	对在同一列、上面两行的单元格的相对引用
R[2]C[2]	对在下面两行、右面两列的单元格的相对引用
R2C2	对在工作表的第二行、第二列的单元格的绝对引用
R[-1]	对活动单元格整个上面一行单元格区域的相对引用
R	对当前行的绝对引用

2．循环引用

如果公式引用了本身所在的单元格，则无论是直接引用还是间接引用，都被称为循环引用。当工作簿中包含循环引用时，Excel 都将无法自动计算。此时，用户可以取消循环引用，或让 Excel 利用先前的迭代计算结果计算循环引用中涉及的每个单元格一次，除非更改默认的迭代设置，否则系统将在 100 次迭代或者循环引用中的所有值在两次相邻迭代之间的差异小于 0.001 时，停止运算。

在用户使用函数与公式计算数据时，Excel 会自动判断函数或公式中是否使用了循环引用。当 Excel 发现发生循环引用时，会自动弹出警告提示。

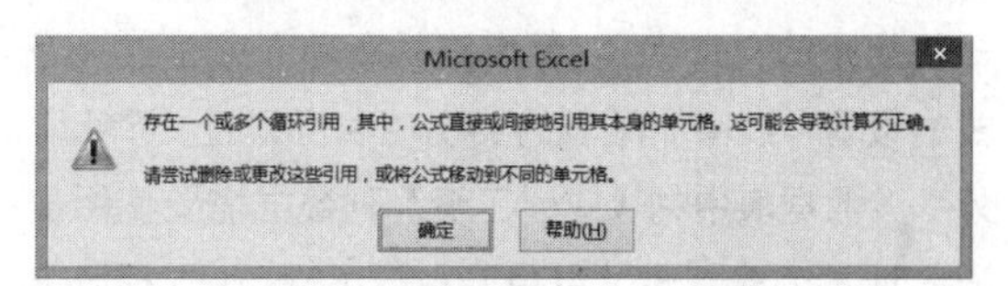

直接循环引用是引用了公式本身所在的单元格，而间接循环引用是由一个公式引用了另外一个公式，并且最后一个公式又引用了前面的公式。由于间接循环引用包含两个以上的单元格，所以比较隐蔽，一般情况下很难察觉。

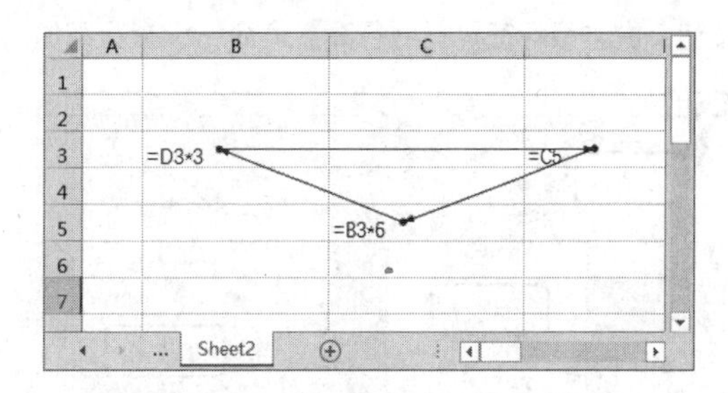

3．三维地址引用样式

所谓三维地址引用就是指在一个工作簿中，从不同的工作表中引用相应单元格中的数据。在三维引用中，被引用的地址表现格式为“工作表名!:单元格地址”。

例如，选择 Sheet1 工作表中的 F3 单元格，在【编辑】栏中输入“=D3+Sheet2!D2+Sheet3!D3”公式，表示将当前工作表中数值，Sheet2 和 Sheet3 工作表中的数值相加。

F3 =D3+Sheet2!D2+Sheet3!D3

	B	C	D	E	F
2	产品	销售数量	单价	销售金额	
3	A	12351	32	395232	62
4	B	23521	23		
5	C	51254	15		
6	D	21521	20		
7	E	31241	18		
8	F	15684	36		

6.3.4 示例：制作薪酬表

单元格的引用是使用公式计算数据的基础，它主要为公式提供运算位置，运用存储在数据表中的数据来进行计算，几乎所有的公式和函数中都包含单元格引用。下面通过制作“薪酬表”数据表，来详细介绍引用单元格数据进行计算的操作方法。

薪酬表

工牌号	姓名	所属部门	职务	工资总额	考勤应扣额	业绩奖金	应扣应缴	应付工资	扣个税	实付工资
001	杨光	财务部	经理	¥9,200.00	¥ 419.00	¥ -	¥1,748.00	¥ 7,033.00	¥ 248.30	¥ 6,784.70
002	刘晓	办公室	主管	¥8,500.00	¥ 50.00	¥ -	¥1,615.00	¥ 6,835.00	¥ 228.50	¥ 6,606.50
003	贺龙	销售部	经理	¥7,600.00	¥ 20.00	¥ 1,500.00	¥1,444.00	¥ 7,636.00	¥ 308.60	¥ 7,327.40
004	冉然	研发部	职员	¥8,400.00	¥ 1,000.00	¥ 500.00	¥1,596.00	¥ 6,304.00	¥ 175.40	¥ 6,128.60
005	刘娟	人事部	经理	¥9,400.00	¥ -	¥ -	¥1,786.00	¥ 7,614.00	¥ 306.40	¥ 7,307.60
006	金鑫	办公室	经理	¥9,300.00	¥ -	¥ -	¥1,767.00	¥ 7,533.00	¥ 298.30	¥ 7,234.70
007	李娜	销售部	主管	¥6,500.00	¥ 220.00	¥ 8,000.00	¥1,235.00	¥ 13,045.00	¥ 1,381.25	¥ 11,663.75
008	李娜	研发部	职员	¥7,200.00	¥ -	¥ -	¥1,368.00	¥ 5,832.00	¥ 128.20	¥ 5,703.80
009	张冉	人事部	职员	¥6,600.00	¥ 900.00	¥ -	¥1,254.00	¥ 4,446.00	¥ 28.38	¥ 4,417.62
010	赵军	财务部	主管	¥8,700.00	¥ 600.00	¥ -	¥1,653.00	¥ 6,447.00	¥ 189.70	¥ 6,257.30

通过上图可以发现，“薪酬表”数据表中包含一般常用的文本格式、数字格式和单元格格式等格式的设置，以增加图表的美观性和可读性。除此之外，该数据表中的【应付工资】列数据需要使用普通的计算公式，通过引用 E、F、G 和 H 列相应单元格中的数据计算获得；而【扣个税】列中的数据则需要使用嵌套函数，通过特制的个税表格和单元格引用查找并计算获得；最后的【实付工资】列中的数据是根据 I 和 J 列中的数据引用计算而得的。

STEP|01 重命名工作表。新建工作簿，单击【全选】按钮，右击行标签执行【行高】命令，设置行高值。

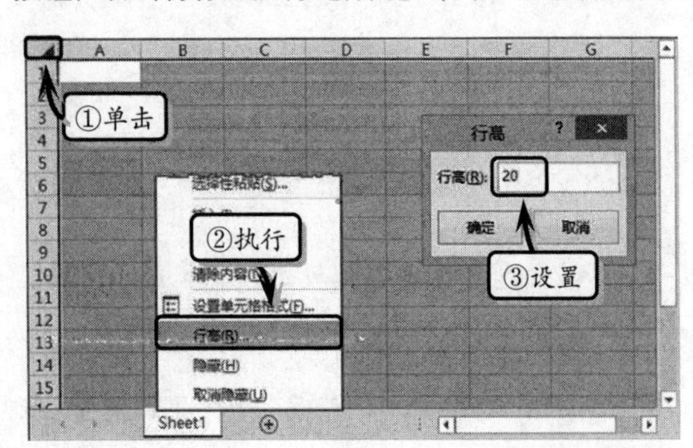

STEP|02 制作表格标题。选择单元格区域 A1:K1，执行【开始】|【对齐方式】|【合并后居中】命令，合并单元格区域。然后，输入标题文本，并设置文本的字体格式。

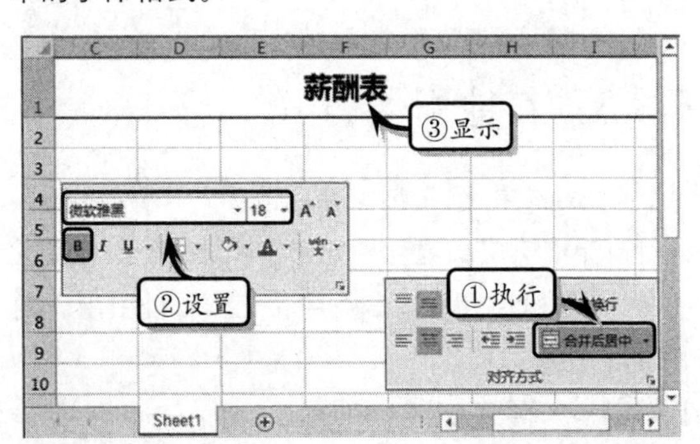

STEP|03 制作数据格式。输入列标题，选择单元格区域 A3:A25，右击执行【设置单元格格式】命令，在【类型】文本框中输入自定义代码。

STEP|04 选择单元格区域 E3:K25，执行【开始】|【数字】|【数字格式】|【会计专用】命令，设置其数字格式。

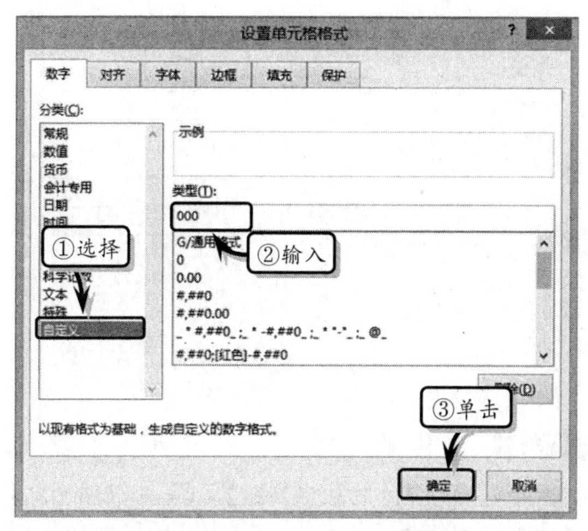

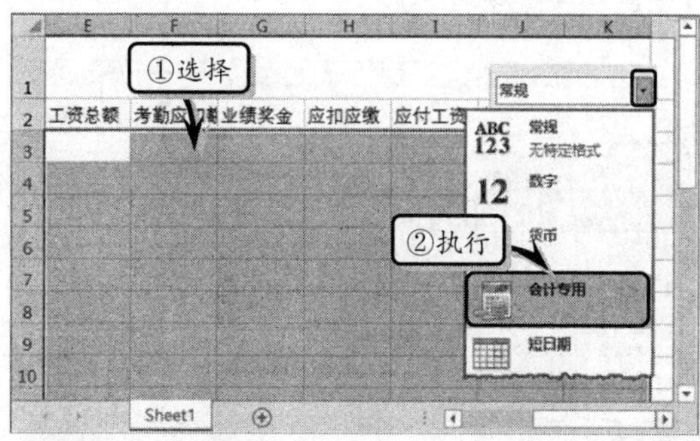

STEP|05 设置对齐格式。在表格中输入基础数据，选择单元格区域 A2:K25，执行【开始】|【对齐方式】|【居中】命令，设置其对齐格式。

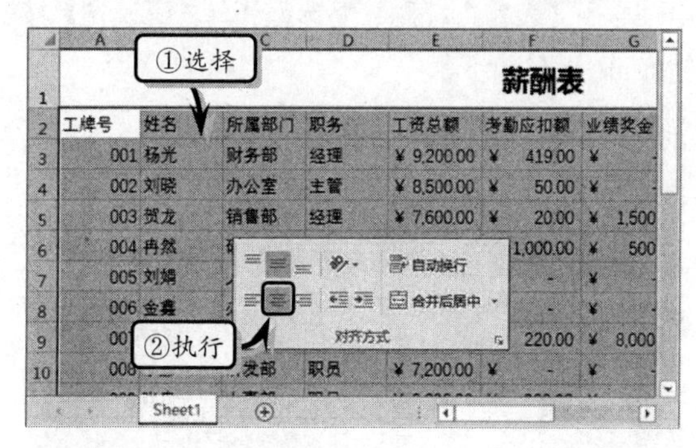

STEP|06 设置边框格式。执行【开始】|【字体】|【边框】|【所有框线】命令，设置单元格区域的边框样式。

STEP|07 计算数据。选择单元格 I3，在编辑栏中输入计算公式，按 Enter 键返回应付工资额。

STEP|08 在表格右侧制作"个税标准"辅助列表，然后选择单元格 J3，在编辑栏中输入计算公式，按 Enter 键返回扣个税额。

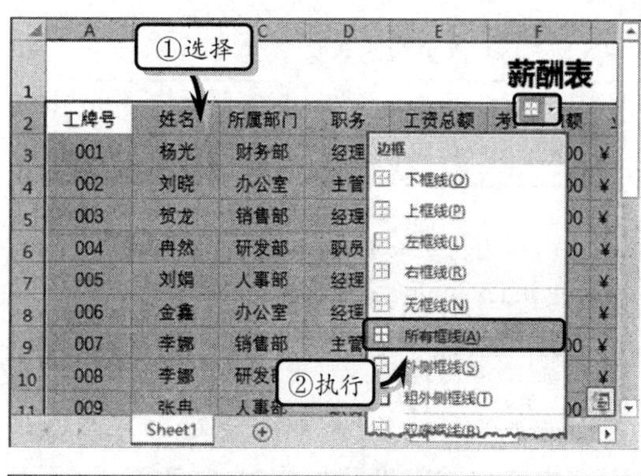

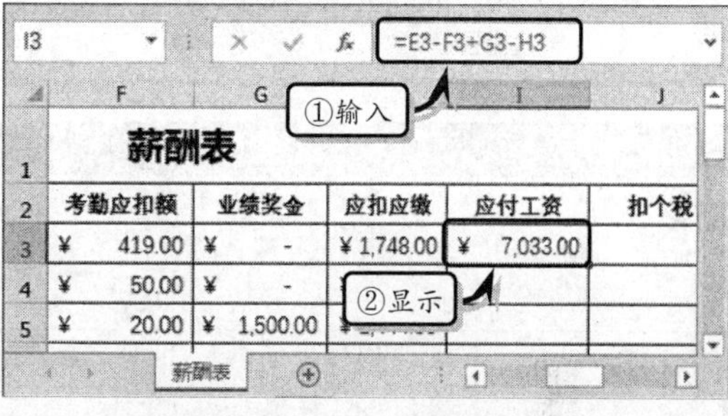

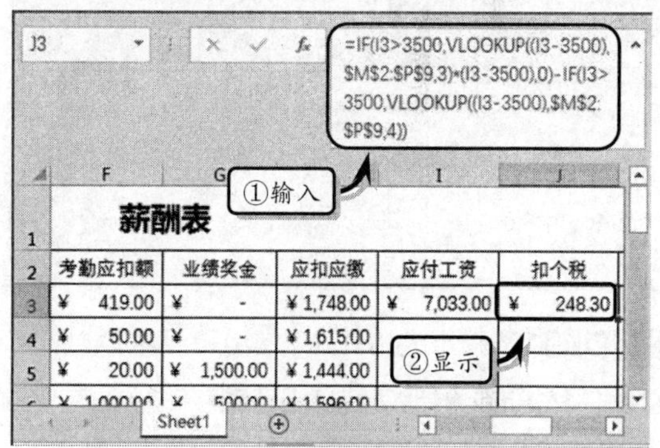

函数解析：该公式是由 VLOOKUP 函数嵌套于 IF 函数形成的，以满足更多条件的逻辑判断与条件检测。其中，IF 函数的功能是判断指定的数据是否满足一定的条件，如满足返回相应的值，否则返回另外一个值。该函数的表达式为：

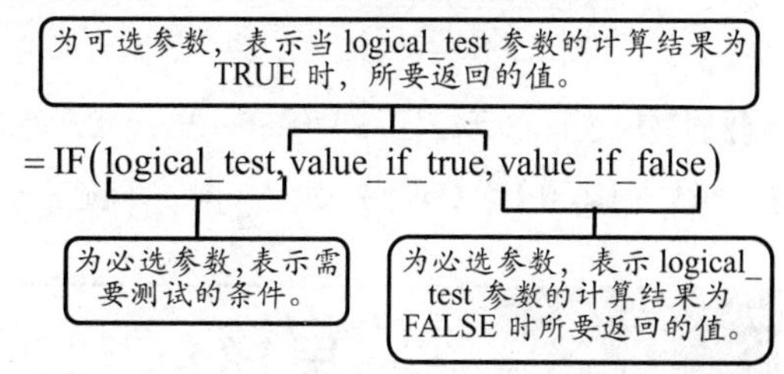

而 VLOOKUP 函数可以在表格或单元格区域的首列查找指定的值，并由此返回区域中当前行中的任意值。

VLOOKUP 函数的表达式为：

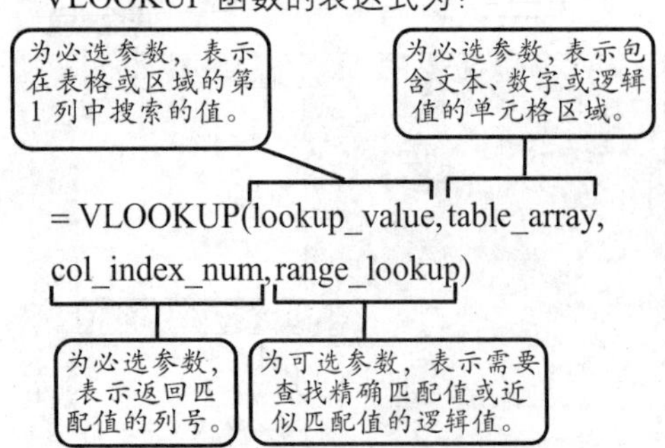

其中，VLOOKUP 函数参数的注意事项如下表所示。

参　数	注 意 事 项
lookup_value	当该参数的值小于 table_array 参数的第一列中的最小值时，函数将返回错误值#N/A!
col_index	当该参数的值小于 1 时，函数将返回错误值#VALUE!
table_array	当 col_index 参数大于该参数的列数时，函数将返回错误值#REF!
range_lookup	当该参数为 TRUE 或被省略时，函数将返回精确匹配值或近似匹配值

STEP|09 选择单元格 K3，在编辑栏中输入计算公式，按 Enter 键返回实付工资额。

STEP|10 选择单元格区域 I3:K25，执行【开始】|【编辑】|【填充】|【向下】命令，向下填充公式。

STEP|11 套用表格格式。选择单元格区域 A2:K25，执行【开始】|【样式】|【套用表格格式】|【表样式中等深浅 7】命令。

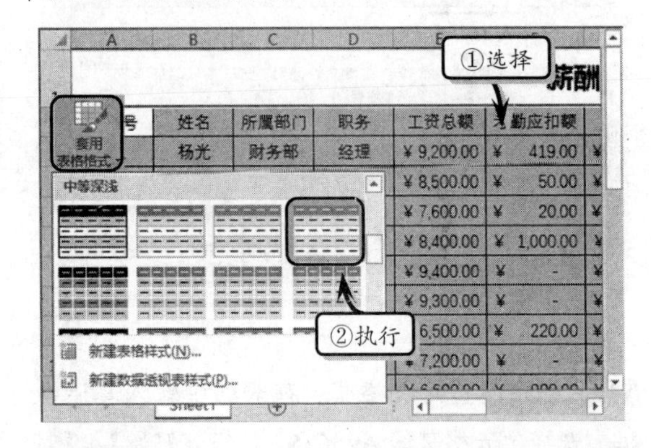

STEP|12 然后，在弹出的【套用表格式】对话框中，启用【表包含标题】复选框，单击【确定】按钮即可。

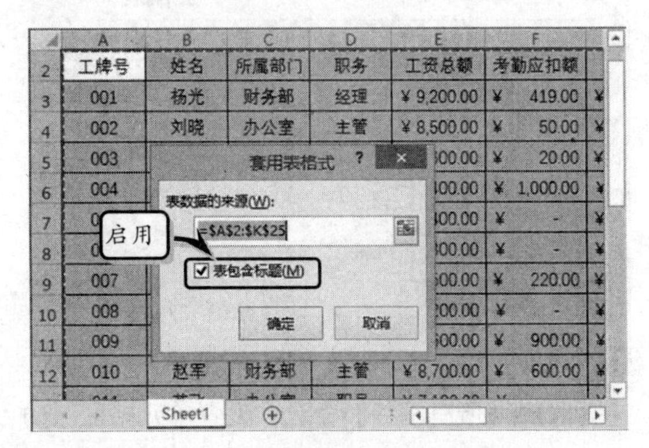

6.4 公式审核

Excel 中提供了公式审核的功能，其作用是跟踪选定单位内公式的引用或从属单元格，同时也可以追踪公式中的错误信息，以查找发生错误的单元格并予以修正。

6.4.1　错误信息类型

用户在输入公式时，特别是输入复杂与嵌套函数时，往往因为参数的错误或括号与符号的多少而引发错误信息。处理工作表中的错误信息，是审核工作表的一部分工作。通过所显示的错误信息，可以帮助用户查找可能发生的原因，从而获得解决方法。Excel 中常见的错误信息与解决方法如下所述。

（1）######：当单元格中的数值或公式太长而超出了单元格宽度时，或使用负日期或时间时，会产生该错误信息。用户可通过调整列宽的方法解决该错误信息。

（2）#DIV/O!：当公式被 0（零）除时，会产生该错误信息。用户可通过在没有数值的单元格中输入#N/A，使公式在引用这些单元格时不进行数值计算并返回#N/A 的方法来解决该错误信息。

（3）#NAME?：当在公式中使用了 Microsoft Excel 不能识别的文本时，会产生该错误信息。用户可通过更正文本的拼写、在公式中插入函数名称或添加工作表中未被列出的名称的方法，来解决该错误信息。

（4）#NULL!：当试图为两个并不相交的区域指定交叉点时，会产生该错误信息。用户可以通过使用联合运算符“，”（逗号）来引用两个不相交区域的方法，解决该错误信息。

（5）#NUM!：当公式或函数中某些数字有问题时，将产生该错误信息。用户可通过检查数字是否超出限定区域，并确认函数中使用的参数类型是否正确的方法，来解决该错误信息。

（6）#REF!：当单元格引用无效时，将产生该错误信息。用户可通过更改公式，或在删除或粘贴单元格内容后，单击【撤销】按钮恢复工作表中单元格内容的方法，来解决该错误信息。

（7）#VALUE!：当使用错误的参数或运算对象类型时，或当自动更改公式功能不能更改公式时，将产生该错误信息。用户可通过确认公式或函数所需的参数或运算符是否正确，并确认公式引用的单元格中所包含的均为有效数值的方法，来解决该错误信息。

6.4.2　使用审核工具

使用审核工具不仅可以检查公式与单元格之间的相互关系并指出错误，还可以跟踪选定单元格中的引用、所包含的相关公式与错误。

1．审核工具按钮

用户可以运用【公式】选项卡【公式审核】选项组中的各项命令，来检查公式与单元格之间的相互关系性。其中，【公式审核】选项组中各命令的功能如表所示。

按钮	名　称	功　能
	追踪引用单元格	追踪引用单元格，并在工作表上显示追踪箭头，表明追踪的结果
	追踪从属单元格	追踪从属单元格（包含引用其他单元格的公式），并在工作表上显示追踪箭头，表明追踪的结果
	移去箭头	删除工作表上的所有追踪箭头
	显示公式	显示工作表中的所有公式
	错误检查	检查公式中的常见错误
	追踪错误	显示指向出错源的追踪箭头
	公式求值	启动【公式求值】对话框，对公式每个部分单独求值以调试公式

2．查找与公式相关的单元格

如果需要查找为公式提供数据的单元格（即引用单元格）。用户可以执行【公式】|【公式审核】|【追踪引用单元格】命令。

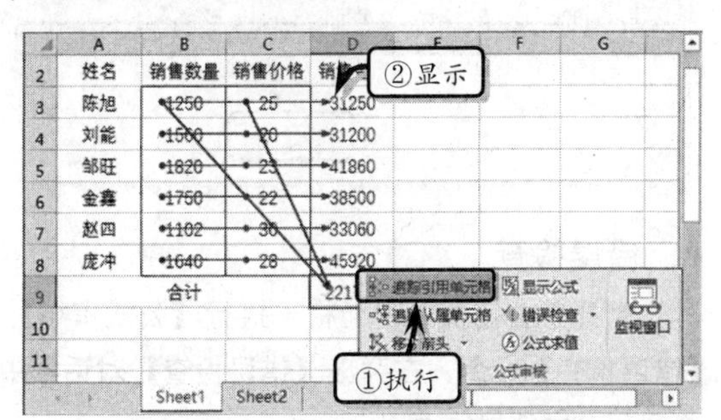

追踪从属单元格时显示箭头，指向受当前所选单元格影响的单元格。执行【公式】|【公式审核】|【追踪从属单元格】命令即可。

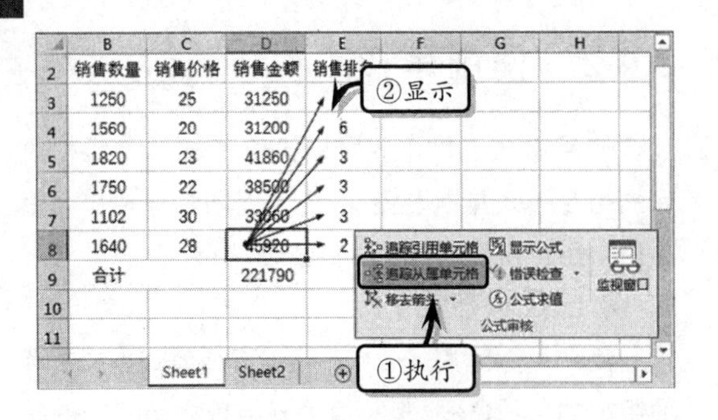

3. 在【监视窗口】中添加单元格

使用【监视窗口】功能，可以方便地在大型工作表中检查、审核或确认公式计算及其结果。

首先，选择需要监视的单元格，执行【公式审核】|【监视窗口】命令。在弹出的【监视窗口】对话框中单击【添加监视】按钮。然后，在弹出的【添加监视点】对话框中，添加监视点并单击【确定】按钮。

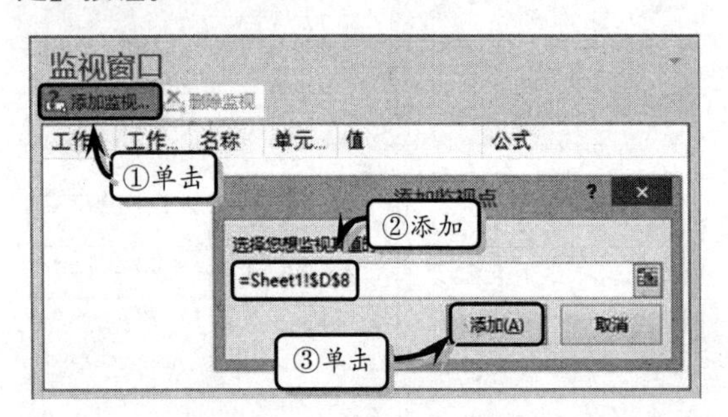

另外，在【监视窗口】中，选择需要删除的单元格，单击【删除监视】按钮即可。

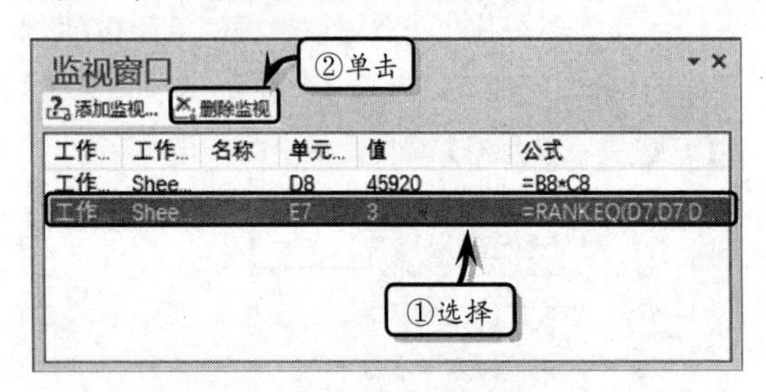

4. 错误检查

选择包含错误的单元格，执行【公式审核】|【错误检查】命令，在弹出【错误检查】对话框中将显示公式错误的原因。

选择包含错误信息的单元格，执行【公式审核】|【错误检查】|【追踪错误】命令，系统会自动指出公式中引用的所有单元格。

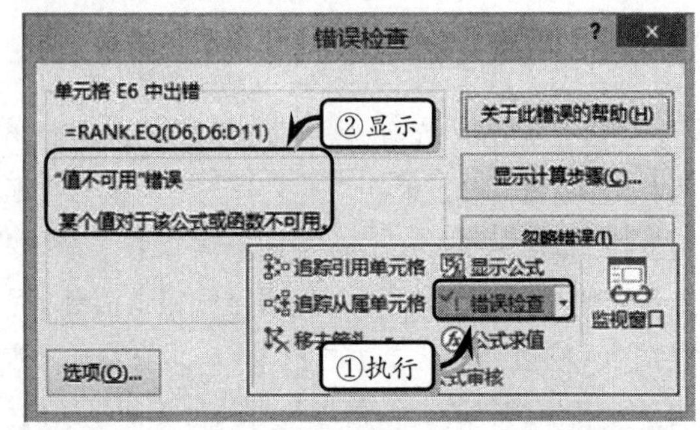

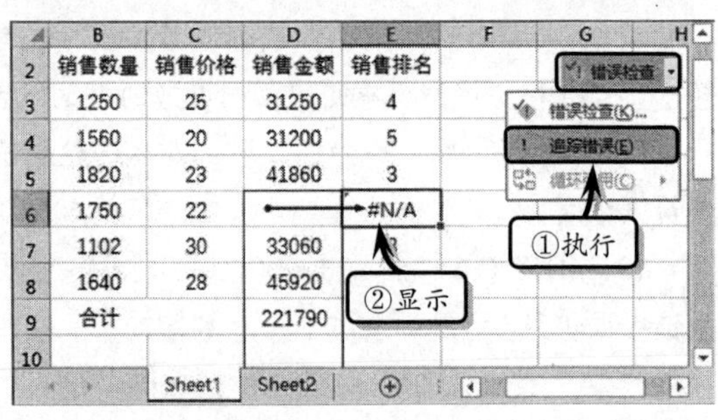

5. 显示计算步骤

在包含多个公式的单元格中，可以运用【公式求值】功能，来检查公式运算步骤的正确性。

首先，选择单元格，执行【公式】|【公式审核】|【公式求值】命令。在弹出的【公式求值】对话框中，将自动显示指定单元格中的公式与引用单元格。

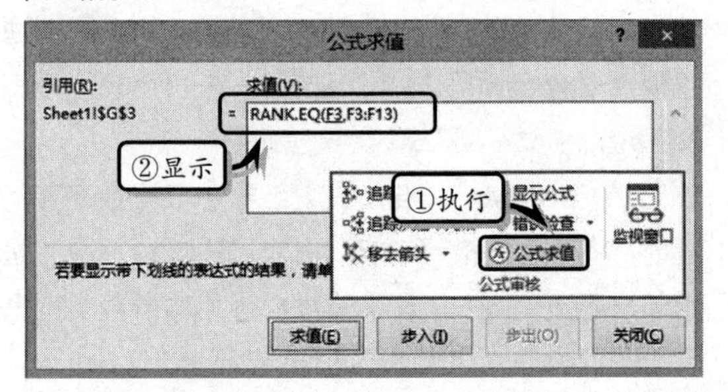

单击【求值】按钮，系统将自动显示第一步的求值结果。继续单击【求值】按钮，系统将自动显示最终求值结果。

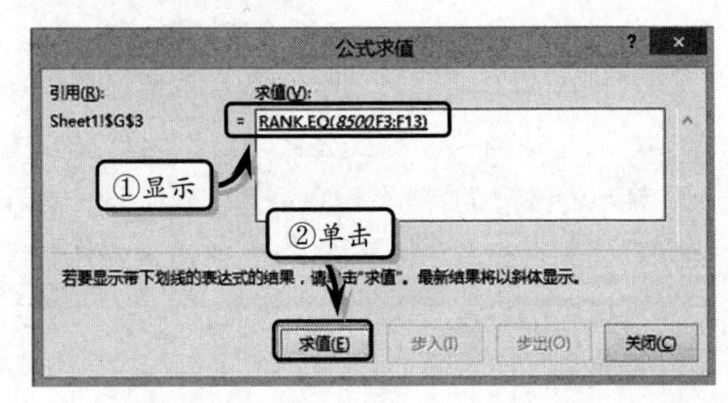

> **Excel 知识链接 6-2** 解递归方程
>
> 循环引用的另外一个有利之处，便是可以求解递归方程。用户可以运用普通法，以及函数法，运用循环引用来求解递归方程。

Excel 6.5 练习：分析员工信息

对于职员比较多的企业来讲，统计不同学历与不同年龄段内职员的具体人数，将是人力资源部人员比较费劲的一项工作。在本练习中，将运用函数等功能，对人事数据进行单条件汇总、多条件汇总。

员工信息统计表

条件汇总人事数据

本科学历人数：	11	介于25~30岁之间的人数	12
年龄大于等于30的人数：	18	年龄大于30岁的男性人数：	9
女性员工人数：	6	年龄大于30岁的本科学历人数：	6

基础数据

工号	姓名	所属部门	职务	学历	入职日期	身份证号码	联系电话	出生日	性别	年龄	生肖
01	欣欣	财务部	总监	研究生	2005/1/1	110983197806124576	11122232311	1978/6/12	男	38	马
02	刘能	办公室	经理	本科	2004/12/1	120374197912281234	11122232312	1979/12/28	男	37	羊
03	赵四	销售部	主管	本科	2006/2/1	371487198601025917	11122232313	1986/1/2	男	30	虎

操作步骤

STEP|01 制作标题。设置工作表的行高，合并单元格区域 B1:M1，输入标题文本并设置文本的字体格式。

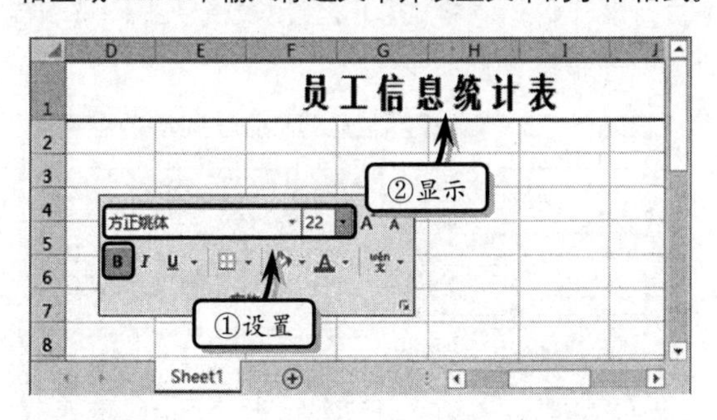

STEP|02 设置数字格式。输入列表标题文本，选择单元格区域 B8:B31，右击执行【设置单元格格式】命令，自定义单元格区域的数字格式。

STEP|03 同时选择单元格区域 G8:G31 和 J8:J31，执行【开始】|【数字】|【数字格式】|【日期】命令，设置单元格区域的日期格式。

STEP|04 使用数据验证。选择单元格区域 D8:D31，执行【数据】|【数据工具】|【数据验证】命令，设置验证条件并单击【确定】按钮。使用同样方法，设置其他数据验证。

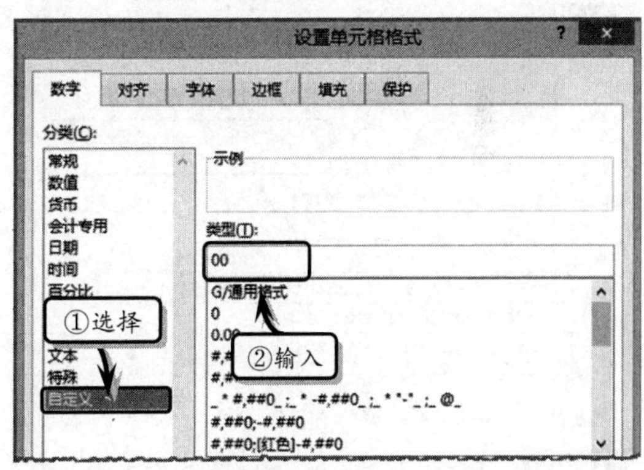

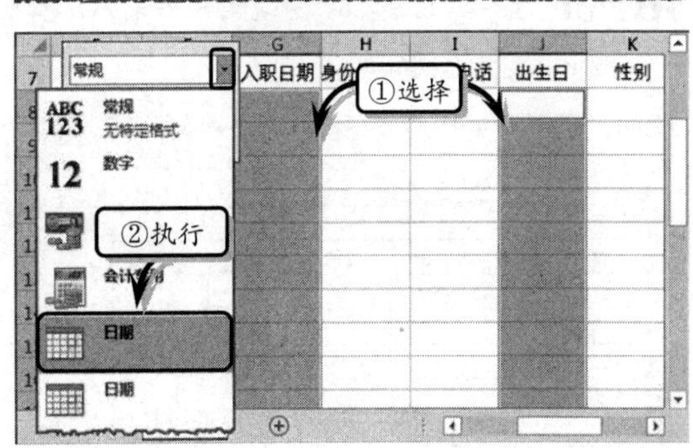

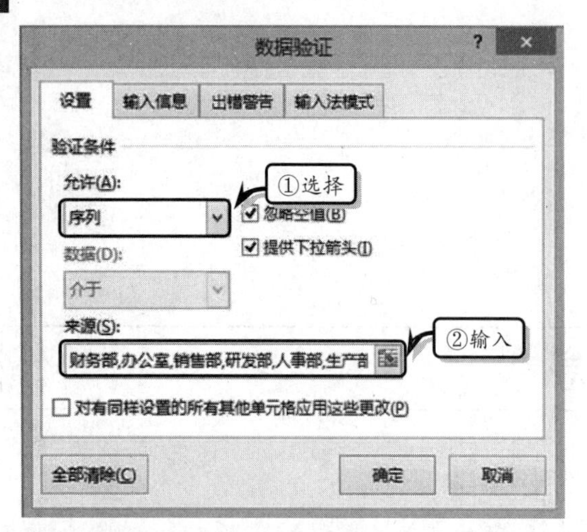

STEP|05 计算数据。输入基础数据，选择单元格 J8，在编辑栏中输入计算公式，按 Enter 键返回出生日。

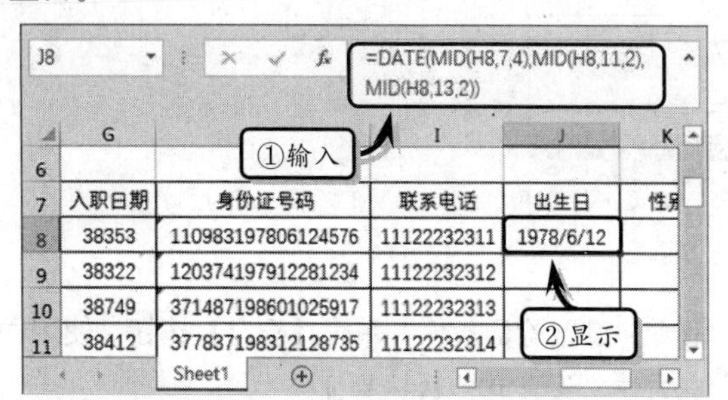

STEP|06 选择单元格 K8，在编辑栏中输入计算公式，按 Enter 键返回性别。

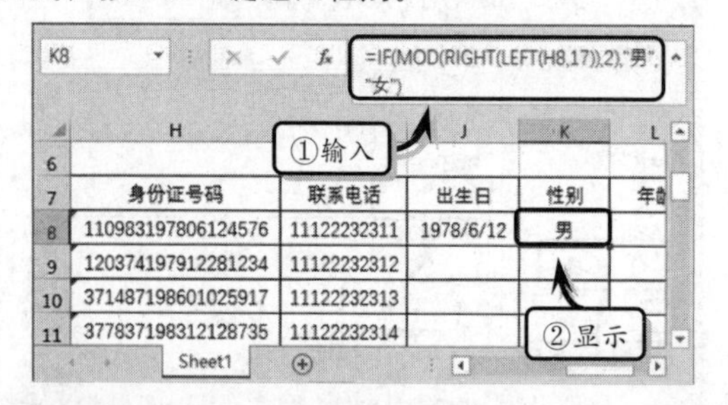

STEP|07 选择单元格 L8，在编辑栏中输入计算公式，按 Enter 键返回年龄。

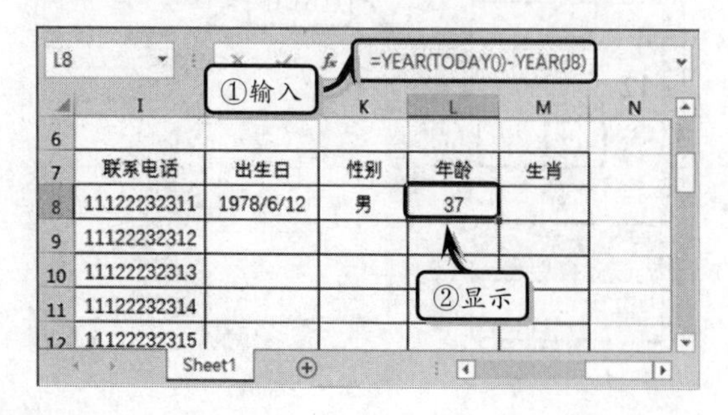

STEP|08 选择单元格 M8，在编辑栏中输入计算公式，按 Enter 键返回生肖。

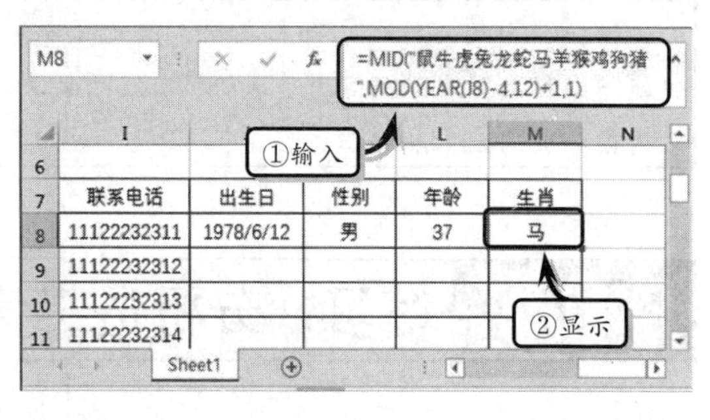

STEP|09 选择单元格区域 J8:M31，执行【开始】|【编辑】|【填充】|【向下】命令，向下填充公式。

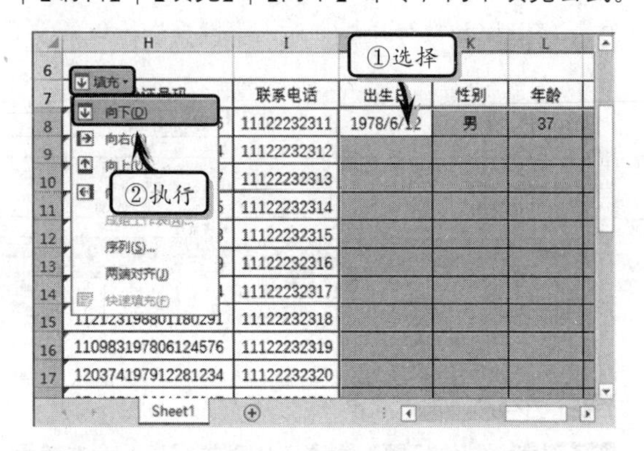

STEP|10 美化表格。选择单元格区域 B7:M321，执行【开始】|【样式】|【套用表格格式】|【表样式中等深浅 14】命令。

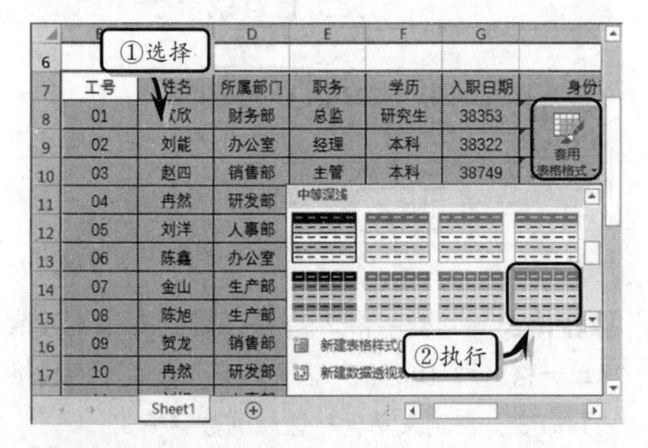

STEP|11 在弹出的【套用表格式】对话框中，启用【表包含标题】复选框，单击【确定】按钮即可。

STEP|12 选择套用的表格中的任意一个单元格，右击执行【表格】|【转换为区域】命令，将表格转换为普通区域。

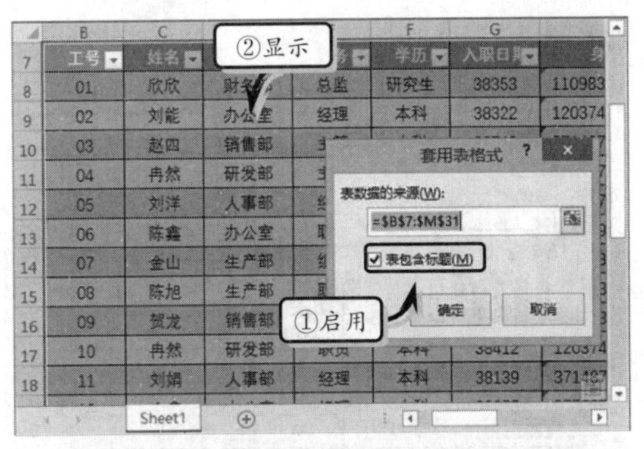

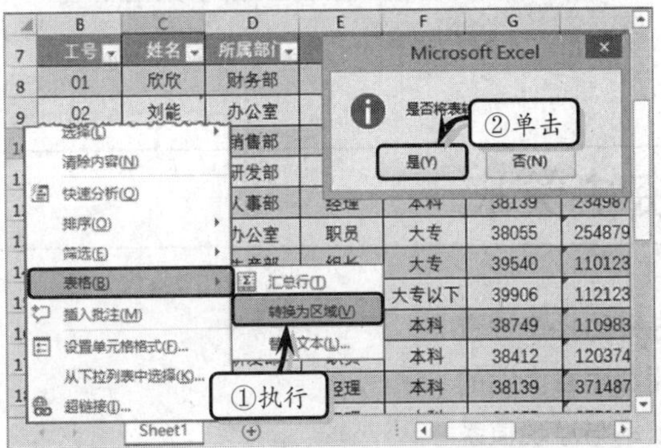

STEP|13 汇总数据。在单元格区域 B2:M5 中制作“条件汇总人事数据”列表，并设置表格的对齐、字体和边框格式。

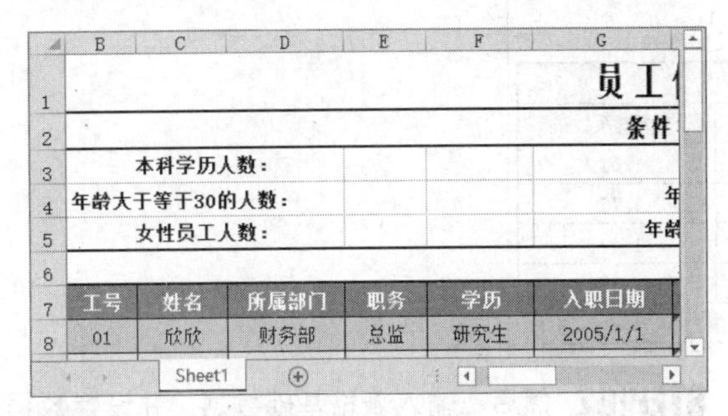

STEP|14 选择单元格 E3，在编辑栏中输入计算公式，按 Enter 键返回本科学历人数。

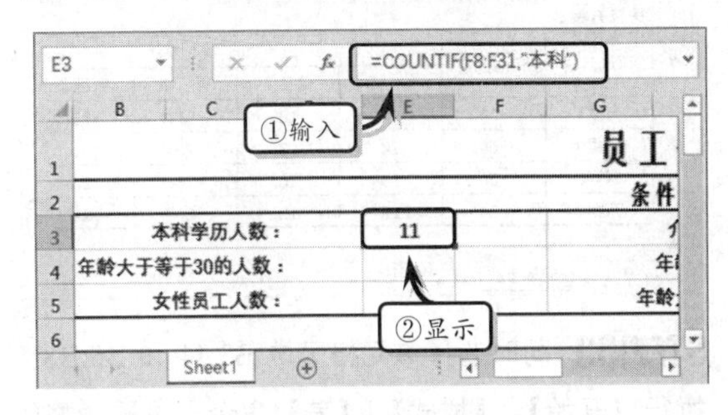

STEP|15 选择单元格 E4，在编辑栏中输入计算公式，按 Enter 键返回年龄大于等于 30 的人数。

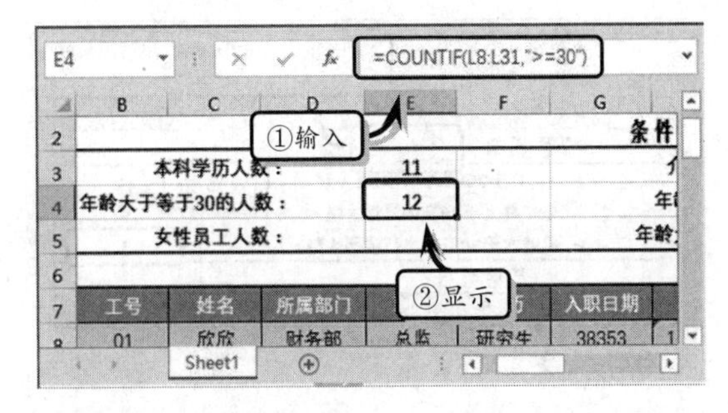

STEP|16 选择单元格 E5，在编辑栏中输入计算公式，按 Enter 键返回女性员工人数。

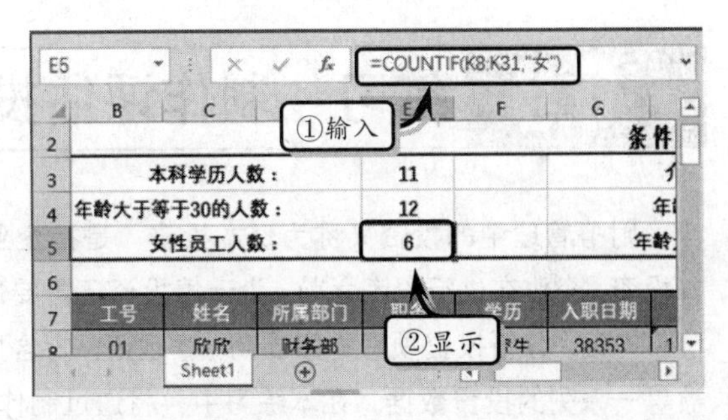

STEP|17 选择单元格 J3，在编辑栏中输入计算公式，按 Enter 键返回介于 25~30 岁之间的人数。

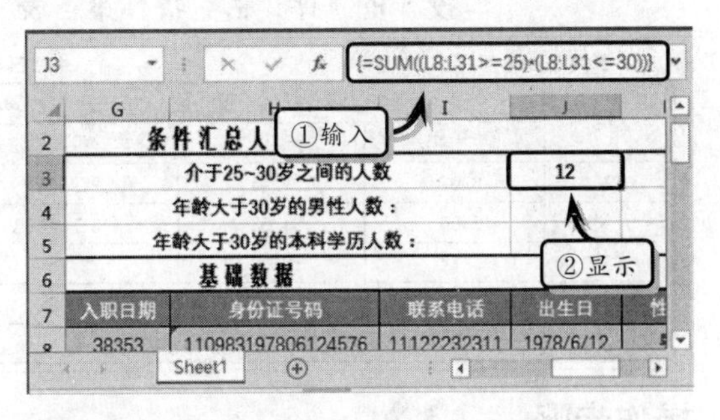

STEP|18 选择单元格 J4，在编辑栏中输入计算公式，按 Enter 键返回年龄大于 30 的男性人数。

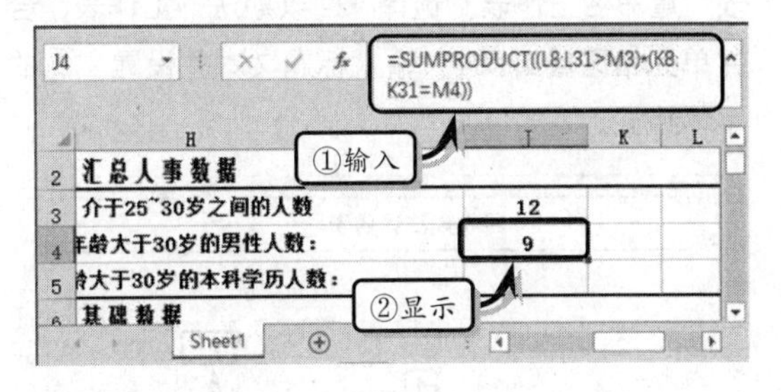

STEP|19 选择单元格 J5，在编辑栏中输入计算公式，按 Enter 键返回年龄大于 30 岁的本科学历人

数。

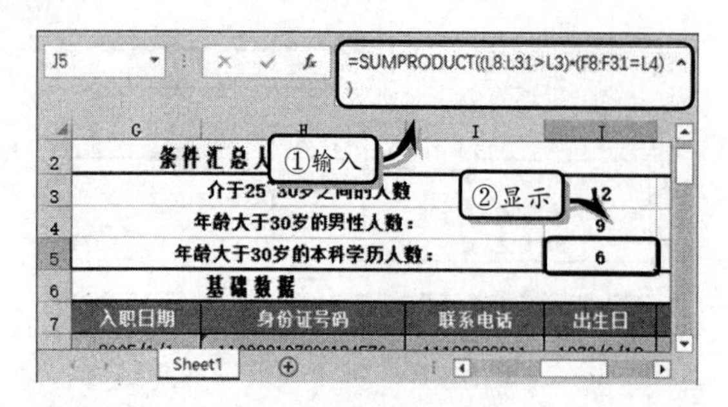

STEP|20 选择单元格区域 L3:M4，执行【开始】|【字体】|【字体颜色】|【白色，背景 1】命令，隐藏数据。

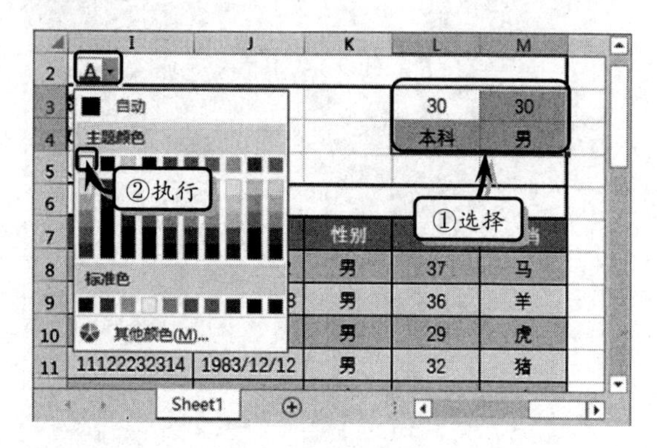

Excel 6.6 练习：制作评估投资决策表

财务管理中的投资又称为资本投资，是指企业进行的生产性资本投资。企业在进行投资之前，为谨慎投资还需要运用科学且专业的分析方法，分析投资项目的回收期、净现值、内含报酬率与净现值系数等一系列的投资数据。在本练习中，将通过制作评估投资决策表，来详细介绍财务函数的使用方法。

投 资 评 估 决 策 表

部门：财务部　　　　评估日期：2013-6-8

项目	评估方法			
	回收期法	净现值法	内含报酬率法	净现值系数法
方案A	3.07	27.14	27.16%	1.60
方案B	2.80	34.63	31.55%	1.76
方案C	3.18	18.32	22.76%	1.40
方案D	3.14	16.77	22.08%	1.37
决策分析	方案B			

操作步骤

STEP|01 构建投资回收期分析表。新建多个工作表，重命名工作表。选择“回收期法”工作表，合并单元格区域 B1:J1，输入标题文本并设置文本的字体格式。

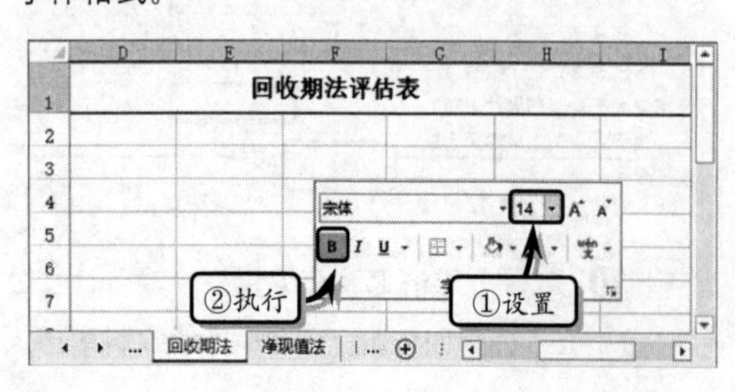

STEP|02 然后，输入表格基础数据，并设置数据的对齐和边框格式。

选择方案：

可选方案	初期投资	获利金额			
		第一年	第二年	第三年	第四年
方案A	-50	11	16	21	28
方案B	-50	12	18	25	31
方案C	-50	13	15	18	22
方案D	-50	15	12	20	21

STEP|03 同时选择单元格区域 B3:J4 和 B5:B8，执行【开始】|【样式】|【差】命令，设置表格的

样式。

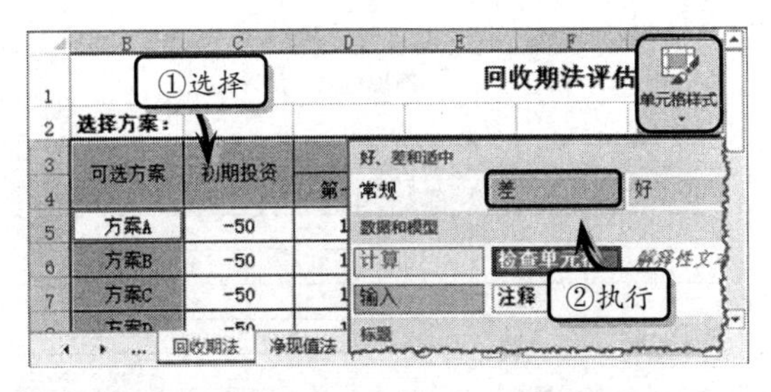

STEP|04 选择单元格 I5，在编辑栏中输入计算公式，按 Enter 键返回方案 A 的回收期。

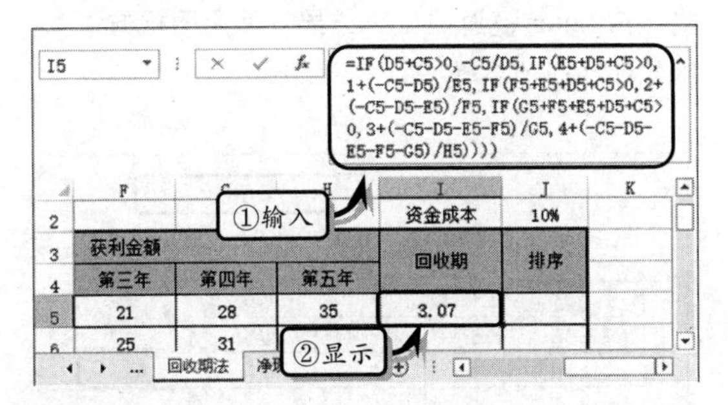

STEP|05 选择单元格 J5，在编辑栏中输入计算公式，按 Enter 键返回回收期排名。使用同样方法，计算其他方案回收期的排名。

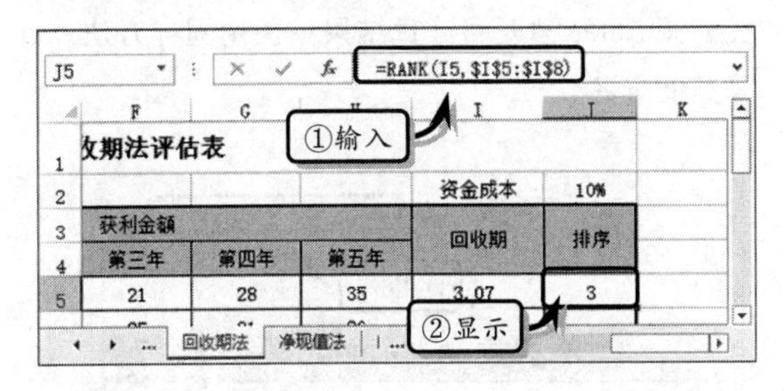

STEP|06 选择单元格 C2，在编辑栏中输入计算公式，按 Enter 键返回计算结果。

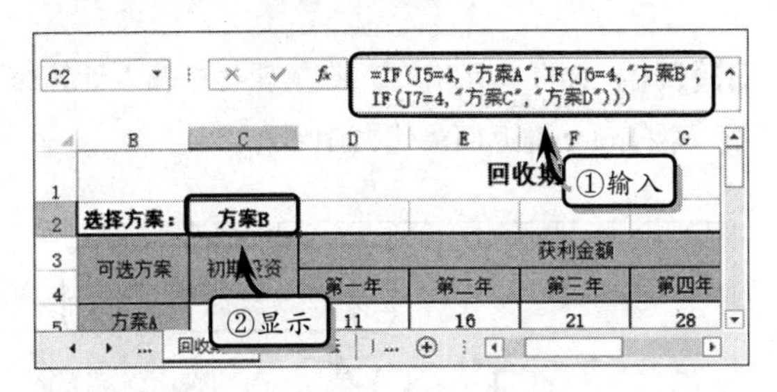

STEP|07 构建净现值法分析表。选择“净现值法”工作表，制作基础表格，并设置表格的对齐、边框、数字格式和表格样式。

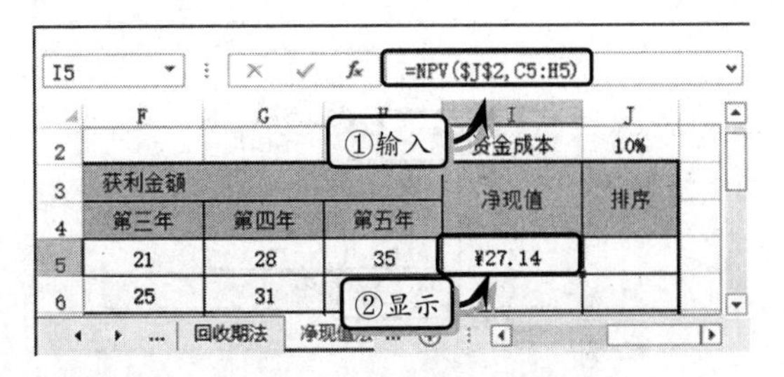

净现值法评估表					
					资金成本
获利金额					净现值
第一年	第二年	第三年	第四年	第五年	
11	16	21	28	35	
12	18	25	31	36	
13	15	18	22	28	
15	12	20	21	25	

STEP|08 选择单元格 I5，在编辑栏中输入计算公式，按 Enter 键返回计算结果。使用同样方法，计算其他净现值。

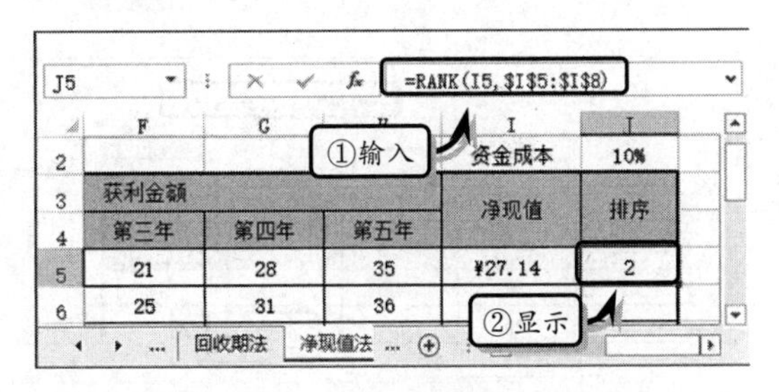

STEP|09 选择单元格 J5，在编辑栏中输入计算公式，按 Enter 键返回计算结果。使用同样方法，计算其他排名。

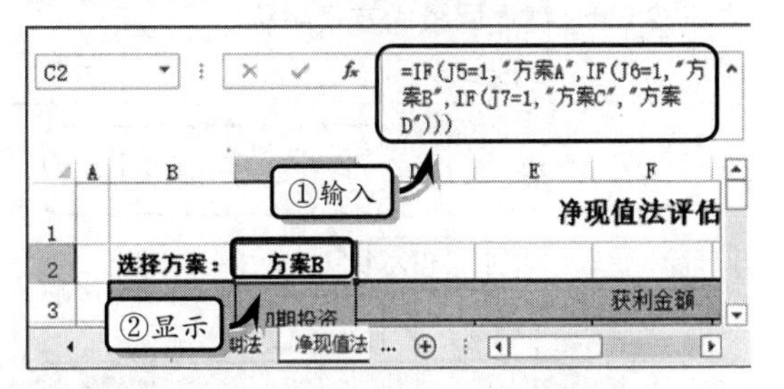

STEP|10 选择单元格 C2，在编辑栏中输入计算公式，按 Enter 键返回最优方案名称。

STEP|11 构建内含报酬率法分析表。选择“内含报酬率法”工作表，制作基础表格，并设置表格的对齐、边框、数字格式和表格样式。

内含报酬率法评估表					
					资金成
获利金额					内部收
第一年	第二年	第三年	第四年	第五年	
11	16	21	28	35	
12	18	25	31	36	
13	15	18	22	28	
15	12	20	21	25	

STEP|12 选择单元格 I5，在编辑栏中输入计算公式，按 Enter 键返回计算结果。使用同样方法，计算其他内部收益率。

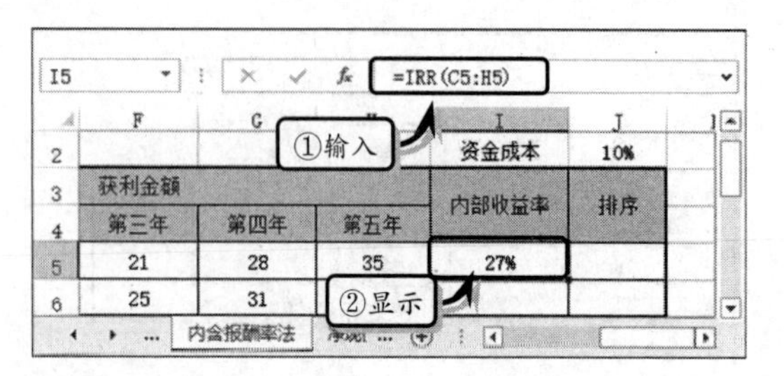

STEP|13 选择单元格 J5，在编辑栏中输入计算公式，按 Enter 键返回计算结果。使用同样方法，计算其他排名。

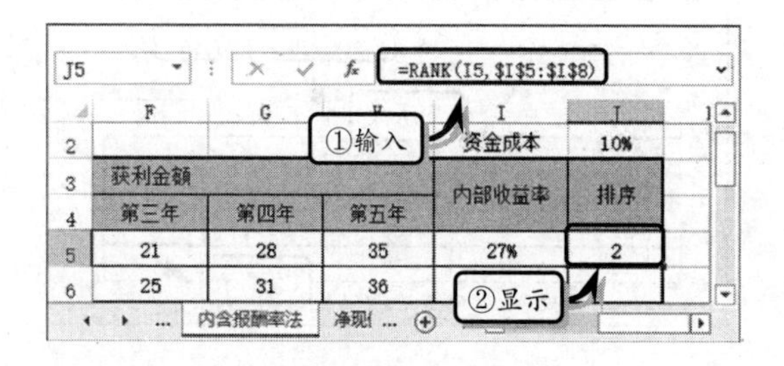

STEP|14 选择单元格 C2，在编辑栏中输入计算公式，按 Enter 键返回最优方案名称。

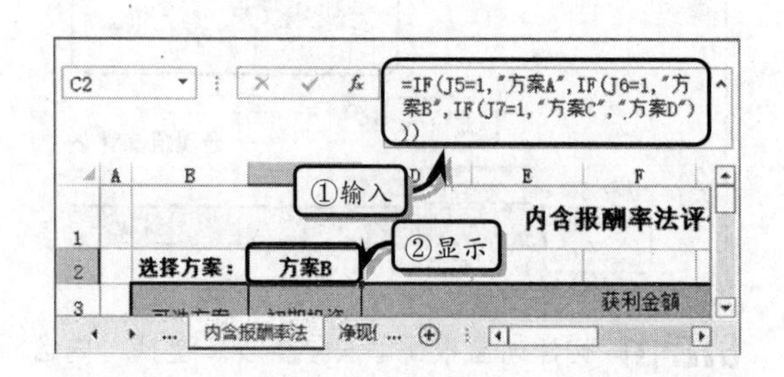

STEP|15 构建净现值系数法分析表。选择"净现值系数法"工作表，制作基础表格，并设置表格的对齐、边框、数字格式和表格样式。

净现值系数法评估表					
初期投资	获利金额				
	第一年	第二年	第三年	第四年	第五年
-50	11	16	21	28	35
-50	12	18	25	31	36
-50	13	15	18	22	28
-50	15	12	20	21	25

STEP|16 选择单元格 I5，在编辑栏中输入计算公式，按 Enter 键返回计算结果。使用同样方法，计算其他净现值系数。

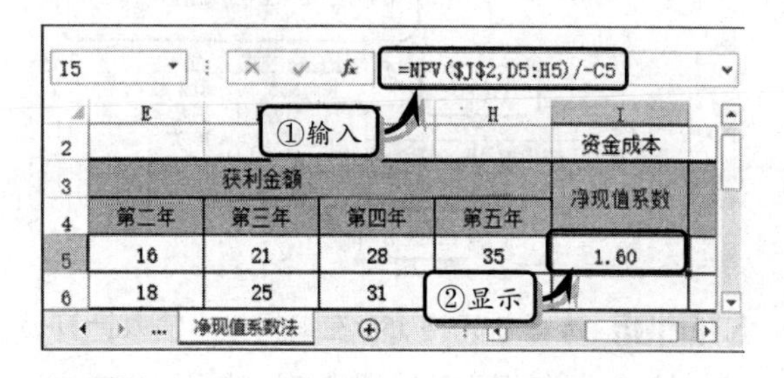

STEP|17 选择单元格 J5，在编辑栏中输入计算公式，按 Enter 键返回计算结果。使用同样方法，计算其他排名。

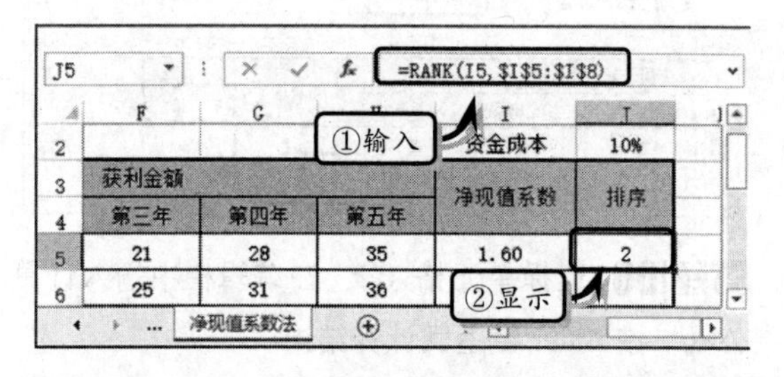

STEP|18 选择单元格 C2，在编辑栏中输入计算公式，按 Enter 键返回最优方案名称。

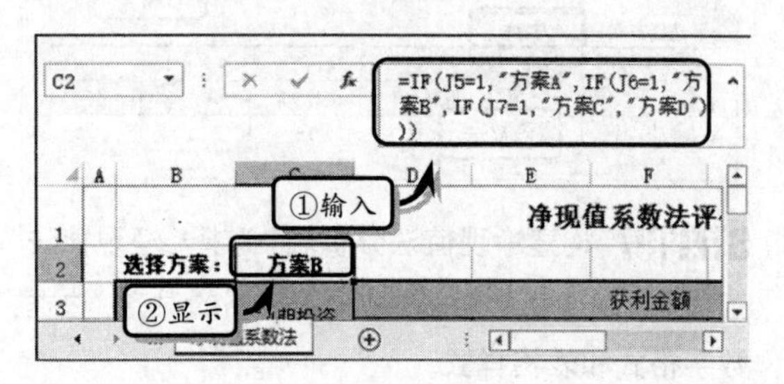

STEP|19 显示决策分析结果。选择"投资评估决策表"工作表，制作基础表格，并设置表格的对齐、边框、数字格式和表格样式。

STEP|20 选择单元格F2，在编辑栏中输入计算公式，按Enter键返回当前日期值。

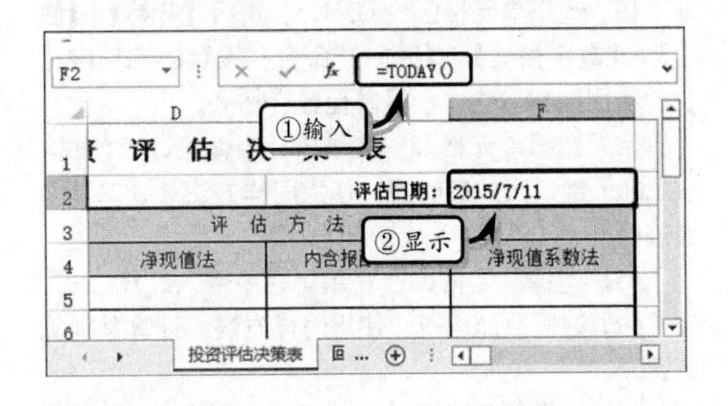

STEP|21 选择单元格C5，在编辑栏中输入计算公式，按Enter键返回方案A的回收期值。使用同样方法，计算其他方案的回收期值。

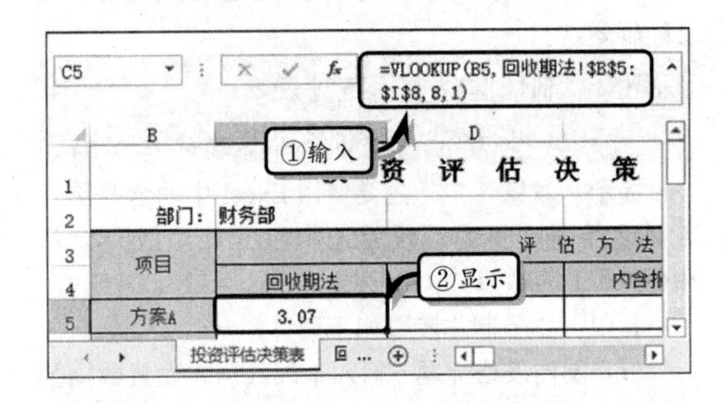

STEP|22 选择单元格D5，在编辑栏中输入计算公式，按Enter键返回方案A的净现值。使用同样方法，计算其他方案的净现值。

STEP|23 选择单元格E5，在编辑栏中输入计算公式，按Enter键返回方案A的内部报酬率。使用同样方法，计算其他方案的内部报酬率。

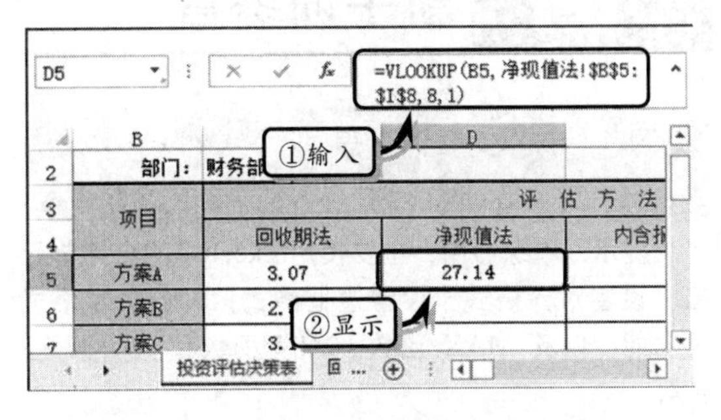

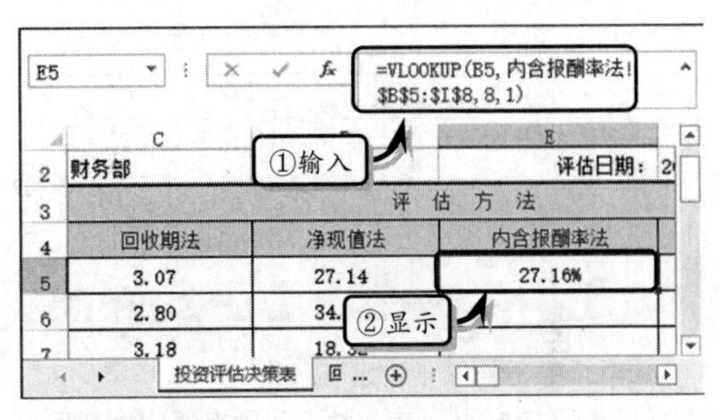

STEP|24 选择单元格F5，在编辑栏中输入计算公式，按Enter键返回方案A的净现值系数。使用同样方法，计算其他方案的净现值系数。

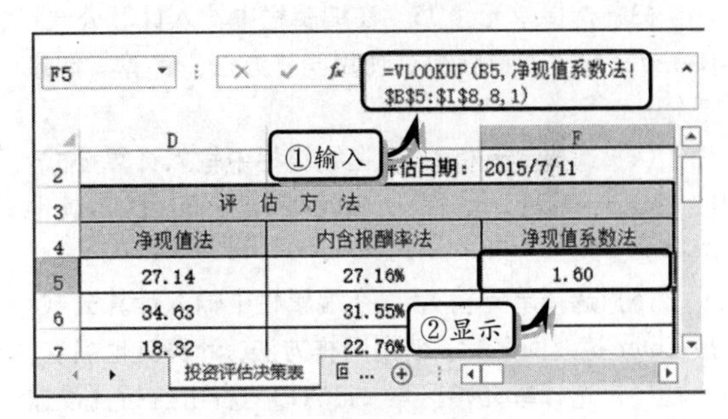

STEP|25 最后，根据各个分析结果值，判断其最优方案为"方案B"，在单元格C9中输入分析结果。

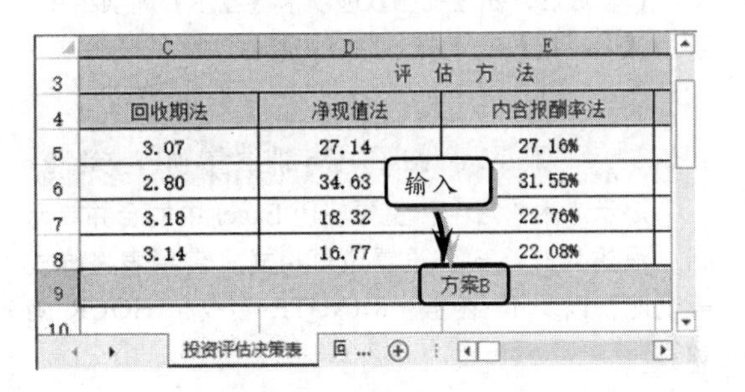

6.7 新手训练营

练习 1：制作比赛评分表

downloads\6\新手训练营\比赛评分表

提示：本练习中，主要使用 Excel 中的合并单元格、设置对齐格式、设置边框格式、设置文本格式等功能，以及 MAX 函数、MIN 函数和 RANK 函数等。

比赛评分表											
选手编号	选手姓名	评委评分						最高分	最低分	总得分	名次
		评委	评委	评委	评委	评委	评委				
1002	陈红	9.2	9.9	9.6	9.7	9.4	9.5	9.9	9.2	9.6	4
2002	王阳	9.1	9.4	9.6	9.7	9.2	9.8	9.8	9.1	9.5	5
2012	李红	8.8	8.9	9.2	9.1	9.4	9.3	9.4	8.8	9.1	9
1098	曹瑾	9.2	9.1	9.1	9.2	9.3	9.2	9.3	9.1	9.2	8
1036	云飞	9.3	9.4	9.5	9.6	9.1	9.2	9.6	9.1	9.4	7
2391	白云	9.5	9.6	9.7	9.6	9.4	9.9	9.9	9.4	9.6	2
2265	海洋	9.6	9.6	9.7	9.5	9.4	9.9	9.9	9.4	9.6	2
3012	蓝田	9.3	9.3	9.1	9.6	9.5	9.7	9.7	9.1	9.4	6
3321	田田	9.8	9.7	9.9	9.8	9.6	9.8	9.9	9.6	9.8	1

其中，主要制作步骤如下所述。

（1）制作基础数据表，并设置数据的字体和居中对齐格式。

（2）选择单元格 I5，在编辑栏中输入计算公式，按 Enter 键返回最高分。使用同样方法，计算其他最高分。

（3）选择单元格 J5，在编辑栏中输入计算公式，按 Enter 键返回最低分。使用同样方法，计算其他最低分。

（4）选择单元格 K5，在编辑栏中输入计算公式，按 Enter 键返回总得分。使用同样方法，计算其他总得分。

（5）选择单元格 L5，在编辑栏中输入计算公式，按 Enter 键返回名次。使用同样方法，计算其他名次。

（6）选择单元格区域 A3:A13，右击执行【设置单元格格式】命令，激活【边框】选项卡，设置内外边框颜色和样式。使用同样方法，设置其他区域的边框格式。

（7）最后，在【视图】选项卡【显示】选项组中，禁用【网格线】复选框，隐藏网格线。

练习 2：制作加班统计表

downloads\6\新手训练营\加班统计表

提示：本练习中，主要使用 Excel 中的合并单元格、设置对齐格式、设置边框格式、套用表格样式等功能，以及 IF 函数、MINUTE 函数和 HOUR 函数等。

加班统计表								
工牌号	姓名	所属部门	职务	加班日期	开始时间	结束时间	加班时间	加班费
001	杨光	财务部	经理	2009/12/1	18:00	19:10	1	¥160.00
002	刘晓	办公室	主管	2009/12/2	18:00	20:10	2	¥320.00
003	[illegible]	销售部	经理	2009/12/3	18:00	21:20	3	¥600.00
004	冉然	研发部	职员	2009/12/4	18:00	19:10	1	¥160.00
005	[illegible]	人事部	经理	2009/12/5	18:00	20:20	2	¥320.00
006	金鑫	办公室	经理	2009/12/6	18:00	21:30	3	¥600.00
007	[illegible]	销售部	主管	2009/12/7	18:00	22:20	4	¥800.00
008	[illegible]	研发部	职员	2009/12/8	18:00	20:30	2	¥320.00

其中，主要制作步骤如下所述。

（1）制作表格标题，输入基础数据并设置数据的字体和对齐格式。

（2）选择单元格区域 B3:B25，右击执行【设置单元格格式】命令，选择【自定义】选项，自定义前置零数据格式。

（3）选择单元格区域 G3:J25，执行【开始】|【数字】|【数字格式】|【时间】命令，设置时间数字格式。使用同样方法，设置其他数字格式。

（4）选择单元格 I3，在编辑栏中输入计算公式，按 Enter 键返回加班时间。使用同样方法，计算其他加班时间。

（5）选择单元格 J3，在编辑栏中输入计算公式，按 Enter 键返回加班费。使用同样方法，计算其他加班费。

（6）选择单元格区域 B2:J25，执行【开始】|【样式】|【套用表格格式】|【表样式中等深浅 10】命令，设置表样式。

（7）执行【设计】|【工具】|【转换为区域】命令，同时执行【开始】|【字体】|【边框】|【所有框线】命令。

练习 3：制作医疗费用统计表

downloads\6\新手训练营\医疗费用统计表

提示：本练习中，主要使用 Excel 中的合并单元格、设置对齐格式、设置边框格式等功能，以及 PRODUCT 函数、IMSUB 函数、SUM 函数和 IF 函数。

其中，主要制作步骤如下所述。

（1）制作表格标题，输入基础数据并设置数据区域的居中对齐格式。

（2）选择单元格 F4，在编辑栏中输入计算公式，按 Enter 键返回养老保险额。使用同样方法，计算其他养老保险额。

（3）选择单元格 G4，在编辑栏中输入计算公式，按 Enter 键返回总工资。使用同样方法，计算其他总工资。

员工医疗费用统计表							
姓名	性别	基本工资	岗位津贴	养老保险	总工资	医疗费用	企业报销金额
李其茂	男	8000	500	640	7860	550	440
张炎	女	10000	300	800	9500	300	240
姚小朦	女	12000	300	960	11340	12000	9600
邓宽国	男	8000	200	640	7560	3600	2880
王国强	男	8500	100	680	7920	1200	960
李宵	男	9000	500	720	8780	460	368
夏梓玲	女	10000	300	800	9500	200	160
周勇	男	7000	200	560	6640	600	480

（4）选择单元格 I4，在编辑栏中输入计算公式，按 Enter 键返回企业报销金额。使用同样方法，计算其他企业报销金额。

（5）选择单元格 B2，执行【开始】|【字体】|【填充颜色】|【黑色，文字 1】命令，设置其填充颜色。使用同样方法，设置其他单元格区域的填充颜色。

（6）选择单元格区域 B2:I11，右击执行【设置单元格格式】命令，激活【边框】选项卡，设置内外边框的样式和颜色。

练习 4：基于条件求和

downloads\6\新手训练营\基于条件求和

提示：本练习中，主要使用 Excel 中的合并单元格、设置对齐格式、设置边框格式和填充颜色，以及条件格式、SUM 函数和 IF 函数。

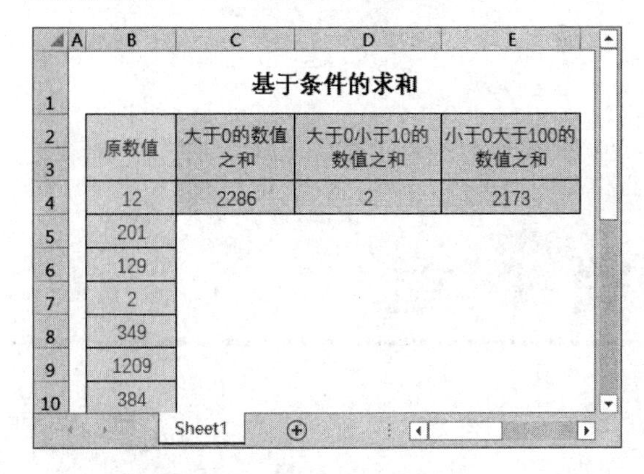

基于条件的求和			
原数值	大于0的数值之和	大于0小于10的数值之和	小于0大于100的数值之和
12	2286	2	2173
201			
129			
2			
349			
1209			
384			

其中，主要制作步骤如下所述。

（1）制作表格标题和基础数据，并设置其字体格式、对齐格式、边框格式和填充颜色。

（2）选择单元格区域 B2:B12，执行【公式】|【定义的名称】|【定义名称】命令，定义单元格区域的名称。

（3）选择单元格 C4，在编辑栏中输入计算公式，按 Enter 键返回大于 0 的数值之和。

（4）选择单元格 D4，在编辑栏中输入计算公式，按 Enter 键返回大于 0 小于 10 的数值之和。

（5）选择单元格 D4，在编辑栏中输入计算公式，按 Enter 键返回小于 0 大于 100 的数值之和。

第 7 章

使 用 函 数

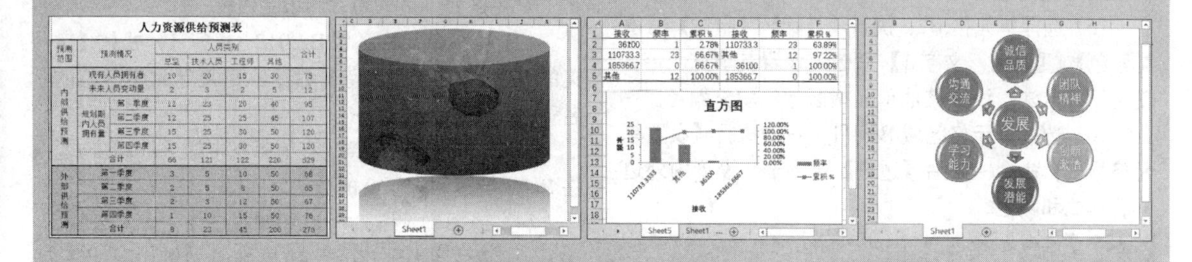

Excel 除了具有电子表格的格式化功能外，还具有强大的数学运算功能，该功能广泛应用于各种科学计算、统计分析领域中。在使用 Excel 进行数学运算时，用户不仅可以使用表达式与运算符，还可以使用封装好的函数进行运算，并通过名称将数据打包成数组应用到算式中。本章将介绍 Excel 函数的使用方法，以及名称的管理与应用。

7.1 函数概述

函数是一种由数学和解析几何学引入的概念，其意义在于封装一种公式或运算算法，根据用户引入的参数数值返回运算结果。

7.1.1 函数的应用

函数表示每个输入值（或若干输入值的组合）与唯一输出值（或唯一输出值的组合）之间的对应关系。例如，用 f 代表函数，x 代表输入值或输入值的组合，A 代表输出的返回值。

$$f(x)=A$$

在上面的公式中，x 称作参数，A 称作函数的值，由 x 的值组成的集合称作函数 $f(x)$的定义域，由 A 的值组成的集合称作函数 $f(x)$的值域。下图中的两个集合，就展示了函数定义域和值域之间的对应映射关系。

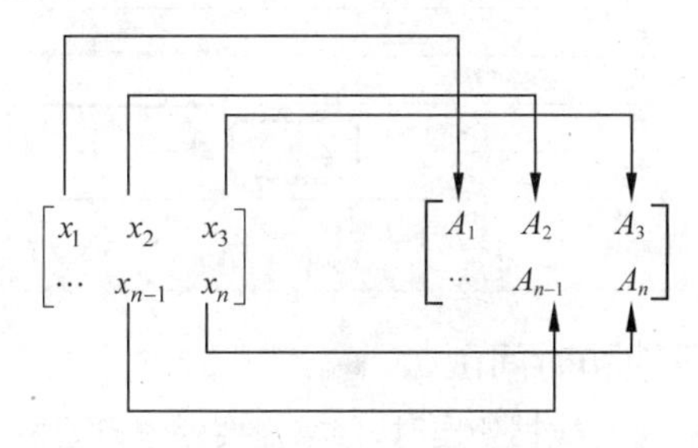

函数在数学和解析几何学中应用十分广泛。例如，常见的计算三角形角和边的关系所使用的三角函数，就是典型的函数。

在日常的财务统计、报表分析和科学计算中，函数的应用也非常广泛，尤其在 Excel 这类支持函数的软件中，往往提供大量的预置函数，辅助用户快速计算。

典型的 Excel 函数通常由 3 个部分组成，即函数名、括号和函数的参数/参数集合。以求和的 SUM 函数为例，假设需要求得 A1 到 A10 之间 10 个单元格数值之和，可以通过单元格引用功能，结合求和函数，具体如下。

```
SUM(A1,A2,A3,A4,A5,A6,A7,A8,A9,A10)
```

> **提示**
>
> 如函数允许使用多个参数，则用户可以在函数的括号中输入多个参数，并以逗号“,”将这些参数隔开。

在上面的代码中，SUM 即函数的名称，括号内的就是所有求和的参数。用户也可以使用复合引用的方式，将连续的单元格缩写为一个参数添加到函数中，具体如下。

```
SUM(A1:A10)
```

> **提示**
>
> 如只需要为函数指定一个参数，则无须输入逗号“,”。

用户可将函数作为公式中的一个数值来使用，对该数值进行各种运算。例如，需要运算 A1 到 A10 之间所有单元格的和，再将结果除以 20，可使用如下的公式：

```
=SUM(A1:A10)/20
```

7.1.2 了解 Excel 函数

Excel 预置了数百种函数，根据函数的类型，可将其分为如下 13 类。

函数类型	作　用
财务	对数值进行各种财务运算
逻辑	进行真假值判断或者进行复合检验
文本	用于在公式中处理文字串
日期和时间	在公式中分析处理日期值和时间值
查找与引用	对指定的单元格、单元格区域进行查找、检索和比对运算
数学和三角函数	处理各种数学运算
统计	对数据区域进行统计分析
工程	对数值进行各种工程运算和分析
多维数据集	用于数组和集合运算与检索

续表

函数类型	作　用
数据库	对数据库数据进行运算与分析
信息	确定保存在单元格中的数据类型
兼容性	之前版本 Excel 中的函数（不推荐使用）
Web	用于获取 Web 中数据的 Web 服务函数

1．财务函数

财务函数是指财务数据统计分析时所使用到的函数。Excel 提供了大量实用的财务函数，可用于计算投资、本金和利息、报酬率等相关财务数据。

例如，已知某公司向银行贷款 1000 万元，年利率为 6.5%，贷款期限为 6 年。此时，可运用 IPMT 函数，计算偿还贷款最后一年的利息偿还额。

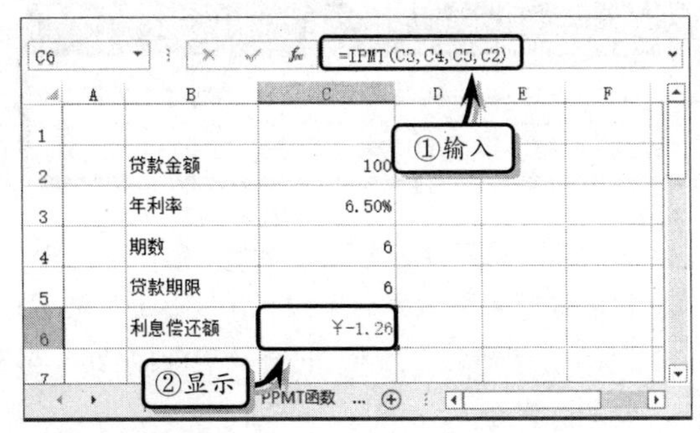

2．逻辑函数

逻辑函数的作用是对某些单元格中的值或条件进行判断，并返回逻辑值（TRUE 或 FALSE）。

逻辑函数经常与其他类型的函数综合应用，处理带条件分析的复杂问题，其用途与条件格式异曲同工。Excel 中的逻辑函数主要包括以下 7 种。

名　称	含　义
AND	将多个条件式一起进行判断
FALSE	返回 false 的逻辑值
IF	将参数的逻辑值取反
IFERROR	如果公式计算出错误值，则返回指定的值；否则返回公式的结果
NOT	将参数的逻辑值取反
OR	如果任一参数为 TRUE，则返回 TRUE
TRUE	返回逻辑值 TRUE

例如，使用 IF 函数来判断销售额的完成情况。选择单元格 F3，在【编辑】栏中输入函数公式，即可根据判定条件显示销售完成情况。

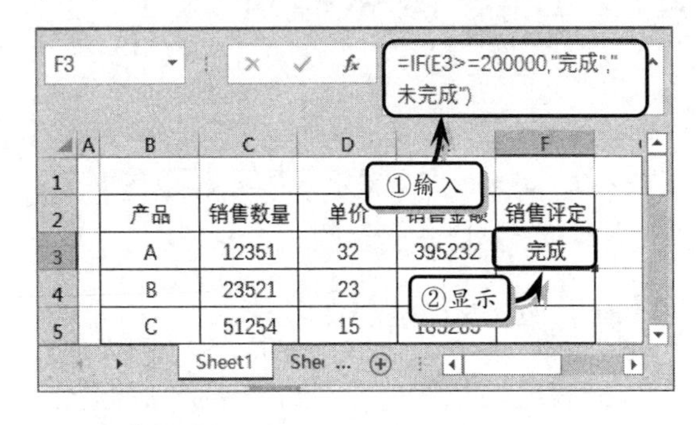

3．文本函数

文本函数可在公式中对字符串进行处理，进行改变字符的大小写、获取字符串长度以及替换字符等操作。

例如，使用 ASC 函数，可以将单元格中的全角字符转换为半角字符。

4．日期和时间函数

在进行数据处理时，经常需要处理日期格式的单元格数据，此时，就需要使用到日期和时间函数。日期和时间函数可以对日期和时间类对象进行各种复杂的运算，或获取某些特定的日期和时间信息。

例如，在统计应收账款工作表中，用户需要在表头位置显示当前日期时间，以方便核对计算数据。此时，可使用 NOW 函数，来获取当前日期和时间。

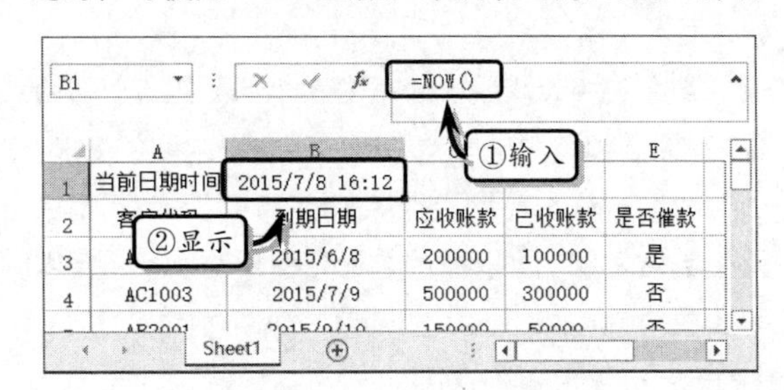

5．查找与引用函数

查找与引用函数的主要功能是在工作表中检索特定的数值，或查找某一特别引用的函数，因此经常应用于资料的管理以及数据的比对等工作中。

例如，用户在编制“应扣应缴统计表”数据表中的“工资总额”时，需要依据员工的“工牌号”，通过查找“员工信息表”数据表中的“合计”值，对其进行填制。此时，为了保证数据的准确性，还需要运用 VLOOKUP 函数，根据“工牌号”值跨工作表查找相对应的“合计”值，并将其返回到【工资总额】列中。

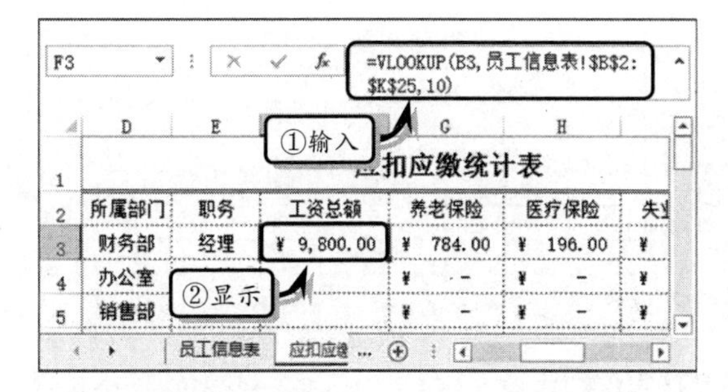

6．数学和三角函数

数学运算是 Excel 公式和函数的基本功能，Excel 提供了大量数学与三角函数，辅助用户计算基本的数学问题。

例如，最常用的 SUM 求和函数就是一种典型的数学和三角函数类型的函数。

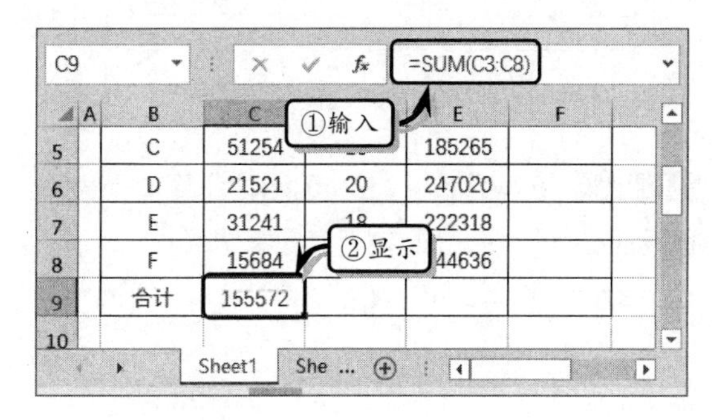

7．统计函数

统计函数主要用于对数据区域进行统计分析，其提供了很多属于统计学范畴的函数，同时也提供了许多应用于日常生活和工作的函数。

例如，已知某水果销售商一天的销售数据，运用RANK.AVG 函数，对每种水果的销售量进行排名。

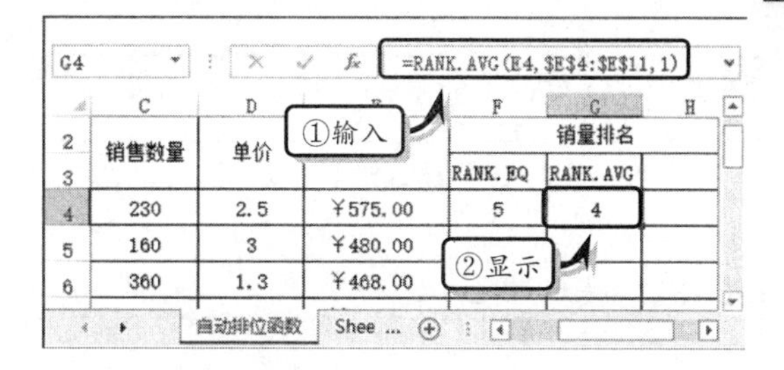

除了前面介绍的 7 种主要函数外，Excel 还提供了用于工业与科学计算的工程函数、用于计算数组内容的多维数据集函数、用于检验单元格数据类型的信息函数以及用于兼容早期 Excel 版本的兼容性函数等。其中，在日常工作中，应用比较广泛的一些函数如下表所述。

函　数	格　式	功　能
SUM	=SUM（number1, number2…）	返回单元格区域中所有数字的和
AVERAGE	=AVERAGE（number1, number2…）	计算所有参数的平均数
IF	=IF（logical_tset,value_if_true, value_if_false）	执行真假值判断，根据对指定条件进行逻辑评价的真假，而返回不同的结果
COUNT	=COUNT（value1, value2…）	计算参数表中的参数和包含数字参数的单元格个数
MAX	=MAX（number1, number2…）	返回一组参数的最大值，忽略逻辑值及文本字符
MIN	=MIN（number1, number2…）	返回一组参数的最小值，忽略逻辑值及文本字符
SUMIF	=SUMIF（range,criteria, sum_range）	根据指定条件对若干单元格求和
PMT	=PMT（rate, nper,fv,type）	返回在固定利率下，投资或贷款的等额分期偿还额
STDEV	=STDEV（number1, number2…）	估算基于给定样本的标准方差

Excel 知识链接 7-1 检测数据

当用户在对数据进行逻辑检验时，或对文本进行判断，并根据判断条件进行筛选时，可以使用 AND 函数。

7.1.3 示例：预测销售额

已知某公司的 11 月的销售额，为了制定销售计划，需要预测未来 1~3 个月的销售额。在本练习中，将运用 FORECAST 函数，根据已知销售额预测销售额。

销售统计表

月份	销售额	预测12月销售额	预测下一年第一个月的销售额
1	2000000		5378181.82
2	2300000		5636363.64
3	3200000		
4	2800000		
5	3800000		
6	3980000		
7	4200000		
8	3100000		
9	4300000		
10	4700000		
11	4900000		
12		5120000.00	

通过上图可以发现，该数据表是根据 1~11 月销售额，运用 FORECAST 函数预测 12 月和下一年度的 1 月和 2 月的销售额。其中，FORECAST 函数是基于给定的 X 值推导出 Y 值，该函数主要用于预测未来销售额、库存需求额及消费趋势。

FORECAST 函数的功能是根据已知的数据计算或预测未来值，该函数的表达式为：

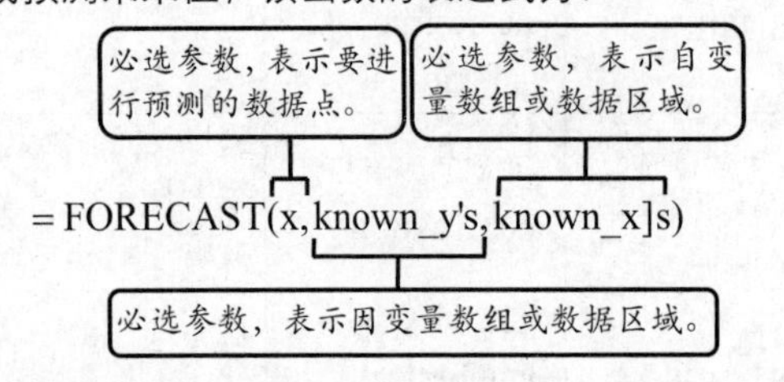

STEP|01 制作“销售统计表”工作表，并设置表格的对齐和边框格式。

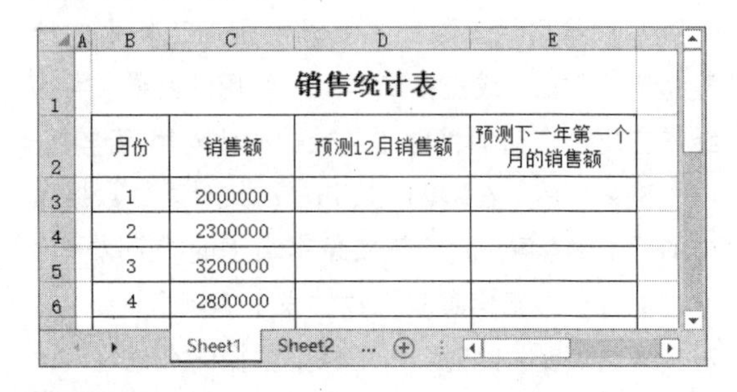

销售统计表

月份	销售额	预测12月销售额	预测下一年第一个月的销售额
1	2000000		
2	2300000		
3	3200000		
4	2800000		

STEP|02 在单元格 D14 中，输入预测第 12 个月销售额的公式，按 Enter 键返回计算结果。

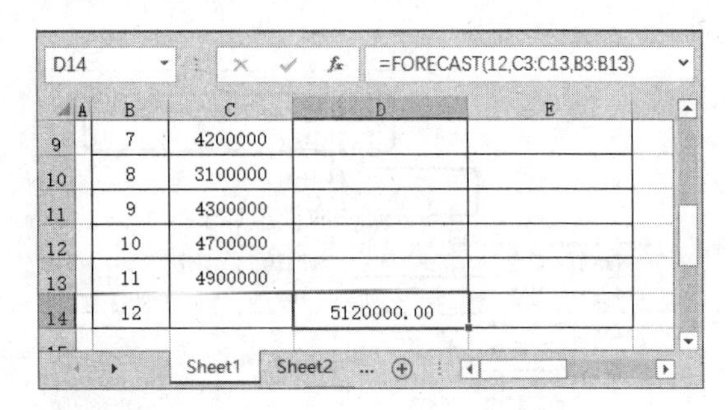

D14 =FORECAST(12,C3:C13,B3:B13)

行	B	C	D	E
9	7	4200000		
10	8	3100000		
11	9	4300000		
12	10	4700000		
13	11	4900000		
14	12		5120000.00	

STEP|03 在单元格 E3 中，输入预测第 13 个月销售额的公式，按 Enter 键返回计算结果。

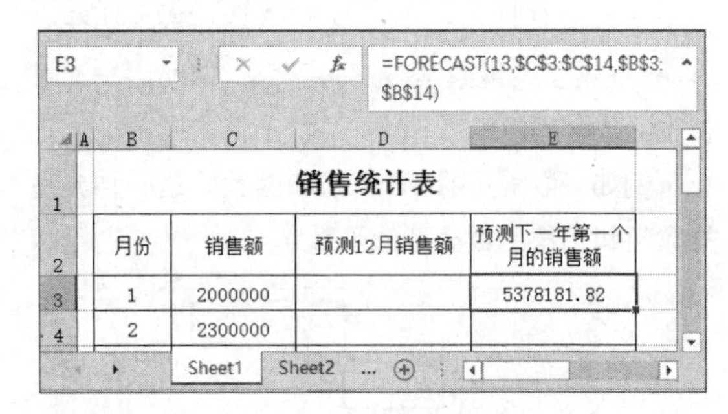

E3 =FORECAST(13,$C$3:$C$14,$B$3:$B$14)

销售统计表

月份	销售额	预测12月销售额	预测下一年第一个月的销售额
1	2000000		5378181.82
2	2300000		

STEP|04 在单元格 E4 中，输入预测第 14 个月销售额的公式，按 Enter 键返回计算结果。

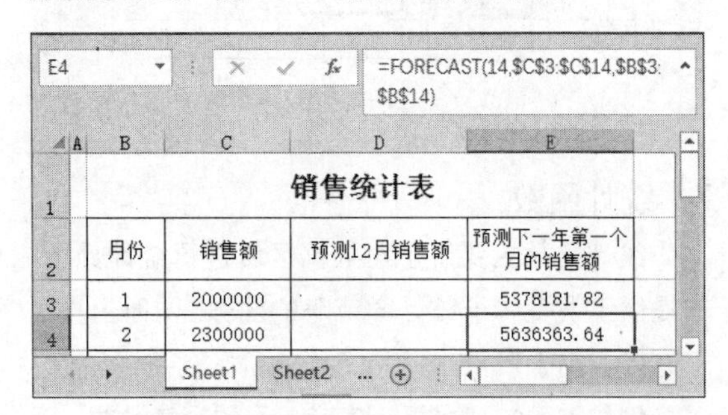

E4 =FORECAST(14,$C$3:$C$14,$B$3:$B$14)

销售统计表

月份	销售额	预测12月销售额	预测下一年第一个月的销售额
1	2000000		5378181.82
2	2300000		5636363.64

公式解析：单元格 E4 中的函数包含 3 个参数，

其第一个参数 14 表示需要预测的数据点，也就是将要预测第 14 个月销售额；第二个参数$C$3:$C$14 表示自变量数据，在此定义为销售额为自变量；第三个参数$B$3:$B$14 表示因变量数据，在此定义月份为因变量；公式中的$符号表示绝对引用，便于向下填充公式。

7.2 创建函数

在使用 Excel 进行数学运算时，用户不仅可以使用表达式与运算符，还可以使用封装好的函数进行运算，并通过名称将数据打包成数组应用到算式中。

7.2.1 输入函数

在 Excel 中，用户可通过下列 4 种方法，来使用函数计算各类复杂的数据。

1. 直接输入函数

当用户对一些函数非常熟悉时，便可以直接输入函数，从而达到快速计算数据的目的。首先，选择需要输入函数的单元格或单元格区域。然后，直接在单元格中输入函数公式或在【编辑】栏中输入即可。

提示

在单元格、单元格区域或【编辑】栏中输入函数后，按 Enter 键或单击【编辑】栏左侧的【输入】按钮完成输入。

2. 使用【函数库】选项组输入

选择单元格，执行【公式】|【函数库】|【数学和三角函数】命令，在展开的级联菜单中选择 SUM 函数。

然后，在弹出的【函数参数】对话框中，设置函数参数，单击【确定】按钮即可。

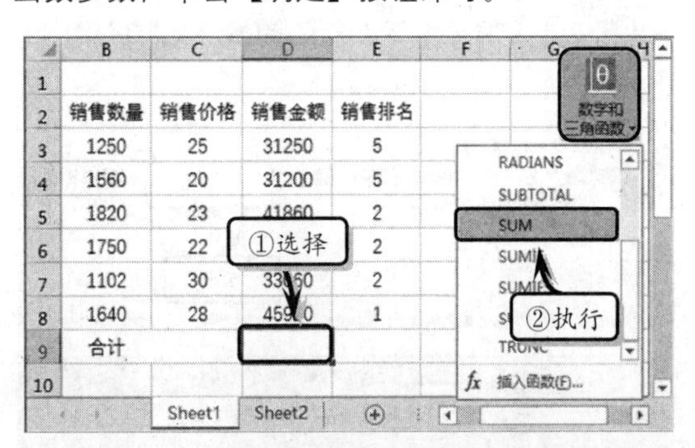

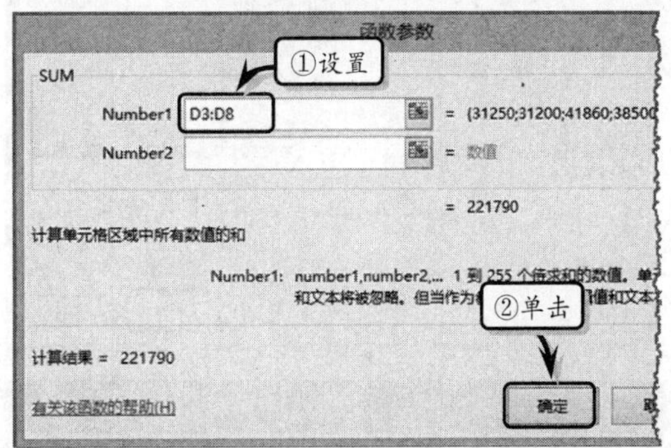

提示

在设置函数参数时，可以单击参数后面的按钮，来选择工作表中的单元格。

3. 插入函数

选择单元格，执行【公式】|【函数库】|【插入函数】命令，在弹出的【插入函数】对话框中，选择函数选项，并单击【确定】按钮。

提示

在【插入函数】对话框中，用户可以在【搜索函数】文本框中输入函数名称，单击【转到】按钮，即可搜索指定的函数。

然后，在弹出的【函数参数】对话框中，依次输入各个参数，并单击【确定】按钮。

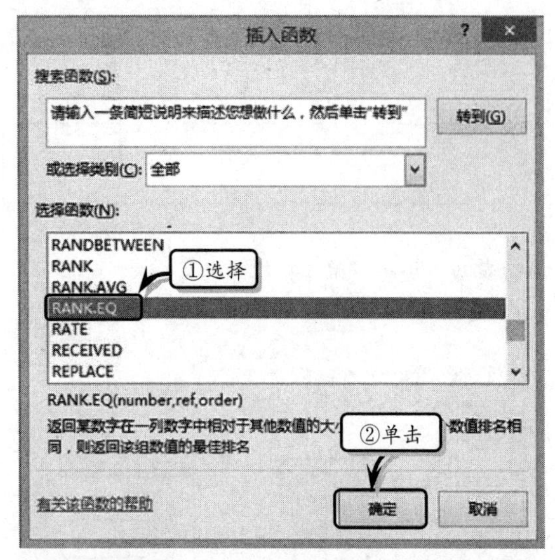

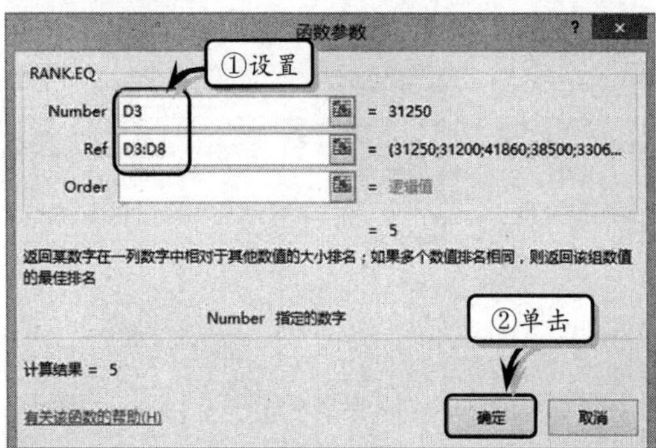

提示

用户也可以直接单击【编辑】栏中的【插入函数】按钮，在弹出的【插入函数】对话框中，选择函数类型。

4. 使用函数列表

选择需要插入函数的单元格或单元格区域，在【编辑】栏中输入"="号，然后单击【编辑】栏左侧的下拉按钮，在该列表中选择相应的函数，并输入函数参数即可。

7.2.2 求和计算

一般情况下，求和计算是计算相邻单元格中数值的和，是 Excel 函数中最常用的一种计算方法。除此之外，Excel 还为用户提供了计算规定数值范围内的条件求和，以及可以同时计算多组数据的数组求和。

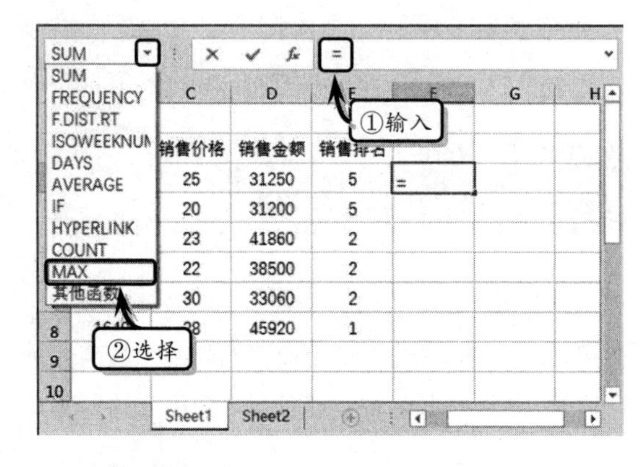

1. 自动求和

选择单元格，执行【开始】|【编辑】|【求和】命令，即可对活动单元格上方或左侧的数据进行求和计算。

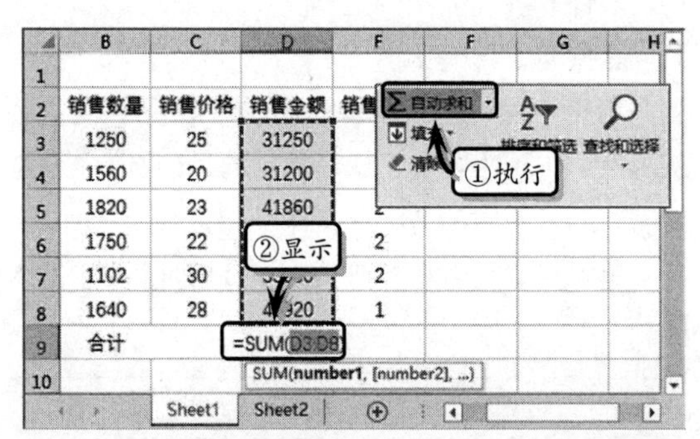

注意

在自动求和时，Excel 将自动显示出求和的数据区域，将鼠标移到数据区域边框处，当鼠标变成双向箭头时，拖动鼠标即可改变数据区域。

另外，还可以执行【公式】|【函数库】|【自动求和】|【求和】命令，对数据进行求和计算。

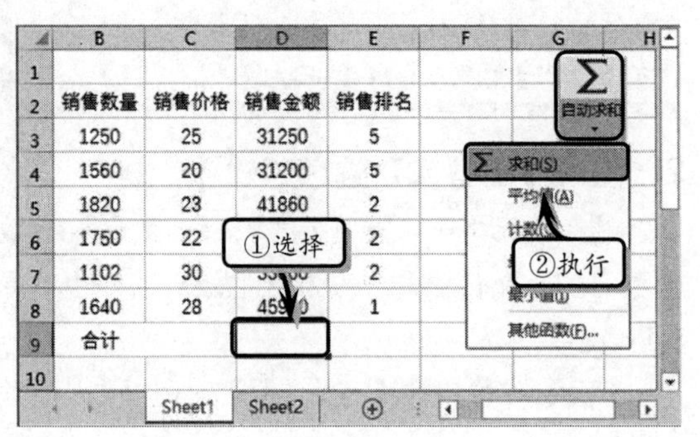

2. 条件求和

条件求和是根据一个或多个条件对单元格区域进行求和计算。选择需要进行条件求和的单元格或单元格区域，执行【公式】|【插入函数】命令。在弹出的【插入函数】对话框中，选择【数学和三角函数】类别中的 SUMIF 函数，并单击【确定】按钮。

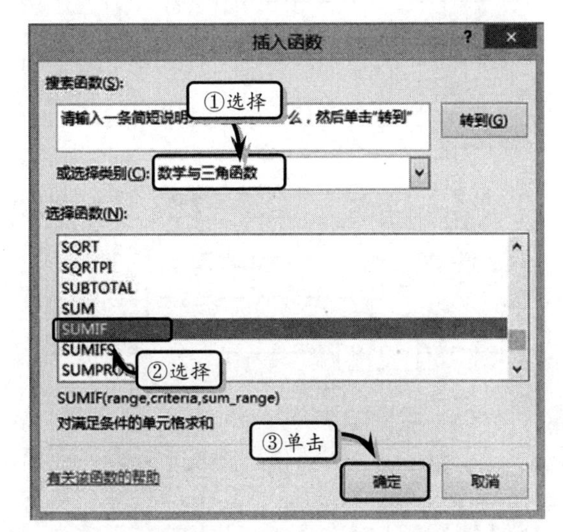

然后，在弹出的【函数参数】对话框中，设置函数参数，单击【确定】按钮即可。

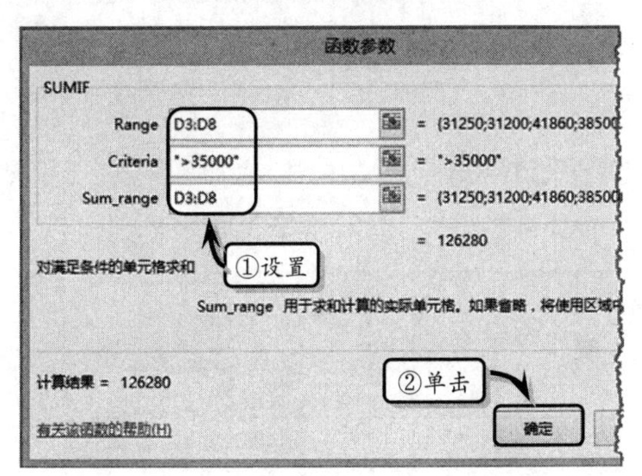

另外，用户也可以使用 SUMIFS 函数，对单元格区域内的数据进行求和计算。选择单元格，在【编辑栏】中输入计算公式，按 Enter 键，即可返回按指定条件进行计算的求和值。

3. 数组求和

数组求和是运用数组公式，对一组或多组数值进行求和计算，包括计算单个结果和多个结果两种情况。

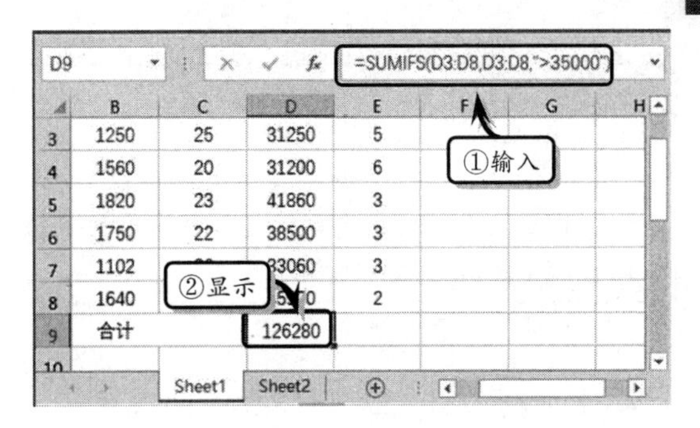

数组公式可以对一组或多组数值执行多重计算，返回一个或多个结果。其中，当用户通过使用一个数组公式来代替多个公式时，表示计算单个结果。例如，可以运用 SUM 数据公式计算所有产品的总销售额。

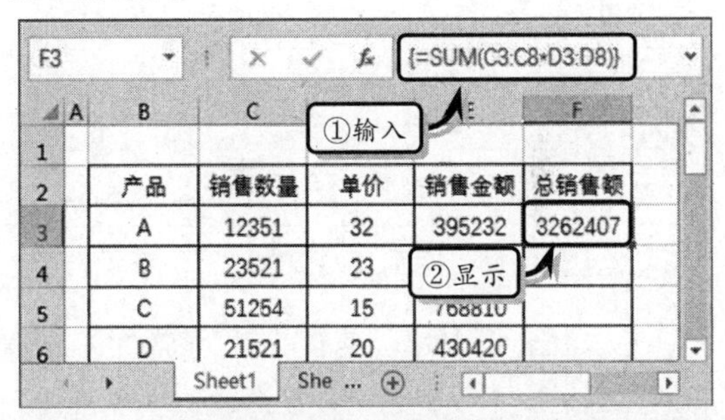

提示

用户在输入数组公式时，需要注意在合并的单元格中无法输入数组公式。

另外，用户将数组公式显示在多个单元格中，将返回的结果也分别显示在多个单元格中时，表示计算多个结果。例如，可以运用一个简单的数组公式，依据指定数据分别计算不同产品的销售金额。

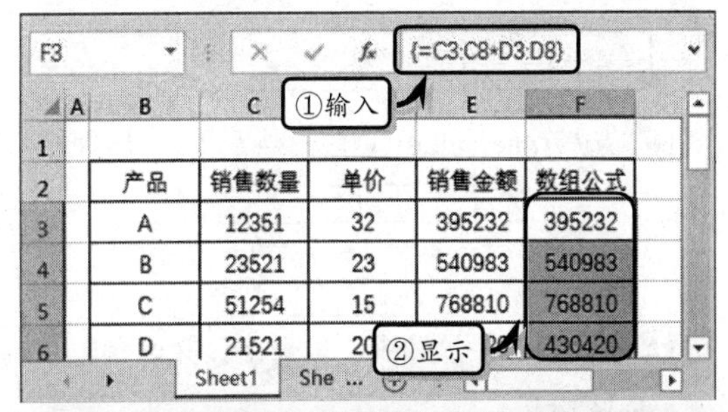

注意

利用数组计算多个结果值时，用户只能删除数组中的所有的结果值，无法删除单个结果值。

知识链接 7-2 求和类函数

Excel 中最常用的函数便是求和函数，用户可通过求和类函数，对指定单元格该区域内的数值相加与条件求和。

7.2.3 示例：预测投资

某公司需要投资一项新产品，已知前期投资额与 6 年内的预测利润。下面运用 NPV 函数分别计算包含与未包含投资额的净现值与期值。

预测投资					
投资日期	投资额	贴现率	投资日期	投资额	贴现率
前期投资额（万）	-2000	18%	前期投资额（万）	0	18%
第一年利润额（万）	500		第一年利润额（万）	500	
第二年利润额（万）	600		第二年利润额（万）	600	
第三年利润额（万）	900		第三年利润额（万）	900	
第四年利润额（万）	1200		第四年利润额（万）	1200	
第五年利润额（万）	1500		第五年利润额（万）	1500	
第六年利润额（万）	1800		第六年利润额（万）	1800	
净现值	￥1,343.79		净现值	￥3,343.79	
期值	￥3,627.65		期值	￥9,026.75	

通过上图可以发现，包含前期投资额的净现值和期值远远小于不包含前期投资额的净现值和期值，其计算结果仅供管理者参考。在该示例中，主要运用了 NPV 函数进行计算，其中 NPV 函数假定投资开始于支出与收入现金流所在日期的前一期，结束于最后一笔现金流的当期，并依据未来现金流进行计算。

NPV 函数的功能是通过使用贴现率以及一系列未来支出和收入，返回投资的净现值。该函数的表达式为：

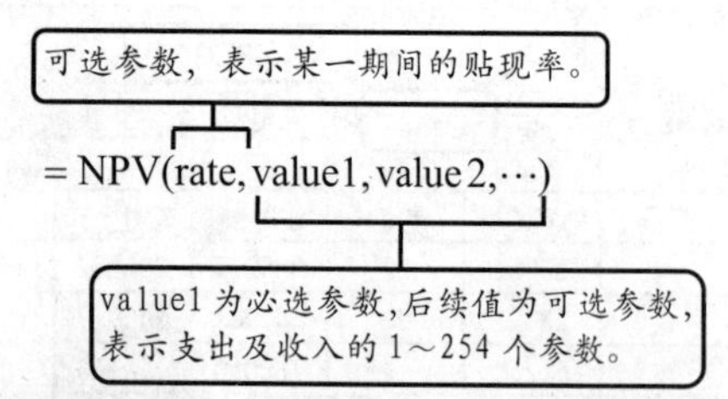

STEP|01 制作“预测投资”表格，并设置表格的单元格格式。

STEP|02 在单元格 C10 中，输入计算包含投资额净现值的公式，按 Enter 键返回计算结果。

STEP|03 在单元格 C11 中，输入计算包含投资额期值的公式，按 Enter 键返回计算结果。

预测投资			
投资日期	投资额	贴现率	投资日期
前期投资额（万）	-2000	18%	前期投资额（万
第一年利润额（万）	500		第一年利润额（
第二年利润额（万）	600		第二年利润额（
第三年利润额（万）	900		第三年利润额（
第四年利润额（万）	1200		第四年利润额（
第五年利润额（万）	1500		第五年利润额（
第六年利润额（万）	1800		第六年利润额（
净现值			净现值

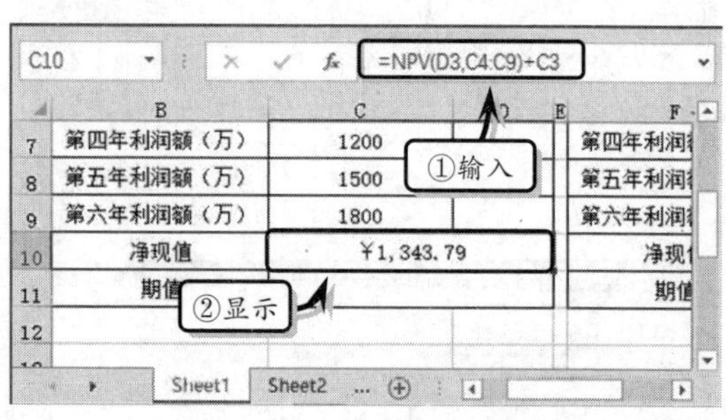

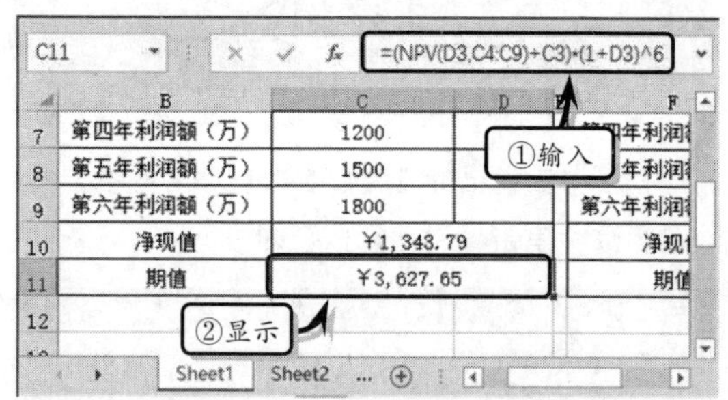

STEP|04 在单元格 G10 中，输入计算未包含投资额净现值的公式，按 Enter 键返回计算结果。

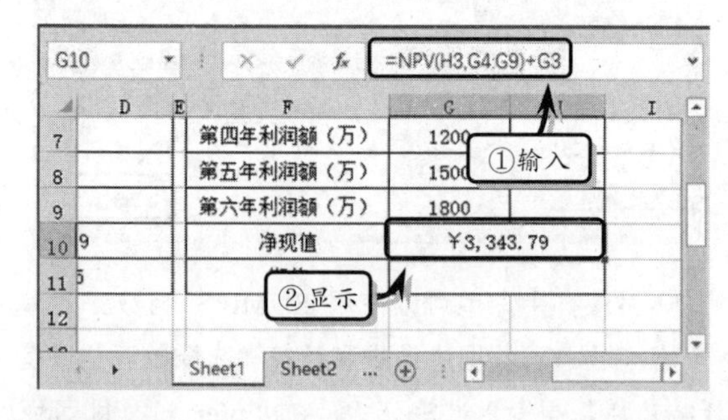

STEP|05 在单元格 G11 中，输入计算未包含投资额期值的公式，按 Enter 键返回计算结果。

公式解析：单元格 G11 中的公式包含两部分，第一部分 NPV(H3,G4:G9)+G3 表示预测投资的净现值，该部分中的 NPV(H3,G4:G9)部分是根据贴现率和未来收入计算的净现值，而+G3部分则表示未来投资的支出部分。第二部分中的^表示乘方，即（1+H3）的6次方，该部分主要结合第一部分来计算投资额的期值。

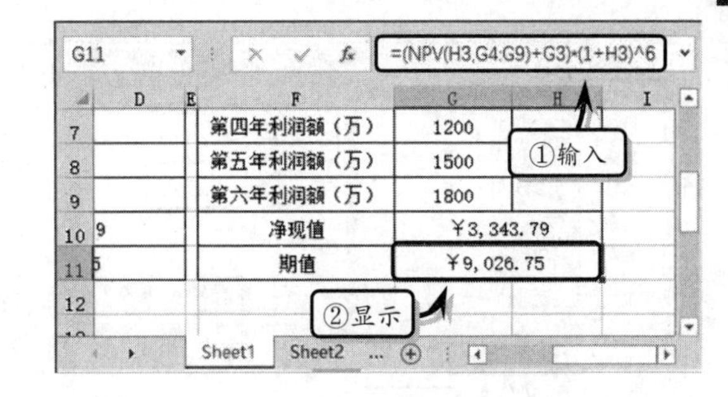

7.3 使用名称

在Excel中，除允许使用除单元格列号+行号的标记外，还允许用户为单元格或某个矩形单元区域定义特殊的标记，这种标记就是名称。

7.3.1 创建名称

Excel允许名称参与计算，从而解决用户选择多重区域的困扰。一般情况下，用户可通过下列3种方法来创建名称。

1．直接创建

选择需要创建名称的单元格或单元格区域，执行【公式】|【定义的名称】|【定义名称】命令，在弹出的对话框中设置相应的选项即可。

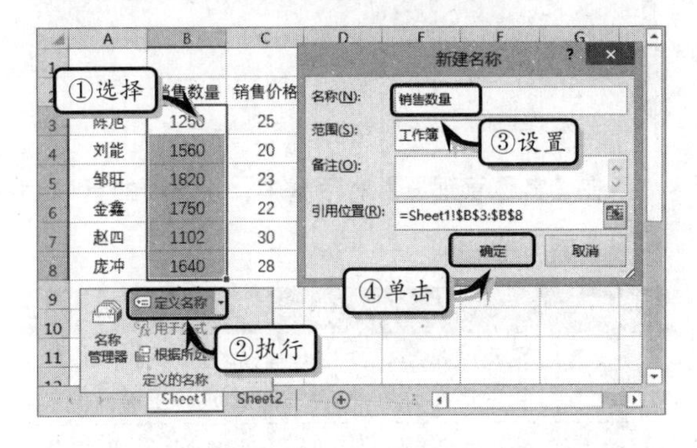

另外，也可以执行【公式】|【定义的名称】|【名称管理器】命令，在弹出的【名称管理器】对话框中，单击【新建】按钮，设置相应的选项即可。

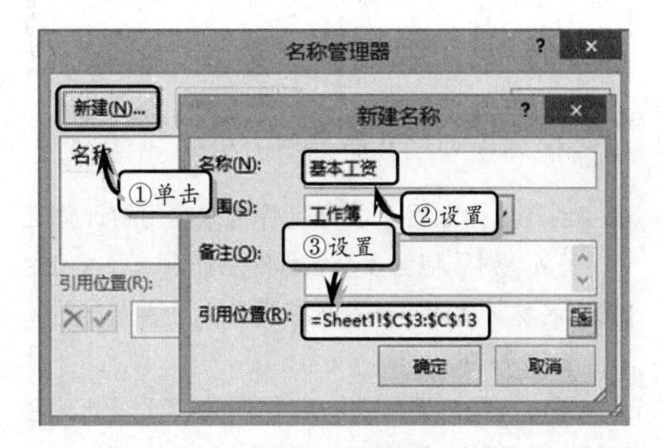

2．使用行列标志创建

选择单元格，执行【公式】|【定义的名称】|【定义名称】命令，输入列标标志作为名称。

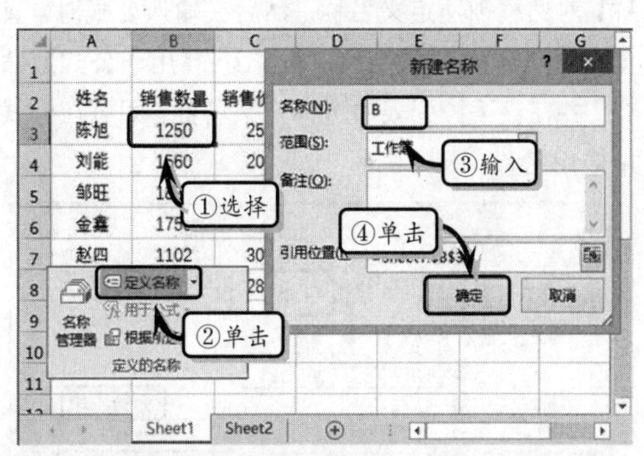

> **注意**
>
> 在创建名称时，用户也可以使用行号作为所创建名称的名称。例如，选择第二行中的哪一个，使用“_2”作为名称。

3．根据所选内容创建

选择需要创建名称的单元格区域，执行【定义的名称】|【根据所选内容创建】命令，设置相应的选项即可。

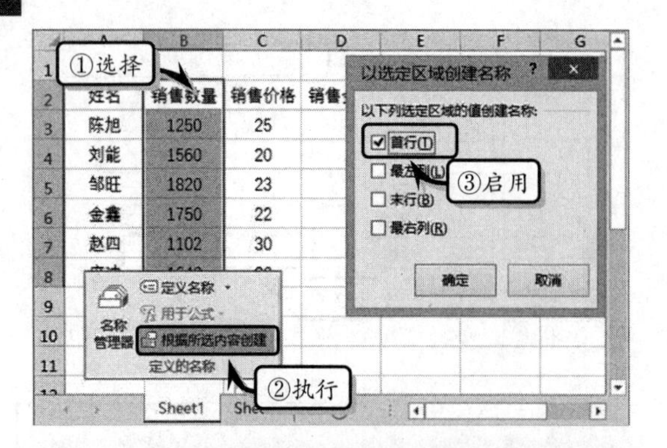

注意

在创建名称时，名称的第一个字符必须是以字母或下划线（_）开始。

7.3.2 使用和管理名称

创建名称之后，便可以将名称应用到计算之中。另外，对于包含多个名称的工作表，可以使用【管理名称】功能，删除或编辑名称。

1. 使用名称

首先选择单元格或单元格区域，通过【新建名称】对话框创建定义名称。然后在输入公式时，直接执行【公式】|【定义的名称】|【用于公式】命令，并在该下拉列表中选择定义名称，即可在公式中应用名称。

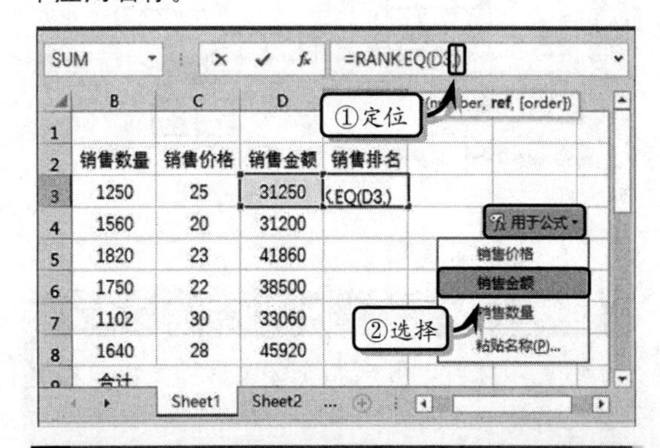

注意

在公式中如果含有多个定义名称，用户在输入公式时，依次单击【用于公式】列表中的定义名称即可。

2. 管理名称

执行【定义的名称】|【名称管理器】命令，在弹出的【名称管理器】对话框中，选择需要编辑的名称。单击【编辑】选项，即可重新设置各项选项。

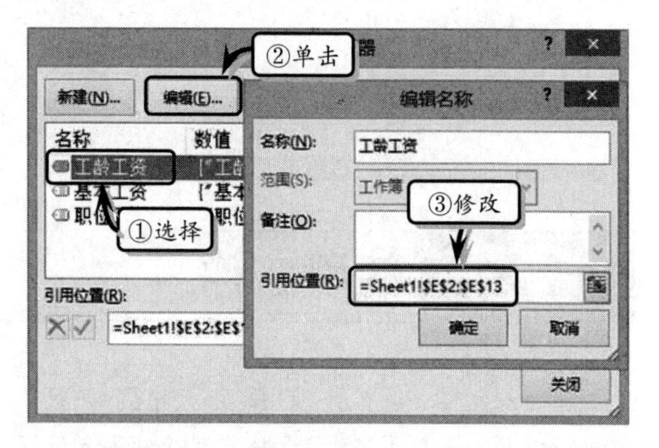

另外，在【名称管理器】对话框中，选择具体的名称，单击【删除】命令。在弹出的提示框中，单击【确定】按钮，即可删除该名称。

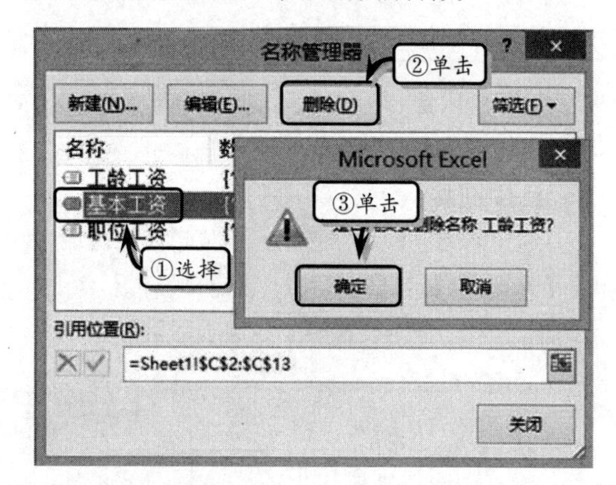

在【名称管理器】对话框中，各选项的具体功能如下表所述。

选项	功　能
新建	单击该按钮，可以在【新建名称】对话框中新建单元格或单元格区域的名称
编辑	单击该按钮，可以在【编辑名称】对话框中修改选中的名称
删除	单击该按钮，可以删除列边框中选中的名称
列表框	主要用于显示所有定义了的单元格或单元格区域的名称、数值、引用位置、范围及备注内容
筛选	该选项主要用于显示符合条件的名称
引用位置	主要用于显示选择定义名称的引用表与单元格

知识链接 7-3	创建动态名称

用户在使用 Excel 创建数据时，经常会因为增加删除数据而造成表格行次的更改。此时，用户可通过创建动态名称的方法，自动调整名称的引用位置，拒绝因引用错误而造成的公式错误。

7.4 练习：制作销售数据统计表

销售预测是指根据历史销售数据，对未来特定时间内销售数量或金额的一种估计，它是制定下一时期销售计划的主要依据。在本练习中，将运用函数等功能，根据 3 个季度内的销售数据，预测下个月、下一季度和下一年的销售数据。

销售数据统计表

基础数据								总计			预测		
金额	计划	成本	收入	月	季度	年	月	月	季度	年	月	季度	年
¥64,000	¥62,000	¥44,500	¥19,500	4月	第 2 季度	2013	4	¥146,000	¥508,000	¥1,438,000	¥146,000	¥508,000	¥1,438,000
¥82,000	¥80,000	¥64,000	¥18,000	4月	第 2 季度	2013	4	¥146,000	¥508,000	¥1,438,000	¥146,000	¥508,000	¥1,438,000
¥44,000	¥42,000	¥26,000	¥18,000	5月	第 2 季度	2013	5	¥218,000	¥508,000	¥1,438,000	¥290,000	¥508,000	¥1,438,000
¥54,000	¥55,000	¥45,000	¥9,000	5月	第 2 季度	2013	5	¥218,000	¥508,000	¥1,438,000	¥290,000	¥508,000	¥1,438,000
¥58,000	¥60,000	¥45,000	¥13,000	5月	第 2 季度	2013	5	¥218,000	¥508,000	¥1,438,000	¥290,000	¥508,000	¥1,438,000
¥62,000	¥60,000	¥45,000	¥17,000	5月	第 2 季度	2013	5	¥218,000	¥508,000	¥1,438,000	¥290,000	¥508,000	¥1,438,000
¥69,000	¥75,000	¥54,000	¥15,000	6月	第 2 季度	2013	6	¥144,000	¥508,000	¥1,438,000	¥216,000	¥508,000	¥1,438,000
¥75,000	¥72,000	¥65,000	¥10,000	6月	第 2 季度	2013	6	¥144,000	¥508,000	¥1,438,000	¥179,500	¥508,000	¥1,438,000
¥87,000	¥85,000	¥72,500	¥14,500	7月	第 3 季度	2013	7	¥87,000	¥491,000	¥1,438,000	¥107,765	¥474,000	¥1,438,000
¥85,000	¥83,000	¥71,000	¥14,000	8月	第 3 季度	2013	8	¥164,000	¥491,000	¥1,438,000	¥124,559	¥474,000	¥1,438,000
¥79,000	¥77,000	¥66,000	¥13,000	8月	第 3 季度	2013	8	¥164,000	¥491,000	¥1,438,000	¥136,676	¥474,000	¥1,438,000
¥91,000	¥89,000	¥79,000	¥12,000	9月	第 3 季度	2013	9	¥240,000	¥491,000	¥1,438,000	¥176,517	¥474,000	¥1,438,000
¥56,000	¥58,000	¥45,000	¥11,000	9月	第 3 季度	2013	9	¥240,000	¥491,000	¥1,438,000	¥198,779	¥474,000	¥1,438,000

操作步骤

STEP|01 重命名工作表。新建工作表，右击工作表标签，执行【重命名】命令，输入新的工作表名称，单击其他位置即可。

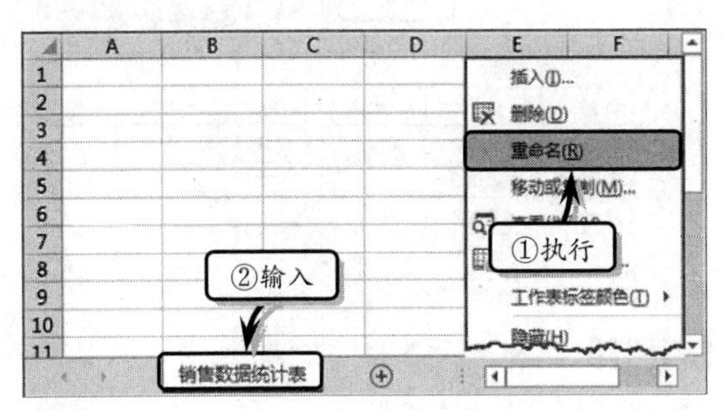

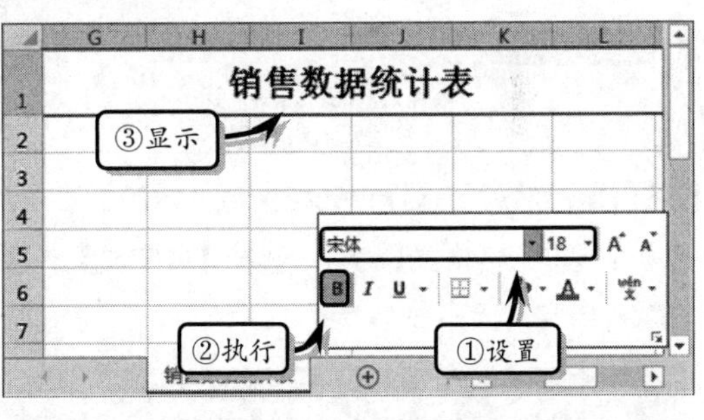

STEP|02 制作表格标题。设置工作表的行高，合并单元格区域 B1:Q1，输入标题文本并设置其字体格式。

STEP|03 输入基础数据。输入列标题和基础数据，并设置数据区域的对齐格式和所有框线边框格式。

基础数据				
公司	金额	计划	成本	收入
三捷实业	64000	62000	44500	
康浦制药	82000	80000	64000	
百达	44000	42000	26000	
同恒公司	54000	55000	45000	
凡雅艺术学院	58000	60000	45000	
光明杂志	62000	60000	45000	
三捷实业	69000	75000	54000	
康浦制药	75000	72000	65000	
百达	87000	85000	72500	

STEP|04 设置数字格式。选择单元格区域 D4:G22，执行【开始】|【数字】|【数字格式】|【货币】命令，使用同样方法，设置其他单元格的货币数字格式。

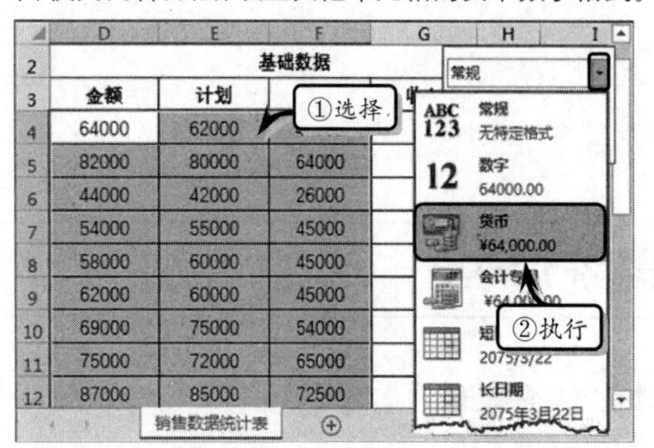

STEP|05 自定义数据格式。选择单元格区域 H4:H22，右击执行【设置单元格格式】命令，选择【自定义】选项，并输入自定义代码。

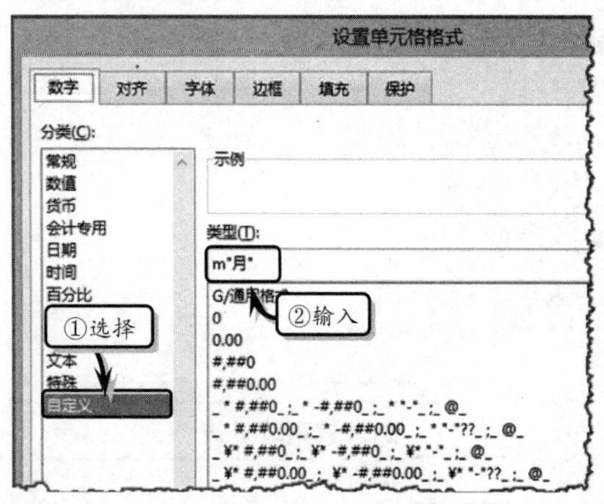

STEP|06 然后，选择单元格区域 I4:I22，右击执行【设置单元格格式】命令，选择【自定义】选项，并输入自定义代码。

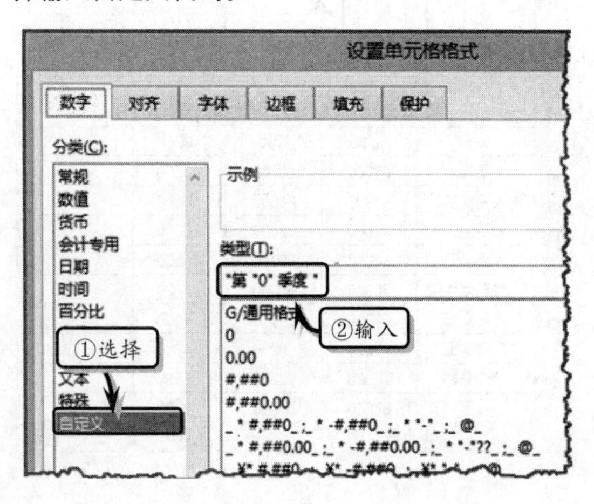

STEP|07 计算基础数据。选择单元格 G4，在编辑栏中输入计算公式，按 Enter 键返回收入值。

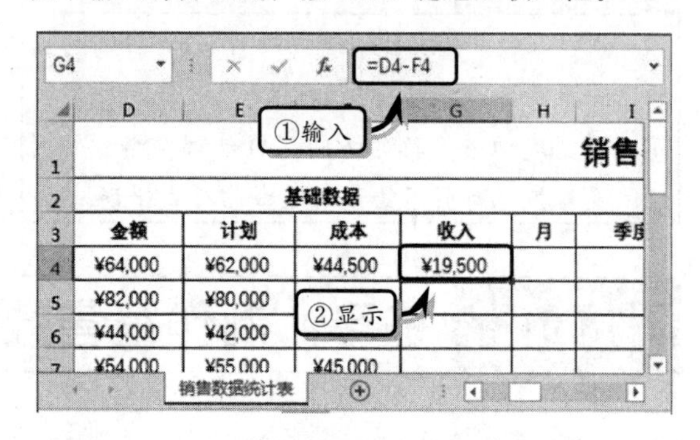

STEP|08 选择单元格 H4，在编辑栏中输入计算公式，按 Enter 键返回月份值。

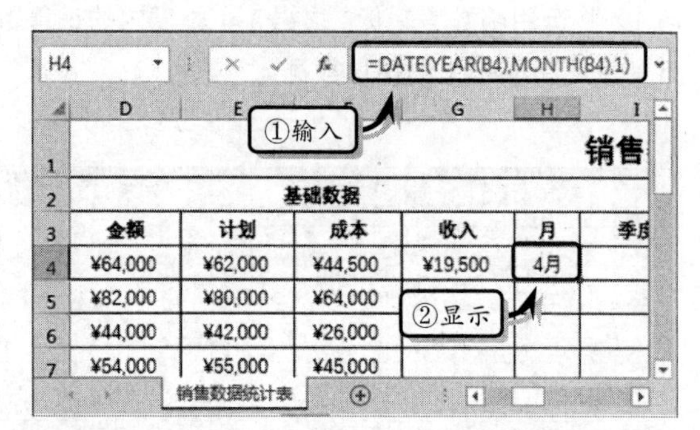

STEP|09 选择单元格 I4，在编辑栏中输入计算公式，按 Enter 键返回季度值。

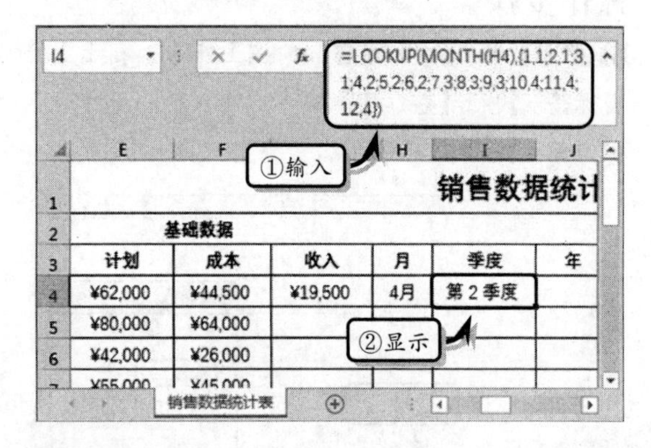

STEP|10 选择单元格 J4，在编辑栏中输入计算公式，按 Enter 键返回年份值。

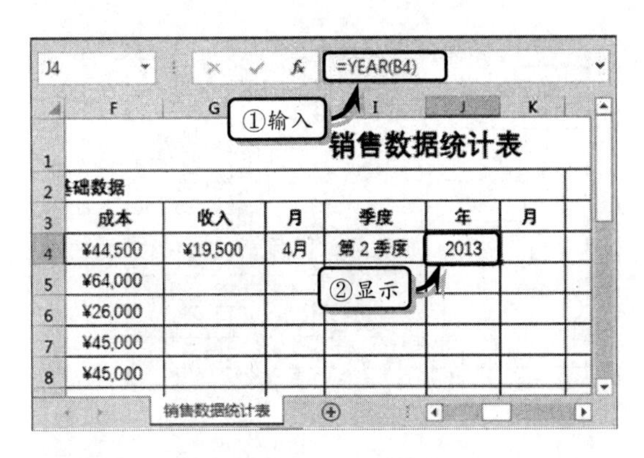

STEP|11 选择单元格 K4，在编辑栏中输入计算公式，按 Enter 键返回月份值。

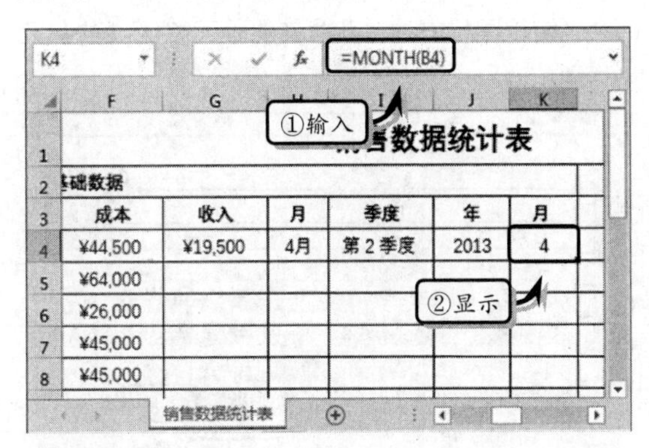

STEP|12 然后，选择单元格区域 G4:K22，执行【开始】|【编辑】|【填充】|【向下】命令，向下填充公式。

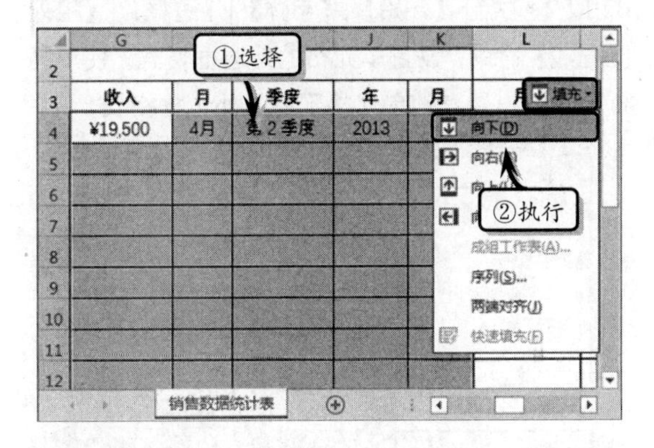

STEP|13 计算总计值。选择单元格 L4，在编辑栏中输入计算公式，按 Enter 键返回月份值。

STEP|14 选择单元格 M4，在编辑栏中输入计算公式，按 Enter 键返回季度值。

STEP|15 选择单元格 N4，在编辑栏中输入计算公式，按 Enter 键返回年份值。

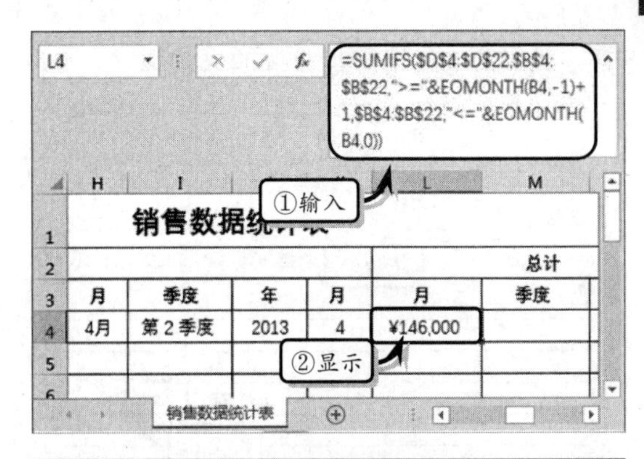

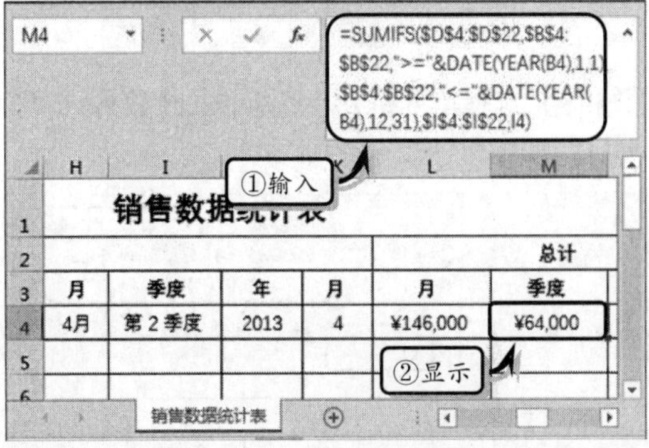

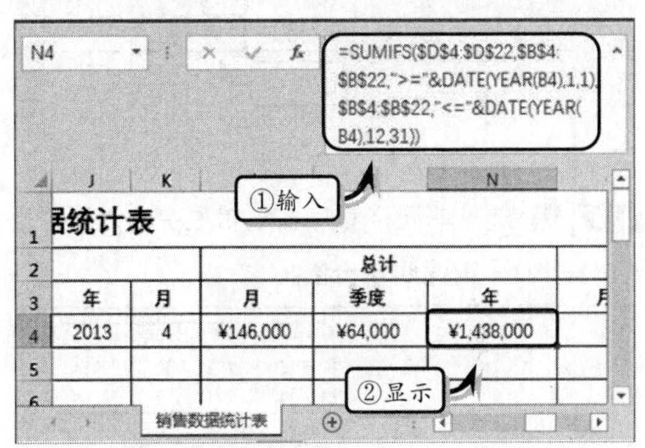

STEP|16 选择单元格区域 L4:N22，执行【开始】|【编辑】|【填充】|【向下】命令，向下填充公式。

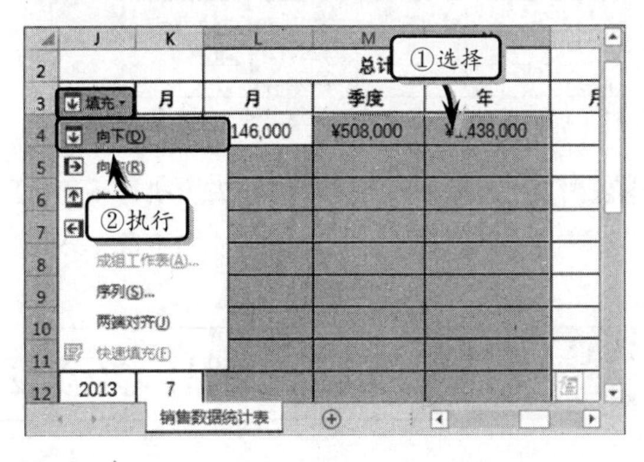

STEP|17 计算预测值。选择单元格 O4，在编辑栏

中输入计算公式，按 Enter 键返回月份值。

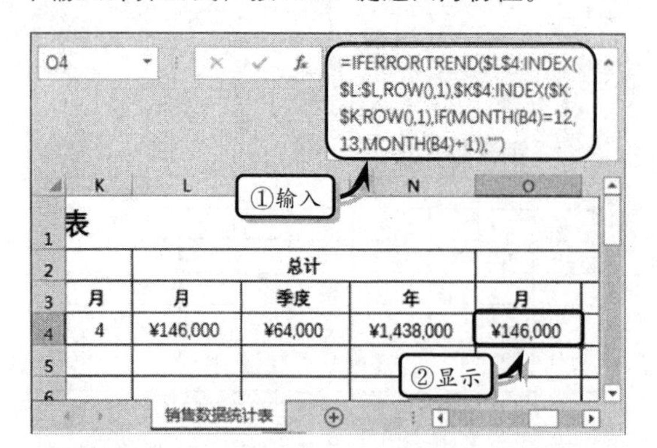

STEP|18 选择单元格 P4，在编辑栏中输入计算公式，按 Enter 键返回季度值。

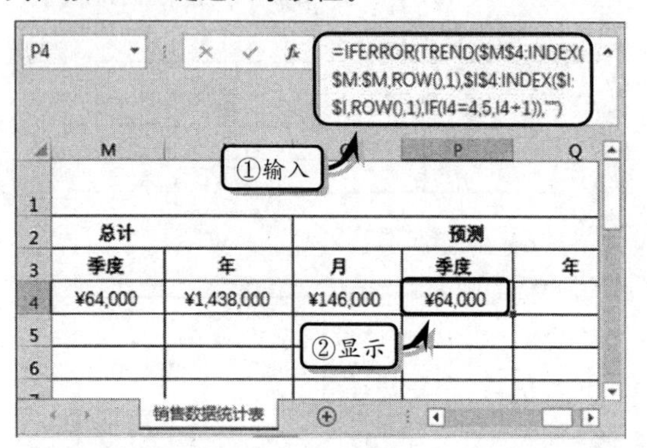

STEP|19 选择单元格 Q4，在编辑栏中输入计算公式，按 Enter 键返回年份值。

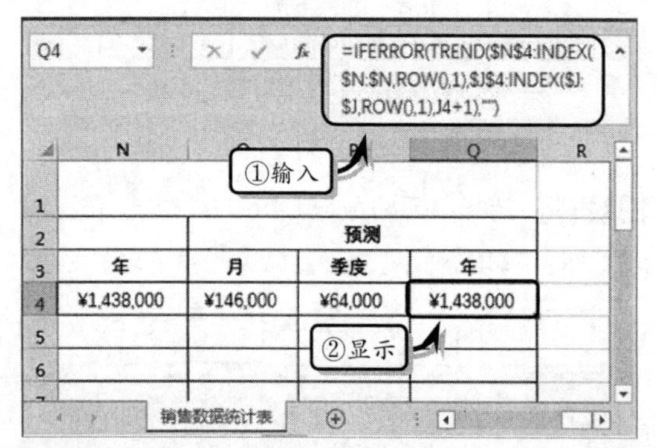

STEP|20 选择单元格区域 O4:Q22，执行【开始】|【编辑】|【填充】|【向下】命令，向下填充公式。

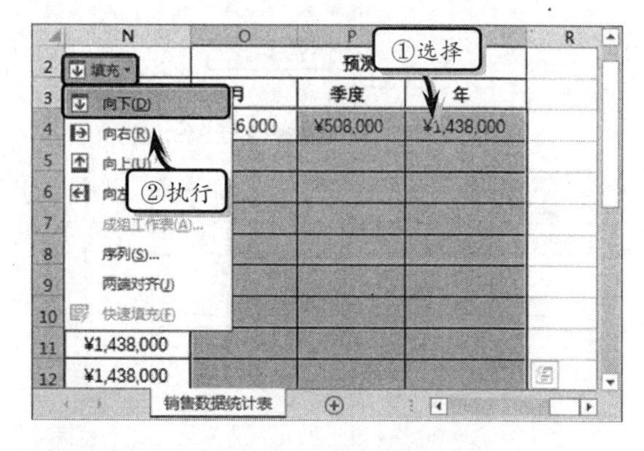

STEP|21 设置背景色。选择合并后的单元格 B2，执行【开始】|【样式】|【单元格样式】|【着色 6】命令。使用同样方法，设置其他单元格区域的单元格样式。

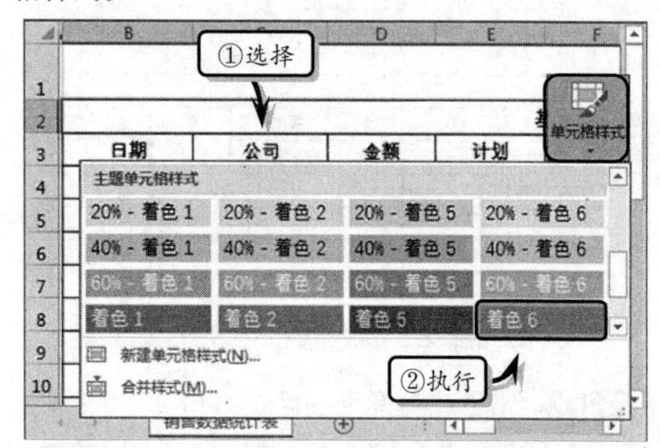

STEP|22 设置外边框格式。选择单元格区域 B2:K22，执行【开始】|【字体】|【边框】|【粗外侧框线】命令，设置单元格的外边框格式。使用同样方法，设置其他单元格区域的外边框格式。

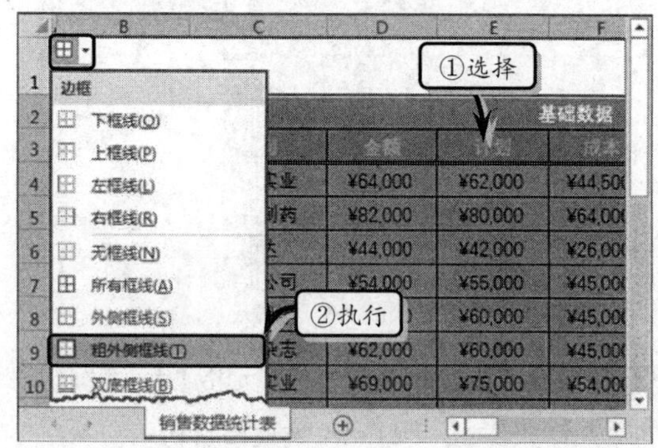

Excel 7.5 练习：制作动态交叉数据分析表

交叉数据分析表是将两个不同的数据列表按照指定的规定重新

进行组合。在本练习中，将使用数组公式，依据日期统计的销售额与工牌号创建一个交叉数据分析表，以便统计每位员工每天的销售额。

动态交叉数据分析表

销售数据表			辅助列表		日销售额汇总表				
日期	工牌号	销售金额	工牌号	姓名	1日	2日	3日	4日	合计
2月1日	001	12938	001	陈红	32765	18739	17635	17635	86774
2月1日	002	23984	002	王阳	47932	32983	34873	34873	150661
2月1日	003	49283	003	李红	92264	41098	39872	39872	213106
2月1日	004	21092	004	曹瑾	43301	31093	40928	40928	156250
2月1日	005	32983	005	云飞	69081	41093	43983	43983	198140
2月1日	006	48793	006	白云	48793	50298	135825	79837	314753
2月1日	001	19827	合计						1119684

操作步骤

STEP|01 制作销售数据表。新建工作表，设置工作表的行高。合并单元格区域 B1:K1，输入标题文本并设置文本的字体格式。

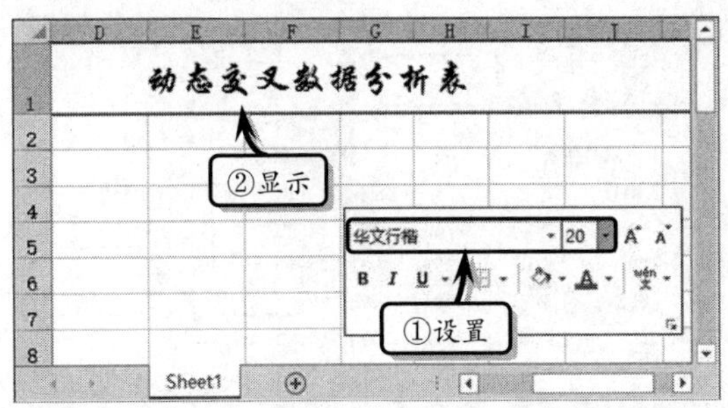

STEP|02 输入列标题，选择单元格区域 C4:C23，右击执行【设置单元格格式】命令。选择【自定义】选项，并输入自定义代码。

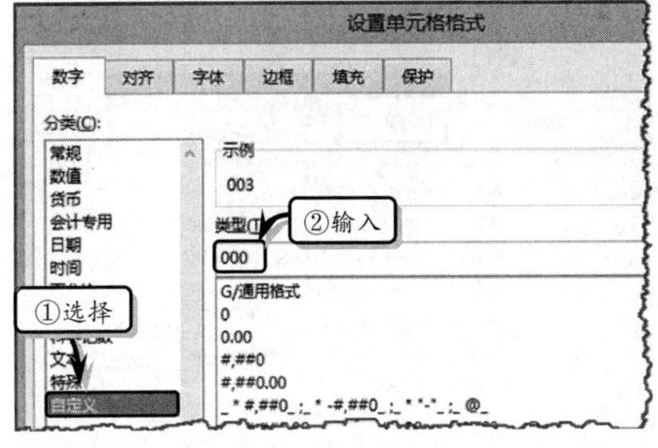

STEP|03 选择单元格 B4:B23，右击执行【设置单元格格式】命令。选择【自定义】选项，并输入自定义代码。

STEP|04 输入基础数据，选择单元格区域 B3:D33，执行【开始】|【对齐方式】|【居中】命令，设置居中对齐格式。使用同样方法，制作其他数据表。

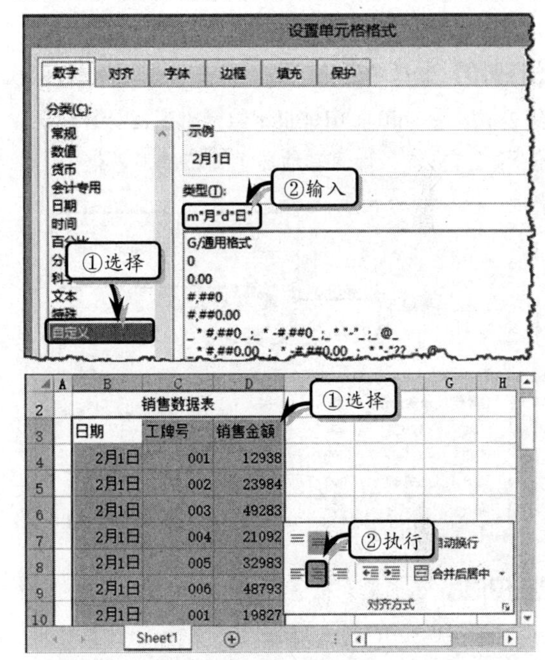

STEP|05 计算汇总数据。选择单元格区域 G4:J3，右击执行【设置单元格格式】命令，选择【自定义】选项，并输入自定义代码。

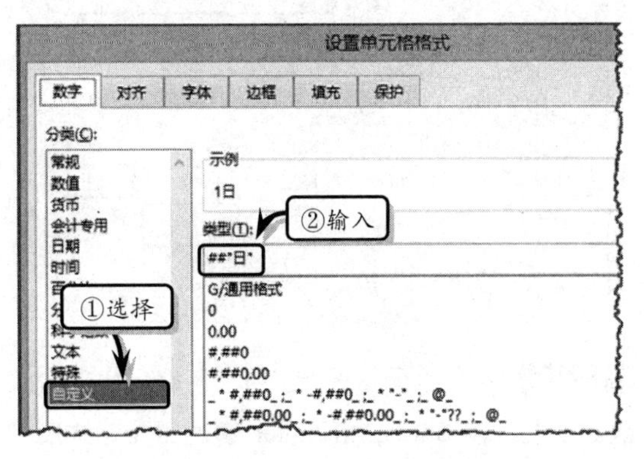

STEP|06 选择单元格区域 G4，在编辑栏中输入数组公式，按 Shift+Ctrl+Enter 组合键返回计算结果。使用同样方法，计算其他员工的 1 日汇总值。

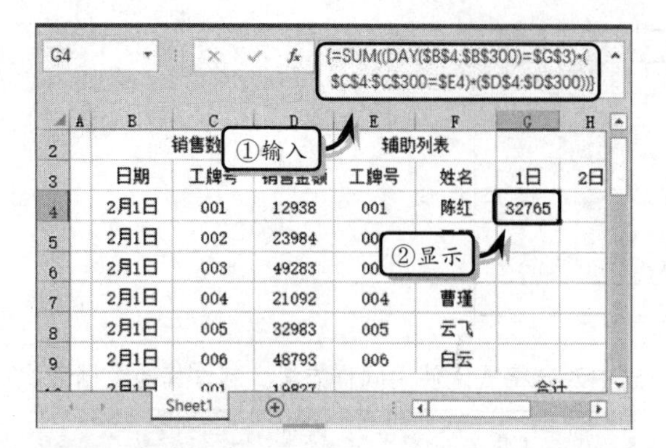

STEP|07 选择单元格区域 H4，在编辑栏中输入数组公式，按 Shift+Ctrl+Enter 组合键返回计算结果。使用同样方法，计算其他员工 2 日的汇总值。

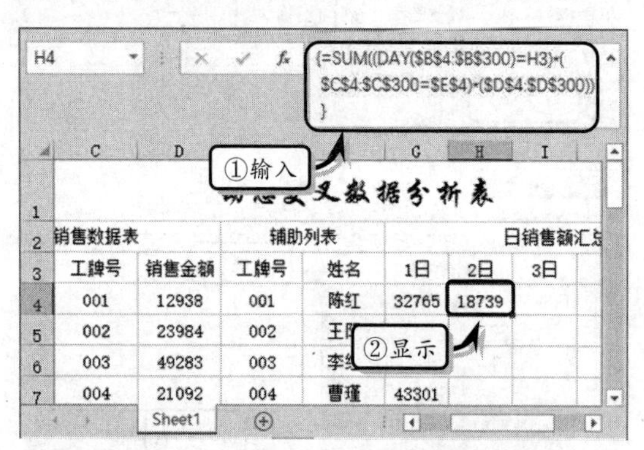

STEP|08 选择单元格区域 I4，在编辑栏中输入数组公式，按 Shift+Ctrl+Enter 组合键返回计算结果。使用同样方法，计算其他员工 3 日的汇总值。

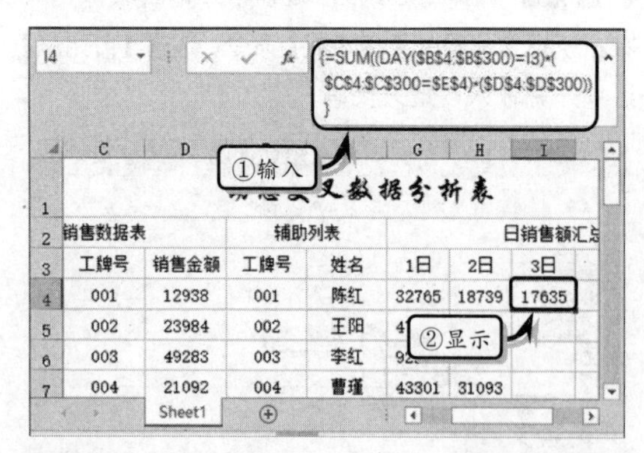

STEP|09 选择单元格区域 H4，在编辑栏中输入数组公式，按 Shift+Ctrl+Enter 键返回计算结果。使用同样方法，计算其他员工 4 日的汇总值。

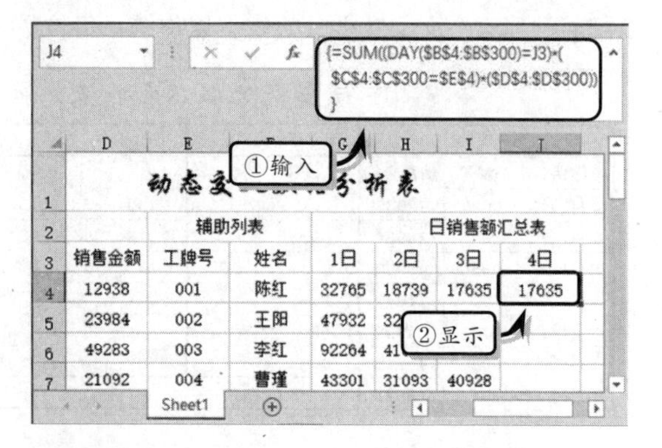

STEP|10 选择单元格 K4，在编辑栏中输入计算公式，按 Enter 键返回合计值。使用同样方法，计算其他合计值。

STEP|11 选择单元格 K10，在编辑栏中输入数组公式，按 Shift+Ctrl+Enter 组合键返回总值。

STEP|12 美化工作表。选择单元格区域 B2:D33，执行【开始】|【样式】|【单元格样式】|【输出】命令，设置单元格样式。

STEP|13 选择单元格区域 E2:K10，执行【开始】|【样式】|【单元格样式】|【计算】命令，设置单

元格样式。

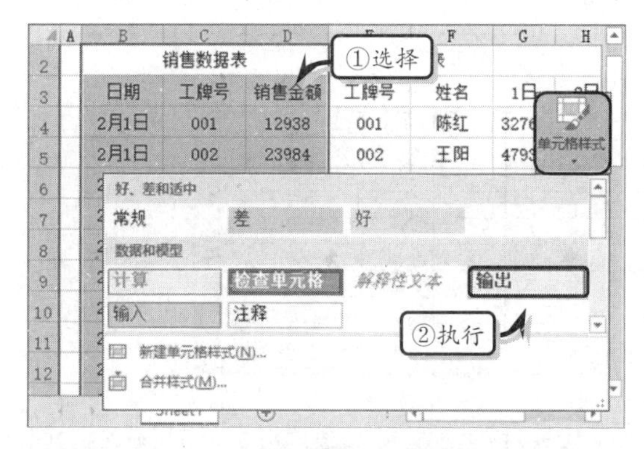

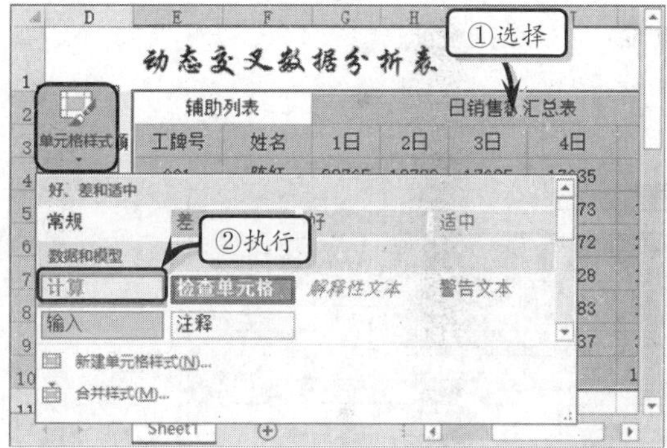

STEP|14 选择单元格区域 B3:D33，执行【开始】|【字体】|【边框】|【所有框线】命令，设置边框格式。

STEP|15 同时，选择单元格 B2 和单元格区域 B3:D33，执行【开始】|【字体】|【边框】|【粗外侧框线】命令。使用同样方法，设置其他单元格或单元格区域的边框格式。

STEP|16 在【视图】选项卡【显示】选项组中，禁用【网格线】复选框，隐藏网格线。

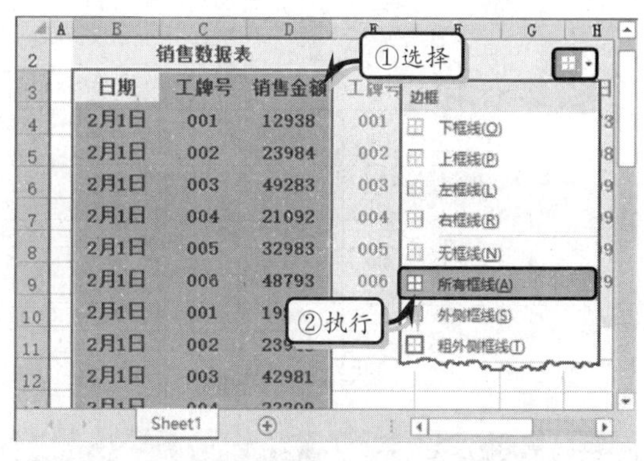

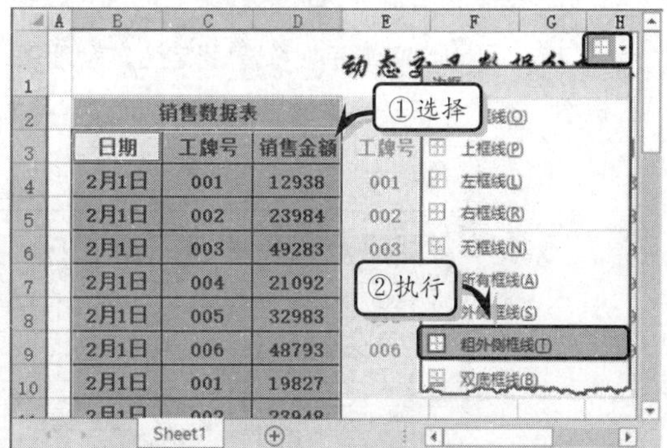

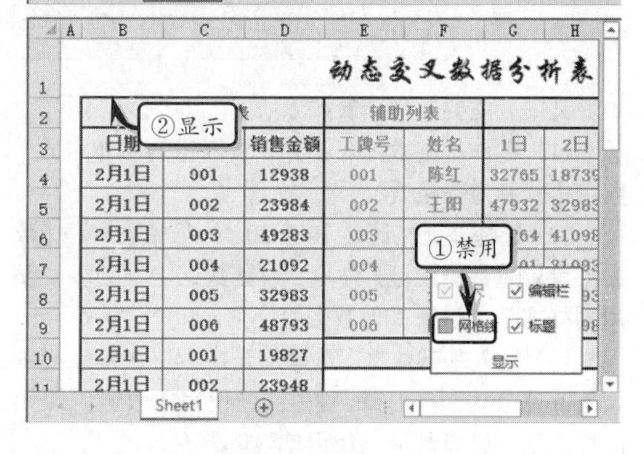

7.6 新手训练营

练习 1：制作考核成绩统计表

downloads\7\新手训练营\考核成绩统计表

提示：本练习中，主要使用 Excel 中的合并单元格、设置对齐格式、设置边框和字体格式等功能，以及 SUM 函数和 COUNTIF 函数。

其中，主要制作步骤如下所述。

（1）制作基础数据表，并设置数据表的对齐、字体和边框格式。

（2）选择单元格 H4，在编辑栏中输入计算公式，按 Enter 键返回平均分。同样方法，计算其他平均分。

（3）选择单元格 I4，在编辑栏中输入计算公式，按 Enter 键返回大于 90 分的人数。

（4）选择单元格 J4，在编辑栏中输入计算公式，按 Enter 键返回大于 80 分的人数。

（5）选择单元格 K4，在编辑栏中输入计算公式，按 Enter 键返回大于 70 分的人数。

（6）选择单元格 L4，在编辑栏中输入计算公式，按 Enter 键返回不及格的人数。

考核成绩统计表

员工工牌号	部门	姓名	职务	考核课程			平均分	大于90分的人数	大于80分的人数	大于70分的人数	不及格的人数
				课程1	课程2	课程3					
10010	财务部	陈香	主管	92	89	93	91.33	2	6	3	2
20011	市场部	王峰	职员	88	83	78	83.00				
10012	财务部	李鬘	会计	80	78	65	74.33				
20010	市场部	秦桧	职员	62	51	56	56.33				
30009	人事部	金山	职员	73	87	90	83.33				
30012	人事部	张思	主管	88	80	87	85.00				
10015	财务部	刘元	会计	55	62	61	59.33				

练习 2：制作固定资产管理表

downloads\7\新手训练营\固定资产管理表

提示：本练习中，主要使用 Excel 中的合并单元格、设置对齐格式、设置边框格式、套用表格格式等功能，以及数据验证功能和 DAYS360 函数、SUMIF 函数。

固定资产管理表

当前日期： 2016/1/24　　编制单位：　　单位：元

资产编号	形态类别	资产名称	规格型号	使用状态	使用部门	增加日期	增加方式	可使用年限	已使用年限	资产原值
01	房屋	办公楼	3万平米	在用	研发部	2006年5月1日	自建	30	10	3,000,000.00
02	房屋	厂房	20万平米	在用	生产部	2006年2月2日	自建	30	10	20,000,000.00
03	房屋	仓库	10万平米	在用	销售部	2006年2月2日	自建	20	10	1,000,000.00
04	办公设备	空调	格兰仕	在用	行政部	2006年3月1日	购入	5	10	10,000.00
05	办公设备	计算机	联想	在用	研发部	2006年4月6日	购入	5	10	6,000.00
06	办公设备	计算机	戴尔	在用	行政部	2006年6月4日	购入	5	10	6,000.00
07	办公设备	传真机	华威	在用	行政部	2006年9月1日	购入	5	9	3,000.00
08	运输设备	货车	10吨	在用	生产部	2006年1月1日	购入	8	10	310,000.00

汇总数据

形态类别	资产原值
房屋	24,000,000.00
办公设备	33,000.00
运输设备	1,510,000.00
生产设备	3,240,000.00
电子设备	10,000.00

其中，主要制作步骤如下所述。

（1）制作基础数据表，并设置表格的字体格式、数字格式和对齐格式。

（2）选择单元格区域 H4:H20，执行【数据】|【数据工具】|【数据验证】命令，设置数据验证列表。使用同样方法，设置其他数据验证列表。

（3）输入基础数据，选择单元格 J4，在编辑栏中输入计算公式，按 Enter 键返回已使用年限值。使用同样方法，计算其他已使用年限值。

（4）选择单元格 N4，在编辑栏中输入计算公式，按 Enter 键返回房屋类的资产原值。使用同样方法，计算其他资产原值。

（5）选择单元格区域 A3:K20，执行【开始】|【样式】|【套用表格格式】|【表样式中等深浅 14】命令，设置表样式。

（6）使用同样方法设置单元格区域 M3:N8 的表样式，同时设置所有单元格区域的内外边框格式。

练习 3：制作生产成本月汇总表

downloads\7\新手训练营\生成成本月汇总表

提示：本练习中，主要使用 Excel 中的合并单元格、设置对齐格式、设置边框格式和套用表格样式等功能，以及 SUM 函数、IF 函数和 RANK 函数。

生产成本月汇总表

月份：　1　　单位：元

产品	期初数	直接材料	直接人工	制造费用	成本总额	转出金额	转出数量	单位成本	期末数	直接材料比重	直接人工比重	制造费用比重	成本结构	结构排序
产品A	61084	1338293	545832	1013874	2897999	399823	79384	5.04	2559260	0.46	0.19	0.35	0.18	2
产品B	52229	948736	765382	1123748	2837866	311847	81147	3.84	2578248	0.33	0.27	0.40	0.18	3
产品C	58590	877382	462875	956848	2297105	487349	89374	5.45	1868346	0.38	0.20	0.42	0.15	6
产品D	53443	938983	533884	934742	2407609	342859	76372	4.49	2118193	0.39	0.22	0.39	0.15	4
产品E	67683	1209837	621372	1119384	2950593	45775	73747	0.62	2972501	0.41	0.21	0.38	0.19	1
产品D	49853	958732	565372	845723	2369827	311472	76112	4.09	2108208	0.40	0.24	0.36	0.15	5
合计	342882	6271963	3494717	5994319	15760999	1899125	476136		14204756					

其中，主要制作步骤如下所述。

（1）制作基础数据表，并设置数据表的字体、对齐、数字和边框格式。

（2）选择单元格 G4，在编辑栏中输入计算公式，按 Enter 键返回产品 A 的成本总额。使用同样方法，计算其他产品的总额。

（3）选择单元格 J4，在编辑栏中输入计算公式，按 Enter 键返回产品 A 的单位成本。使用同样方法，计算其他产品的单位成本。

（4）选择单元格 K4，在编辑栏中输入计算公式，按 Enter 键返回产品 A 的期末数。使用同样方法，计算其他产品的期末数。

（5）选择单元格 L4，在编辑栏中输入计算公式，按 Enter 键返回产品 A 的直接材料比重。使用同样方法，计算其他产品的直接材料比重。

（6）选择单元格 M4，在编辑栏中输入计算公式，按 Enter 键返回产品 A 的直接人工比重。使用同样方法，计算其他产品的直接人工比重。

（7）选择单元格 N4，在编辑栏中输入计算公式，按 Enter 键返回产品 A 的制造费用比重。使用同样方法，计算其他制造费用比重。

（8）选择单元格 O4，在编辑栏中输入计算公式，按 Enter 键返回产品 A 的成本结构。使用同样方法，计算其他产品的成本结构。

（9）选择单元格 P4，在编辑栏中输入计算公式，按 Enter 键返回产品 A 的结构排序。使用同样方法，计算其他产品的结构排序。

（10）选择单元格 C10，在编辑栏中输入计算公式，按 Enter 键返回期初数的合计值。使用同样方法，计算合计值。

第 8 章

使用图像

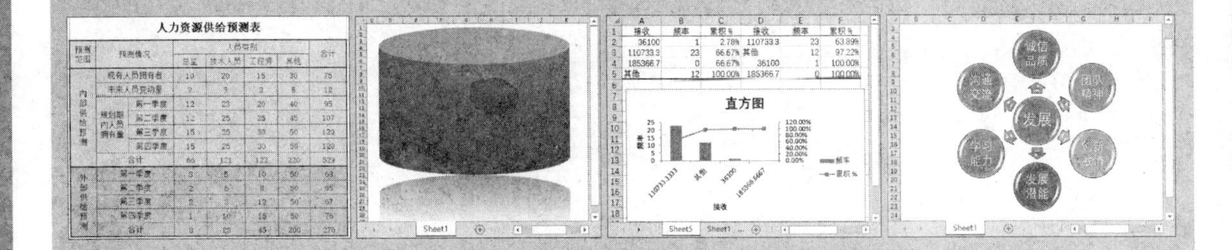

Excel 作为一个优秀的数据处理软件，不仅可以实现整理、分析与计算数据等多种操作，还可以将图片与数据结合在一个版面上，轻松设计出图文并茂的工作表，以提高数据表的说服力与感染力。在本章中，在介绍各种实际应用方法的基础上，循序渐进地介绍应用图像的基础知识。

Excel 8.1 插入图片

Excel允许用户直接从本地磁盘或网络中选择图片，将其插入到工作簿中。

8.1.1 插入本地图片

打开Excel工作簿，执行【插入】|【插图】|【图片】命令，弹出【插入图片】对话框，选择需要插入的图片文件，并单击【插入】按钮。

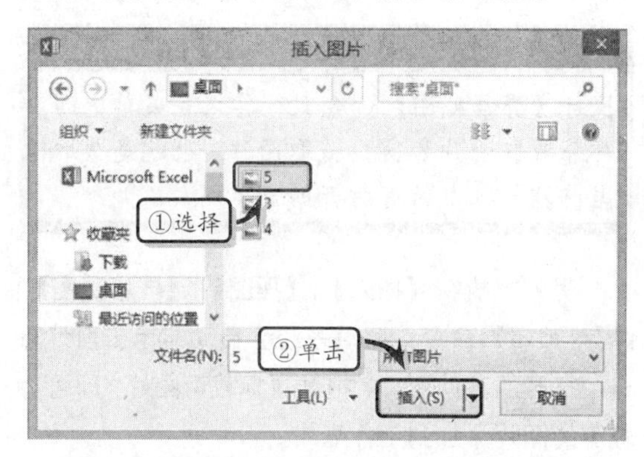

此时，在工作表中将显示所插入的图片。

注意

单击【插入图片】对话框中的【插入】下拉按钮，选择【链接到文件】选项，当图片文件丢失或移动位置，重新打开工作簿时，图片将无法正常显示。

8.1.2 插入联机图片

Excel 2016中的【联机图片】功能有了新的改变，目前只能添加"必应图像搜索"和OneDrive-个人中的图片。

1．必应图像搜索

执行【插入】|【插图】|【联机图片】命令，弹出【插入图片】对话框。在【必应图像搜索】文本框中输入搜索内容，单击【搜索】按钮。

然后，在弹出的搜索结果中，选择相应的图片，单击【插入】按钮，插入图片。

技巧

在搜索结果对话框中，选择【返回到站点】选项，即可返回到【插入图片】对话框的首要页面中。

2．OneDrive-个人

执行【插入】|【插图】|【联机图片】命令，在弹出的【插入图片】对话框中，选择【OneDrive-个人】选项对应的【浏览】选项。

然后，在弹出的【OneDrive-个人】对话框中，选择【图片】文件夹。

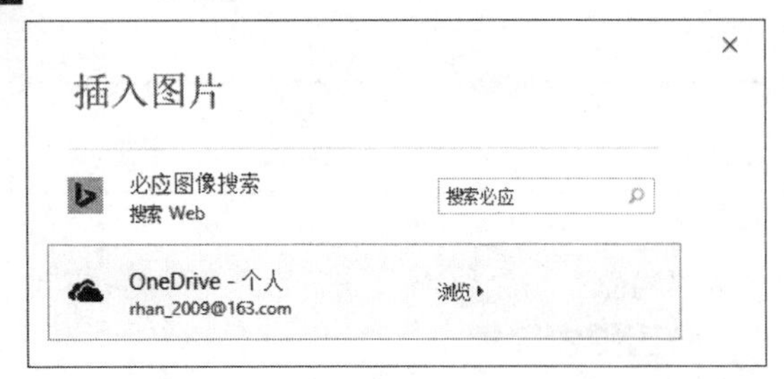

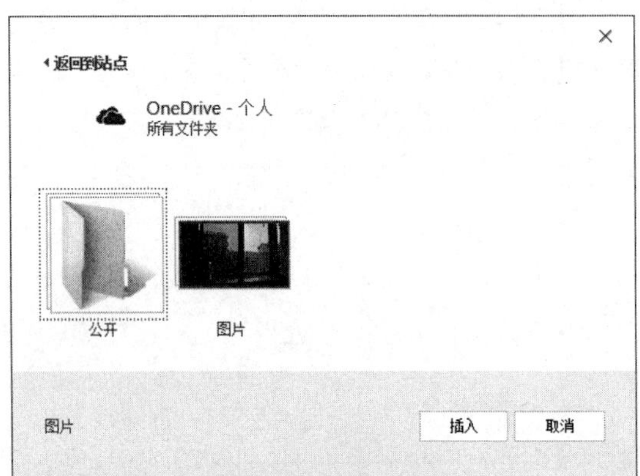

在【图片】文件夹中，选择具体图片，单击【插入】按钮，即可将 OneDrive-个人中的图片插入到工作表中。

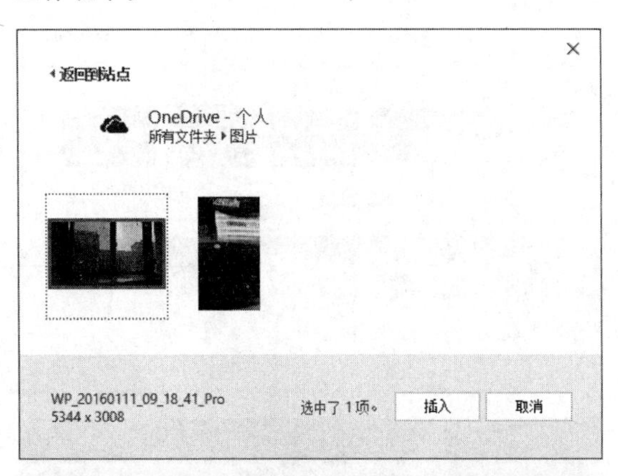

提示

在插入 OneDrive-个人中的图片之前，还需要先将本地或其他设备中的图片上传到 OneDrive-个人中心。

8.1.3 插入屏幕截图

屏幕截图是 Excel 新增的一种对象，可以截取当前系统打开的窗口，将其转换为图像，插入到工作表中。

执行【插入】|【插图】|【屏幕截图】命令，在其级联菜单中选择截图图片，即可将图片插入到工作表中。

技巧

执行【屏幕截图】命令时，其级联菜单中的屏幕截取图片为窗口截取图片，也就是截取当前计算机中所有打开的窗口图片。

另外，执行【插入】|【插图】|【屏幕截图】|【屏幕剪辑】命令，此时系统会自动显示当前计算机中打开的其他窗口，拖动鼠标裁剪图片，即可将裁剪的图片添加到工作表中。

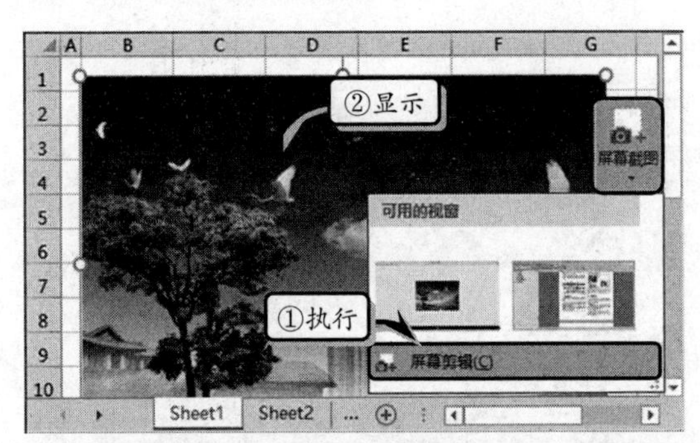

注意

屏幕截图中的可用视窗只能截取当前处于最大化窗口方式的窗口，而不能截取最小化的窗口。

Excel 知识链接 8-1 应用数学公式

Excel 为用户提供了编辑数学公式的功能，从而方便用户在没有专业的公式编辑器的情况下，便捷地编辑各种类型的数学公式。

8.2 编辑图片

为工作表插入图片后，为了使图文更易于融合到工作表内容中，也为了使图片更加美观，还需要对图片进行一系列的编辑操作。

8.2.1 调整图片

为工作表插入图片之后，用户会发现其插入的图片大小是图片自身显示的。为了使图片适应工作表的整体布局，需要调整图片的大小、位置、方向和对齐方式。

1. 调整图片大小

选择图片，此时图片四周会出现8个控制点，将鼠标置于控制点上，当光标变成"双向箭头"形状↖↘时，拖动鼠标即可。

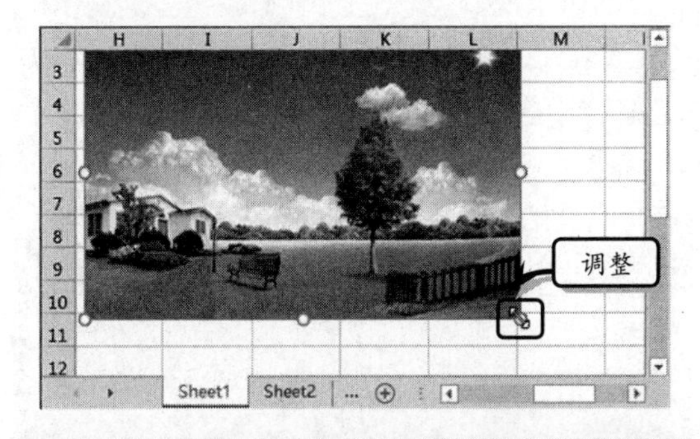

技巧

鼠标调整图片时，为保证图片不变形，需要拖动对角中的控制点，进行等比例缩放图片。

另外，选择图片，在【图片工具】|【格式】|【大小】选项组中，单击【高度】与【宽度】微调框，设置图片的大小值。

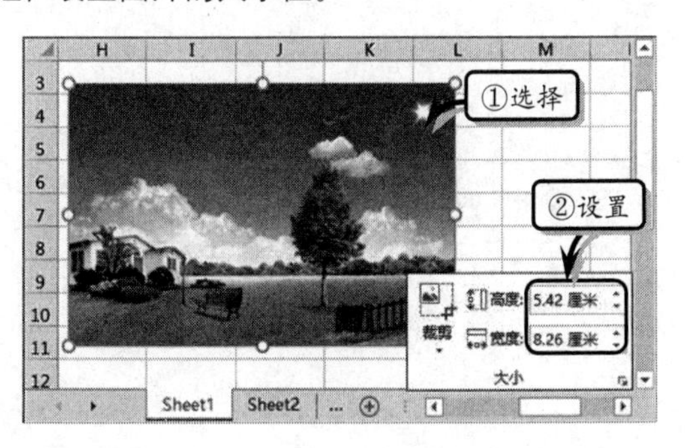

除此之外，单击【大小】选项组中的【对话框启动器】按钮，在弹出的【设置图片格式】窗格中的【大小】选项组中，调整其【高度】和【宽度】值，也可以调整图片的大小。

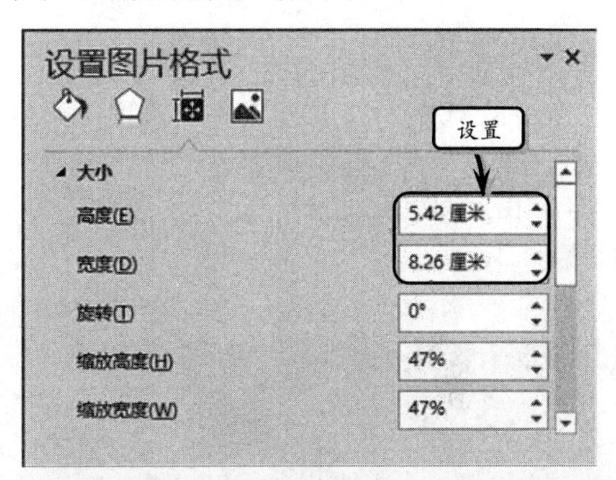

技巧

在【设置图片格式】任务窗格中，调整【缩放高度】和【缩放宽度】中的百分比值，也可调整图片大小。

2. 调整图片位置

选择图片，将鼠标放置于图片中，当光标变成四向箭头时，按住鼠标左键拖动图片至合适位置，松开鼠标即可。

3. 调整图片的方向

选择图片，将鼠标移至图片上方的旋转点处，当鼠标变成⟳形状时，按住鼠标左键，当鼠标变成形状时，旋转鼠标即可旋转图片。

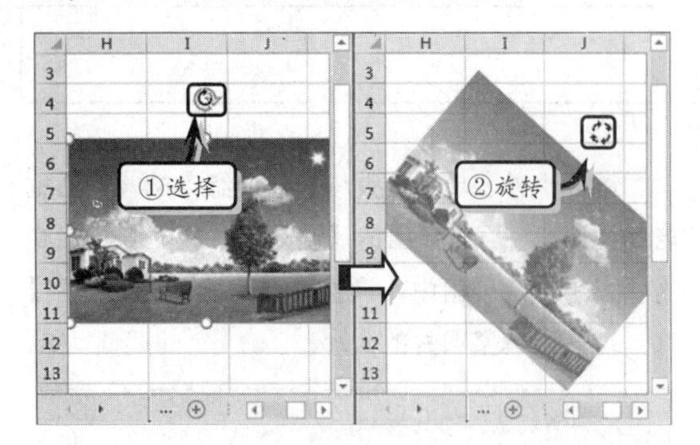

另外，选择图片，执行【图片工具】|【排列】|【旋转】命令，在其级联菜单中选择一个选项，即可将图片向右或向左旋转 90°，以及垂直和水平翻转图片。

注意

执行【图片工具】|【排列】|【旋转】|【其他旋转选项】命令，可在弹出的【设置图片格式】任务窗格中，自定义图片的旋转角度。

4. 对齐图片

选择多个图片，执行【图片工具】|【格式】|【排列】|【对齐】命令，在其级联菜单中选择一种对齐方式。

8.2.2 排列与组合图片

当工作表中包含多张图片时，为了图层图片的层次性和整齐性，需要对图片进行排列和组合操作。

1. 排列图片

排列图片是调整图片的显示层次，使图片置于其他对象的上层或下层。

选择图片，执行【图片工具】|【格式】|【排列】|【上移一层】|【置于顶层】命令，将图片放置于所有对象的最上层。

同样，用户也可以选择图片，执行【图片工具】|【格式】|【排列】|【下移一层】|【置于底层】命令，将图片放置于所有对象的最下层。或者，执行【下移一层】|【下移一层】命令，按层次放置图片。

技巧

选择图片，右击执行【置于顶层】|【置于顶层】命令，也可将图片放置于所有对象的最上面。

2. 组合图片

组合图片是将多张图片组合成一个对象，便于用户对其移动、对齐和调整。

选择多张图片，执行【格式】|【排列】|【组合】|【组合】命令，将图片组合在一起。

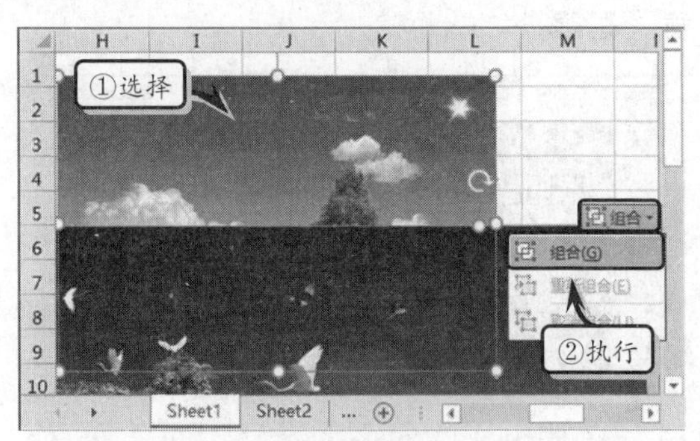

组合图片之后，执行【格式】|【排列】|【组合】|【取消组合】命令，即可取消图片之间的组合。除此之外，当用户取消图片组合之后，选择曾经被组合过的图片，执行【组合】|【重新组合】命令，即可重新组合图片。

提示

选择多张图片，右击执行【组合】|【组合】命令，也可组合图片。

8.2.3　设置图片效果

设置图片效果包括设置图片颜色、锐化/柔化、亮度/对比度，以及艺术效果等，使图片更美观。

1．更正图片

Excel 为用户提供了 30 种图片更正效果，用于设置图片的锐化、柔化、亮度和对比度。

选择图片，执行【图片工具】|【格式】|【调整】|【更正】命令，在其级联菜单中选择一种更正效果。

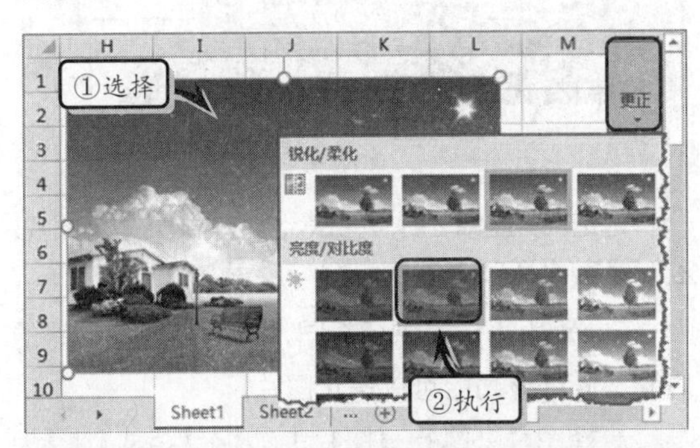

技巧

用户可通过执行【格式】|【调整】|【重设图片】命令，撤销图片的设置效果，恢复至最初状态。

另外，执行【图片工具】|【格式】|【调整】|【更正】|【图片更正选项】命令。在【设置图片格式】窗格中的【图片更正】选项组中，根据具体情况自定义图片更正参数。

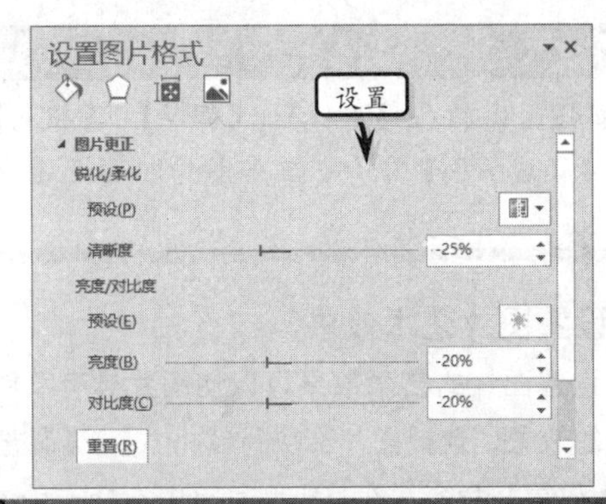

注意

在【设置图片格式】任务窗格中的【图片更正】选项组中，单击【重置】按钮，可撤销所设置的更正参数，恢复初始值。

2．设置图片颜色

设置图片的颜色用于设置图片的颜色饱和度、色调、重新着色等颜色效果，以提高图片的质量。

选择图片，执行【格式】|【调整】|【颜色】命令，在其级联菜单中的【重新着色】栏中选择相应的选项，设置图片的颜色样式。

另外，执行【颜色】|【图片颜色选项】命令，在弹出的【设置图片格式】窗格中的【图片颜色】选项组中，设置图片颜色的饱和度、色调与重新着色等选项。

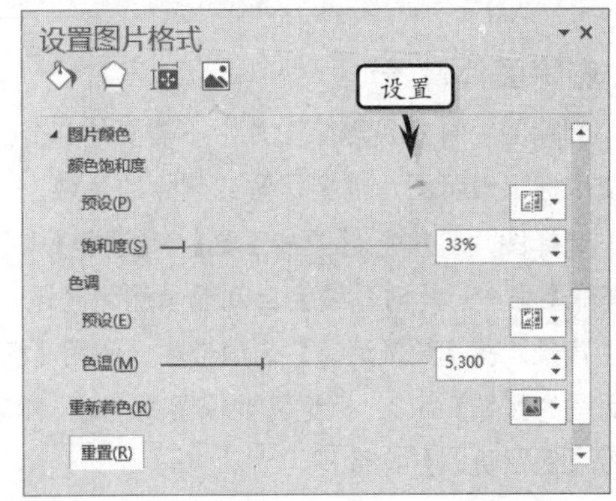

提示

选择图片，执行【格式】|【调整】|【颜色】|【设置透明色】命令，单击图片即可设置透明色。

3．设置图片艺术效果

设置图片的艺术效果可以使图片具有草图和油画的效果。选择图片，执行【格式】|【调整】|【艺术效果】命令，在其级联菜单中选择一种效果即可。

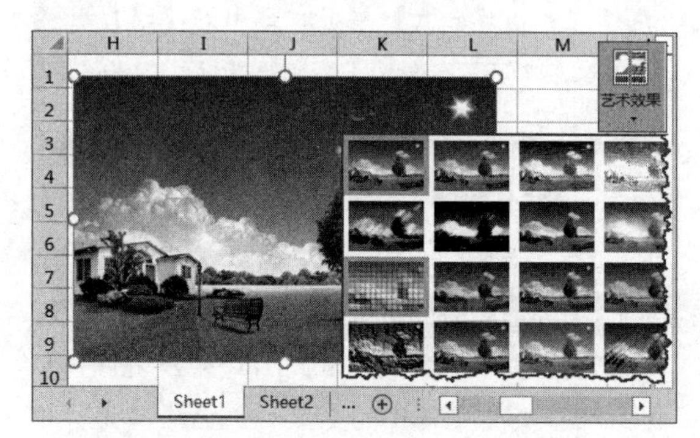

另外，执行【艺术效果】|【艺术效果选项】命令，在弹出的【设置图片格式】窗格中的【艺术效果】选项组中，可设置艺术效果类型、透明度和平滑度。

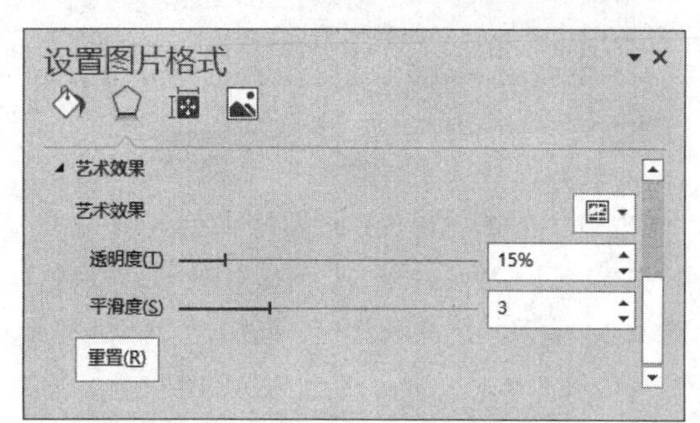

4．删除图片背景

删除图片背景是删除图片中不需要的部分，可以使用标记表示图片需要保留或删除的区域。

选择图片，执行【图片工具】|【调整】|【删除背景】命令，此时系统会自动显示删除区域，并标注背景。在【背景消除】选项卡中，使用【标记要保留的区域】命令，标记需要保留的区域。然后，执行【保留更改】命令即可。

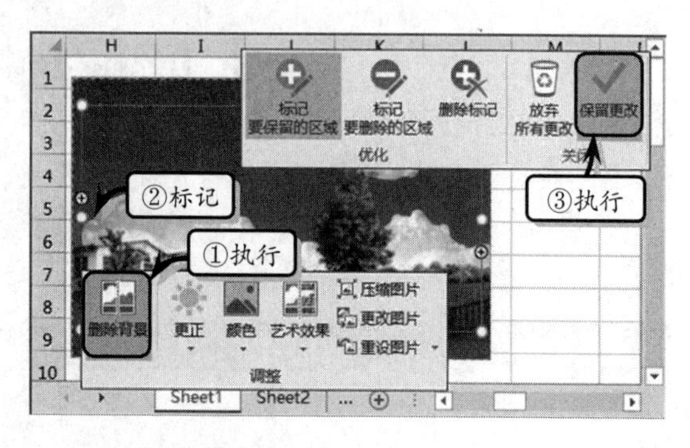

8.2.4 裁剪图片

为了使图片实用和美观，还需要对图片进行裁剪，或将图片裁剪成各种形状。

1．裁剪大小

选择图片，执行【图片工具】|【格式】|【大小】|【裁剪】|【裁剪】命令，此时在图片的四周将出现裁剪控制点，在裁剪处拖动鼠标选择裁剪区域。

选定裁剪区域之后，单击其他地方，即可裁剪图片。

2．裁剪为形状

Excel 为用户提供了将图片裁剪成各种形状的功能，通过该功能可以美化图片。

选择图片，执行【图片工具】|【格式】|【大小】|【裁剪】|【裁剪为形状】命令，在其级联菜单中选择形状类型即可。

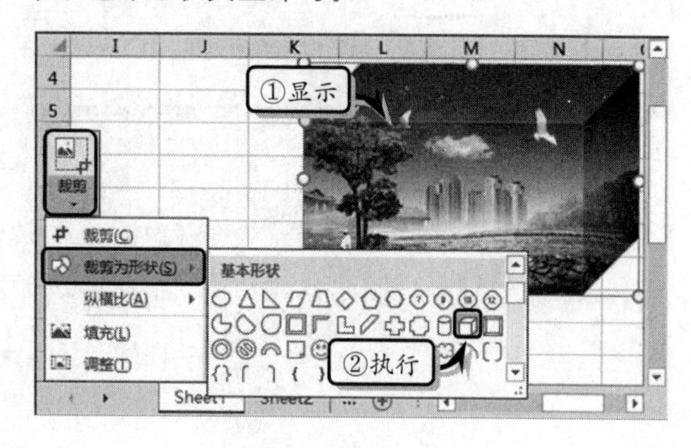

3．纵横比裁剪

除了自定义裁剪图片之外，Excel 还提供了纵横比裁剪模式，使用该模式可以将图片以 2∶3、3∶4、3∶5 和 4∶5 的比例进行纵向裁剪，或将图片以 3∶2、4∶3、5∶3 和 5∶4 等比例进行横向裁剪。

选择图片，执行【图片工具】|【格式】|【大小】|【裁剪】|【纵横比】命令，在其级联菜单中选择一种裁剪方式即可。

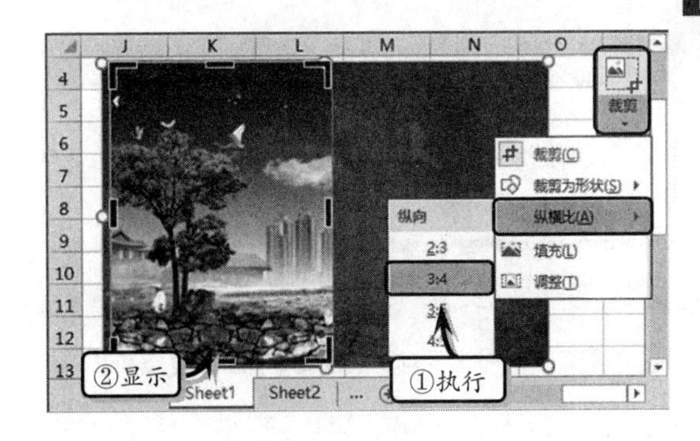

8.3 设置图片样式

在工作表中插入图片后，为了增加图片的美观性与实用性，还需要设置图片的格式。设置图片格式主要是对图片样式、图片形状、图片边框及图片效果的设置。

8.3.1　应用快速样式

快速样式是 Excel 预置的 28 种图像样式的集合，可方便地更改图像的边框以及其他内置的效果。

选择图片，执行【图片工具】|【格式】|【图片样式】|【快速样式】命令，在其级联菜单中选择一种快速样式，进行应用。

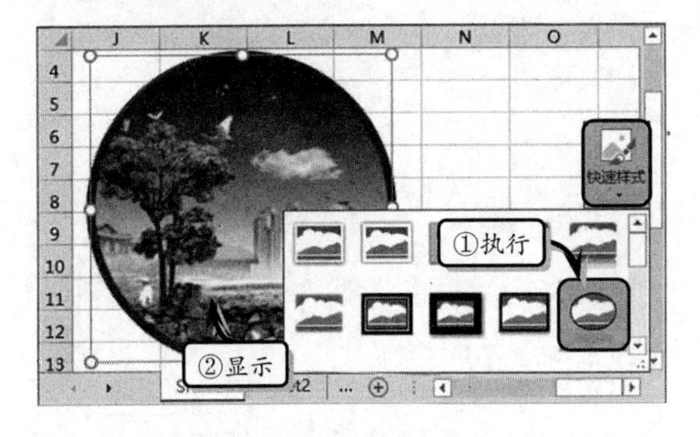

8.3.2　自定义边框样式

Excel 中除了使用系统内置的快速样式来美化图片之外，还可以通过自定义边框样式，达到美化图片的目的。

1．设置边框颜色

选择图片，执行【图片工具】|【格式】|【图片样式】|【图片边框】命令，在其级联菜单中选择一种色块。

注意

设置图片边框颜色时，执行【图片边框】|【其他轮廓颜色】命令，可在弹出的【颜色】对话框中自定义轮廓颜色。

2．设置轮廓样式

选择图片，执行【图片样式】|【图片边框】|【粗细】|【2.25 磅】命令，即可设置线条的粗细度。

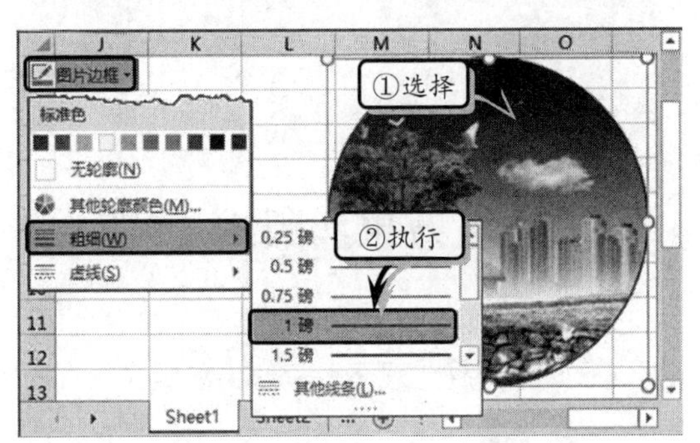

注意

当用户不满足当前所设置的图片边框样式时，可通过执行【图片边框】|【无轮廓】命令，取消边框样式。

另外，执行【图片样式】|【图片边框】|【虚线】|【方点】命令，即可设置边框的线条样式。

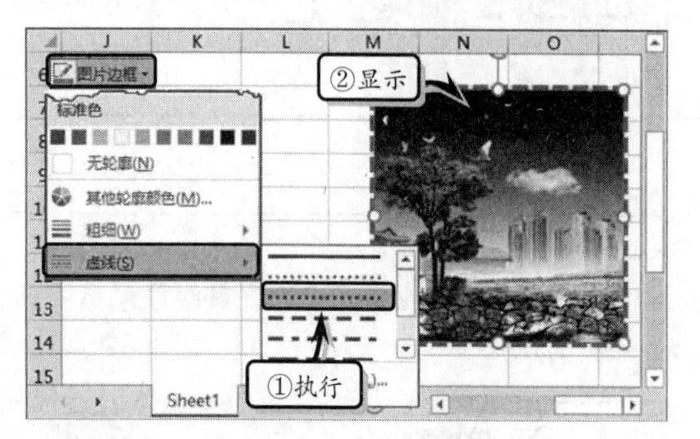

3. 自定义边框样式

右击图片执行【设置图片格式】命令，打开【设置图片格式】窗格。激活【线条】选项组，设置线条的颜色、透明度、复合类型和端点类型等线条效果。

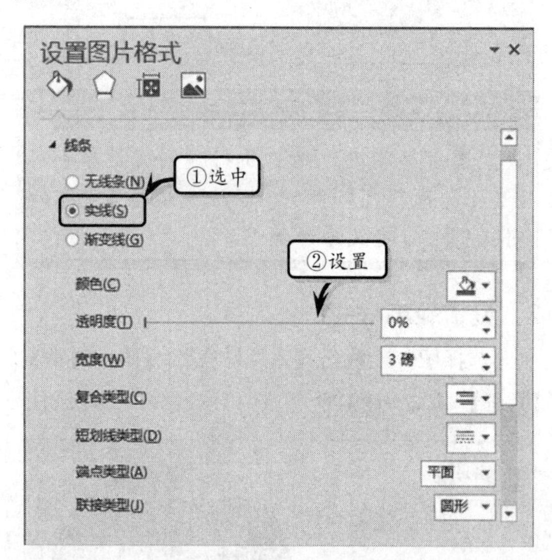

8.3.3 设置效果和版式

当快速样式和自定义边框样式无法满足图片设置需要时，可通过设置图片效果和版式的方法，来提高图片的美观性和可用性。

1. 设置图片效果

Excel 为用户提供了预设、阴影、映像、发光、柔化边缘、棱台和三维旋转 7 种效果，帮助用户对图片进行特效美化。

选择图片，执行【图片工具】|【格式】|【图片样式】|【图片效果】|【映像】命令，在其级联菜单中选择一种选项，即可添加图片的映像效果。

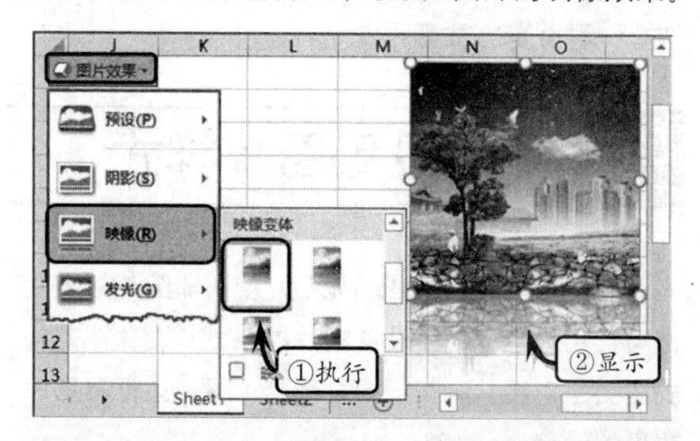

注意

为图片设置映像效果之后，可通过执行【图片效果】|【无映像】命令，取消映像效果。

另外，执行【图片效果】|【映像】|【映像选项】命令，可在弹出的【设置图片格式】任务窗格中，自定义透明度、大小、模糊和距离等映像参数。

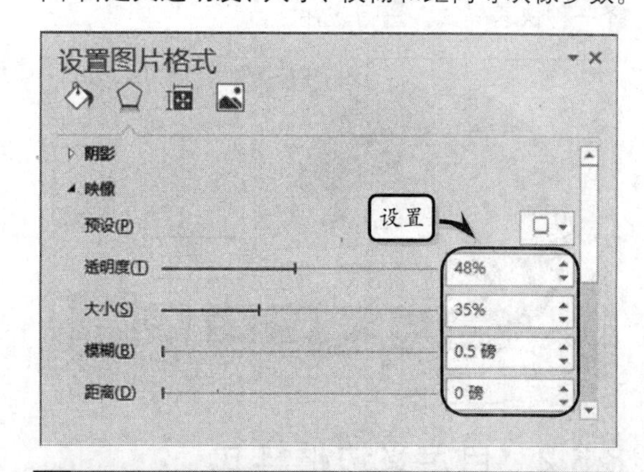

注意

在【设置图片格式】任务窗格中，还可以展开【阴影】、【发光】和【柔化边缘】等选项组，自定义图片的阴影、发光和柔化边缘等图片样式。

2．设置图片版式

设置图片版式是将图片转换为SmartArt图形，可以轻松地排列、添加标题并排列图片的大小。

选择图片，执行【图片工具】|【格式】|【图片样式】|【图片版式】命令，在其级联菜单中选择一种版式即可。

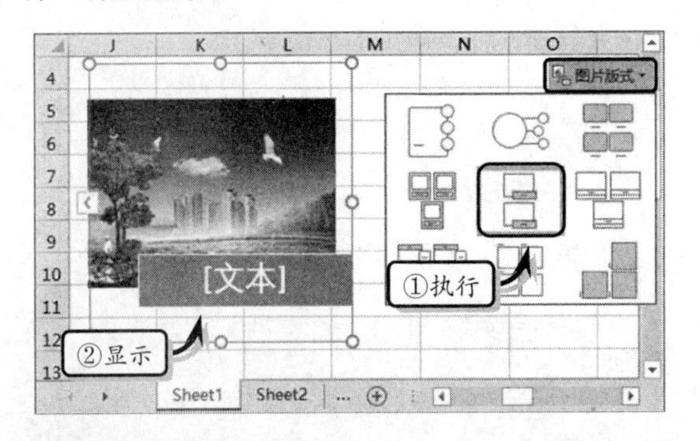

注意

设置图片版式之后，系统会自动显示【SmartArt 工具】选项卡，在该选项卡中可以设置SmartArt图形的布局、颜色和样式。

知识链接8-2 应用图片

在Excel中，可通过插入来自文件中图片的功能，来增加工作表的互动性与说明性。

8.4 使用三维地图

Excel 2016 新增了具有颜色功能的三维地图功能，可以帮助用户在随时间可视化的三维地图上查看地理数据，并且可以以动画方式呈现随时间变化的地理数据。除此之外，用户还可以将三维地图创建为视频并加以保存。

8.4.1 启动三维地图

对于第一次使用三维地图的用户，需要执行【插入】|【演示】|【三维地图】|【打开三维地图】命令。此时，系统会自动打开三维地图工作簿，并显示相应的命令和内容。

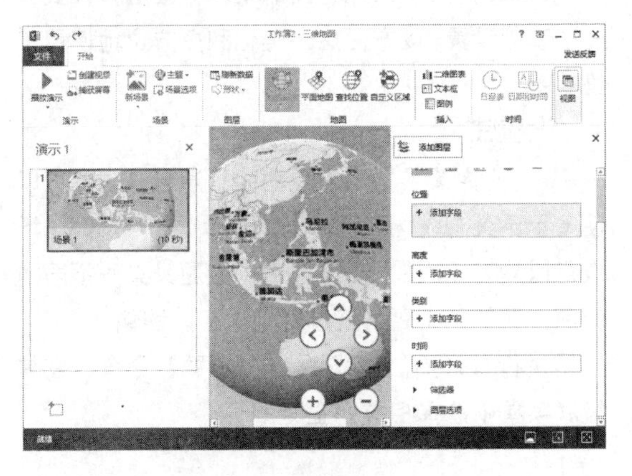

三维地图有点类似于数据透视图，启动之后用户会发现在界面的左侧显示【演示编辑器】窗格，中间部分为主窗格，而右侧显示【图层】窗格。

用户可在【视图】选项组中，通过执行【演示编辑器】、【图层窗格】和【字段列表】命令，显示或隐藏上述部件。

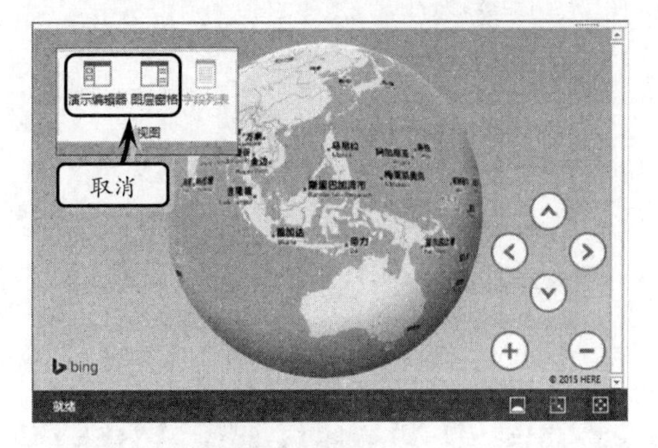

8.4.2 设置新场景

Excel为用户提供了活动场景的副本、世界地图或自定义背景3种类型的地图场景。用户只需根据设计需求，执行【开始】|【场景】|【新场景】|【世界地图】命令，即可创建一个世界地图场景。

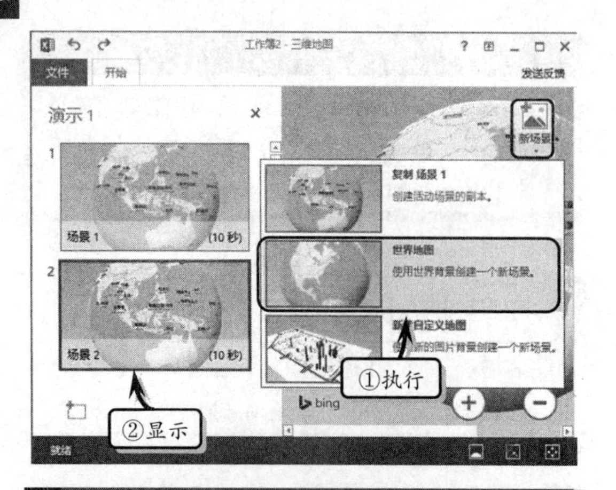

技巧

创建新场景之后，可在【演示编辑器】窗格中，单击场景右下角中的【删除所选场景】按钮，删除当前场景。

另外，执行【开始】|【场景】|【新场景】|【新建自定义地图】命令，在弹出的【自定义地图选项】窗格中，设置相应选项，单击【应用】按钮即可。

自定义地图选项
自定义地图 1
调整坐标，让您的数据更适合于地图。

	最小值	最大值	缩放比例 %	偏移量 %	翻转坐标轴
X	-180	180	100	0	☐
Y	-90	90	100	0	☐

☐ 交换 X 轴和 Y 轴。
自动调整 基于当前数据获取最佳设置。
像素空间 将坐标对齐地图上的像素位置。
图片名称 无
浏览背景图片。
☐ 锁定当前的坐标值。
应用 完成

提示

创建场景之后，可以在主界面中，通过单击【向左旋转】、【向右旋转】、【向上倾斜】和【向下倾斜】按钮，来调整场景方向。

对于新创建的场景，为了使其更具有演示效果，还需要设置场景中的一些选项。

执行【开始】|【场景】|【场景选项】命令，在弹出的【场景选项】窗格中，设置各选项即可。

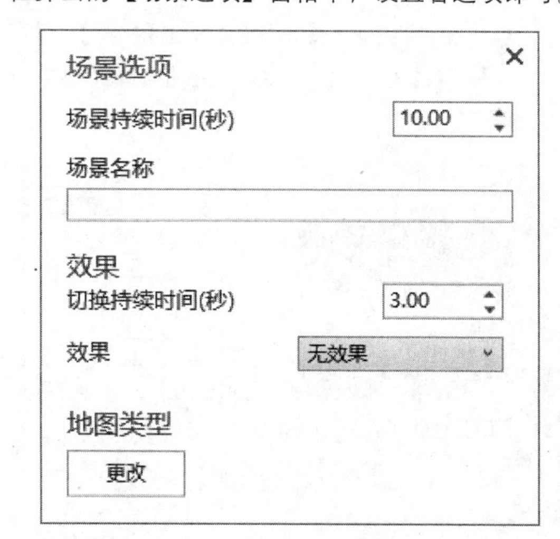

在【场景选项】窗格中，主要包括下列一些选项。

(1) 场景持续时间（秒）：用于设置场景在演示过程中所持续的时间。

(2) 场景名称：用于设置场景的名称。

(3) 切换持续时间（秒）：用于设置场景演示过程中所呈现出来的切换效果的持续时间。

(4) 效果：用于设置场景演示过程中的具体切换效果，包括圆形、滑动、飞过等 6 种效果。

(5) 更改：单击该按钮，可在弹出的【更改地图类型】窗格中，选择所需更改的地图类型。

8.4.3 设置地图

Excel 内置了三维地图的主题、图层和样式等一些基础设置，以方便用户美化和多方位地使用三维地图。

1. 设置主题

Excel 内置了场景主题功能，通过该功能可以使演示更具个性化和更专业的外观。其中，每个场景可以具有不同的主题，而每个主题又具有不同的颜色，而部分主题甚至具有地球卫星图像。

执行【开始】|【场景】|【主题】命令，在其级联菜单中选择相应的主题即可。

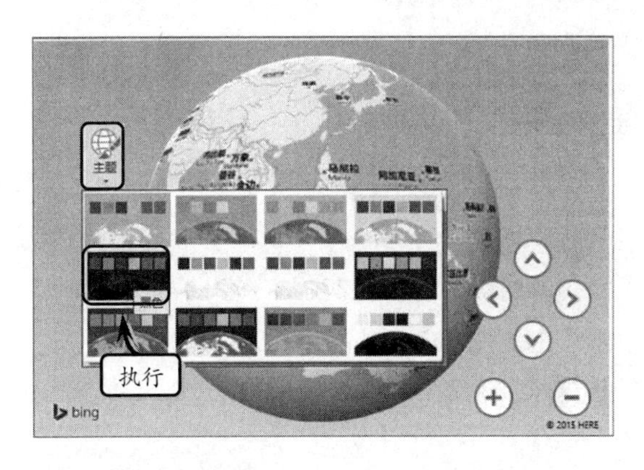

2. 设置地图样式

Excel 不仅为用户内置了平面地图和三维地图功能，还提供了查找具体位置和自定义区域等功能，以帮助用户更好地使用三维地图这一新功能。

执行【开始】|【地图】|【平面地图】命令，即可将地图转换为平面样式。再次执行【平面地图】命令，则可以取消平面样式，返回到三维状态。

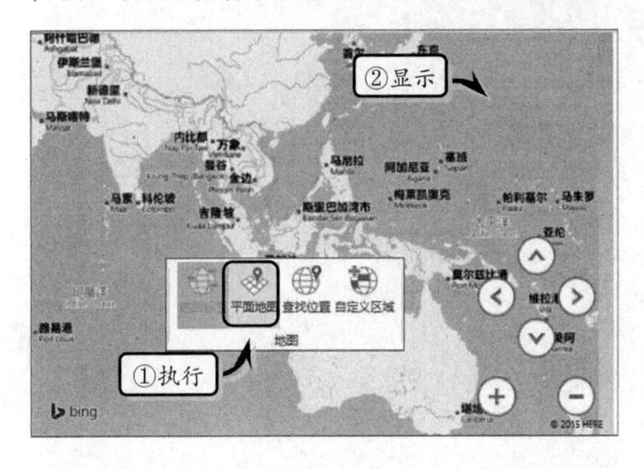

另外，执行【开始】|【地图】|【查找位置】命令，在弹出的【查找位置】窗格中，输入所需查找的位置，单击【查找】按钮，便可在地图中显示所查找的内容。

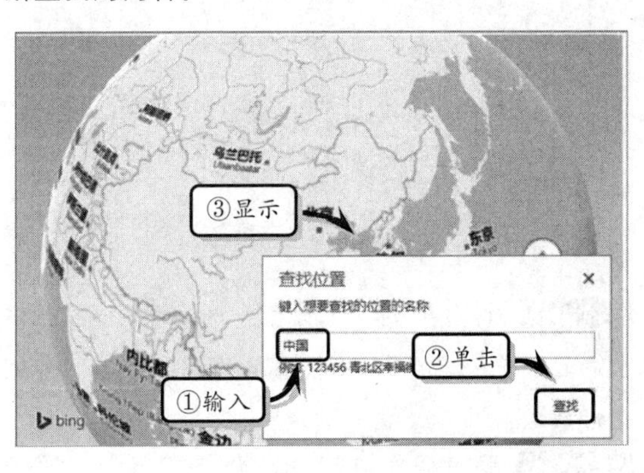

> **提示**
>
> 用户还可以通过执行【开始】|【地图】|【自定义区域】命令，在弹出的【管理自定义区域集】窗格中，导入或替换区域集。

3. 添加图层

对于三维地图场景，用户可通过【添加图层】功能，向所选场景中添加另一数据层，以便在地图中承载更多数据。

执行【开始】|【视图】|【图层窗格】命令，打开【图层】窗格。在该窗格中，单击【添加图层】按钮，即可添加一新图层。

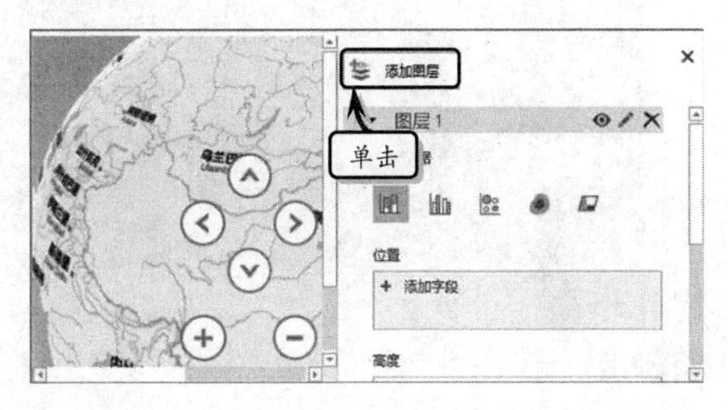

此时，系统会自动折叠原来的【图层 1】图层，展开新增加的【图层 2】图层。在该图层中，用户可以根据设计需求，设置图层数据、筛选器和图层选项等。

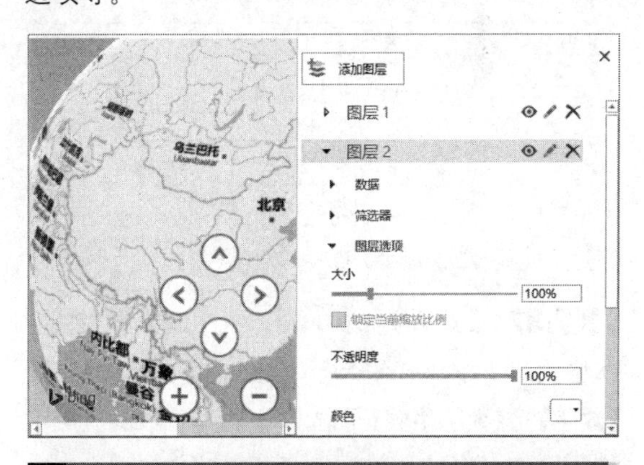

> **提示**
>
> 创建三维地图之后，在工作表中将显示一个图形形状，提示用户该工作表中包含三维地图演示。

Excel 8.5 练习：制作商品销售统计表

商品销售表用于统计各产品在某一定时期销售的情况。通过销售表的统计，可以随时掌握商品或者产品的销售动向，并调整产品的销售方案等。在本练习中，将制作一个“商品销售统计表”工作表，并计算每个季度的平均销量、总销售，以及每个商品销售量占总商品销售量的百分率等。

商品销售统计表

货号	商品名	第一季度	第二季度	第三季度	第四季度	总销量	平均销量	百分率
00101	洗发水	285	513	431	430	1659	415	10%
00102	淋浴露	531	345	400	240	1516	379	9%
00103	洗面奶	311	210	454	500	1475	369	8%
00104	香皂	521	546	455	456	1978	495	11%
00105	护发素	54	300	245	300	899	225	5%
00106	电视机	800	380	390	660	2230	558	13%
00107	冷气机	250	480	760	770	2260	565	13%
00108	电话机	700	610	400	930	2640	660	15%
00109	洗衣机	140	1000	460	840	2740	685	16%
合计		3892	4384	3995	5126	17397	4349	

操作步骤

STEP|01 制作表格标题。新建工作表，设置工作表的行高，合并单元格区域 B2:J2，输入标题文本并设置文本的字体格式。

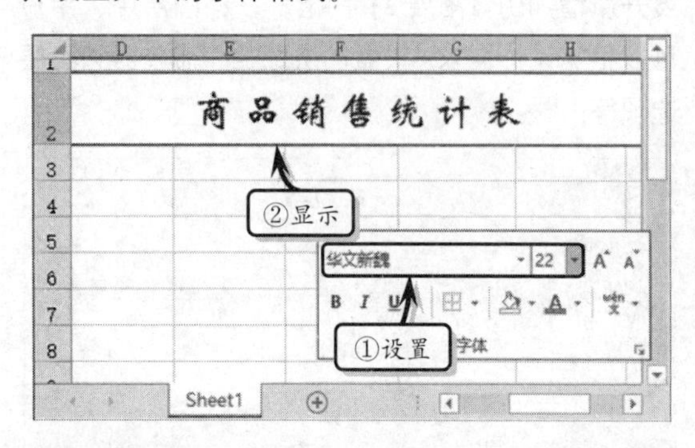

STEP|02 设置数字格式。输入列标题并设置其字体格式，选择单元格区域 B4:B12，执行【开始】|【数字】|【数字格式】|【文本】命令，设置其数字格式。

STEP|03 选择单元格区域 J4:J12，执行【开始】|【数字】|【数字格式】|【百分比】命令，设置百分比数字格式。

STEP|04 设置对齐格式。输入基础数据并设置字体格式，选择单元格区域 B3:J13，执行【开始】|【对齐方式】|【居中】命令，设置对齐格式。

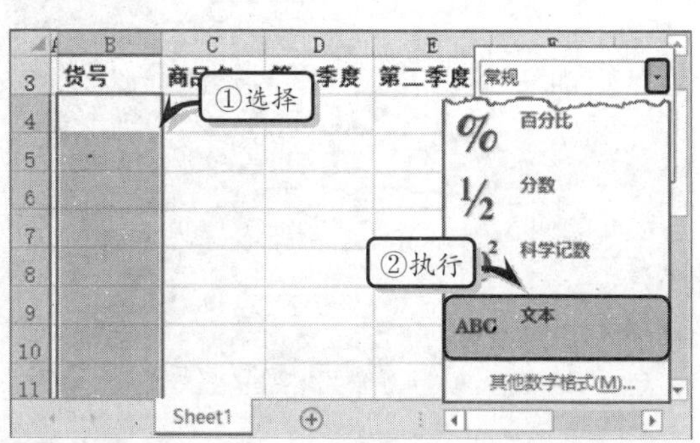

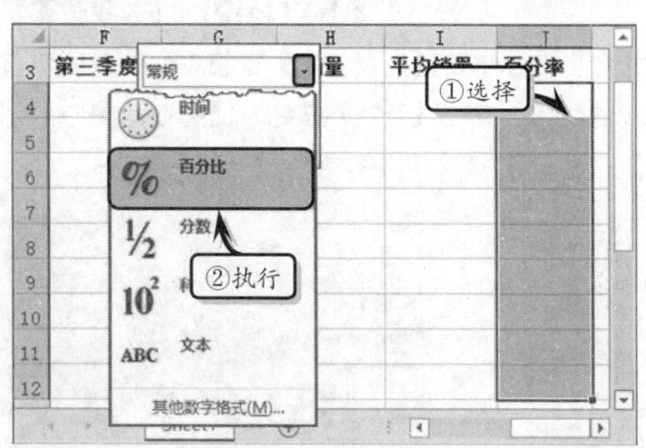

STEP|05 计算数据。选择单元格 H4，在编辑栏中输入计算公式，按 Enter 键返回总销量值。使用同样方法，计算其他总销量值。

STEP|06 选择单元格 I4，在编辑栏中输入计算公

式，按 Enter 键返回平均销量值。使用同样方法，计算其他平均销量值。

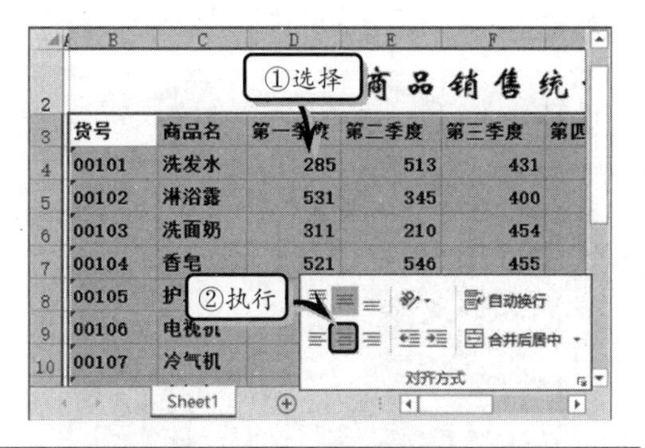

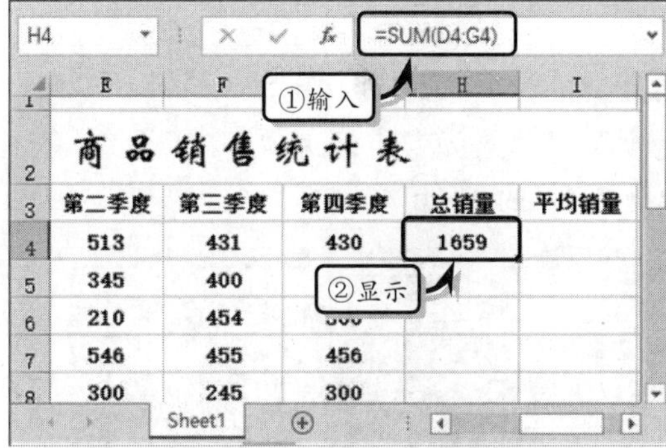

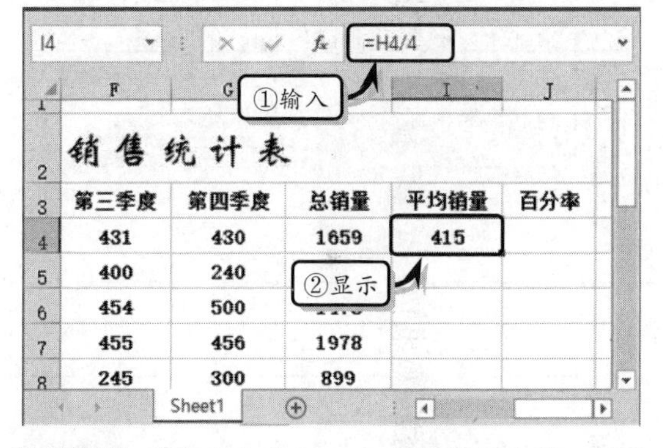

STEP|07 选择单元格 D13，在编辑栏中输入计算公式，按 Enter 键返回第一季度的合计值。使用同样方法，计算其他季度的合计值。

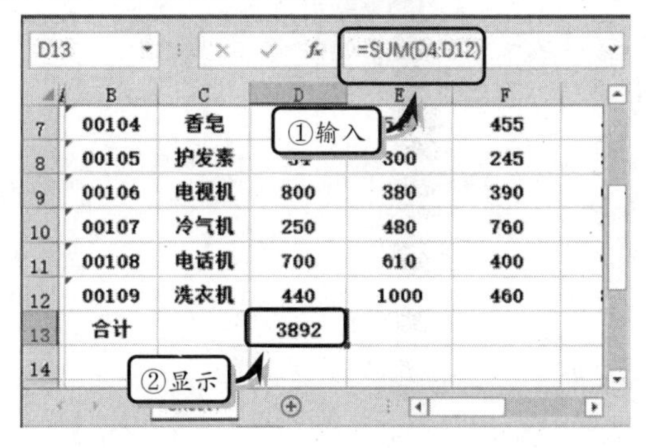

STEP|08 选择单元格 J4，在编辑栏中输入计算公式，按 Enter 键返回百分率值。使用同样方法，计算其他百分率值。

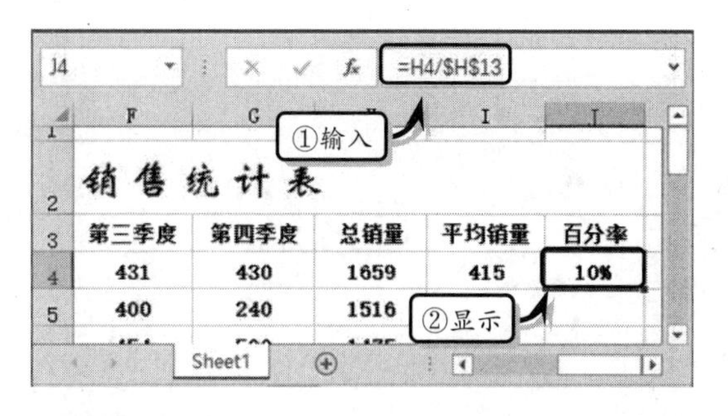

STEP|09 设置边框格式。选择单元格区域 B3:J13，右击执行【设置单元格格式】命令，激活【边框】选项卡，设置内外边框颜色和样式。

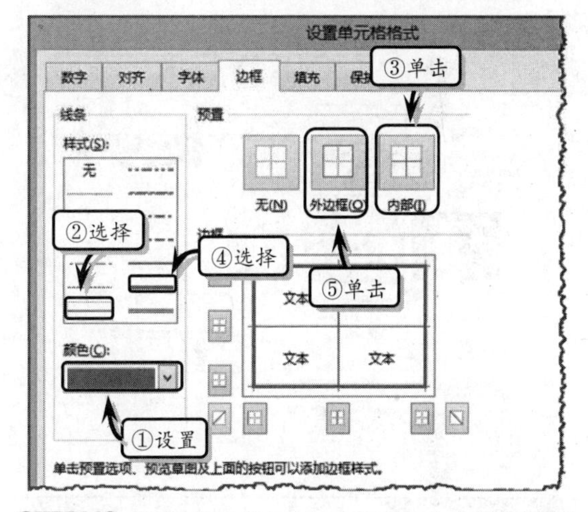

STEP|10 选择单元格区域 B4:J12，右击执行【设置单元格格式】命令，激活【边框】选项卡，设置上下边框颜色和样式。

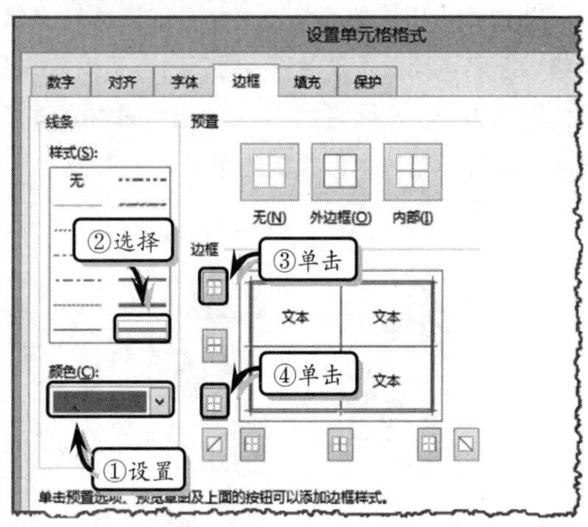

STEP|11 设置图片背景。执行【页面布局】|【页面设置】|【背景】命令，在【必应图像搜索】文本框中输入"风景"文本，并单击【搜索】按钮。

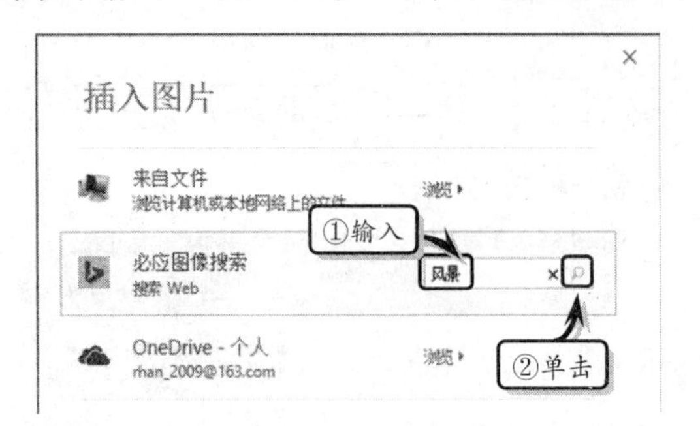

STEP|12 然后，在展开的搜索列表中，选择相应的图片，单击【插入】按钮即可。

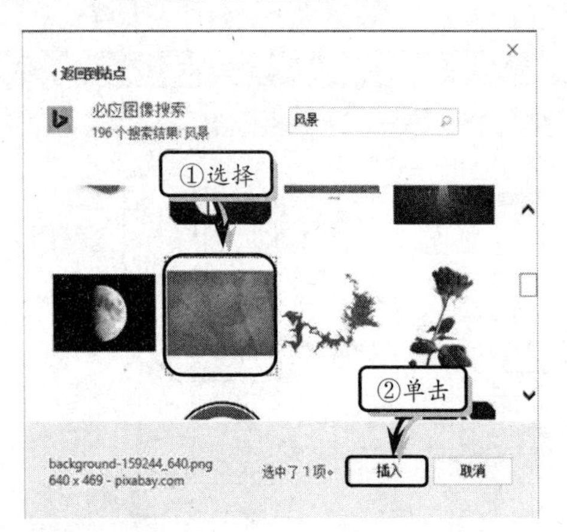

STEP|13 单击【全选】按钮，选择整个工作表。执行【开始】|【字体】|【填充颜色】|【白色，背景 1】命令，设置工作表的填充颜色。

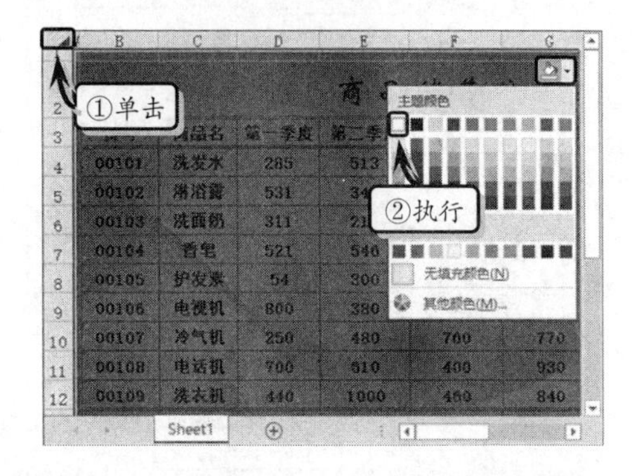

STEP|14 选择单元格区域 B3:J13，执行【开始】|【字体】|【填充颜色】|【无填充颜色】命令，取消单元格区域的颜色填充。

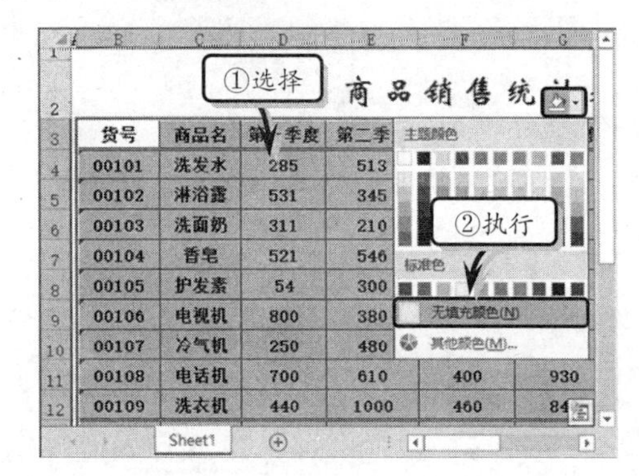

8.6 练习：制作农家菜谱

菜谱是应用于餐饮行业最常见的表格，通常包含菜肴的名称、价格以及特色菜肴的照片等，便于顾客根据口味预订菜品，增加对顾客的吸引力。在本练习中，将运用 Excel 中的多工作表功能以及图片技术，制作一个农家乐饭馆的菜谱电子表格。

操作步骤

STEP|01 重命名工作表。新建工作簿，插入两个工作表，双击工作表标签，重命名工作表。

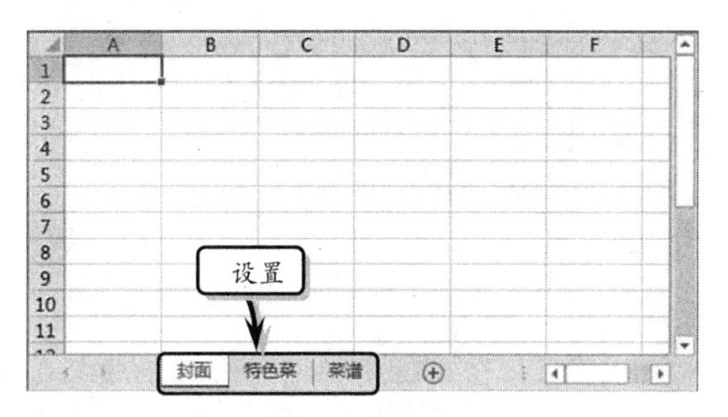

STEP|02 制作封面。选择【封面】工作表，执行【页面布局】|【页面设置】|【背景】命令，选择【来自文件】选项对应的【浏览】选项。

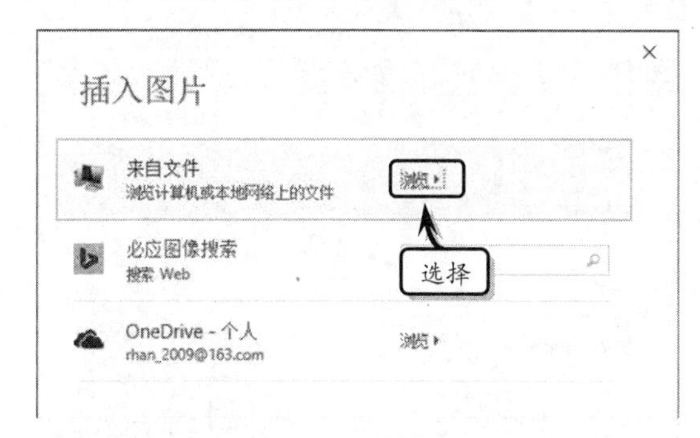

STEP|03 在弹出的【工作表背景】对话框中，选择图片文件，单击【插入】按钮，插入背景图片。

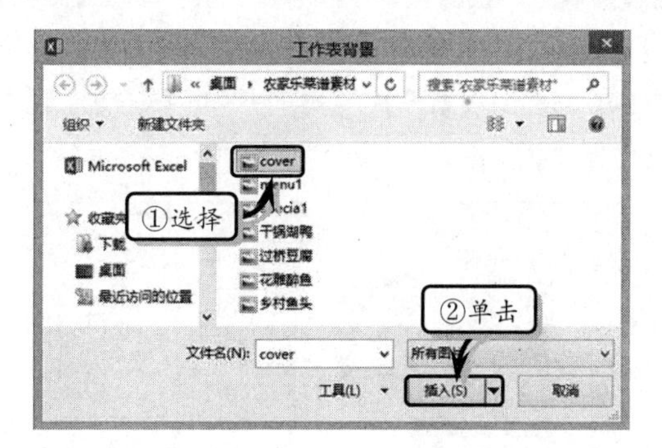

STEP|04 单击【全选】按钮，选择整个工作表。执行【开始】|【字体】|【填充颜色】|【白色，背景 1】命令，设置工作表的填充颜色。

STEP|05 选择单元格区域 A1:I51，执行【开始】|【字体】|【填充颜色】|【无填充颜色】命令，取消单元格区域的颜色填充。

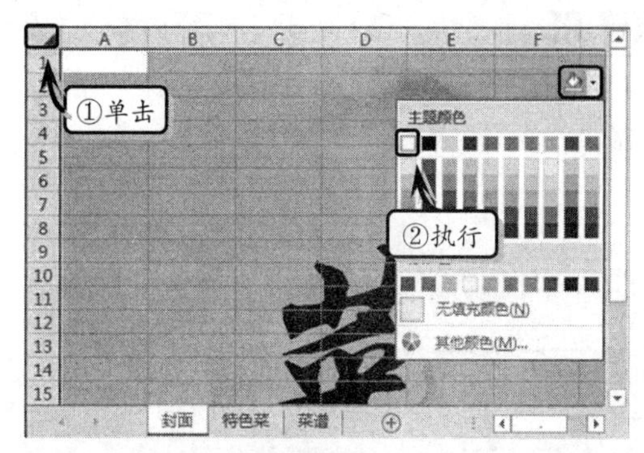

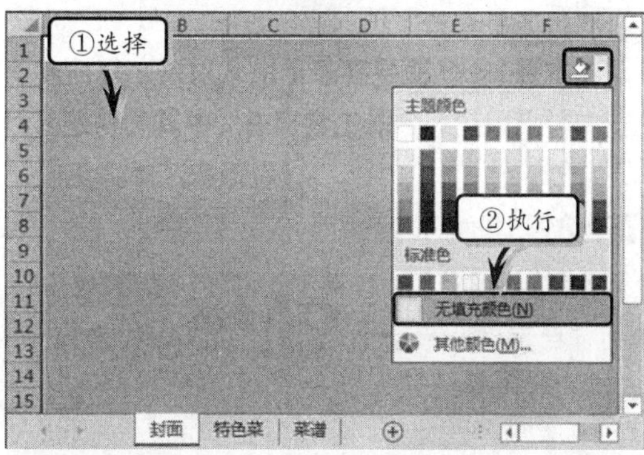

STEP|06 在【视图】选项卡【显示】选项组中，禁用【网格线】复选框，隐藏工作表中的网格线。

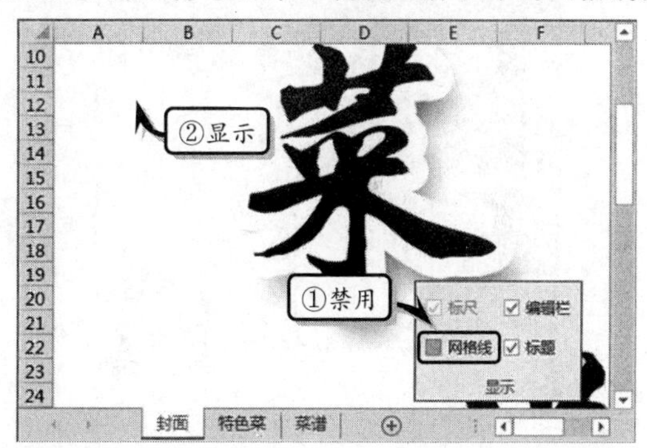

STEP|07 制作特色菜。选择【特色菜】工作表，设置背景填充效果，并调整 D 列和 F 列的宽度，使其与背景图片中元素保持一致。

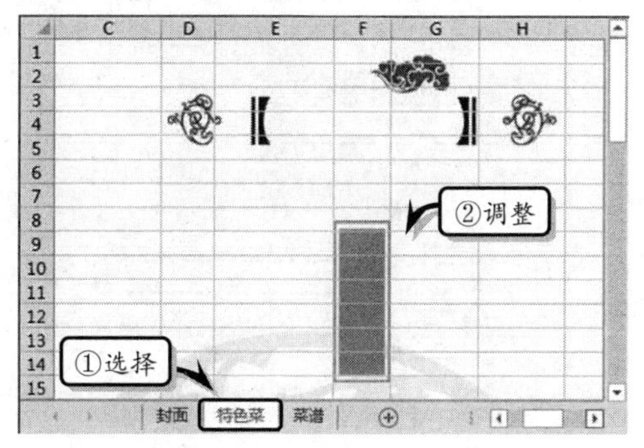

STEP|08 选择单元格 F4，输入标题文本，在【开始】选项卡【字体】选项组中设置字体、字号与加粗格式，设置对齐格式并调整行高。

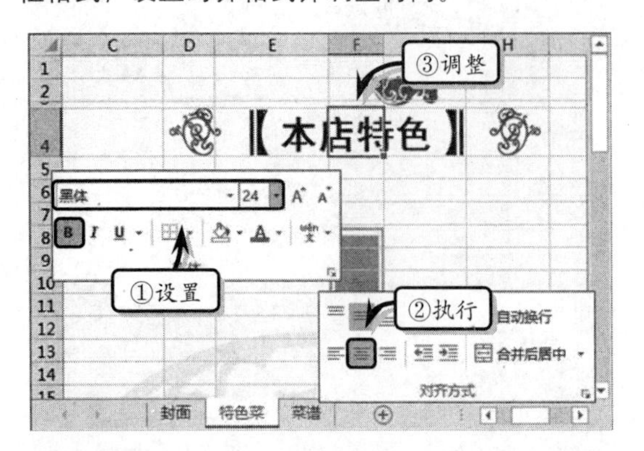

STEP|09 同时，执行【开始】|【字体】|【字体颜色】|【其他颜色】命令。在【颜色】对话框中，激活【自定义】选项卡，自定义字体颜色。

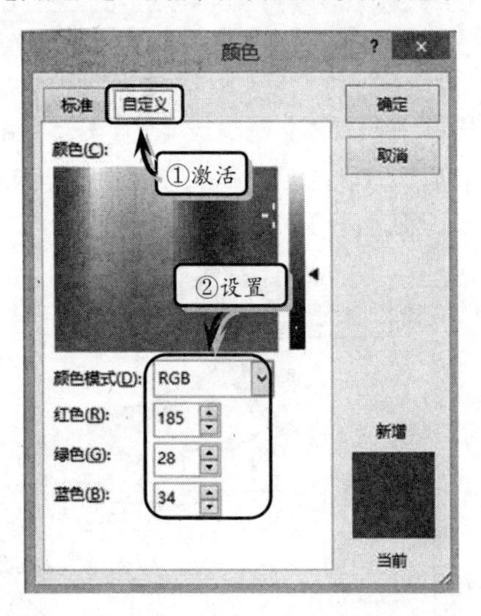

STEP|10 合并单元格区域 F8:F14，输入菜名并设置字体格式。使用同样方法，输入其他菜名。

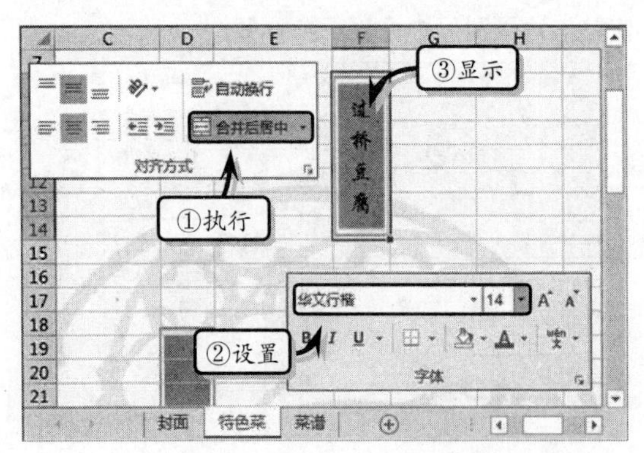

STEP|11 合并单元格区域 G10:G11，输入菜品价格文本并设置文本的字体格式。使用同样方法，输入其他菜品价格。

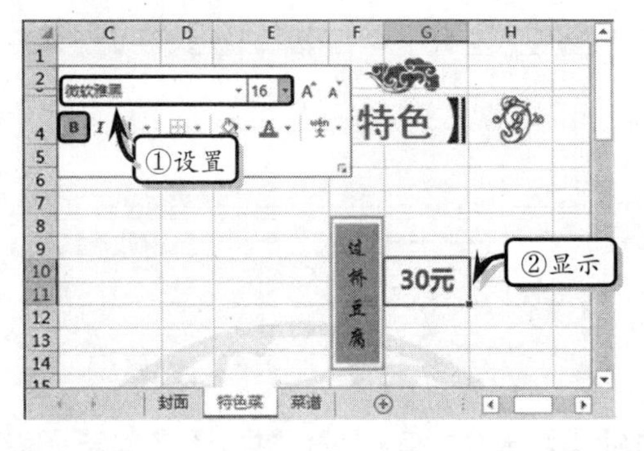

STEP|12 执行【插入】|【插图】|【图片】命令，在弹出的【插入图片】对话框中，选择图片文件，单击【插入】按钮，插入图片。

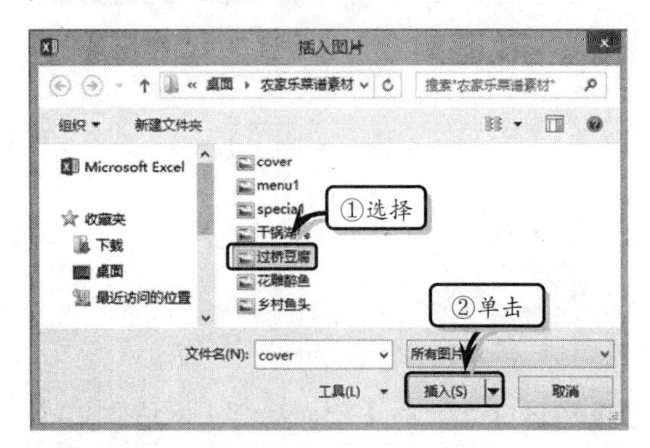

STEP|13 调整图片大小和位置，执行【图片工具】|【格式】|【图片样式】|【快速样式】|【映像棱台，白色】命令，设置图片样式。使用同样方法，插入其他图片。

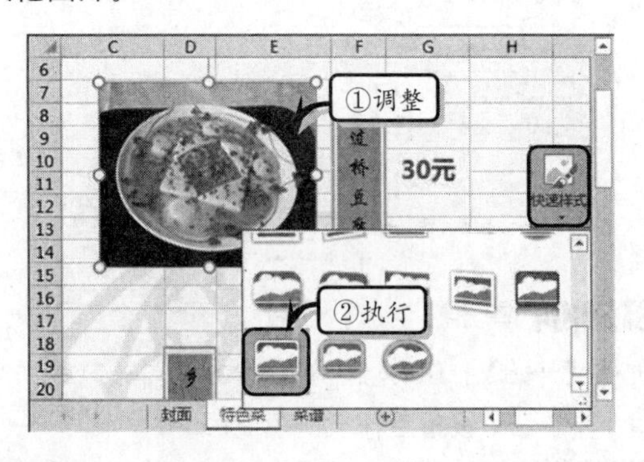

STEP|14 制作菜谱。选择【菜谱】工作表，设置背景填充效果，复制【特色菜】工作表中的标题文本，并更改文本内容。

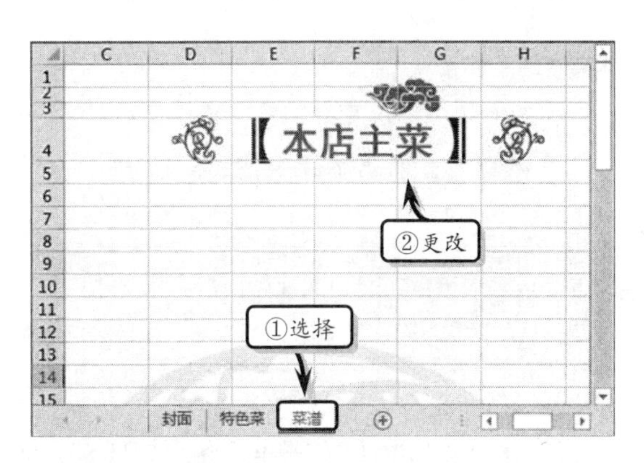

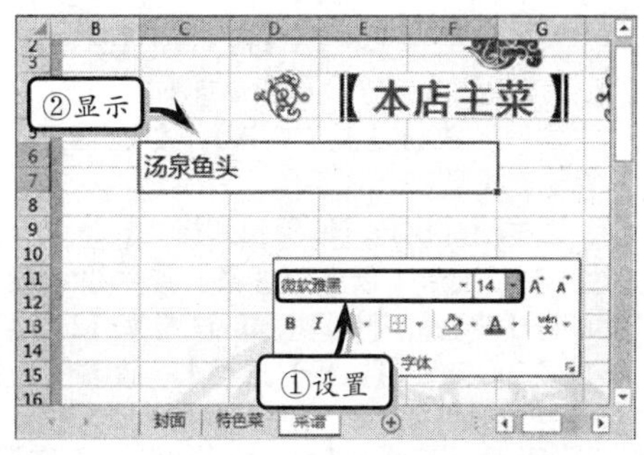

STEP|15 合并单元格区域 C6:F7，输入菜品名称并设置其字体格式。使用同样方法，输入其他菜品名称。

STEP|16 合并单元格区域 H6:H7，输入菜品价格并设置其字体格式。使用同样方法，输入其他菜品价格。

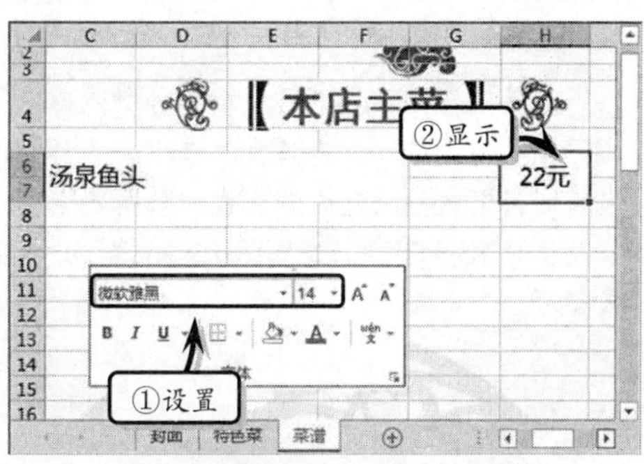

8.7 新手训练营

练习 1：裁剪图片

downloads\8\新手训练营\裁剪图片

提示：本练习中，主要使用 Excel 中的插入图片、设置图片格式，以及裁剪图片形状和设置图片效果等功能。

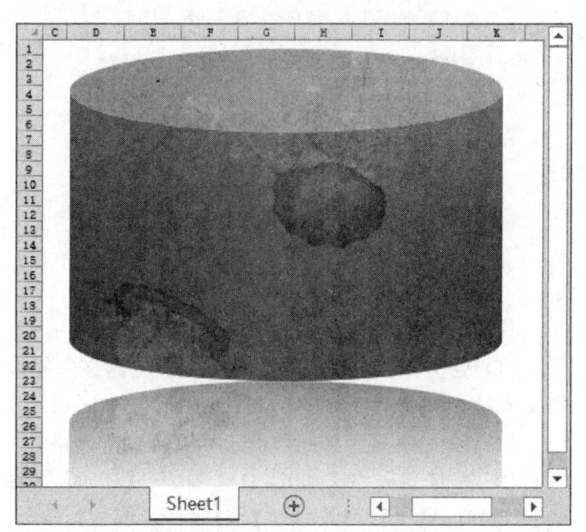

其中，主要制作步骤如下所述。

（1）执行【插入】|【插图】|【图片】命令，选择图片文件，单击【插入】按钮，插入图片。

（2）选择图片，执行【图片工具】|【格式】|【大小】|【裁剪】|【裁剪】命令，裁剪图片。

（3）执行【大小】|【裁剪】|【裁剪为形状】|【圆柱形】命令，将图片裁剪为圆柱形样式。

（4）执行【图片工具】|【格式】|【图片样式】|【图片效果】|【映像】|【紧密映像，接触】命令，设置图片样式。

练习 2：制作立体相框

downloads\8\新手训练营\立体相框

提示：本练习中，主要使用 Excel 中的插入图片、设置图片格式，以及裁剪图片形状和设置图片样式和效果等功能。

其中，主要制作步骤如下所述。

（1）执行【插入】|【插图】|【图片】命令，选择图片文件，单击【插入】按钮，插入图片并调整图片的大小。

（2）执行【图片工具】|【格式】|【图片样式】|【双框架，黑色】命令，设置图片样式。

（3）同时，执行【图片效果】|【棱台】|【艺术装饰】命令，设置图片效果。

（4）右击图片执行【设置图片格式】命令，激活【填充线条】选项卡，展开【线条】选项组，将【颜色】设置为【黄色】，将【宽度】设置为【24.5】。

（5）最后，激活【效果】选项卡，设置图片的三维格式。

练习 3：制作分红表

downloads\8\新手训练营\分红表

提示：本练习中，主要使用 Excel 中的合并单元格、设置对齐格式、设置边框格式和套用表格格式等功能，以及 COUNTIF 函数、SUMIF 函数、IF 函数和 RANK 函数。

分红表

订单号	订单金额	订单数	金额	分红	排名
20060009	¥ 5,000	2	¥17,500	¥ 500.00	2
20060010	¥ 14,500	1	¥14,500	¥ 1,450.00	4
20060011	¥ 12,500	2	¥17,500	¥ 1,250.00	2
20060012	¥ 7,500	2	¥11,000	¥ 750.00	5
20060013	¥ 25,000	1	¥25,000	¥ 2,500.00	1

其中，主要制作步骤如下所述。

（1）合并单元格区域 B1:H1，输入标题文本并设置文本的字体格式。

（2）输入表格基础数据并设置数据区域的对齐、数字和边框格式。

（3）选择单元格 E3，在编辑栏中输入计算公式，按 Enter 键返回订单数。使用同样方法，计算其他订单数。

（4）选择单元格 F3，在编辑栏中输入计算公式，按 Enter 键返回金额值。使用同样方法，计算其他金额值。

（5）选择单元格 G3，在编辑栏中输入计算公式，按 Enter 键返回分红值。使用同样方法，计算其他分红值。

（6）选择单元格 H3，在编辑栏中输入计算公式，按 Enter 键返回排名值。使用同样方法，计算其他排名值。

（7）选择单元格区域 B2:H8，执行【开始】|【样式】|【套用表格格式】|【表样式中等深浅 9】命令，设置表格样式并转化为区域。

练习 4：制作营业员销售业绩表

downloads\8\新手训练营\营业员销售业绩表

提示：本练习中，主要使用 Excel 中的合并单元格、设置对齐格式、设置边框格式填充颜色等功能，以及显示当前日期值的 NOW 函数。

其中，主要制作步骤如下所述。

（1）合并单元格区域 B2:K2，输入标题文本并设置文本的字体格式。

营业员销售业绩表

制表日期：2016年1月24日

日期	员工编号	姓名	产品名称	数量	单价	折扣	销售金额	提成比例	奖金
2010/12/1	800210	姚红艳	电视机	1	2900	无	2900	2%	58
2010/12/2	800211	刘梅	电冰箱	1	2650	无	2650	2%	53
2010/12/3	800212	王晶晶	洗衣机	2	2400	0.9	4320	3%	130
2010/12/4	800213	陈静	电冰箱	1	2650	无	2650	2%	53
2010/12/5	800214	李华	空调	3	3200	0.88	8448	4%	338
2010/12/6	800215	艾宁宁	热水器	3	1800	0.88	4752	4%	190
2010/12/7	800216	张帆	空调	2	3200	0.9	5760	3%	173
2010/12/8	800217	赵佳	洗衣机	1	2400	无	2400	2%	48
2010/12/9	800218	刘玲玲	电视机	2	2900	0.9	5220	3%	157

（2）输入基础数据，选择单元格区域 B3:K3，执行【开始】|【对齐方式】|【居中】命令，设置居中对齐格式。

（3）选择单元格区域 J4:J13，执行【开始】|【数字】|【数字格式】|【百分比】命令，设置百分比数字格式。

（4）选择单元格区域 B3:K13，右击执行【设置单元格格式】命令，激活【边框】选项卡，设置内外边框的颜色和样式。

（5）选择单元格区域 B3:K3，执行【开始】|【字体】|【填充颜色】|【蓝色,个性 1】命令，设置其填充颜色。

练习 5：制作股票价格指数表

downloads\8\新手训练营\股票价格指数表

提示：本练习中，主要使用 Excel 中的合并单元格、设置对齐格式、设置边框格式和套用表格格式，以及使用条件格式等功能。

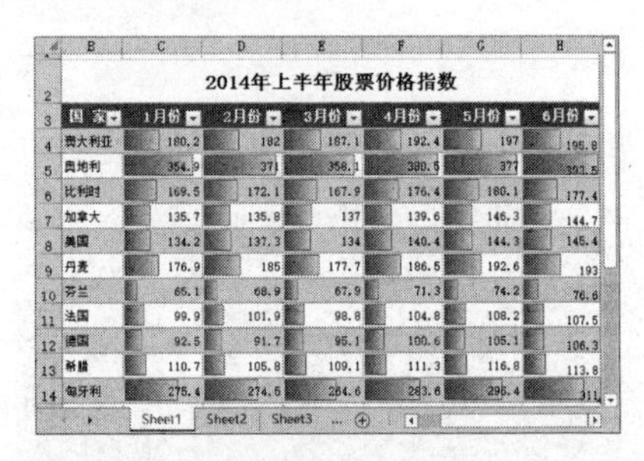

2014年上半年股票价格指数

国家	1月份	2月份	3月份	4月份	5月份	6月份
澳大利亚	180.2	182	187.1	192.4	197	195.8
奥地利	354.9	371	358.1	380.5	377	393.5
比利时	169.5	172.1	167.9	176.4	180.1	177.4
加拿大	135.7	135.8	137	139.6	146.3	144.7
美国	134.2	137.3	134	140.4	144.3	145.4
丹麦	176.9	185	177.7	186.5	192.6	193
芬兰	65.1	68.9	67.9	71.3	74.2	76.6
法国	99.9	101.9	98.8	104.8	108.2	107.5
德国	92.5	91.7	95.1	100.6	105.1	106.3
希腊	110.7	105.8	109.1	111.3	116.8	113.8
匈牙利	275.4	274.5	284.6	283.6	296.4	311

其中，主要制作步骤如下所述。

（1）合并单元格区域 B2:H2，输入标题文本并设置文本的字体格式。

（2）输入表格的基础数据，并设置其字体格式。

（3）选择单元格区域 C4:H14，执行【开始】|【样式】|【条件格式】|【数据条】|【蓝色数据条】命令，设置条件格式。

（4）选择单元格区域 B3:H14，执行【开始】|【样式】|【套用表格格式】|【表样式中等深浅 2】命令，设置表样式。

第 9 章

使 用 形 状

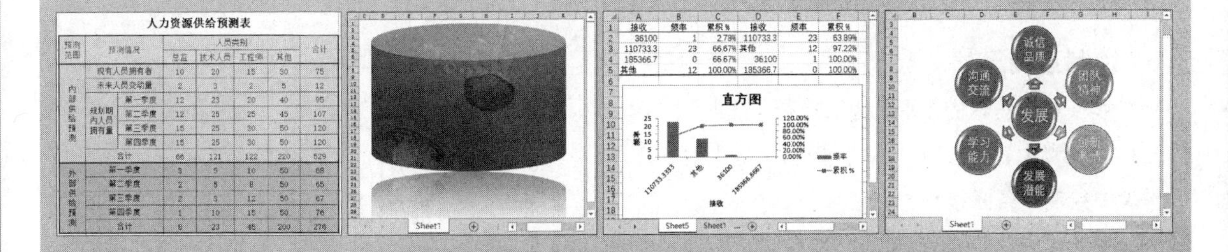

人力资源供给预测表

预测范围	预测情况		人员类别				合计
			总监	技术人员	工程师	其他	
内部供给预测	现有人员拥有者		10	20	15	30	75
	未来人员变动量		2	3	2	5	12
	规划期内人员拥有量	第一季度	12	23	20	40	95
		第二季度	12	25	25	45	107
		第三季度	15	25	30	50	120
		第四季度	15	25	30	50	120
	合计		66	121	122	220	529
外部供给预测	第一季度		3	5	10	50	68
	第二季度		2	5	8	50	65
	第三季度		2	3	12	50	67
	第四季度		1	10	15	50	76
	合计		8	23	45	200	276

接收	频率	累积 %	接收	频率	累积 %
36100	1	2.78%	110733.3	23	63.89%
110733.3	23	66.67%	其他	12	97.22%
185366.7	0	66.67%	36100	1	100.00%
其他	12	100.00%	185366.7	0	100.00%

Excel 为用户提供了形状绘制工具，允许用户为工作表添加箭头、方框、圆角矩形等各种矢量形状，并设置这些形状的样式。通过使用形状绘制工具，不仅美化了工作表，也使工作表中的数据更加生动、形象，更富有说服力。在本章中，将结合 Excel 的形状绘制和编辑功能，介绍矢量形状的制作以及为形状添加文本框、设置文本框格式等技术。

Excel 9.1 插入形状

形状是 Excel 中的一个特有功能，可为 Excel 工作表添加各种线、框、图形等元素，丰富 Excel 工作表的内容。在 Excel 中，用户也可以方便地为工作表插入这些图形。

9.1.1 绘制形状

Excel 中内置的形状包括矩形、线条、基本形状、箭头、流程图、星与旗帜、标注、公式形状 8 种形状类型，用户可通过下列方法来绘制各种类型的形状。

1. 绘制直线形状

线条是最基本的图形元素，执行【插入】|【插图】|【形状】|【直线】命令，拖动鼠标即可在工作表中绘制一条直线。

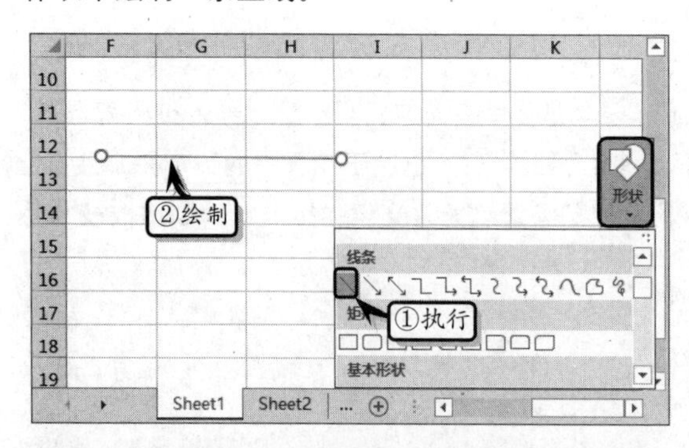

技巧

在绘制直线时，按住鼠标左键的同时，再按住 Shift 键，然后拖动鼠标左键，至合适位置释放鼠标左键，完成水平或垂直直线的绘制。

2. 绘制任意多边形

执行【插入】|【插图】|【形状】|【任意多边形】命令，在工作表中单击鼠标绘制起点，然后依次单击鼠标，根据鼠标的落点，将其连接构成任意多边形。

另外，如用户按住鼠标拖动绘制，则【任意多边形】工具将采集鼠标运动的轨迹，构成一条曲线。

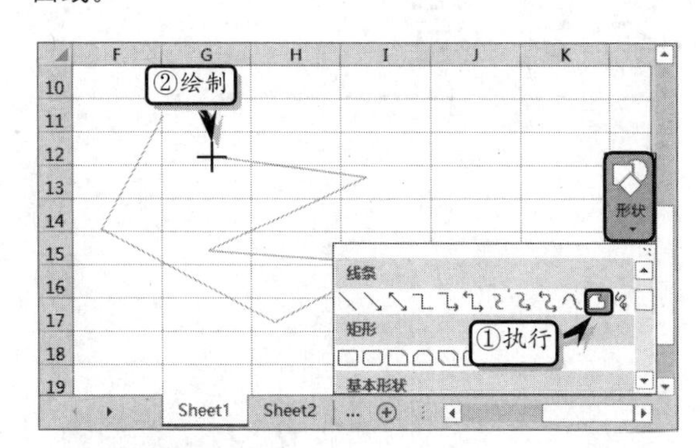

3. 绘制曲线

绘制曲线的方法与绘制任意多边形的方法大体相同，执行【插入】|【插图】|【形状】|【曲线】命令，拖动鼠标在工作表中绘制一条线段，然后单击鼠标确定曲线的拐点，最后继续绘制即可。

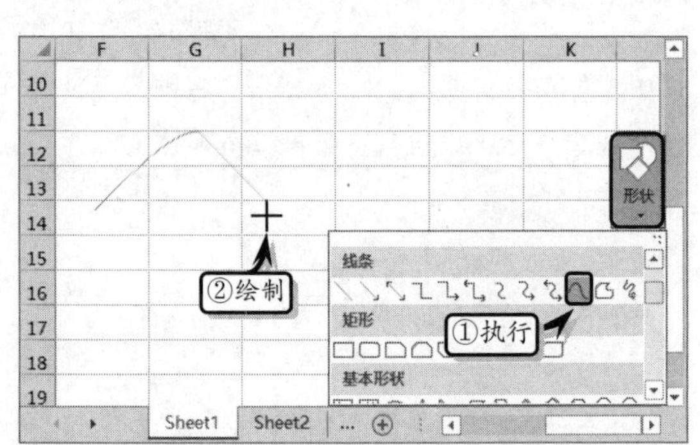

4. 绘制其他形状

除了线条之外，Excel 还提供了大量的基本形状、矩形、箭头总汇、公式形状、流程图等各类形状预设，允许用户绘制更复杂的图形，将其添加到演示文稿中。

执行【插入】|【插图】|【形状】|【心形】命令，在工作表中拖动鼠标即可绘制一个心形形状。

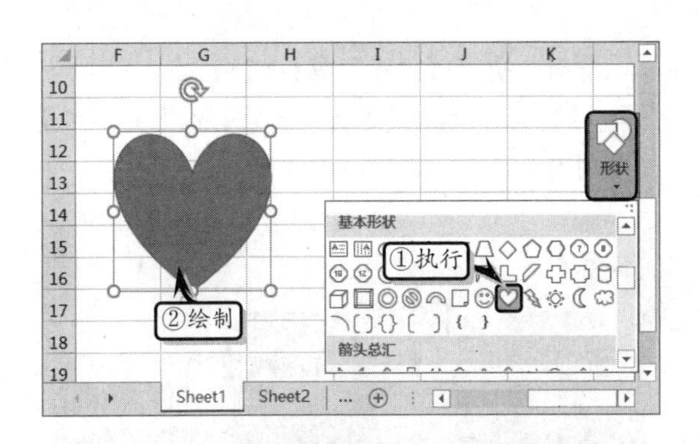

注意

在绘制绝大多数基于几何图形的形状时，用户都可以在按住 Shift 键之后，再绘制圆形、正方形或等比例缩放显示的形状。

9.1.2　编辑形状

在工作表中绘制形状之后，还需要根据工作表的数据类型和整体布局，对形状进行调整大小、合并形状、编辑形状顶点等编辑操作。

1. 调整形状大小

选择形状，在形状四周将出现 8 个控制点。此时，将光标移至控制点上，拖动鼠标即可调整形状的大小。

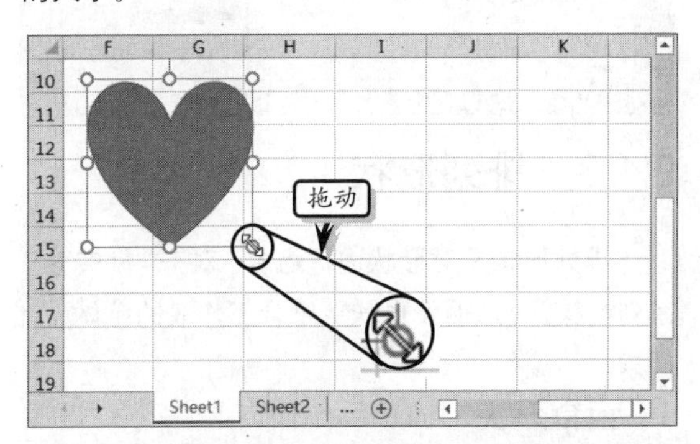

技巧

按下 Shift 键或 Alt 键的同时，拖动图形对角控制点，即可对图形进行比例缩放。

另外，选择形状，在【格式】选项卡【大小】选项组中，直接输入形状的高度与宽度值，即可精确调整形状的大小。

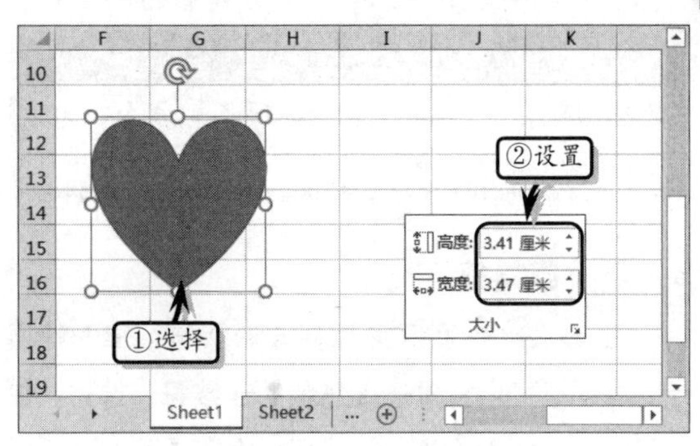

单击【格式】选项卡【大小】选项组中的【对话框启动器】按钮，在弹出的【设置形状格式】窗格中的【大小】选项组中，输入形状的高度与宽度值。

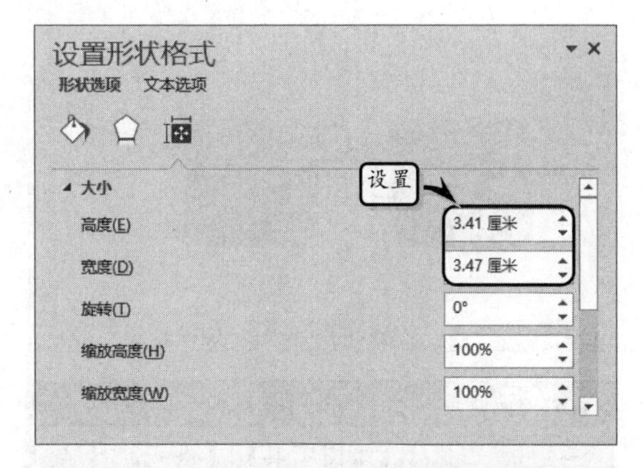

技巧

选择形状，右击执行【设置形状格式】命令，即可弹出【设置形状格式】窗格。

2. 编辑形状顶点

选择形状，执行【格式】|【插入形状】|【编辑形状】|【编辑顶点】命令。然后拖动鼠标调整形状顶点的位置即可。

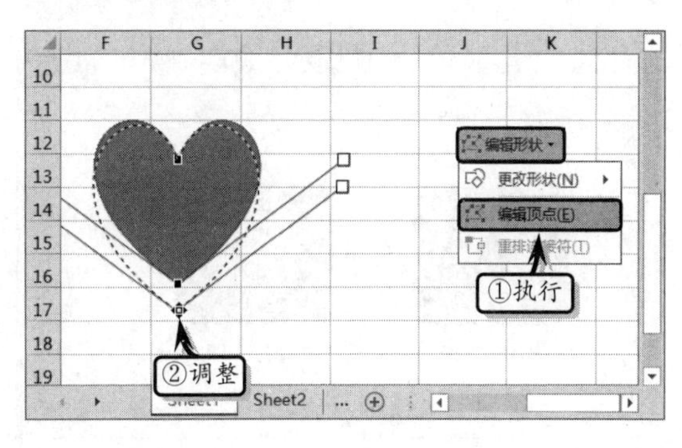

技巧

选择形状，右击执行【编辑顶点】命令，即可编辑形状的顶点。

3. 重排连接符

在 Excel 中，除了可以更改形状与编辑形状顶点之外，还可以重排连接形状的连接符。首先，在工作表中绘制两个形状。然后，执行【插入】|【插图】|【形状】|【箭头】命令，移动鼠标至第一个形状上方，当形状四周出现圆形的连接点时，单击其中一个连接点，开始绘制形状。

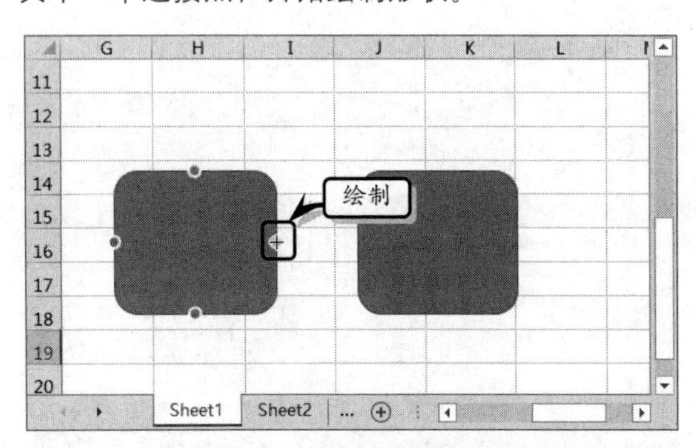

技巧

选择形状，执行【绘图工具】|【格式】|【插入形状】|【形状】命令，在其级联菜单中选择形状样式，即可在工作表中插入相应的形状。

当拖动鼠标绘制形状至第二个形状上方时，在该形状的四周会出现蓝色的连接点。此时，将绘制形状与该形状的连接点融合在一起即完成连接形状的操作。

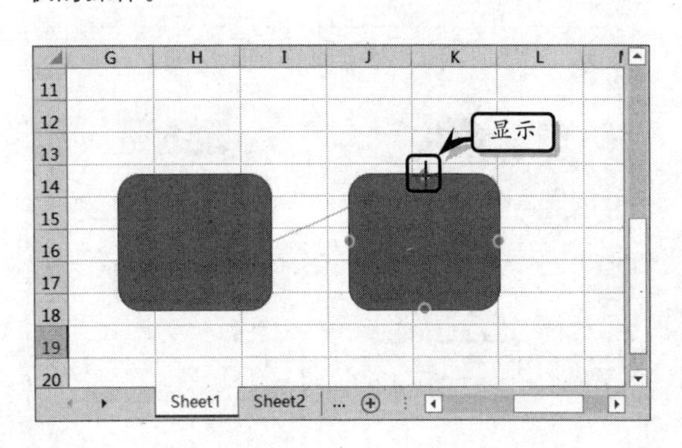

此时，执行【绘图工具】|【格式】|【插入形状】|【编辑形状】|【重排连接符】命令，即可重新排列连接符的起始和终止位置。

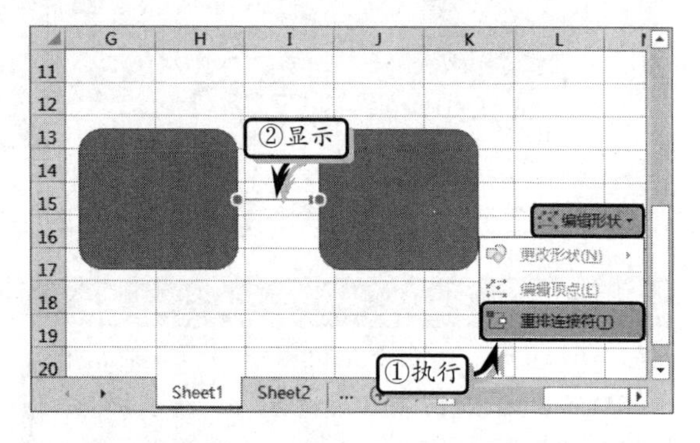

4. 输入文本

除了设置形状的外观样式与格式之外，用户还需为形状添加文字，使其具有图文并茂的效果。右击形状执行【编辑文字】命令，在形状中输入文字即可。

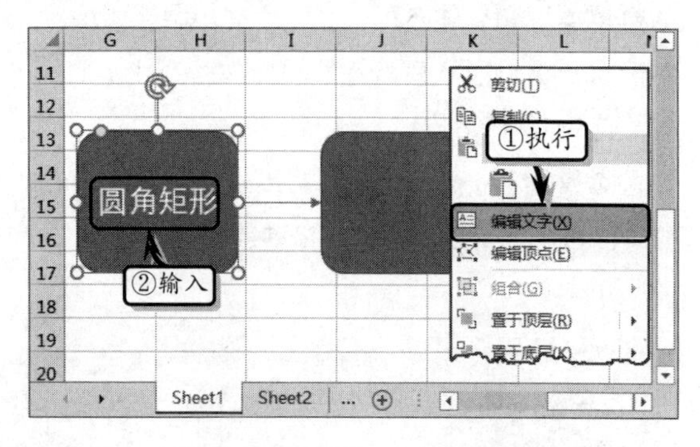

9.1.3 排列形状

排列形状是对形状进行组合、对齐、旋转等一系列的操作，从而使形状更符合工作表的整体设计需求。

1. 组合形状

组合形状是将多个形状合并成一个形状，按住 Ctrl 键或 Shift 键的同时选择需要组合的图形，然后执行【绘图工具】|【格式】|【排列】|【组合】|【组合】命令，组合选中的形状。

注意

用户也可以同时选择多个形状，右击形状执行【组合】|【组合】命令，组合所有的形状。

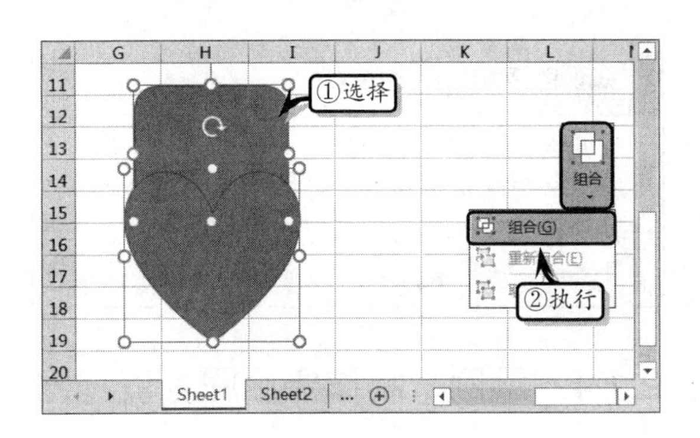

另外，用户可通过执行【绘图工具】|【格式】|【排列】|【组合】|【取消组合】命令，取消已组合的形状。

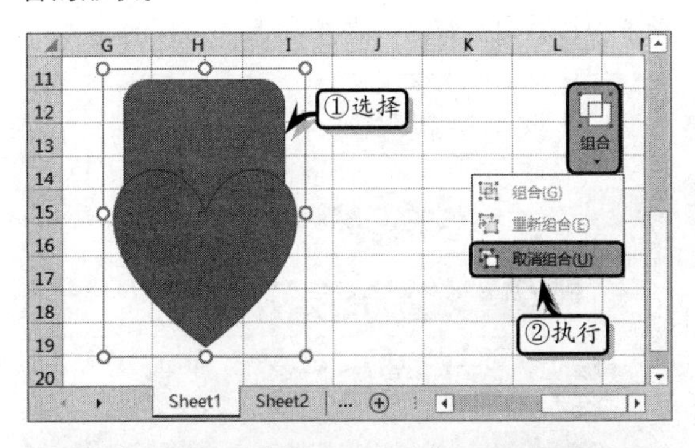

注意

用户也可以右击形状执行【组合】|【取消组合】命令，取消已组合的形状。

取消已组合的形状之后，用户还可以通过【绘图工具】|【格式】|【排列】|【组合】|【重新组合】命令，重新按照最初组合方式，再次对形状进行组合。

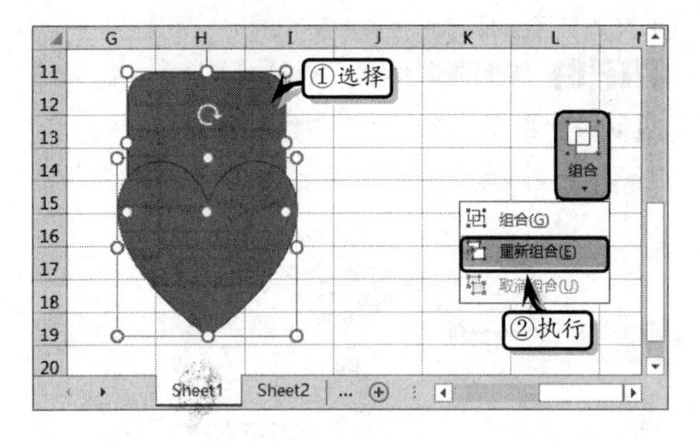

2. 对齐形状

选择形状，执行【绘图工具】|【排列】|【对齐】命令，在其级联菜单中选择一种对齐方式即可。

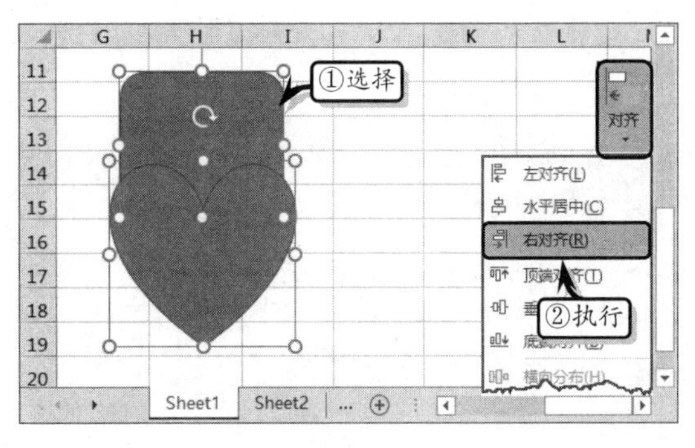

在【对齐】级联菜单中，主要包括 8 种对齐方式，其作用如下所示。

对齐方式	作　用
左对齐	以工作表的左侧边线为基点对齐
水平居中	以工作表的水平中心点为基点对齐
右对齐	以工作表的右侧边线为基点对齐
顶端对齐	以工作表的顶端边线为基点对齐
垂直居中	以工作表的垂直中心点为基点对齐
底端对齐	以工作表的底端边线为基点对齐
横向分布	在工作表的水平线上平均分布形状
纵向分布	在工作表的垂直线上平均分布形状

3. 设置显示层次

选择形状，执行【绘图工具】|【格式】|【排列】|【上移一层】或【下移一层】命令，在其级联菜单中选择一种选项，即可调整形状的显示层次。

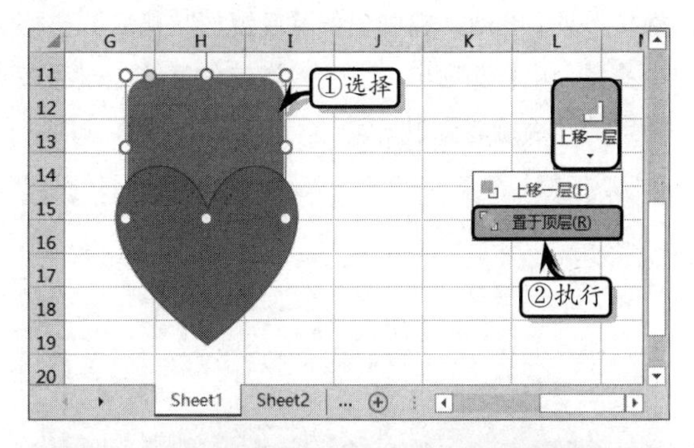

技巧

选择形状，右击执行【置于顶层】或【置于底层】命令，即可调整形状的显示层次。

4．旋转形状

选择形状，将光标移动到形状上方的旋转按钮上，按住鼠标左键，当光标变为形状时，旋转鼠标即可旋转形状。

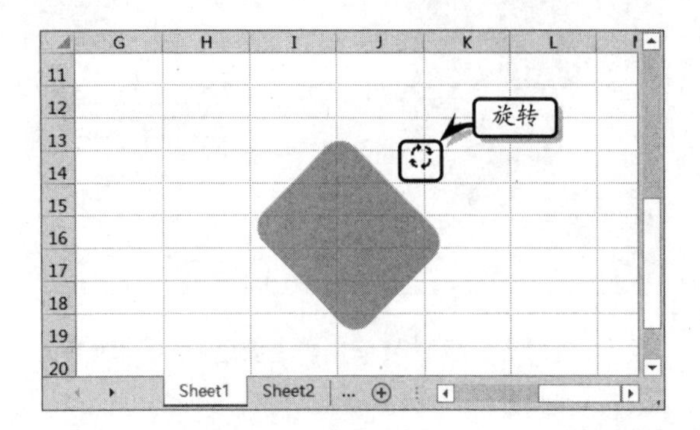

另外，选择形状，执行【绘图工具】|【格式】|【排列】|【旋转】|【向右旋转 90°】命令，即可将图片向右旋转 90°。

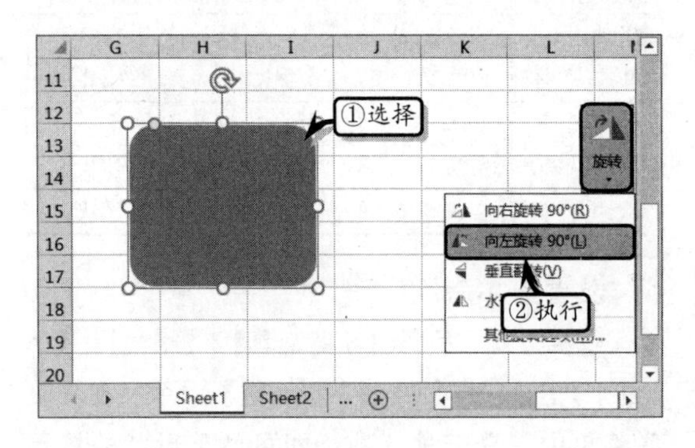

除此之外，选择形状，执行【旋转】|【其他旋转选项】命令，在弹出的【设置形状格式】窗格中的【大小】选项卡中，输入旋转角度值，即可按指定的角度旋转形状。

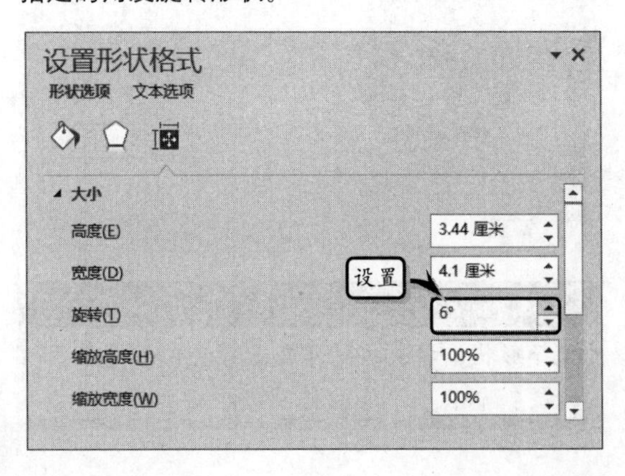

Excel 知识链接 9-1 对齐形状

虽然 Excel 为用户提供了自定义的形状对齐功能，但是内置的对齐功能无法按照特定的方法对齐形状。为达到 AutoCAD 软件中的阵列对齐效果，还需要使用图形中的一些其他对齐技巧。

9.1.4 示例：制作售后服务流程图

通过使用 Excel 中的【形状】功能，不仅可以美化工作表，也可以增加数据的生动性和说服力。下面通过制作"售后服务流程图"数据表，详细介绍使用形状显示数据的操作方法。

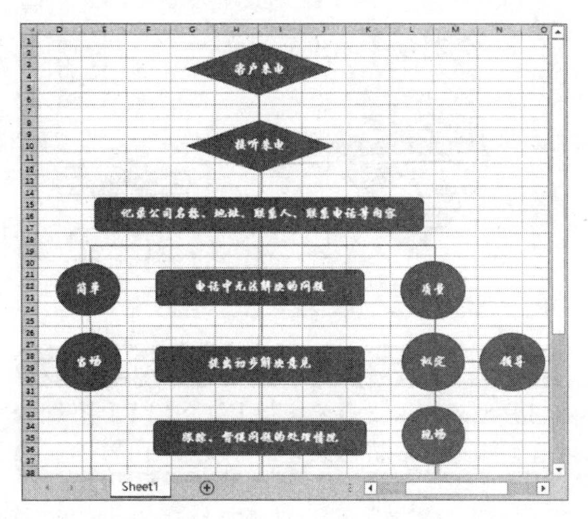

通过上图可以发现，数据表中使用了菱形、椭圆形、圆角矩形等形状，并运用直线形状按照流程方向连接各个形状。同时，运用【编辑文字】功能输入形状文本，并通过设置文本格式的方法达到突出文本内容的目的。

STEP|01 绘制菱形形状。执行【插入】|【形状】|【菱形】命令，在工作表中绘制菱形形状。

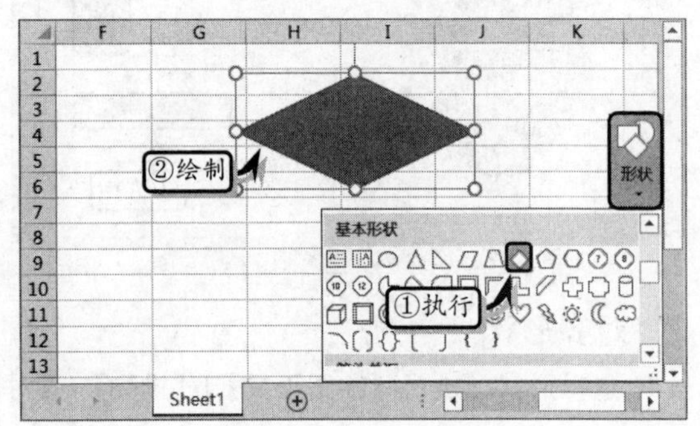

STEP|02 选择形状，在【格式】选项卡【大小】选项组中，设置形状的大小。

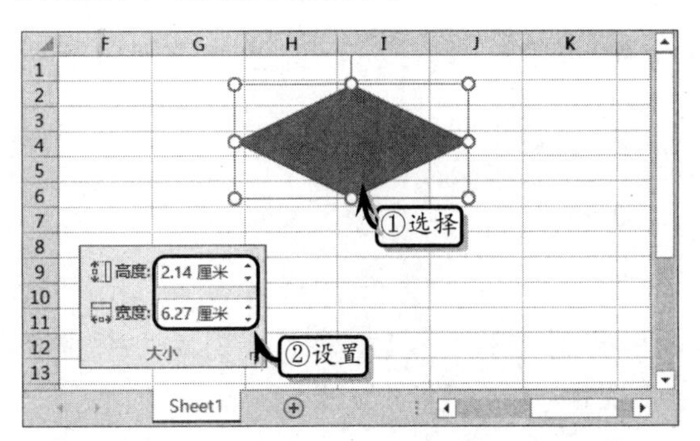

STEP|03 右击形状执行【编辑文字】命令，在形状中输入文本并设置文本的字体格式。使用同样方法，绘制其他菱形形状。

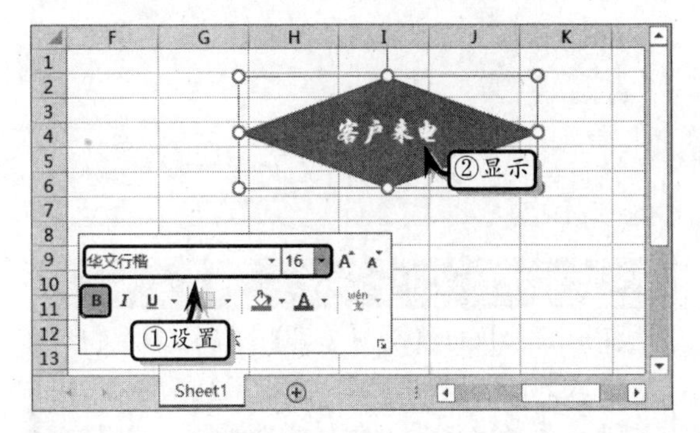

STEP|04 绘制圆角矩形形状。执行【插入】|【形状】|【圆角矩形】命令，绘制一个圆角矩形形状。

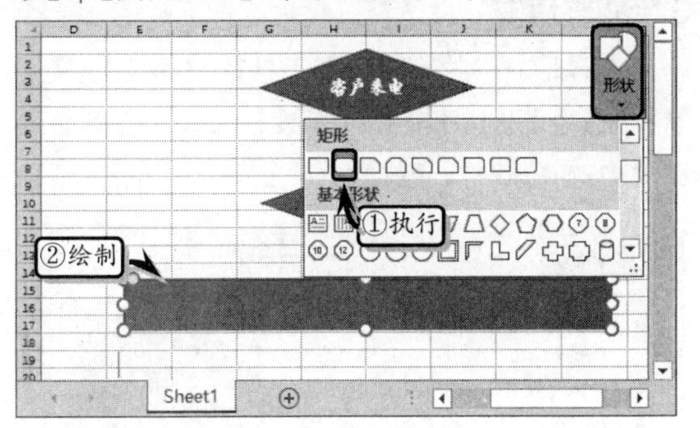

STEP|05 在圆角矩形形状中输入文本，然后复制多个圆角矩形形状，排列形状的位置并更改形 状中的文本内容。使用同样方法，绘制椭圆形形状。

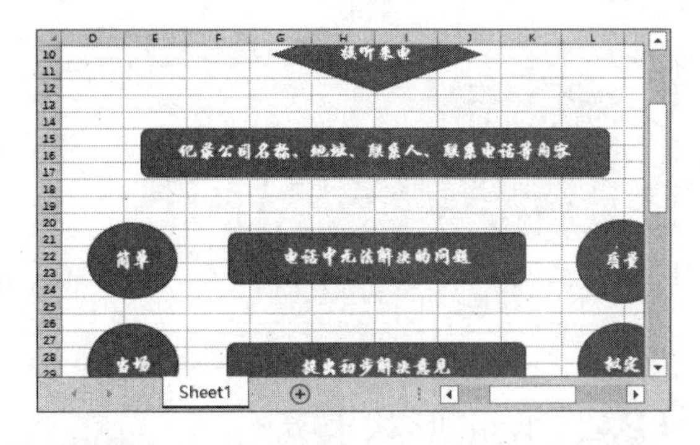

STEP|06 绘制直线形状。执行【插入】|【形状】|【直线】命令，将光标放置于工作表中的一个形状上，当形状上出现"链接块"时，绘制直线形状，连接上下两个形状。

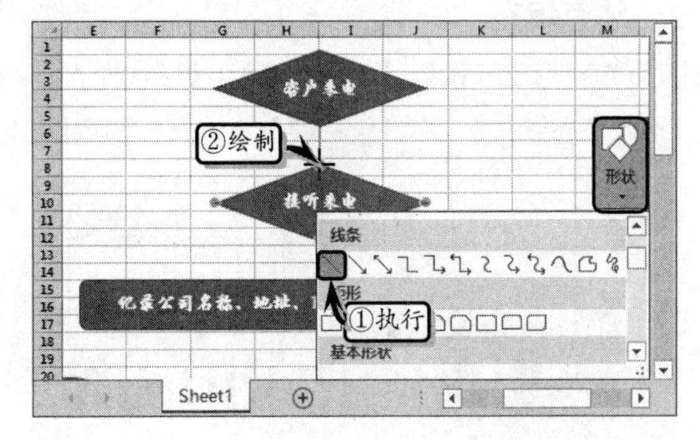

9.2 美化形状

Excel 内置了一套形状格式，通过设置形状填充颜色、轮廓样式和效果等属性，达到美化形状的目的。

9.2.1　应用内置形状样式

Excel 内置了 42 种形状样式，选择形状，执

行【绘图工具】|【格式】|【形状样式】|【其他】下拉按钮，在其下拉列表中选择一种形状样式即可。

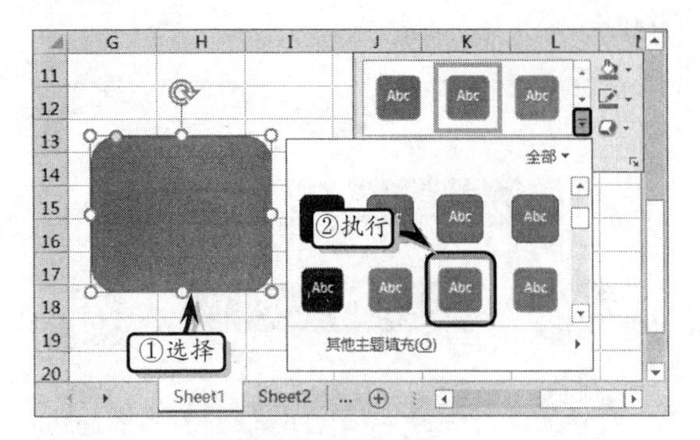

9.2.2 设置形状填充

用户可运用 Excel 中的【形状填充】命令，来设置形状的纯色、渐变、纹理或图片填充等填充格式，使形状具有多彩的外观。

1. 纯色填充

选择形状，执行【绘图工具】|【形状样式】|【形状填充】命令，在其级联菜单中选择一种色块。

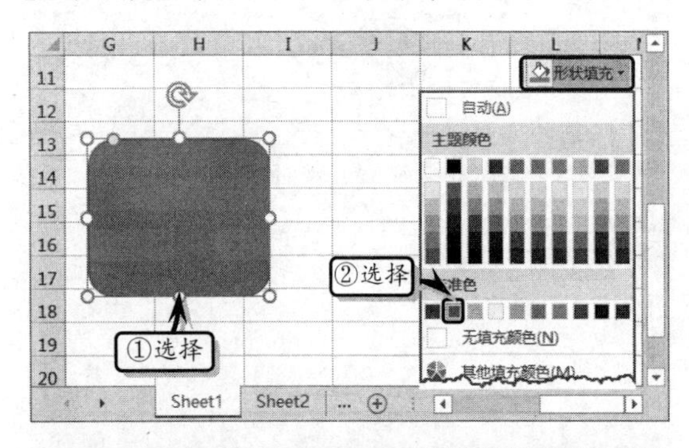

注意

用户也可以执行【形状填充】|【其他填充颜色】命令，在弹出的【颜色】对话框中自定义填充颜色。

2. 图片填充

选择形状，执行【绘图工具】|【形状样式】|【形状填充】|【图片】命令，然后在弹出的【插入图片】对话框中，选择【来自文件】对应的【浏览】选项。

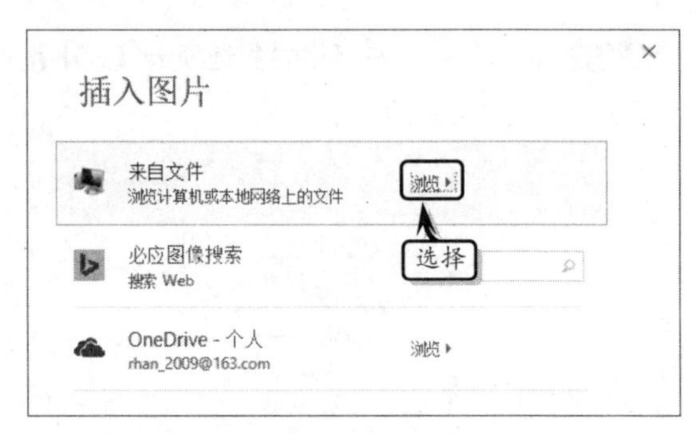

然后，在弹出的【插入图片】对话框中，选择图片文件，单击【插入】按钮即可。

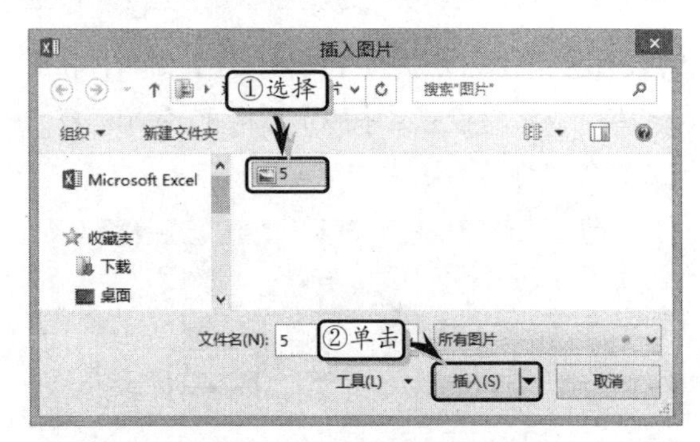

注意

选择形状，执行【绘图工具】|【格式】|【形状样式】|【形状填充】|【纹理】命令，在其级联菜单中选择一种样式即可。

3. 渐变填充

选择形状，执行【绘图工具】|【格式】|【形状样式】|【形状填充】|【渐变】命令，在其级联菜单中选择一种渐变样式。

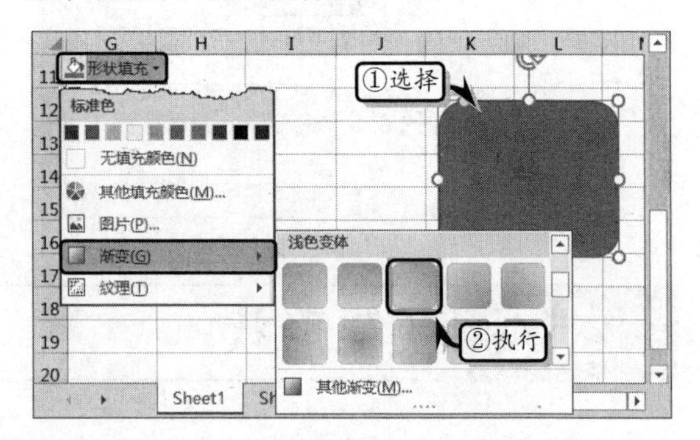

另外，执行【形状填充】|【渐变】|【其他渐变】命令，在弹出的【设置形状格式】窗格中，

设置渐变填充的预设颜色、类型、方向等渐变选项。

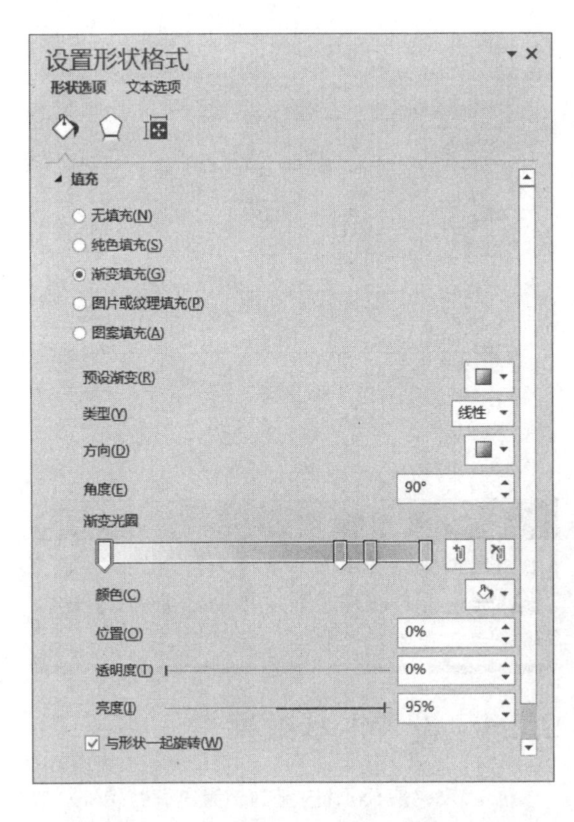

在【渐变填充】列表中，主要包括下表中的一些选项。

选　项	说　明
预设渐变	用于设置系统内置的渐变样式，包括红日西斜、麦浪滚滚、金色年华等 24 种内设样式
类型	用于设置颜色的渐变方式，包括线性、射线、矩形与路径方式
方向	用于设置渐变颜色的渐变方向，一般分为对角、由内至外等不同方向。该选项根据【类型】选项的变化而改变，例如当【方向】选项为【矩形】时，【方向】选项包括从右下角、中心辐射等选项；而当【方向】选项为【线性】时，【方向】选项包括线性对角-左上到右下等选项
角度	用于设置渐变方向的具体角度，该选项只有在【类型】选项为【线性】时才可用

续表

选　项	说　明
渐变光圈	用于增加或减少渐变颜色，可通过单击【添加渐变光圈】或【减少渐变光圈】按钮，来添加或减少渐变颜色
颜色	用于设置渐变光圈的颜色，需要先选择一个渐变光圈，然后单击其下拉按钮，选择一种色块即可
位置	用于设置渐变光圈的具体位置，需要先选择一个渐变光圈，然后单击微调按钮显示百分比值
透明度	用于设置渐变光圈的透明度，选择一个渐变光圈，输入或调整百分比值即可
亮度	用于设置渐变光圈的亮度值，选择一个渐变光圈，输入或调整百分比值即可
与形状一起旋转	启用该复选框，渐变颜色将与形状一起旋转

4. 图案填充

图案填充是使用重复的水平线或垂直线、点、虚线或条纹设计作为形状的一种填充方式。选择形状，右击执行【设置形状格式】命令，弹出【设置形状格式】窗格。在【填充】选项卡中，启用【图案填充】选项，并设置前景和背景颜色。

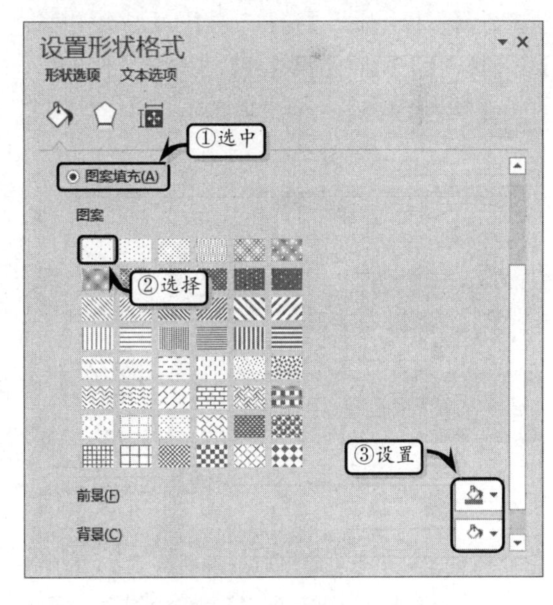

9.2.3　设置形状轮廓

设置形状的填充效果之后，为了使形状轮廓与形状轮廓的颜色、线条等相互搭配，还需要设置形状轮廓的格式。

1. 设置轮廓颜色

选择形状，执行【绘图工具】|【格式】|【形状样式】|【轮廓填充】命令，在其级联菜单中选择一种色块即可。

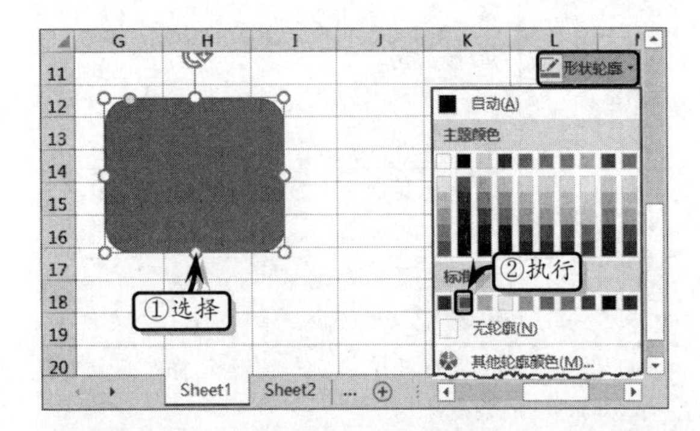

注意

用户也可以执行【形状填充】|【其他轮廓颜色】命令，在弹出的【颜色】对话框中自定义填充颜色。

2. 设置轮廓样式

选择形状，执行【绘图工具】|【形状样式】|【轮廓填充】|【粗细】、【虚线】或【箭头】命令，在其级联菜单中选择一种选项即可。

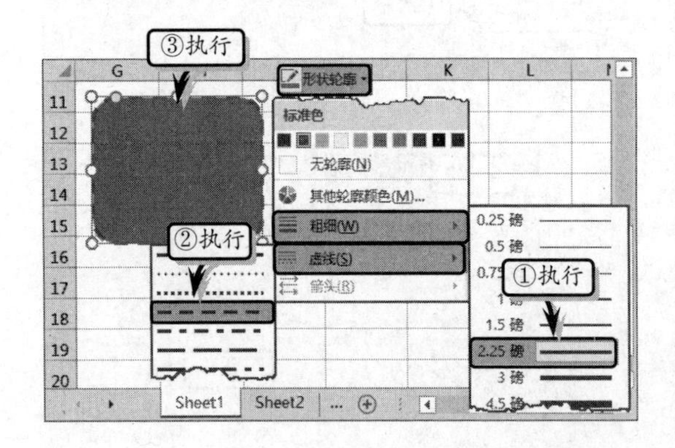

另外，用户还可以执行【形状样式】|【形状轮廓】|【粗细】|【其他线条】命令，或执行【虚线】|【其他线条】命令，在弹出的【设置形状格式】窗格中设置形状的轮廓格式。

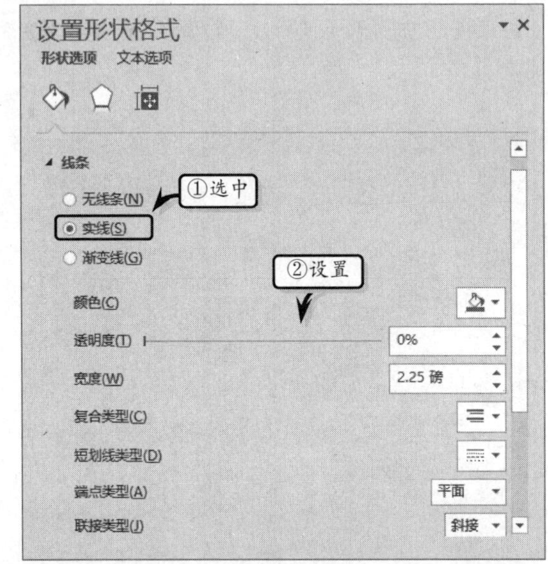

注意

右击图形执行【设置形状格式】命令，在弹出的【设置形状格式】窗格中的【线型】选项卡中，设置线型格式。

9.2.4 设置形状效果

形状效果是Excel内置的一组具有特殊外观效果的命令。选择形状，执行【绘图工具】|【格式】|【形状样式】|【形状效果】命令，在其级联菜单中设置相应的形状效果即可。

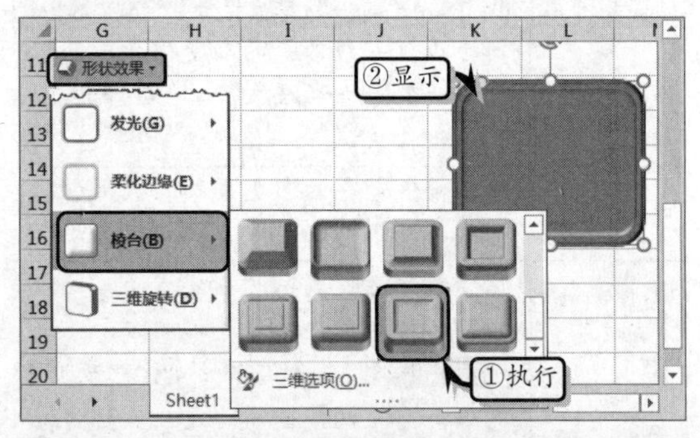

技巧

选择形状，右击执行【设置为默认形状】命令，即可将该形状设置为默认形状。

其【形状效果】下拉列表中各项效果的具体功能，如下所示。

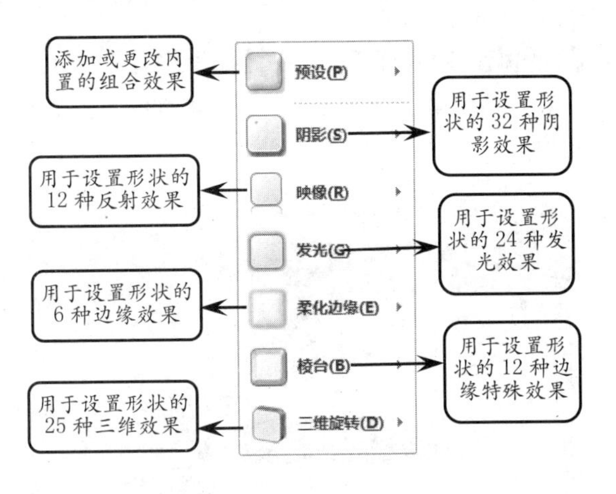

知识链接 9-2 制作流程图

流程图是用图形表示的一个过程的步骤图，主要用于显示过程的实际情况。在本练习中，将根据市场营销业务流程，来制作一个售后服务流程图。

9.2.5　示例：美化售后服务流程图

在 Excel 中制作形状之后，需要通过设置形状样式和形状效果，来增加图形的美观性。下面将通过美化“售后服务流程”图形，详细介绍设置形状格式的操作方法。

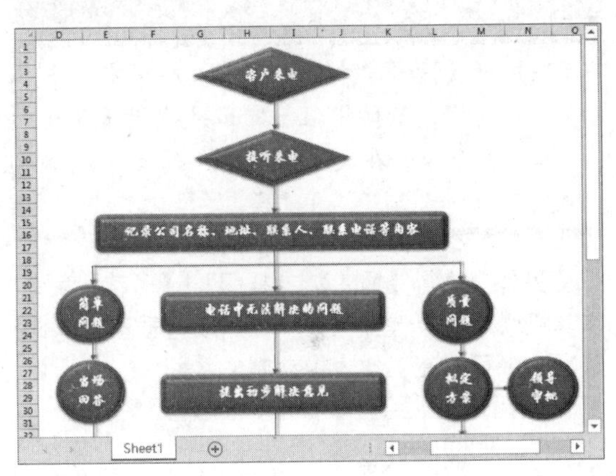

通过上图可以发现，菱形形状、圆角矩形形状和椭圆形形状使用了内置样式和棱台效果等形状格式，而直线形状则使用了内置样式和阴影效果。除此之外，上图中还通过设置直线形状的箭头方向来凸显流程图的方向。

STEP|01 设置形状样式。选择除直线外的所有形状，执行【格式】|【形状样式】|【其他】|【强烈效果-蓝色，强调颜色 5】命令，设置形状的样式。

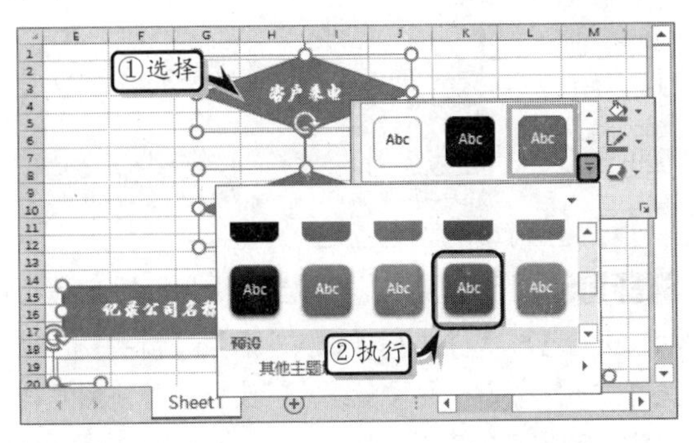

STEP|02 选择所有的直线形状，执行【格式】|【形状样式】|【其他】|【粗线-强调颜色 5】命令，设置形状的样式。

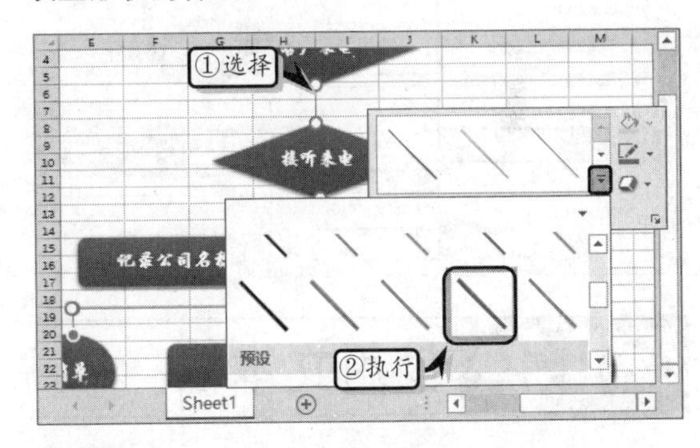

STEP|03 设置形状效果。选择所有的菱形、圆角矩形和椭圆形形状，执行【格式】|【形状样式】|【形状效果】|【棱台】|【艺术装饰】命令，设置形状效果。

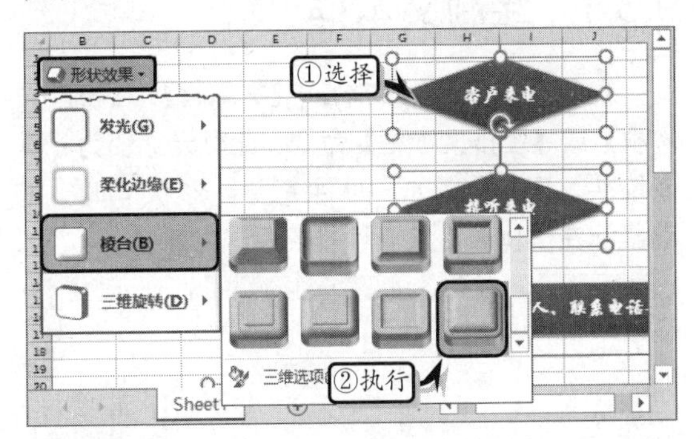

STEP|04 选择所有的直线形状，执行【格式】|【形状样式】|【形状效果】|【阴影】|【向右偏移】命令，设置形状的阴影效果。

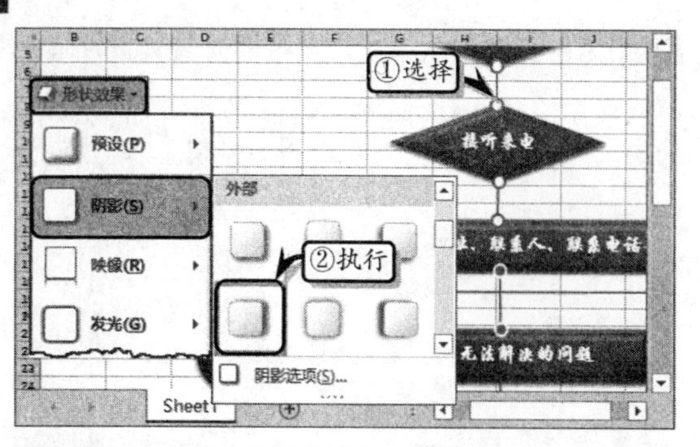

STEP|05 设置箭头方向。选择最上方的直线形状，执行【形状样式】|【形状轮廓】|【箭头】|【箭头样式 5】命令，设置直线的箭头样式。使用同样方法，制作其他直线形状。

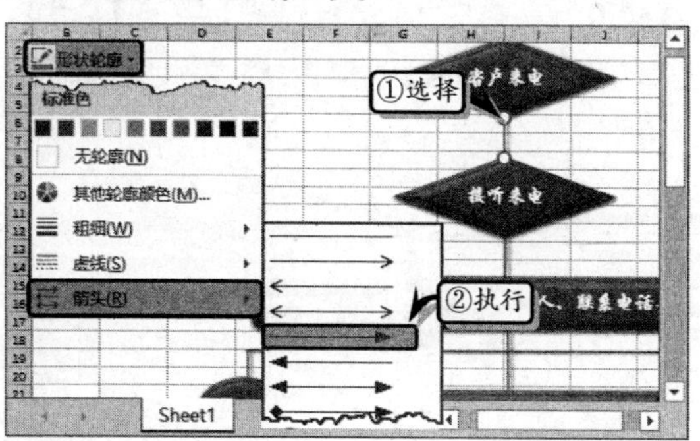

STEP|06 禁用网格线。在【视图】选项卡【显示】选项组中，禁用【网格线】复选框，隐藏网格线。

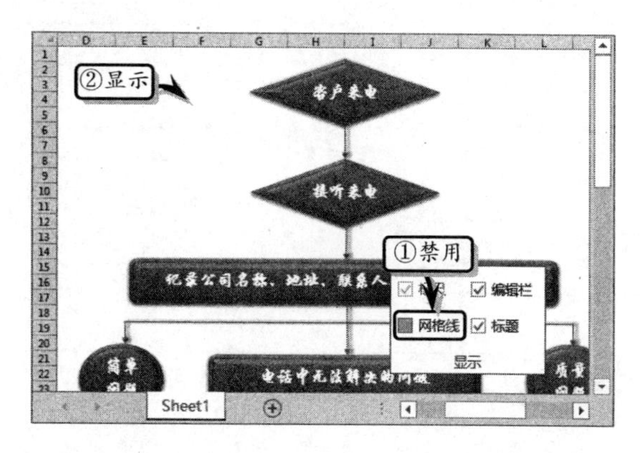

9.3 使用文本框

文本框是一种特殊的形状，其主要作用是输入文本内容，其优点在于它是以形状的样式存在，相对于单元格来讲便于移动和操作。

9.3.1 绘制文本框

执行【插入】|【文本】|【文本框】|【横排文本框】或【竖排文本框】命令，此时光标变为“垂直箭头”形状↓，或“水平箭头”形状←时，拖动鼠标在工作表中绘制横排或竖排文本框。

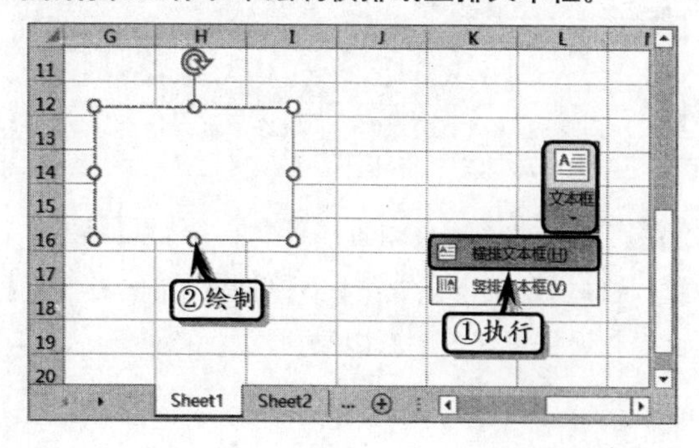

> **注意**
>
> 如果执行【横排文本框】命令，在文本框中输入的文字，呈横排显示；如果执行【垂直文本框】命令，在文本框中输入的文字呈竖排显示。

另外，执行【插入】|【插图】|【形状】命令，在其级联菜单中选择【文本框】或【垂直文本框】选项，也可以在工作表中绘制文本框。

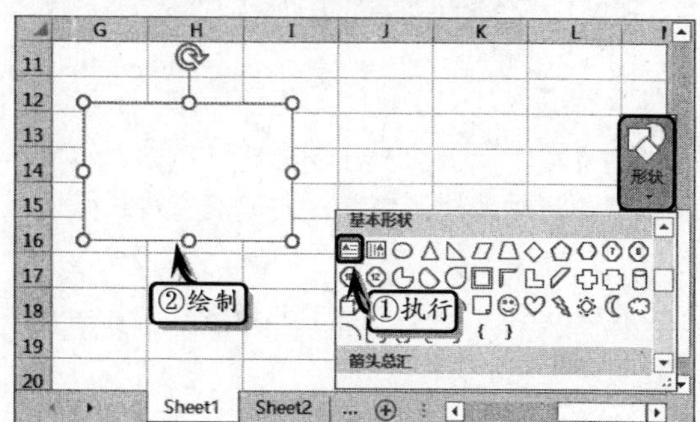

9.3.2　设置文本框属性

在 Excel 中，除了像设置形状那样设置文本框的格式之外，还可以右击文本框，执行【设置形状格式】命令，在弹出窗格中的【文本选项】中的【文本框】选项卡中，设置文本框格式。

1．设置文字版式

在【设置形状格式】窗格中，选择【垂直对齐方式】和【文字方向】下拉列表中的一种版式，即可设置文本框中的文字版式。

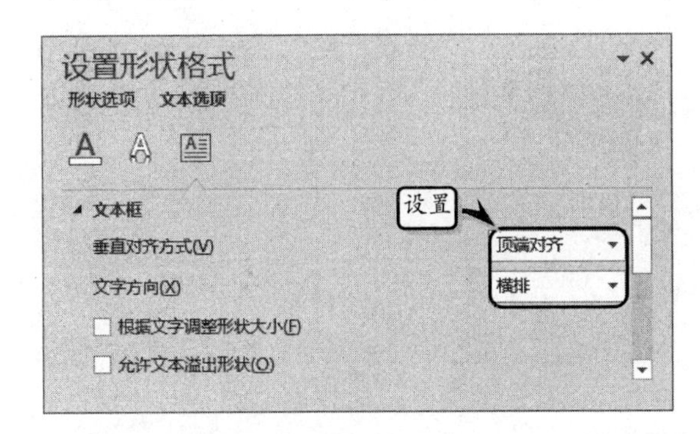

2．设置自动调整功能

用户可以根据文本框内容，在【自动调整】选项组中，设置文本框与内容的显示格式。

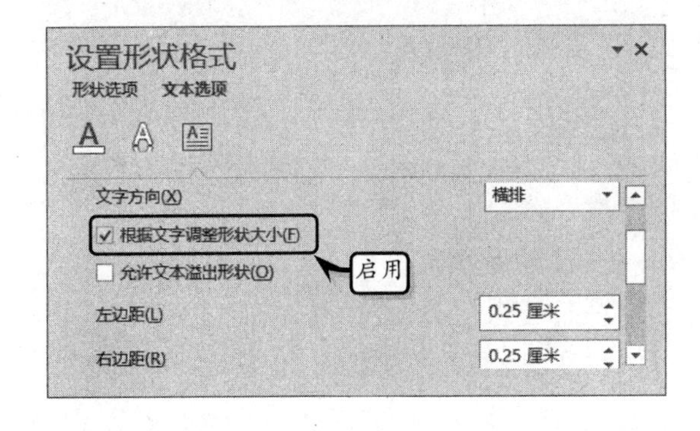

> **提示**
>
> 启用【允许文本溢出形状】复选框，当文本框中的文本过长时，其文字会自动溢出文本框。

3．设置边距

用户可以直接在【内部边距】栏中的【左】、【右】、【上】、【下】微调框中，设置文本框的内部边距。

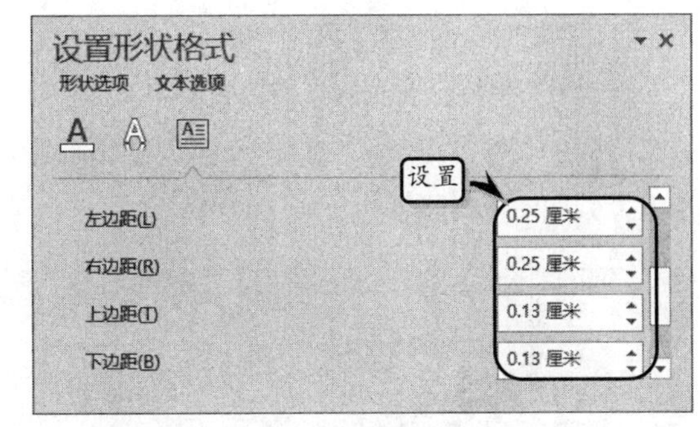

4．设置分栏

用户还可以设置文本框的分栏功能，将文本框中的文本按照栏数和间距进行拆分。此时，在【文本选项】中的【文本框】选项卡中，单击【分栏】按钮，在弹出的对话框中设置数量和间距即可。

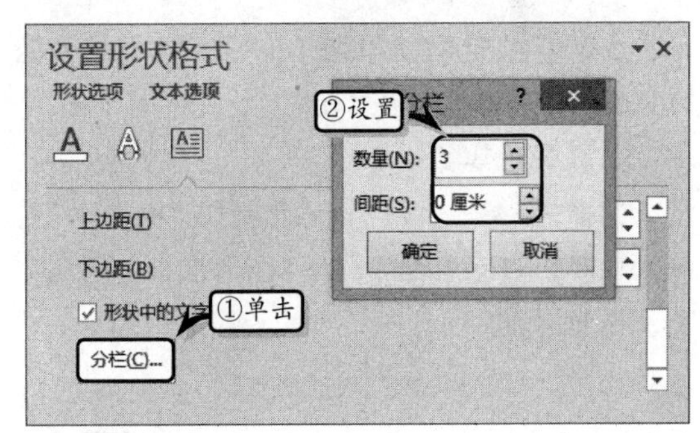

9.4　使用艺术字

艺术字是一个文字样式库，可以将艺术字添加到文档中以制作出装饰性效果。

9.4.1　插入艺术字

执行【插入】|【文本】|【艺术字】命令，在

其列表中选择相应的选项，即可插入相应样式的艺术字。

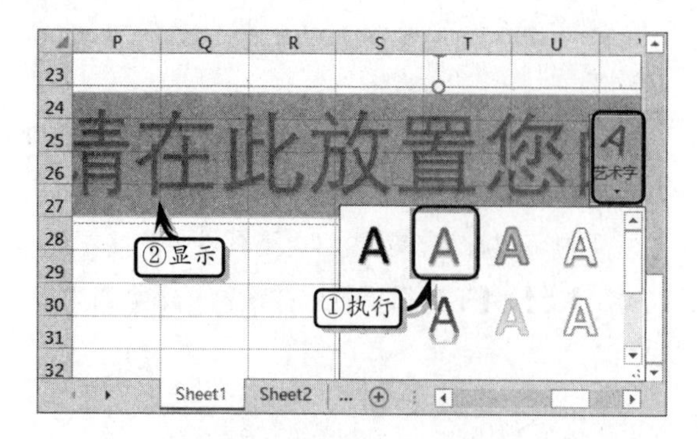

此时，系统默认为选择所有的艺术字文本，输入相应的文本并在【开始】选项卡【字体】选项组中设置其字体格式即可。

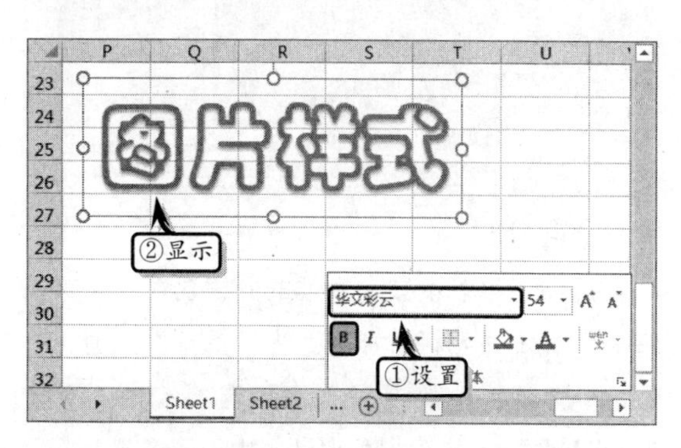

9.4.2 设置填充颜色

为了使艺术字更加美观，用户还需要像设置图片效果那样设置艺术字的填充色。

1. 设置纯色填充

选择艺术字，执行【绘图工具】|【格式】|【艺术字样式】|【文本填充】命令，在列表中选择一种色块即可。

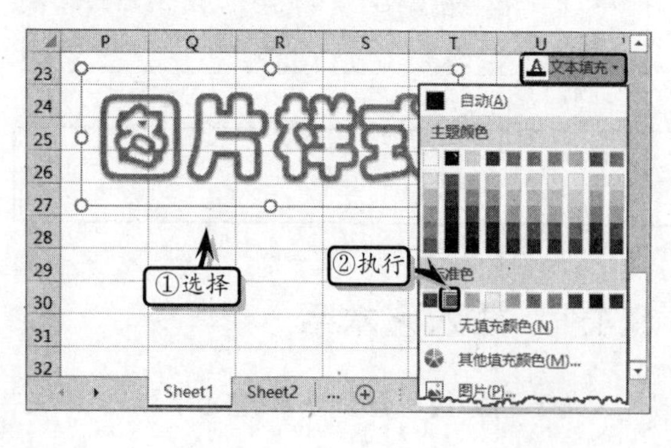

注意

选择艺术字，在【字体】选项组中或在【浮动工具栏】上，执行【字体颜色】命令中相应的选项，即可设置艺术字的填充颜色。

2. 设置图片填充

执行【艺术字样式】|【文本填充】|【图片】命令，并在弹出的【插入图片】对话框中选择【来自文件】选项。

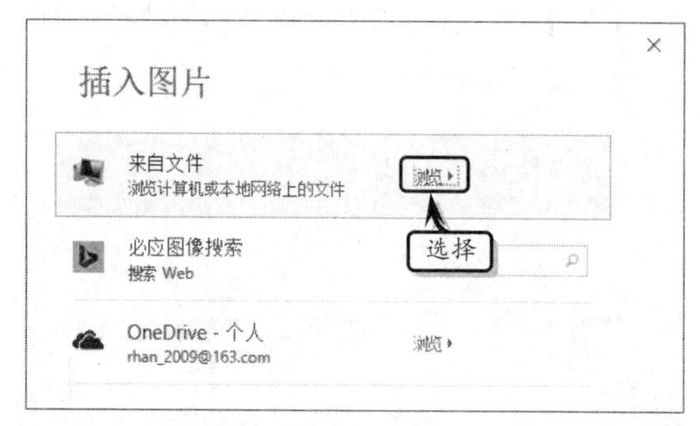

然后，在弹出的【插入图片】对话框中，选择需要插入的图片文件，单击【插入】按钮即可。

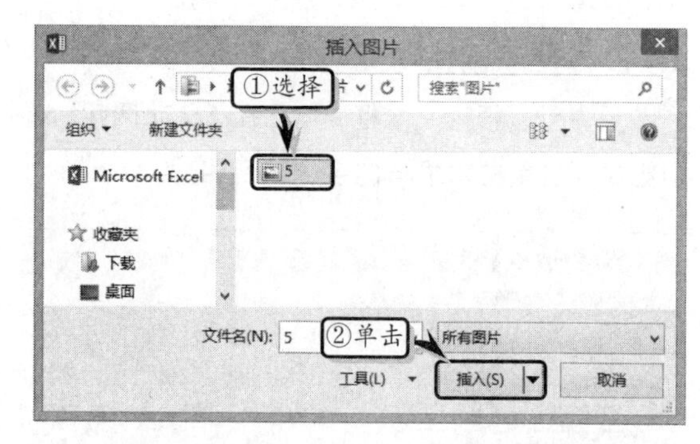

3. 设置渐变填充

执行【艺术字样式】|【文本填充】|【渐变】命令，在其级联菜单中选择相应的选项即可。

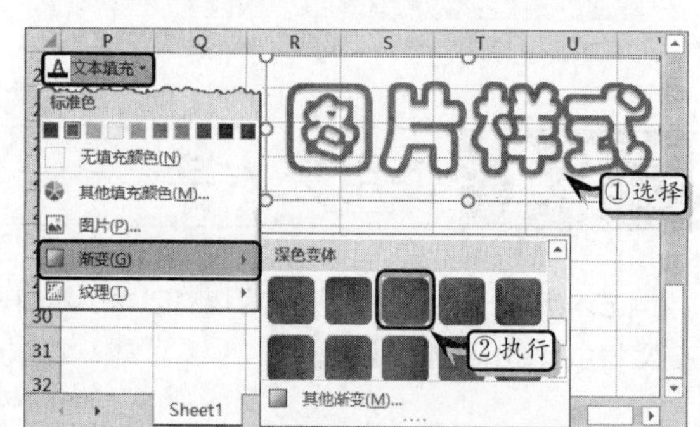

注意

执行【文本填充】|【纹理】命令，在其级联菜单中选择纹理样式，设置艺术字的纹理填充效果。

9.4.3 设置轮廓颜色

在 Excel 中，除了可以设置艺术字的填充颜色之外，用户还可以像设置普通字体那样，设置艺术字的轮廓样式。

执行【格式】|【艺术字样式】|【文本轮廓】命令，在其列表选择一种色块即可。

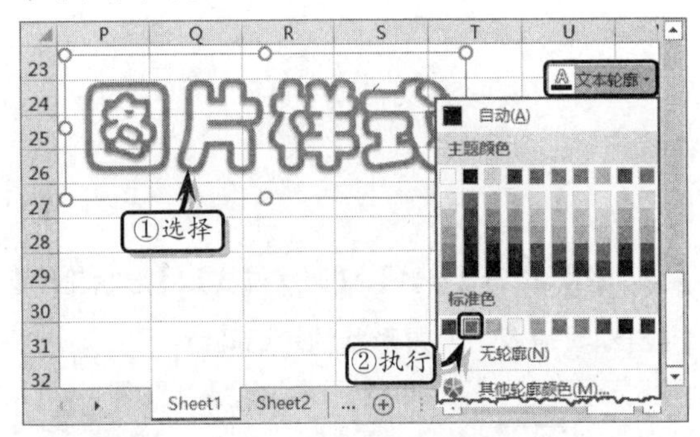

另外，执行【文本轮廓】命令，在其列表中选择【粗细】与【虚线】选项，分别为其设置线条粗细与虚线样式。

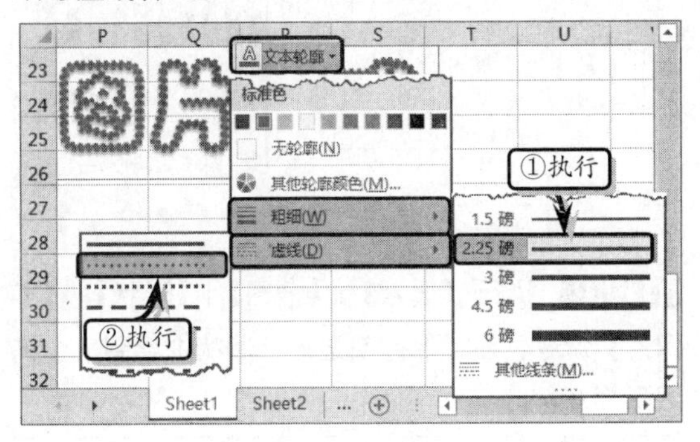

9.4.4 设置文本效果

除了可以对艺术字的文本与轮廓填充颜色之外，用户还可以为文本添加阴影、发光、映像等外观效果。

1. 设置阴影效果

执行【艺术字样式】|【文本效果】|【阴影】命令，在其级联菜单中选择相应的选项即可。

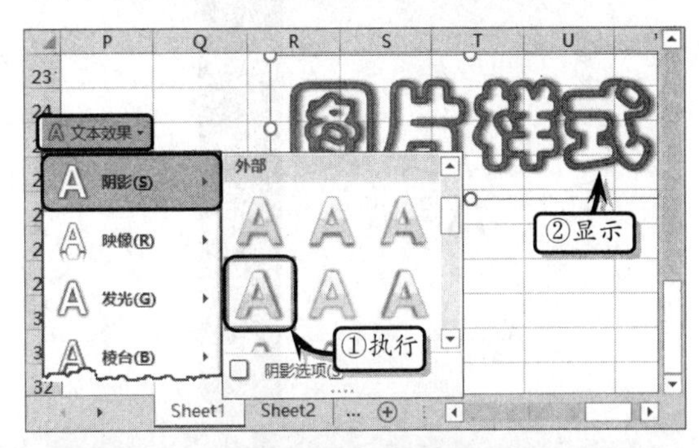

注意

可通过执行【阴影】|【阴影选项】命令，在弹出的【设置文本效果格式】任务窗格中，设置阴影效果。

2. 设置映像效果

执行【艺术字样式】|【文本效果】|【映像】命令，在其级联菜单中选择相应的选项。

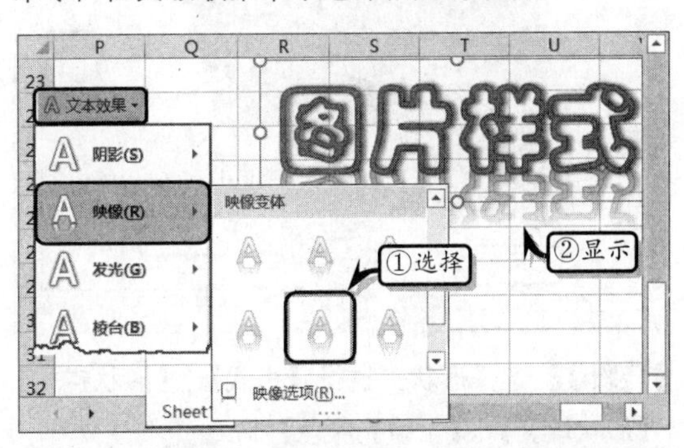

注意

用户可使用同样的方法，分别设置发光、棱台、三维旋转等文本效果。

9.5 练习：制作条形磁铁的磁感线

Excel 作为当今较为流行的办公软件，已越来越广泛地应用于教学领域，许多教师都使用它来制作课件。在本练习中，将运用一些简单的形状，以及为其设置形状效果等方法，来制作一个关于“条形磁铁的磁感线”的物理课件。

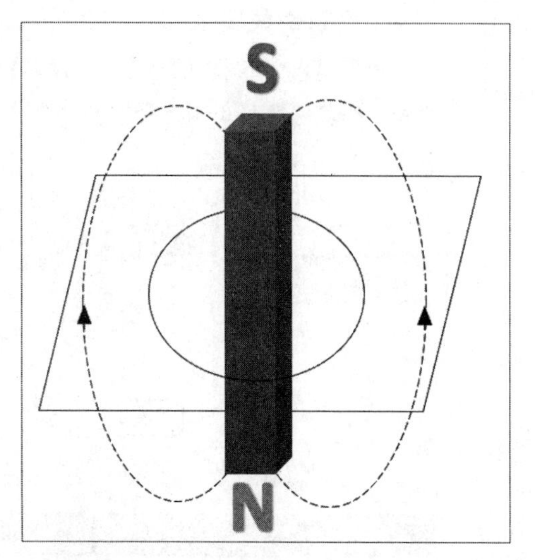

操作步骤

STEP|01 制作外围形状。执行【插入】|【插图】|【形状】|【平形四边形】命令，在工作表中绘制其形状。

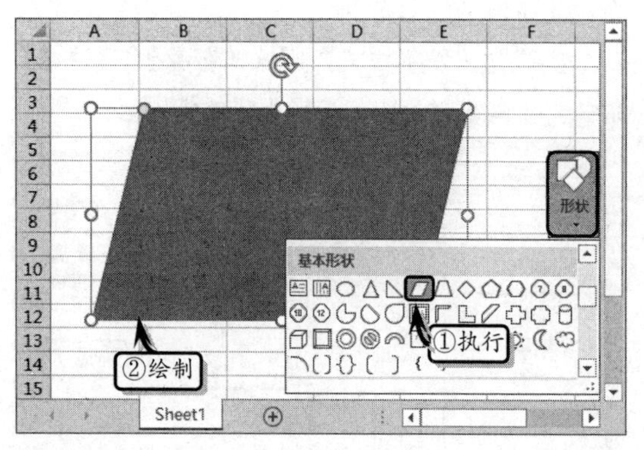

STEP|02 选择形状，执行【格式】|【形状样式】|【形状填充】|【无填充颜色】命令。

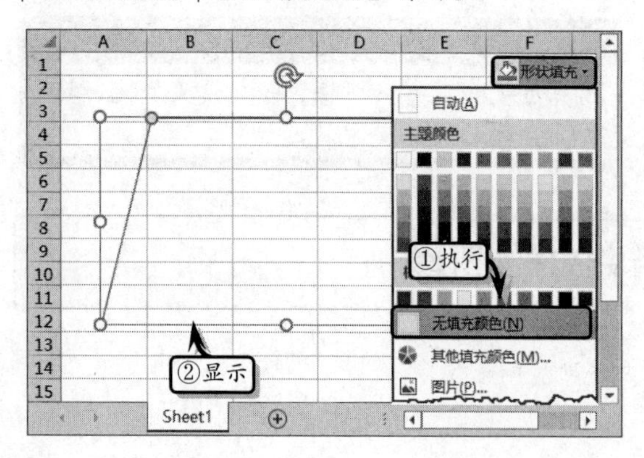

STEP|03 执行【格式】|【形状样式】|【形状轮廓】|【自动】命令，设置形状的轮廓颜色。

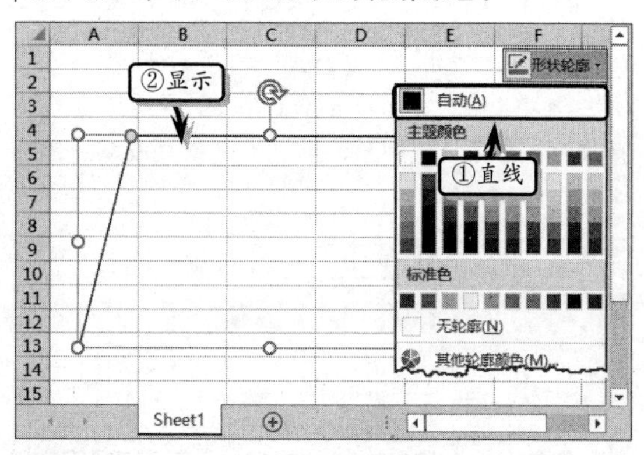

STEP|04 执行【插入】|【插图】|【形状】|【椭圆形】命令，在“平行四边形”形状中绘制一个椭圆形形状。

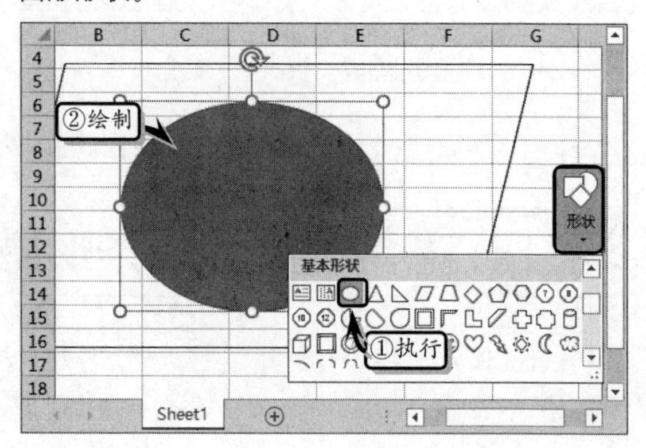

STEP|05 选择“平行四边形”形状，执行【开始】|【剪贴板】|【格式刷】命令。然后，单击“椭圆形”形状，复制格式。

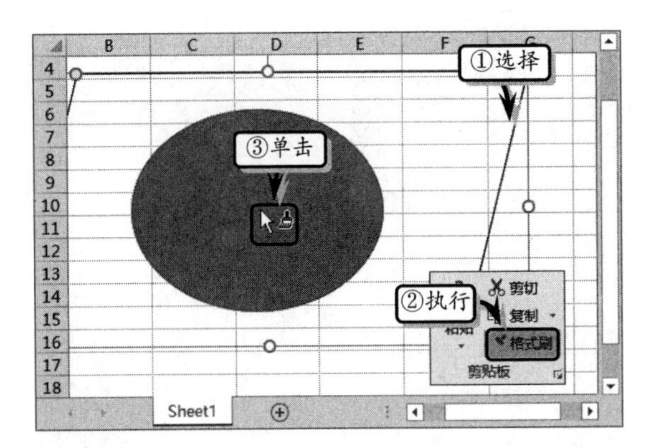

STEP|06 绘制磁铁。执行【插入】|【插图】|【形状】|【立方体】命令，在“椭圆形”形状内绘制一个立方体形状。

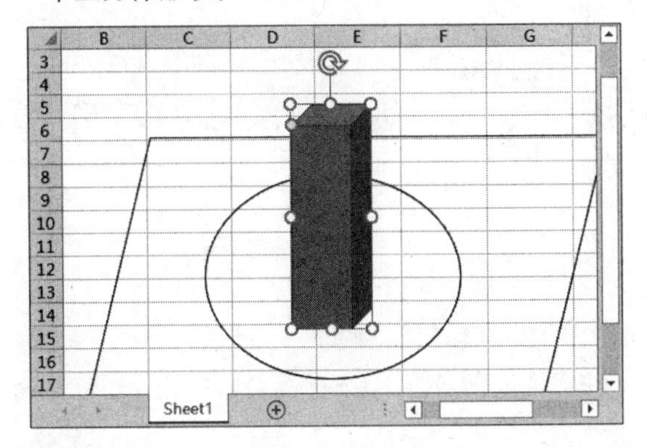

STEP|07 执行【格式】|【形状样式】|【形状填充】|【蓝色】命令，同样将形状轮廓的颜色设置为“蓝色”。

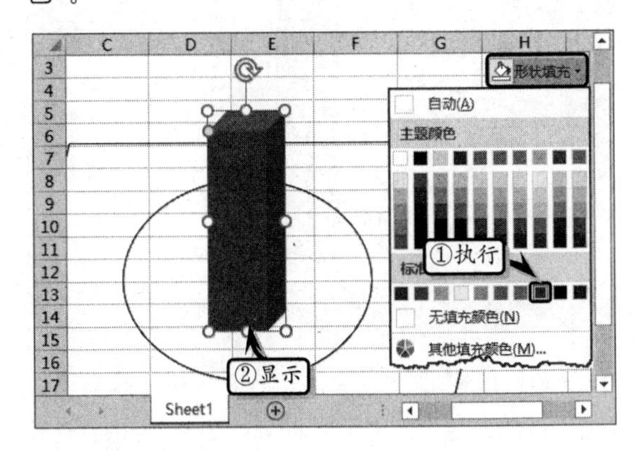

STEP|08 在立方体下方再绘制一个立方体形状，并将填充颜色与轮廓颜色分别设置为“深红”色。

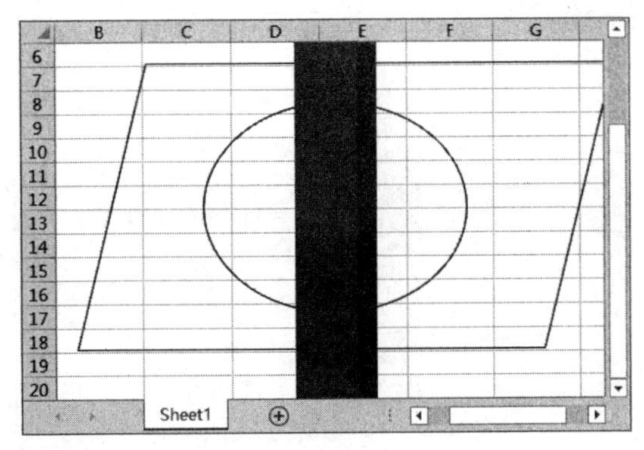

STEP|09 选择“深红”色的立方体形状，右击执行【置于底层】|【下移一层】命令。

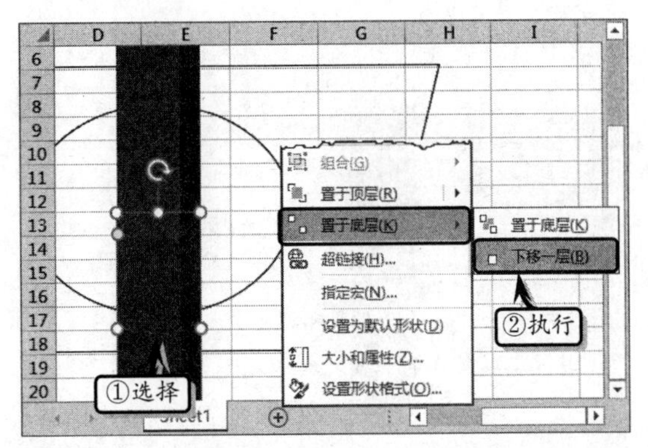

STEP|10 制作磁铁线。在立方体形状上方绘制一个椭圆形形状，将【填充颜色】设置为【无填充颜色】，将【形状轮廓】设置为【自动】，将【粗细】设置为【1 磅】，并将【虚线】设置为【长划线】。

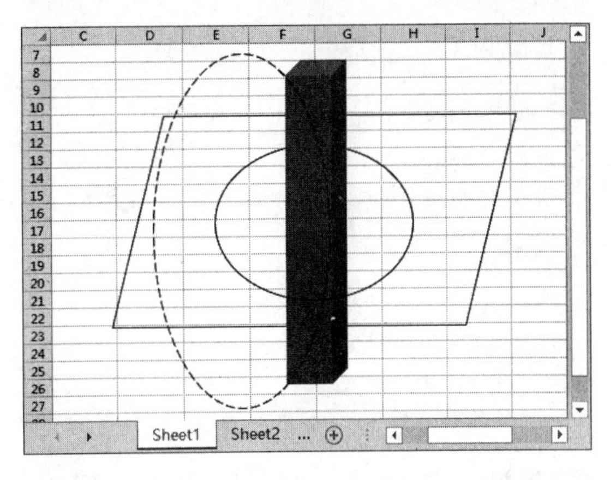

STEP|11 执行【插入】|【插图】|【形状】|【燕尾形箭头】命令，在工作表中绘制一个燕尾形箭头

形状。

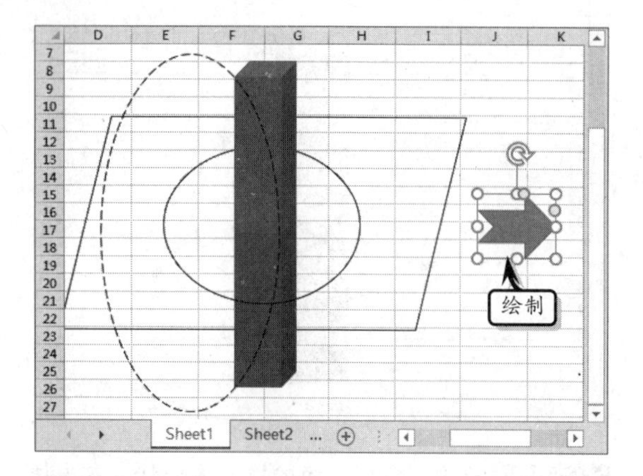

STEP|12 拖动形状中的黄色调控柄，将燕尾形箭头形状调整为箭头形状。

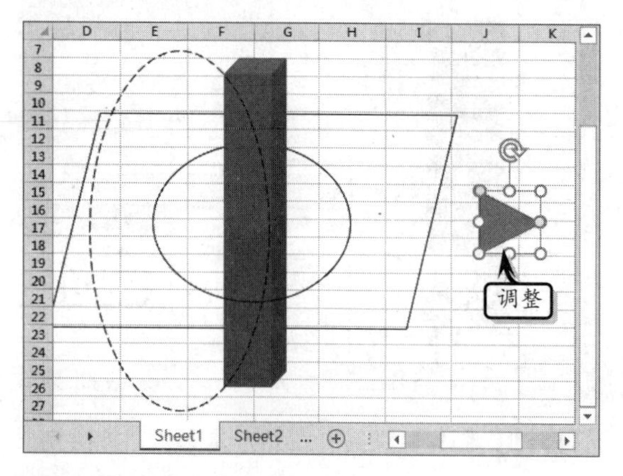

STEP|13 同时，执行【格式】|【形状样式】|【形状填充】|【黑色】命令，为形状填充黑色。

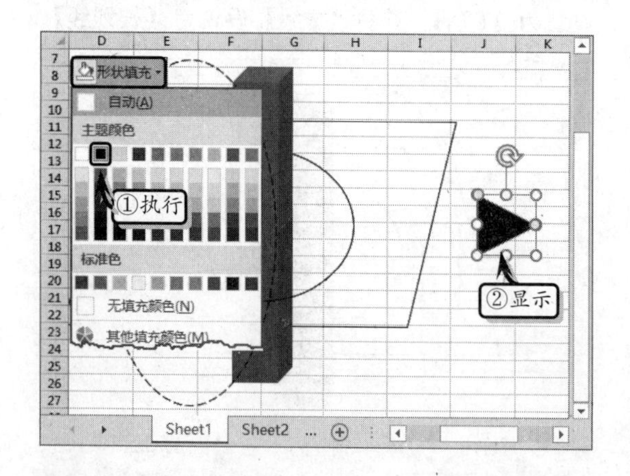

STEP|14 执行【格式】|【排列】|【旋转】|【向左旋转 90°】命令，向左旋转形状。

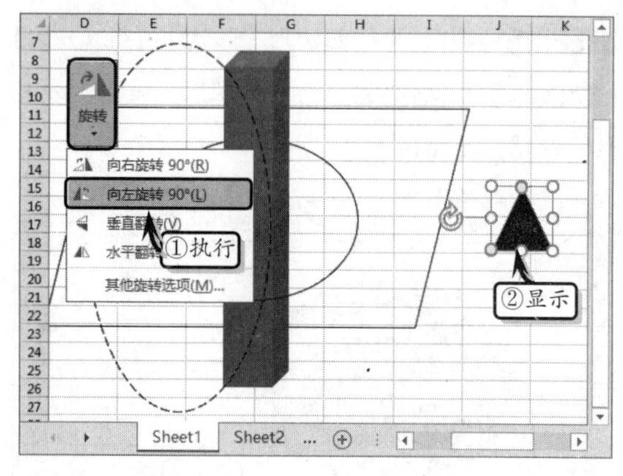

STEP|15 调整燕尾形箭头形状的位置，同时选择该形状与椭圆形形状，右击执行【组合】|【组合】命令。

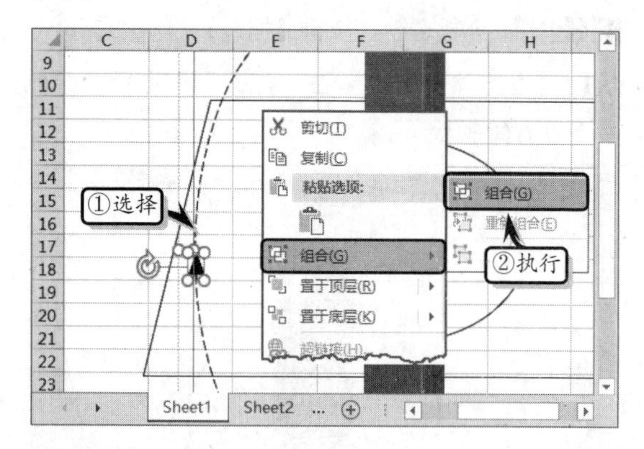

STEP|16 选择并复制组合后的形状，执行【格式】|【排列】|【旋转】|【水平翻转】命令，翻转并调整形状的位置。

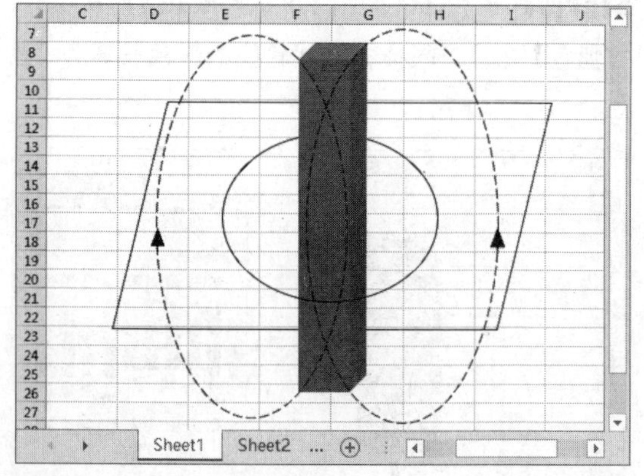

STEP|17 同时选择两个组合后的形状，右击执行【置于底层】|【下移一层】命令，调整组合形状的叠放层次，使其位于磁铁形状与平行四边形形状之间。

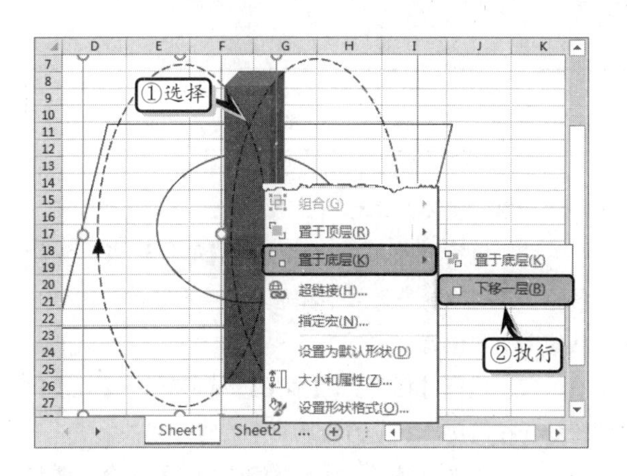

STEP|18 制作南北极标识。执行【插入】|【文本】|【艺术字】|【填充-白色，轮廓-主题色 5，阴影】命令，并在艺术字文本框中输入字母 N。

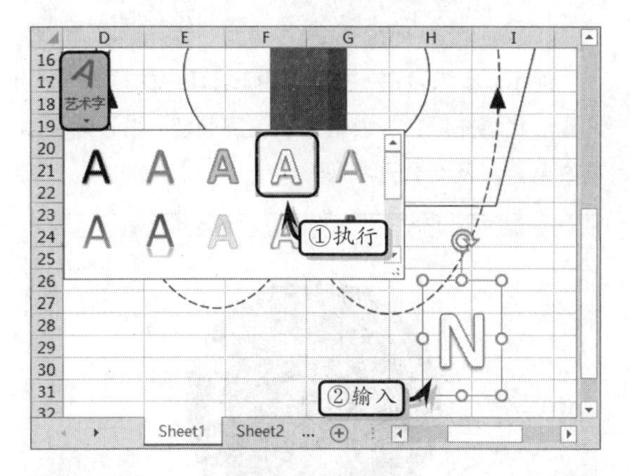

STEP|19 执行【格式】|【艺术字样式】|【文本填充】|【浅蓝】命令，设置艺术字文本的填充颜色。

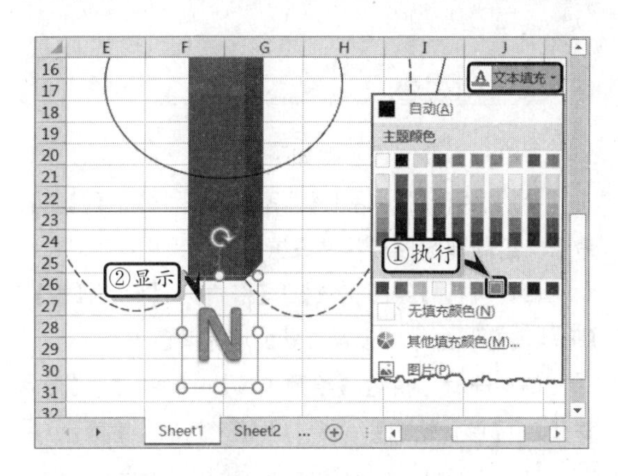

STEP|20 同时，执行【格式】|【艺术字样式】|【文本轮廓】|【浅蓝】命令，设置艺术字文本的轮廓颜色，并调整艺术字的位置。

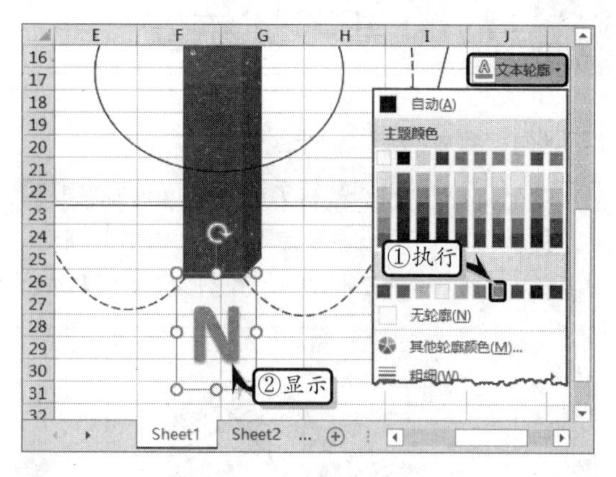

STEP|21 复制艺术字，将艺术字文本更改为 S，并将【文本填充】与【文本轮廓】设置为“红色”。

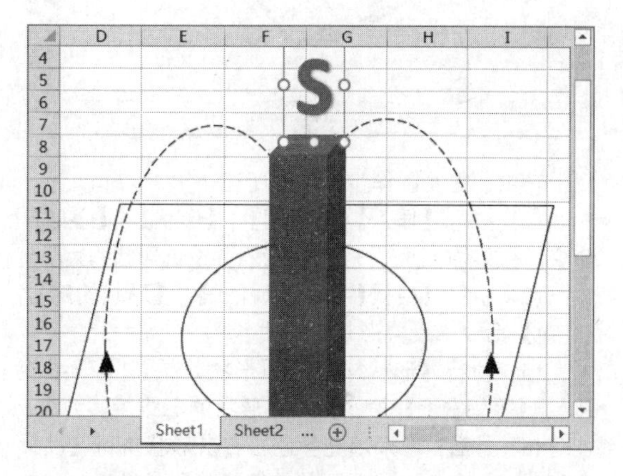

STEP|22 最后，在【视图】选项卡【显示】选项组中，禁用【网格线】复选框，隐藏工作表中的网格线。

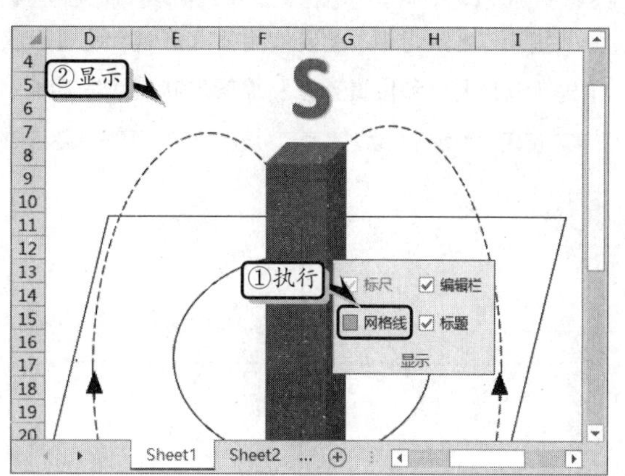

9.6 新手训练营

练习 1：制作立体心形形状

downloads\9\新手训练营\立体心形形状

提示：本练习中，主要使用 Excel 中的插入形状、设置形状格式、设置三维效果、调整形状大小等功能。

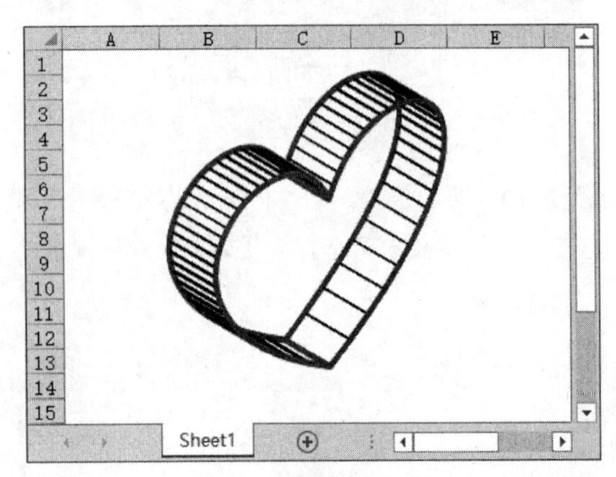

其中，主要制作步骤如下所述。

（1）执行【插入】|【插图】|【形状】|【心形】命令，在文档中插入一个心形形状并设置形状的大小。

（2）执行【格式】|【形状样式】|【形状轮廓】|【红色】命令，设置形状的样式。

（3）执行【形状样式】|【形状效果】|【三维旋转】|【等轴右上】命令，设置形状的三维旋转效果。

（4）最后，取消填充颜色，右击形状执行【设置形状格式】命令，设置形状的三维效果参数。

练习 2：制作贝塞尔曲线

downloads\9\新手训练营\贝塞尔曲线

提示：本练习中，主要使用插入形状、设置形状样式、调整大小和位置，以及编辑形状定点等功能。

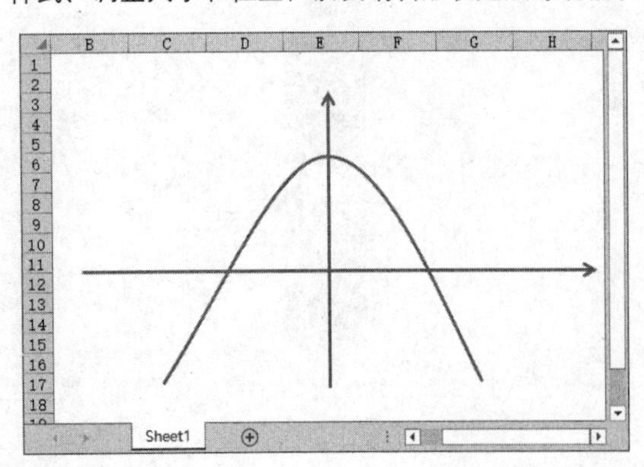

其中，主要制作步骤如下所述。

（1）执行【插入】|【插图】|【形状】|【箭头】命令，分别绘制一条水平和垂直箭头形状，并调整形状的大小和位置。

（2）执行【插入】|【插图】|【形状】|【曲线】命令，在箭头形状上方绘制一个曲线形状。

（3）右击曲线形状执行【编辑顶点】命令，调整顶点的位置，同时调整顶点附近线段的弧度。

练习 3：制作立体圆形

downloads\9\新手训练营\立体圆形

提示：本练习中，主要使用 Excel 中的插入形状、设置形状填充颜色、设置形状轮廓颜色、设置渐变填充效果，以及组合形状等功能。

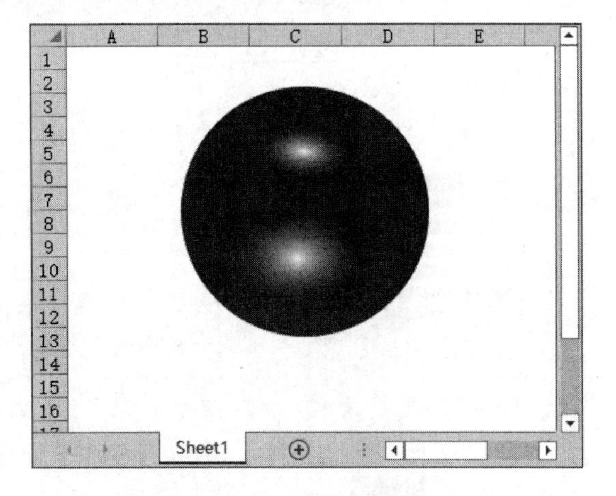

其中，主要制作步骤如下所述。

（1）执行【插入】|【插图】|【形状】|【椭圆】命令，绘制椭圆形形状并设置形状的大小。

（2）执行【绘图工具】|【格式】|【形状样式】|【形状填充】命令，设置形状的填充颜色。

（3）同时，执行【绘图工具】|【格式】|【形状样式】|【形状轮廓】命令，设置形状的轮廓颜色。

（4）在幻灯片中绘制两个小椭圆形形状，并设置形状的大小和位置。

（5）右击小椭圆形形状，执行【设置形状格式】命令，选中【渐变填充】选项，设置形状的渐变填充效果。

（6）重新排列所有的椭圆形形状，选择所有形状，右击执行【组合】|【组合】命令，组合形状。

练习 4：制作竹条形

downloads\9\新手训练营\竹条形

提示：本练习中，主要使用 Excel 中的插入形状、设置形状大小和位置、设置渐变填充效果、横向对齐形状等功能。

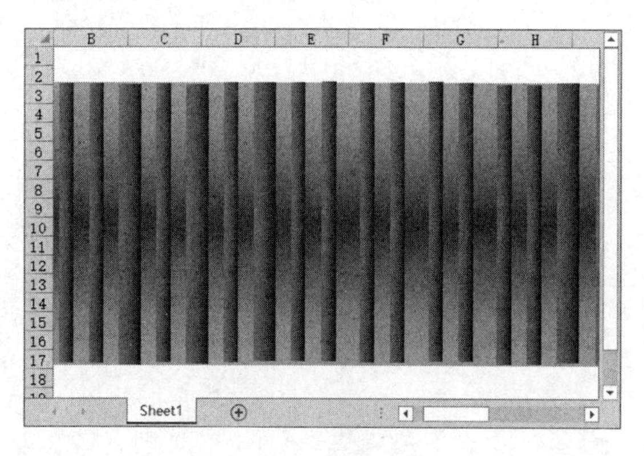

其中，主要制作步骤如下所述。

（1）执行【插入】|【插图】|【形状】|【矩形】命令，插入一个矩形形状并调整形状大小和位置。

（2）右击形状执行【设置形状格式】命令，选中【渐变填充】选项，并设置其渐变填充颜色。

（3）执行【插入】|【插图】|【形状】|【矩形】命令，绘制一个小矩形形状，并设置小矩形形状的渐变填充效果。

（4）最后，复制多个小矩形形状，并横向对齐形状。

练习 5：制作步骤流程图

downloads\9\新手训练营\步骤流程图

提示：本练习中，主要使用 Excel 中插入形状、设置形状大小和位置、设置渐变填充效果、横向对齐形状等功能。

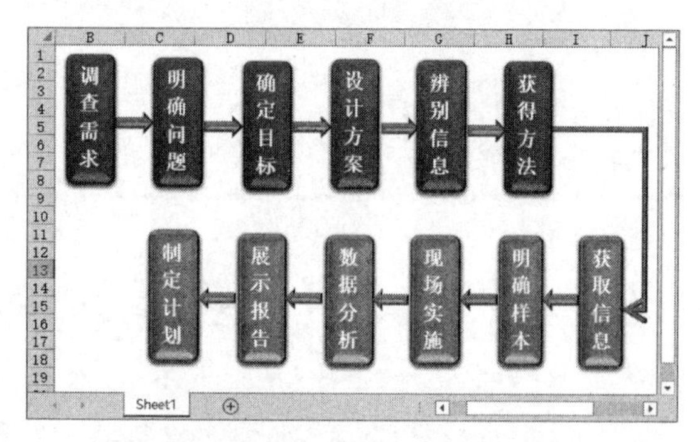

其中，主要制作步骤如下所述。

（1）执行【插入】|【插图】|【形状】|【圆角矩形】命令，插入一个圆角矩形并调整其大小和位置。

（2）右击矩形形状，执行【编辑文字】命令，输入形状文本并设置文本的字体格式。

（3）选择矩形形状，执行【格式】|【形状样式】|【其他】|【强烈效果-蓝色，强调颜色 5】命令，设置形状样式。

（4）同时，执行【格式】|【形状样式】|【形状效果】|【棱台】|【柔圆】命令，设置形状效果。同样方法绘制其他圆角矩形形状。

（5）执行【插入】|【插图】|【形状】|【右箭头】命令，绘制箭头形状并调整其大小和位置。

（6）选择箭头形状，设置其形状样式和形状效果。使用同样方法，制作其他箭头连接形状。

第 10 章

使用 SmartArt 图形

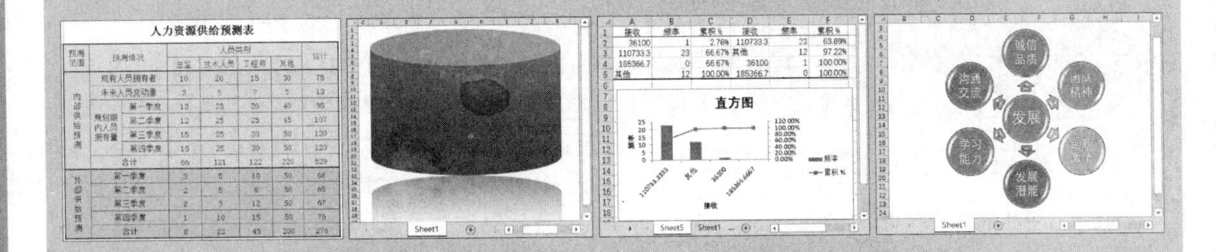

在 Excel 中，用户可以使用 SmartArt 图形功能，以各种几何图形的位置关系来表现工作表中若干元素之间的逻辑结构关系，从而使工作表更加美观和生动。Excel 为用户提供了多种类型的 SmartArt 预设，并允许用户自由地调用。在本章中，将详细介绍 SmartArt 图形创建、编辑和美化的操作方法和技巧，以帮助读者了解并掌握这一特定功能。

10.1 创建 SmartArt 图形

SmartArt 图形本质上是 Excel 组件内置的一些形状图形的集合，其比文本更有利于用户的理解和记忆，因此通常应用在各种富文本文档、电子邮件、数据表格中。

10.1.1　SmartArt 图形的布局技巧

Excel 2016 中对 SmartArt 图形功能进行了一些改进，允许用户创建的 SmartArt 类型主要包括以下 8 种。

类　别	说　明
列表	显示无序信息
流程	在流程或时间线中显示步骤
循环	显示连续而可重复的流程
层次结构	显示树状列表关系
关系	对连接进行图解
矩阵	以矩形阵列的方式显示并列的 4 种元素
棱锥图	以金字塔的结构显示元素之间的比例关系
图片	允许用户为 SmartArt 插入图片背景

在使用 SmartArt 显示内容时，用户需要根据其中各元素的实际关系，以及需要传达的信息的重要程度，来决定使用何种 SmartArt 布局。

1．信息数量

决定使用 SmartArt 图形布局的最主要因素之一就是需要显示的信息数量。通常某些特定的 SmartArt 图形的类型适合显示特定数量的信息。例如，在【矩阵】类型中，适合显示由 4 种信息组成的 SmartArt 图形，而【循环】结构则适合显示超过 3 组，且不多于 8 组的图形。

2．信息的文字字数

信息的文本字数也可以决定用户应选择哪种 SmartArt 图形。对于每条信息字数较少的图形，用户可选择【齿轮】、【射线群集】等类型的 SmartArt 图形布局。

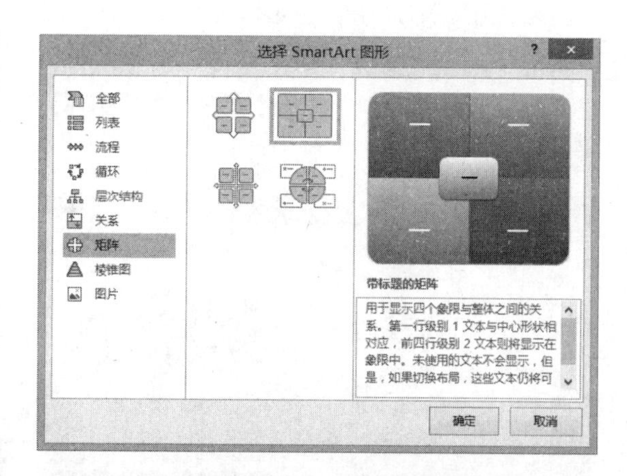

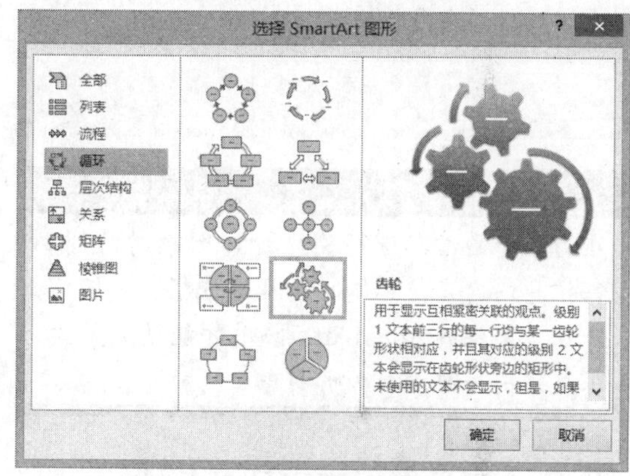

而对于文本字数较多的信息，则用户可考虑选择一些面积较大的 SmartArt 图形，防止 SmartArt 图形的自动缩放文本功能将文本内容缩小，使用户难于识别。

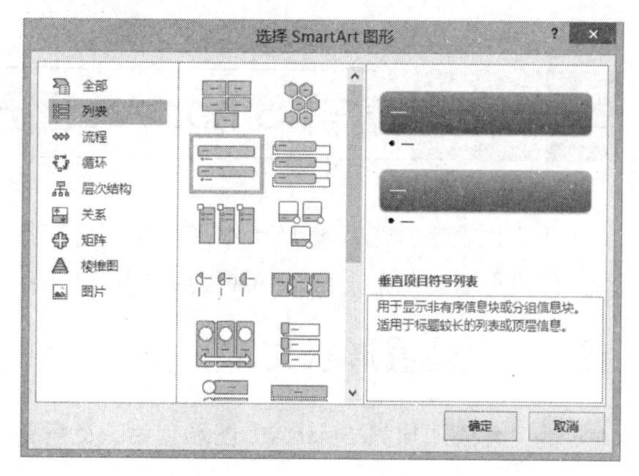

3. 信息的逻辑关系

决定所使用 SmartArt 图形布局的因素还包括这些信息之间的逻辑关系。例如，当这些信息之间为并列关系时，用户可选择【列表】、【矩阵】类别的 SmartArt 图形。而当这些信息之间有明显的递进关系时，则应选择【流程】或【循环】类别。

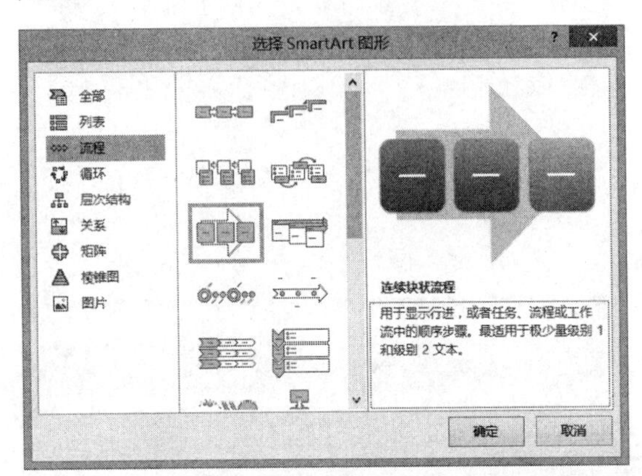

提示

在为显示的信息选择 SmartArt 图形时，应根据信息的内容，具体问题具体分析，灵活地选择多样化的 SmartArt 图形，才能达到最大限度吸引用户注意力的目的。

10.1.2 插入 SmartArt 图形

执行【插入】|【插图】|SmartArt 命令，在弹出的【选择 SmartArt 图形】对话框中，选择图形类型，单击【确定】按钮。

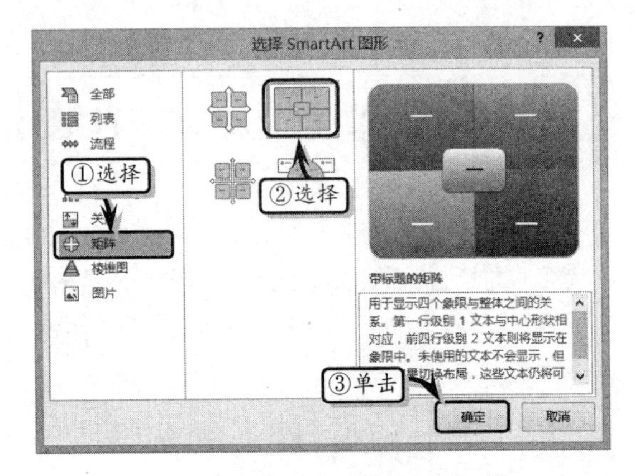

此时，在工作表中将显示所选择的 SmartArt 图形。

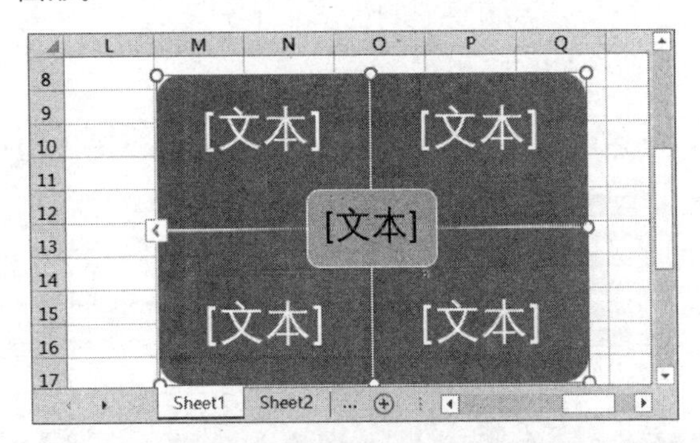

注意

在【选择 SmartArt 图形】对话框中，选择【全部】选项卡，此选项卡中包含列表、流程、循环等 7 个选项卡中的所有图形。

知识链接 10-1 设置 SmartArt 图形文本

SmartArt 图形中的文本可以像 Word 文本那样，既可以设置其字体个数又可以为其添加项目符号，以达到美化图形的目的。

10.2 编辑 SmartArt 图形

为工作表添加完 SmartArt 图形之后，还需要对图形进行编辑，完成 SmartArt 图形的制作。

10.2.1 设置形状文本

为工作表添加完 SmartArt 图形之后，还需要为图形添加文本，以表达图形的具体含义。

1. 输入文本

创建 SmartArt 图形之后，单击图形形状中的“文本”文本框，即可在形状中输入相应的文字。

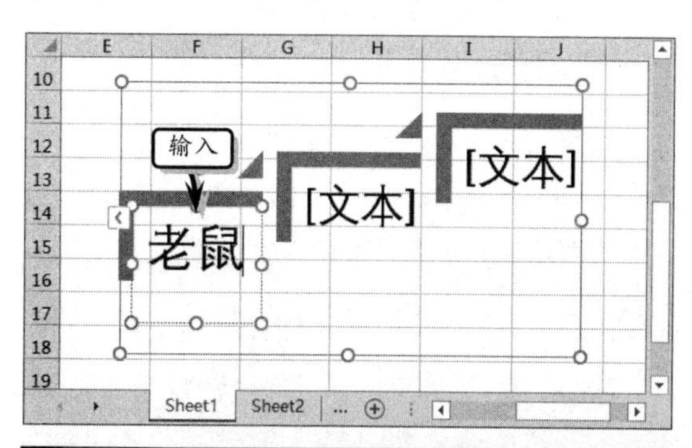

技巧

选择图形，直接单击形状内部或按两次Enter键，当光标定位于形状中时，输入文字即可。

另外，选择形状后，执行【SMARTART 工具】|【设计】|【创建图形】|【文本窗格】命令，在弹出的【文本】窗格中输入相应的文字。

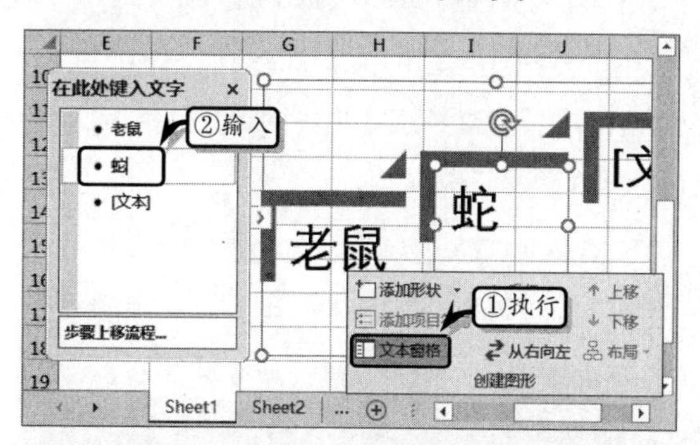

技巧

选择图形，单击图形左侧的【文本窗格】按钮<，在展开的【文本】窗格中输入文本。

2. 添加项目符号

将光标定位于形状中或放置于形状中的文本前，执行【SMARTART 工具】|【设计】|【创建图形】|【添加项目符号】命令，并在项目符号后输入文字。

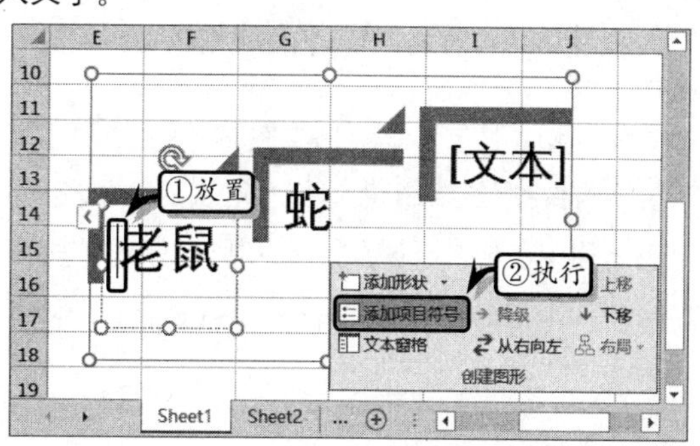

10.2.2 调整图形大小

在Excel中，既可以调整SmartArt图形的大小，又可以调整SmartArt图形中单个形状的大小。

1. 调整SmartArt图形大小

选择SmartArt图形，将鼠标移至图形周围的控制点上，当鼠标变成双向箭头时，拖动鼠标即可调整图形的大小。另外，在【格式】选项卡【大小】选项组中，设置【高度】和【宽度】的数值，即可更改形状的大小。

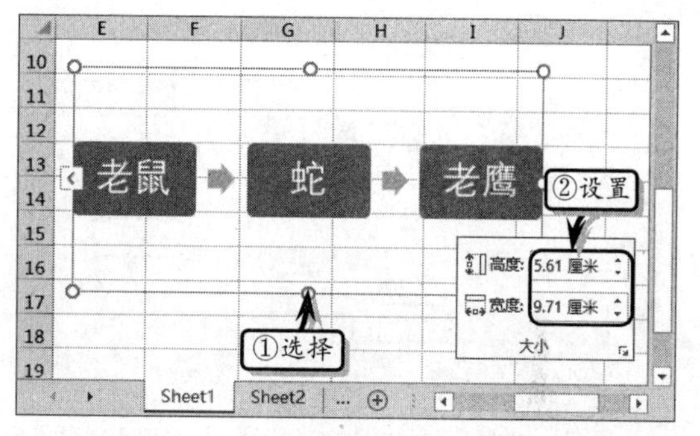

除此之外，右击SmartArt图形执行【大小和位置】命令，在弹出的【设置形状格式】窗格中的【大小】选项组中，设置【高度】与【宽度】值。

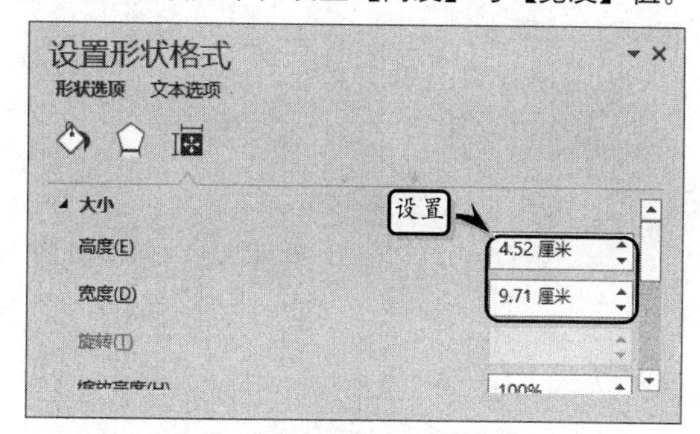

2. 调整图形中单个形状的大小

选择SmartArt图形中的单个形状，执行【SmartArt工具】|【格式】|【形状】|【减小】或【增大】命令即可。

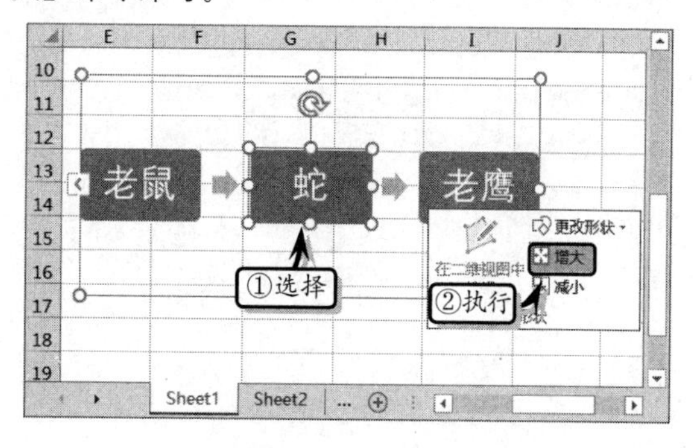

10.2.3 设置图形形状

创建 SmartArt 图形之后，可通过为其添加形状、设置形状级别，以及更改形状外观等方法，来调整 SmartArt 图形，以满足设计需求。

1．添加形状

选择图形，执行【SMARTART 工具】|【设计】|【创建图形】|【添加形状】命令，在其级联菜单中选择相应的选项，即可为图像添加相应的形状。

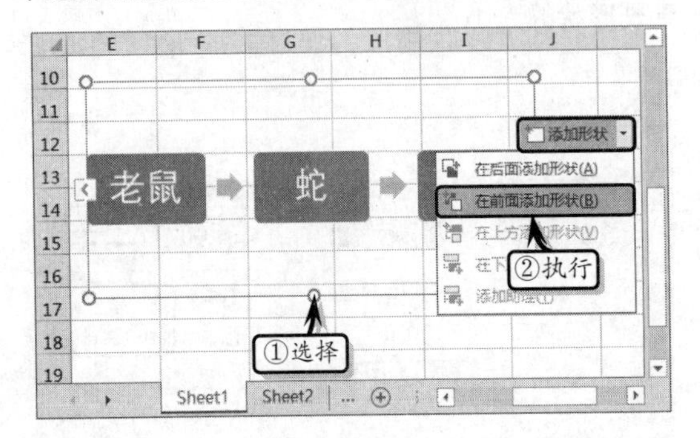

另外，选择图形中的某个形状，右击形状执行【添加形状】命令中的相应选项，即可为图形添加相应的形状。

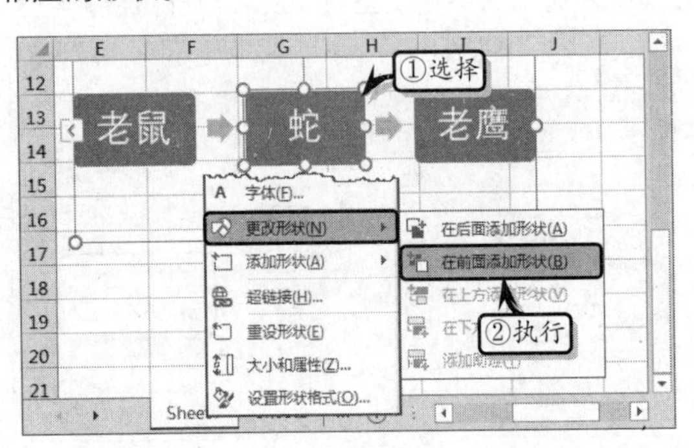

2．设置级别

选择形状，执行【SMARTART 工具】|【设计】|【创建图形】|【降级】或【升级】命令，即可减小所选形状级别。

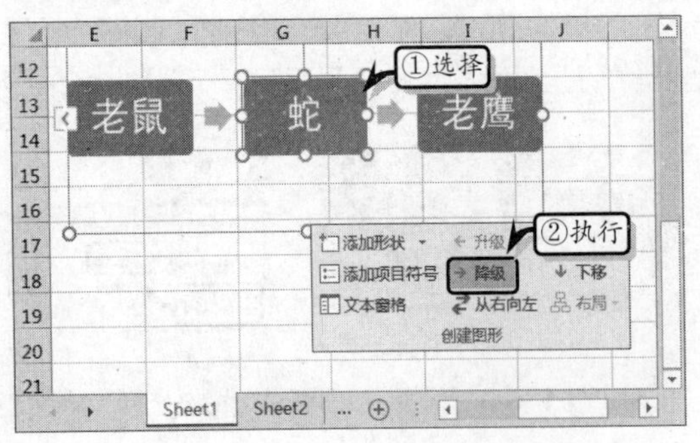

3．更改图形形状

选择 SmartArt 图形中的某个形状，执行【SmartArt 工具】|【格式】|【形状】|【更改形状】命令，在其级联菜单中选择相应的形状。

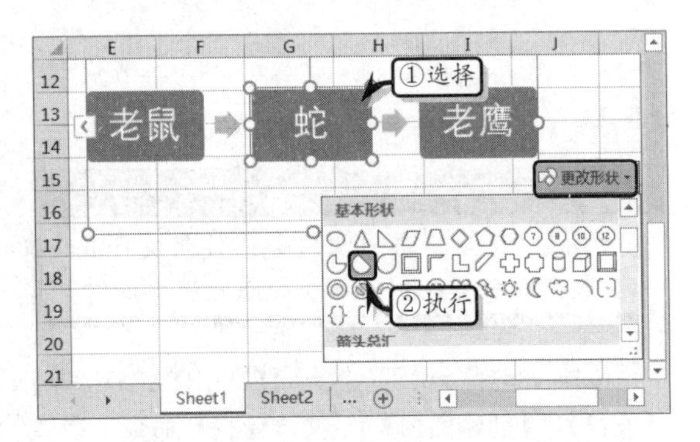

4．将 SmartArt 图形转换为形状或文本

选择 SmartArt 图形，执行【SMARTART 工具】|【设计】|【重置】|【转换为形状】命令，即可将 SmartArt 图形转换为形状。

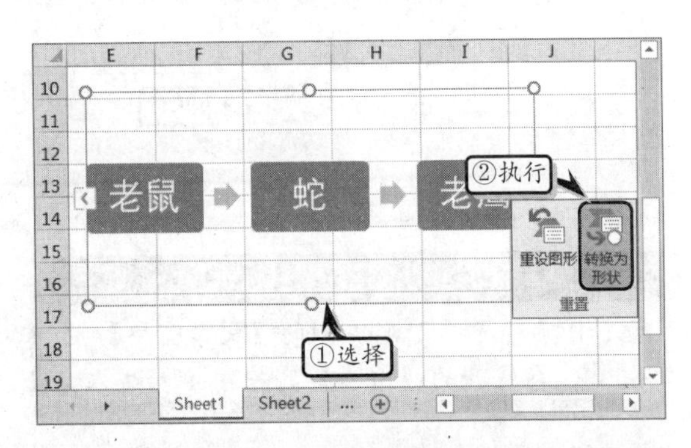

提示

选择 SmartArt 图形，右击执行【转换为形状】命令，即可将图形转换为形状。

10.2.4 示例：制作组织结构图

SmartArt 图形中的【层次结构】类图形可以显示树状表关系，常用于表达树状层次的数据及公司组织结构图的制作。下面将通过制作“组织结构图”图形，来详细介绍插入和编辑 SmartArt 图形的操作方法。

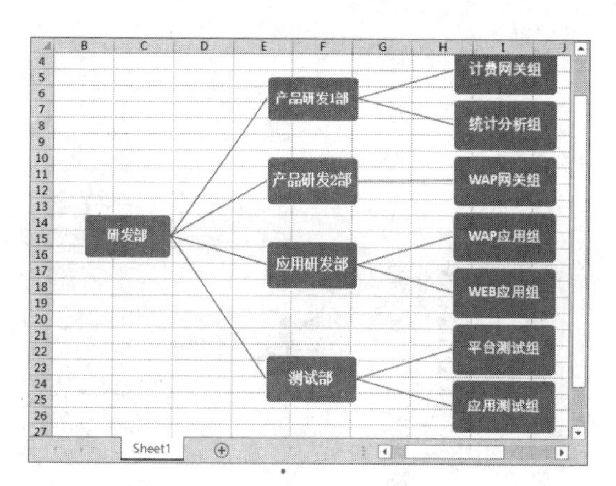

通过上图可以发现，该数据表所使用的 SmartArt 图形为“水平”方向的组织结构图，并且为满足数据层次结构的需求需要添加多个图形形状。除此之外，该图形还通过输入形状文本的方法，来明确组织结构图中的职务名称和职位层次。

STEP|01 插入图形。新建工作表，执行【插入】|【插图】|SmartArt 命令，激活【层次结构】选项卡，选择【水平层次结构】选项。

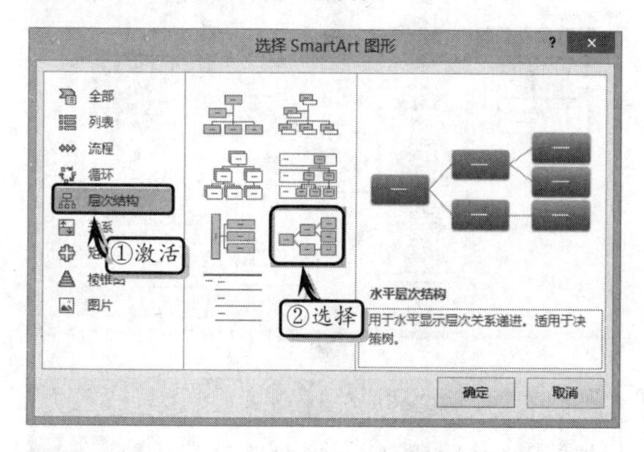

STEP|02 添加形状。选择最左侧的单个形状，执行【设计】|【创建图形】|【添加形状】|【在下方添加形状】命令，在该形状的下方添加一个形状。

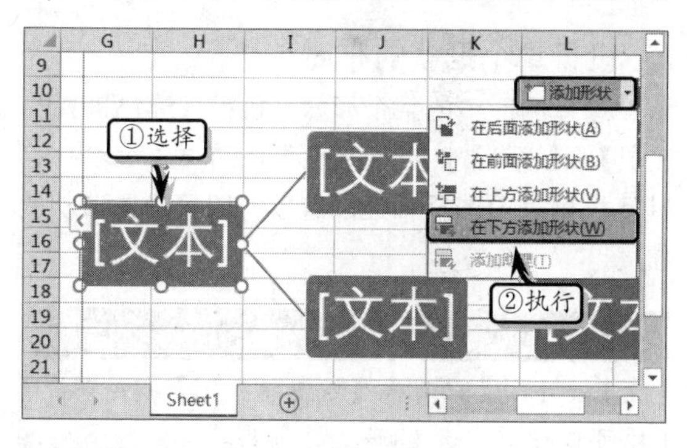

STEP|03 使用同样的方法，分别在相应的形状下方添加其他形状。

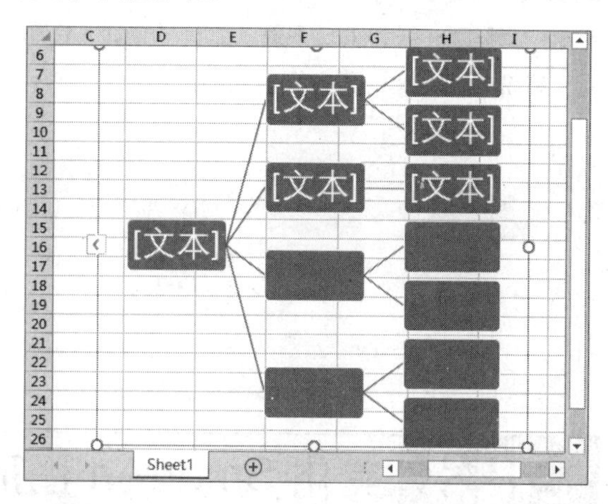

STEP|04 输入文本。单击最左侧的单个形状，输入文本，并在【开始】选项卡【字体】选项组中，设置文本的字体格式。使用同样方法，输入其他文本。

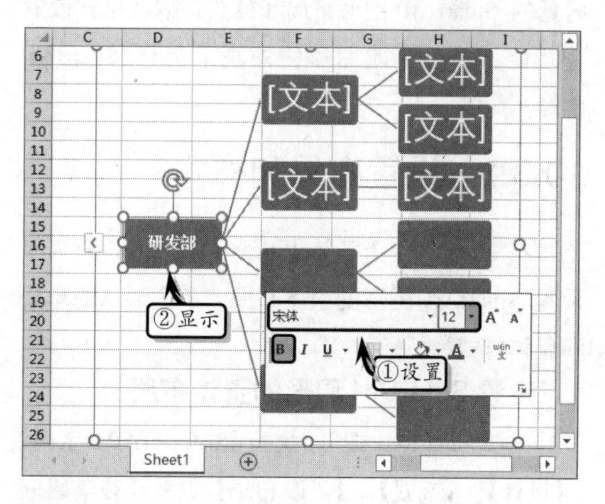

STEP|05 将鼠标放置到形状左上角的控制点处，拖动鼠标调整图形的大小。

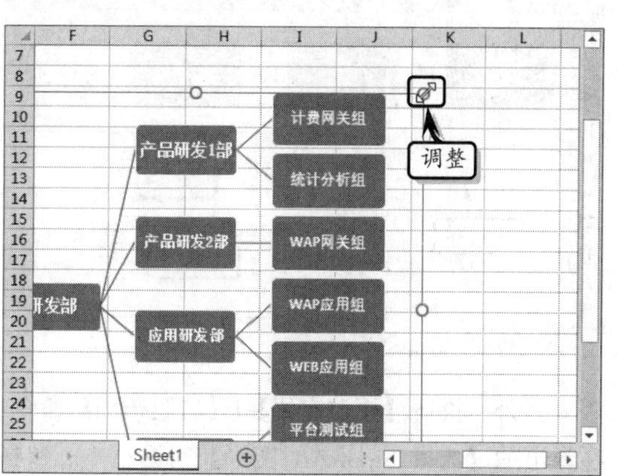

STEP|06 选择图形中最左侧的形状，向左侧拖动形状，调整第一列和第二列形状之间的间距。使用同样方法，调整其他列之间的间距。

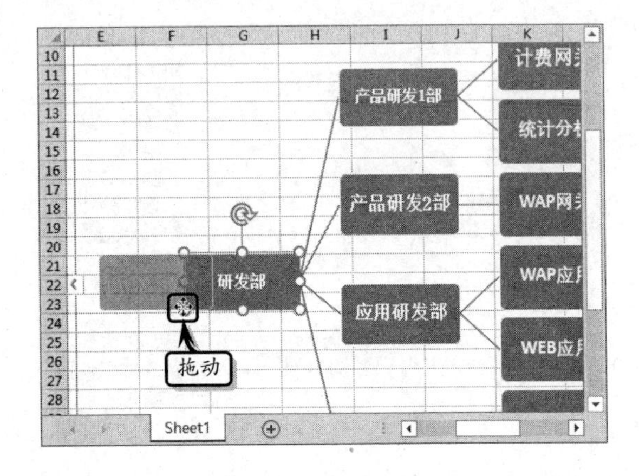

10.3 美化 SmartArt 图形

Excel 中的 SmartArt 图形是以默认样式进行显示，既显得单一又显得枯燥。此时，用户可以使用内置的 SmartArt 图形布局和样式，以及格式设置等功能，通过更改图形的外观来美化 SmartArt 图形。

10.3.1 设置布局和样式

在 Excel 中，为了美化 SmartArt 图形，还需要设置 SmartArt 图形的整体布局、单个形状的布局和整体样式。

1．设置 SmartArt 图形的整体布局

选择 SmartArt 图形，执行【SMARTART 工具】|【设计】|【版式】|【更改布局】命令，在其级联菜单中选择相应的布局样式即可。

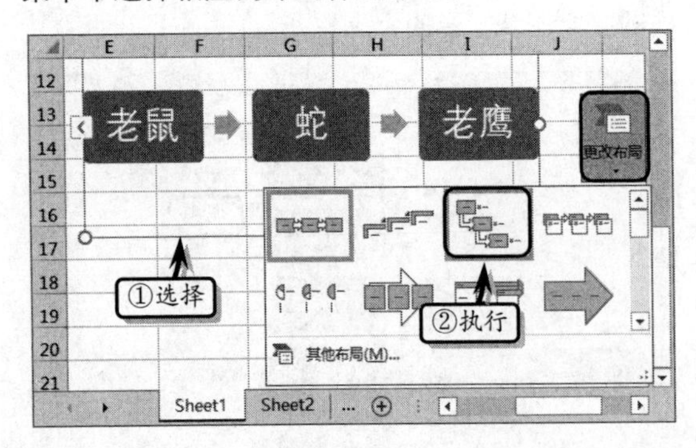

另外，执行【更改布局】|【其他布局】命令，在弹出的【选择 SmartArt 图形】对话框中，选择相应的选项，即可设置图形的布局。

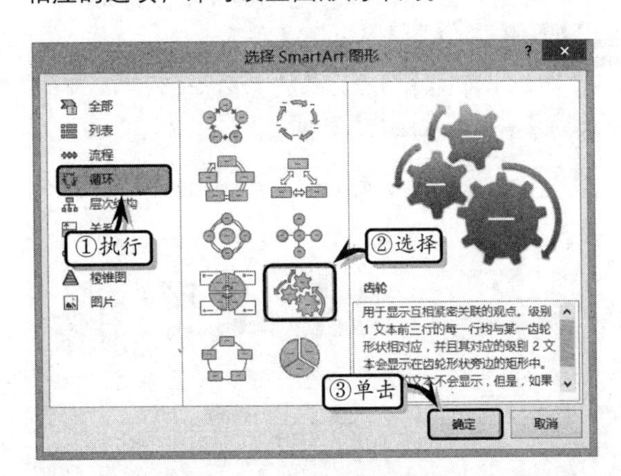

> **提示**
>
> 右击 SmartArt 图形，执行【更改布局】命令，在弹出的【选择 SmartArt 图形】对话框中选择相应的布局。

2．设置单个形状的布局

选择图形中的某个形状，执行【SMARTART 工具】|【设计】|【创建图形】|【布局】命令，在其下拉列表中选择相应的选项，即可设置形状的布局。

> **注意**
>
> 在 Excel 中，只有在【组织结构图】布局下，才可以设置单元格形状的布局。

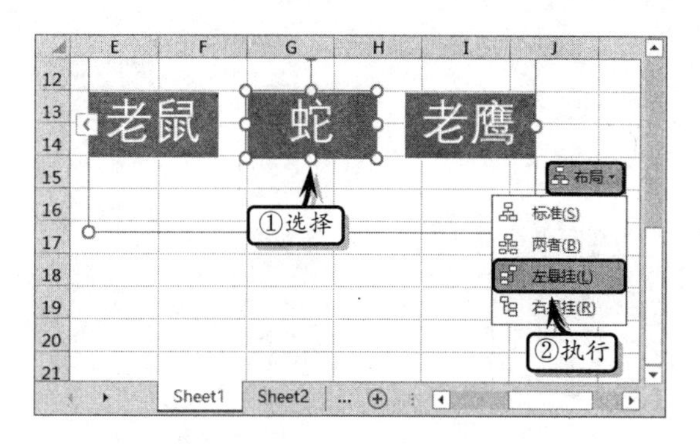

3．设置图形样式

执行【SMARTART 工具】|【设计】|【SmartArt 样式】|【快速样式】命令，在其级联菜单中选择相应的样式，即可为图形应用新的样式。

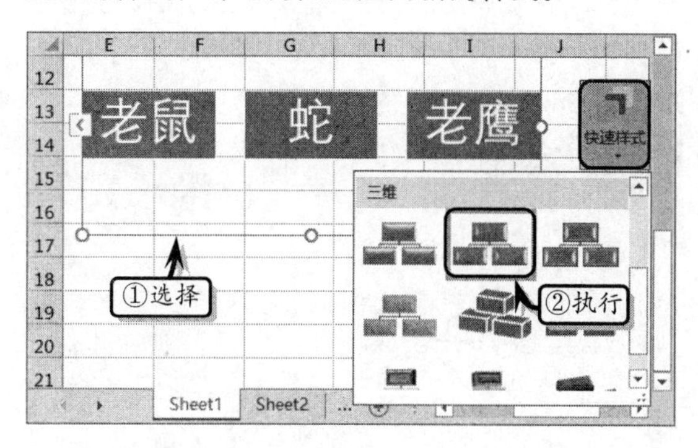

执行【设计】|【SmartArt 样式】|【更改颜色】命令，在其级联菜单中选择相应的选项，即可为图形应用新的颜色。

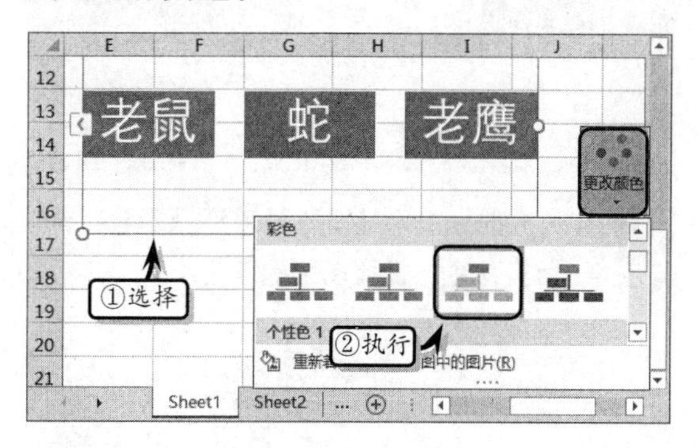

10.3.2 设置图形格式

在 Excel 中，可通过设置 SmartArt 图形的填充颜色、形状效果、轮廓样式等方法，来增加 SmartArt 图形的可视化效果。

1．设置艺术字样式

选择 SmartArt 图形或 SmartArt 图形中的单个形状，执行【格式】|【艺术字样式】|【其他】命令，在其级联菜单中选择相应的样式，即可将形状中的文本更改为艺术字。

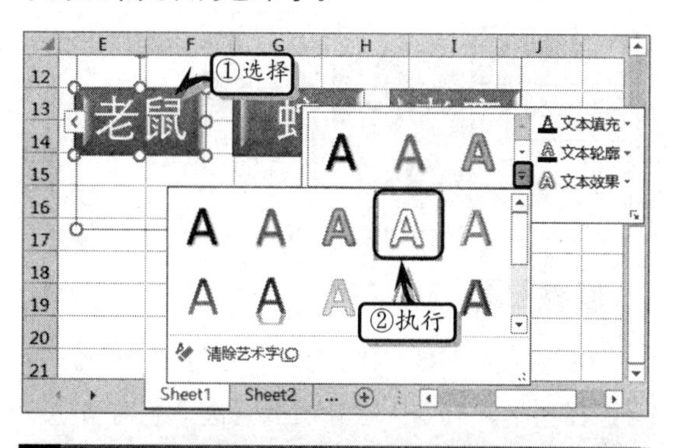

> **提示**
>
> SmartArt 形状中的艺术字样式的设置方法，与直接在幻灯片中插入艺术字的设置方法相同。

2．设置形状样式

选择 SmartArt 图形中的某个形状，执行【SMARTART 工具】|【格式】|【形状样式】|【其他】命令，在其级联菜单中选择相应的形状样式。

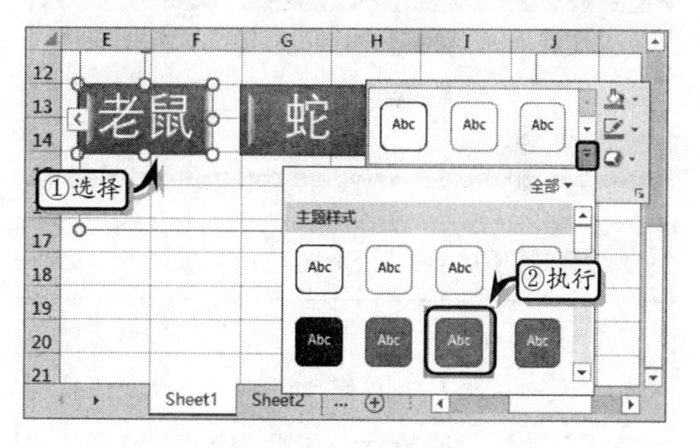

3．自定义形状效果

选择 SmartArt 图形中的某个形状，执行【SMARTART 工具】|【格式】|【形状样式】|【形状效果】|【棱台】命令，在其级联菜单中选择相应的形状样式。

> **注意**
>
> 用户还可以执行【格式】|【形状样式】|【形状填充】命令或【形状轮廓】命令，自定义形状的填充和轮廓格式。

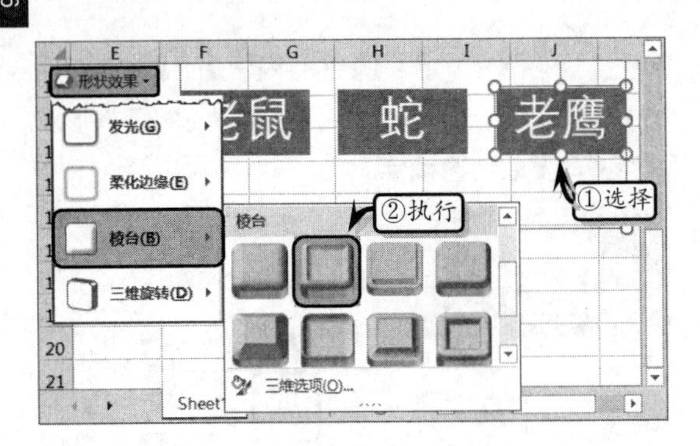

4．隐藏图形

执行【SMARTART 工具】|【格式】|【排列】|【选择窗格】命令，在弹出的【选择】窗格中，单击【全部隐藏】按钮。

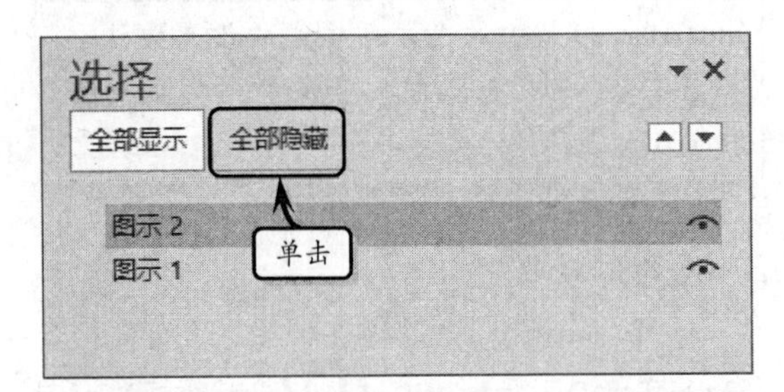

技巧

在【选择和可见性】任务窗格中，单击形状后面的【眼睛】按钮，也可隐藏所有的图形。

Excel 知识链接 10-2 设置 SmartArt 图形

对于 SmartArt 图形来讲，除了使用内置的布局和样式来美化图形之外，还可以结合使用【形状格式】功能，对 SmartArt 图形全面、分层次地进行美化。

10.3.3 示例：美化组织结构图

当用户在 Excel 中创建 SmartArt 图形之后，可通过使用内置的 SmartArt 图形布局和样式，以及格式设置等功能，来增加图形的美观性。下面将通过美化“组织结构图”图形，来详细介绍设置图形布局和格式的操作方法。

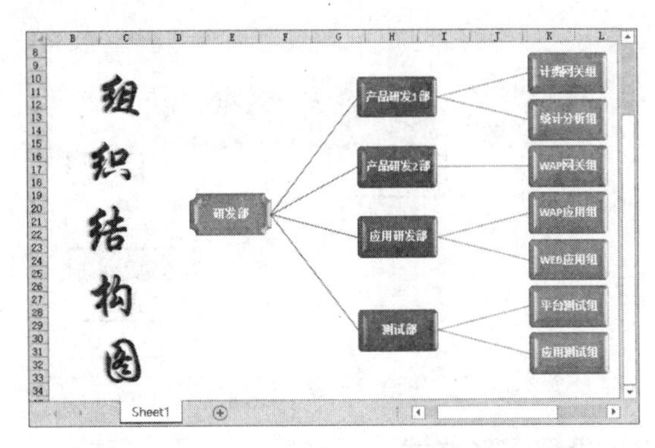

通过上图可以发现，SmartArt 图形应用了【嵌入】快速样式，并通过更改图形颜色来增加图形的多彩性。同时，为了突出图形中的重点形状，运用形状更改和填充功能，更改了单个形状的颜色和外观。除此之外，在该图形中还通过运用艺术字文本，来增加 SmartArt 图形的说明性。

STEP|01 设置图形样式。选择 SmartArt 图形，执行【设计】|【SmartArt 样式】|【快速样式】|【嵌入】命令，设置图形样式。

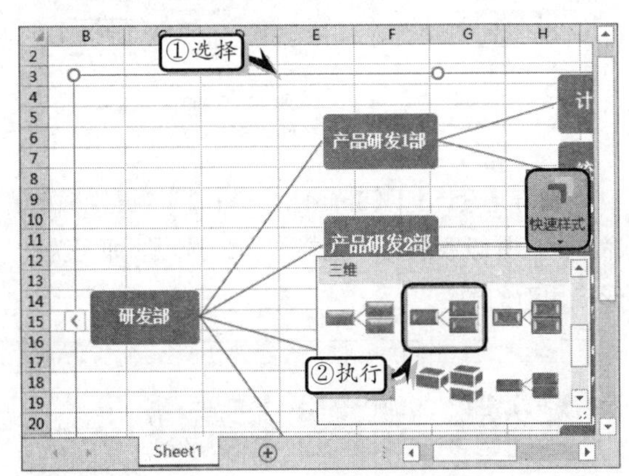

STEP|02 同时，执行【更改颜色】|【彩色范围，着色 4 至 5】命令，设置图形的颜色。

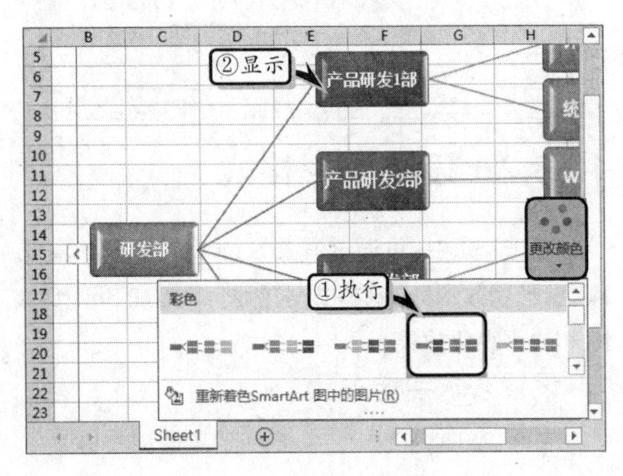

STEP|03 更改单个形状。选择最左侧的单元格形状，执行【格式】|【形状样式】|【形状填充】|【浅蓝】命令，设置形状的填充颜色。

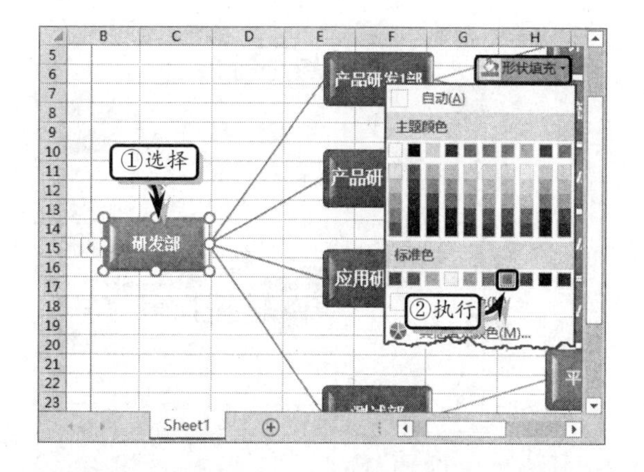

STEP|04 同时，执行【格式】|【形状】|【更改形状】|【缺角矩形】命令，更改形状的样式。

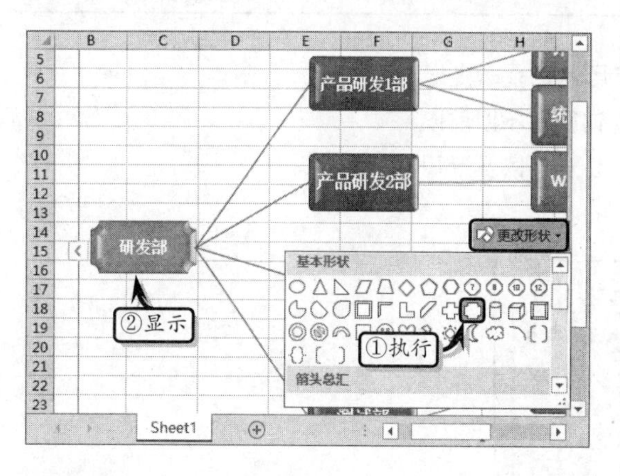

STEP|05 插入艺术字。执行【插入】|【文本】|【艺术字】|【填充-蓝色，着色 1，阴影】命令，插入艺术字并输入艺术字文本。

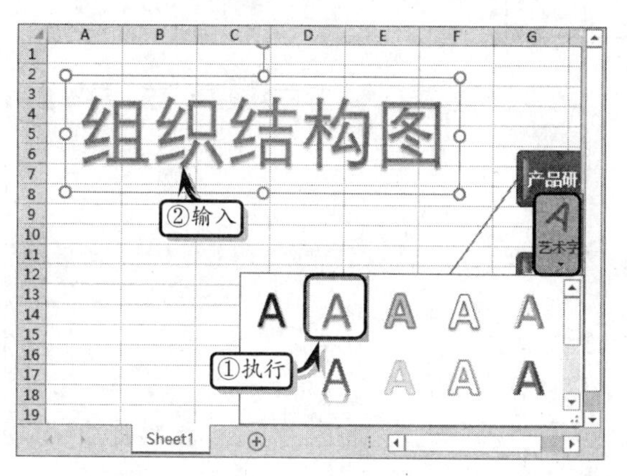

STEP|06 设置艺术字的字体格式，同时执行【开始】|【对齐方式】|【方向】|【竖排文字】命令，更改文本方向。

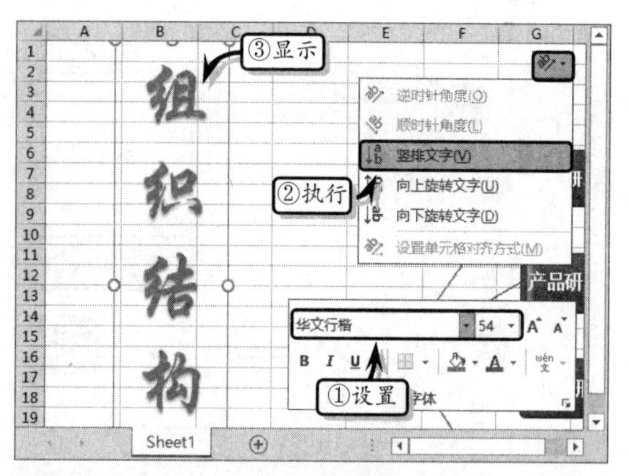

STEP|07 设置艺术字颜色。选择艺术字，执行【格式】|【艺术字样式】|【文本填充】|【紫色】命令，设置文本填充颜色。

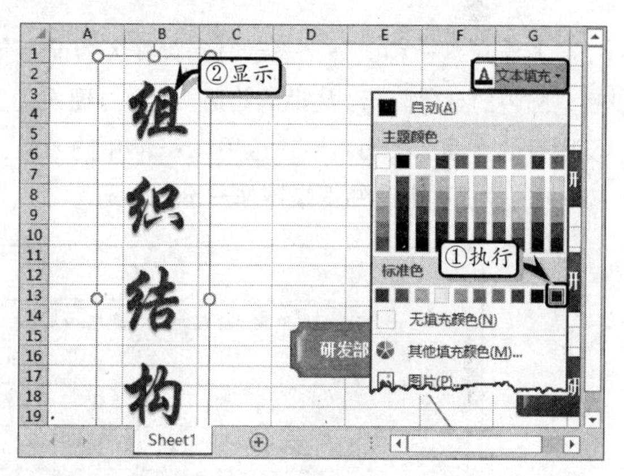

STEP|08 同时，执行【格式】|【艺术字样式】|【文本轮廓】|【紫色】命令，设置艺术字的轮廓颜色。

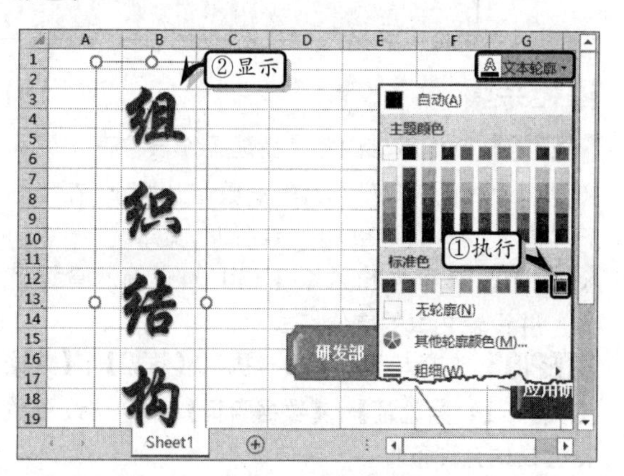

STEP|09 设置艺术字的效果。执行【格式】|【艺术字样式】|【文本效果】|【转换】|【下弯弧】命令，设置艺术字的文本效果。

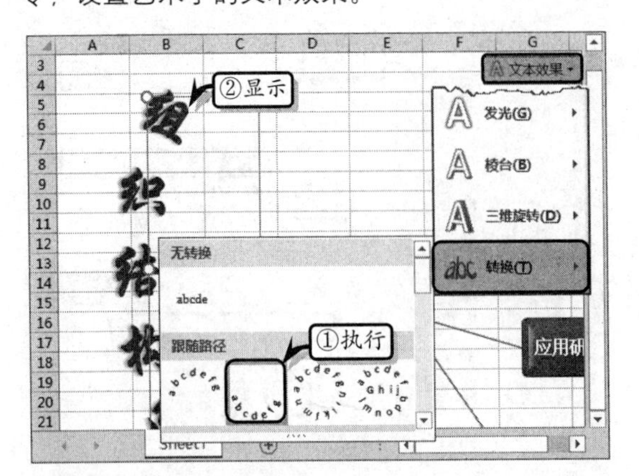

STEP|10 同时，在【视图】选项卡【显示】选项组中，禁用【网格线】命令，隐藏工作表中的网格线。

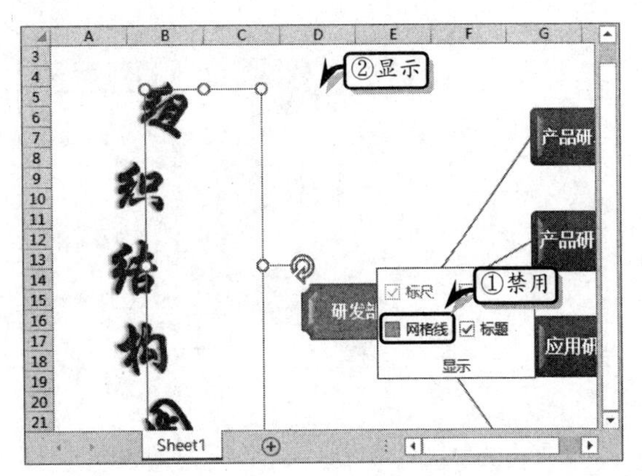

10.4 练习：制作万年历

万年只是一种象征，表示时间跨度大。而万年历是记录一定时间范围内的具体阳历、星期的年历，可以方便人们查询很多年以前以及以后的日期。下面将通过运用 Excel 中的函数、公式，以及运用 Excel 的数据验证等知识来制作一份万年历。

万年历

星期日	星期一	星期二	星期三	星期四	星期五	星期六
				1	2	3
4	5	6	7	8	9	10
11	12	13	14	15	16	17
18	19	20	21	22	23	24
25	26	27	28	29	30	31

查询年月 2015 年 1 月

操作步骤

STEP|01 制作基础内容。新建工作表，在 J 列和 K 列中输入代表年份和月份的数值。同时，在第一行中输入“星期”和“北京时间”文本。

	F	G	H	I	J	K
1	星期		北京时间		1900	1
2					1901	2
3	3	4	5	6	1902	3
4					1903	4
5					1904	5
6					1905	6

Sheet1

STEP|02 在单元格区域 C13:I13 中输入查询文本，并设置文本的字体格式。

STEP|03 选择单元格 E13，执行【数据】|【数据工具】|【数据验证】|【数据验证】命令，设置数据验证的允许条件。

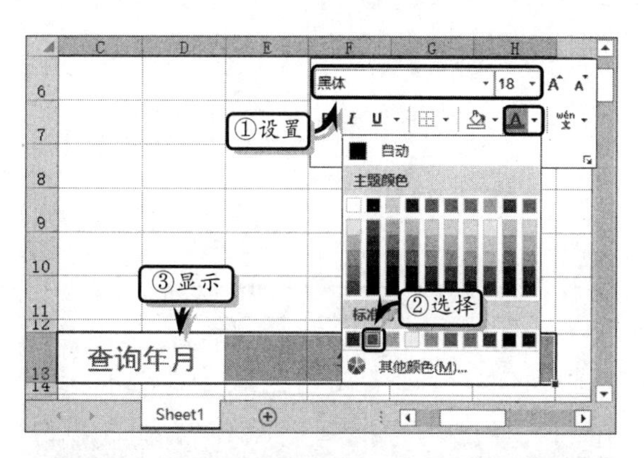

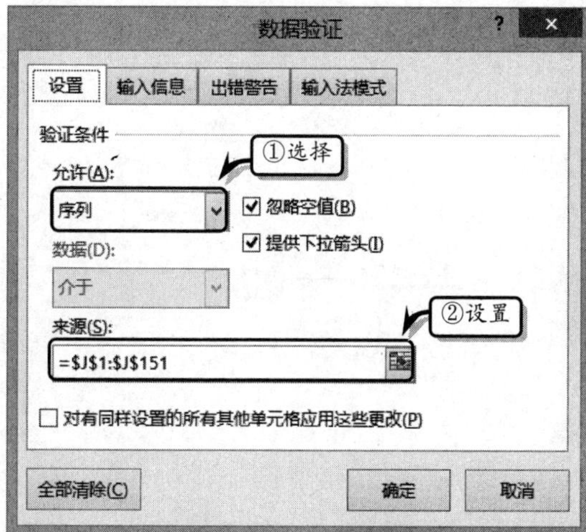

STEP|04 选择单元格 G13，执行【数据】|【数据工具】|【数据验证】|【数据验证】命令，设置数据验证的允许条件。

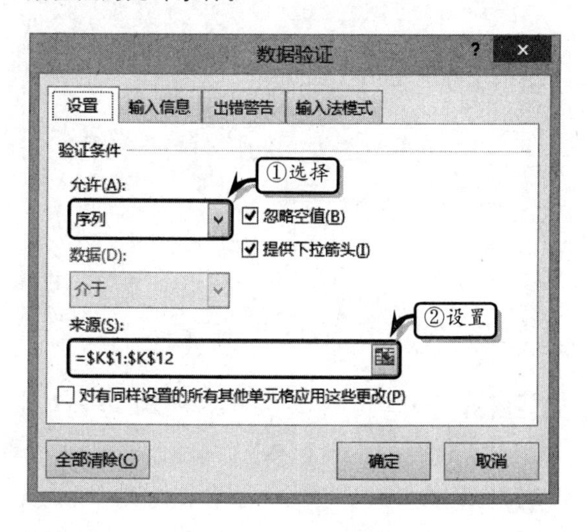

STEP|05 选择合并后的单元格 D1，在【编辑】栏中输入计算公式，按 Enter 键返回当前日期值。

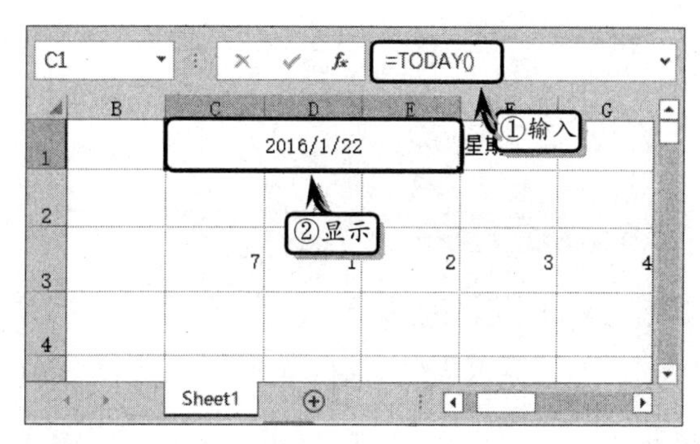

STEP|06 选择合并后的单元格 G1，在【编辑】栏中输入计算公式，按 Enter 键返回当前星期值。

STEP|07 选择合并后的单元格 I1，在【编辑】栏中输入计算公式，按 Enter 键返回当前时间值。

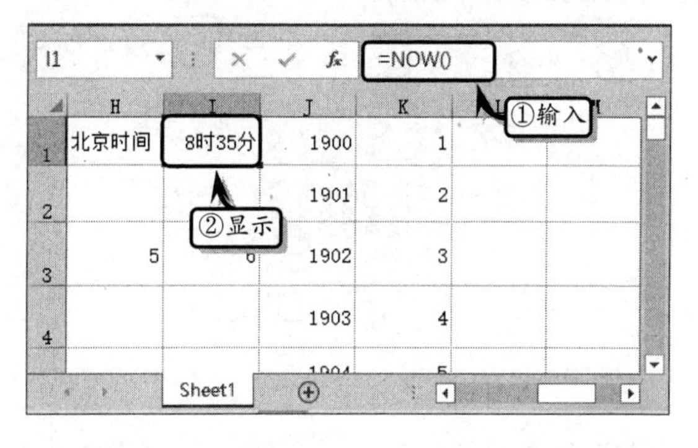

STEP|08 选择单元格 B2，在【编辑】栏中输入计算公式，按 Enter 键返回查询值。

STEP|09 选择合并后的单元格 C2，在【编辑】栏中输入计算公式，按 Enter 键返回星期日对应的查询数值。使用同样方法，计算其他星期天数对应

的数值。

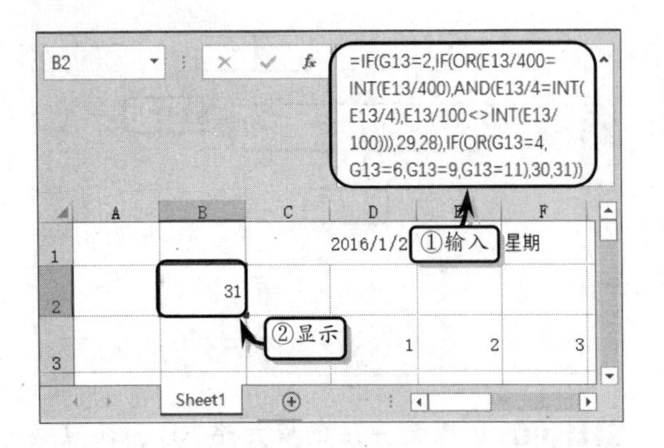

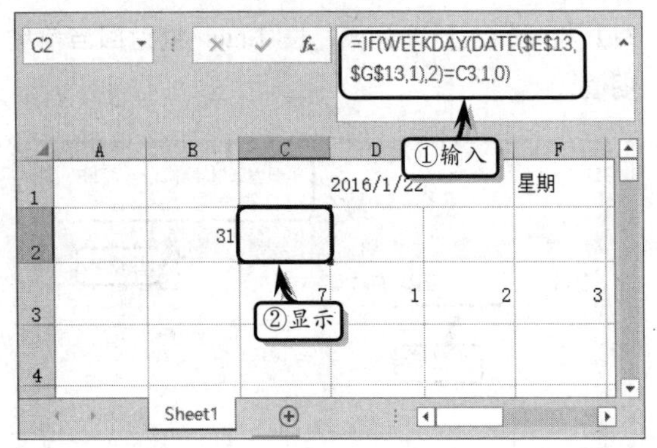

STEP|10 制作万年历内容。合并单元格区域 C4:I4，输入标题文本并设置文本的字体格式。

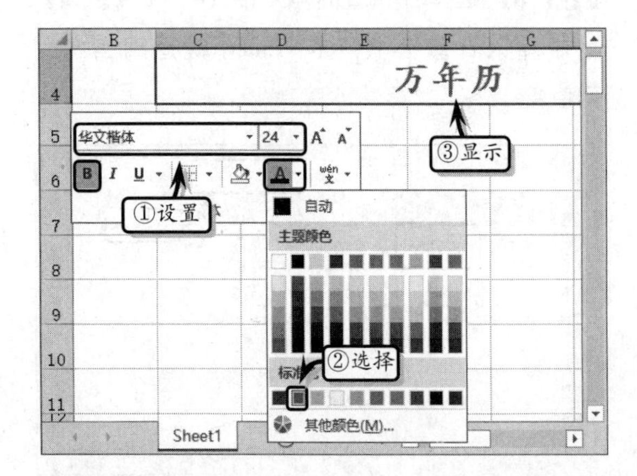

STEP|11 输入星期天数，并设置其字体格式。然后，设置日历区域的对齐格式。

STEP|12 选择单元格 C6，在【编辑】栏中输入计算公式，按 Enter 键完成公式的输入。

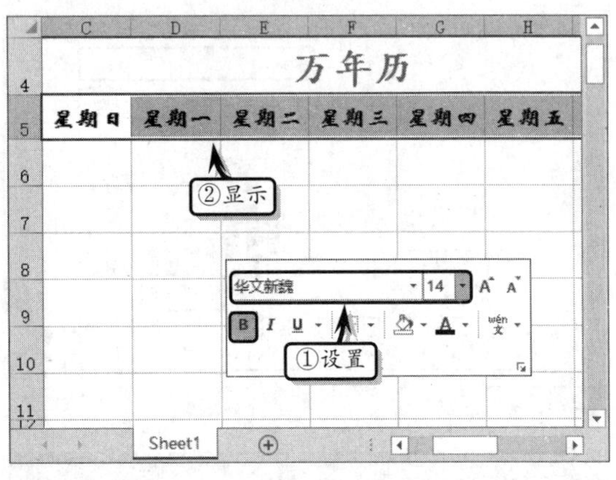

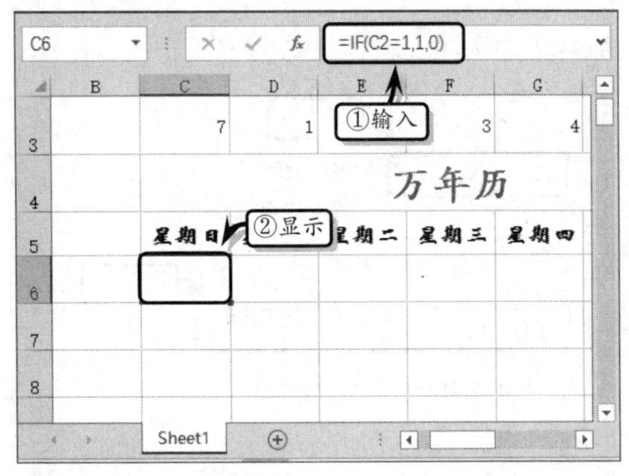

STEP|13 选择单元格 D6，在【编辑】栏中输入计算公式，按 Enter 键完成公式的输入。

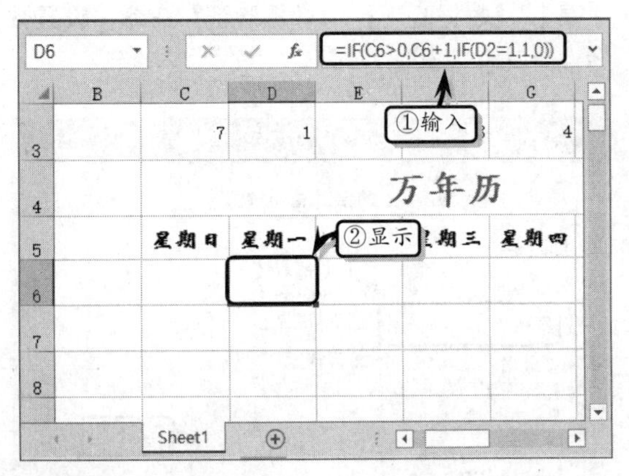

STEP|14 选择单元格 C7，在【编辑】栏中输入计算公式，按 Enter 键完成公式的输入。

STEP|15 选择单元格 D7，在【编辑】栏中输入计算公式，按 Enter 键完成公式的输入。

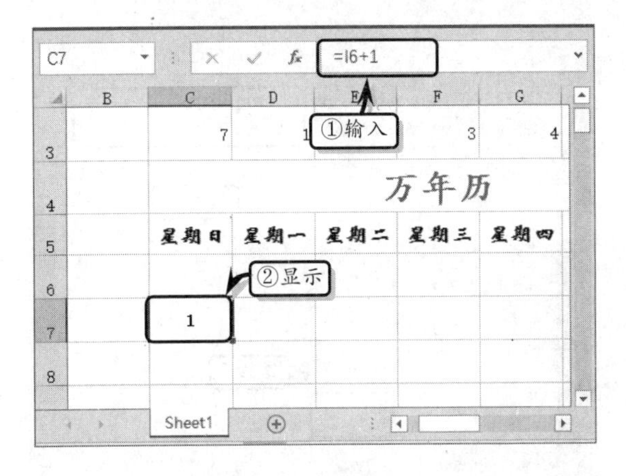

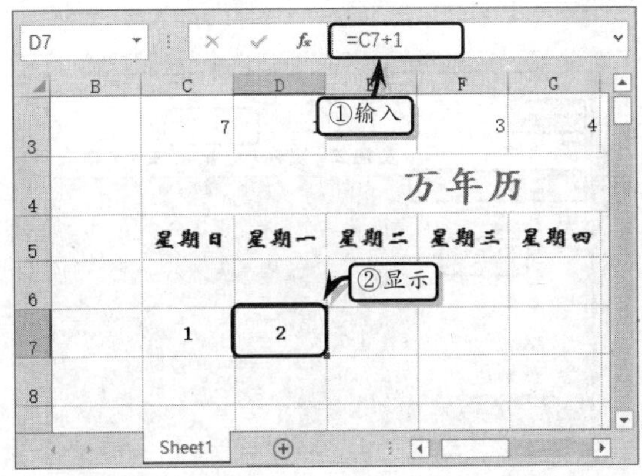

STEP|16 选择单元格 C8，在【编辑】栏中输入计算公式，按 Enter 键完成公式的输入。

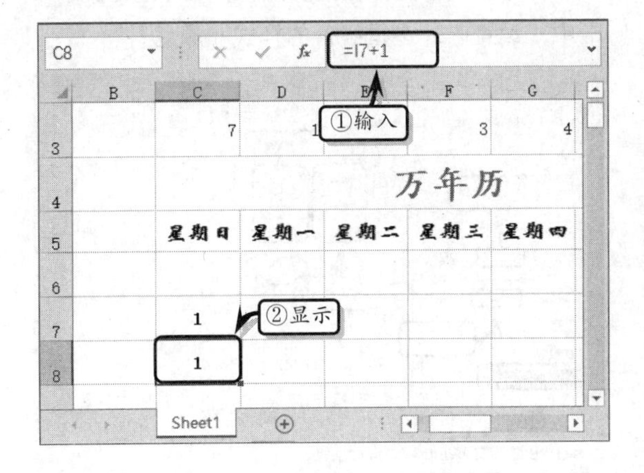

STEP|17 选择单元格 D8，在【编辑】栏中输入计算公式，按 Enter 键完成公式的输入。

STEP|18 选择单元格 C9，在【编辑】栏中输入计算公式，按 Enter 键完成公式的输入。

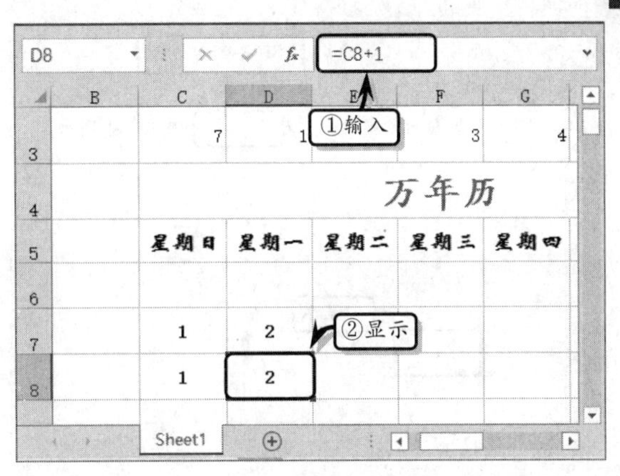

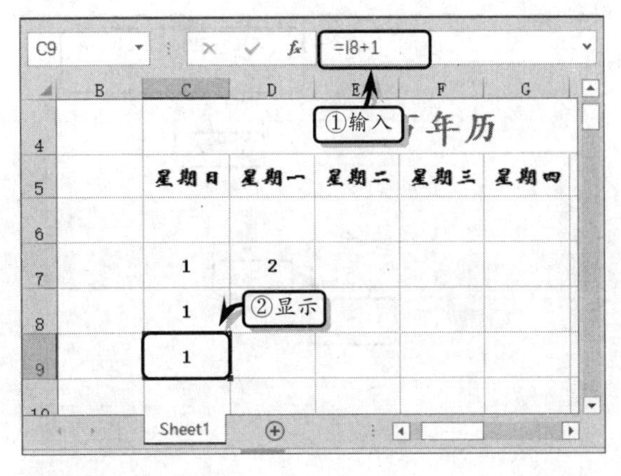

STEP|19 选择单元格 D9，在【编辑】栏中输入计算公式，按 Enter 键完成公式的输入。

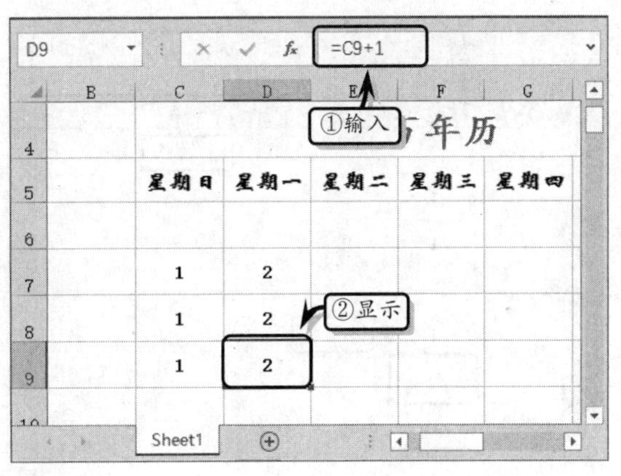

STEP|20 选择单元格 C10，在【编辑】栏中输入计算公式，按 Enter 键完成公式的输入。

STEP|21 选择单元格 D10，在【编辑】栏中输入计算公式，按 Enter 键完成公式的输入。

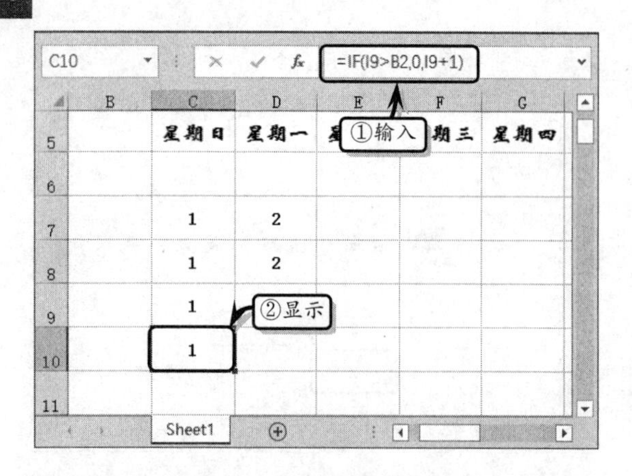

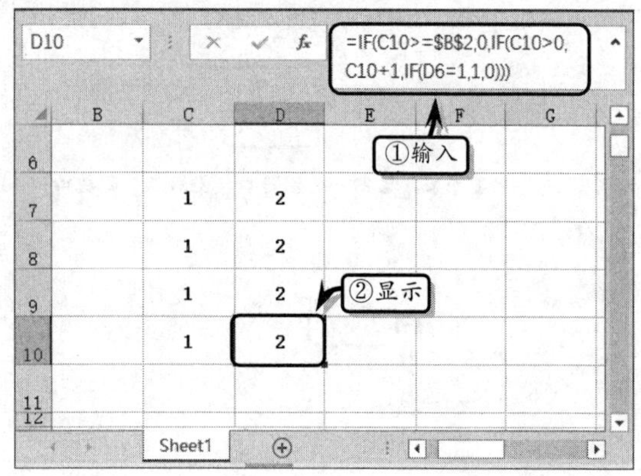

STEP|22 选择单元格 C11，在【编辑】栏中输入计算公式，按 Enter 键完成公式的输入。

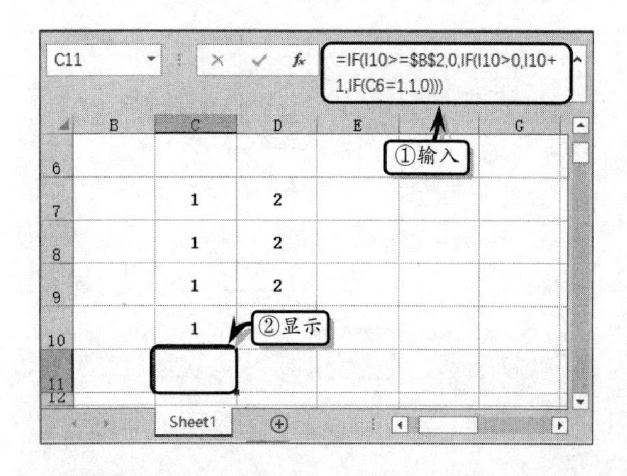

STEP|23 选择单元格 D11，在【编辑】栏中输入计算公式，按 Enter 键完成公式的输入。

STEP|24 选择单元格区域 D6:I10，执行【开始】|【编辑】|【填充】|【向右】命令，向右填充公式。

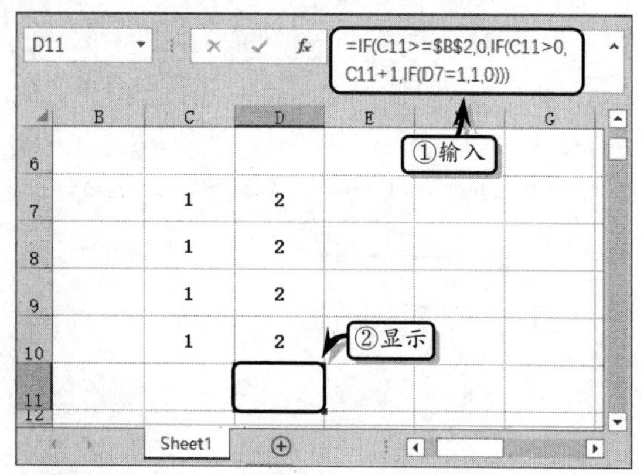

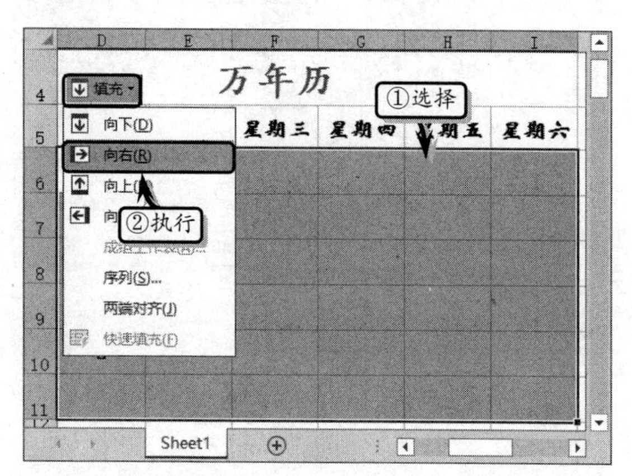

STEP|25 美化表格。选择单元格区域 C5:I11，右击执行【设置单元格格式】命令，在【边框】选项卡中，设置内外边框线条的样式和颜色。

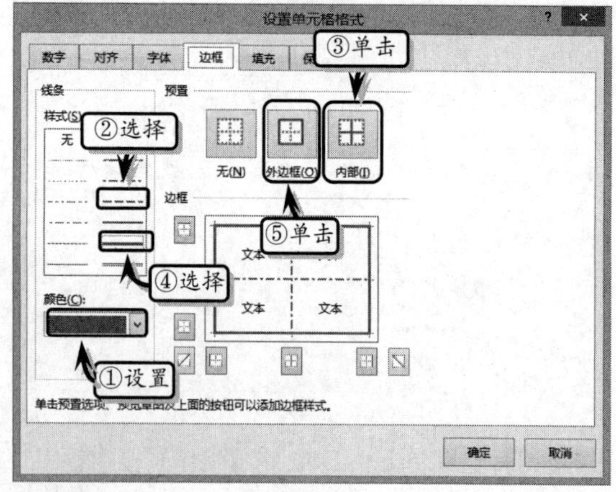

STEP|26 选择包含基础数据和年份、月份值的单元格区域，执行【开始】|【字体】|【字体颜色】|【白色，背景 1】命令，设置数据的字体颜色。

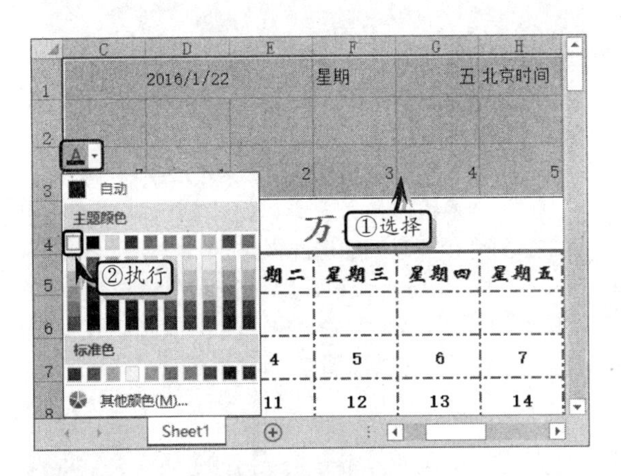

STEP|27 选择单元格区域 B4:J14，执行【开始】|【字体】|【填充颜色】|【绿色，个性色 6 淡色 80%】命令，设置单元格区域的填充颜色。

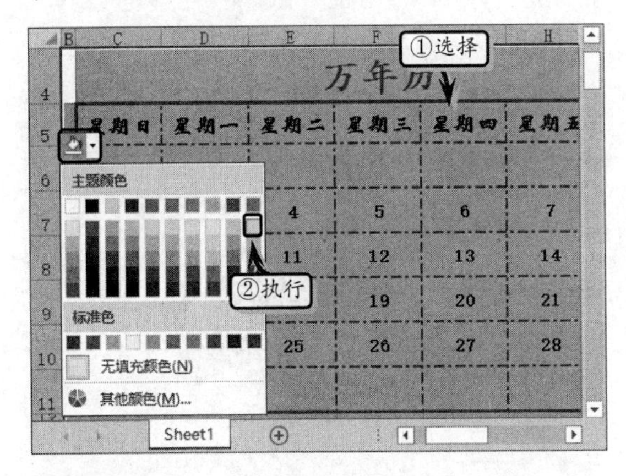

STEP|28 同时，执行【开始】|【字体】|【边框】|【粗外侧框线】命令，设置单元格区域的外边框格式。

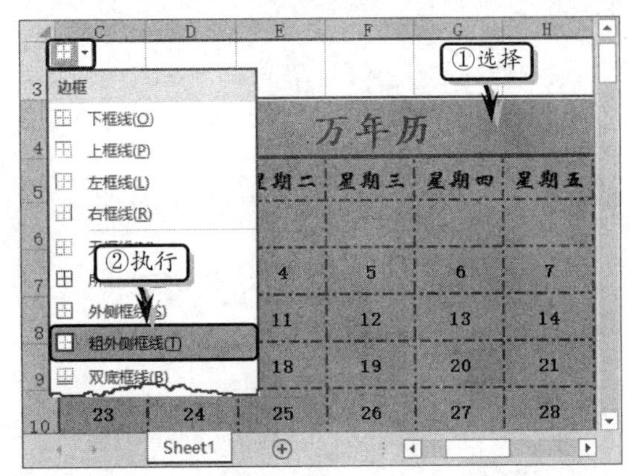

STEP|29 最后，在【视图】选项卡【显示】选项组中，禁用【网格线】复选框，隐藏工作表中的网格线。

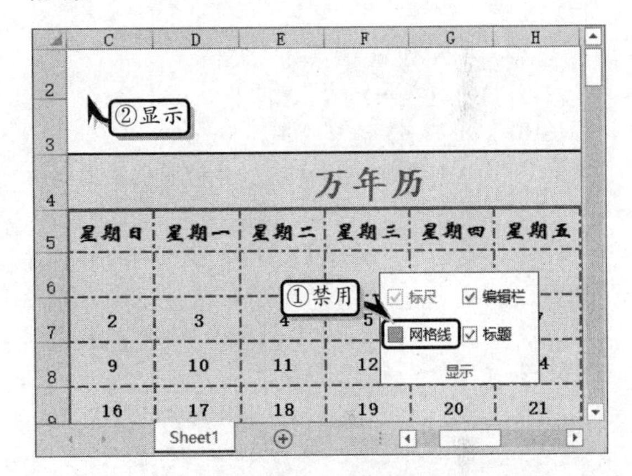

Excel 10.5 新手训练营

练习 1：制作员工素质图

downloads\10\新手训练营\员工素质图

提示：本练习中，主要使用 Excel 中的插入 SmartArt 图形、设置 SmartArt 图形样式、更改颜色等常用功能。

其中，主要制作步骤如下所述。

（1）执行【插入】|【插图】|SmartArt 命令，选择【分离射线】选项，插入 SmartArt 图形。

（2）选择图形，执行【设计】|【创建图形】|【添加形状】命令，为 SmartArt 图形添加两个形状。

（3）为图形输入文本，并设置文本的字体格式。

（4）选择图形，执行【设计】|【SmartArt 样式】|【卡通】命令，设置图形的样式。

（5）同时，执行【设计】|【SmartArt 样式】|【更改颜色】命令，设置图形的颜色。

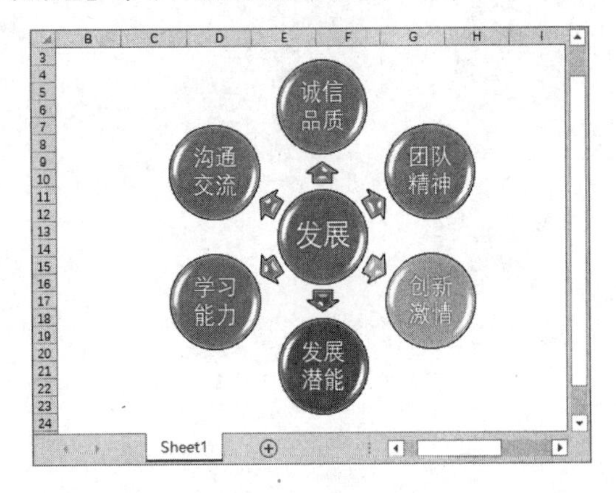

练习 2：制作薪酬设计方案内容图像

downloads\10\新手训练营\薪酬设计方案内容

提示：本练习中，主要使用 Excel 中的插入 SmartArt 图形、设置 SmartArt 图形样式、更改颜色等常用功能。

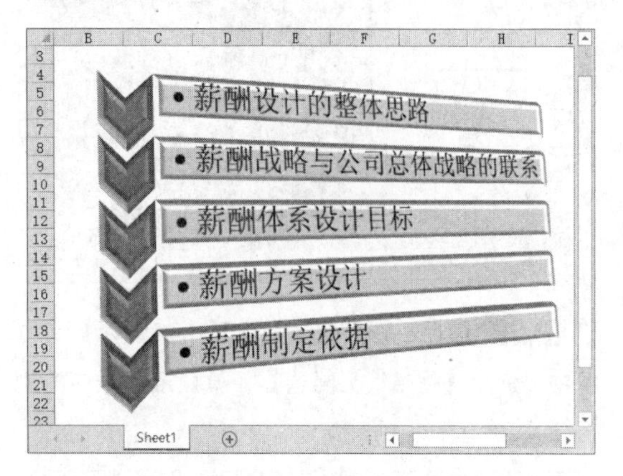

其中，主要制作步骤如下所述。

（1）执行【插入】|【插图】|SmartArt 命令，选择【垂直 V 型列表】选项，插入 SmartArt 图形。

（2）为图形添加文本内容，并设置文本的字体格式。

（3）选择图形，执行【设计】|【SmartArt 样式】|【日落场景】命令，设置图形的样式。

（4）同时，执行【设计】|【SmartArt 样式】|【更改颜色】命令，设置图形的颜色。

练习 3：制作资产效率分析图

downloads\10\新手训练营\资产效率分析图

提示：本练习中，主要使用 Excel 中的插入 SmartArt 图形、设置 SmartArt 图形样式、更改颜色和插入形状等常用功能。

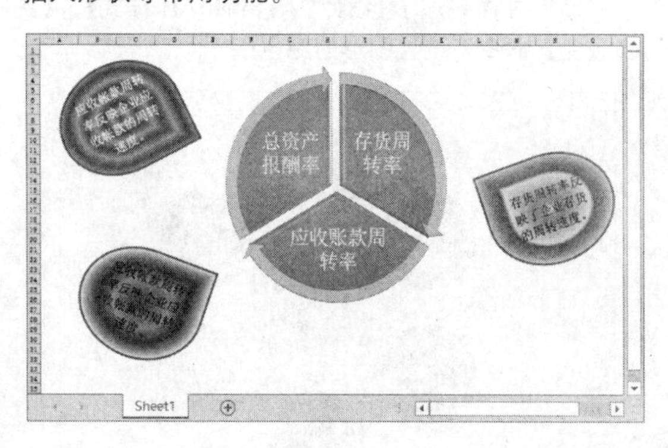

其中，主要制作步骤如下所述。

（1）执行【插入】|【插图】|SmartArt 命令，选择【分段循环】选项，插入 SmartArt 图形。

（2）输入图形文本，并设置文本的字体格式。

（3）选择图形，执行【设计】|【SmartArt 样式】|【嵌入】命令，设置图形的样式。

（4）同时，执行【设计】|【SmartArt 样式】|【更改颜色】|【彩色填充-着色 2】命令，设置图形的颜色。

（5）在图形中插入泪滴形形状，依次设置形状的渐变填充颜色并输入形状文本。

练习 4：制作偿债能力分析图

downloads\10\新手训练营\偿债能力分析图

提示：本练习中，主要使用 Excel 中的插入 SmartArt 图形、设置 SmartArt 图形样式、更改颜色等常用功能。

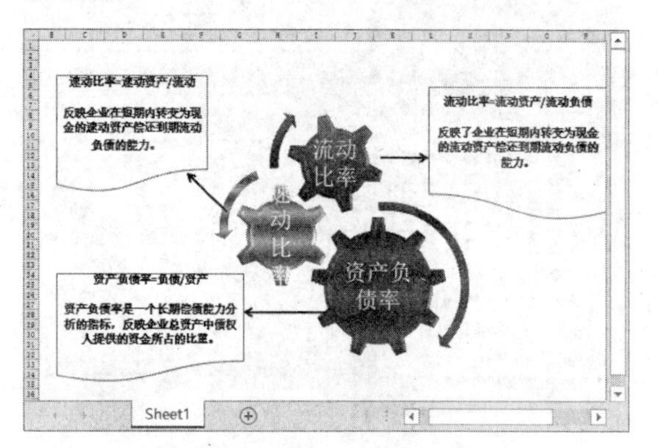

其中，主要制作步骤如下所述。

（1）执行【插入】|【插图】|SmartArt 命令，选择【齿轮】选项。输入图形文本，并设置图形的“嵌入”样式。

（2）右击图形中的单个形状，执行【设置单元格格式】命令，设置形状的渐变填充效果。

（3）在工作表中插入【流程图:文档】形状，并设置形状的填充效果和轮廓样式。

（4）同时，输入形状文本并设置文本的字体格式。随后，在工作表中插入箭头形状，调整其具体位置，并设置箭头的轮廓样式。

第 11 章

使 用 图 表

人力资源供给预测表

预测范围	预测情况		人员类别				合计
			总监	技术人员	工程师	其他	
内部供给预测	现有人员拥有量		10	20	15	30	75
	未来人员变动量		2	3	2	5	12
	规划期内人员拥有量	第一季度	12	23	20	40	95
		第二季度	12	25	25	45	107
		第三季度	15	25	30	50	120
		第四季度	15	25	30	50	120
	合计		66	121	122	220	529
外部供给预测	第一季度		3	5	10	50	68
	第二季度		2	5	8	50	65
	第三季度		2	3	12	50	67
	第四季度		1	10	15	50	76
	合计		8	23	45	200	276

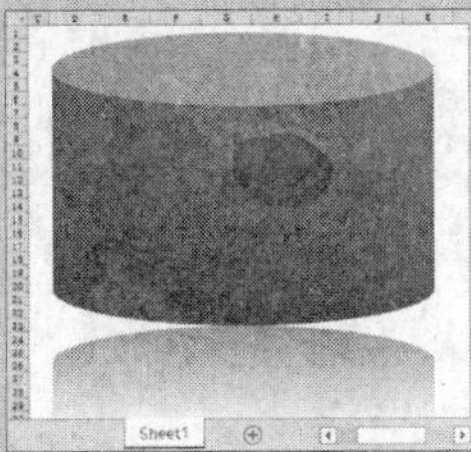

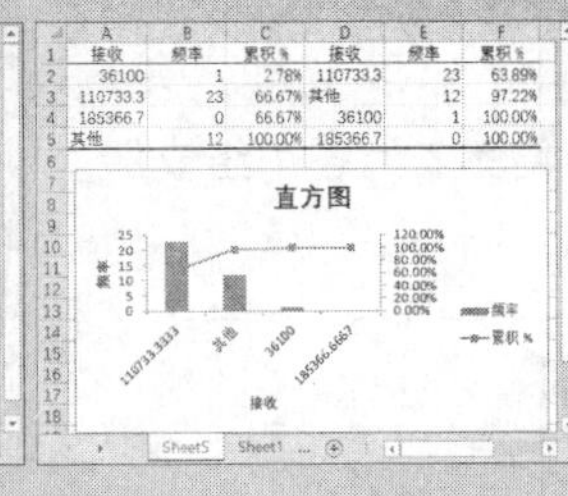

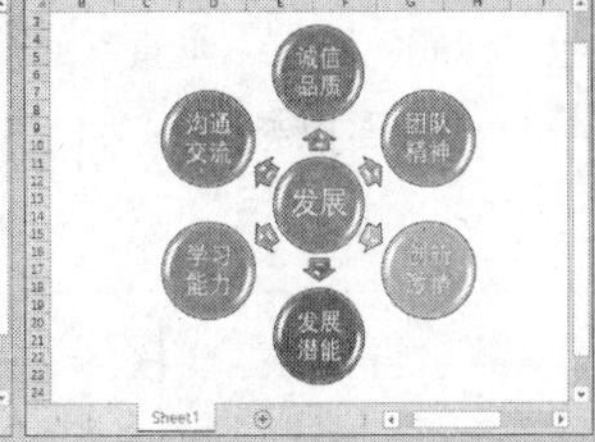

Excel 具有强大的数据整理和分析功能，而图表则是众多分析工具中最为常用的工具之一，它可以图形化数据，能够清楚地体现数据之间的各种相对关系。除此之外，运用 Excel 中内置的一些图表辅助功能，还可以帮助用户轻松地创建具有专业水准的图表，更加直观地将工作表中的数据表现出来，从而使数据层次分明、条理清楚、易于理解。在本章中，将详细介绍使用图表的基础知识，并通过制作一些简单的图表练习，帮助读者掌握对图表数据的编辑和图表格式的设置。

Excel 11.1 创建图表

图表是一种生动的描述数据的方式，可以将表中的数据转换为各种图形信息，方便用户对数据进行观察。

11.1.1　图表概述

在 Excel 中，可以使用单元格区域中的数据，创建自己所需的图表。工作表中的每一个单元格数据，在图表中都有与其相对应的数据点。

1．图表布局概述

图表主要由图表区域及区域中的图表对象（例如：标题、图例、垂直（值）轴、水平（分类）轴）组成。下面以柱形图为例介绍图表的各个组成部分。

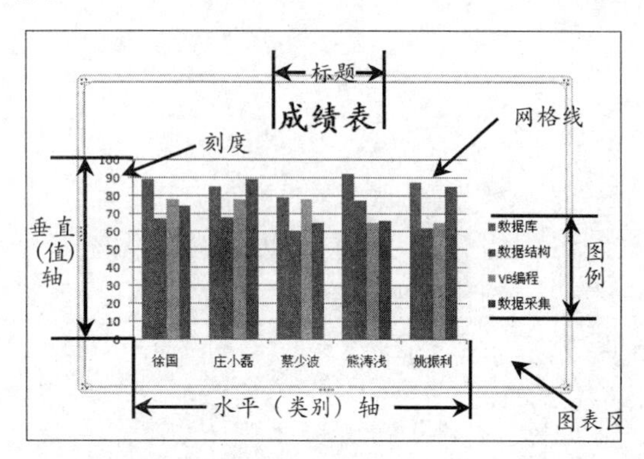

2．Excel 图表类型

Excel 为用户提供了多种图表类型，每种图表类型又包含若干个子图表类型。用户在创建图表时，只需选择系统提供的图表即可方便、快捷地创建图表。Excel 中的具体图表类型，如下表所述。

类型	说明
柱形图	柱形图是 Excel 默认的图表类型，用长条显示数据点的值，柱形图用于显示一段时间内的数据变化或者显示各项之间的比较情况
条形图	条形图类似于柱形图，适用于显示在相等时间间隔下数据的趋势
折线图	折线图是将同一系列的数据在图中表示成点并用直线连接起来，适用于显示某段时间内数据的变化及其变化趋势

续表

类型	说明
饼图	饼图是把一个圆面划分为若干个扇形面，每个扇面代表一项数据值
面积图	面积图是将每一系列数据用直线段连接起来并将每条线以下的区域用不同颜色填充。面积图强调幅度随时间的变化，通过显示所绘数据的总和，说明部分和整体的关系
XY 散点图	XY 散点图用于比较几个数据系列中的数值，或者将两组数值显示为 XY 坐标系中的一个系列
股价图	以特定顺序排列在工作表的列或行中的数据可以绘制到股价图中。股价图经常用来显示股价的波动。这种图表也可用于科学数据。例如，可以使用股价图来显示每天或每年温度的波动。必须按正确的顺序组织数据才能创建股价图
曲面图	曲面图在寻找两组数据之间的最佳组合时很有用。类似于拓扑图形，曲面图中的颜色和图案用来指示出同一取值范围内的区域
雷达图	雷达图是由中心向四周辐射出多条数值坐标轴，每个分类都拥有自己的数值坐标轴，并由折线将同一系列中的值连接起来
树状图	使用树状图可以比较层级结构不同级别的值，以及可以以矩形显示层次结构级别中的比例，一般适用于按层次结构组织并具有较少类别的数据
旭日图	使用旭日图可以比较层级结构不同级别的值，以及可以以环形显示层次结构级别中的比例，一般适用于按层次结构组织并具有较多类别的数据
直方图	直方图用于显示按储料箱显示划分的数据的分布形态；而排列图则用于显示每个因素占总计值的相对比例，用于显示数据中最重要的因素
箱形图	箱形图用于显示一组数据中的变体，适用于多个以某种关系互相关联的数据集
瀑布图	瀑布图显示一系列正值和负值的累积影响，一般适用于具有流入和流出数据类型的财务数据
组合	组合类图表是在同一个图表中显示两种以上的图表类型，便于用户进行多样式数据分析

11.1.2　创建常用图表

常用图表包括日常工作中经常使用的单一图表和组合图表。其中，单一图表即一个图表中只显示一种图表类型，而组合图表则表示一个图表中显示两个以上的图表类型。

1. 创建单一图表

选择数据区域，执行【插入】|【图表】|【插入柱形图或条形图】|【簇状柱形图】命令，即可在工作表中插入一个簇状柱形图。

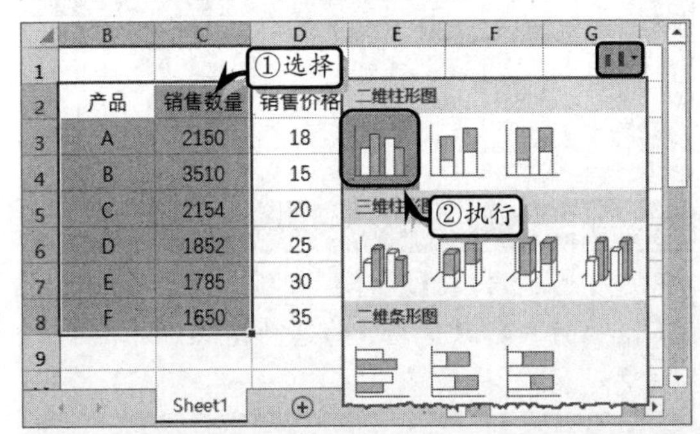

> **提示**
>
> 用户可以通过执行【插入】|【图表】|【插入柱形图】|【更多柱形图】命令，打开【插入图表】对话框，选择更多的图表类型。

另外，选择数据区域，执行【插入】|【图表】|【推荐的图表】命令，在弹出的【插入图表】对话框中的【推荐的图表】列表中，选择图表类型，单击【确定】按钮即可。

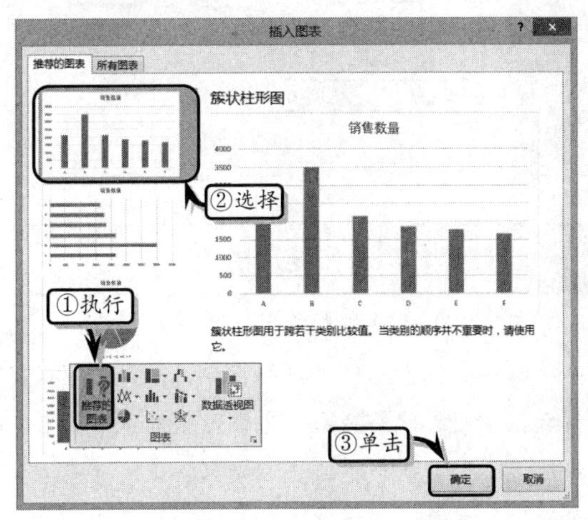

2. 创建组合图表

Excel 为用户提供了创建组合图表的功能，以帮助用户创建簇状柱形图-折线图、堆积面积图-簇状柱形图等组合图表。

选择数据区域，执行【插入】|【图表】|【推荐的图表】命令，激活【所有图表】选项卡，选择【组合】选项，并选择相应的图表类型。

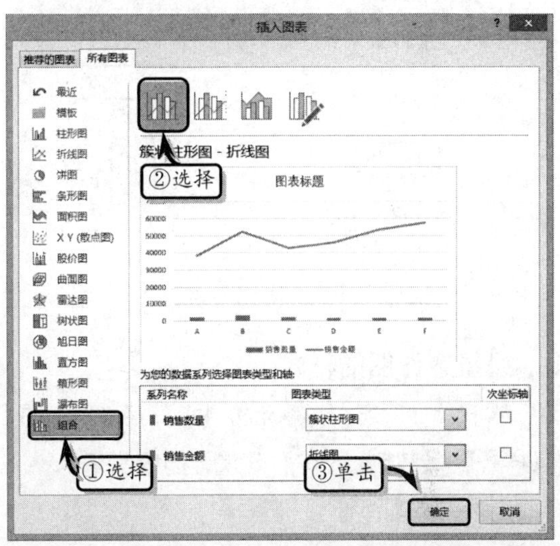

> **提示**
>
> 在【插入图表】对话框中，可通过选择【自定义组合】选项，来自定义组合图表的图表类型和次坐标轴类型。

11.1.3　创建迷你图表

迷你图表是放入单个单元格中的小型图，每个迷你图代表所选内容中的一行或一列数据。

1. 生成迷你图

选择数据区域，执行【插入】|【迷你图】|【折线图】命令，在弹出的【创建迷你图】对话框中，设置数据范围和放置位置即可。

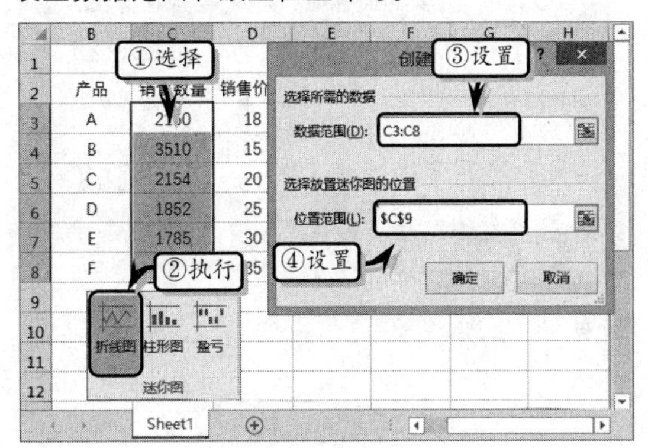

2. 更改迷你图的类型

选择迷你图所在的单元格，执行【迷你图工具】|【设计】|【类型】|【柱形图】命令，即可将当前的迷你图类型更改为柱形图。

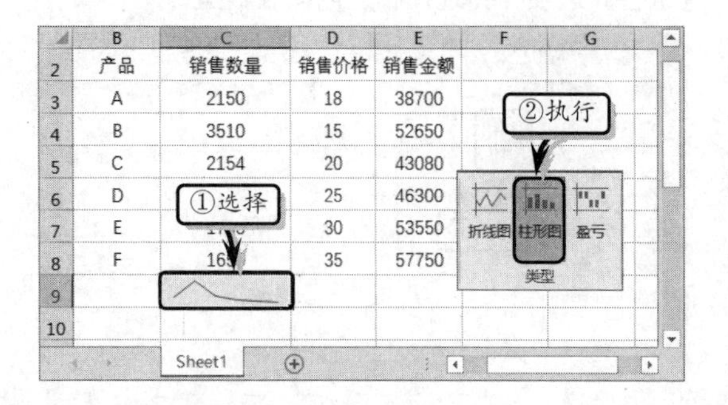

3. 设置迷你图的样式

选择迷你图所在的单元格，执行【迷你图工具】|【样式】|【其他】命令，在展开的级联菜单中，选择一种样式即可。

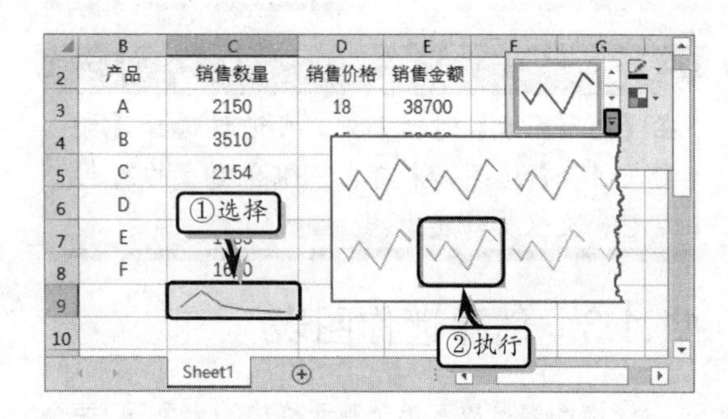

另外，选择迷你图所在的单元格，执行【迷你图工具】|【样式】|【迷你图颜色】命令，在其级联菜单中选择一种颜色，即可更改迷你图的线条颜色。

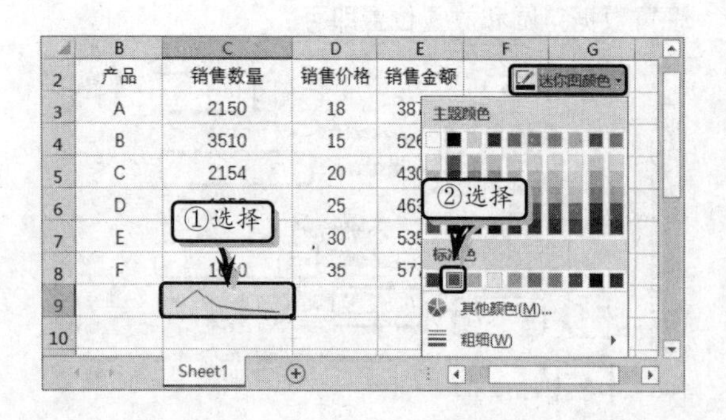

除此之外，用户还可以设置迷你图中各个标记颜色。选择迷你图所在的单元格，执行【迷你图工具】|【样式】|【标记颜色】命令，在其级联菜单中选择标记类型，并设置其显示颜色。

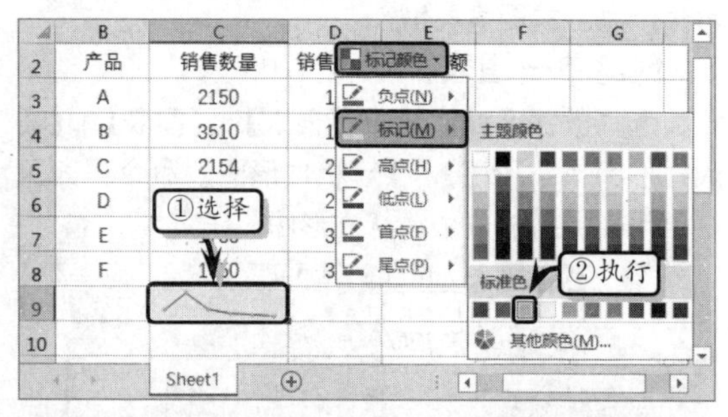

提示

用户可通过启用【设计】选项卡【显示】选项组中的各项复选框，为迷你图添加相应的标记点。

4. 组合迷你图

选择包含迷你图的单元格区域，执行【迷你图工具】|【分组】|【组合】命令，即可组合迷你图。

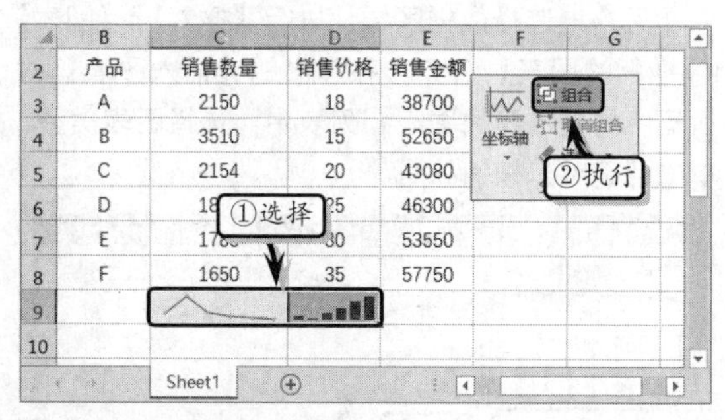

知识链接 11-1 制作复合饼图

在使用图表分析数据时，往往需要运用饼图分析类别数据占总体数据的百分值，以便可以获得数据之间的比例关系。当饼图图表中的某个数据远远小于其他数据时，该数据按比例只能占据整个饼图非常狭小的部分。

Excel 11.2 编辑图表

在工作表创建图表之后，为了达到详细分析图表数据的目的，还需要对图表进行一系列的编辑操作。

11.2.1 调整图表

调整图表是通过调整图表的位置、大小与类型等编辑图表的操作，来使图表符合工作表的布局与数据要求。

1. 移动图表

选择图表，移动鼠标至图表边框或空白处，当鼠标变为"四向箭头"时，拖动鼠标即可。

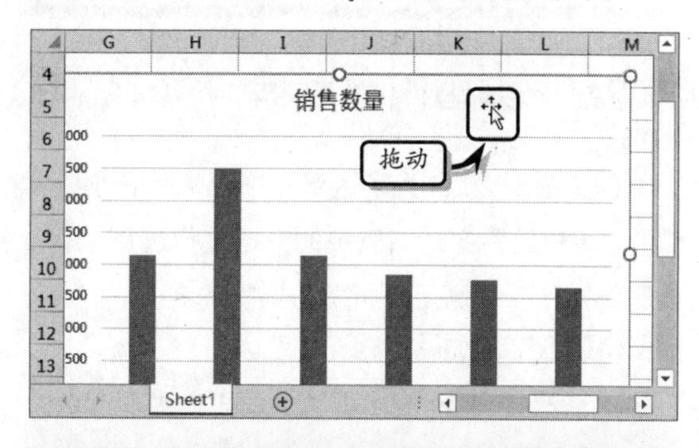

注意

若将鼠标放置在坐标轴、图例或绘图区等区域拖动时，只是拖动所选区域，而不是整个图表。

2. 调整图表的大小

选择图表，将鼠标移至图表四周边框的控制点上，当鼠标变为"双向箭头"时，拖动鼠标调整大小。

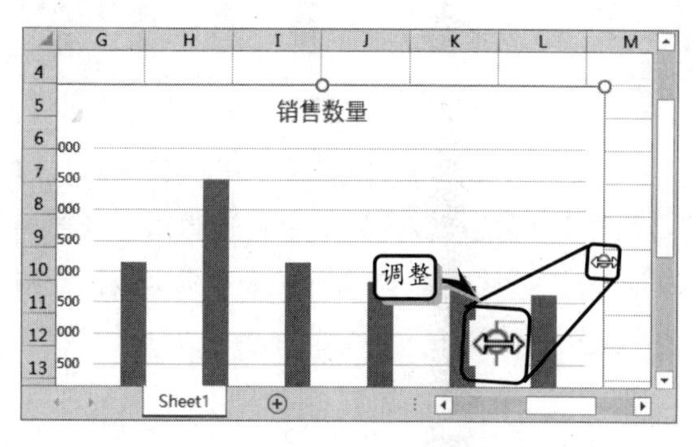

另外，选择图表，在【格式】选项卡【大小】选项组中，输入图表的【高度】与【宽度】值，即可调整图表的大小。

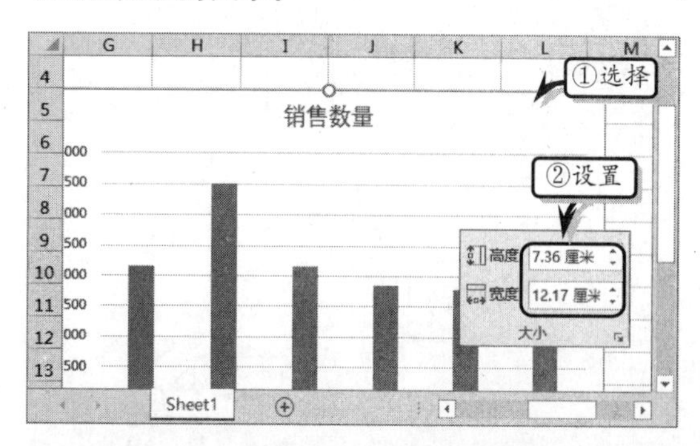

除此之外，用户还可以单击【格式】选项卡【大小】选项组中的【对话框启动器】按钮，在弹出的【设置图表区格式】窗格中的【大小】选项组中，设置图片的【高度】与【宽度】值。

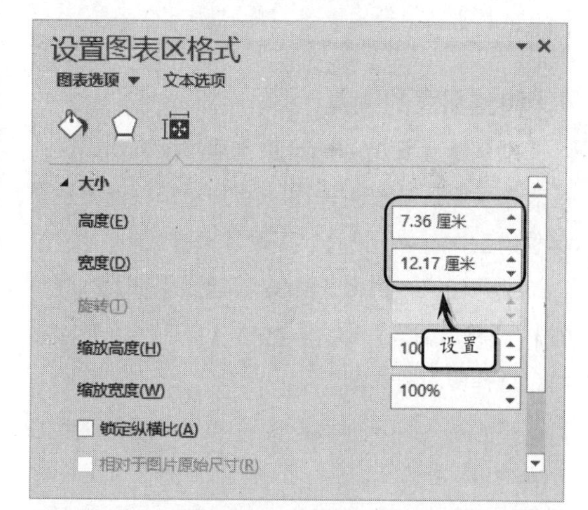

提示

在【设置图表区格式】窗格中，还可以通过设置【缩放高度】和【缩放宽度】数值，按缩放比例调整图表的大小。

3. 更改图表类型

更改图表类型是将图表由当前的类型更改为

另外一种类型，通常用于多方位分析数据。

选择图表，执行【图表工具】|【设计】|【类型】|【更改图表类型】命令，在弹出的【更改图表类型】对话框中选择一种图表类型。

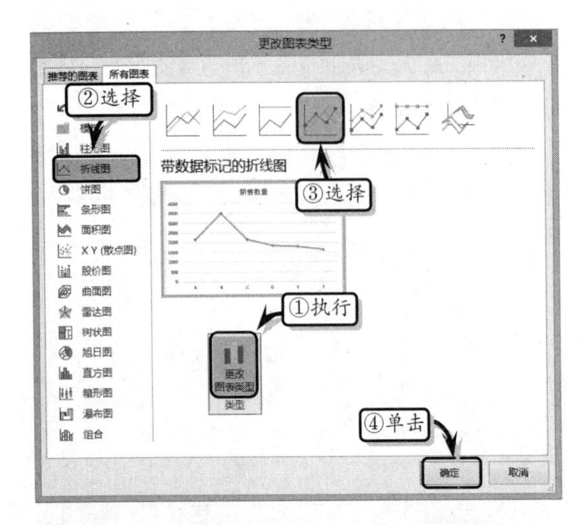

技巧

用户还可以选择图表，右击执行【更改图表类型】命令，在弹出的【更改图表类型】对话框中选择一种图表类型即可。

4. 调整图表的位置

默认情况下，在 Excel 中创建的图表均以嵌入图表方式置于工作表中。如果用户希望将图表放在单独的工作表中，则可以更改其位置。

选择图表，执行【图表工具】|【设计】|【位置】|【移动图表】命令，弹出【移动图表】对话框，选择图表的位置即可。

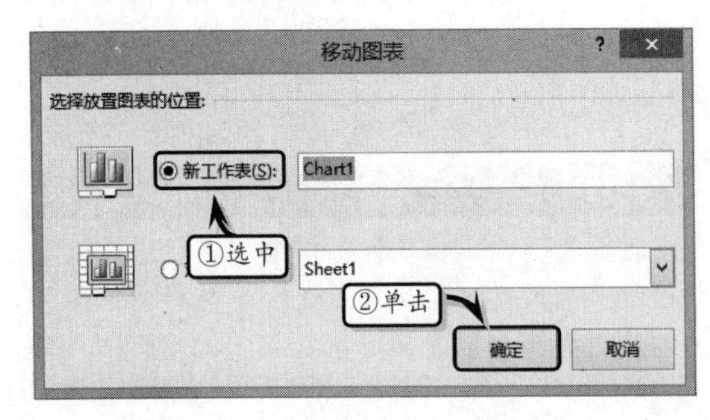

另外，用户还可以将插入的图表移动至其他的工作表中。在【移动图表】对话框中，选中【对象位于】选项，并单击其后的下拉按钮，在其下拉列表中选择所需选项，即可移动至所选的工作表中。

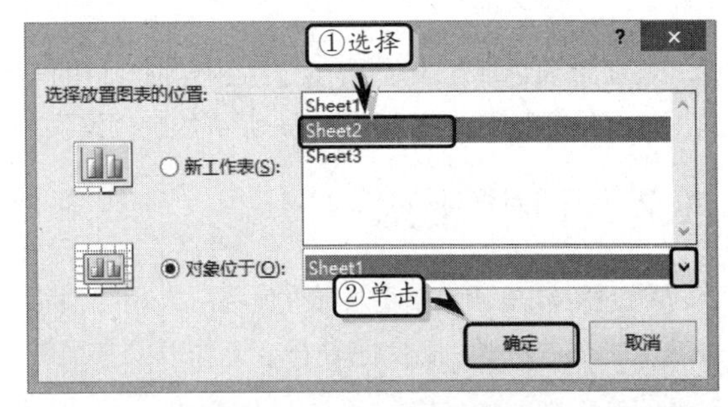

提示

用户也可以右击图表，执行【移动图表】命令，即可打开【移动图表】对话框。

11.2.2 编辑图表数据

创建图表之后，为了达到详细分析图表数据的目的，用户还需要对图表中的数据进行选择、添加与删除操作，以满足分析各类数据的要求。

1. 编辑现有数据

选择图表，此时系统会自动选定图表的数据区域。将鼠标置于数据区域边框的右下角，当光标变成“双向”箭头时，拖动数据区域即可编辑现有的图表数据。

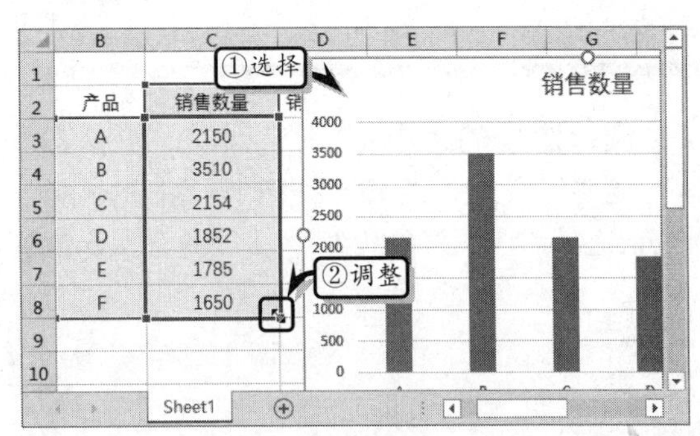

另外，选择图表，执行【图表工具】|【设计】|【数据】|【选择数据】命令，在弹出的【选择数据源】对话框中，单击【图表数据区域】右侧的折叠按钮，并在 Excel 工作表中重新选择数据区域。

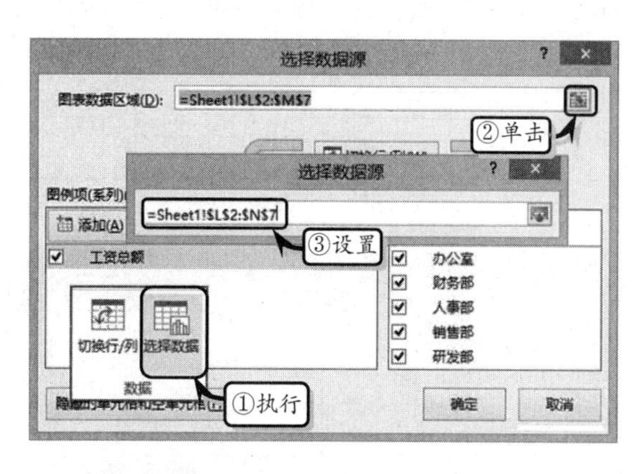

2．添加数据区域

选择图表，执行【图表工具】|【数据】|【选择数据】命令，单击【添加】按钮。在【编辑数据系列】对话框中，分别设置【系列名称】和【系列值】选项。

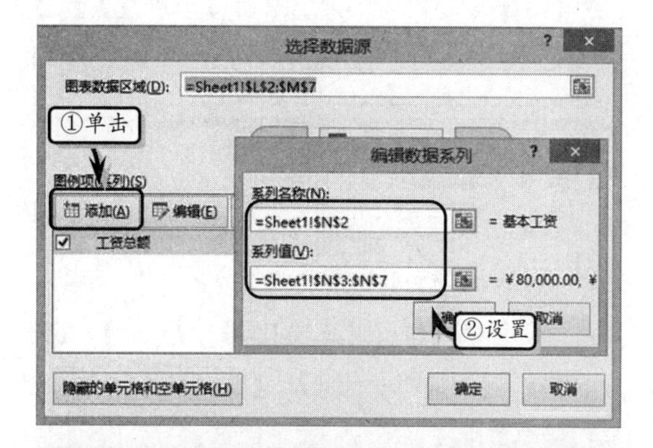

技巧

在【编辑数据系列】对话框中的【系列名称】和【系列值】文本框中直接输入数据区域，也可以选择相应的数据区域。

3．删除数据区域

对于图表中多余的数据，可以对其进行删除。选择表格中需要删除的数据区域，按 Delete 键，即可删除工作表和图表中的数据。若用户选择图表中的数据，按 Delete 键，此时，只会删除图表中的数据，不能删除工作表中的数据。

另外，也可选择图表，执行【图表工具】|【数据】|【选择数据】命令，在弹出的【选择数据源】对话框中的【图例项（系列）】列表框中，选择需要删除的系列名称，并单击【删除】按钮。

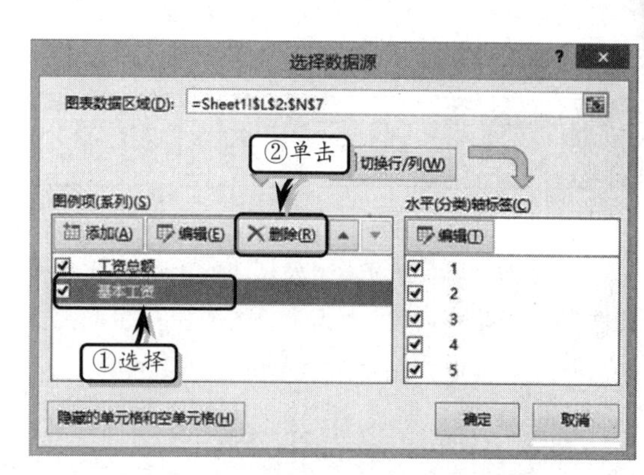

技巧

用户也可以选择图表，通过在工作表中拖动图表数据区域的边框，更改图表数据区域的方法，来删除图表数据。

4．切换水平轴与图例文字

选择图表，执行【图表工具】|【设计】|【数据】|【切换行/列】命令，即可切换图表中的类别轴和图例项。

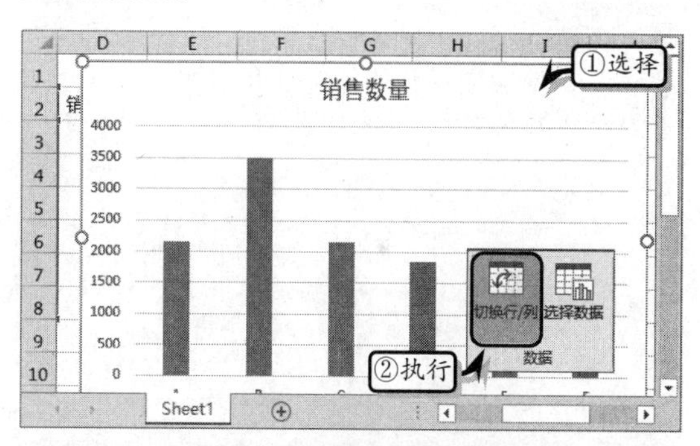

技巧

用户也可以执行【数据】|【选择数据】命令，在弹出的【选择数据源】对话框中，单击【切换行/列】按钮。

Excel 知识链接 11-2 使用 SERIES 图表公式

图表是由一个或多个数据系列构成的，每个数据系列表示为一条线、一个列或一个条形图等图形样式。其中，图表中的每个数据系列都是由 SERIES 公式组合而成的。用户只需选择图表中的某个数据系列，即可在编辑栏中查看 SERIES 公式。

11.3 设置布局和样式

创建图表之后，为达到美化图表的目的以及增加图表的整体变现力，也为了使图表更符合数据类型，还需要设置图表的布局和样式。

11.3.1 设置图表布局

在 Excel 中，用户不仅可以使用内置的图表布局样式，来更改图表的布局，还可以使用自定义布局功能，自定义图表的布局样式。

1. 使用预定义图表布局

用户可以使用Excel提供的内置图表布局样式来设置图表布局。

选择图表，执行【图表工具】|【设计】|【图表布局】|【快速布局】命令，在其级联菜单中选择相应的布局。

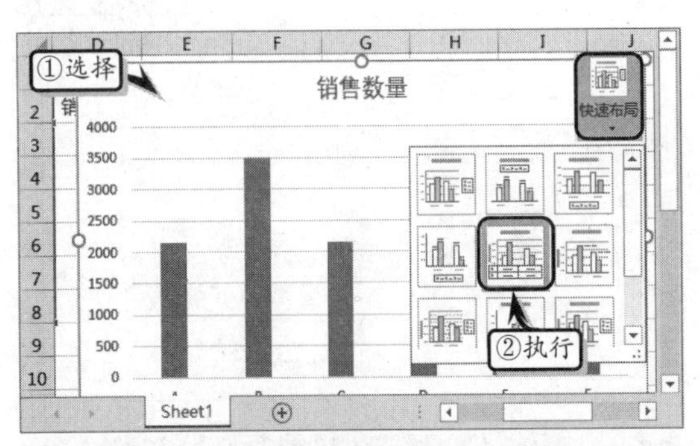

注意

在【快速布局】级联菜单中，其具体布局样式并不是一成不变的，它会根据图表类型的更改而自动更改。

2. 自定义图表标题

自定义图表标题是设置图表标题的显示位置，以及显示或隐藏图表标题。

选择图表，执行【图表工具】|【设计】|【图表布局】|【添加图表元素】|【图表标题】命令，在其级联菜单中选择相应的选项即可。

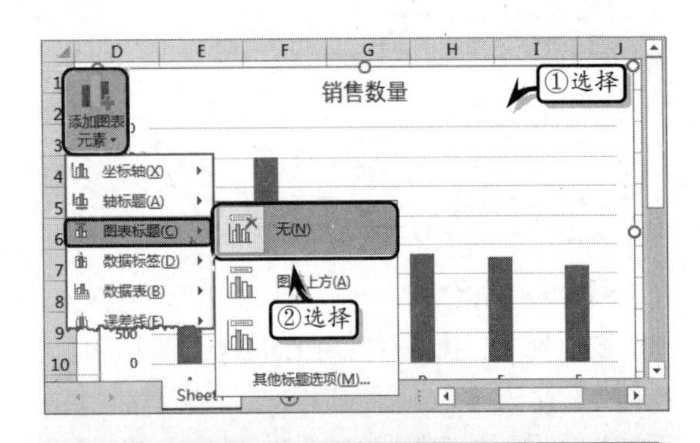

注意

在【图表标题】级联菜单中的【居中覆盖】选项表示在不调整图表大小的基础上，将标题以居中的方式覆盖在图表上。

3. 自定义数据表

自定义数据表是在图表中显示包含图例和项表示，以及无图例和标示的数据表。

选择图表，执行【图表工具】|【设计】|【图表布局】|【添加图表元素】|【数据表】命令，在其级联菜单中选择相应的选项即可。

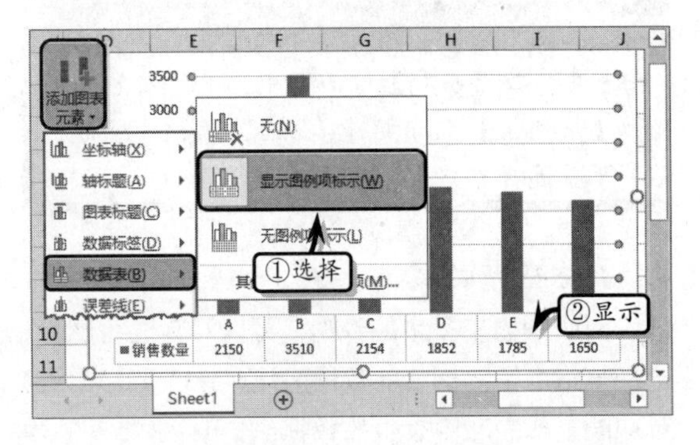

4. 自定义数据标签

自定义数据标签是在图表中显示或隐藏数据系列标签，以及设置数据标签的显示位置。

选择图表，执行【图表工具】|【设计】|【图表布局】|【添加图表元素】|【数据标签】命令，在其级联菜单中选择相应的选项即可。

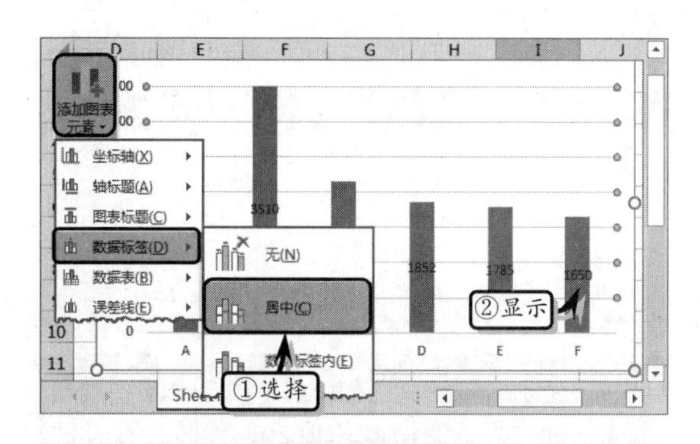

提示

选择图表，执行【添加图表元素】|【数据标签】|【无】命令，即可隐藏图表中的数据标签。

5. 自定义坐标轴

默认情况下，系统在图表中显示了坐标轴，此时用户可以通过自定义坐标轴功能，来隐藏图表中的坐标轴。

选择图表，执行【图表工具】|【设计】|【图表布局】|【添加图表元素】|【坐标轴】命令，在其级联菜单中选择相应的选项即可。

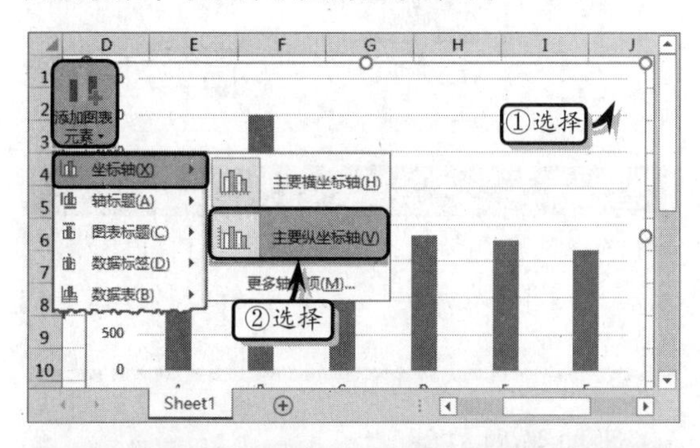

提示

使用同样的方法，用户还可以通过执行【添加图表元素】命令，添加图例、网格线、误差线等图表元素。

11.3.2 设置图表样式

图表样式主要包括图表中对象区域的颜色属性。Excel 也内置了一些图表样式，允许用户快速对其进行应用。

1. 应用快速样式

选择图表，执行【图表工具】|【设计】|【图表样式】|【快速样式】命令，在下拉列表中选择相应的样式即可。

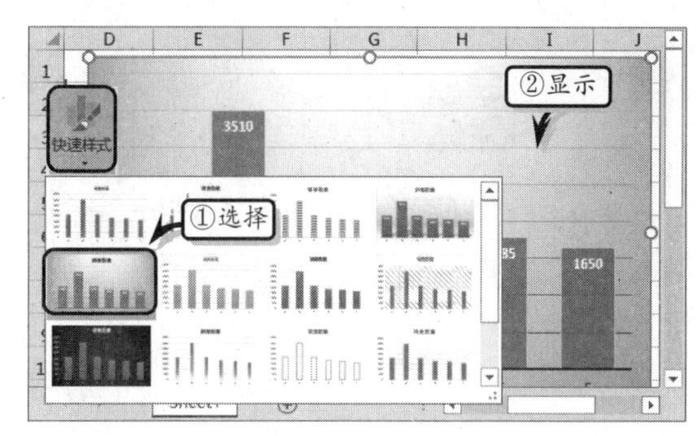

2. 更改图表颜色

执行【图表工具】|【设计】|【图表样式】|【更改颜色】命令，在其级联菜单中选择一种颜色类型，即可更改图表的主题颜色。

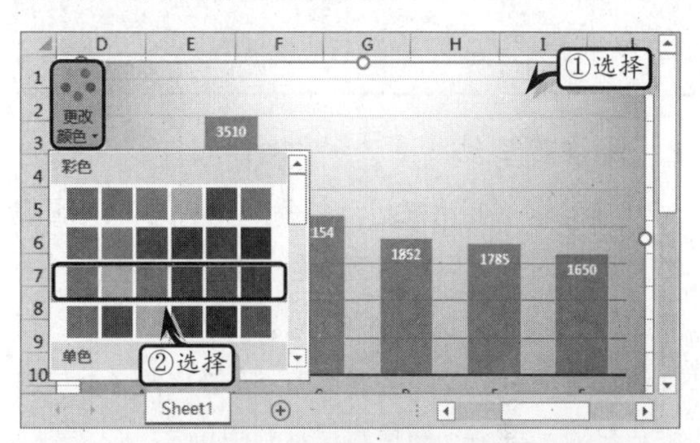

技巧

用户也可以单击图表右侧的按钮，即可在弹出的列表中快速设置图表的样式，以及更改图表的主题颜色。

11.3.3 添加分析线

分析线是在图表中显示数据趋势的一种辅助工具，它只适用于部分图表，包括误差线、趋势线、线条和涨/跌柱线。

1. 添加误差线

误差线主要用来显示图表中每个数据点或数据标记的潜在误差值，每个数据点可以显示一个误差线。

选择图表，执行【图表工具】|【设计】|【图表布局】|【添加图表元素】|【误差线】命令，在其级联菜单中选择误差线类型即可。

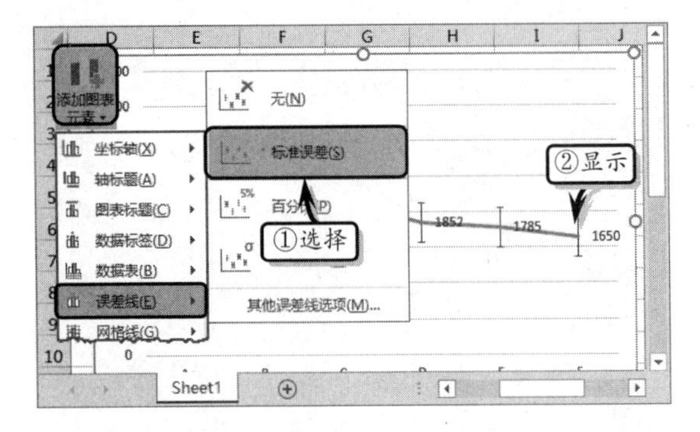

各类型的误差线含义如下。

类　型	含　义
标准误差	显示使用标准误差的图表系列误差线
百分比	显示包含5%值的图表系列的误差线
标准偏差	显示包含一个标准偏差的图表系列的误差线

2．添加趋势线

趋势线主要用来显示各系列中数据的发展趋势。选择图表，执行【图表工具】|【设计】|【图表布局】|【添加图表元素】|【趋势线】命令，在其级联菜单中选择趋势线类型，在弹出的【添加趋势线】对话框中，选择数据系列即可。

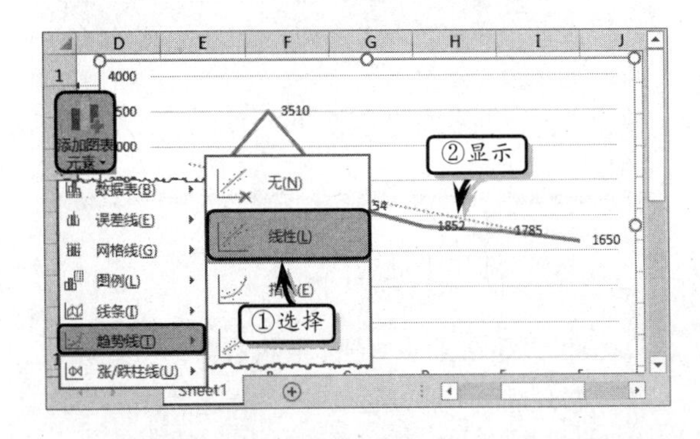

其他类型的趋势线的含义如下。

续表

类型	含　义
线性	为选择的图表数据系列添加线性趋势线
指数	为选择的图表数据系列添加指数趋势线
线性预测	为选择的图表数据系列添加两个周期预测的线性趋势线
移动平均	为选择的图表数据系列添加双周期移动平均趋势线

提示

在 Excel 中，不能向三维图表、堆积型图表、雷达图、饼图与圆环图中添加趋势线。

3．添加线条

线条主要包括垂直线和高低点线。选择图表，执行【图表工具】|【设计】|【图表布局】|【添加图表元素】|【线调】命令，在其级联菜单中选择线条类型。

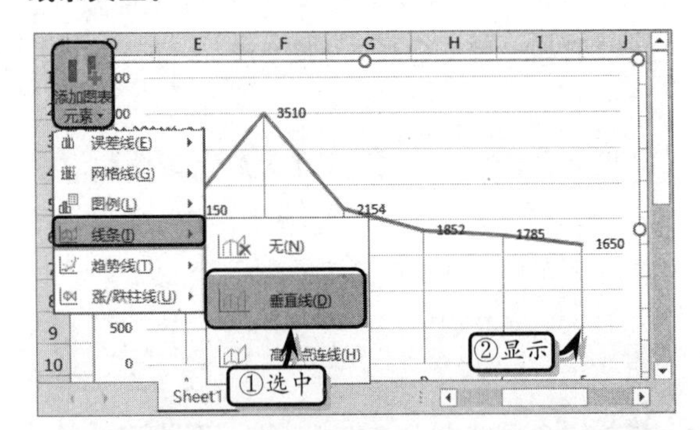

注意

用户为图表添加线条之后，可执行【添加图表元素】|【线条】|【无】命令，取消已添加的线条。

4．添加涨/跌柱线

涨/跌柱线是具有两个以上数据系列的折线图中的条形柱，可以清晰地指明初始数据系列和终止数据系列中数据点之间的差别。

选择图表，执行【图表工具】|【设计】|【图表布局】|【添加图表元素】|【涨/跌柱线】|【涨/跌柱线】命令，即可为图表添加涨/跌柱线。

技巧

用户也可以单击图表右侧的+按钮，即可在弹出的列表中快速添加图表元素。

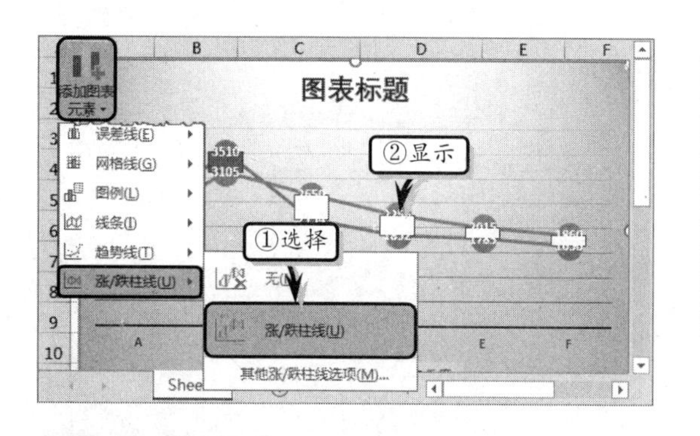

知识链接 11-3　为图表添加直线

用户在运用图表分析数据时，往往需要利用直线标记特定的数值，以达到区分数据值范围的目的。在 Excel 中，可通过设置误差线的正负值，来为图表添加一条直线。

11.4　设置图表格式

在 Excel 中，除了通过添加分析线和自定义图表布局等方法，来美化和分析图表数据之外。还可以通过设置图表的边框颜色、填充颜色、三维格式与旋转格式等编辑操作，达到美化图表的目的。

11.4.1　设置图表区格式

设置图表区格式是通过设置图表区的边框颜色、边框样式、三维格式与旋转等操作，来美化图表区。

1．设置填充效果

选择图表，执行【图表工具】|【格式】|【当前所选内容】|【图表元素】命令，在其下拉列表中选择【图表区】选项。然后，执行【设置所选内容格式】命令，在弹出的【设置图表区格式】窗格中，在【填充】选项组中，选择一种填充效果，并设置相应的选项。

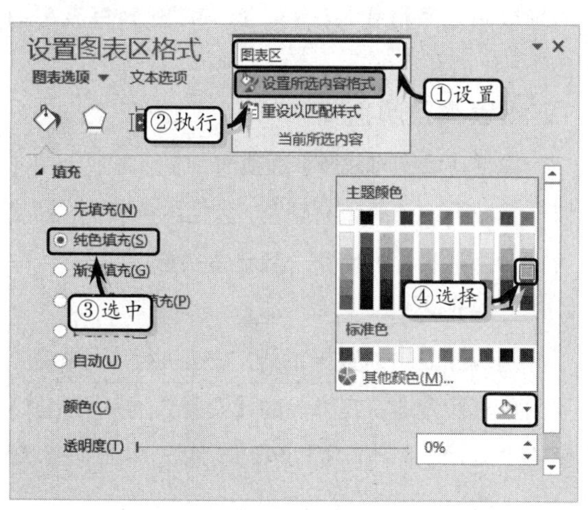

在【填充】选项组中，主要包括 6 种填充方式，其具体情况如下表所示。

选　项	子选项	说　明
无填充		不设置填充效果
纯色填充	颜色	设置一种填充颜色
	透明度	设置填充颜色透明状态
渐变填充	预设渐变	用来设置渐变颜色，共包含 30 种渐变颜色
	类型	表示颜色渐变的类型，包括线性、射线、矩形与路径
	方向	表示颜色渐变的方向，包括线性对角、线性向下、线性向左等 8 种方向
	角度	表示渐变颜色的角度，其值介于 1°~360° 之间
	渐变光圈	可以设置渐变光圈的结束位置、颜色与透明度
图片或纹理填充	纹理	用来设置纹理类型，一共包括 25 种纹理样式
	插入图片来自	可以插入来自文件、剪贴板与剪贴画中的图片
	将图片平铺为纹理	表示纹理的显示类型，选择该选项则显示【平铺选项】，禁用该选项则显示【伸展选项】
	伸展选项	主要用来设置纹理的偏移量
	平铺选项	主要用来设置纹理的偏移量、对齐方式与镜像类型
	透明度	用来设置纹理填充的透明状态

续表

选　项	子选项	说　明
图案填充	图案	用来设置图案的类型，一共包括 48 种类型
	前景	主要用来设置图案填充的前景颜色
	背景	主要用来设置图案填充的背景颜色
自动		选择该选项，表示图表的图表区填充颜色将随机进行显示，一般默认为白色

2．设置边框颜色

在【设置图表区格式】窗格中的【边框】选项组中，设置边框的样式和颜色即可。在该选项组中，包括【无线条】、【实线】、【渐变线】与【自动】4种选项。例如，选中【实线】选项，在列表中设置【颜色】与【透明度】选项，然后设置【宽度】、【复合类型】和【短划线类型】选项。

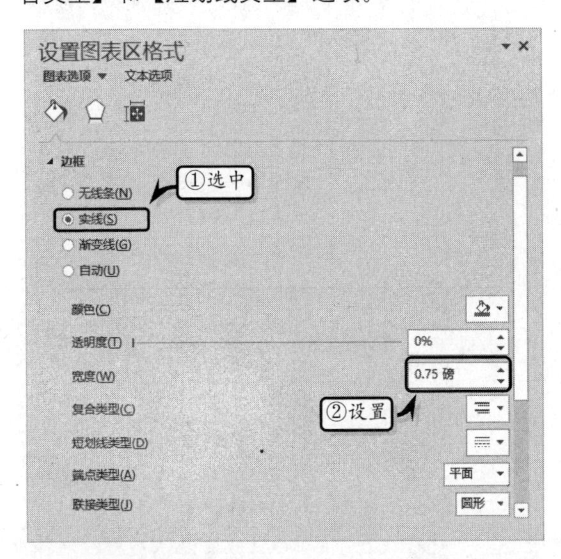

3．设置阴影格式

在【设置图表区格式】窗格中，激活【效果】选项卡，在【阴影】选项组中设置图表区的阴影效果。

4．设置三维格式

在【设置图表区格式】窗格中的【三维格式】选项组中，设置图表区的顶部陵台、底部棱台和材料选项。

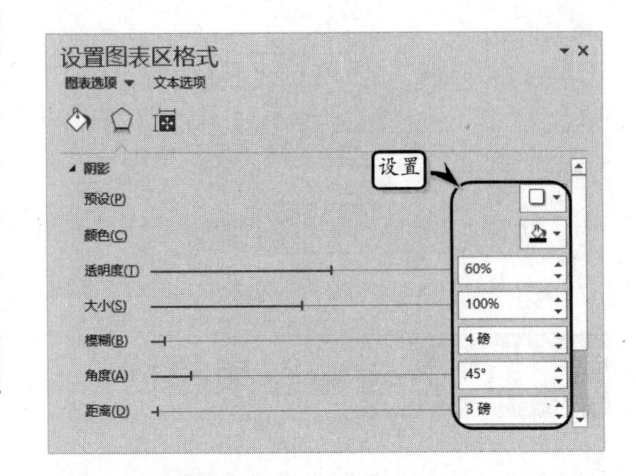

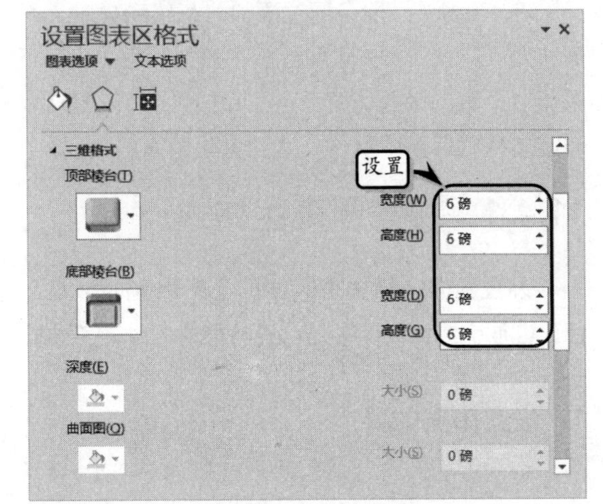

11.4.2　设置数据系列格式

数据系列是图表中的重要元素之一，用户可以通过设置数据系列的形状、填充、边框颜色和样式、阴影以及三维格式等效果，达到美化数据系列的目的。

1．设置线条颜色

激活【填充与线条】选项卡，在该选项卡中可以设置数据系列的填充颜色，包括纯色填充、渐变填充、图片和纹理填充、图案填充等。

2．更改形状

选择图表中的数据系列，右击执行【设置数据系列格式】命令，在弹出的【设置数据系列格式】窗格中激活【系列选项】选项卡，并选中一种形状。

然后，调整【系列间距】和【分类间距】值。

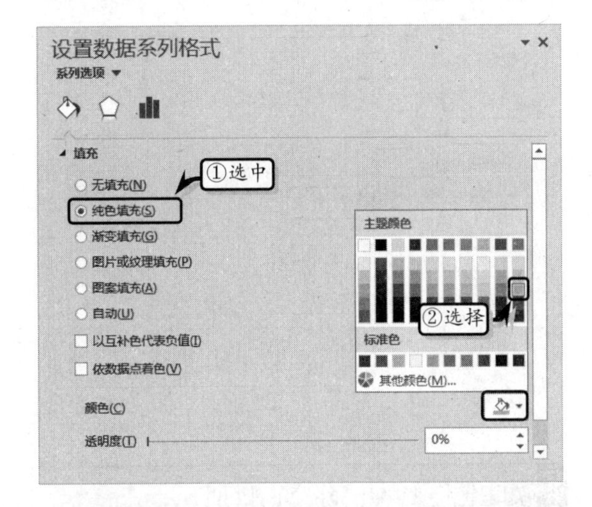

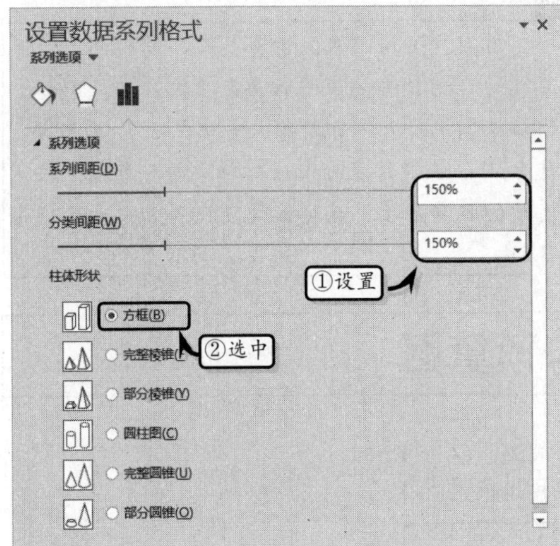

注意

在【系列选项】选项卡中，其形状的样式会随着图表类型的改变而改变。

11.4.3　设置坐标轴格式

坐标轴是标示图表数据类别的坐标线，用户可以在【设置坐标轴格式】窗格中，设置坐标轴的数字类别与对齐方式。

1．调整坐标轴选项

双击水平坐标轴，在【设置坐标轴格式】窗格中，激活【坐标轴选项】下的【坐标轴选项】选项卡。在【坐标轴选项】选项组中，设置各项选项。

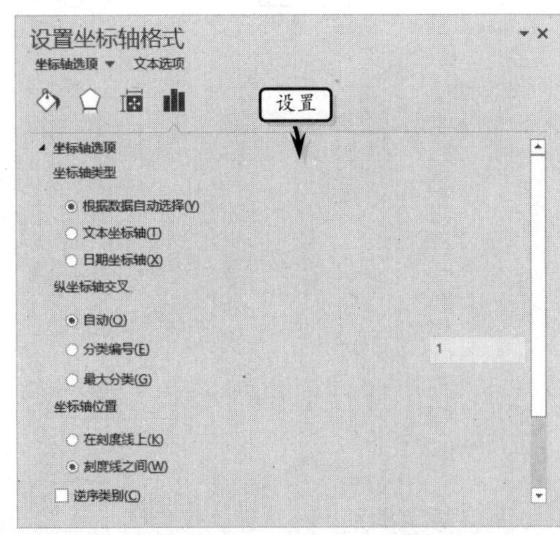

其中，在【坐标轴选项】选项组中，主要包括下表中的各项选项。

选项	子选项	说　明
坐标轴类型	根据数据自动选择	选中该单选按钮将根据数据类型设置坐标轴类型
	文本坐标轴	选中该单选按钮表示使用文本类型的坐标轴
	日期坐标轴	选中该单选按钮表示使用日期类型的坐标轴
纵坐标轴交叉	自动	设置图表中数据系列与纵坐标轴之间的距离为默认值
	分类编号	自定义数据系列与纵坐标轴之间的距离
	最大分类	设置数据系列与纵坐标轴之间的距离为最大显示
坐标轴位置	逆序类别	选中该复选框，坐标轴中的标签顺序将按逆序进行排列
	在刻度线上	表示其位置位于刻度线上
	刻度线之间	表示其位置位于刻度线之间

另外，双击垂直坐标轴，在【设置坐标轴格式】窗格中，激活【坐标轴选项】下的【坐标轴选项】选项卡。在【坐标轴选项】选项组中，设置各项选项。

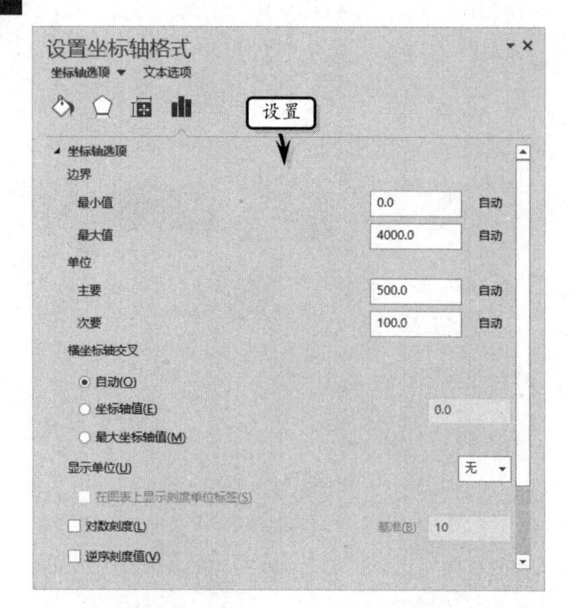

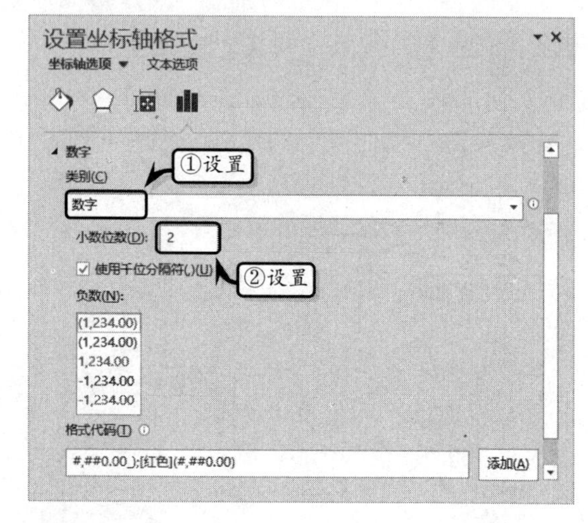

2. 调整数字类别

双击坐标轴，在弹出的【设置坐标轴格式】窗格中，激活【坐标轴选项】下的【坐标轴选项】选项卡。然后，在【数字】选项组中的【类别】列表框中选择相应的选项，并设置其小数位数与样式。

Excel 知识链接 11-4 清除空白日期

当用户运用图表显示有关日期的时间时，不连续的日期数据会让图表存在空白日期。例如，已知销售统计表中日期数据中缺少 2 月 4 日与 2 月 8 日，但是图表分类坐标轴中的日期依然按照连续的日期显示。这样，便会在图表中出现空白日期。

Excel 11.5 练习：制作费用趋势预算图

费用是指企业在日常生产中发生的导致所有者权益减少，以及与所有分配者利益无关的经济利益的总流出，一般情况下费用是指企业中的营业费用。控制企业的费用支出，是提高企业生产利润的关键内容之一。用户除了依靠严格的制度来控制费用支出之外，还需要运用科学的方法，分析和预测费用的发展趋势。在本练习中，将运用 Excel 制作一份费用趋势预算表，以帮助用户分析费用趋势的发展情况。

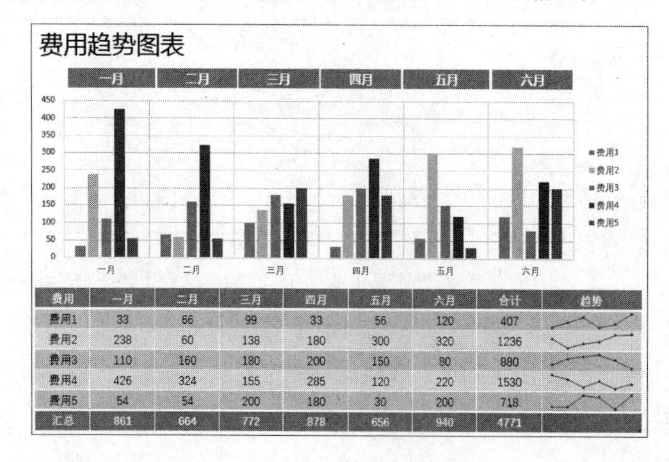

费用	一月	二月	三月	四月	五月	六月	合计	趋势
费用1	33	66	99	33	56	120	407	
费用2	238	60	138	180	300	320	1236	
费用3	110	160	180	200	150	80	880	
费用4	426	324	155	285	120	220	1530	
费用5	54	54	200	180	30	200	718	
汇总	861	664	772	878	656	940	4771	

操作步骤

STEP|01 制作月份费用表。新建工作簿，单击【新工作表】按钮，创建多张新工作表。同时，双击工作表标签，重命名工作表。

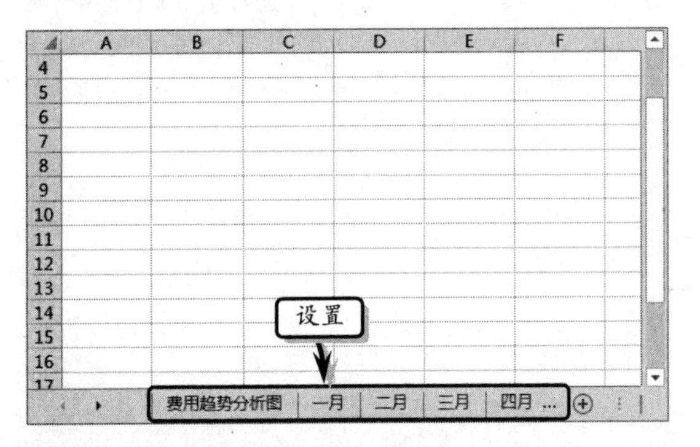

STEP|02 选择【一月】工作表，在单元格 B2 中输入标题文本，并设置文本的字体格式。

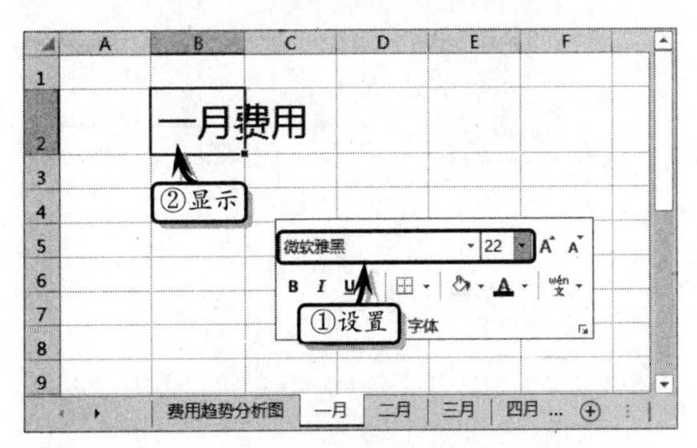

STEP|03 输入基础数据，选择单元格区域 E5:E10，执行【数据】|【数据工具】|【数据有效性】|【数据有效性】命令，将【允许】设置为【序列】，在【来源】文本框中输入序列名称。

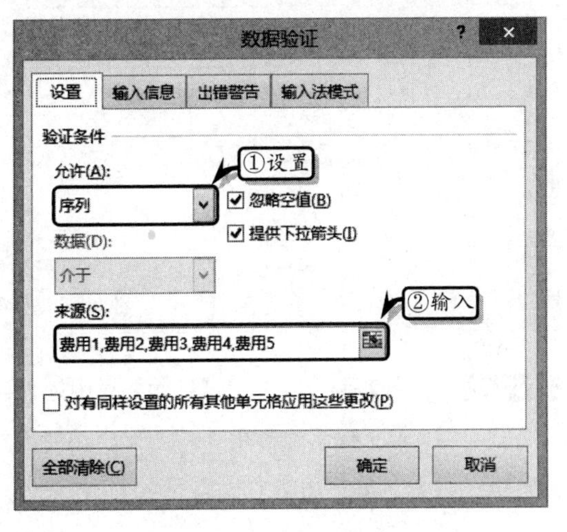

STEP|04 选择单元格区域 D5:D10，执行【开始】|【数字】|【数字格式】|【会计专用】命令，设置其数字格式。

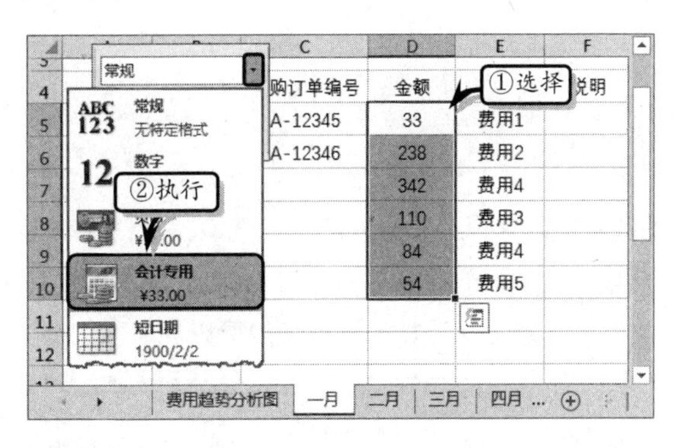

STEP|05 选择单元格 D11，在【编辑】栏中输入计算公式，按 Enter 键返回总计额。

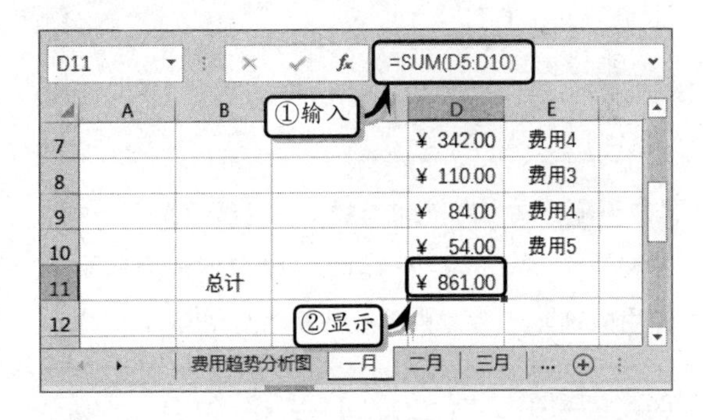

STEP|06 选择单元格区域 B4:F11，执行【开始】|【样式】|【套用表格格式】|【表样式中等深浅 2】命令，套用表格样式。使用同样方法，分别制作其他月份的费用表。

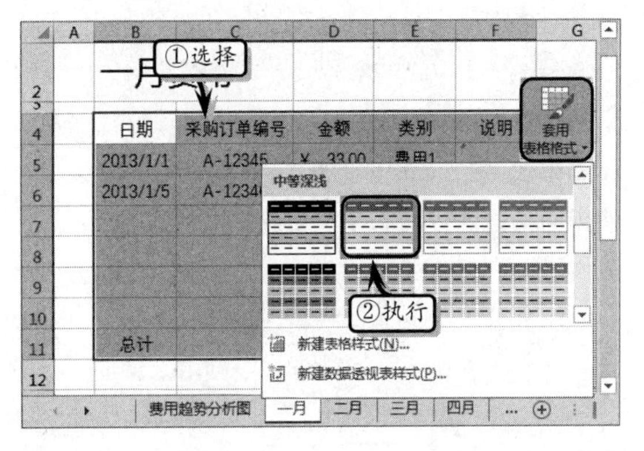

STEP|07 制作费用趋势分析表。选择【费用趋势分析图】工作表，在工作表中输入表格基础数据，并设置其对齐方式。

	B	C	D	E	F	G	H
15							
16	费用	一月	二月	三月	四月	五月	六月
17	费用1						
18	费用2						
19	费用3						
20	费用4						
21	费用5						
22							
23							

费用趋势分析图

STEP|08 选择单元格 C17，在【编辑】栏中输入计算公式，按 Enter 键返回 1 月份费用 1 的合计额。使用同样方法，计算 1 月份其他费用额。

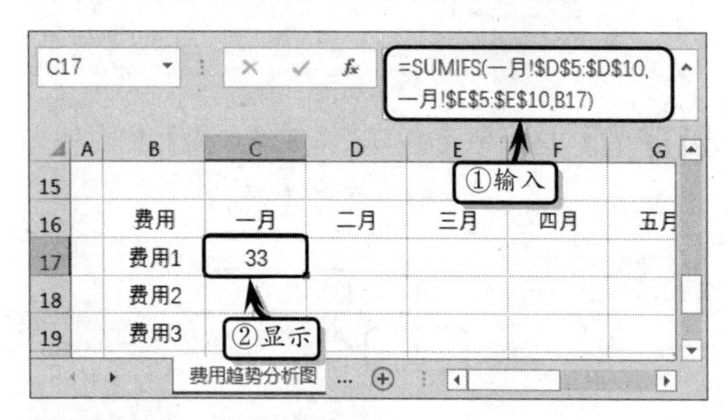

STEP|09 选择单元格 D17，在【编辑】栏中输入计算公式，按 Enter 键返回 2 月份费用 1 的合计额。使用同样方法，计算 2 月份其他费用额。

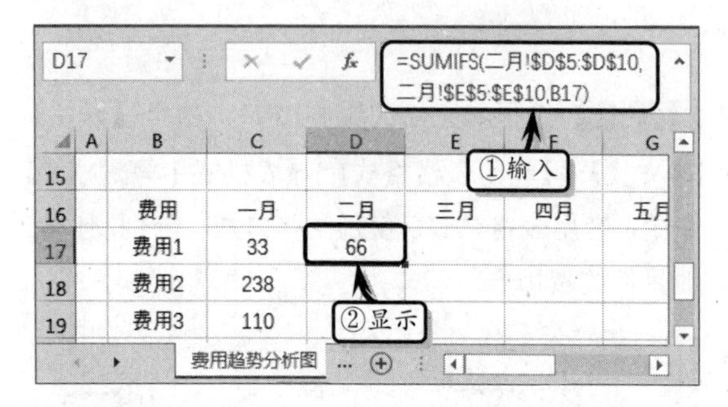

STEP|10 选择单元格 E17，在【编辑】栏中输入计算公式，按 Enter 键返回 3 月份费用 1 的合计额。使用同样方法，计算 3 月份的其他费用额。

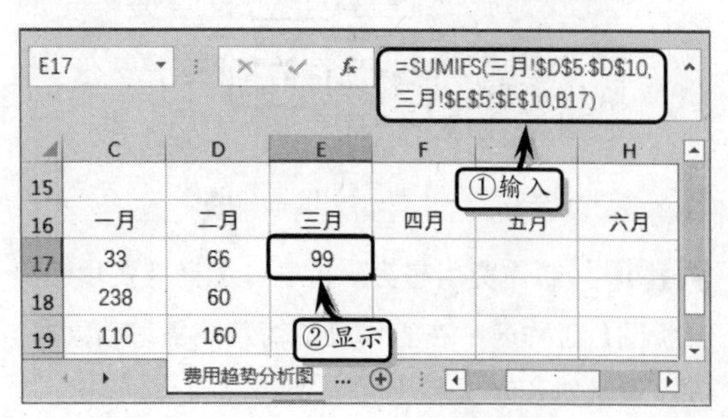

STEP|11 选择单元格 F17，在【编辑】栏中输入计算公式，按 Enter 键返回 4 月份费用 1 的合计额。使用同样方法，计算 4 月份的其他费用额。

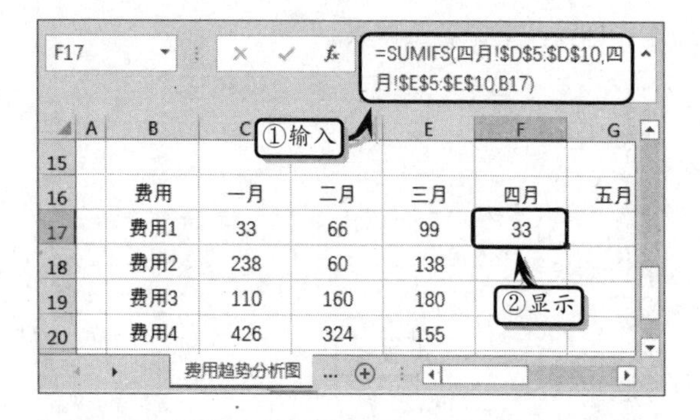

STEP|12 选择单元格 G17，在【编辑】栏中输入计算公式，按 Enter 键返回 5 月份费用 1 的合计额。使用同样方法，计算 5 月份的其他费用额。

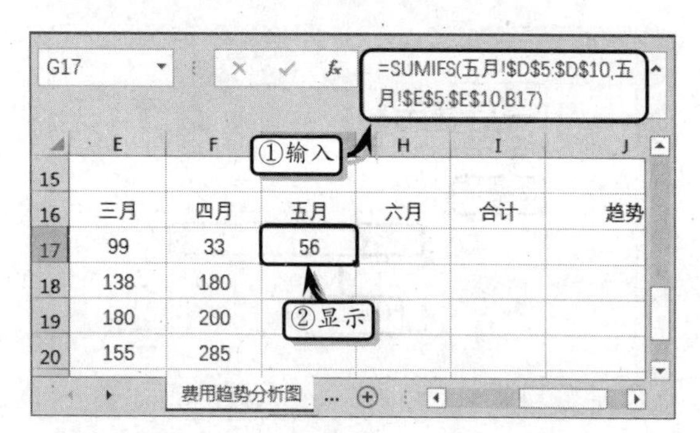

STEP|13 选择单元格 H17，在【编辑】栏中输入计算公式，按 Enter 键返回 6 月份费用 1 的合计额。使用同样方法，计算 6 月份的其他费用。

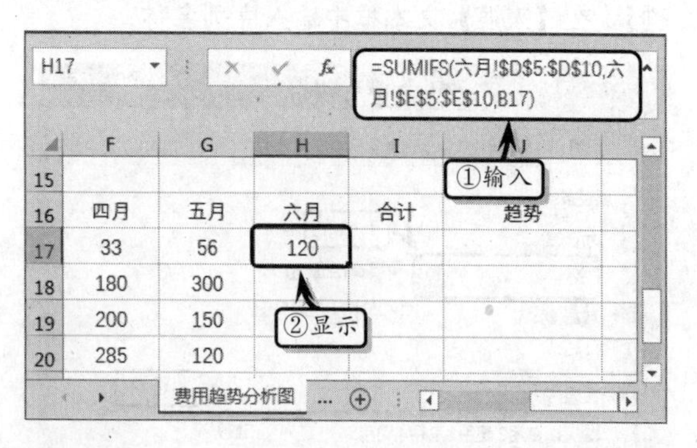

STEP|14 选择单元格 I17，在【编辑】栏中输入计算公式，按 Enter 键返回费用 1 的合计额。使用同样方法，计算其他费用的合计额。

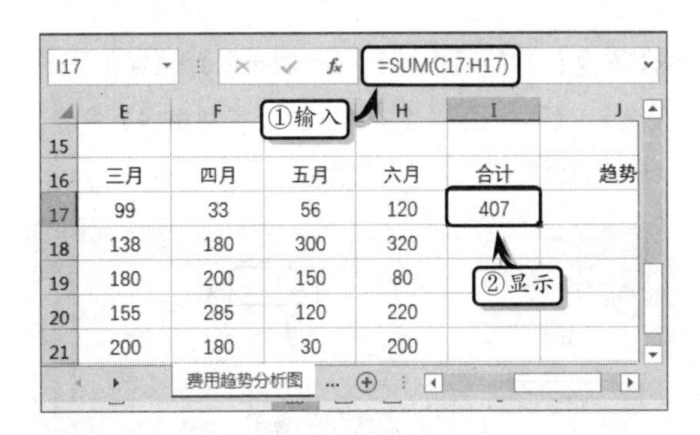

STEP|15 选择单元格区域 B16:J21，执行【开始】|【样式】|【套用表格格式】|【表样式中等深浅 14】命令，套用表格格式。

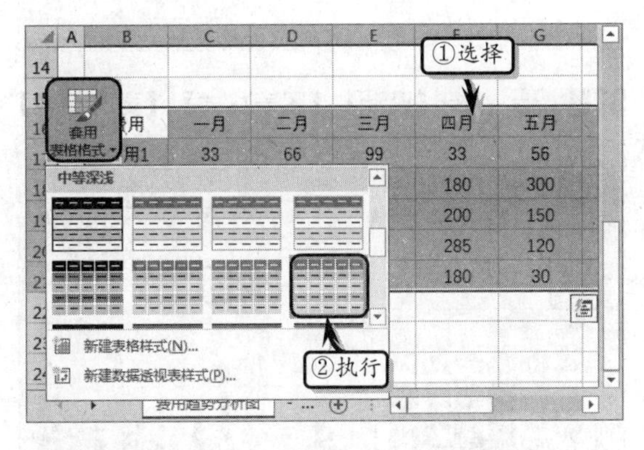

STEP|16 在弹出的【套用表格式】对话框中，启用【表包含标题】复选框，并单击【确定】按钮，设置表样式。

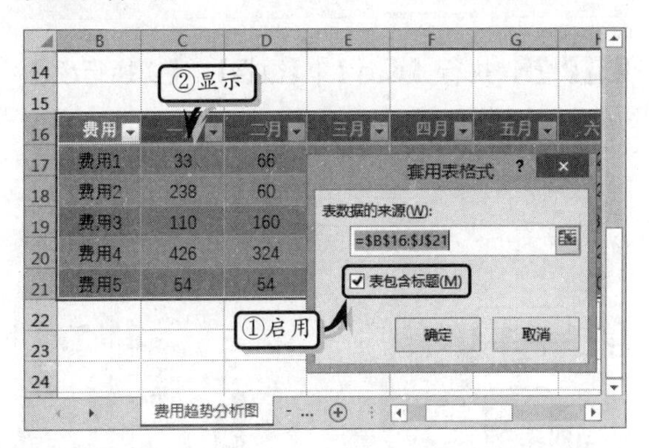

STEP|17 选择套用的表格，在【设计】选项卡【表格样式选项】选项组中，启用【汇总行】复选框，同时禁用【筛选按钮】复选框。

STEP|18 选择单元格 C22，单击其下拉按钮，选择【求和】选项，计算该列的汇总值。使用同样方法，计算其他月份的汇总值。

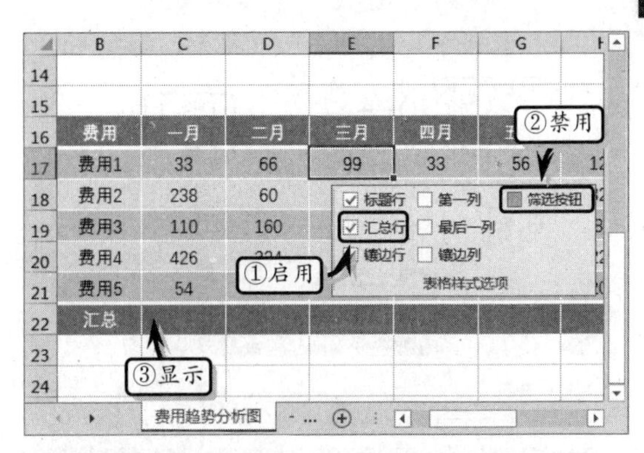

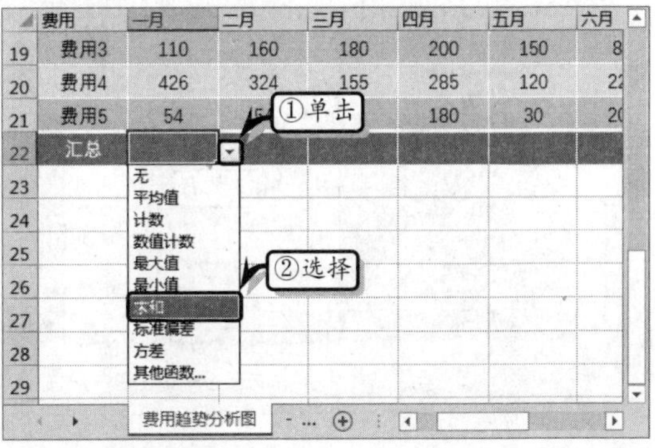

STEP|19 选择单元格 J17，执行【插入】|【迷你图】|【折线图】命令，在弹出的对话框中设置数据区域，单击【确定】按钮。使用同样方法，为其他单元格添加折线迷你图。

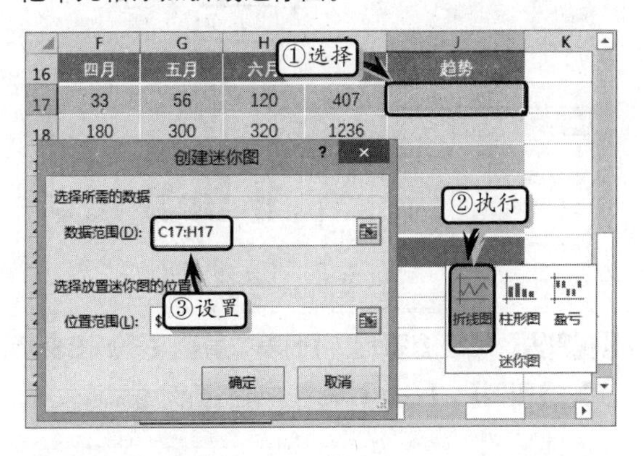

STEP|20 选择所有的迷你图，执行【迷你图工具】|【分组】|【组合】命令。同时，在【显示】选项组中，启用【标记】复选框，为迷你图添加数据点标记。

STEP|21 制作趋势分析图。选择单元格区域 B16:H21，执行【插入】|【图表】|【插入柱形图或条形图】|【簇状柱形图】命令，插入图表。

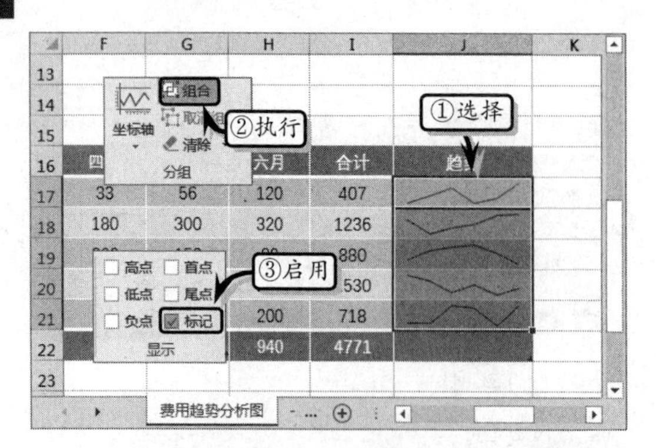

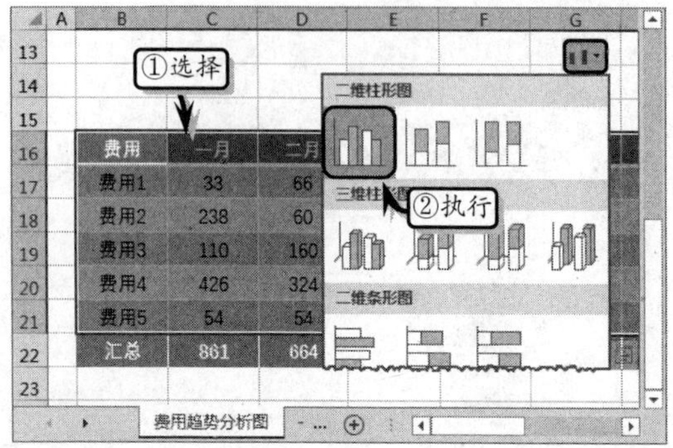

STEP|22 执行【图表工具】|【设计】|【图表布局】|【添加图表元素】|【图表标题】|【无】命令，取消图表标题。

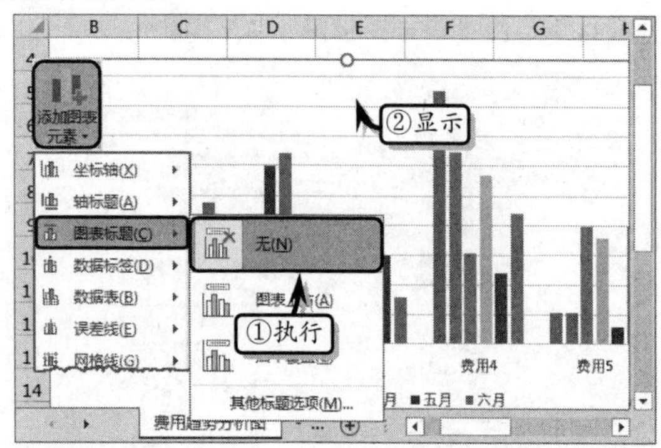

STEP|23 执行【设计】|【图表布局】|【添加图表元素】|【图例】|【右侧】命令，调整图例的显示位置。

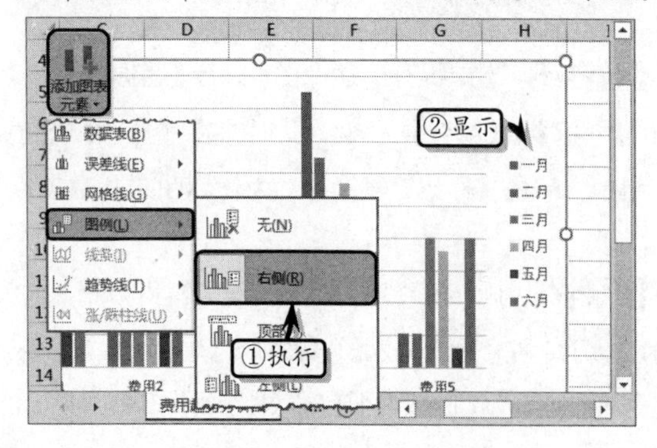

STEP|24 执行【设计】|【图表布局】|【添加图表元素】|【网格线】|【主轴主要垂直网格线】命令，添加网格线并调整图表的大小。

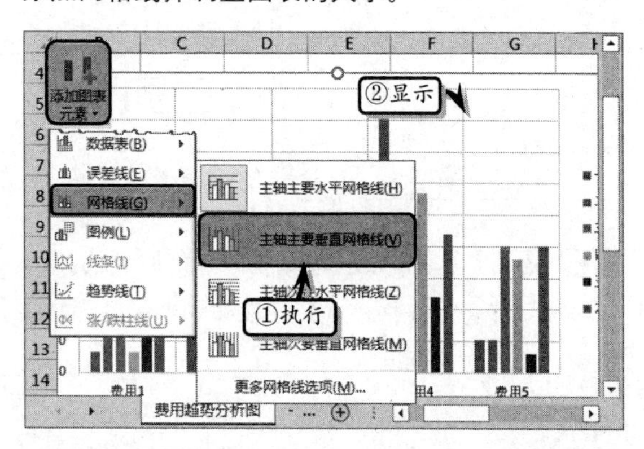

STEP|25 执行【设计】|【图表样式】|【更改颜色】|【颜色 3】命令，设置图表的颜色类型。

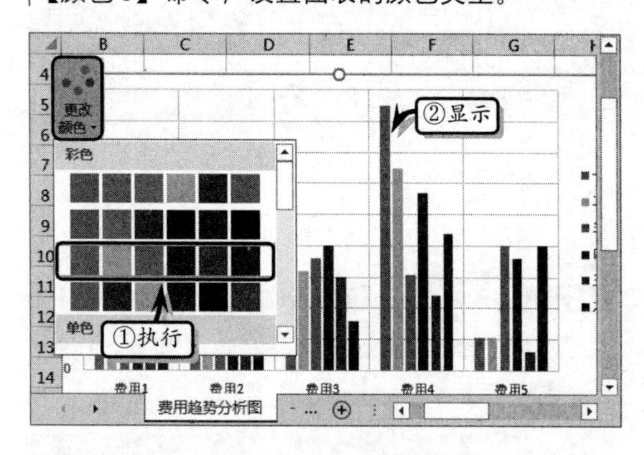

STEP|26 执行【设计】|【数据】|【切换行/列】命令，切换行列数据，并调整图表的大小。

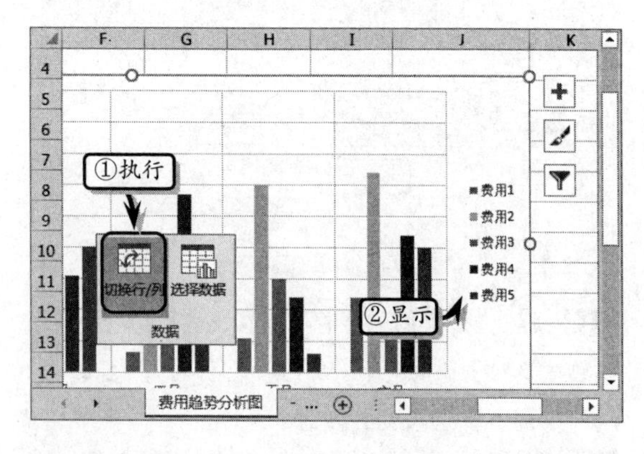

STEP|27 选择图表，执行【图表工具】|【格式】|【形状样式】|【形状轮廓】|【无轮廓】命令，取

消图表的轮廓样式。

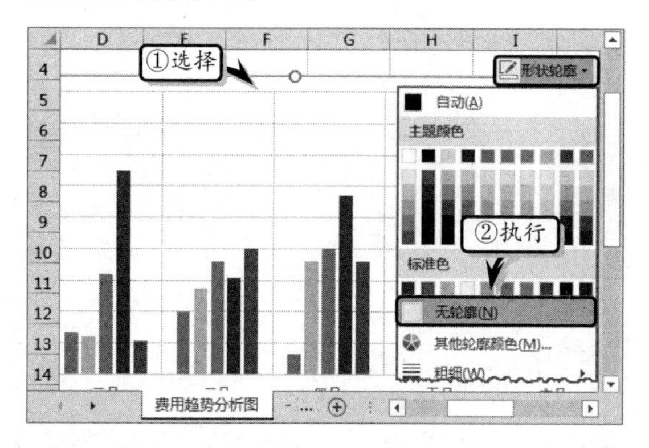

STEP|28 制作链接形状。执行【插入】|【插图】|【形状】|【矩形】命令，在工作表中绘制一个矩形形状。

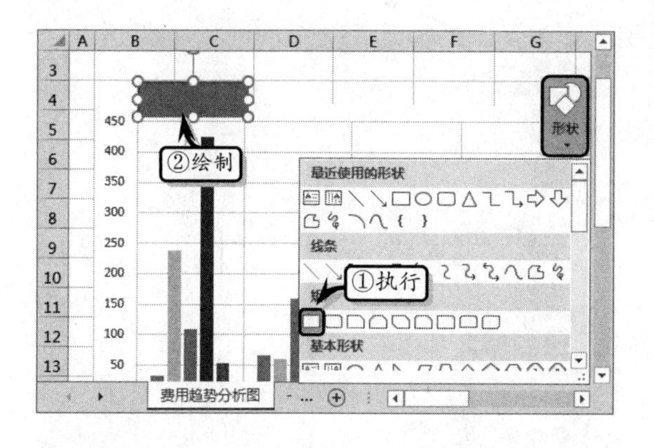

STEP|29 执行【绘图工具】|【格式】|【形状样式】|【形状填充】|【绿色，个性色 6】命令，设置其填充样式。

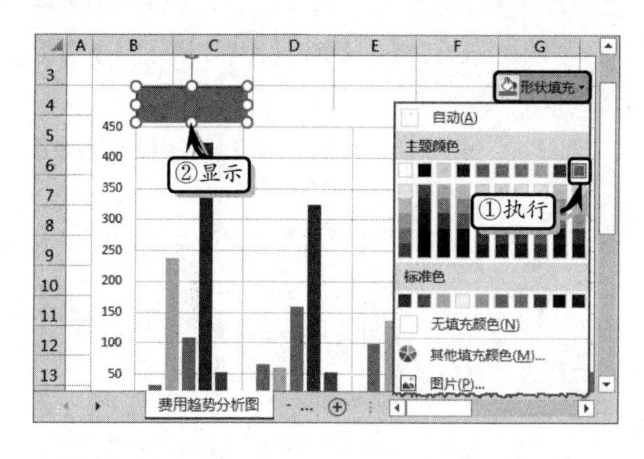

STEP|30 执行【格式】|【形状样式】|【形状轮廓】|【无轮廓】命令，取消形状的轮廓样式。

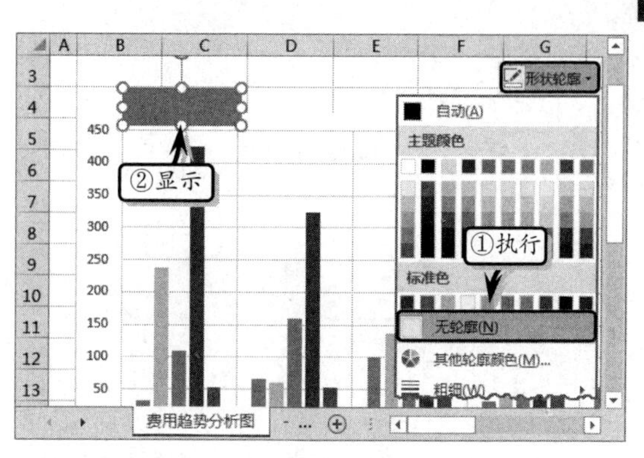

STEP|31 右击形状，执行【编辑文字】命令，在形状中输入文本，并设置文本的字体格式。

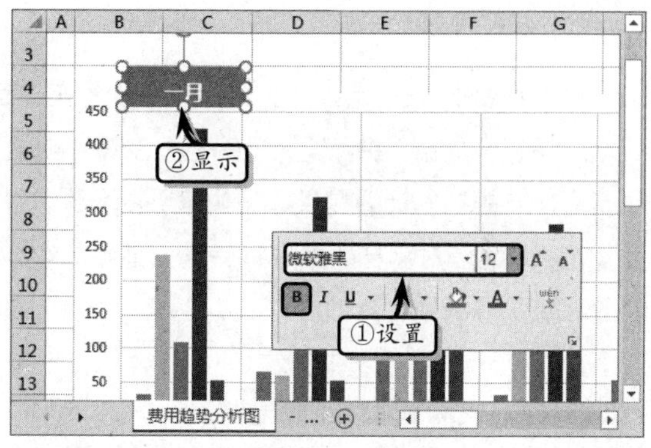

STEP|32 执行【插入】|【链接】|【超链接】命令，选择链接位置，单击【确定】按钮，为形状添加超链接功能。使用同样方法，分别制作其他月份中的链接形状。

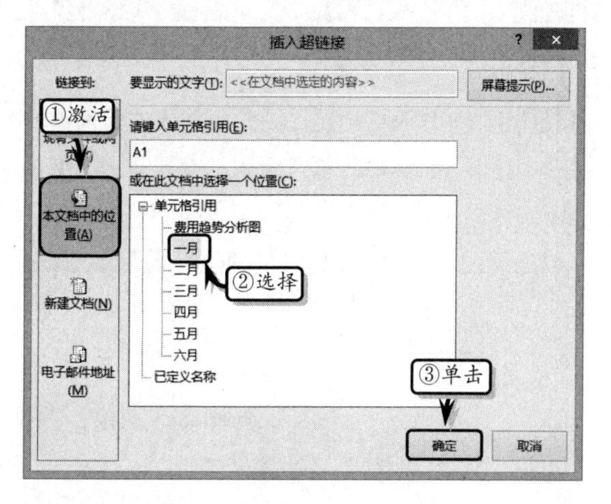

STEP|33 最后，在单元格 B2 中输入标题文本，设置文本的字体格式并隐藏工作表的网格线。

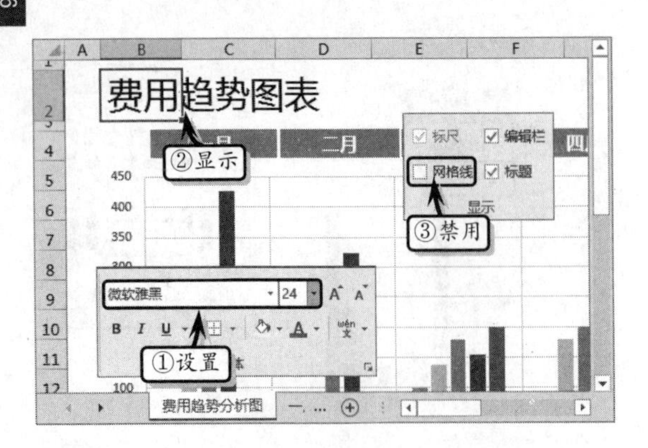

11.6 练习：制作销售数据分析表

销售数据分析是销售管理中必不可少的工作之一，不仅可以真实地记录销售数据，并合理地运算与显示销售数据，还可以为管理者制定下一年的销售计划提供数据依据。在本练习中，将运用 Excel 函数和图表功能，对销售数据进行趋势、增加和差异性分析，以帮助用户制作更准确的销售计划。

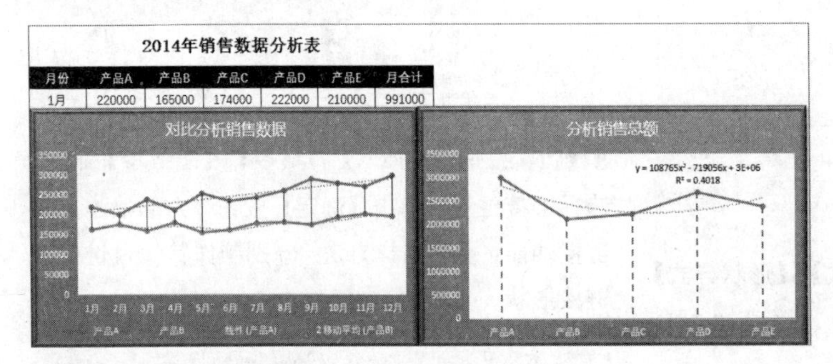

操作步骤

STEP|01 制作表格标题。设置工作表的行高，合并单元格区域 A1:G1，输入标题并设置文本的字体格式。

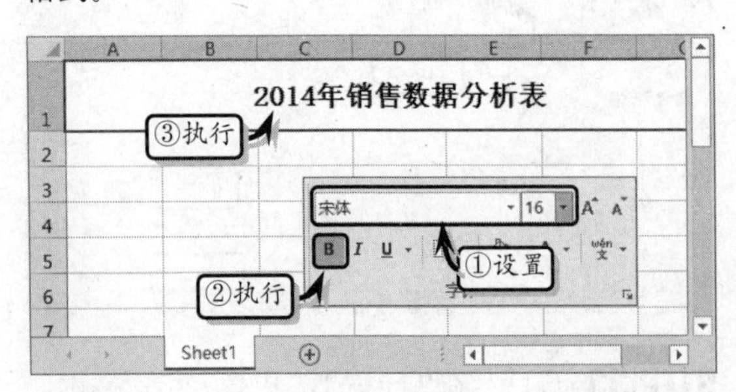

STEP|02 制作基础表格。在表格中输入基础数据，选择单元格区域 A2:G15，设置其居中对齐格式，并执行【开始】|【字体】|【边框】|【所有框线】命令。

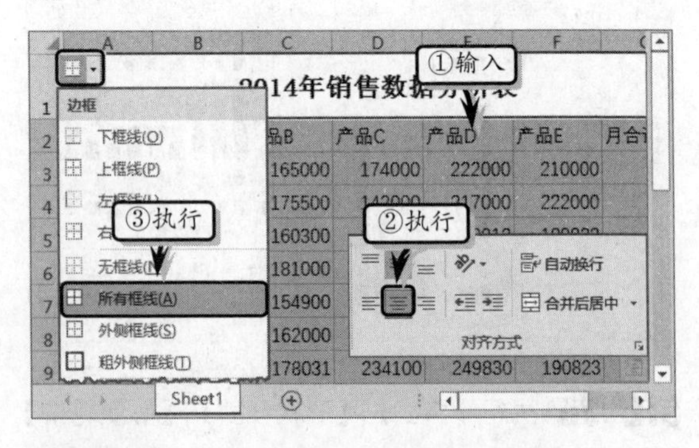

STEP|03 设置填充颜色。选择单元格区域 A2:G2，

执行【开始】|【字体】|【填充颜色】|【黑色，文字 1】命令，设置其填充颜色，并设置其字体颜色和加粗格式。使用同样方法，设置其他单元格区域的填充颜色。

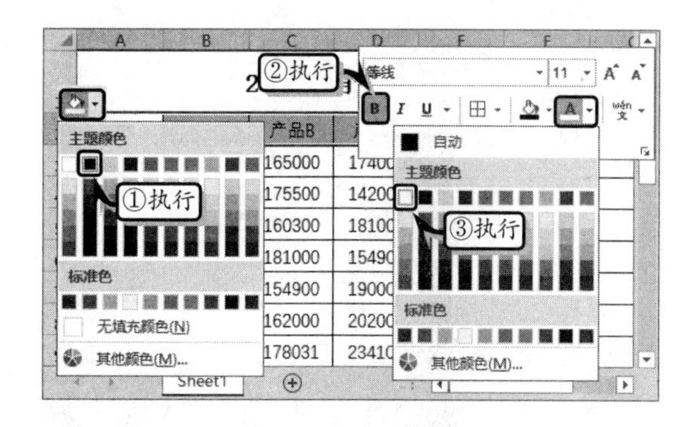

STEP|04 计算合计值。选择单元格 G3，在【编辑】栏中输入计算公式，按 Enter 键返回月合计额。使用同样方法，计算其他月合计额。

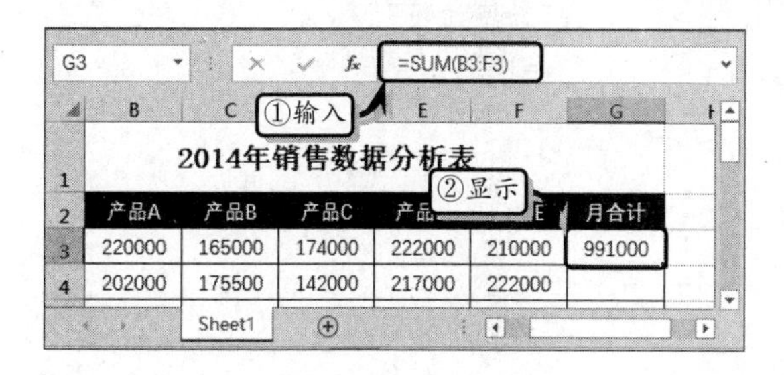

STEP|05 选择单元格 B15，在【编辑】栏中输入计算公式，按 Enter 键返回产品合计额。使用同样方法，计算其他产品合计额。

STEP|06 对比分析销售数据。选择单元格区域 A3:C14，执行【插入】|【图表】|【插入折线图和面积图】|【带数据标记的折线图】命令，插入一个折线图图表。

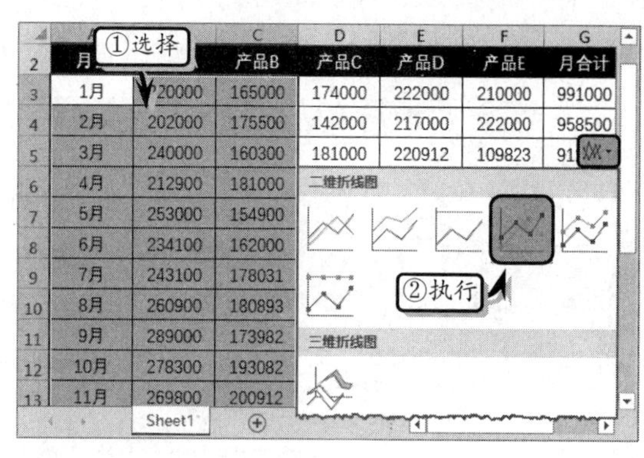

STEP|07 选择图表标题，更改标题文本，并在【开始】选项卡【字体】选项组中，设置标题文本的字体格式。

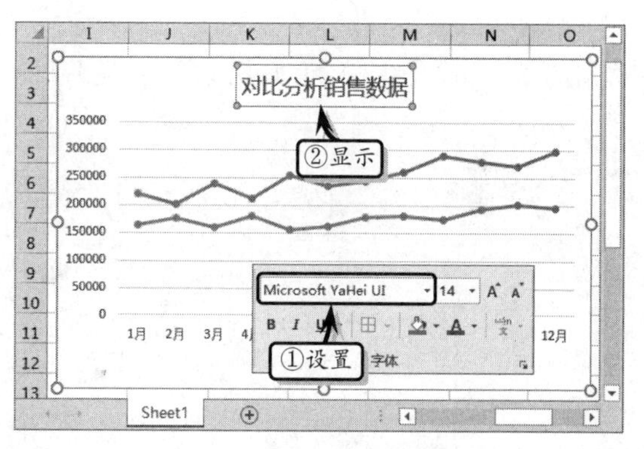

STEP|08 选择图表，执行【图表工具】|【设计】|【数据】|【选择数据】命令，在【图例项（系列）】列表框中，选择【系列 1】选项，并单击【编辑】按钮。

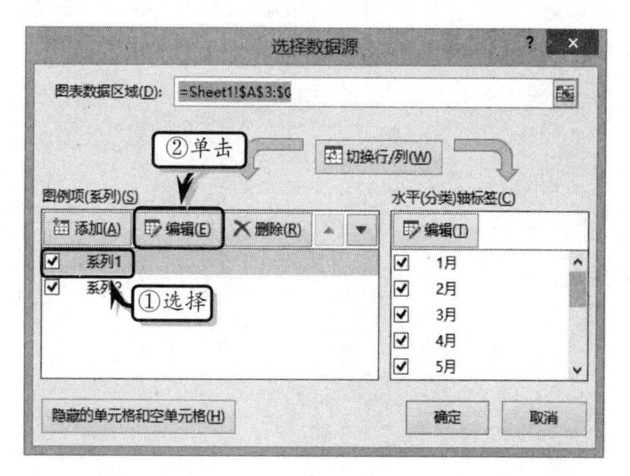

STEP|09 在弹出的【编辑数据系列】对话框中，设置【系列名称】选项，并单击【确定】按钮。使

用同样方法，设置另外一个数据系列的名称。

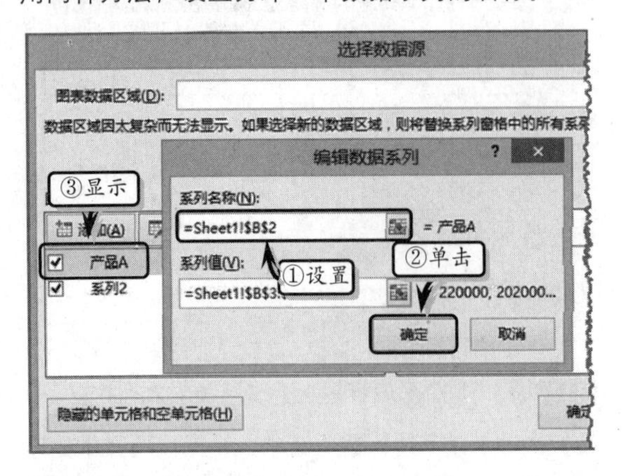

STEP|10 执行【图表工具】|【设计】|【图表布局】|【添加图表元素】|【趋势线】|【线性】命令，在弹出的【添加趋势线】对话框中选择【产品 A】选项。

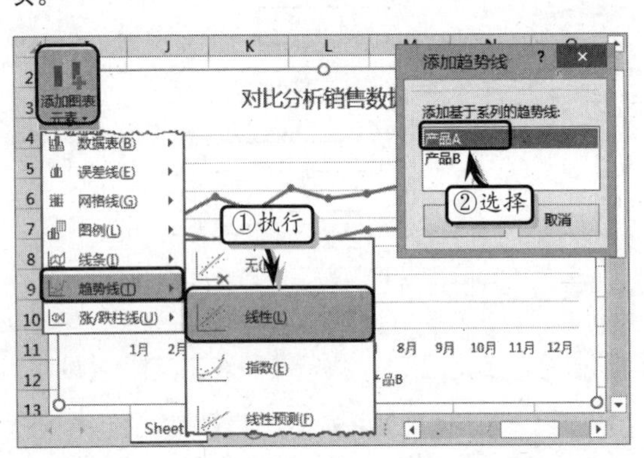

STEP|11 执行【图表工具】|【设计】|【图表布局】|【添加图表元素】|【趋势线】|【移动平均】命令，在【添加趋势线】对话框中选择【产品 B】选项。

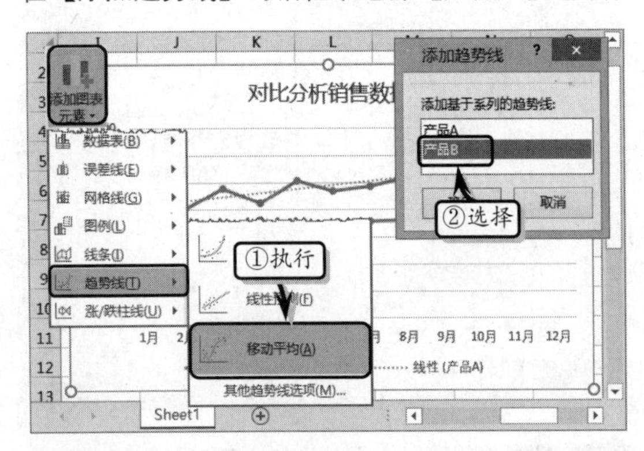

STEP|12 执行【图表工具】|【设计】|【图表布局】|【添加图表元素】|【线条】|【高低点连线】命令，为数据系列添加高低点连线。

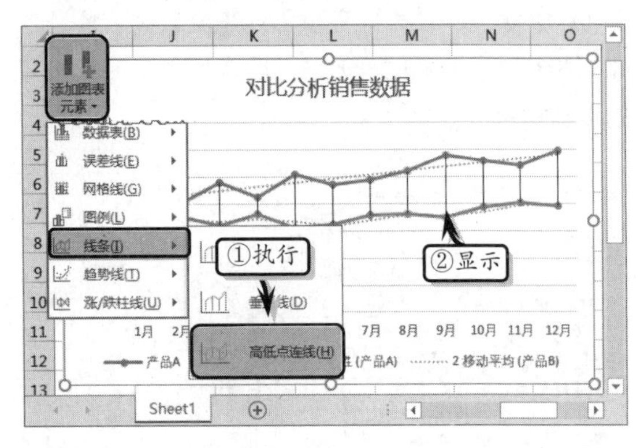

STEP|13 执行【图表工具】|【设计】|【图表布局】|【添加图表元素】|【网格线】|【主轴主要水平网格线】命令，取消图表中的水平网格线。

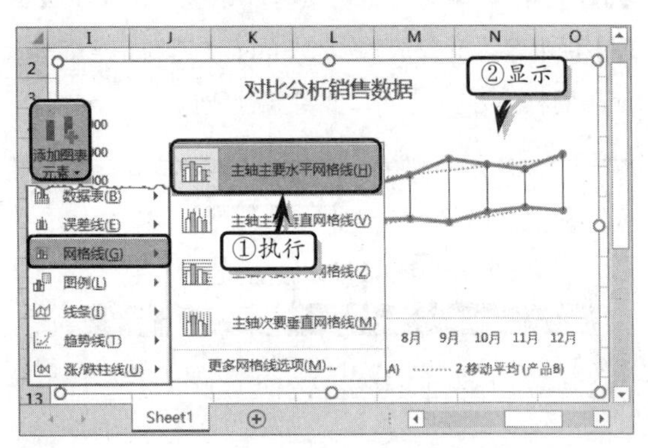

STEP|14 选择图表，执行【图表工具】|【格式】|【形状样式】|【其他】|【强烈效果-橙色，强调颜色 2】命令，设置图表的形状样式。

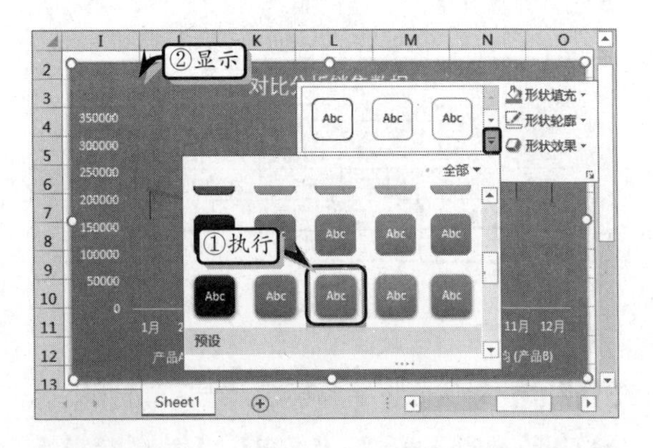

STEP|15 选择绘图区，执行【图表工具】|【格式】|【形状样式】|【形状填充】|【白色，背景 1】命令，设置绘图区的填充效果。

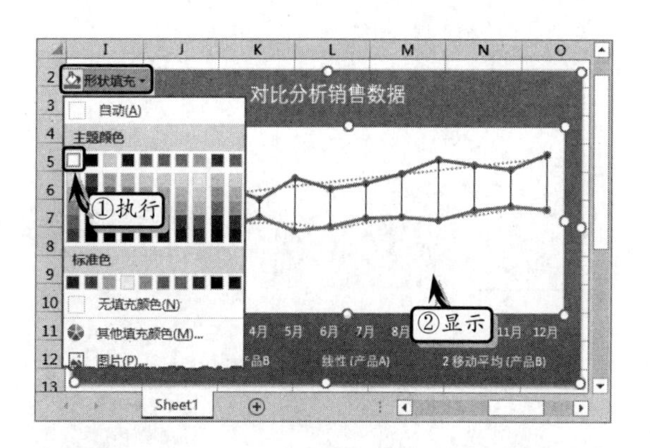

STEP|16 选择图表，执行【绘图工具】|【格式】|【形状样式】|【形状效果】|【棱台】|【松散嵌入】命令，设置图表的棱台效果。

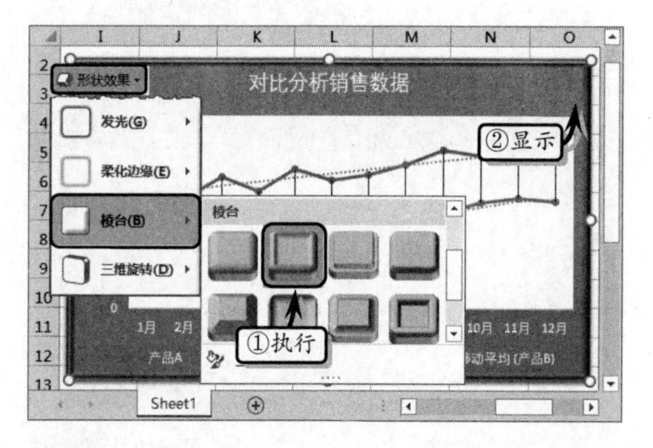

STEP|17 分析销售总额。同时选择单元格区域B2:F2和B15:F15，执行【插入】|【图表】|【插入折线图和面积图】|【带数据标记的折线图】命令，插入折线图图表。

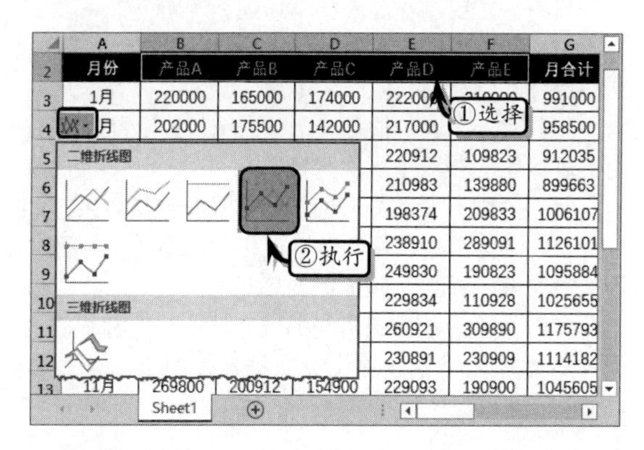

STEP|18 执行【图表工具】|【设计】|【图表布局】|【添加图表元素】|【线条】|【垂直线】命令，为图表添加垂直线。

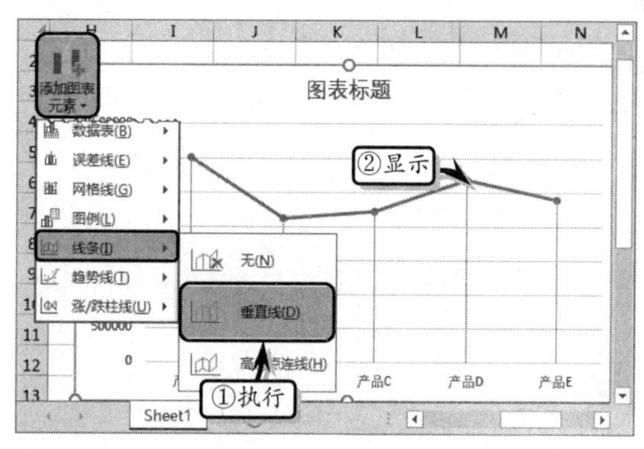

STEP|19 双击垂直线，选中【实线】选项，将【颜色】设置为【红色】，将【宽度】设置为【1.25】，将【短划线类型】设置为【短划线】。

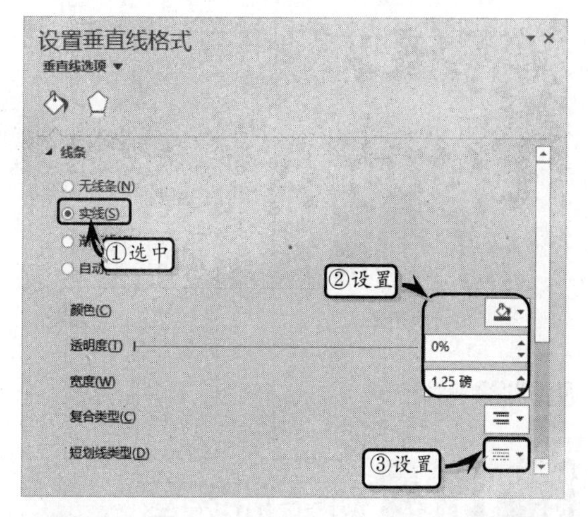

STEP|20 删除图表中的水平网格线，执行【绘图工具】|【设计】|【图表布局】|【添加图表元素】|【趋势线】|【线性】命令，为图表添加趋势线。

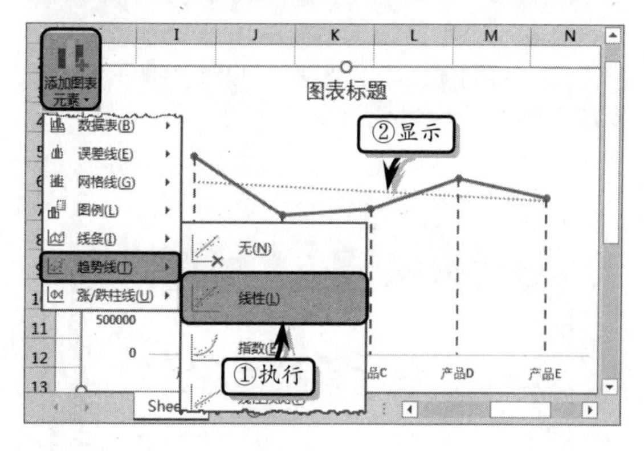

STEP|21 双击趋势线，选中【多项式】选项，同时启用【显示公式】与【显示R平方值】复选框。

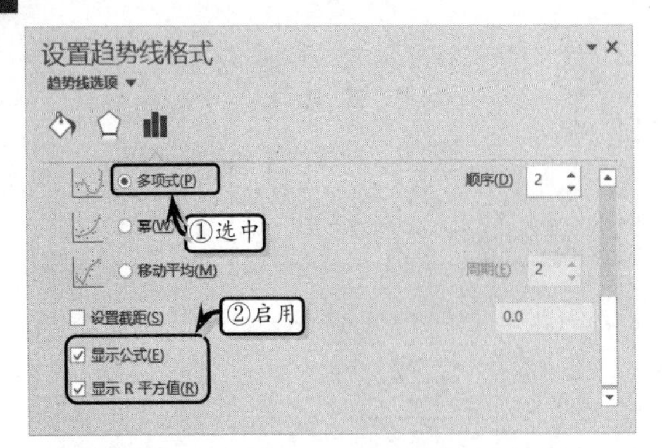

STEP|22 选择图表，执行【图表工具】|【格式】|【形状样式】|【其他】|【强烈效果-绿色，强调颜色 6】命令，设置图表的形状样式。

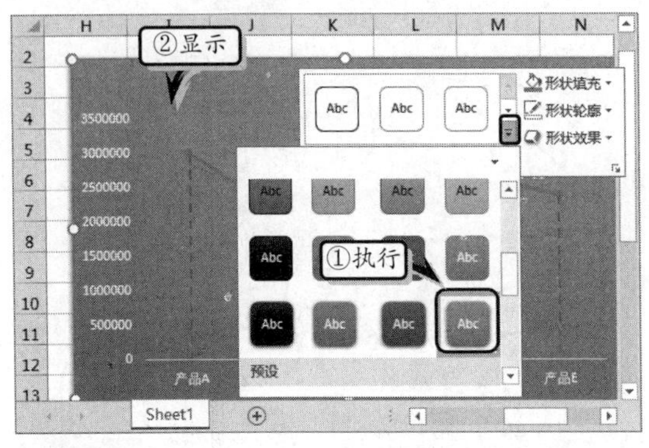

STEP|23 选择图表，执行【绘图工具】|【格式】|【形状样式】|【形状效果】|【棱台】|【松散嵌入】命令，设置图表的棱台效果。

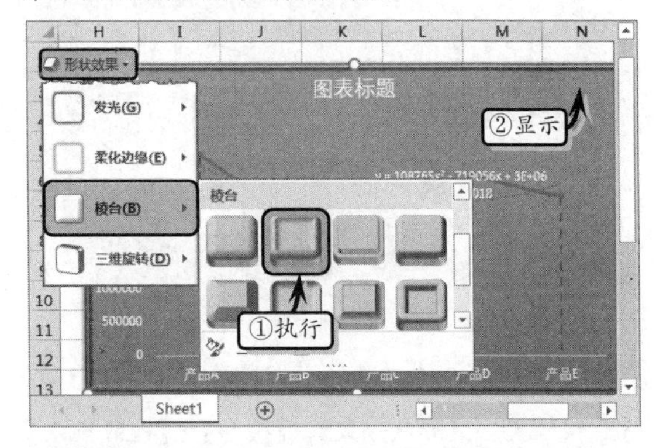

STEP|24 最后，设置绘图区的背景颜色，修改标题文本，设置标题文本和公式文本的字体格式。

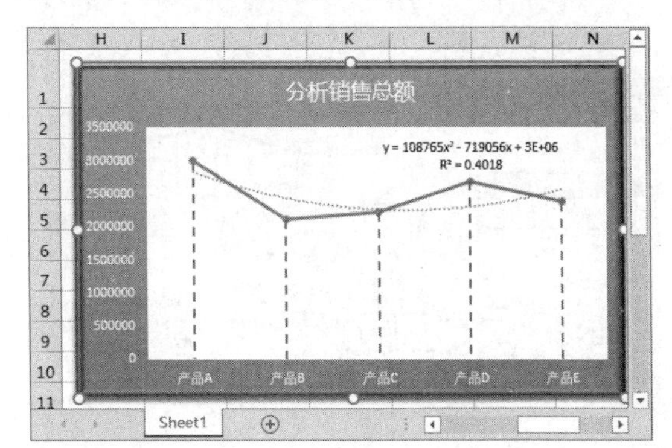

11.7 新手训练营

练习 1：制作产量与人员关系图

downloads\11\新手训练营\产量与人员关系图

提示：本练习中，主要使用 Excel 中的设置单元格格式、使用函数、插入图表，以及设置图表格式和添加趋势线等常用功能。

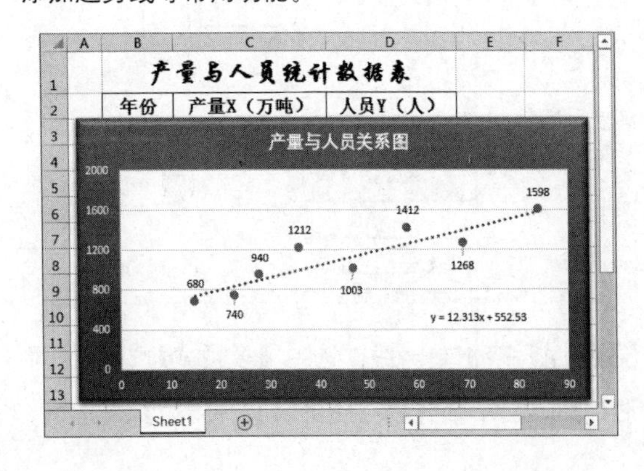

其中，主要制作步骤如下所述。

（1）首先在工作表中制作表格标题，输入基础数据并计算其合计值。

（2）在工作表中插入一个散点图，并设置散点图的图表标题，删除主要次网格线。

（3）同时，设置图表的形状样式和形状效果。

（4）设置图表水平和垂直坐标轴的格式，为图表添加趋势线，并显示趋势线的公式。

（5）最后，设置趋势线的填充颜色和轮廓样式，为图表添加数据标签并设置数据标签的字体格式和位置。

练习 2：制作比较直方图

downloads\11\新手训练营\比较直方图

提示：本练习中，主要使用 Excel 中的插入图表、设置图表格式、设置数据系列格式等常用功能。

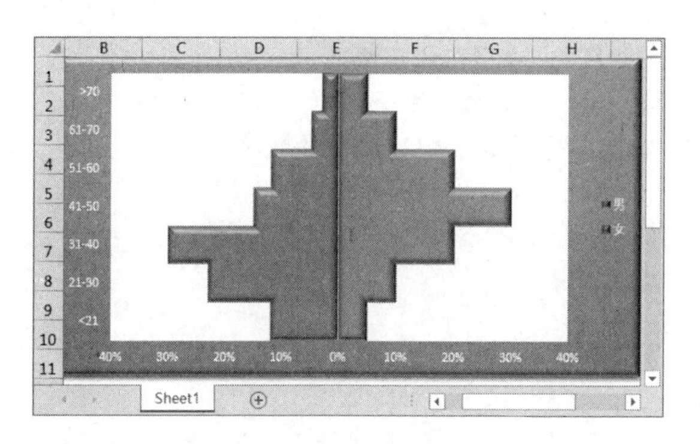

其中，主要制作步骤如下所述。

（1）首先在工作表中输入基础数据，并插入一个簇状条形图。

（2）删除条形图中的图表标题和网格线，设置图例的显示位置。

（3）然后，设置图表的填充样式和形状效果。

（4）最后，双击数据系列，设置数据系列的重叠和间隔数值即可。

练习 3：制作箱式图

downloads\11\新手训练营\箱式图

提示：主要使用 Excel 中的设置单元格格式、使用函数、插入图表，以及设置图表格式和添加高低点连线等常用功能。

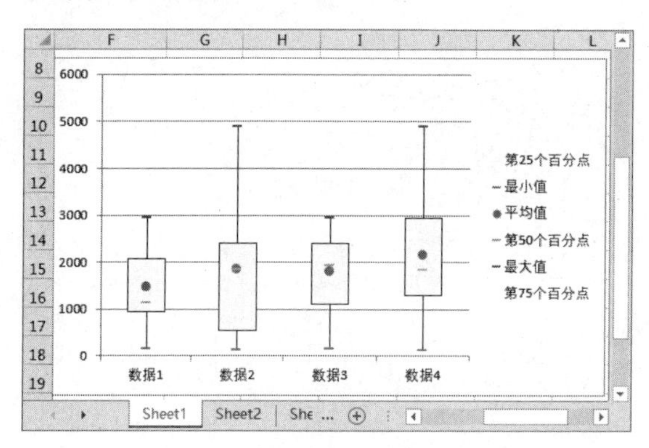

其中，主要制作步骤如下所述。

（1）首先在工作表中输入计算数据，并使用函数计算每个数据的第 25 个百分点、第 75 个百分点的等值。

（2）然后，在工作表中插入一个带数据标记的折线图，并执行【切换行/列】命令，切换行列值。

（3）最后，为图表添加【涨/跌柱线】和【高低点连线】，并设置各个数据系列的格式。

练习 4：制作营业额年度增长图表

downloads\11\新手训练营\营业额年度增长图表

提示：本练习中，主要使用 Excel 中的合并单元格、设置对齐格式、设置边框格式，以及插入图表、设置图表格式等常用功能。

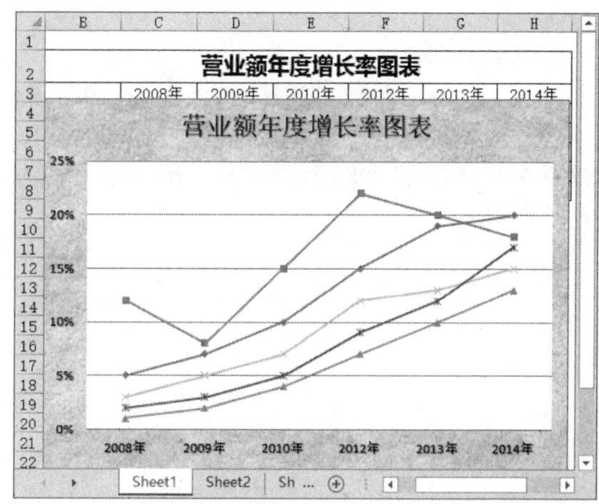

其中，主要制作步骤如下所述。

（1）首先制作基础数据表，并设置数据表的对齐和边框格式。

（2）然后，插入一个带数据标记的折线图，修改标题文本并设置文本的字体格式。

（3）更改数据标记点的样式和颜色，调整图例位置。

（4）设置图表区域的纹理填充格式，同时将绘图区的填充颜色设置为白色。

练习 5：绘制数学函数

downloads\11\新手训练营\数学函数

提示：本练习中，主要使用 Excel 中的 SIN 函数、插入图表及设置图表格式等常用功能。

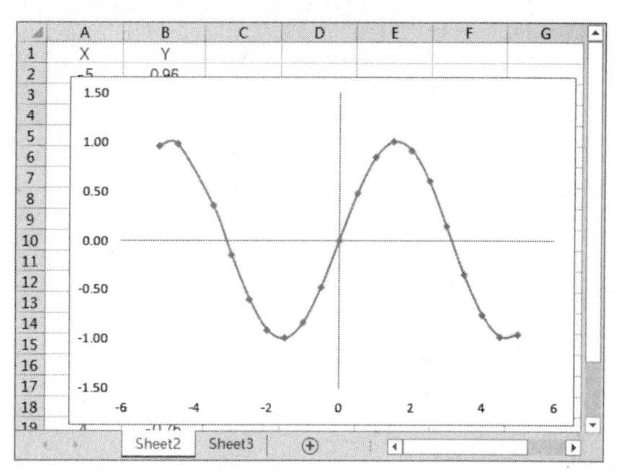

其中，主要制作步骤如下所述。

（1）首先运用 SIN 函数根据 X 值计算 Y 值。

（2）然后，插入一个【带平滑线和数据标记的散点图】图表，并删除图例与图表标题。

（3）最后，设置坐标轴刻度线类型与网格线等图表元素的格式。

练习 6：绘制圆

downloads\11\新手训练营\绘制圆

提示：本练习中，主要使用 Excel 中的 SIN 函数、RADIANS 函数与 COS 函数、插入图表及设置图表格式等常用功能。

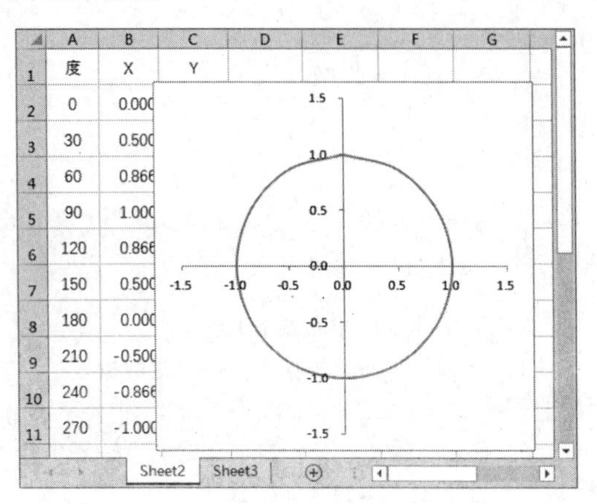

其中，主要制作步骤如下所述。

（1）首先输入基础数据，并运用 SIN 函数、RADIANS 函数与 COS 函数计算 X 与 Y 值。

（2）然后，运用带平滑线的散点图与更改图表小数位数的方法，在图表中绘制一个圆形。

第 12 章

分 析 数 据

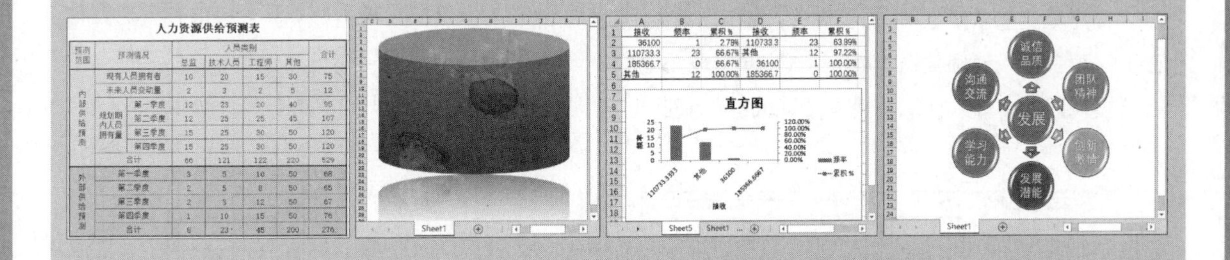

数据分析是 Excel 三大功能中最实用、最强大的功能，主要包括单变量求解、规划求解、数据透视表、合并计算及方案管理器等分析工具。运用上述工具不仅可以完成各种常规且简单的分析工作，还可以方便地管理和分析各类复杂的销售、财务、统计等数据，从而为企事业单位的决策管理提供可靠依据。在本章中，将通过循序渐进的方法，详细介绍数据表、单变量求解、规划求解的基础知识和操作方法。

12.1 使用模拟分析工具

模拟分析是 Excel 内置的分析工具包，可以使用单变量求解和模拟运算表为工作表中的公式尝试各种值。

12.1.1 单变量求解

单变量求解与普通的求解过程相反，其求解的运算过程为已知某个公式的结果，反过来求公式中的某个变量的值。

1．制作基础数据表

使用单变量求解之前，需要制作数据表。首先，在工作表中输入基础数据。然后，选择单元格 B4，在【编辑】栏中输入计算公式，按 Enter 键返回计算结果。

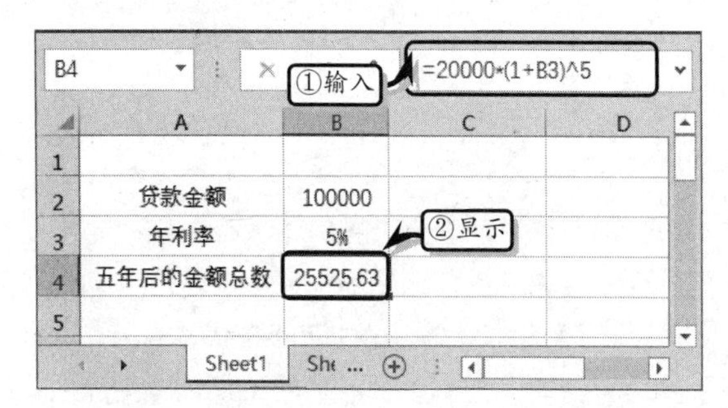

同样，选择单元格 C7，在【编辑】栏中输入计算公式，按 Enter 键返回计算结果。

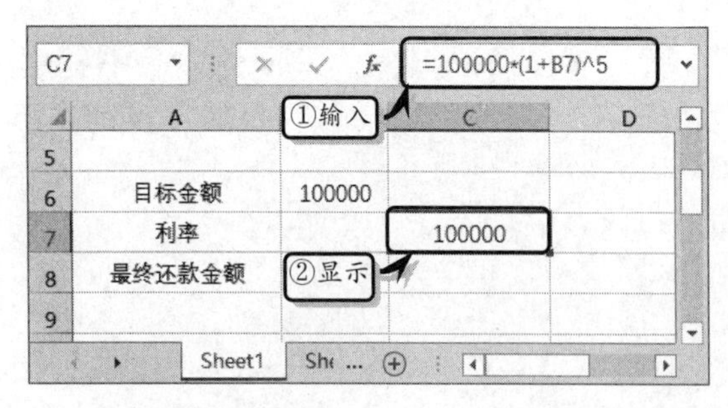

2．使用单变量求解

执行【数据】|【预测】|【模拟分析】|【单变量求解】命令。在弹出的【单变量求解】对话框中设置【目标单元格】、【目标值】等参数。

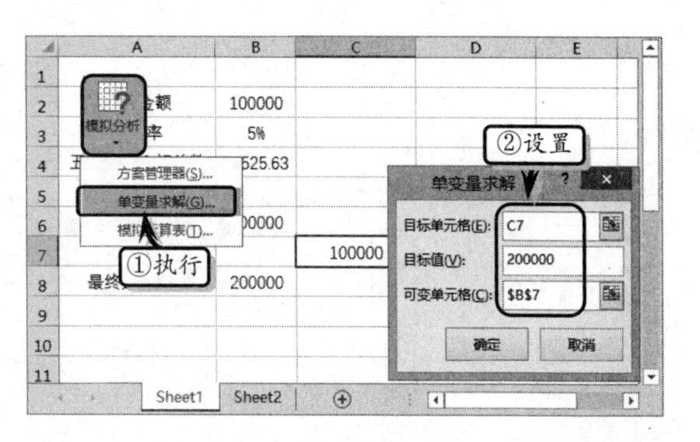

在【单变量求解】对话框中，单击【确定】按钮，系统将在【单变量求解状态】对话框中执行计算，并显示计算结果。单击【确定】按钮之后，系统将在单元格 C7 中显示求解结果。

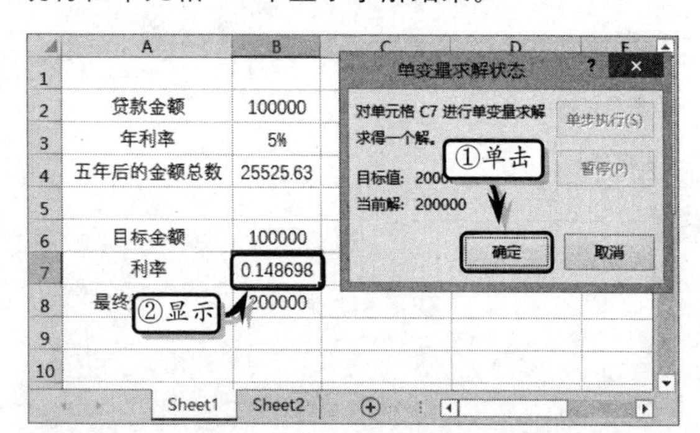

> **注意**
>
> 在进行单变量求解时，在目标单元格中必须含有公式，而其他单元格中只能包含数值，不能包含公式。

12.1.2 使用模拟运算表

模拟运算表是由一组替换值代替公式中的变量得出的一组结果所组成的一个表格，数据表为某些计算中的所有更改提供了捷径。数据表有两种：单变量模拟运算表和双变量模拟运算表。

1．单变量模拟运算表

单变量模拟运算表是基于一个变量预测对公式计算结果的影响，当用户已知公式的预期结果，而未知使公式返回结果的某个变量的数值时，可以使用单变量模拟运算表进行求解。

已知贷款金额、年限和利率，下面运用单变量模拟运算表求解不同年利率下的每期付款额。

首先，在工作表中输入基础文本和数值，并在单元格 B5 中，输入计算还款额的公式。

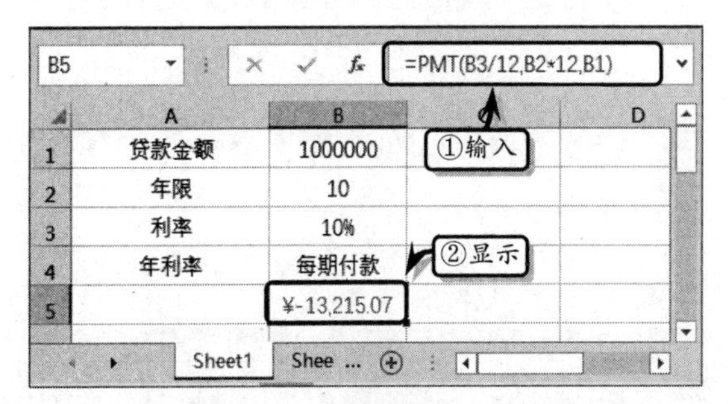

在表格中输入不同的年利率，以便于运用模拟运算表求解不同年利率下的每期付款额。然后，选择包含每期还款额与不同利率的数据区域，执行【数据】|【预测】|【模拟分析】|【模拟运算表】命令。

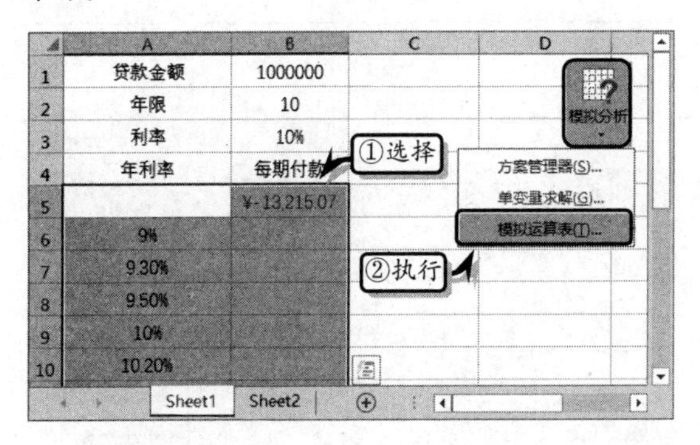

在弹出的【模拟运算表】对话框中，设置【输入引用列的单元格】选项，单击【确定】按钮，即可显示不同年利率下的每期付款额。

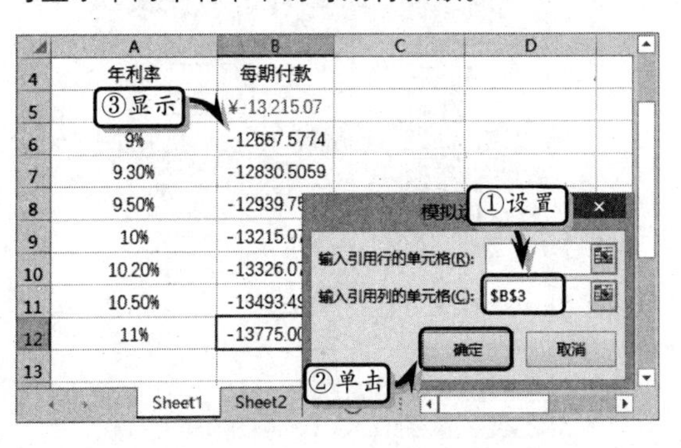

> **提示**
>
> 其中，【输入引用行的单元格】选项表示当数据表是行方向时对其进行设置，而【输入引用列的单元格】选项则表示当数据是列方向时对齐进行设置。

2. 双变量模拟运算表

双变量模拟运算表是用来分析两个变量的几组不同的数值变化对公式结果所造成的影响。已知贷款金额、年限和利率，下面运用单变量模拟运算表求解不同年利率下和不同贷款年限下的每期付款额。

使用双变量模拟运算表的第一步也是制作基础数据，在单变量模拟运算表基础表格的基础上，添加一行年限值。

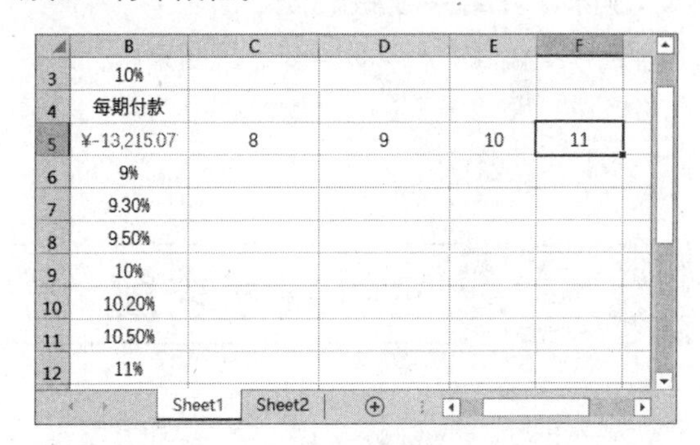

然后，选择包含年限值和年利率值的单元格区域，执行【预测】|【模拟分析】|【模拟运算表】命令。

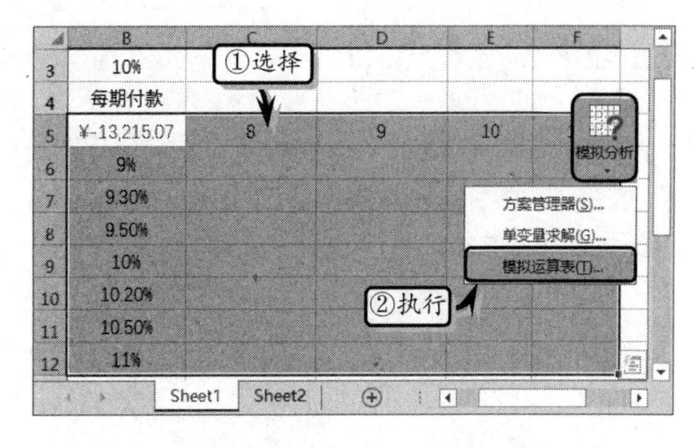

在弹出的【模拟运算表】对话框中，分别设置【输入引用行的单元格】和【输入引用列的单元格】选项，单击【确定】按钮，即可显示每期付款额。

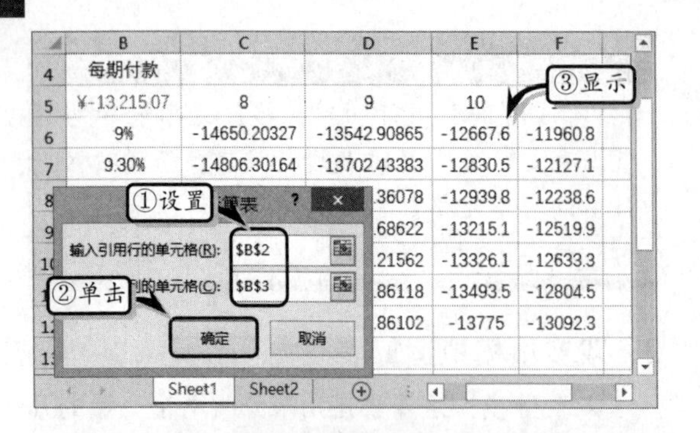

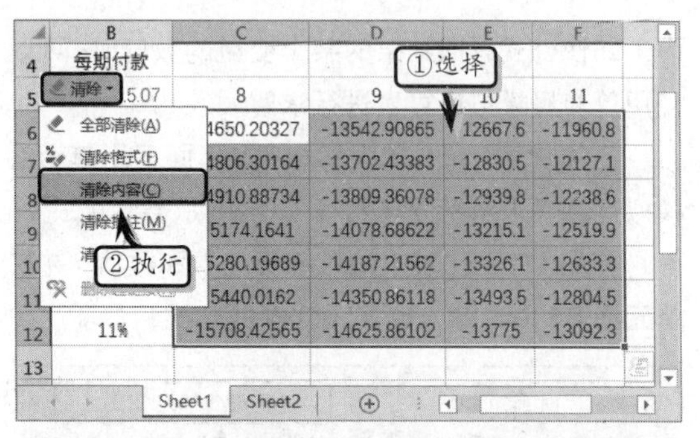

提示

在使用双变量数据表进行求解时，两个变量应该分别放在一行或一列中，而两个变量所在的行与列交叉的那个单元格中放置的是这两个变量输入公式后得到的计算结果。

注意

数据表的计算结果存放在数组中，要将其清除就要清除所有的计算结果，而不能只清除个别的计算结果。

3. 删除计算结果或数据表

选择工作表中所有数据表计算结果所在的单元格区域，执行【开始】|【编辑】|【清除】|【清除内容】命令即可。

知识链接 12-1 规划求解最大利润

规划求解是建立在已知条件与约束条件基础上的一种运算，在求解之前还需要制作已知条件与约束条件。下面以求解产品生产的最大利润为例，介绍规划求解的使用方法。

12.2 使用规划求解

规划求解又称为假设分析，是一组命令的组成部分，不仅可以解决单变量求解的单一值的局限性，还可以预测含有多个变量或某个取值范围内的最优值。

12.2.1 准备工作

默认情况下，规划求解功能并未包含在功能区中，在使用规划求解之前还需要加载该功能。

1. 加载规划求解加载项

执行【文件】|【选项】命令，在弹出的【Excel 选项】对话框中，激活【加载项】选项卡，单击【转到】按钮。

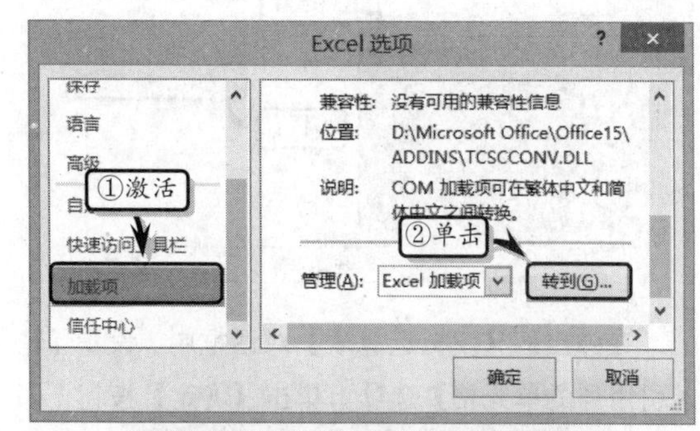

然后，在弹出的【加载宏】对话框中，启用【规划求解加载项】复选框，单击【确定】按钮，系统将自动在【数据】选项卡中添加【分析】选项组，并显示【规划求解】功能。

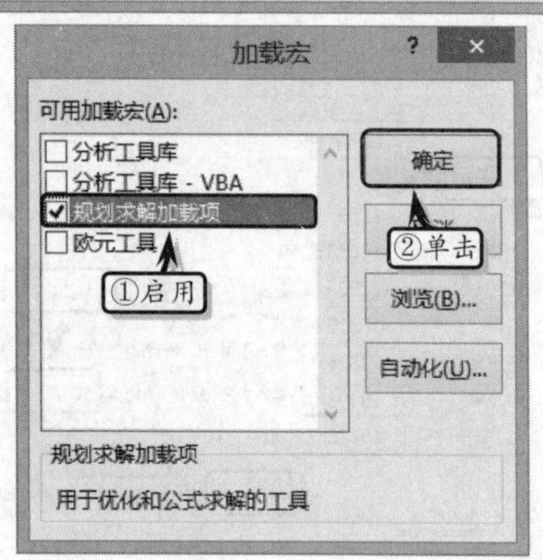

2．制作已知条件

规划求解的过程是通过更改单元格中的值来查看这些更改对工作表中公式结果的影响，所以在制作已知条件时，需要注意单元格中的公式设置情况。

已知某公司计划投资 A、B 与 C 三个项目，每个项目的预测投资金额分别为 160 万、88 万及 152 万，其每个项目的预测利润率分别为 50%、40%及 48%。为获得投资额与回报率的最大值，董事会要求财务部分析三个项目的最小投资额与最大利润率。并且，企业管理者还为财务部附加了以下投资条件。

（1）总投资额必须为 400 万。

（2）A 的投资额必须为 B 投资额的三倍。

（3）B 的投资比例大于或等于 15%。

（4）A 的投资比例大于或等于 40%。

3．制作基础数据

获得已知条件之后，用户需要在工作表中输入基础数据，并选择单元格 D3，在【编辑】栏中输入计算公式，按 Enter 键完成公式的输入。使用同样方法，计算其他产品的投资利润额。

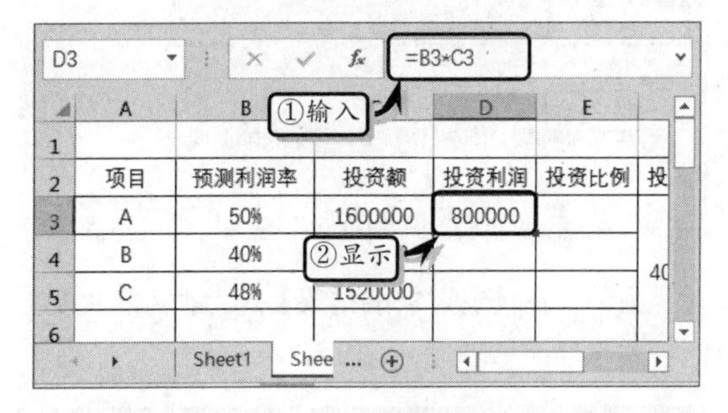

选择单元格 E3，在【编辑】栏中输入计算公式，按 Enter 键完成公式的输入。使用同样方法，计算其他产品的投资比例。

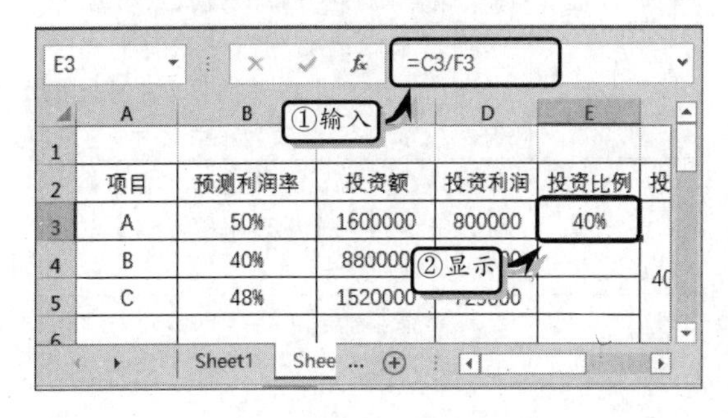

选择单元格 C6，在【编辑】栏中输入计算公式，按 Enter 键完成公式的输入。使用同样方法，计算其他合计值。

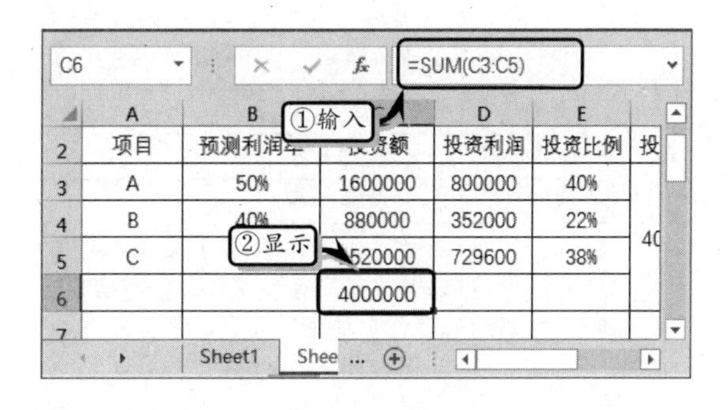

选择单元格 B7，在【编辑】栏中输入计算公式，按 Enter 键返回总利润额。

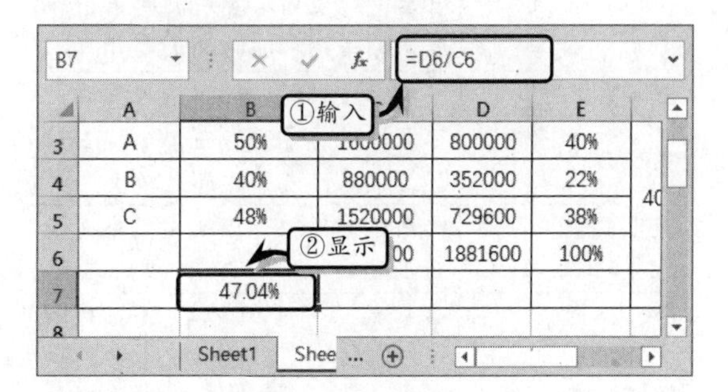

12.2.2　设置求解参数

规划求解参数包括设置目标、可变单元格和约束条件等内容，其具体操作方法如下所述。

1．设置目标和可变单元格

执行【数据】|【分析】|【规划求解】命令，将【设置目标】设置为 B7，将【通过更改可变单元格】设置为 C3:C5。

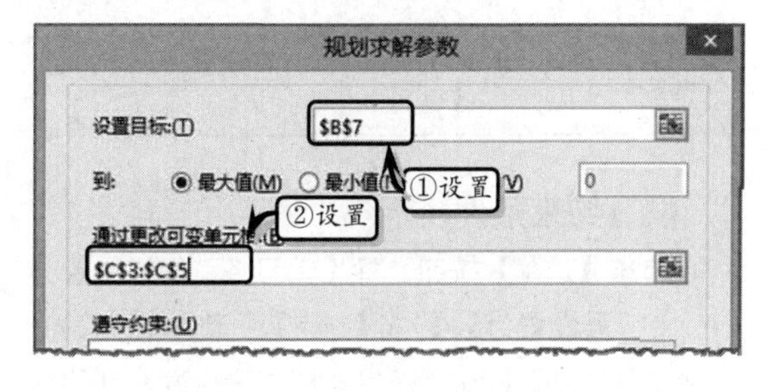

另外，在【规划求解参数】对话框中，主要包

括下表中的一些选项。

选　项		说　明
设置目标		用于设置显示求解结果的单元格，在该单元格中必须包含公式
到	最大值	表示求解最大值
	最小值	表示求解最小值
	目标值	表示求解指定值
通过更改可变单元格		用来设置每个决策变量单元格区域的名称或引用，用逗号分隔不相邻的引用。另外，可变单元格必须直接或间接与目标单元格相关。用户最多可指定 200 个变量单元格
遵守约束	添加	表示添加规划求解中的约束条件
	更改	表示更改规划求解中的约束条件
	删除	表示删除已添加的约束条件
全部重置		可以设置规划求解的高级属性
装入/保存		可在弹出的【装入/保存模型】对话框中保存或加载问题模型
使无约束变量为非负数		启用该选项，可以使无约束变量为正数
选择求解方法		启用该选项，可以在下拉列表中选择规划求解的求解方法。主要包括用于平滑线性问题的“非线性（GRG）”方法，用于线性问题的“单纯线性规划”方法与用于非平滑问题的“演化”方法
选项		启用该选项，可在【选项】对话框中更改求解方法的“约束精确度”“收敛”等参数
求解		执行该选项，可对设置好的参数进行规划求解
关闭		关闭【规划求解参数】对话框，放弃规划求解
帮助		启用该选项，可弹出【Excel 帮助】对话框

2. 设置约束条件

单击【添加】按钮，将【单元格引用】设置为 C6，将符号设置为【=】，将【约束】设置为 4000000，并单击【添加】按钮。使用同样方法，添加其他约束条件。

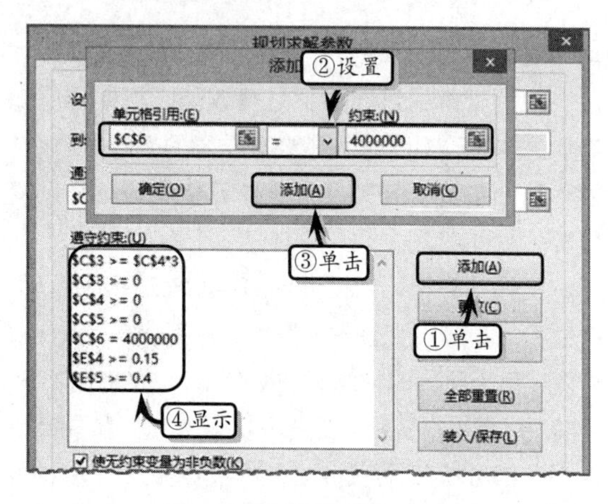

12.2.3 生成求解报告

在【规划求解参数】对话框中，单击【求解】按钮，然后在弹出的【规划求解结果】对话框中设置规划求解保存位置与报告类型即可。

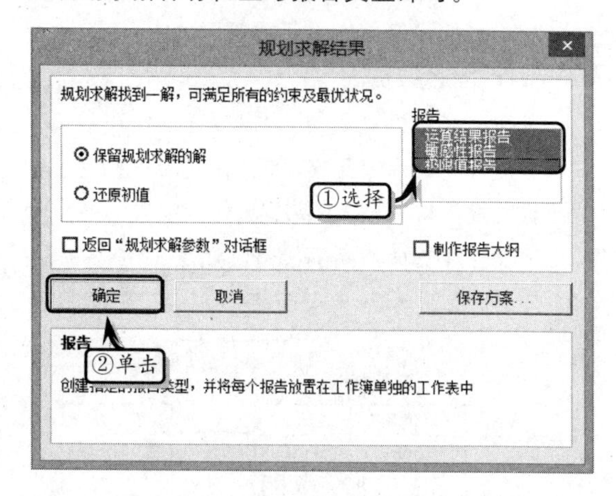

另外，在【规划求解结果】对话框中，主要包括下表中的一些选项。

选　项	说　明
保留规划求解的解	将规划求解结果值替代可变单元格中的原始值
还原初值	将可变单元格中的值恢复成原始值
报告	选择用来描述规划求解执行的结果报告，包括运算结果报告、敏感性报告、极限值报告三种报告
返回“规划求解参数”对话框	启用该复选框，单击【确定】按钮之后，将返回到【规划求解参数】对话框中
制作报告大纲	启用该复选框，可在生成的报告中显示大纲结构

续表

选　项	说　明
保存方案	将规划求解设置作为模型进行保存，便于下次规划求解时使用
确定	完成规划求解操作，生成规划求解报告
取消	取消本次规划求解操作

12.3 使用数据透视表

使用数据透视表可以汇总、分析、浏览和提供摘要数据，通过直观方式显示数据汇总结果，为 Excel 用户查询和分类数据提供了方便。

12.3.1 创建数据透视表

Excel 为用户提供了两种创建数据透视表的方法，分别为直接创建和推荐创建。

1．推荐创建

选择单元格区域中的一个单元格，并确保单元格区域具有列标题。然后，执行【插入】|【表格】|【推荐的数据透视表】命令。在弹出的【推荐的数据透视表】对话框中，选择数据表样式，单击【确定】按钮。

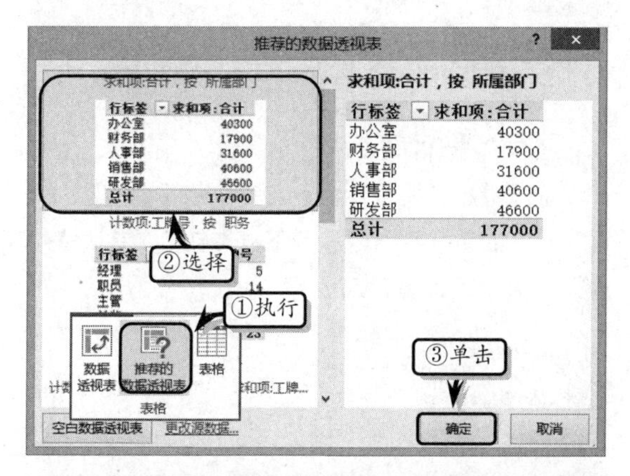

提示

在【推荐的数据透视表】对话框中，单击【空白数据透视表】按钮，即可创建一个空白数据透视表。

2．直接创建

选择单元格区域或表格中的任意一个单元格，执行【插入】|【表格】|【数据透视表】命令。在弹出的【创建数据透视表】对话框中，选择数据表的区域范围和放置位置，并单击【确定】按钮。

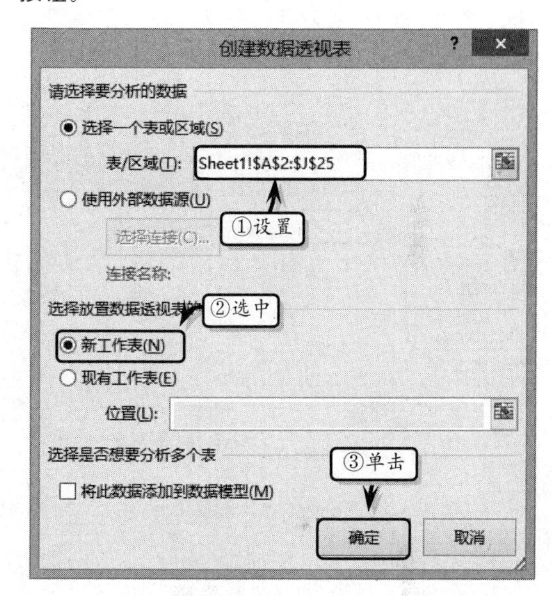

在【创建数据透视表】对话框中，主要包括下表中的一些选项。

选　项	说　明
选择一个表或区域	表示要在当前工作簿中选择创建数据透视表的数据
使用外部数据源	选择该选项，并单击【选择连接】按钮，则可以在打开的【现有链接】对话框中，选择链接到的其他文件中的数据
新工作表	表示可以将创建的数据透视表以新的工作表出现
现有工作表	表示可以将创建的数据透视表插入到当有工作表的指定位置
将此数据添加到数据模型	选中该复选框，可以将当前数据表中的数据添加到数据模型中

12.3.2 编辑数据透视表

创建数据透视表之后，用户还需要根据分析目的，将数据字段添加到不同的位置。另外，还可以通过动态筛选过滤等，对数据进行更详细的分析。

1．添加数据字段

在工作表中插入空白数据透视表后，用户便可以在窗口右侧的【数据透视表字段】任务窗格中，启用【选择要添加到报表的字段】列表框中的数据字段，被启用的字段列表将自动显示在数据透视表中。

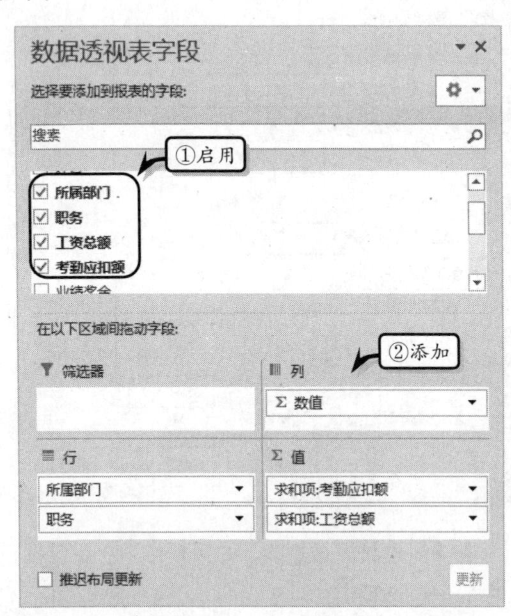

> **技巧**
>
> 在添加数据字段时，用户也可以使用鼠标将【选择要添加到报表的字段】列表框中的数据字段拖动到指定的区域中。

2．动态数据过滤

选择数据透视表，在【数据透视表字段】窗格中，将数据字段拖到【报表筛选列】列表框中即可，在数据透视表上方将显示筛选列表。此时，用户只需单击【筛选】按钮，便可对数据进行筛选分析。

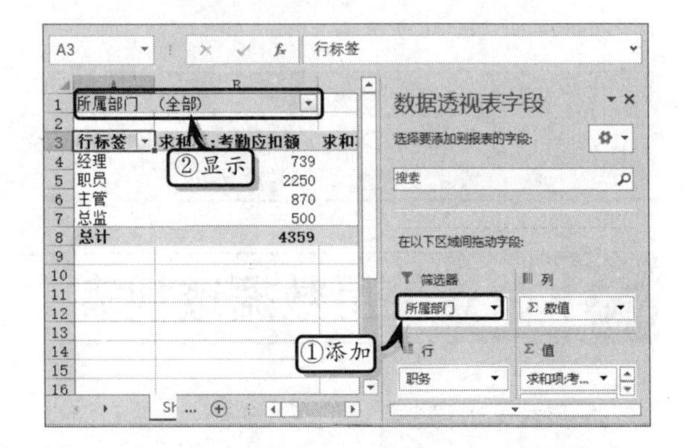

另外，用户还可以在【行标签】、【列标签】或【数值】列表框中，单击字段名称后面的下拉按钮，在其下拉列表中选择【移动到报表筛选】选项即可。

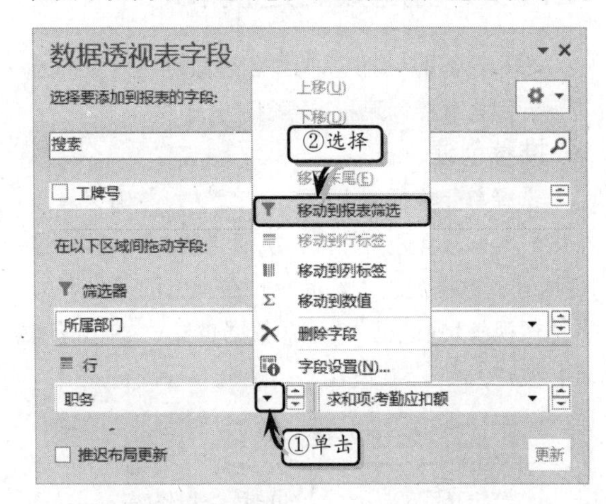

3．显示多种计算结果

在【数据透视表字段】窗口中的【数值】列表框中，单击字段名称后面的下拉按钮，在其列表中选择【值字段设置】选项。

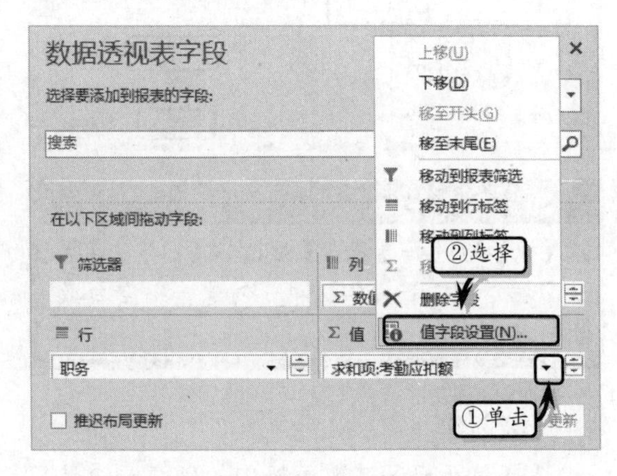

然后，在弹出的【值字段设置】对话框中，选

择【值汇总方式】选项卡，并在【计算类型】列表框中选择相应的计算类型。

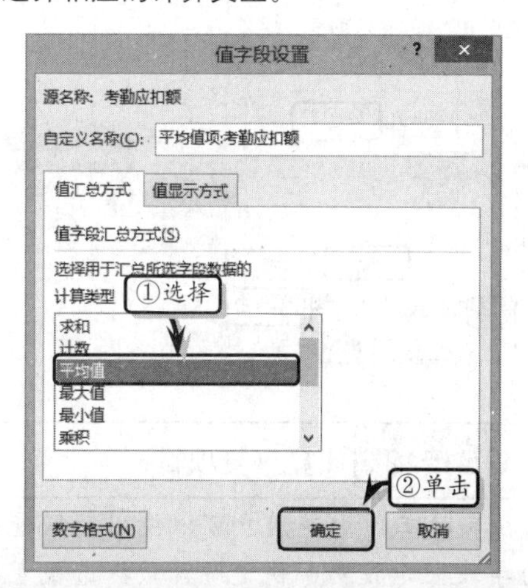

技巧

用户还可以在数据透视表中，双击【求和项：基本工资】等带有“求和项”文本的字段名称，即可弹出【值字段设置】对话框。

12.3.3 美化数据透视表

创建数据透视表之后，用户还需要通过设置数据透视表的布局、样式与选项，来美化数据透视表。

1．设置报表布局

选择任意一个单元格，执行【数据透视表工具】|【设计】|【布局】|【报表布局】|【以表格形式显示】命令，设置数据透视表的布局样式。

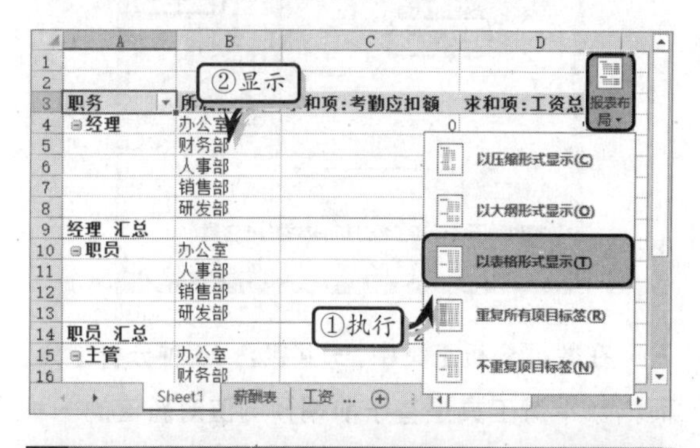

技巧

执行【数据透视表工具】|【分析】|【显示】|【字段列表】命令，可显示或隐藏字段列表。

2．设置报表样式

Excel 提供了浅色、中等深浅与深色三大类 85 种内置的报表样式，用户只需执行【数据透视表工具】|【设计】|【数据透视表样式】|【其他】命令，在展开的级联菜单中选择相应的样式即可。

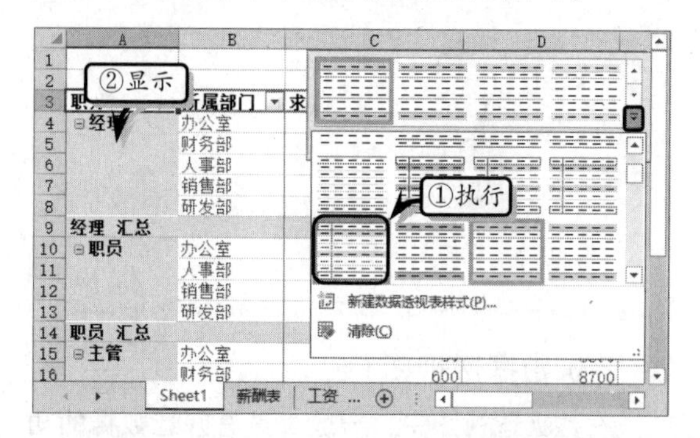

另外，在【设计】选项卡【数据透视表样式选项】选项组中，启用【镶边行】与【镶边列】选项，自定义数据透视表样式。

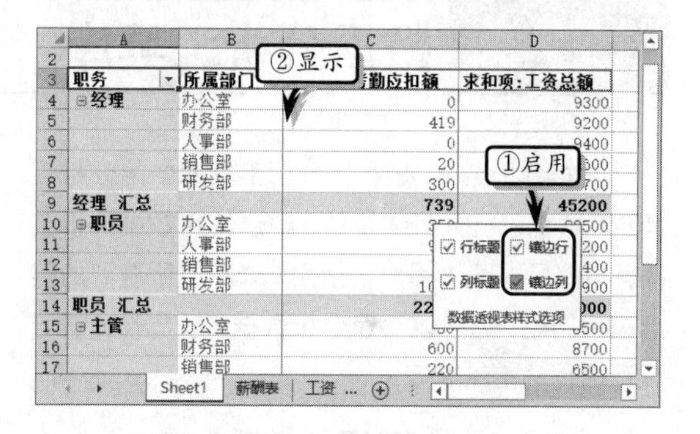

12.3.4 使用数据透视图

用户也可以在数据透视表中，通过创建透视表透视图的方法，来可视化地显示分析数据。

1．创建数据透视图

选中数据透视表中的任意一个单元格，执行【数据透视表工具】|【分析】|【工具】|【数据透视图】命令，在弹出的【插入图表】对话框中选择需要插入的图表类型即可。

提示

用户也可以执行【插入】|【图表】|【数据透视图】|【数据透视图】命令，来对数据进行可视化分析。

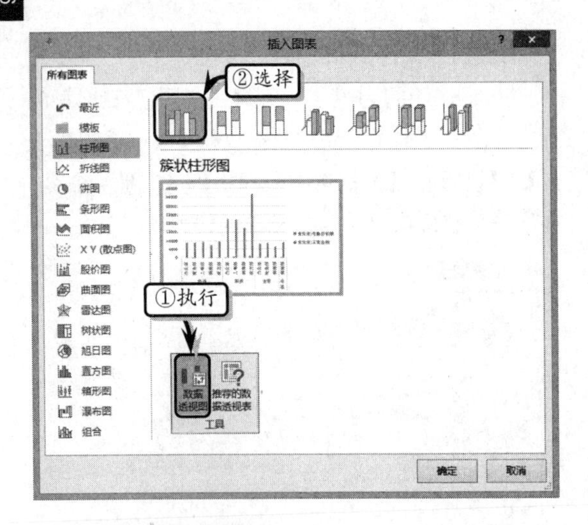

2. 筛选数据透视图

在数据透视图中，一般都具有筛选数据的功能。用户只需单击【筛选】按钮，选择需要筛选的内容即可。例如，单击【职务】筛选按钮，只启用【职员】复选框，单击【确定】按钮即可。

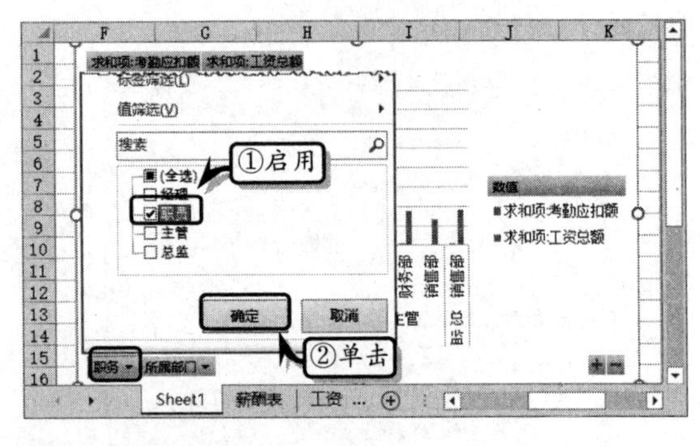

> **Excel 知识链接 12-2 计算重复项目**
>
> 在实际工作中，用户可以使用数据透视表中的字段显示技巧，快速统计数据透视表中的重复项，也就是统计数据透视表中字段出现的次数。

Excel 12.4 数据分析工具库

数据分析工具，是利用分析工具库中的分析工具，对数据进行分析或统计。通过使用数据分析工具，不仅可以解决用户在使用 Excel 中所遇到的实际应用问题，还可以快速分析数据，以节省分析与统计数据的工作时间。

12.4.1 指数平滑分析工具

在使用数据分析工具库分析数据之前，还需要加载该组件。执行【文件】|【选项】命令，在弹出的【Excel 选项】对话框中，激活【加载项】选项卡，单击【转到】按钮。

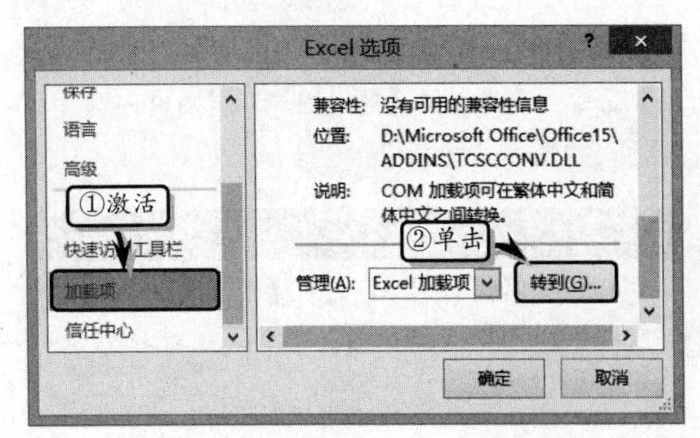

在弹出的【加载宏】对话框中，启用【分析工具库】复选框，单击【确定】按钮即可。

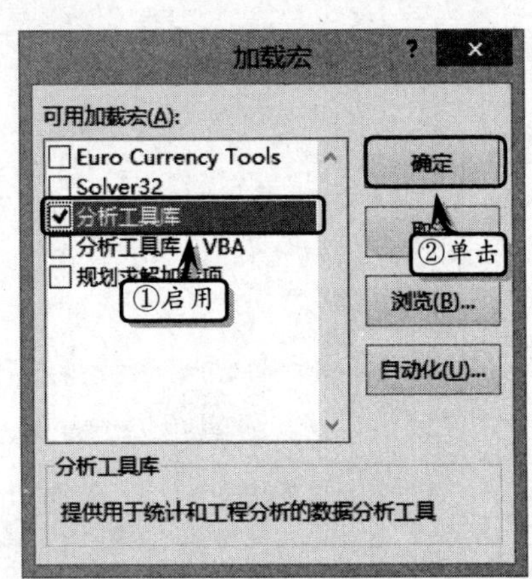

在数据分析工具中，一共包含 15 种分析工具。而指数平滑工具是基于前期预测值对新值的一种预测方法，它可以修正前期预测值的误差。

执行【数据】|【分析】|【数据分析】命令，在弹出的【数据分析】对话框中选择【指数平滑】选项，并单击【确定】按钮。

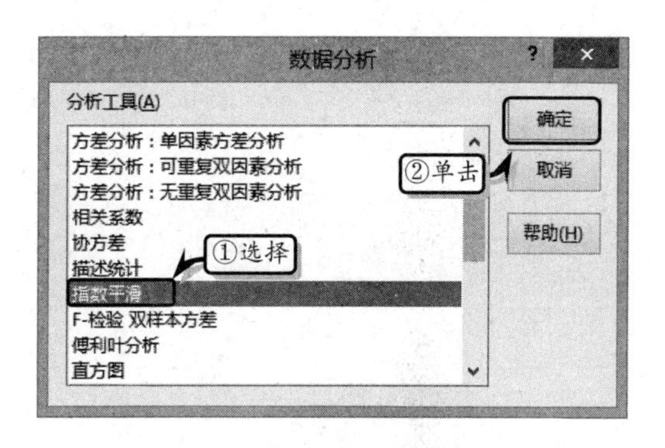

然后，在弹出的【指数平滑】对话框中，设置各项参数即可。

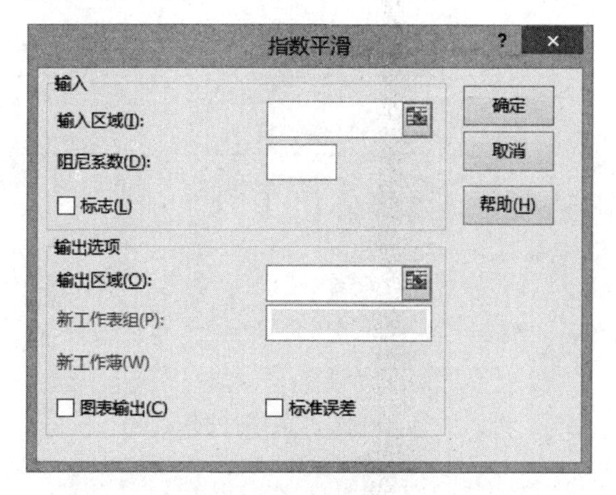

在使用指数平滑分析工具分析数据之前，还需要了解一下【指数平滑】对话框中各选项的含义。

选项	子选项	含　义
输入	输入区域	用于输入需要统计的数据区域
	阻尼系数	表示平滑常数 a，其大小决定了预测误差的修正程度，取值范围介于 0～1 之间
	标志	表示数据范围是否包含标志
输出选项	输出区域	表示统计结果存放在当前工作表中的位置
	图表输出	表示统计结果以图表的方式进行显示
	标准误差	表示统计结果中将包含标准误差值

12.4.2　描述统计分析工具

描述统计工具是生成数据趋势的一种单变量分析报表。

执行【数据】|【分析】|【数据分析】命令，在弹出的【数据分析】对话框中选择【描述统计】选项，并单击【确定】按钮。

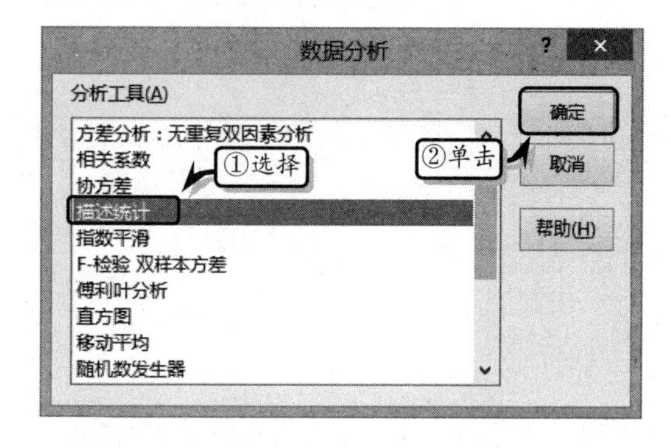

然后，在弹出的【描述统计】对话框中，设置各项参数即可。

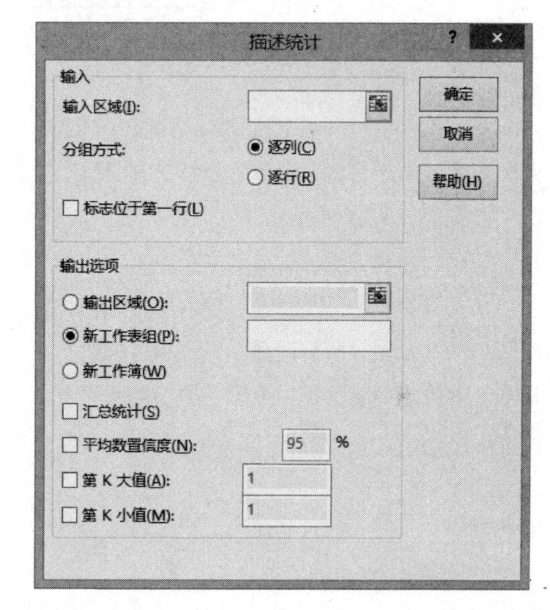

在使用描述统计分析工具分析数据之前，还需要了解一下【描述统计】对话框中各选项的含义。

选项	子　选　项	含　义
输入	输入区域	用于输入需要统计的数据区域
	分组方式	表示统计数据的分析方式，包括【逐行】或【逐列】两种方式
	标志位于第一行	表示数据范围是否包含标志，并将标志指定为第一行

续表

选项	子 选 项	含 义
输出选项	输出区域	表示统计结果存放在当前工作表中的位置
	新工作表组	表示统计结果存储在新工作表中
	新工作簿	标记统计结果存储在新工作簿中
	汇总统计	可在统计结果中添加汇总分析
	平均数置信度	可增加平均数量的可信度
	第K大值	可在统计结果中显示第K值最大值
	第K小值	可在统计结果中显示第K值最小值

12.4.3 直方图分析工具

直方图工具是计算给定单元格区域与接收区间中数据的单个与累计频率的分析工具。运用直方图工具，不仅可以统计区域中单个数值的出现频率，还可以创建数据分布与直方图表。

执行【数据】|【分析】|【数据分析】命令，在弹出的【数据分析】对话框中选择【描述分析】选项，在弹出的对话框中设置各项参数即可。

在使用直方图分析工具分析数据之前，还需要了解一下【直方图】对话框中各选项的含义。

选项	子 选 项	含 义
输入	输入区域	表示包含任意数目的行与列的数据区域
	接收区域	表示直方图每列的值域
	标志	表示数据范围是否包含标志
输出选项	输出区域	表示统计结果存放在当前工作表中的位置
	新工作表组	表示统计结果存储在新工作表中
	新工作簿	标记统计结果存储在新工作簿中
	柏拉图	表示在统计结果中显示柏拉图
	累积百分率	表示在统计结果中显示累积百分率

12.4.4 回归分析工具

回归分析工具是对一组观察值使用"最小二乘法"直线拟合进行的线性回归分析。运用回归分析工具，不仅可以分析单因变量受自变量影响的程度，还可以执行简单和多重线性回归。

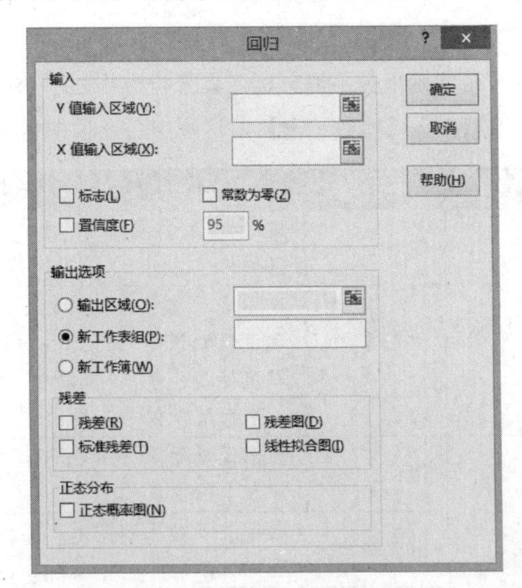

在使用回归分析工具分析数据之前，还需要了解一下【直方图】对话框中各选项的含义。

选项	子 选 项	含 义
输入	X值输入区域	表示独立变量的数据区域
	Y值输入区域	表示一个或多个独立变量的数据区域

续表

选项	子 选 项	含　义
输入	标志	表示所指定的区域是否包含标签
	置信度	表示分析工具的置信水平
	常数为零	表示所选择的常量中是否包含零值
输出选项	输出区域	表示统计结果存放在当前工作表中的位置
	新工作表组	表示统计结果存储在新工作表中
	新工作簿	标记统计结果存储在新工作簿中
残差	残差	启用该复选框，可以在统计结果中显示预测值与观察值的差值
	残差图	启用该复选框，可以在统计结果中显示残差图

续表

选项	子 选 项	含　义
残差	标准残差	启用该复选框，可以在统计结果中显示标准残差值
	线性拟合图	启用该复选框，可以在统计结果中显示线性拟合图
正态分布		启用该复选框，可以在统计结果中显示正态概率图

知识链接 12-3　方差分析工具

方差分析工具可以判断两个或多个样品是否从同一个总体中抽取的，可对数据进行 *F* 值、*F* 的临界值等进行分析。Excel 为用户提供了单因素、可重复双因素、无重复双因素三种分析方法。

12.5　使用方案管理器

方案是Excel保存在工作表中并可进行自动替换的一组值，用户可以使用方案来预测工作表模型的输出结果，同时还可以在工作表中创建并保存不同的数组值，然后切换任意新方案以查看不同的效果。

12.5.1　创建方案

方案与其他分析工具一样，也是基于包含公式的基础数据表而创建的。

1．制作基础数据表

在创建之前，首先输入基础数据，并在单元格 B7 中输入计算最佳方案的公式。

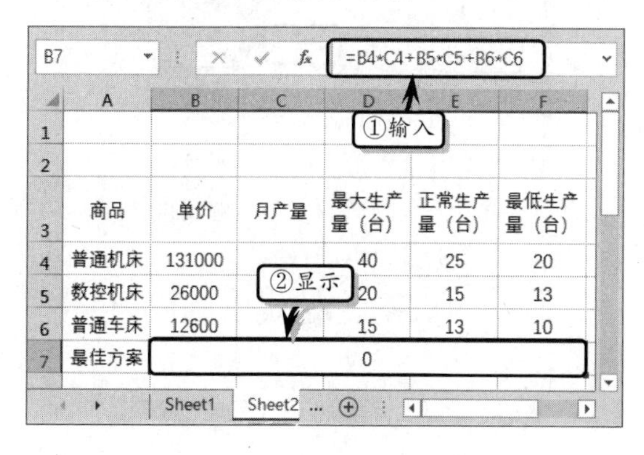

2．添加方案管理

执行【数据】|【预测】|【模拟分析】|【方案管理器】命令。在弹出的【方案管理器】对话框，单击【添加】按钮。

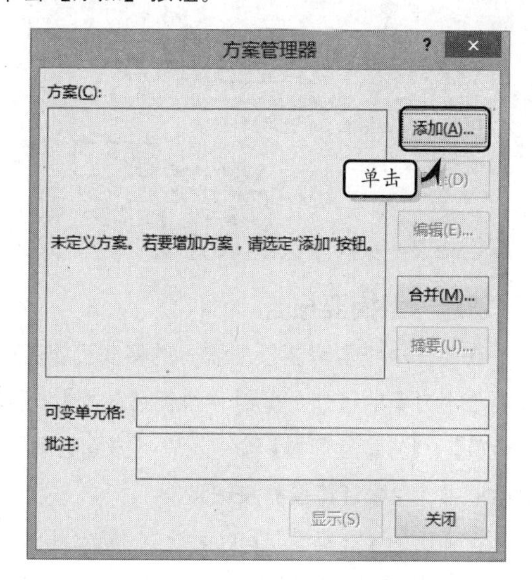

在弹出的【添加方案】对话框中，设置【方案名】和【可变单元格】，并单击【确定】按钮。

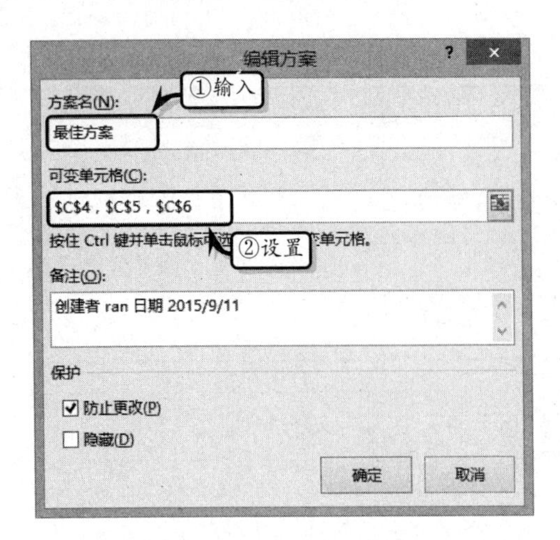

此时，系统会自动弹出【方案变量值】对话框，分别设置每个可变单元格的期望值，单击【确定】按钮返回【方案管理器】对话框，在该对话框中单击【显示】按钮，即可计算出结果。

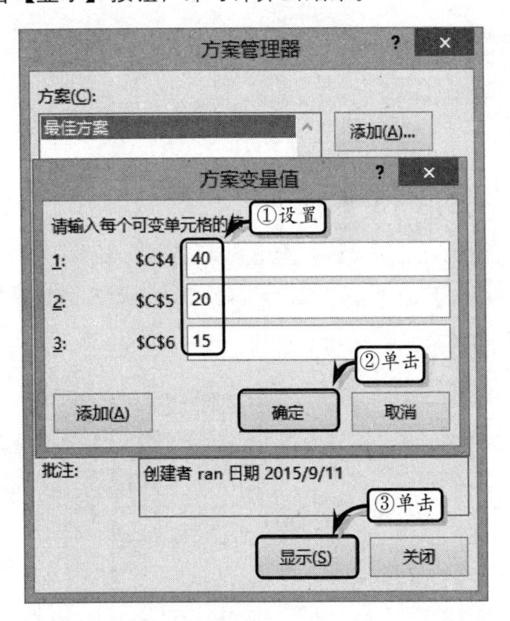

3．创建方案摘要报告

在工作中经常需要按照统一的格式列出工作表中各个方案的信息。此时，执行【数据】|【模拟运算】|【方案管理器】命令，在【方案管理器】对话框中，单击【摘要】按钮。

在弹出的【方案摘要】对话框中，选择报表类型，单击【确定】按钮之后，系统将自动在新的工作表中显示摘要报表。

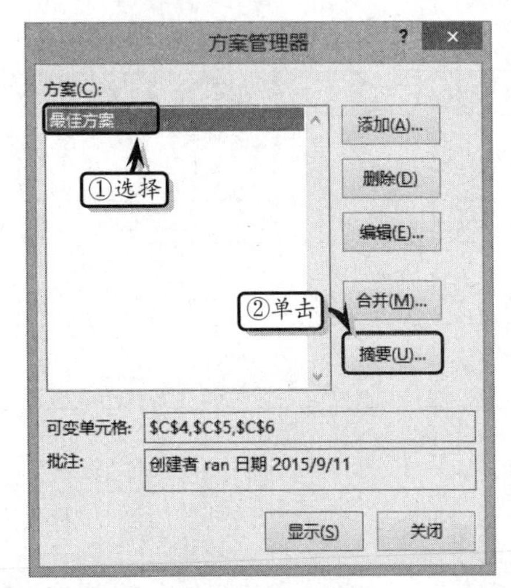

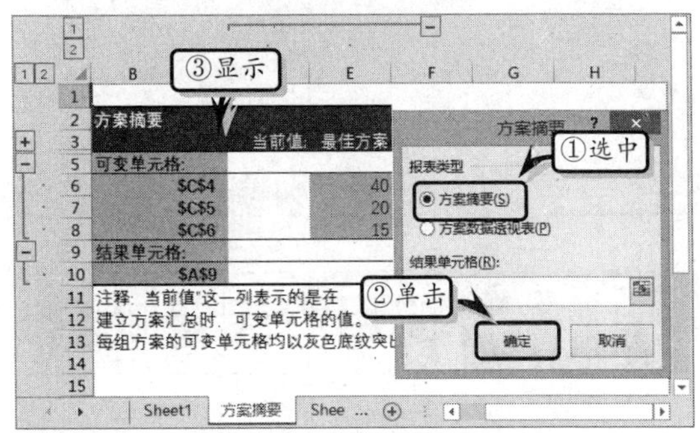

12.5.2　管理方案

建立好方案后，使用【方案管理器】对话框，可以随时对各种方案进行分析、总结。

1．保护方案

执行【数据】|【数据工具】|【预测】|【方案管理器】命令，在弹出的【方案管理器】对话框中，选择方案，单击【编辑】按钮。

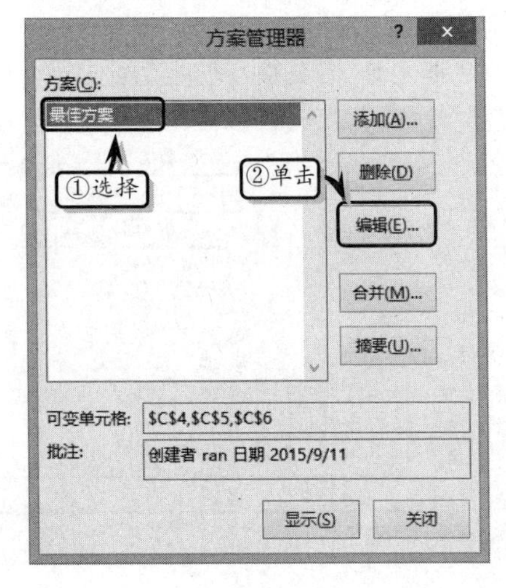

然后，在【编辑方案】对话框中，启用【保护】栏中的【防止更改】复选框即可。

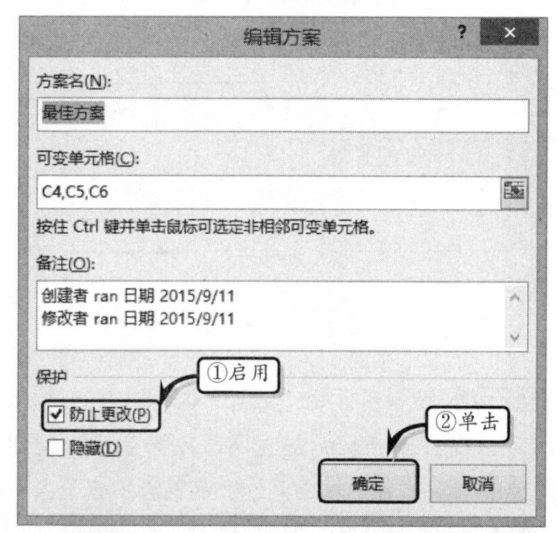

如果用户启用【保护】栏中的【隐藏】复选框，即可隐藏添加的方案。另外，用户如果需要更改方案内容，也可以在【编辑方案】对话框中，直接对【方案名】和【可变单元格】栏进行编辑。

2．合并方案

在实际工作中，如果需要将两个存在的方案进行合并，可以直接单击【方案管理器】对话框中的【合并】按钮。然后，在弹出的【合并方案】对话框中，选择需要合并的工作表名称，单击【确定】按钮即可。

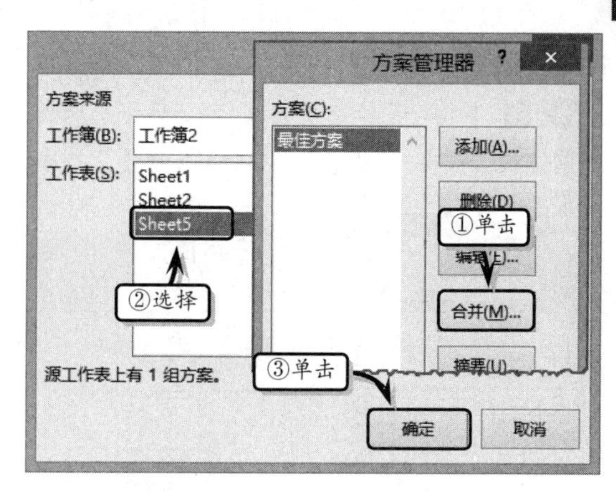

3．删除方案

在【方案管理器】对话框中，选择【方案】列表中的方案名称，单击右侧的【删除】按钮，即可删除。

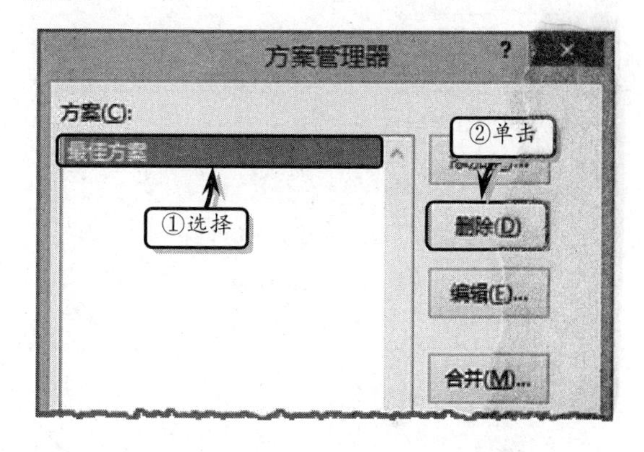

Excel 12.6 练习：制作产品销售报表

产品销售报表是企业分析产品销量的电子表格之一，通过产品销量报表不仅可以全方位地分析销售数据，还可以以图表的形式，形象地显示每种产品不同时期的销售情况。在本练习中，将运用 Excel 强大的分析功能，来制作一份产品销售报表。

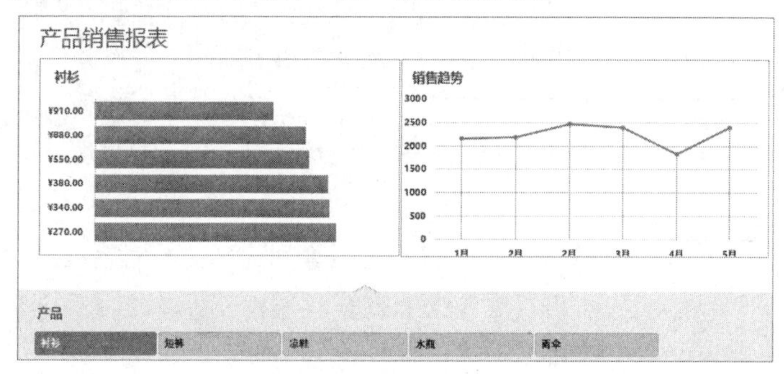

操作步骤

STEP|01 制作产品销售统计表。新建多张工作表，并重命名工作表。选择【产品销售统计表】工作表，设置工作表的行高。然后，合并单元格区域 B1:J1，输入标题文本，并设置文本的字体格式。

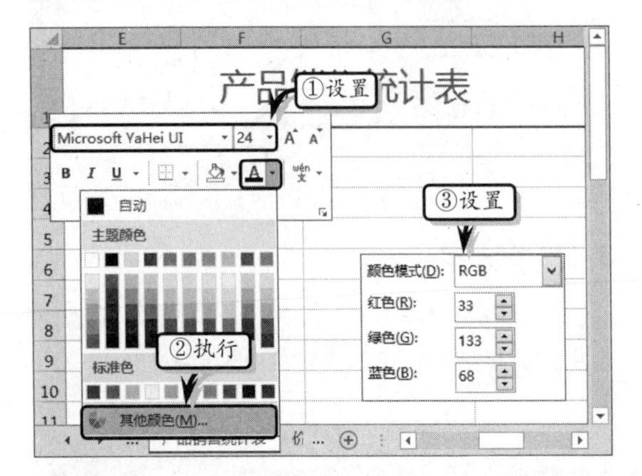

STEP|02 在工作表中输入基础数据，设置其数据格式，并设置其居中对齐格式。

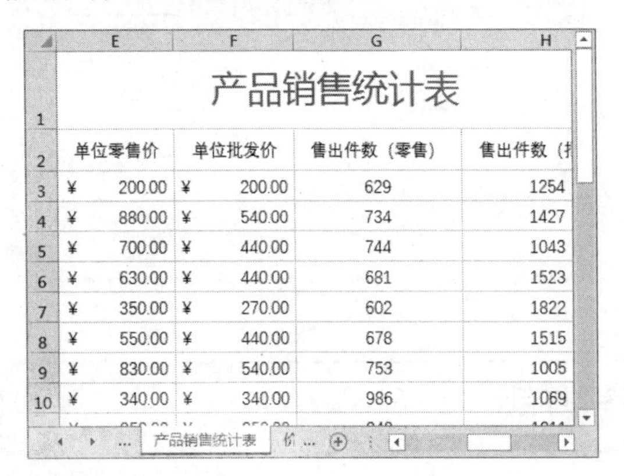

STEP|03 执行【开始】|【字体】|【边框】|【所有框线】命令，设置单元格区域的边框格式。

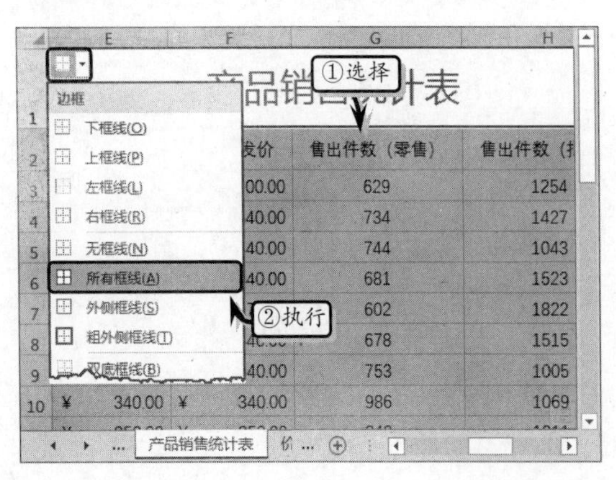

STEP|04 选择单元格 I3，在【编辑】栏中输入计算公式，按 Enter 键返回总销售数量。

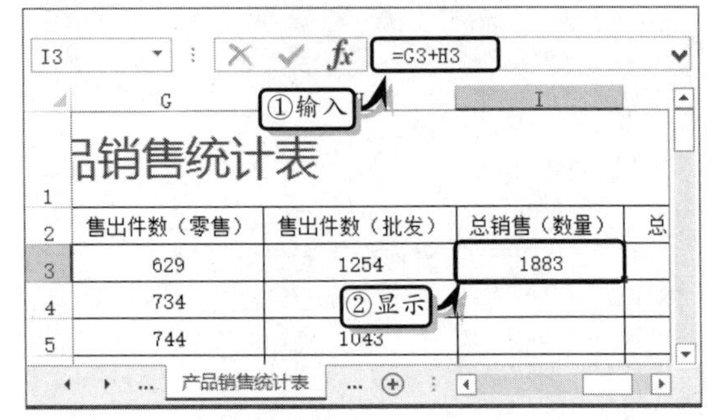

STEP|05 选择单元格 J3，在【编辑】栏中输入计算公式，按 Enter 键返回总销售金额。使用同样的方法，分别计算其他产品的总销售数量和金额。

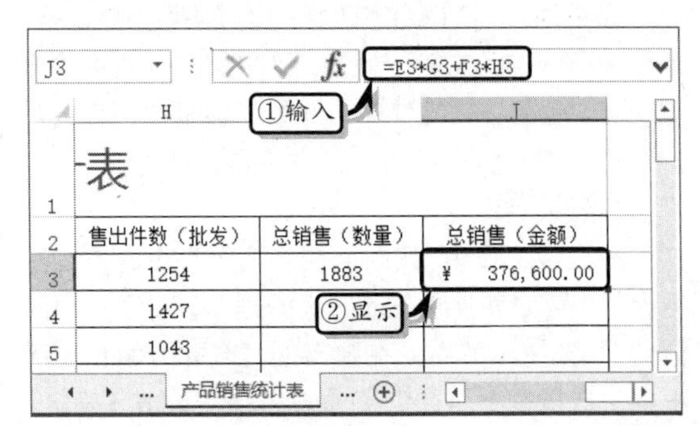

STEP|06 选择单元格区域 B2:J32，执行【开始】|【样式】|【套用单元格格式】|【表样式中等深浅 14】命令。

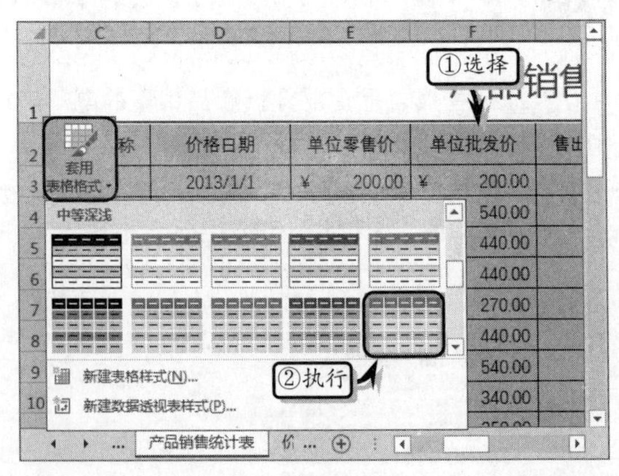

STEP|07 在弹出的【套用表样式】对话框中，启用【表包含标题】复选框，并单击【确定】按钮。

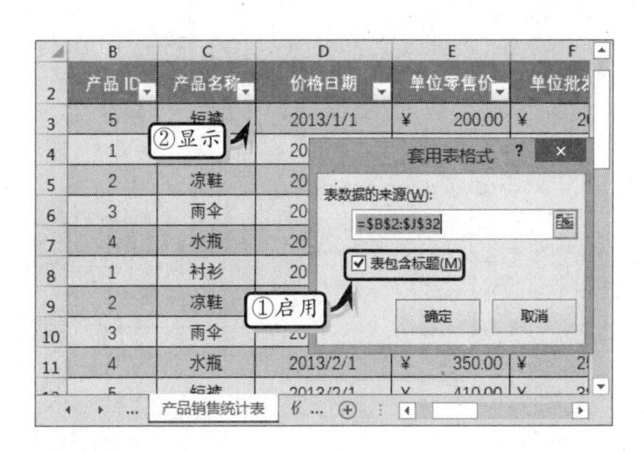

STEP|08 制作价格透视表。选择表格中的任意一个单元格，执行【插入】|【表格】|【数据透视表】命令，设置相应选项，单击【确定】按钮。

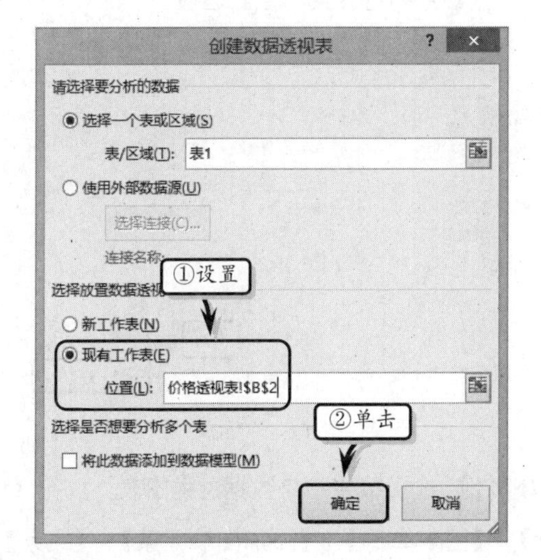

STEP|09 在【数据透视表字段】任务窗格中，分别启用【产品名称】、【单位零售价】和【总销量（数量）】字段，并调整字段的显示区域。

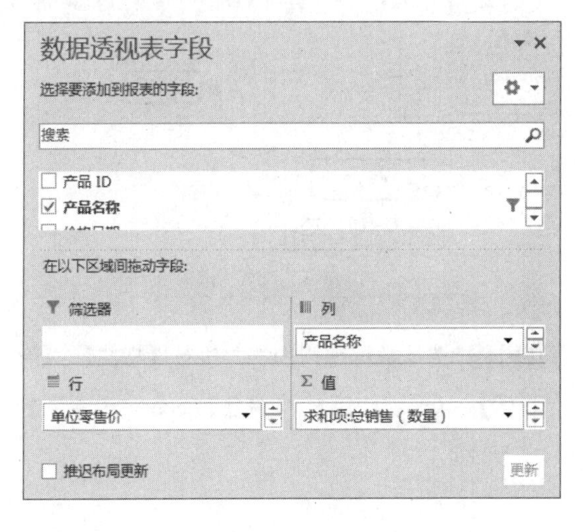

STEP|10 执行【数据透视表工具】|【设计】|【数据透视表样式】|【数据透视表样式中等深浅 14】命令，设置数据透视表的样式。

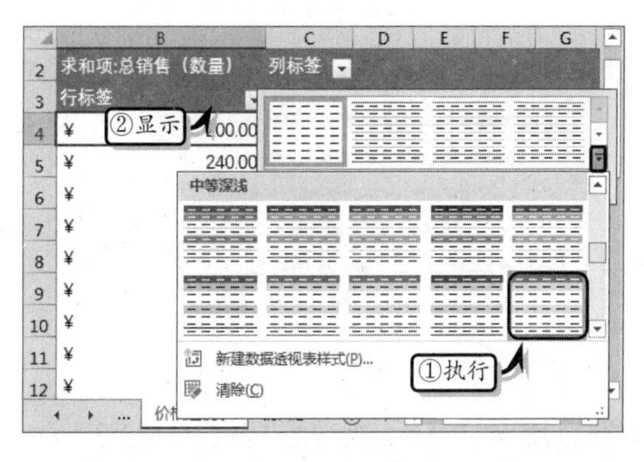

STEP|11 单击【列标签】中的下拉按钮，启用【衬衫】复选框，单击【确定】按钮，筛选数据。

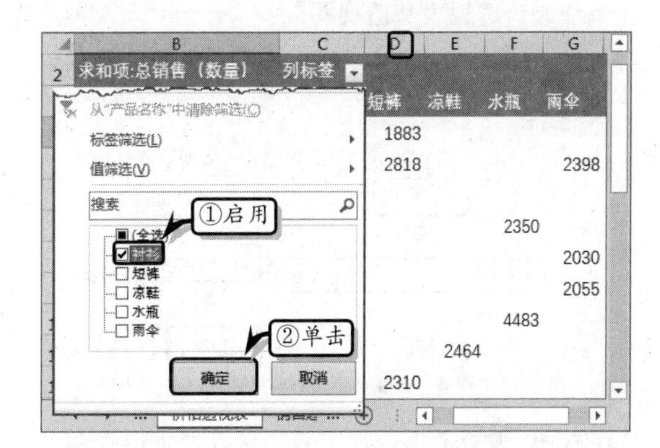

STEP|12 执行【数据透视表工具】|【分析】|【工具】|【数据透视图】命令，在【插入图表】对话框中，选择图表类型，并单击【确定】按钮。

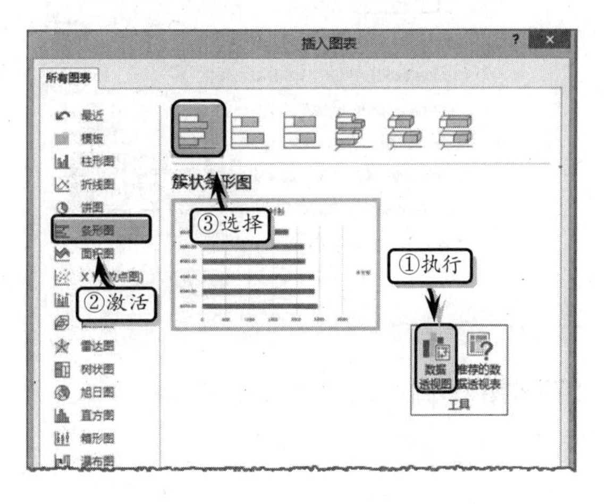

STEP|13 执行【分析】|【显示/隐藏】|【字段按钮】命令，隐藏数据透视图中的按钮。

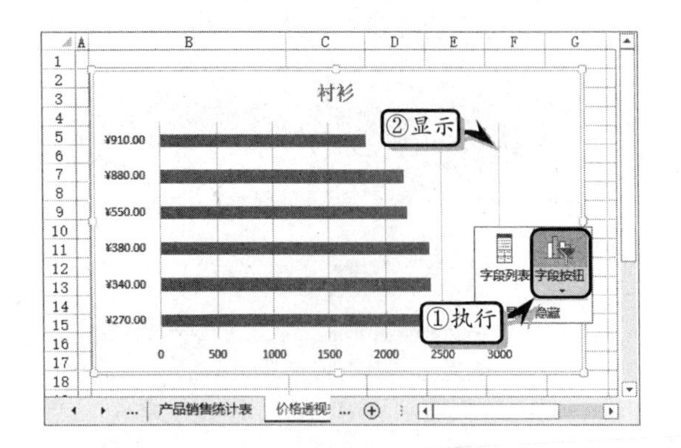

STEP|14 执行【数据透视图工具】|【位置】|【移动图表】命令，在【移动图表】对话框中，选择放置位置，并单击【确定】按钮。使用同样方法，制作销售趋势透视表和透视图。

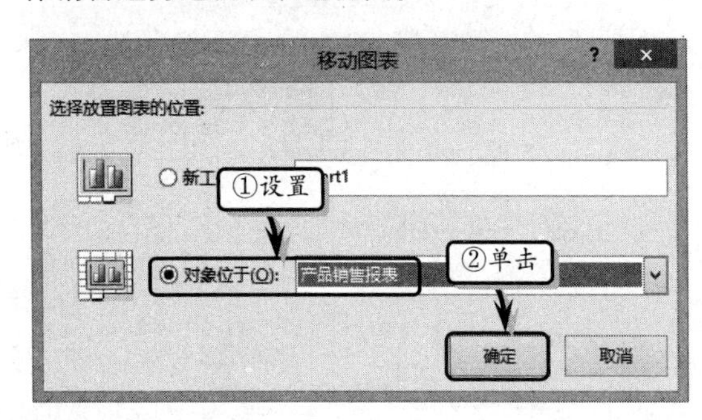

STEP|15 设置数据透视图表。选择数据透视图，执行【数据透视图工具】|【图表样式】|【更改颜色】|【颜色 4】命令，设置图表颜色。

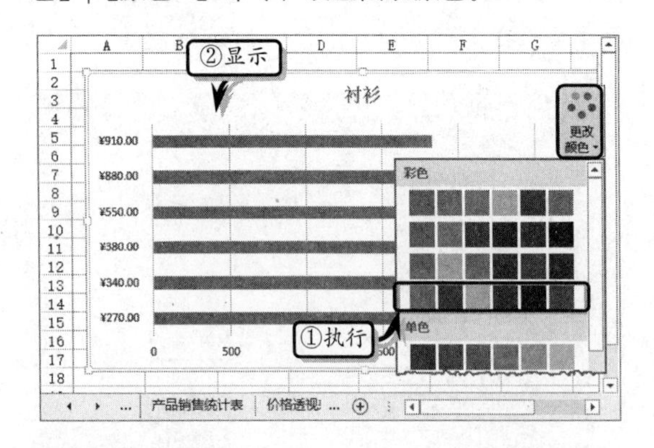

STEP|16 然后，更改图表标题并设置标题文本的字体格式。

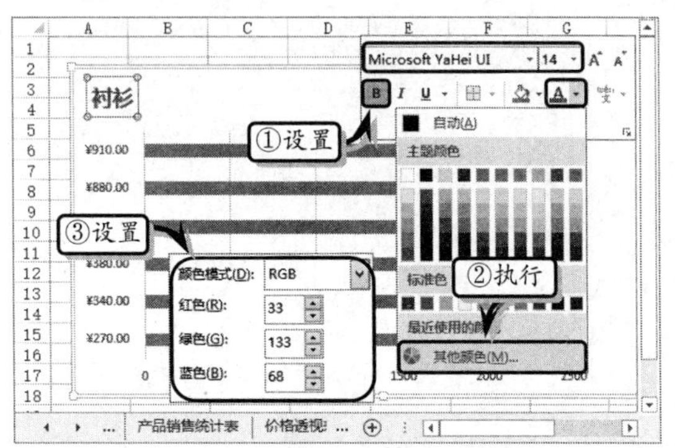

STEP|17 选择条形图数据透视图表中的数据系列，右击执行【设置数据系列】命令，设置系列的【系列重叠】和【分类间距】选项。

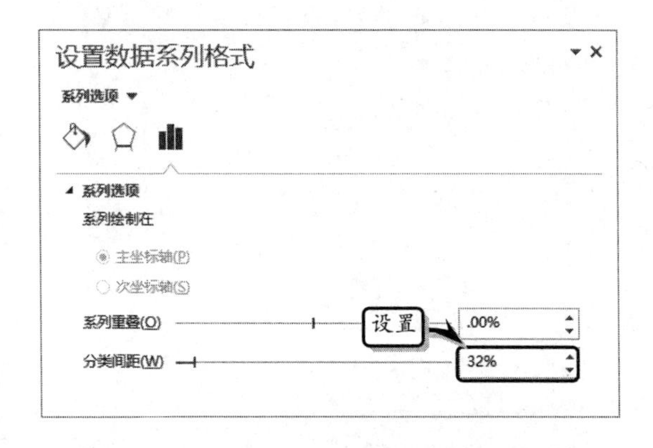

STEP|18 选择销售趋势数据透视图表，执行【设计】|【图表布局】|【添加图表元素】|【线条】|【垂直线】命令，为其添加垂直分析线。

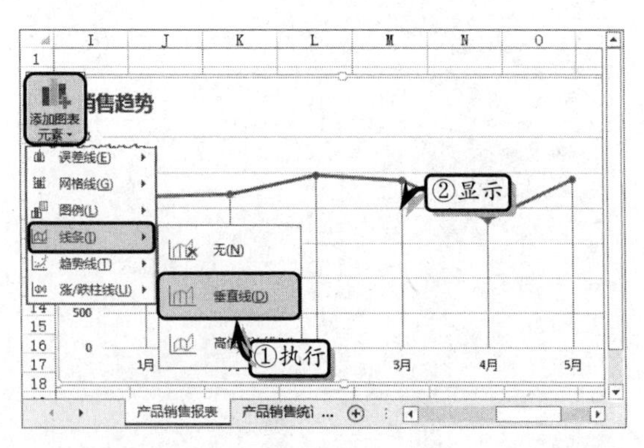

STEP|19 选择数据透视图表，执行【格式】|【形状样式】|【形状轮廓】|【绿色】命令，设置图表的边框样式。

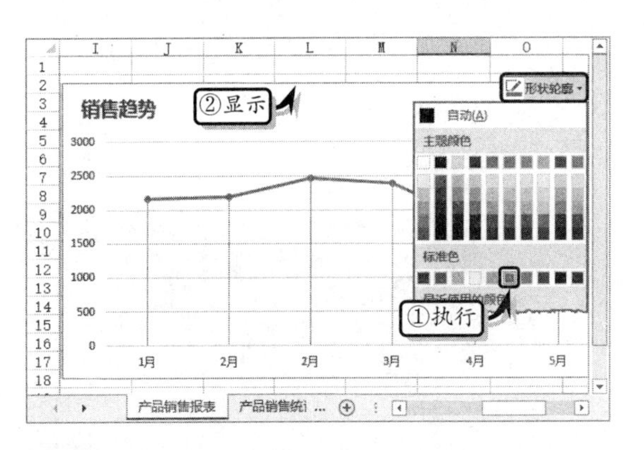

STEP|20 使用切片器。执行【分析】|【筛选】|【插入切片器】命令，启用【产品名称】复选框，单击【确定】按钮插入一个切片器。

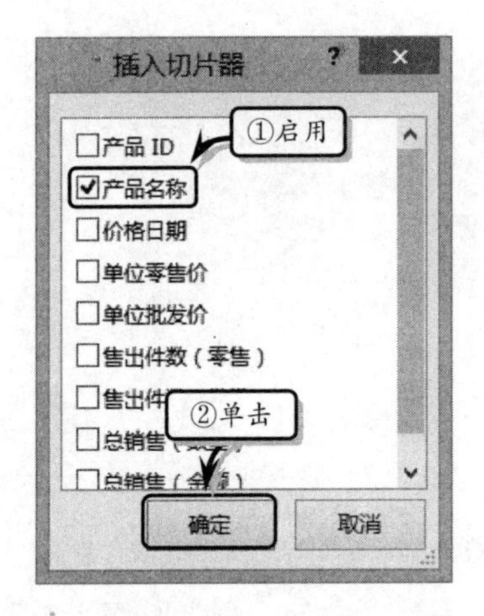

STEP|21 选择切片器，执行【切片器工具】|【选项】|【切片器】|【切片器设置】命令，禁用【显示页眉】复选框，并单击【确定】按钮。

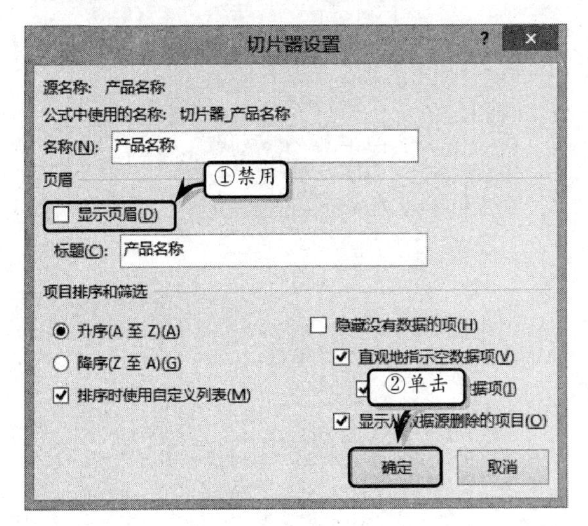

STEP|22 然后，在【按钮】选项组中，将【列】设置为 5，并调整切片器的大小。

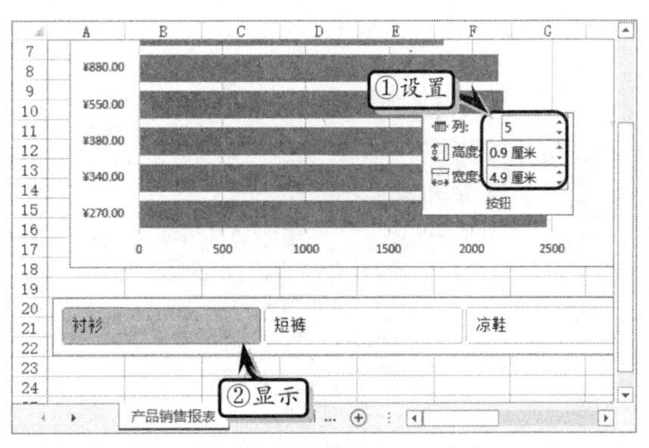

STEP|23 在【切片器样式】选项组中，单击【快速样式】按钮，右击【切片器样式深色 6】样式，执行【复制】命令。

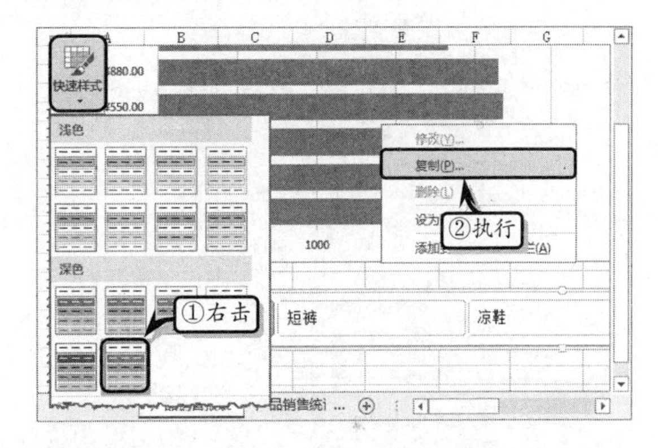

STEP|24 然后，在弹出的【修改切片器样式】对话框中，选择【整个切片器】选项，单击【格式】按钮，设置相应的格式。使用同样方法，分别设置其他切片器元素的格式，并将其应用到切片器中。

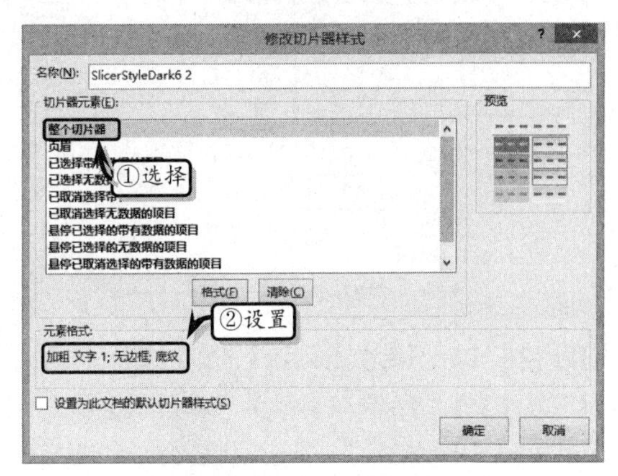

STEP|25 设置填充颜色。选择第 1~18 行，执行【开始】|【字体】|【填充颜色】|【白色，背景 1】命令，设置指定行的填充颜色。

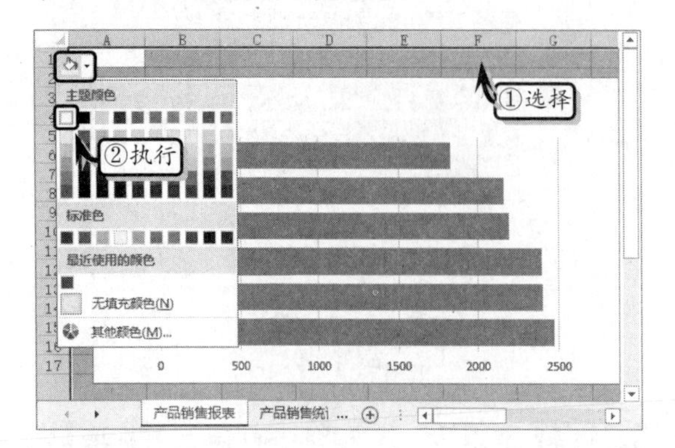

STEP|26 选择第 19~36 行，执行【开始】|【字体】|【填充颜色】|【白色，背景 1，深色 5%】命令，设置指定行的填充颜色。

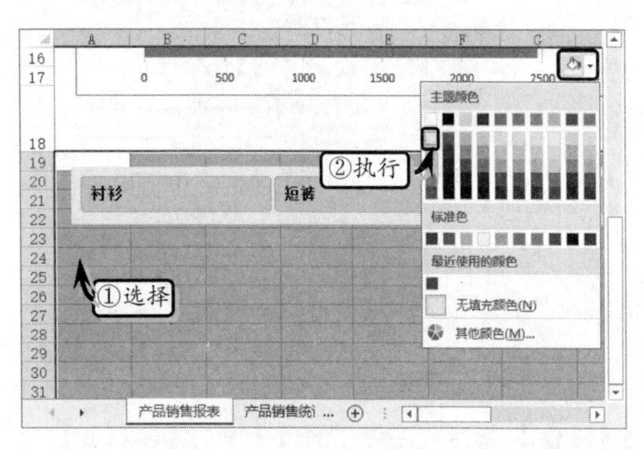

STEP|27 制作指示形状。执行【插入】|【插图】|【形状】|【矩形】命令，插入一个矩形形状。

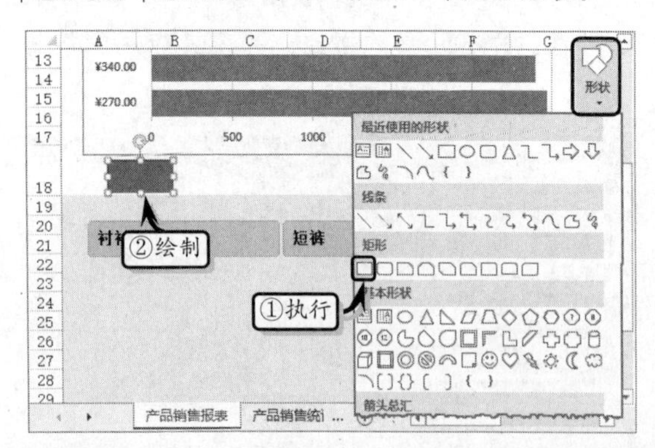

STEP|28 执行【绘图工具】|【格式】|【形状样式】|【形状填充】|【白色，背景 1，深色 5%】命令，同时执行【形状轮廓】|【无轮廓】命令，设置形状样式。

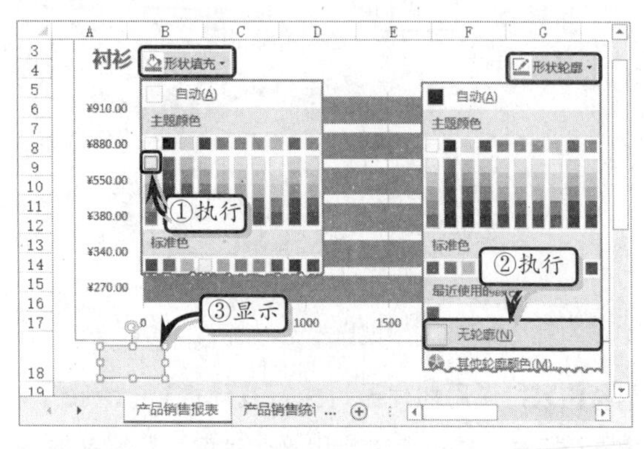

STEP|29 执行【插入】|【插图】|【形状】|【菱形】命令，插入一个菱形形状。

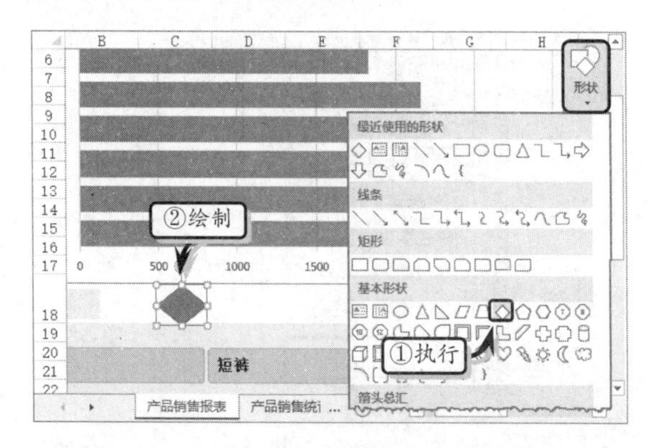

STEP|30 执行【绘图工具】|【格式】|【形状样式】|【形状填充】|【白色，背景 1，深色 5%】命令，同时执行【形状轮廓】|【白色，背景 1，深色 15%】命令，设置形状样式。

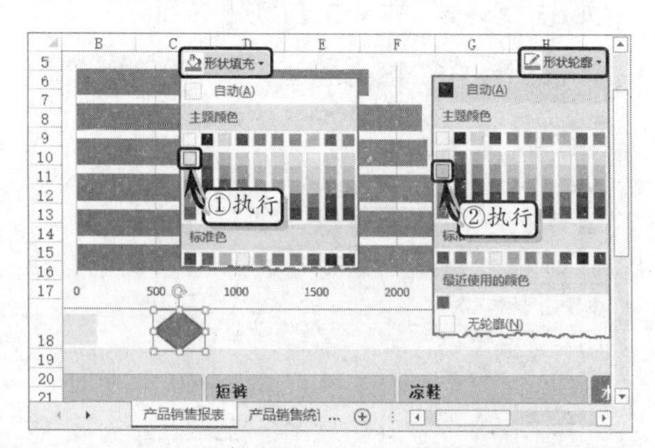

STEP|31 右击菱形形状，执行【设置形状格式】命令，展开【线条】选项组，将【宽度】设置为【1.75 磅】。

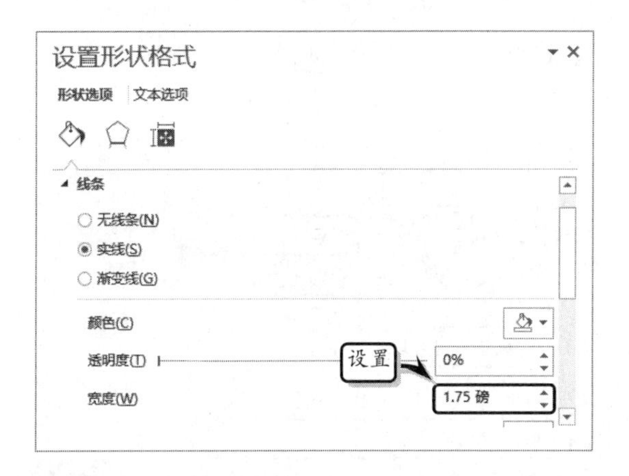

STEP|32 调整两个形状的大小和位置，同时选择两个形状，右击执行【组合】|【组合】命令，组合形状。

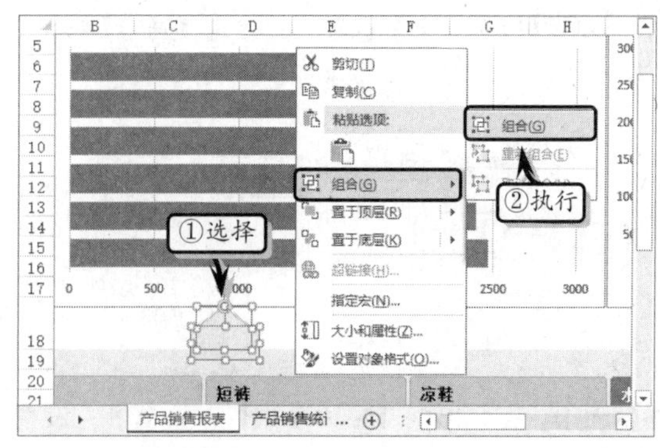

STEP|33 最后，制作报表标题和报表中相应的列标题，设置其字体格式，并保存工作簿。

12.7 练习：分析成本与利润相关关系

相关分析是一种确定性的关系，主要用来研究两个或多个随机变量之间的相关性，以确定变量之间的方向和密切程度。在本练习中，将运用 Excel 中的函数、图表、相关系数和协方差分析工具，来分析利润和成本之间的相关性。

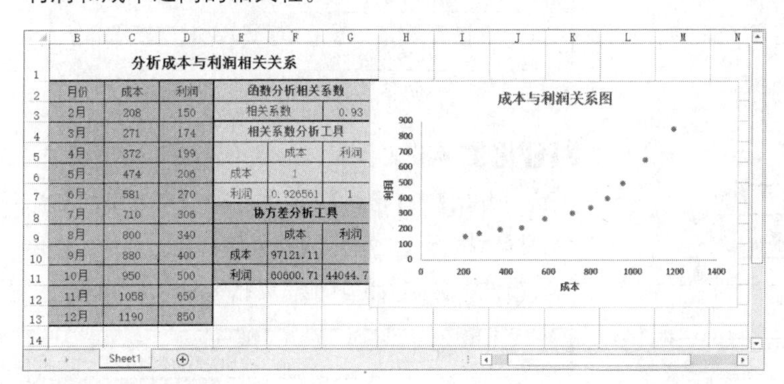

操作步骤

STEP|01 制作基础数据表。新建工作表，设置行高，制作标题文本，输入基础数据并设置其对齐、字体和边框格式。

STEP|02 函数分析法。选择单元格 G3，在编辑栏中输入计算公式，按 Enter 键返回成本和利润数据的相关系数值。

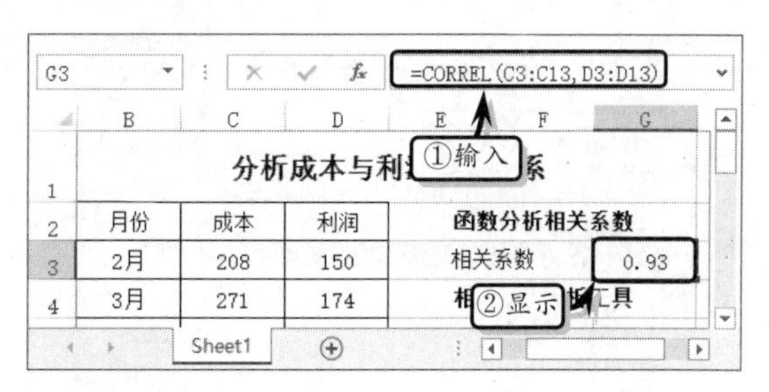

STEP|03 分析工具法。执行【数据】|【分析】|

【数据分析】命令，在弹出的【数据分析】对话框中，选择【相关系数】选项，并单击【确定】按钮。

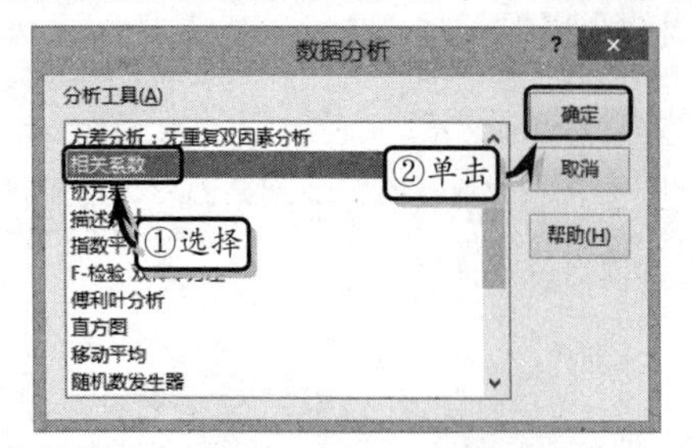

STEP|04 在弹出的【相关系数】对话框中，设置各项选项，并单击【确定】按钮。

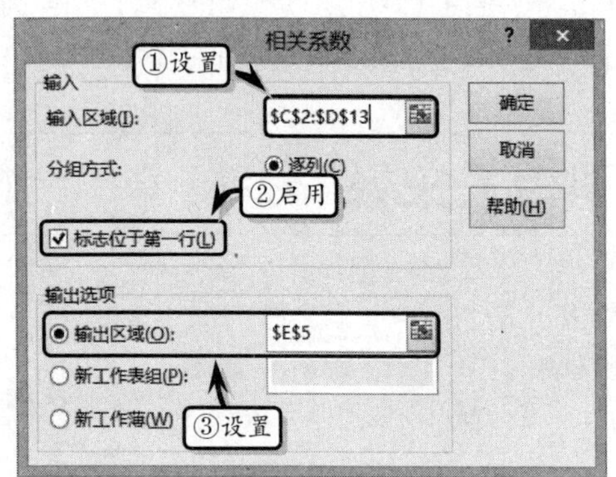

STEP|05 此时，在工作表中的指定单元格中，将显示相关系数分析结果。

	B	C	D	E	F	G
1	分析成本与利润相关关系					
2	月份	成本	利润	函数 系数		
3	2月	208	150	相关系数		0.93
4	3月	271	174	相关系数分析工具		
5	4月	372	199		成本	利润
6	5月	474	206	成本	1	
7	6月	581	270	利润	0.926561	1

显示

STEP|06 执行【数据】|【分析】|【数据分析】命令，在弹出的【数据分析】对话框中，选择【协方差】选项，并单击【确定】按钮。

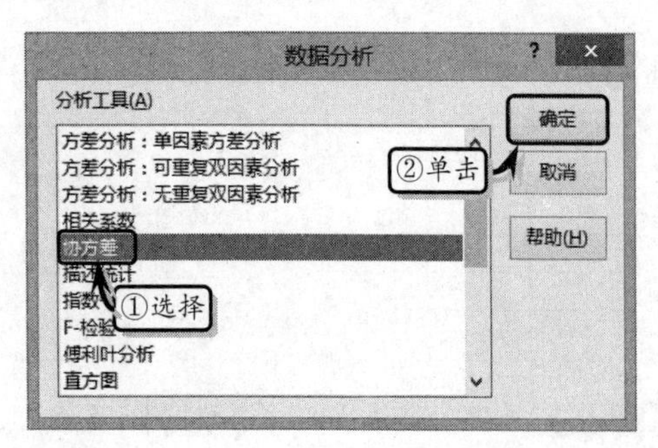

STEP|07 然后，在弹出的【协方差】对话框中，设置各项选项，并单击【确定】按钮。

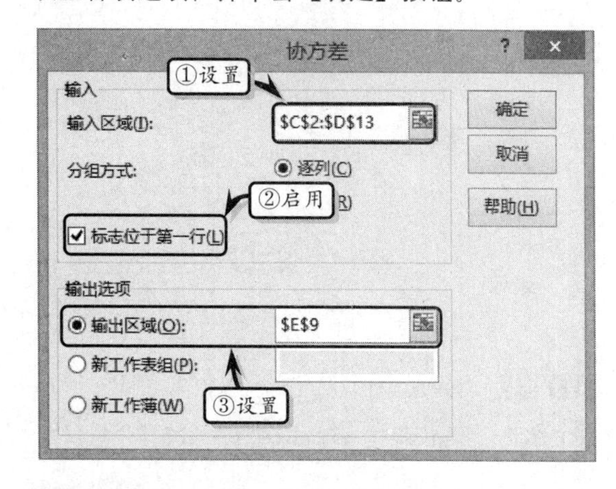

STEP|08 此时，在工作表中的指定单元格中，将显示协方差分析结果。

	B	C	D	E	F	G
5	4月	372	199		成本	利润
6	5月	474	206	成本	1	
7	6月	581	270	利润	0.926561	1
8	7月	710	306	协方差分析工具		
9	8月	800	340		成本	利润
10	9月	880	400	成本	97121.11	
11	10月	950	500	利润	60600.71	44044.74
12	11月	1058	650			

STEP|09 美化工作表。选择单元格区域 E8:G11，执行【开始】|【字体】|【边框】|【所有框线】命令，同时执行【边框】|【粗外侧框线】命令。使用同样方法，分别设置其他单元格区域的边框格式。

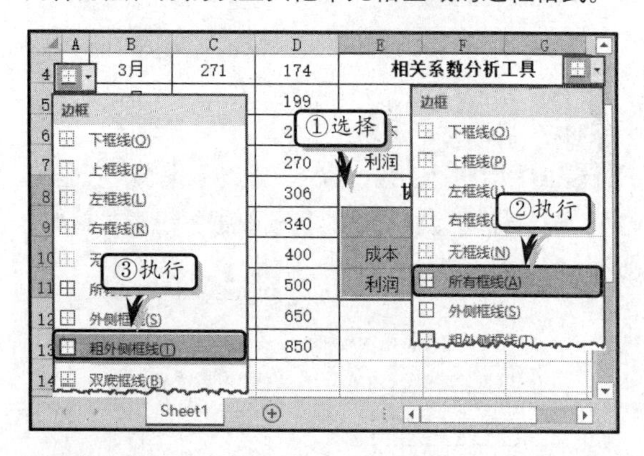

STEP|10 选择单元格区域 B2:D13，执行【开始】|【样式】|【单元格样式】|【差】命令，设置单元格样式。使用同样方法，设置其他单元格区

域的样式。

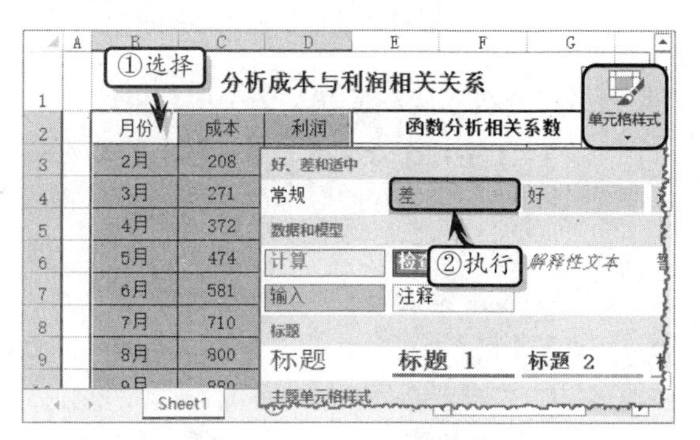

STEP|11 图表法。选择单元格区域 C2:D13，执行【插入】|【图表】|【插入散点图或气泡图】|【散点图】命令。

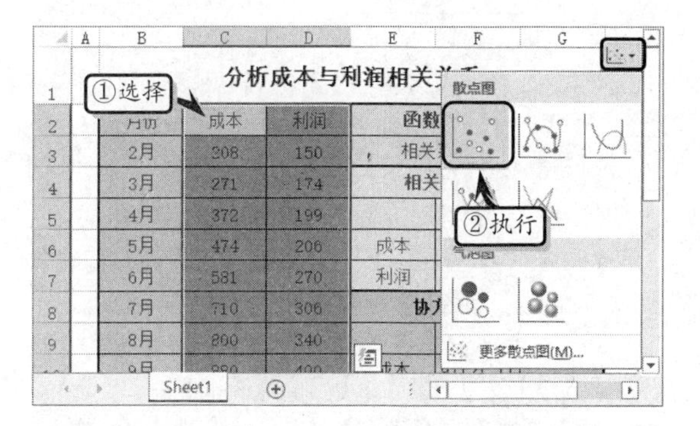

STEP|12 选择图表，执行【设计】|【图表布局】|【快速布局】|【布局 6】命令，设置图表的布局。

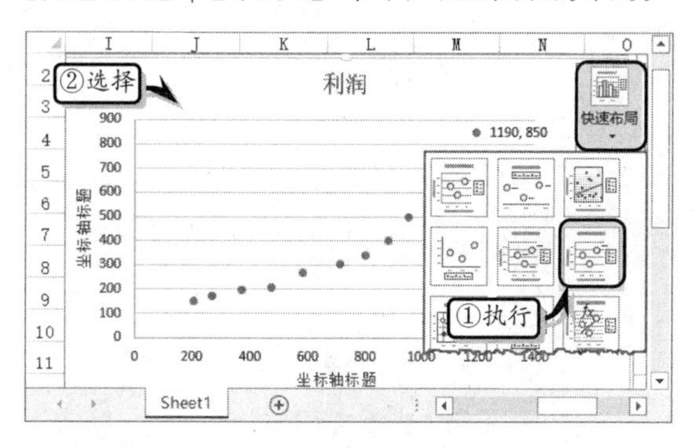

STEP|13 选择图例，按 Delete 键删除图例、数据标签网格线。同时，更改坐标轴和标题名称，并设置图表的字体格式。

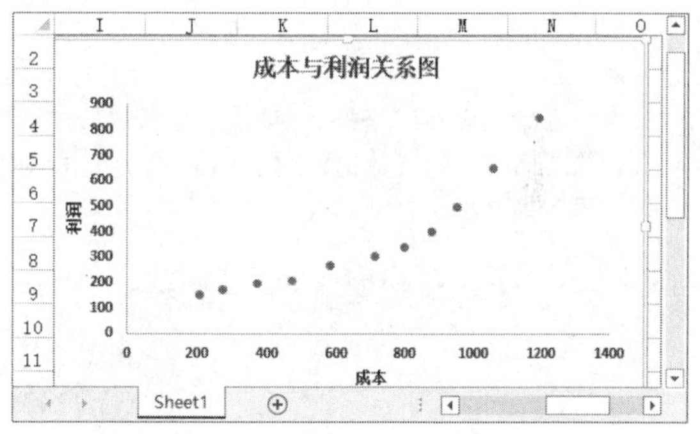

12.8 新手训练营

练习 1：单变量求解利率

downloads\12\新手训练营\单变量求解利率

提示：本练习中，已知某产品的销售额为 100 万元，产品的成本额为 58 万元，产品的利率为 42%。下面运用单变量求解功能，求解目标利润为 60 万时的利润率。

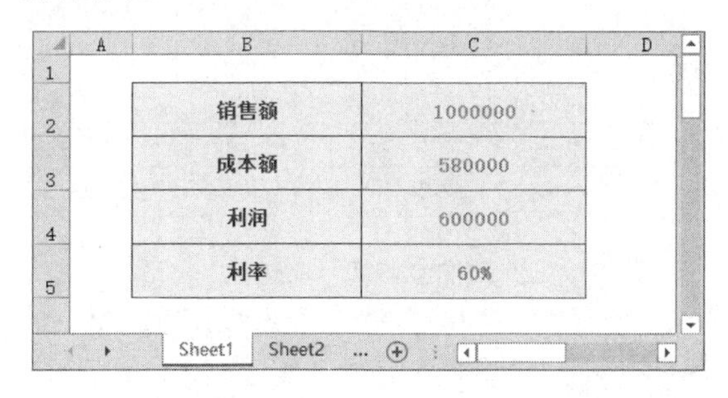

销售额	1000000
成本额	580000
利润	600000
利率	60%

其中，主要制作步骤如下所述。

（1）首先，制作进行单变量求解的基础数据表，并在单元格 C4 中输入计算利润的公式。

（2）执行【数据】|【数据工具】|【模拟分析】|【单变量求解】命令，在弹出的【单变量求解】对话框中，将【目标单元格】设置为 C4，将【目标值】设置为 600000，将【可变单元格】设置为 C5，并单击【确定】按钮。

（3）最后，在弹出的【单变量求解状态】对话框中，单击【确定】按钮即可。

练习 2：求解最大利润

downloads\12\新手训练营\求解最大利润

提示：本练习中，主要使用 Excel 中的设置单元格格式、公式和函数，以及规划求解等常用功能。

求解最大利润			
商品	消耗成本（克/瓶）	生产时间（分钟/瓶）	利润（元/
A	2	3.2	26
B	2.3	3	28
生产成本限制	1500	实际生产成本	690
生产时间限制	900	实际生产时间	900

其中，主要制作步骤如下所述。

（1）首先在工作表中制作基础数据，并设置数据区域的对齐和边框格式。

（2）然后，在单元格 D6 中输入计算实际生产成本的公式。

（3）在单元格 D7 中输入计算实际生产时间的公式。

（4）在单元格 E7 中输入计算最大利润的公式。

（5）最后，执行【数据】|【分析】|【规划求解】命令，设置规划求解各项参数即可。

练习 3：分析不同利率下的贷款还款额

downloads\12\新手训练营\不同利率下贷款还款额

提示：本练习中，已知贷款额为 10 万元，利率为 5%，贷款期限为 20 年，下面将运用单变量模拟运算表，计算不同利率下的还款额。

不同利率下的贷款还款额			
贷款额	期限（月）	利率	还款额
100000	240	5%	￥659.96
		4.0%	￥605.98
		4.5%	￥632.65
		5.0%	￥659.96
		5.5%	￥687.89
		6%	￥716.43
		6.5%	￥745.57
		7%	￥775.30

其中，主要制作步骤如下所述。

（1）制作不同利率下还款额的基础数据表，并在单元格 E3 中输入计算还款额的函数。

（2）选择单元格区域 D3:E10，执行【数据】|【数据工具】|【模拟分析】|【模拟运算表】命令，设置【输入引用列的单元格】选项。

（3）最后，设置单元格区域内的数据格式即可。

练习 4：分析不同利率和期限下的还款额

downloads\12\新手训练营\不同利率和期限下的还款额

提示：本练习中，已知某人贷款 10 万元，利率为 5%，贷款期限为 20 年，下面将运用双变量模拟运算表，计算不同利率和不同期限下的还款额。

不同期限和利率下的还款额				
			还款期限	
5	10	15	20	25
￥21,835.46	￥11,723.05	￥8,376.66	￥6,721.57	￥5,742.79
￥22,148.14	￥12,024.14	￥8,682.51	￥7,036.11	￥6,067.40
￥22,462.71	￥12,329.09	￥8,994.11	￥7,358.18	￥6,401.20
￥22,779.16	￥12,637.88	￥9,311.38	￥7,687.61	￥6,743.90
￥23,097.48	￥12,950.46	￥9,634.23	￥8,024.26	￥7,095.25
￥23,417.64	￥13,266.78	￥9,962.56	￥8,367.93	￥7,454.94
￥23,739.64	￥13,586.80	￥10,296.28	￥8,718.46	￥7,822.67

其中，主要制作步骤如下所述。

（1）制作不同利率和不同期限下还款额的基础数据表，并在单元格 D3 中输入计算还款额的函数。

（2）选择单元格区域 D3:E10，执行【数据】|【数据工具】|【模拟分析】|【模拟运算表】命令，设置相应选项，并单击【确定】按钮。

（3）最后，设置单元格区域内的数据格式和边框格式。

练习 5：预测最佳生产方案

downloads\12\新手训练营\最佳生产方案

提示：本练习中，主要使用 Excel 中的合并单元格、设置对齐和边框格式，以及计算公式、方案管理器等功能。

预测最佳生产方案					
	单价	月产量	最大生产量	正常生产量	最低生产量
A	131	400	400	260	200
B	260	200	200	150	130
C	126	150	150	130	100
最佳方案	123300				

其中，主要制作步骤如下所述。

（1）制作基础数据表，并在单元格 B6 中输入计算最佳方案的公式。

（2）执行【数据】|【数据工具】|【模拟分析】|【方案管理器】命令。

（3）在弹出的对话框中，单击【添加】按钮，在弹出的【编辑方案】对话框中设置方案选项，并单击【确定】按钮。

（4）在弹出的【方案变量值】对话框中，将各数值分别设置为 400、200 和 150，单击【确定】按钮即可。

练习 6：直方图分析数据

downloads\12\新手训练营\直方图分析数据

提示：本练习中，主要使用 Excel 中的数据输入和直方图分析工具等功能。

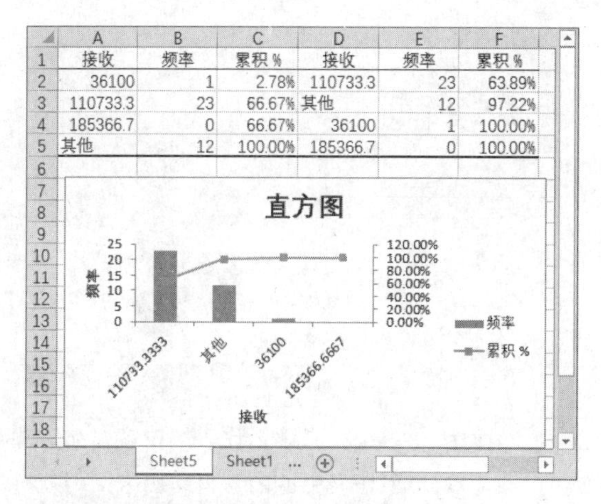

其中，主要制作步骤如下所述。

（1）在工作表中输入基础数据，并设置数据格式。

（2）行【数据】|【分析】|【数据分析】命令，在弹出的对话框中选择【直方图】选项。

（3）然后，在弹出的【直方图】对话框中，设置各项参数，并单击【确定】按钮。

练习 7：指数平滑工具分析数据

downloads\12\新手训练营\指数平滑分析工具

提示：本练习中，已知某企业每月的销售额，下面运用指数平滑分析工具，根据本期销售额预测下期销售额。

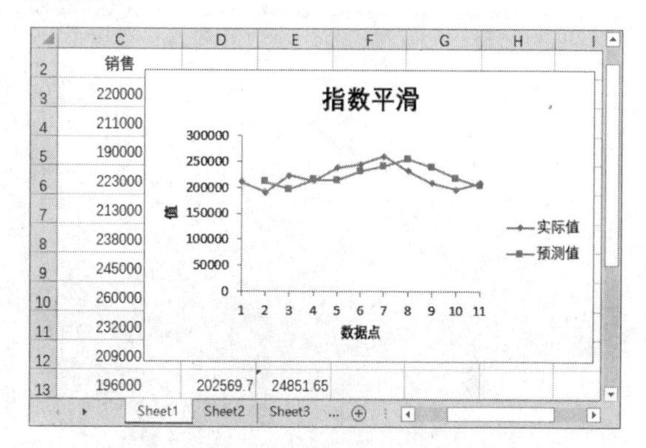

其中，主要制作步骤如下所述。

（1）制作分析直方图的基础数据表，并设置其对齐和字体格式。

（2）执行【数据】|【分析】|【数据分析】命令，在弹出的对话框中选择【指数平滑】选项。

（3）然后，在【指数平滑】对话框中，设置分析参数并单击【确定】按钮。

第 13 章

审阅和打印

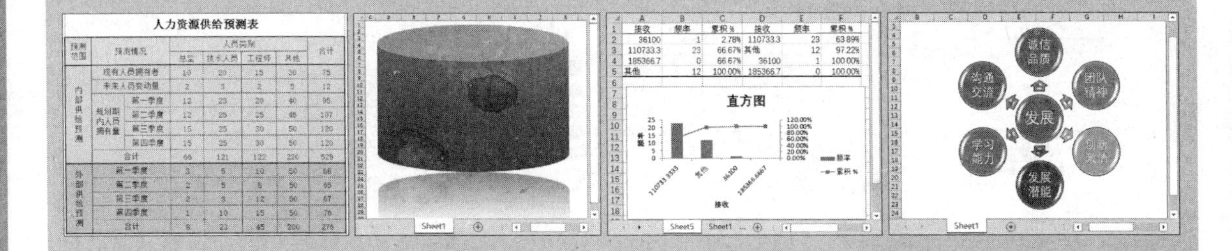

对于制作完成的 Excel 工作表来说，使用审阅功能可以帮助用户审查和阅读工作表的内容，如添加批注、转换语言、翻译内容、检查拼写等。当审阅完成后，则可以将工作表中的内容打印出来，但在打印之前需要设置打印的参数。本章将介绍在审阅过程中创建批注、转换语言、检查拼写的方法，以及在审阅完成后如何打印工作表。

Excel 13.1 使用批注

批注是在审阅过程中添加到独立的批注窗口中的文档注释，可以帮助用户阅读和理解工作表的内容。

13.1.1　创建批注

选择要添加批注的单元格，执行【审阅】|【批注】|【新建批注】命令，并在批注文本框中输入批注文字。输入完文本后，单击批注框外部的工作表区域即可。

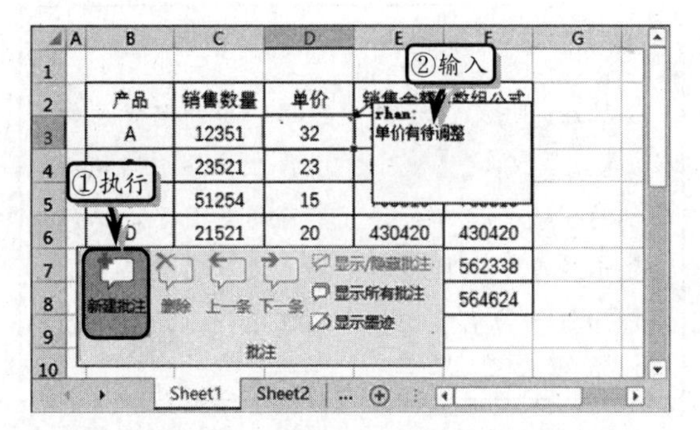

用户也可以选择要添加批注的单元格，右击执行【插入批注】命令。然后，在批注框中输入批注内容。

注意

单元格右下角的红色小三角形表示单元格附有批注。将指针放在红色三角形上时会显示批注。

另外，在不需显示批注内容时，可以将其隐藏。选择包含批注的单元格，执行【审阅】|【批注】|【显示/隐藏批注】命令即可。

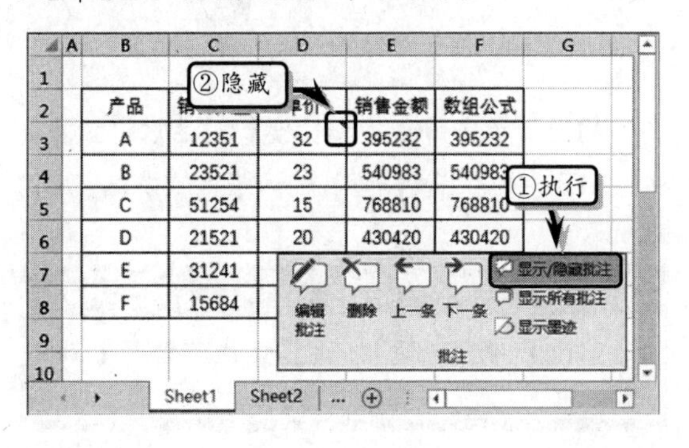

技巧

右击包含批注的单元格，执行【隐藏批注】命令，便可以隐藏单元格中的批注。

13.1.2　编辑批注

创建批注之后，可通过查看批注、显示所有批注，以及设置批注的显示方式等操作，对批注进行一系列的编辑操作。

1．查看批注

当工作表中包含多条批注时，可通过执行【审阅】|【批注】|【上一条】或【下一条】命令，查看不同的批注内容。

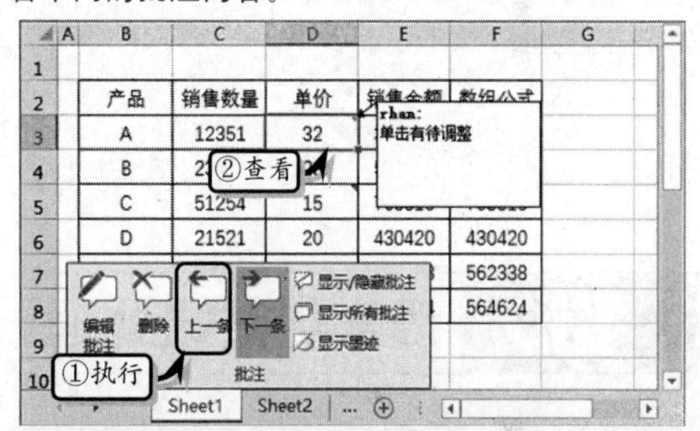

提示

若要查看所有批注，可执行【显示所有批注】命令。

除此之外，执行【审阅】|【批注】|【显示所有批注】命令，通过显示所有批注的方法来查看整个工作表中的批注。

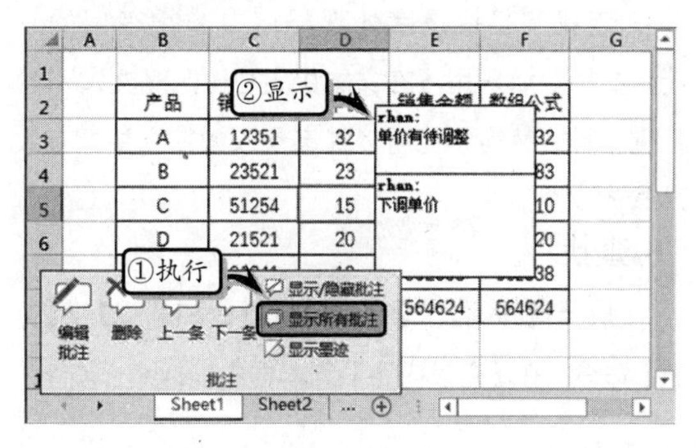

2．设置批注的显示方式

执行【文件】|【选项】命令，在弹出的【Excel 选项】对话框中激活【高级】选项卡，在【显示】选项组中设置批注的显示方式。

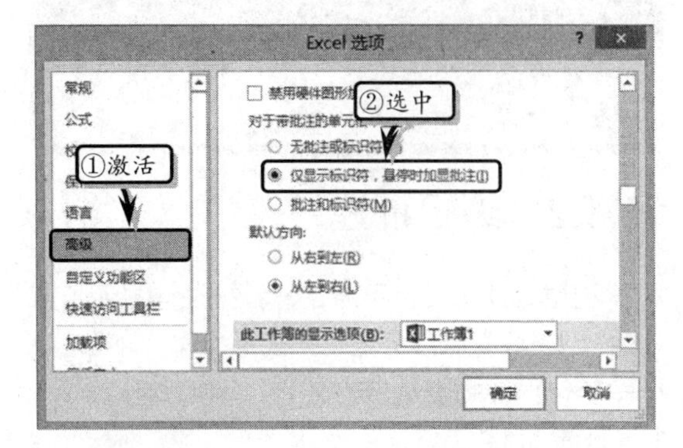

3．更改批注

选择包含批注的单元格，执行【审阅】|【批注】|【编辑批注】命令，即可在批注框中更改编辑内容。

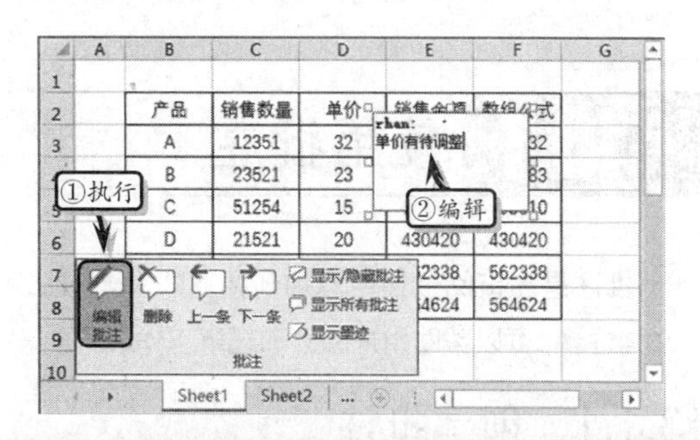

技巧

右击要编辑批注的单元格，执行【编辑批注】命令，或者直接将光标定位于批注框中，也可以编辑批注。

知识链接 13-1 为批注添加图表

批注是用来显示特定数据的说明与标注的一种功能，在通常情况下，用户在批注中只是输入简单的说明性文字，并且批注的背景是以单色进行显示的。下面将通过为批注添加图表的方法，在增加批注的生动性与美观性的同时，显示独特的批注信息。

13.2 语言与数据处理

Excel 内置了语言与数据处理功能，既可以快速查找指定的数据或文本，又可以将简体中文转换为繁体中文，以及将中文翻译为英文，以帮助用户达到快速审阅 Excel 工作表的目的。

13.2.1 查找与替换

查找和替换是字处理程序中非常有用的功能。查找功能只用于在文本中定位，而对文本不做任何修改。替换功能可以提高录入效率，并更有效地修改文档。

1．查找

执行【开始】|【编辑】|【查找和选择】|【查找】命令，在【查找内容】文本框中输入查找内容，并单击【查找下一个】按钮即可。

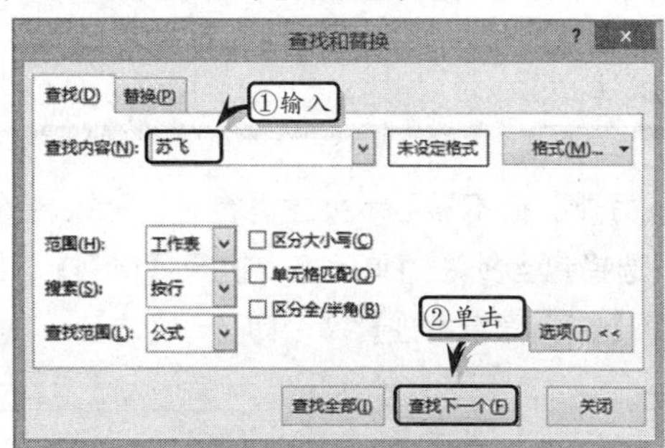

另外，单击【查找和替换】对话框中的【选项】按钮，将弹出具体查找的一些格式设置，其功能如下。

技巧

按 Ctrl+F 键，即可打开【查找与替换】对话框。

名　称	功　能
格式	用于搜索具有特定格式的文本或数字
选项	显示高级搜索选项
范围	选择【工作表】可将搜索范围限制为活动工作表。选择【工作簿】可搜索活动工作簿中的所有工作表
搜索	单击所需的搜索方向，包括按列和按行两种方式
查找范围	指定是要搜索单元格的值还是要搜索其中所隐含的公式或是批注
区分大小写	区分大小写字符
单元格匹配	搜索与【查找内容】框中指定的内容完全匹配的字符
区分全/半角	查找文档内容时，区分全角和半角
查找全部	查找文档中符合搜索条件的所有内容
查找下一个	搜索下一处与【查找内容】框中指定的字符相匹配的内容
关闭	完成搜索后，关闭【查找和替换】对话框

2. 替换

执行【开始】|【编辑】|【查找和选择】|【替换】命令，弹出【查找和替换】对话框。分别在【查找内容】与【替换为】文本框中输入文本，单击【替换】或者【全部替换】按钮即可。

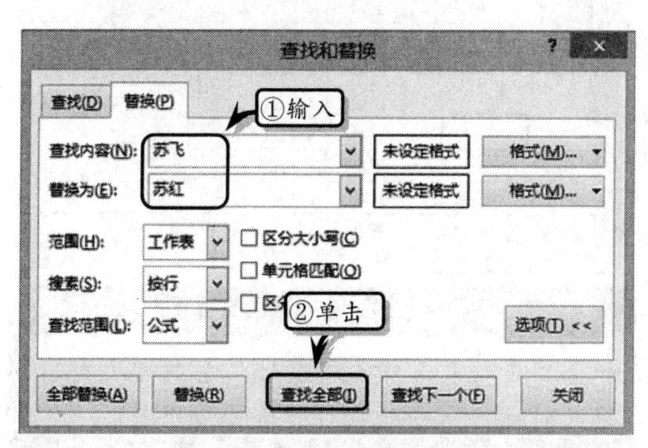

技巧

按 Crtl+H 键，也可弹出【查找和替换】对话框，可进行替换操作。

3. 智能查找

Excel 内置了【智能查找】功能，通过查看定义、图像和来自各种联机源的其他结果来了解所选文本的更多信息。

选择包含文本的单元格，执行【审阅】|【见解】|【智能查找】命令，在弹出的【智能查找】窗格中，查看查找内容即可。

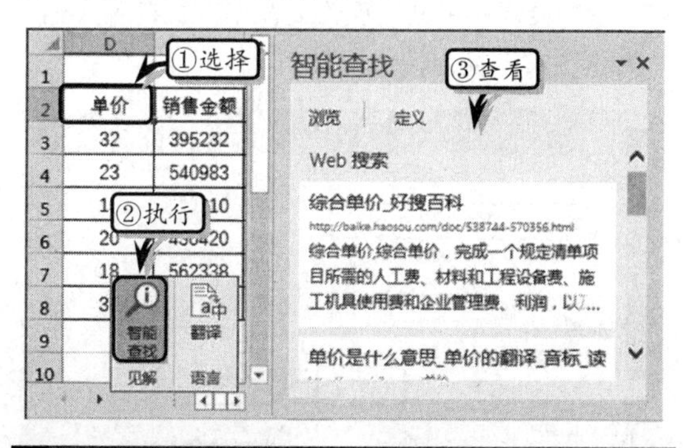

知识链接 13-2　替换查找格式

Excel 还具有替换单元格格式的功能，用户只需利用查找功能，查找包含指定格式的单元格。然后，再利用替换功能，替换指定的格式即可。

13.2.2　语言转换与翻译

Excel 为用户提供了一些处理语言的功能，例如语言转换功能可以快速将工作表中的简体中文和繁体中文相互转换，而翻译功能可以帮助用户翻译多国语言。

1. 语言转换

选择要简繁转换的单元格区域，执行【审阅】|【中文简繁转换】|【简转繁】命令，即可将简体中文转换为繁体中文。

提示

选择单元格区域，执行【审阅】|【中文简繁转换】|【繁转简】命令，即可将繁体中文转换为简体中文。

执行【审阅】|【中文简繁转换】|【简繁转换】命令，弹出【中文简繁转换】对话框。在该对话框中，选中【繁体中文转换为简体中文】选项，也可将繁体中文转换为简体中文。

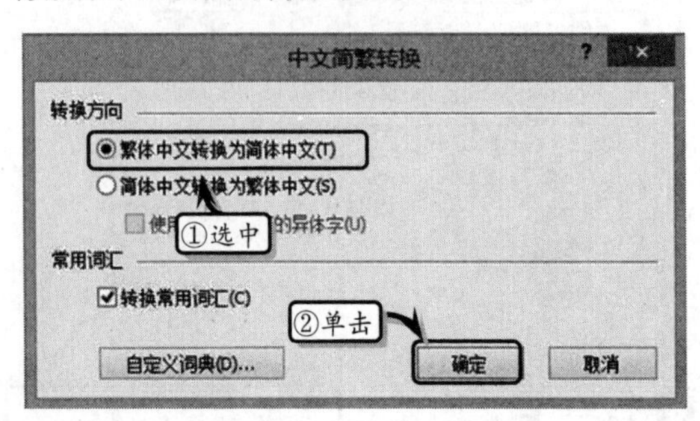

2．翻译

执行【审阅】|【语言】|【翻译】命令，打开【信息检索】窗格。在【搜索】文本框中输入搜索内容，设置翻译选项即可。

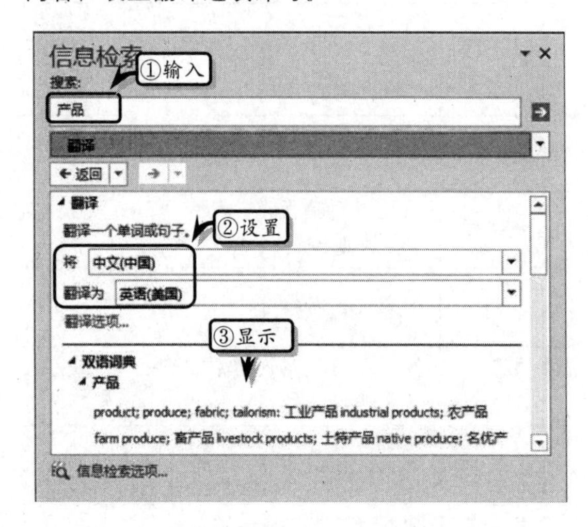

13.3 使用分页符

Excel 还为用户提供了分页功能，当用户不想按固定的尺寸进行分页时，可使用该功能进行人工分页。

13.3.1 插入分页符

选择新起页第一行所对应的行号（或该行最左边的单元格），执行【页面布局】|【页面设置】|【分隔符】|【插入分页符】命令，将在该行的上方出现分页符，用来改变页面上数据行的数量。

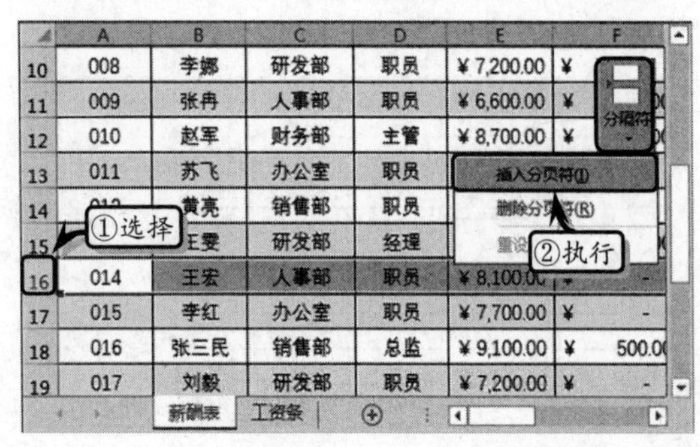

另外，选择新起页第一列所对应的列标（或该列的最顶端的单元格），执行【分隔符】|【插入分页符】命令，将在该列的左边出现分页符，用来改变页面上数据列的数量。

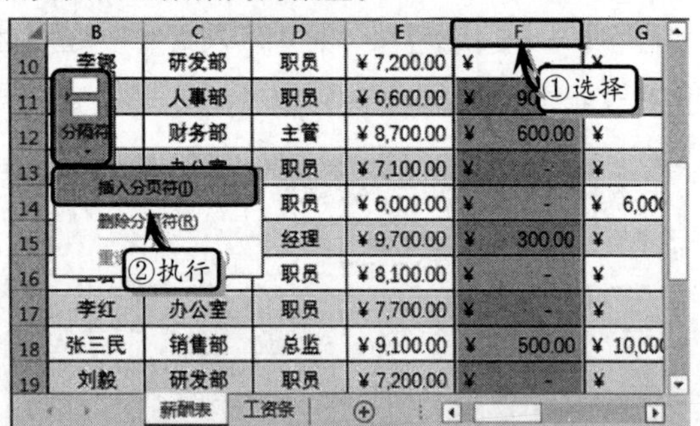

技巧

如果单击的是工作表的其他位置的单元格，将同时插入水平分页符和垂直分页符。

13.3.2 编辑分页符

插入分页符后，可对其进行移动或删除等一系列的编辑操作。

1. 移动分页符

执行【视图】|【工作簿视图】|【分页预览】命令，将视图切换到【分页预览】视图中。

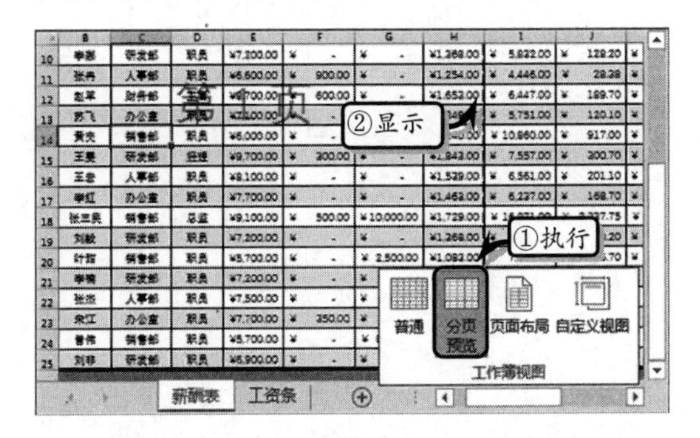

然后，将鼠标置于分页符位置，当光标变成双向箭头时，拖动至合适位置后松开，即可调整分页符的位置。

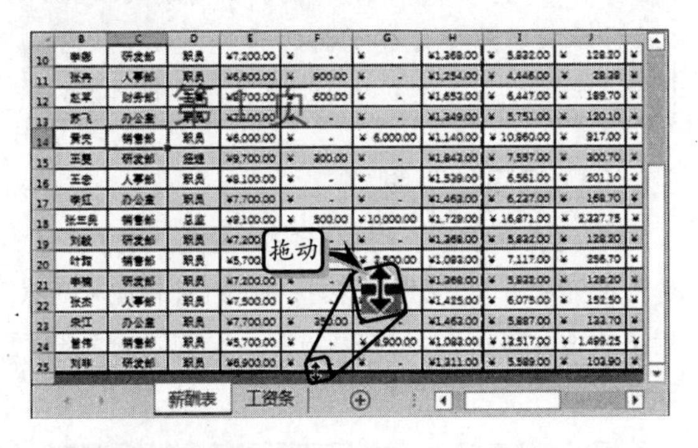

2. 删除分页符

要删除分页符时，用户可以选择分页符的下边或右边的任一单元格，执行【页面布局】|【页面设置】|【分隔符】|【删除分页符】命令。

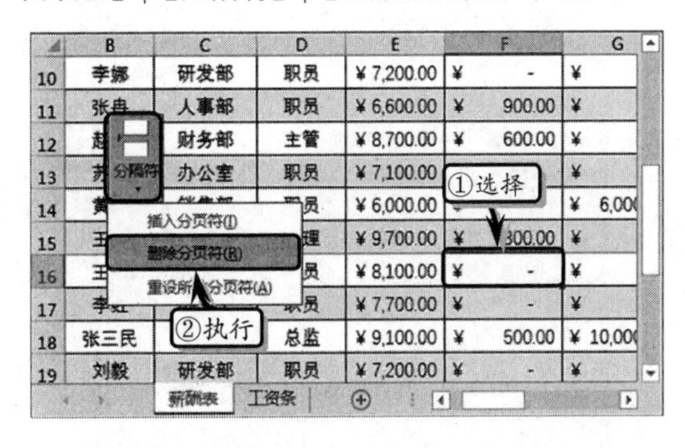

另外，还可以执行【分隔符】|【重设所有分页符】命令，来删除分页符。

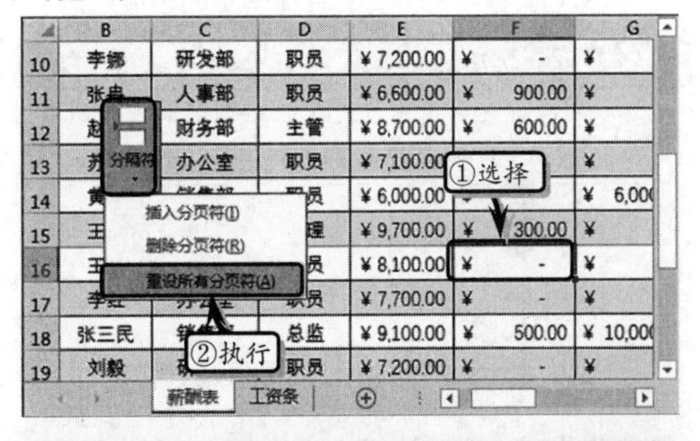

技巧

用户还可以将鼠标置于分页符处，当光标变成双向箭头时，拖出预览范围即可删除分页符。

Excel 13.4 打印工作表

制作完工作表之后，需要将工作表输出到纸张中，以供工作组成员传阅与分析。另外，为使输出的工作表具有整齐性与规律性，还需要在打印工作表之前先设置工作表的页面属性。

13.4.1 设置页面属性

当完成工作表的创建之后，为了便于查看与传阅，还需要打印工作表。在打印工作表之前，应该根据需要设置打印区域，对要打印的工作表进行一系列操作。

1. 页面设置

页面设置主要包含设置打印的方向、纸张的大小、页眉或页脚、页边距及控制是否打印网格线、行号、列号或批注等。

在【页面布局】选项卡【页面设置】选项组中，单击【对话框启动器】按钮，弹出【页面设置】对话框。激活【页面】选项卡，设置相应的选项即可。

该对话框可以设置页面方向、缩放、纸张大小、

打印质量和起始页码等，其具体含义如下表所示。

选　项		含　义
方向		主要用于设置工作表的方向，分为纵向和横向两种
缩放	缩放比例	按百分比来缩放工作表
	调整为	单击后面的【页宽】或【页高】微调框，来设置页面的宽度或高度
纸张大小		选择打印工作表要使用的纸张
打印质量		打印质量可以分为高、中、低和草稿 4 种级别，一般都选择其默认设置——中
起始页码		当打印的工作表中含有多个页面，且要打印其中的一部分时，则可以在该文本框中输入要打印的起始页
打印		单击该按钮，将弹出【打印内容】对话框，对打印项进行设置
打印预览		可以对要打印的工作表进行预览
选项		单击该按钮，则可以在弹出的对话框中对工作表的布局、纸张和质量进行设置，还可以对打印机进行维护

2. 设置页边距

页边距是指在纸张上开始打印内容的边界与纸张边沿的距离。在【页面设置】对话框中激活【页边距】选项卡，可设置其上、下、左、右、页眉和页脚的页边距，以及页面的居中方式。

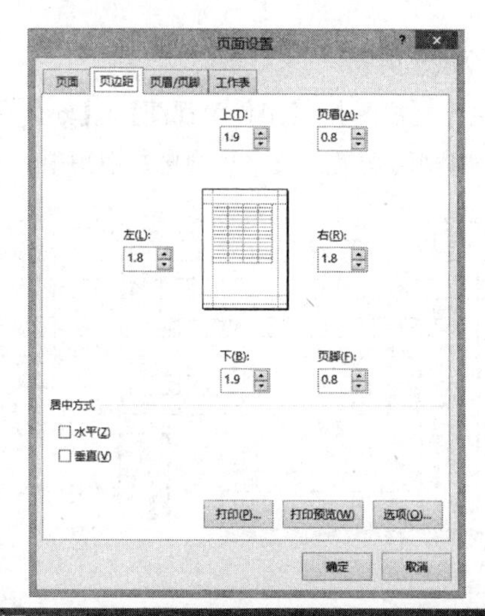

提示

页边距的单位通常用 cm 表示。可以通过单击【页边距】选项卡中的微调框对其页边距进行修改。若要设置页面的居中方式，只需启用相应的【水平】或【垂直】复选框即可。

3. 设置页眉和页脚

在【页面设置】对话框中激活【页眉/页脚】选项卡，单击【页眉】下拉按钮，选择相应项。然后单击【页脚】下拉按钮，选择一种内置的页脚类型即可。

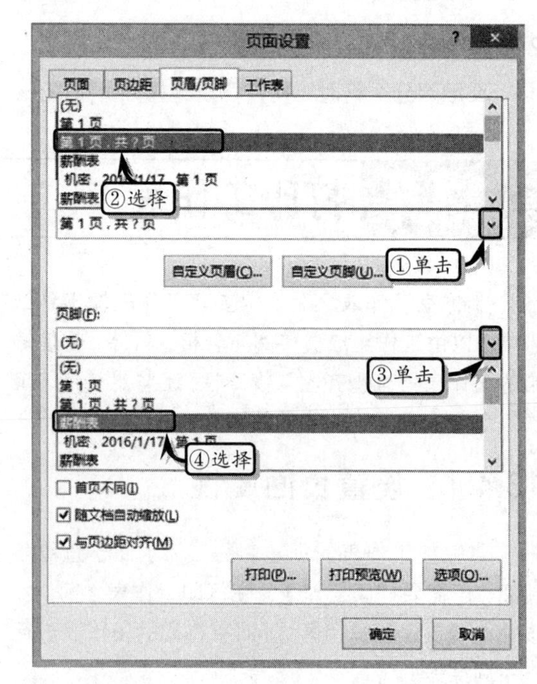

该对话框中，用户还可以启用下面的复选框，设置页眉页脚显示的格式，其含义如下表所示。

名　称	功　能
奇偶页不同	启用该复选框，则工作表中奇数页和偶数页上的页眉页脚各不相同
首页不同	启用该复选框，则工作表中第一页上的页眉页脚与其他页上的不相同
随文档自动缩放	启用该复选框，则页眉页脚随文档变化自动缩放
与页边距对齐	启用该复选框，则页眉页脚与页边距对齐

另外，若用户感觉 Excel 提供的页眉或页脚格式不能满足需要，就可以自定义页眉或页脚。即单击【页眉/页脚】选项卡中的【自定义页眉】按钮，然后在弹出的【页眉】对话框中输入页眉的内容。

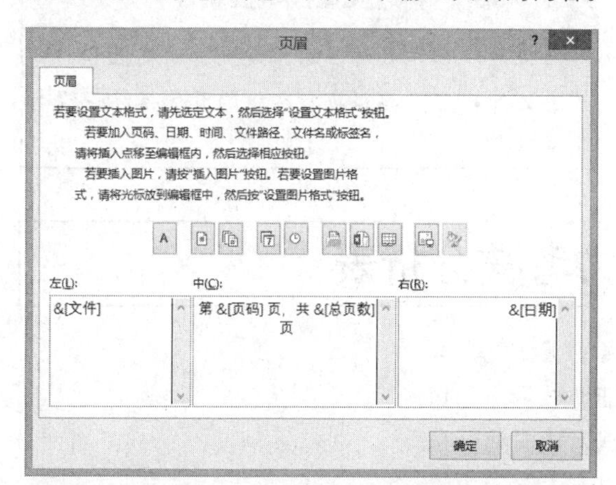

提示

自定义页脚的方法与自定义页眉的方法类似，只需单击【自定义页脚】按钮，然后在弹出的【页脚】对话框中进行设置即可。

4．设置工作表

在【页面设置】对话框中，激活【工作表】选项卡，在该选项卡中，可以对打印区域、打印标题、打印及打印顺序进行设置。

13.4.2　设置打印选项

在选定了打印区域并设置好打印页面后一般

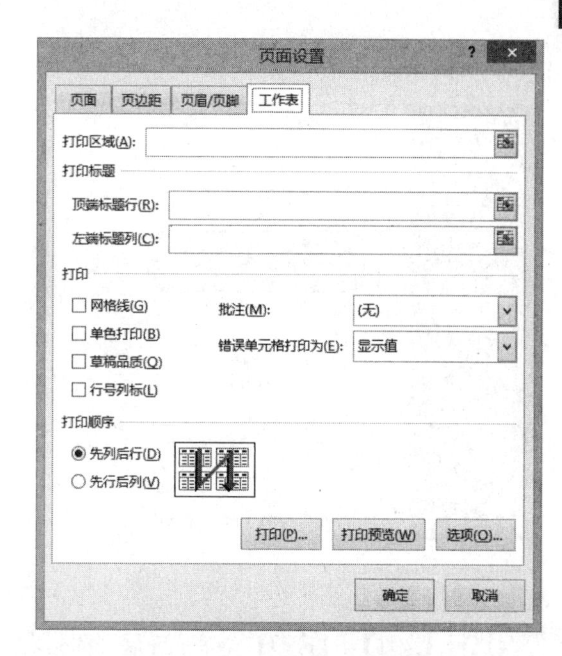

就可以打印工作表了。如果用户希望在打印之前查看打印效果，则可以使用 Excel 的打印预览功能。

1．设置打印页数范围

除了设置打印区域之外，还可以按照页数来设置打印范围。执行【文件】|【打印】命令，在列表中设置打印的页数范围即可。

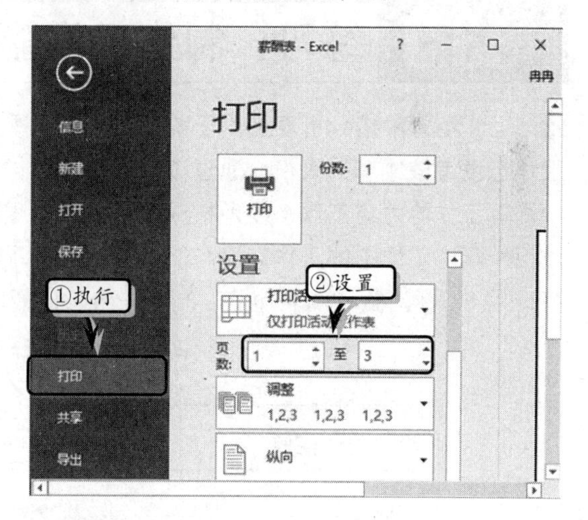

2．设置打印缩放

在 Excel 中除了可以在【页面设置】对话框中，按缩放百分比例值来设置打印缩放之外，还可以按照行、列或工作表来设置打印缩放效果。

执行【文件】|【打印】命令，在展开的列表中单击【无缩放】下拉按钮，在其下拉列表中选择

一种选项。

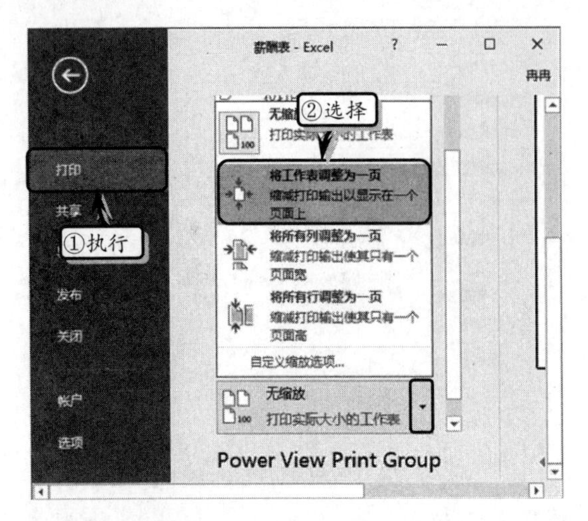

3. 打印报表

执行【文件】|【打印】命令，在展开的列表中设置打印机类型。同时，设置打印份数，并单击【打印】按钮，打印工作表。

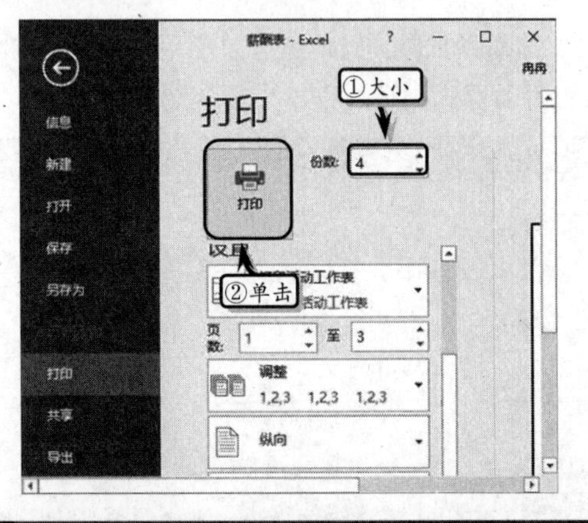

提示

执行【文件】|【打印】命令，在展开的列表中单击【打印机属性】按钮，在弹出的对话框中可以设置打印机的属性。

知识链接 13-3 设置打印机属性

在打印工作表时，除了设置页面属性和打印范围之外，还需要根据打印机的具体情况设置打印机属性。

13.5 练习：制作工作能力考核分析表

工作能力考核分析表是用于统计员工每个季度的工作能力与工作态度考核成绩的表格，通过该表不仅可以详细地显示员工每个季度工作能力与工作态度考核成绩，还可以根据考核成绩分析员工一年内工作中的工作态度与能力的变化情况。在本练习中，将运用 Excel 函数和图表功能，制作一份工作能力考核分析表。

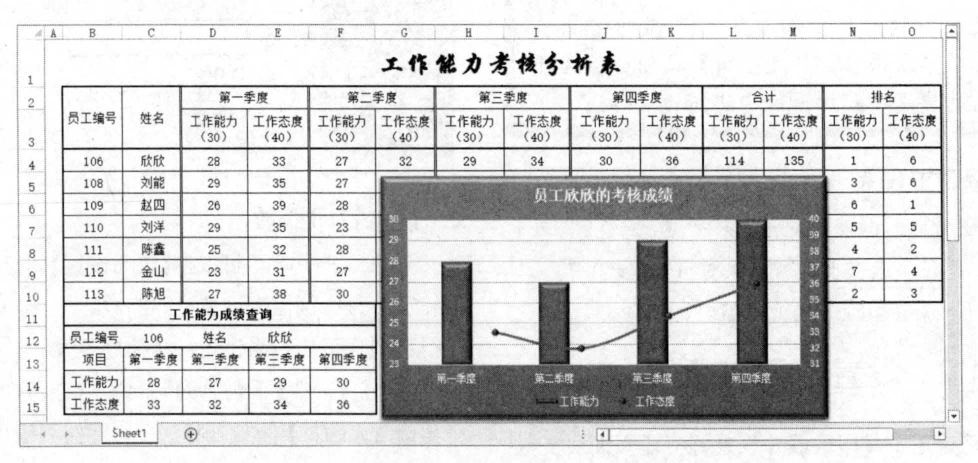

操作步骤

STEP|01 制作标题。首先设置工作表的行高，合并单元格区域 B1:O1，输入标题文本并设置文本的字体格式。

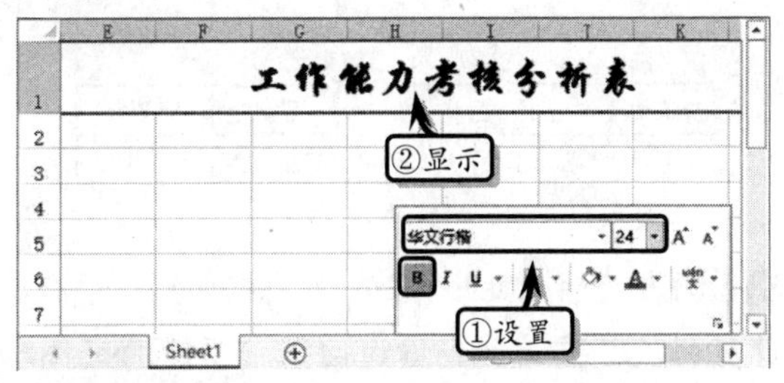

STEP|02 合并相应的单元格区域，输入基础数据，并设置数据区域的对齐和边框格式。

STEP|03 选择单元格 L4，在【编辑】栏中输入计算公式，按 Enter 键返回工作能力合计值。

STEP|04 选择单元格 M4，在【编辑】栏中输入计算公式，按 Enter 键返回工作态度合计值。

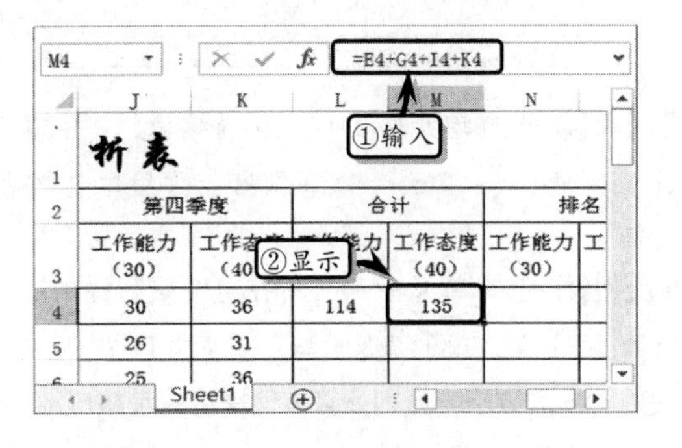

STEP|05 选择单元格 N4，在【编辑】栏中输入计算公式，按 Enter 键返回工作能力排名值。

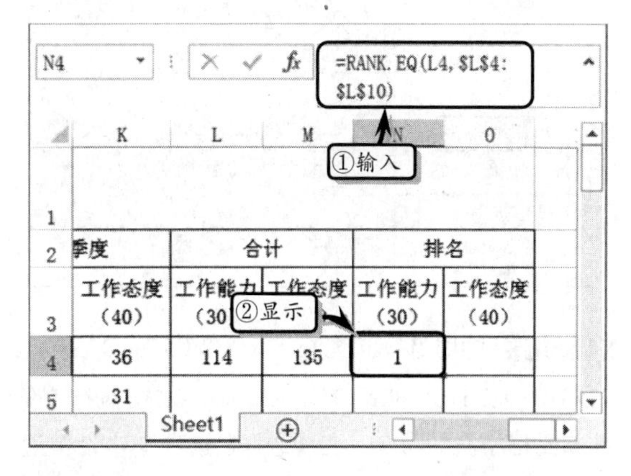

STEP|06 选择单元格 O4，在【编辑】栏中输入计算公式，按 Enter 键返回工作态度排名值。

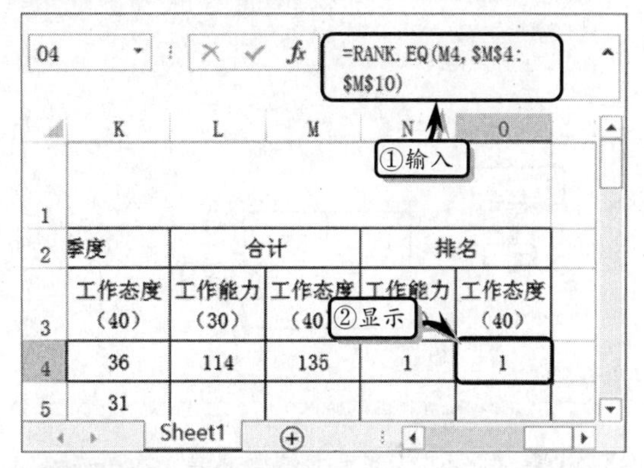

STEP|07 选择单元格区域 L4:O10，执行【开始】|【编辑】|【填充】|【向下】命令，向下填充公式。

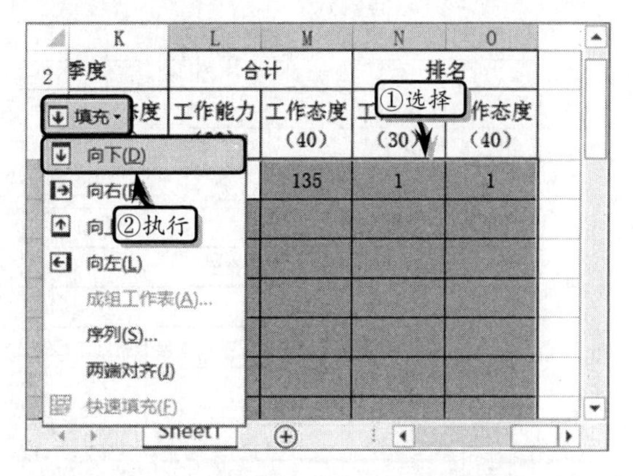

STEP|08 同时选择单元格区域 B2:O3 与 B4:O10，执行【开始】|【字体】|【边框】|【粗外侧框线】命令。

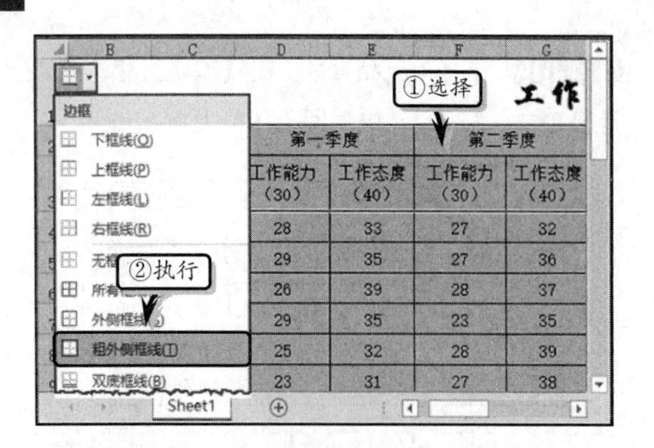

STEP|09 同时选择单元格区域 B2:C10、D2:E10、F2:G10、H2:I10、J2:K10 与 L2:M10，右击执行【设置单元格格式】命令，在【边框】选项卡中设置边框的样式与位置。

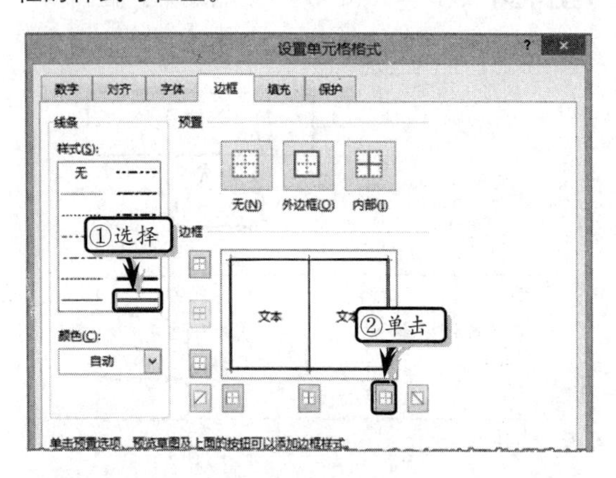

STEP|10 制作工作能力成绩查询表。在单元格区域 B11:F15，输入查询表格基础数据，并设置数据的对齐、字体和边框格式。

	A	B	C	D	E	F
7		110	刘洋	29	35	23
8		111	陈鑫	25	32	28
9		112	金山	23	31	27
10		113	陈旭	27	38	30
11		工作能力成绩查询				
12		员工编号	106	姓名		
13		项目	第一季度	第二季度	第三季度	第四季度
14		工作能力				
15		工作态度				

STEP|11 选择单元格 E12，在【编辑】栏中输入计算公式，按 Enter 键返回员工姓名。

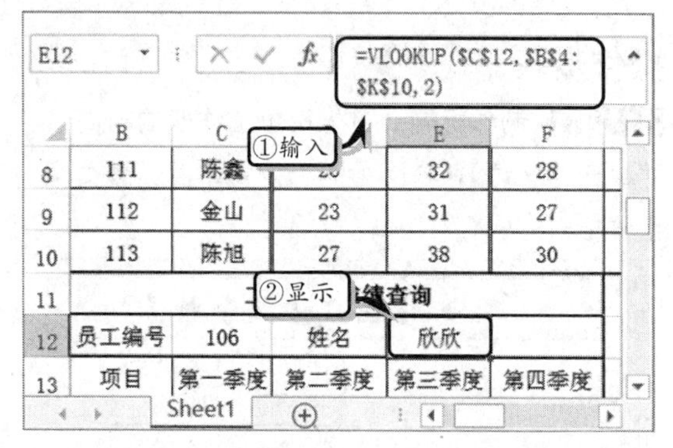

STEP|12 选择单元格 C14，在【编辑】栏中输入计算公式，按 Enter 键返回第一季度的工作能力值。

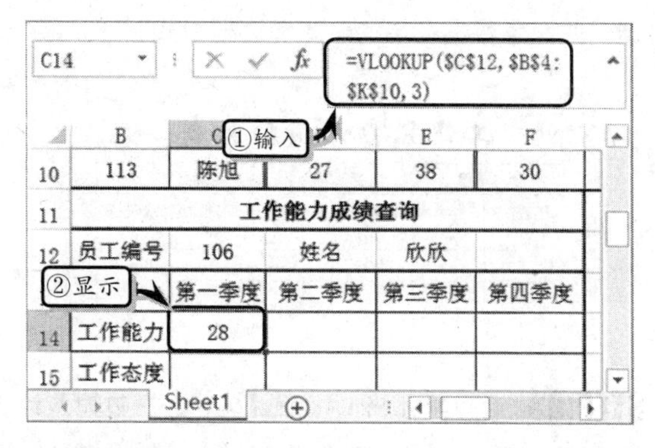

STEP|13 选择单元格 C15，在【编辑】栏中输入计算公式，按 Enter 键返回第一季度的工作态度值。

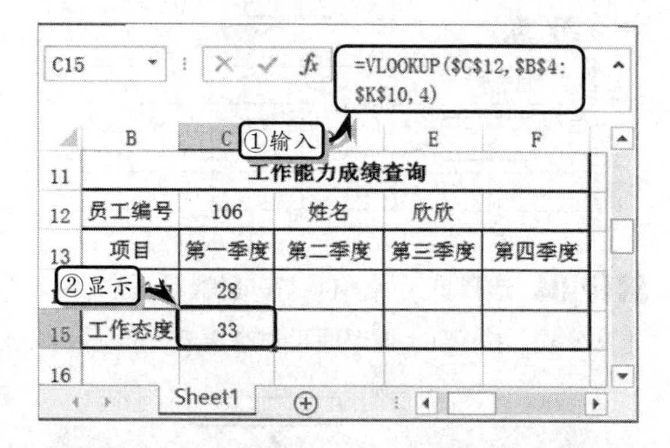

STEP|14 选择单元格 D14，在【编辑】栏中输入计算公式，按 Enter 键返回第二季度的工作能力值。

STEP|15 选择单元格 D15，在【编辑】栏中输入计算公式，按 Enter 键返回第二季度的工作态度值。使用同样的方法，分别计算其他季度的考核成绩。

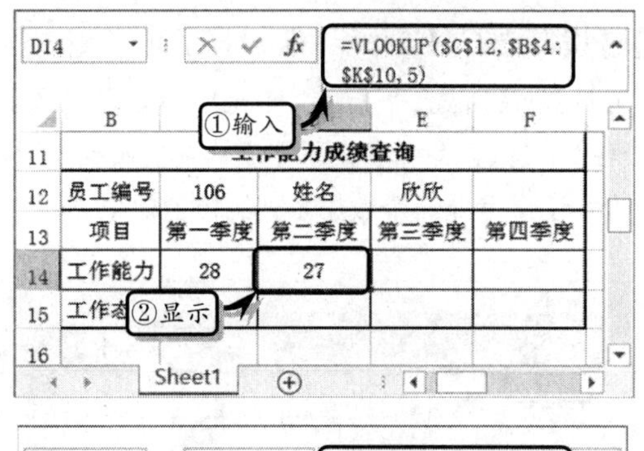

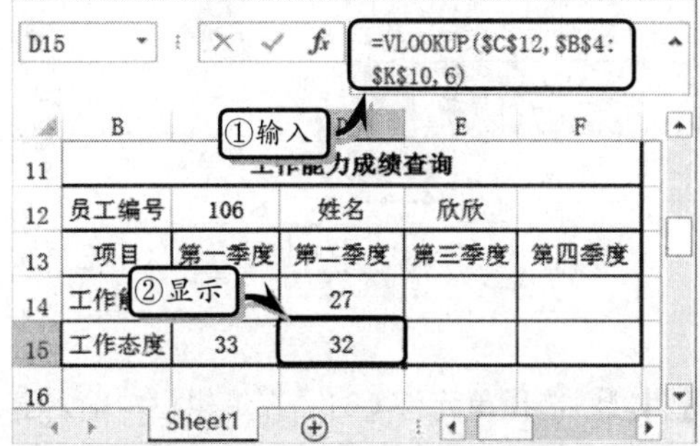

STEP|16 制作分析图表。选择单元格区域B13:F15，执行【插入】|【图表】|【推荐的图表】命令。

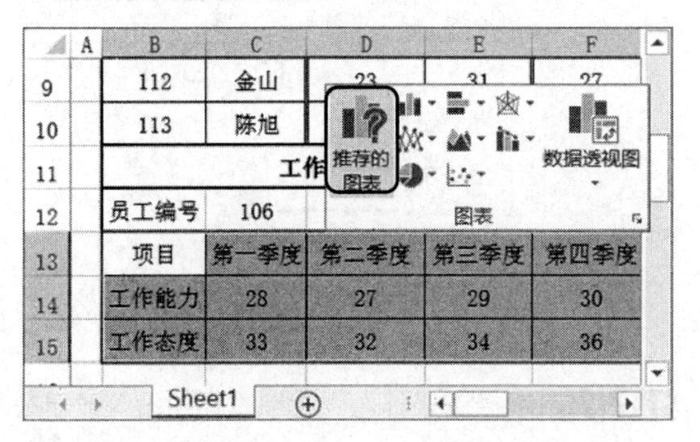

STEP|17 在弹出的【插入图表】对话框中，激活【所有图表】选项卡，选择【组合】选项，并设置组合图表的类型。

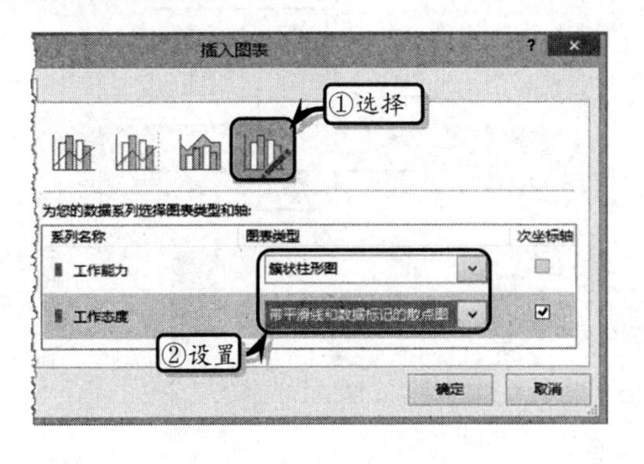

STEP|18 双击【垂直（值）轴】坐标轴，设置坐标轴的最大值、最小值、主要刻度单位与次要刻度单位。

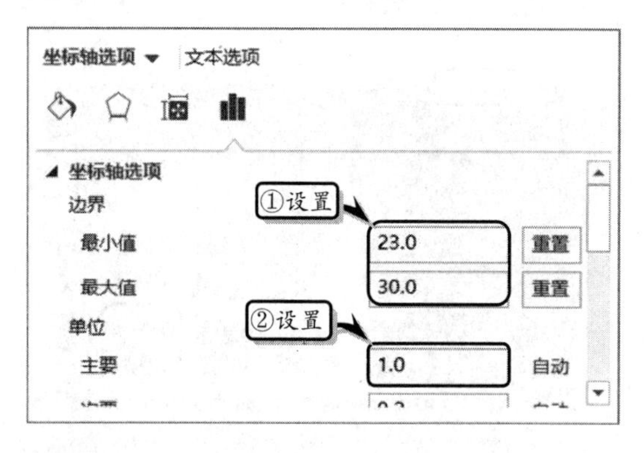

STEP|19 双击【次坐标轴垂直（值）轴】坐标轴，设置坐标轴的最大值、最小值、主要刻度单位与次要刻度单位。

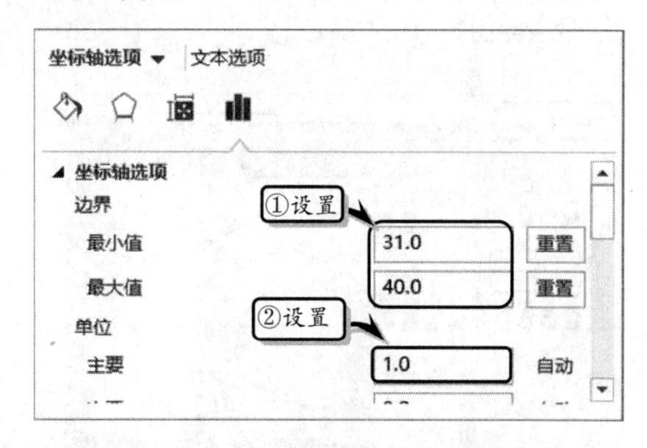

STEP|20 双击【次坐标轴水平（值）轴】坐标轴，将【刻度线标记】选项组中的【主要类型】设置为【无】，同时将【标签】选项组中的【标签位置】设置为【无】。

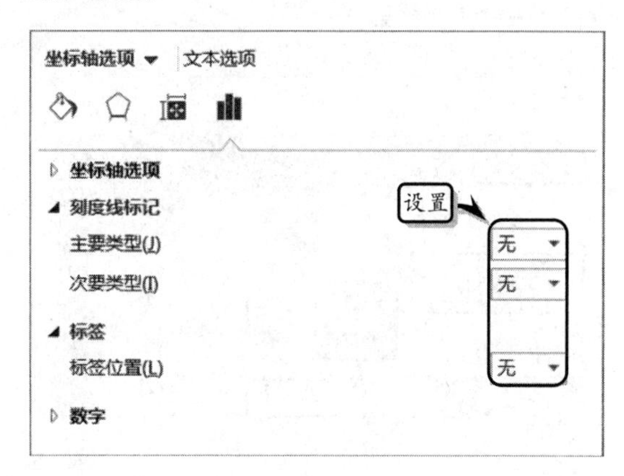

STEP|21 选择图表，执行【图表工具】|【格式】|【形状样式】|【强烈效果-绿色，强调颜色 6】命令，设置图表的样式。

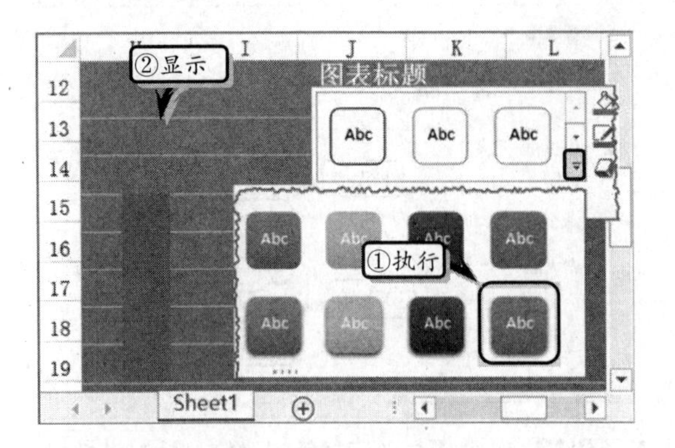

STEP|22 选择绘图区，执行【图表工具】|【格式】|【形状样式】|【形状填充】|【白色，背景 1】命令，设置绘图区的填充颜色。

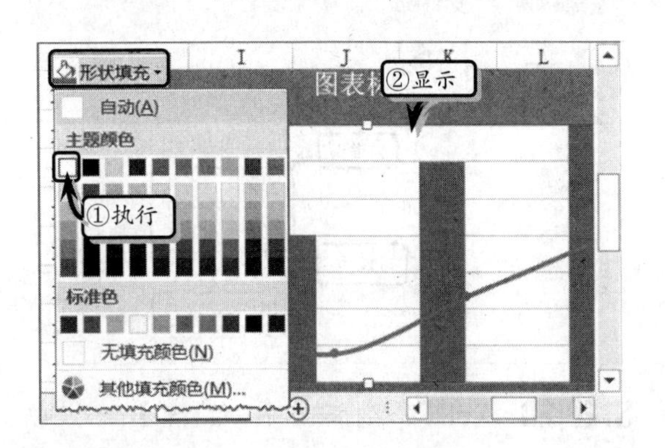

STEP|23 选择图表，执行【图表工具】|【格式】|【形状样式】|【形状效果】|【棱台】|【圆】命令，设置图表的棱台效果。

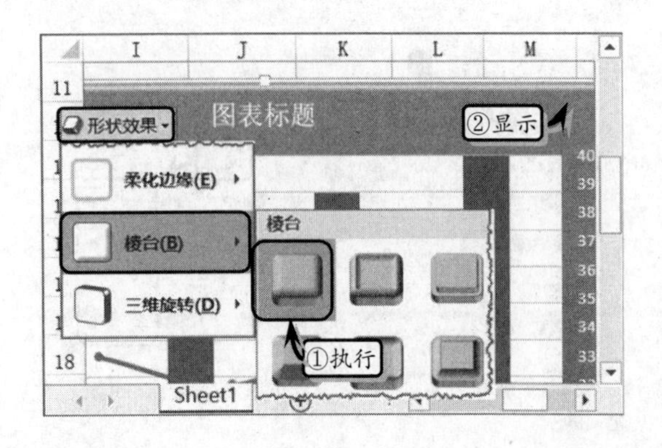

STEP|24 选择【工作能力】数据系列，执行【图表工具】|【格式】|【形状样式】|【形状效果】|【棱台】|【圆】命令，设置图表的棱台效果。同样方法，设置另外一个数据系列的棱台效果。

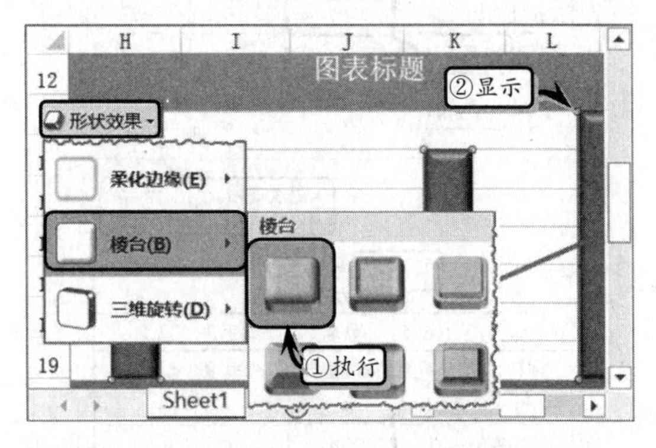

STEP|25 选择单元格 C31，在编辑栏中输入显示图表标题的公式，按 Enter 键返回计算结果。

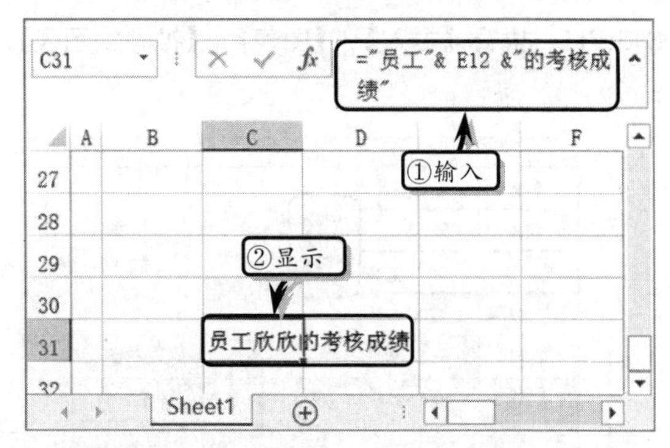

STEP|26 选择图表标题，在编辑栏中输入显示公式，按 Enter 键显示标题文本，并设置文本的字体格式。

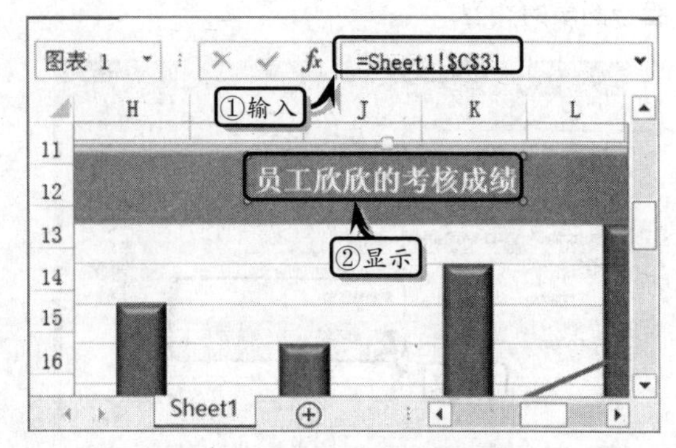

13.6 练习：分析 GDP 增长率

Excel 具有强大的数据分析功能，运用其内置的数据分析库工具可以对数据进行专业分析。例如，可以运用“直方图”分析工具对数据进行频数分析，将零散的、分散的数据进行有次序的整理，从而形成一系列反映总体各组之间单位分布状况的数列。在本练习中，将运用“直方图”分析功能，使用频数分析方法来分析某 100 个城市某年的 GDP 的增长率。

频数分析GDP增长率

基础数据									
7.7	7.7	11.6	12.6	11	10	9.8	10.2	8.1	10.9
10.5	10	9.8	11.2	11.6	9	9.6	12	10	9
12.5	9	9.6	10.6	14.1	10	11.5	8	10	10.4
9.8	10	11.5	9.7	11	12	13	9.3	10	11.1
12.3	12	13.3	11.1	10.7	8.1	10.9	11.9	10.3	11.5
10.2	8.1	10.9	7.7	12	10	9.8	10	11.5	8
12	10	14	8.5	11.2	9	9.6	12	13	9.3
8	10	10.4	9.5	10.5	10	11.5	8.1	10.9	11.9
9.3	10	11.1	9.5	7.9	12	13	10	9.8	11.2
11.9	10.3	11.5	9.3	9.3	9	9.8	9	9.6	10.6

分析结果									直方图数据	
参考数据		组段（下限）	组段	组段（上限）	频数	累计频数	相对频数	相对累计频数	接收	频率
最小值	7.7	7.7	7.7	8.4	11					
		8.4	8.4	9.1	7					
最大值	14.1	9.1	9.1	9.8	12					
		9.8	9.8	10.5	26					
全距	6.4	10.5	10.5	11.2	14					
		11.2	11.2	11.9	11					
组段	0.64	11.9	11.9	12.6	12					
		12.6	12.6	13.3	4					
确定组距	0.7	13.3	13.3	14	1					
总样数	100	14	14	14.7	2					

操作步骤

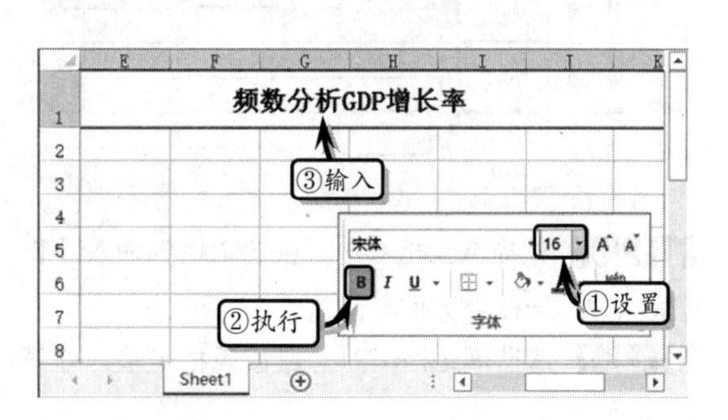

STEP|01 制作表格框架。新建工作表，设置工作表的行高，合并单元格区域 B1:M1，输入标题文本，并设置文本的字体格式。

STEP|02 制作基础数据表，输入基础数据并设置其对齐和边框格式。

	E	F	G	H	I	J	K
2	基础数据						
3	11.6	12.6	11	10	9.8	10.2	8.
4	9.8	11.2	11.6	9	9.6	12	1(
5	9.6	10.6	14.1	10	11.5	8	1(
6	11.5	9.7	11	12	13	9.3	1(
7	13.3	11.1	10.7	8.1	10.9	11.9	10.
8	10.9	7.7	12	10	9.8	10	11.
9	14	8.5	11.2	9	9.6	12	1
10	10.4	9.5	10.5	10	11.5	8.1	10.

STEP|03 制作分析结果表框架，输入标题文本和基础内容，设置文本的字体格式，对齐和边框格式。

	B	C	D	E	F	G	H
13	分析结果						
14	参考数据		组段（下限）	组段	组段（上限）	频数	累计
15–16	最小值						
17–18	最大值						
19–20	全距						

STEP|04 计算参考数据。选择单元格 C15，在编辑栏中输入计算公式，按 Enter 键返回最小值。

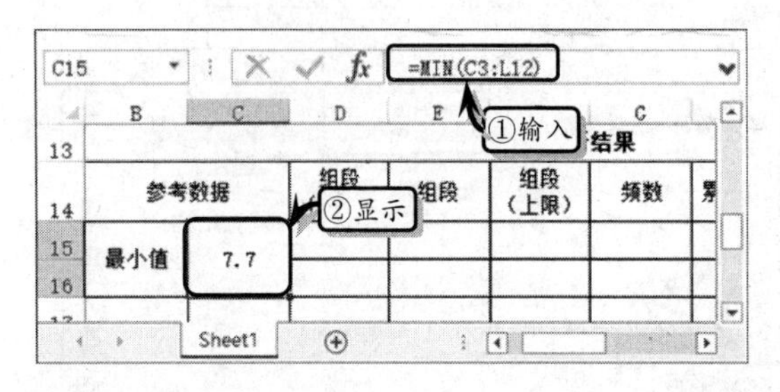

STEP|05 选择单元格 C17，在编辑栏中输入计算公式，按 Enter 键返回最大值。

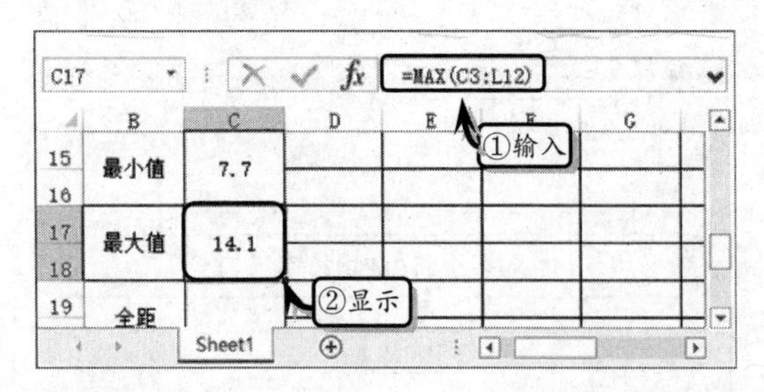

STEP|06 选择单元格 C19，在编辑栏中输入计算公式，按 Enter 键返回全距值。

STEP|07 选择单元格 C21，在编辑栏中输入计算公式，按 Enter 键返回组段值。

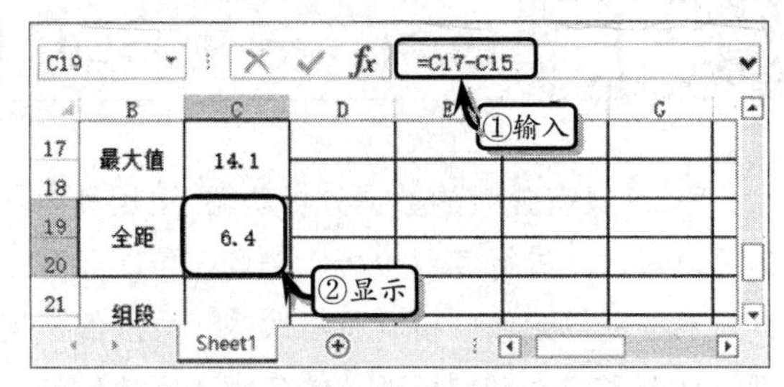

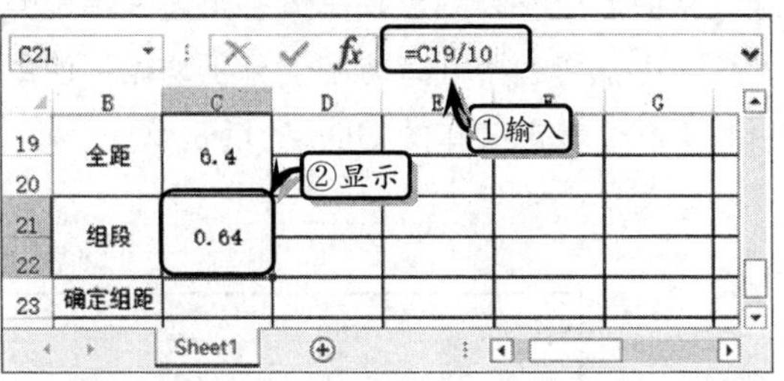

STEP|08 在单元格 C23 中输入确定组距值，然后选择单元格 C24，在编辑栏中输入计算公式，按 Enter 键返回总样数。

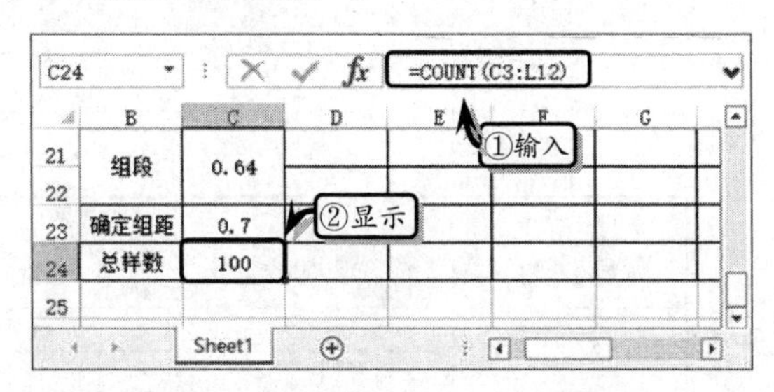

STEP|09 计算组段类数值。在单元格 D15 中输入组段下限最小值，然后选择单元格 D16，在编辑栏中输入计算公式，按 Enter 键返回计算结果。使用同样方法，计算其他组段下限值。

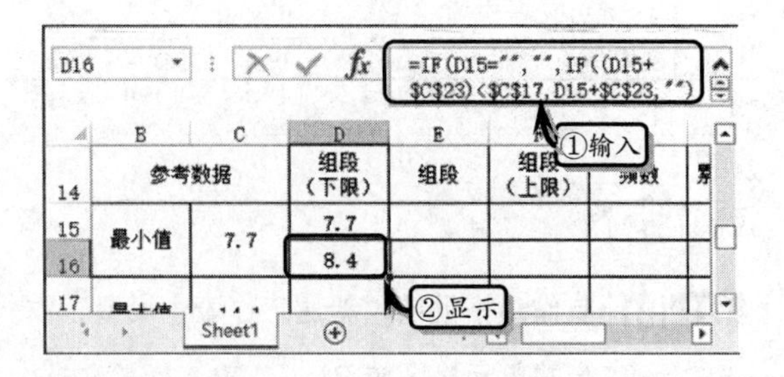

STEP|10 选择单元格 E15，在编辑栏中输入计算公式，按 Enter 键返回第一个组段值。使用同样方法，计算其他组段值。

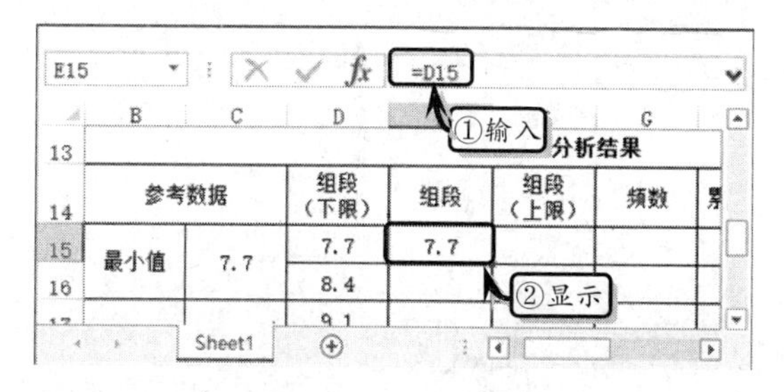

STEP|11 选择单元格 F15，在编辑栏中输入计算公式，按 Enter 键返回第一个组段上限值。使用同样方法，计算其他组段上限值。

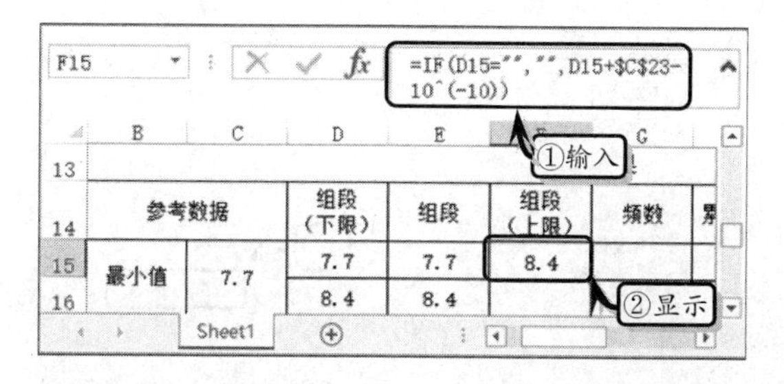

STEP|12 计算频数类数据。选择单元格区域 G15:G24，在编辑栏中输入计算公式，按 Shift+Ctrl+Enter 组合键返回频数值。

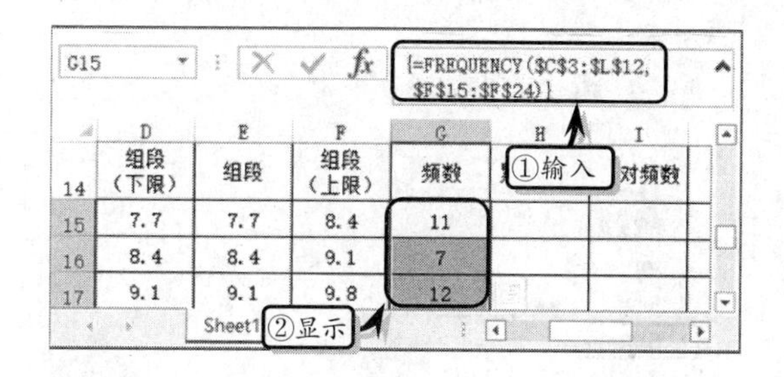

STEP|13 选择单元格 H15，在编辑栏中输入计算公式，按 Enter 键返回第一个累计频数值。

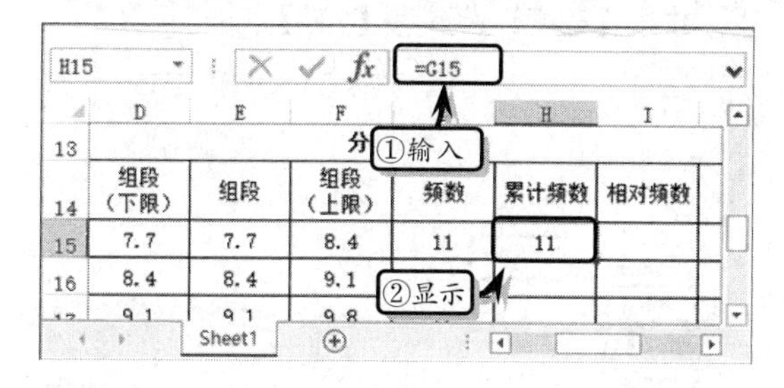

STEP|14 选择单元格 H16，在编辑栏中输入计算公式，按 Enter 键返回第二个累计频数值。使用同样方法，计算其他累计频数值。

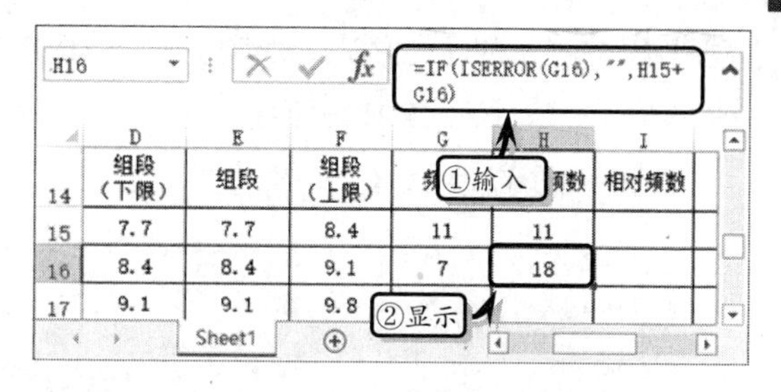

STEP|15 选择单元格 I15，在编辑栏中输入计算公式，按 Enter 键返回相对频数值。使用同样方法，计算其他相对频数值。

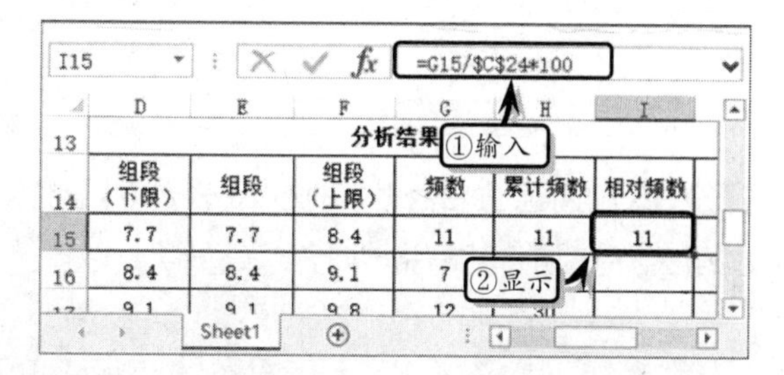

STEP|16 选择单元格 J15，在编辑栏中输入计算公式，按 Enter 键返回相对累计频数值。使用同样方法，计算其他相对累计频数值。

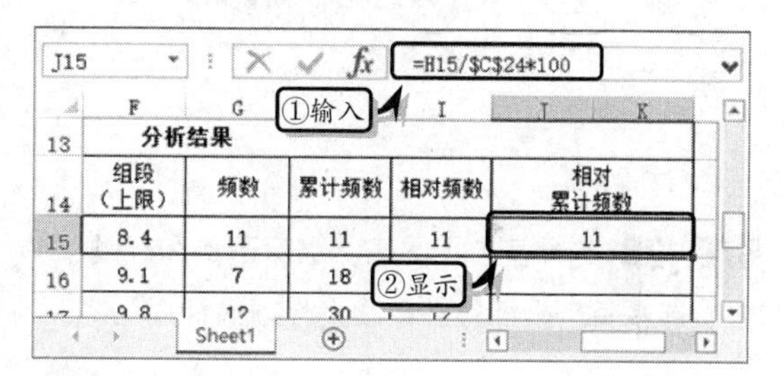

STEP|17 使用直方图分析工具。执行【数据】|【分析】|【数据分析】命令，在弹出的【数据分析】对话框中，选择【直方图】选项，并单击【确定】按钮。

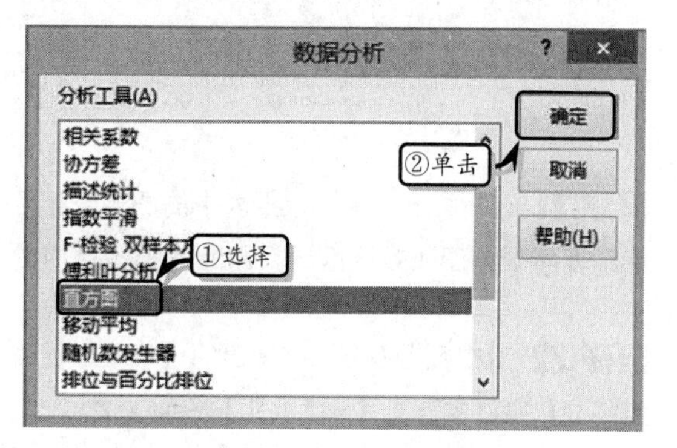

STEP|18 在弹出的【直方图】对话框中，设置相应的选项，单击【确定】按钮即可。

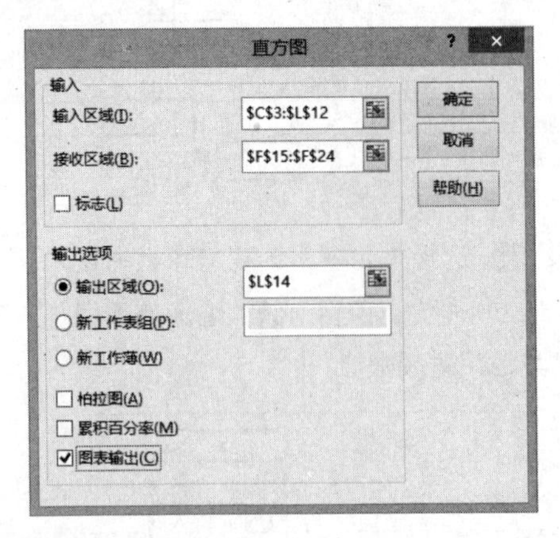

STEP|19 删除直方图数据中的最后一行，并设置数据区域的对齐和边框格式。

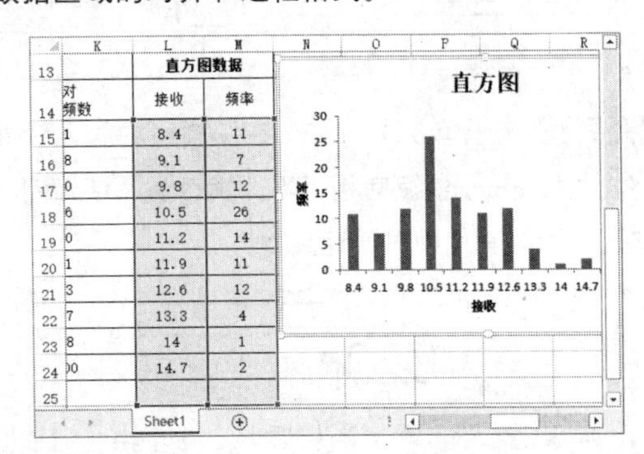

STEP|20 选择直方图图表，删除图例和标题，并依次选中每个坐标轴，修改坐标轴的标题文本。

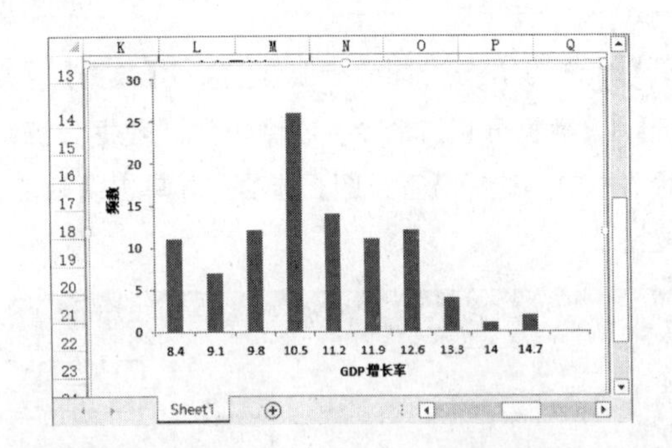

STEP|21 选择图表，拖动数据表中的图表数据区域，重新调整图表数据区域，删除数据区域内的空行。

STEP|22 双击数据系列，在弹出的【设置数据系列格式】窗格中，将【分类间距】设置为0。

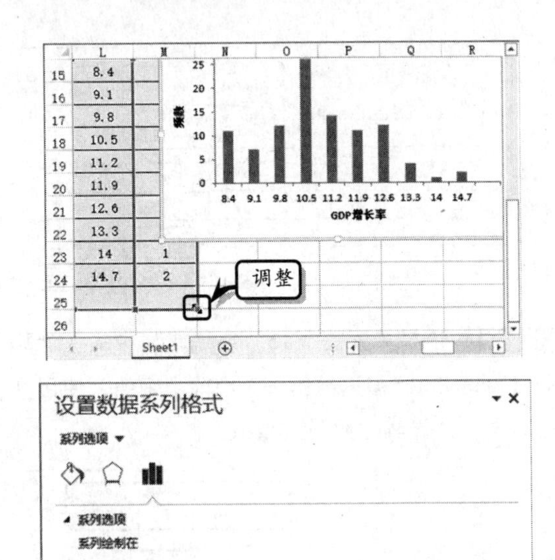

STEP|23 激活【填充线条】选项卡，展开【填充】选项组，选中【图案填充】选项。

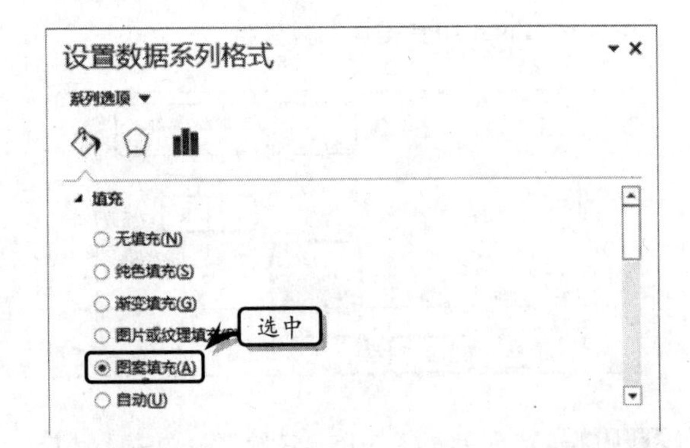

STEP|24 展开【边框】选项组，选中【实线】选项，并将【宽度】设置为【1磅】。

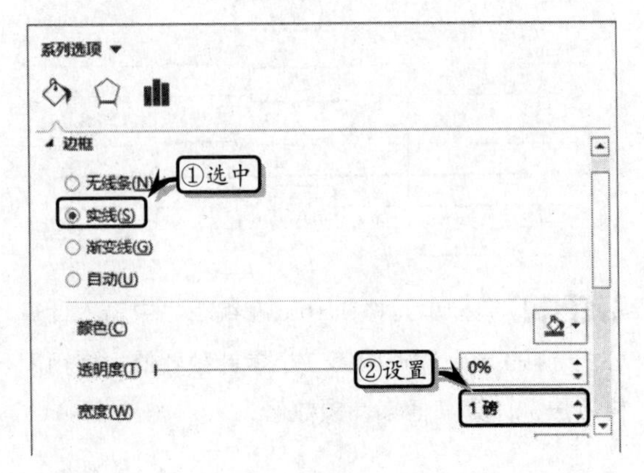

STEP|25 执行【格式】|【形状样式】|【其他】|【细微效果-绿色，强调颜色 6】命令，设置图表的外观样式。

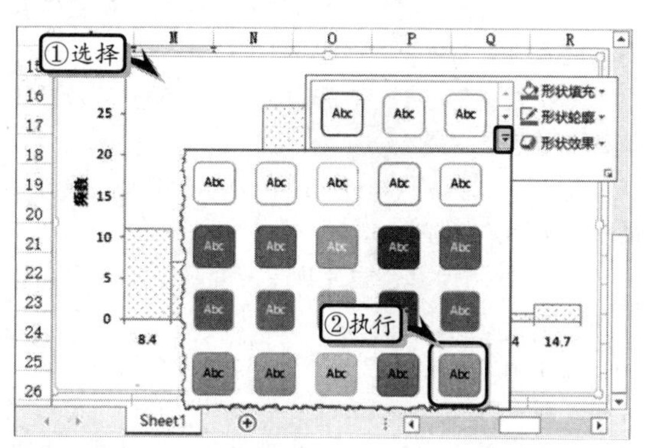

STEP|26 同时，执行【格式】|【形状样式】|【形状效果】|【棱台】|【圆】命令，设置图表的棱台效果。

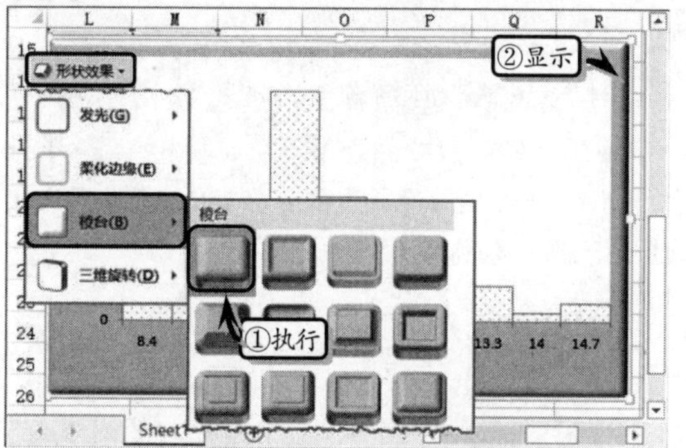

STEP|27 美化工作表。选择单元格区域 C2:L12，执行【开始】|【样式】|【单元格样式】|【计算】命令，设置表格样式。使用同样方法，设置其他单元格区域的表格样式。

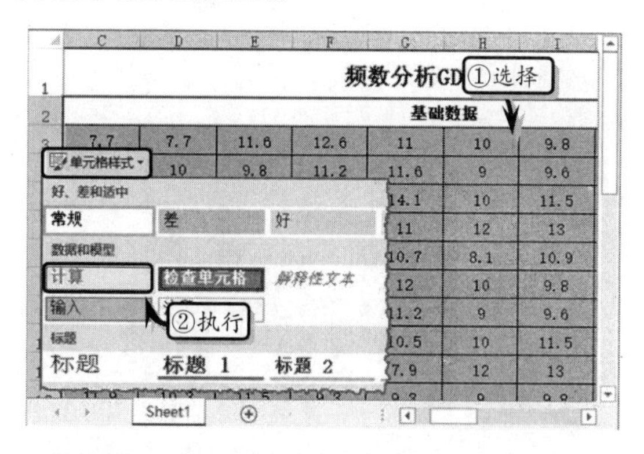

STEP|28 同时选择单元格区域 C2:L12、B13:K24 和 L13:M24，执行【开始】|【边框】|【粗外侧框线】命令，设置表格的外边框样式。

Excel 13.7 新手训练营

练习 1：移动平均法预测销售额

downloads\13\新手训练营\移动平均法预测销售额

提示：本练习中，主要使用 Excel 中的合并单元格、设置对齐格式、设置边框格式，以及插入图表、设置图表格式等常用功能。

其中，主要制作步骤如下所述。

（1）在工作表中输入基础数据，并设置数据的字体、对齐和边框格式。

（2）执行【数据】|【分析】|【数据分析】命令，选择【移动平均】选项。

（3）在弹出的对话框中设置各项参数。

（4）在结果列表中删除错误值，设置图表的形状样式和形状效果，同时设置数据系列格式，并添加垂直线。

练习 2：制作数据销售统计图表

downloads\13\新手训练营\数据销售统计图表

提示：本练习中，主要使用 Excel 中的合并单元格、设置对齐格式、设置边框格式，以及插入图表和设置图表格式等常用功能。

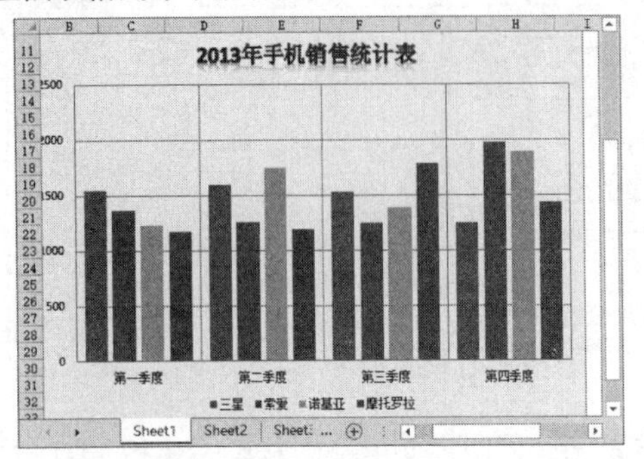

其中，主要制作步骤如下所述。

（1）在工作表中输入基础数据，并插入一个簇状柱形图图表。

（2）设置图表的填充颜色，并为图表添加网格线。

（3）选择数据系列，调整图表数据系列的显示颜色。

（4）为图表添加艺术字标题，并设置艺术字的样式和格式。

练习 3：预测生产成本

downloads\13\新手训练营\预测生成成本

提示：本练习中，主要使用 Excel 中的合并单元格、设置对齐格式、设置边框格式，以及 MAX 函数、MIN 函数、SLOPE 函数、INTERCEPT 函数。

预测生产成本				
历史数据			高低点法	
日期	产量	成本	最高产量	1379073
1月	1260123	378036.90	最低产量	1202284
2月	1287543	399138.33	最高成本	399138.33
3月	1285921	398635.51	最低成本	350699.84
4月	1379073	386140.44	单位变动成本	0.27
5月	1250834	372708.50	固定成本	21285.56
6月	1292301	361844.28	预测产量	1200000
7月	1212384	363715.20	预测总成本	350074.05
8月	1202284	360685.20	回归直线法	
9月	1310384	350699.84	单位变动成本	0.10
10月	1320983	369875.24	固定成本	241012.20
11月	1319083	395724.90	预测产量	1200000
12月	1320981	372713.92	预测总成本	366730.34

其中，主要制作步骤如下所述。

（1）在工作表中输入基础数据，并设置数据的对齐、边框和数字格式。

（2）然后，选择相应的单元格区域，设置单元格区域的填充颜色。

（3）在单元格 F3 和 F5 中，使用 MAX 函数计算最高产量和最高成本。

（4）在单元格 F4 和 F6 中，使用 MIN 函数计算最低产量和最低成本。

（5）使用计算公式计算单位变动成本，固定成本和预测总成本。

（6）在单元格 F12 中，使用 SLOPE 函数计算单位变动成本。

（7）在单元格 F13 中，使用 INTERCEPT 函数计算固定成本。

（8）在单元格 F15 中，使用普通公式计算预测总成本值。

练习 4：预测生产成本

downloads\13\新手训练营\学习安排图表

提示：本练习中，主要使用 Excel 中的合并单元格、设置对齐格式、设置边框格式，以及插入图表和设置图表格式等常用功能。

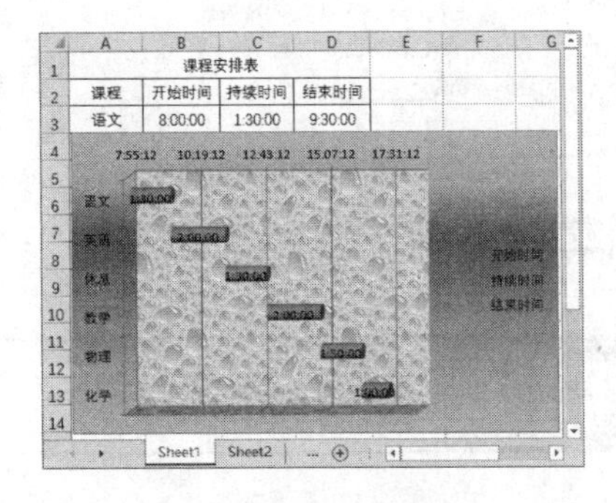

其中，主要制作步骤如下所述。

（1）在工作表中制作“课程安排表”表格，并设置表格的数字、对齐与边框格式。

（2）根据表格数据插入一个“堆积水平圆柱图”图表，设置水平坐标轴的最大值与最小值，并设置垂直坐标轴的显示顺序。

（3）将开始时间与结束时间数据系列的填充颜色设置为【无填充】。设置图表区域的渐变填充效果，以及图表背景墙的纹理填充效果。

第 14 章

协 同 办 公

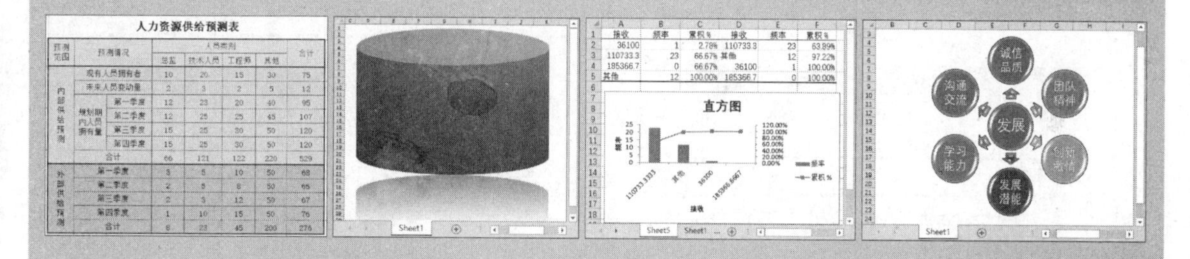

早期的 Excel 是一种运行于单个计算机的试算表软件，可由用户独立地操作使用。随着网络技术的发展以及各种局域网的普及，用户对联机办公的需求越来越强烈。基于此种需求，微软公司逐步为 Excel 软件添加各种联机与协同工作的功能，同时还增强了 Excel 与其他办公软件的集成办公性能，提高用户的工作效率。本章将介绍使用 Excel 共享、发送工作簿，以及与其他 Office 程序协同办公、保护工作簿与工作表等技术与技巧。

14.1 共享工作簿

使用 Excel 用户可以共享工作簿，并通过团队的力量共同完成工作簿的编辑、查看和修订，实现团队合作。

14.1.1 审阅共享

审阅共享是运用【审阅】选项卡中的【共享工作簿】命令，将工作簿进行共享。

1．创建共享工作簿

执行【审阅】|【更改】|【共享工作簿】命令，启用【允许多用户同时编辑，同时允许工作簿合并】复选框。

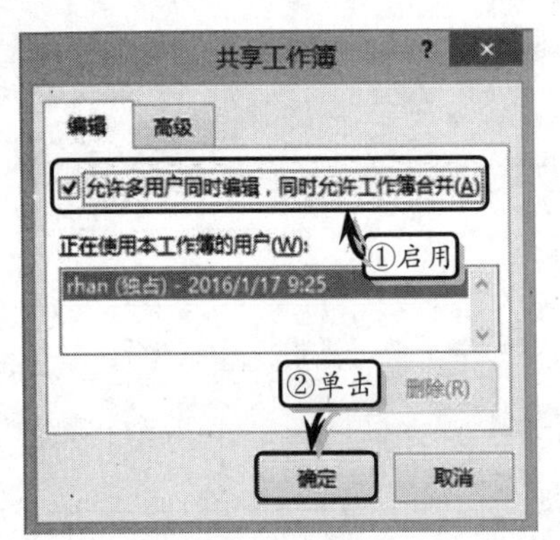

然后，激活【高级】选项卡中，设置修订与更新等选项，单击【确定】按钮即可。

其中，【高级】选项卡中各选项的具体功能如下表所述。

选项		说明
修订	保存修订记录	表示系统将按照用户设置的天数保存修订记录
	不保存修订记录	表示系统不保存修订记录
更新	保存文件时	表示在保存工作簿时，进行修订更新
	自动更新间隔	可以在文本框中设置间隔时间，并可以选择保存本人的更改并查看其他用户的更改，或者是选择查看他人的更改
用户间的修订冲突	询问保存哪些修订信息	启用该选项，系统会自动弹出询问对话框，询问用户如何解决冲突
	选用正在保存的修订	启用该选项，表示最近保存的版本总是优先的
在个人视图中包括	打印设置	表示在个人视图中可以进行打印设置
	筛选设置	表示在个人视图中可以进行筛选设置

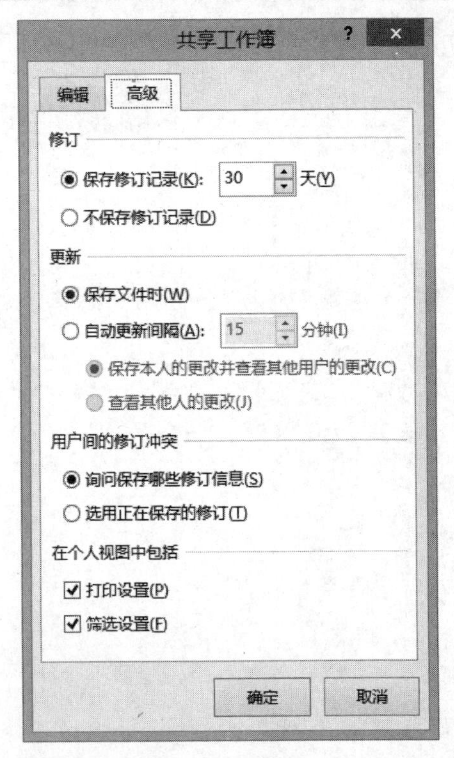

2．查看和修订共享工作簿

在 Excel 中创建共享工作簿后，用户可以使用修订功能更改共享工作簿中的数据，同样也可以查看其他用户对共享工作簿的修改，并根据情况接受或拒绝更改。

执行【审阅】|【更改】|【修订】|【突出显示

修订】命令，在弹出的【突出显示修订】对话框中，启用【编辑时跟踪修订信息，同时共享工作簿】复选框。

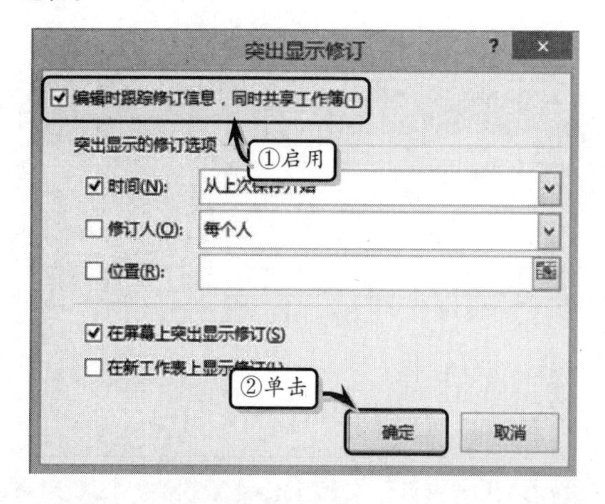

其中，在【突出显示修订】对话框中，各选项的功能如下表所述。

名　称		功　能
编辑时跟踪修订信息，同时共享工作簿		启用该复选框，在编辑时可以跟踪修订信息，并可以共享工作簿
突出显示的修订选项	时间	启用该复选框，可以在其下拉列表中，选择修订的时间，如选择【全部】项
	修订人	启用该复选框，可以在其下拉列表中，选择修订人，如选择【每个人】项
	位置	启用该复选框，可以选择修订的位置
	在屏幕上突出显示修订	启用该复选框，在鼠标停留在工作表的修订信息位置上时，将在屏幕上显示修订信息
	在新工作表上显示修订	启用该复选框，将自动生成一个名为“历史记录”的工作表，其修订信息将在该工作表中显示

注意

只有进行过修订后，再次打开【突出显示修订】对话框，此时【在新工作表上显示修订】复选框才能被启用，否则为灰色不可用状态。

当用户发现工作簿中存在修订记录时，便可以执行【审阅】|【更改】|【修订】|【接受/拒绝修订】命令，在弹出的【接受或拒绝修订】对话框中，设置修订选项，并单击【确定】按钮。

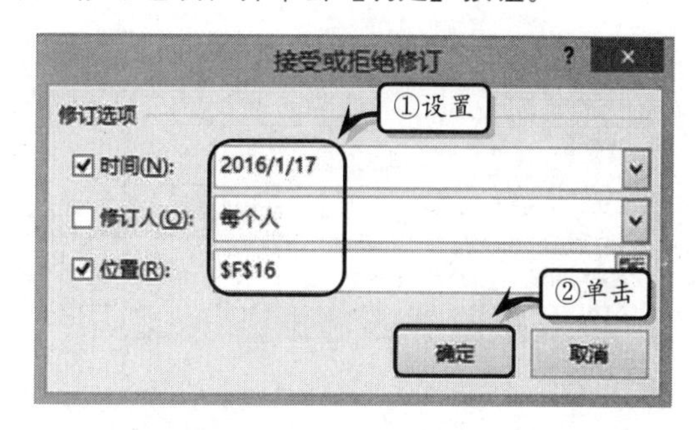

然后，在弹出的对话框中，查看修订内容，并单击【接受】或【全部接受】按钮，接受修订。

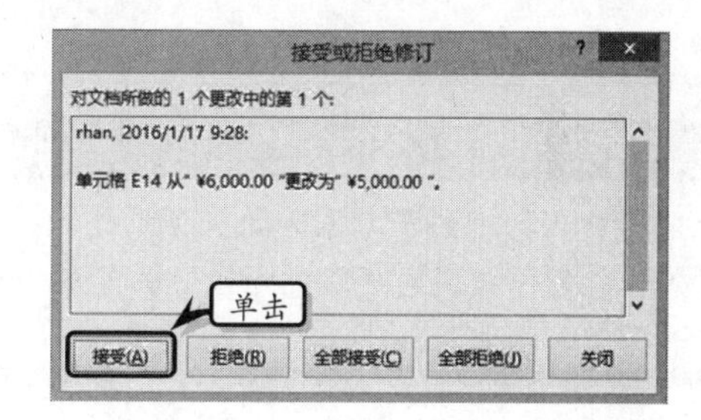

其中，在该对话框中，显示了对文档所做的更改的具体修订信息，还包含 5 个按钮，其功能如下表所示。

按　钮	功　能
接受(A)	单击该按钮，接受对选择区域的单元格的修订
拒绝(R)	单击该按钮，拒绝对选择区域的单元格的修订
全部接受(C)	单击该按钮，全部接受该工作表中的修订
全部拒绝(J)	单击该按钮，全部拒绝该工作表中的修订
关闭	单击该按钮，关闭【接受或拒绝修订】对话框

注意

用户可通过禁用【共享工作簿】对话框中的【允许多用户同时编辑，同时允许工作簿合并】选项，来取消共享工作簿。

3. 取消共享工作簿

在【共享工作簿】对话框中，禁用【允许多用户同时编辑，同时允许工作簿合并】复选框，并单击【确定】按钮即可。

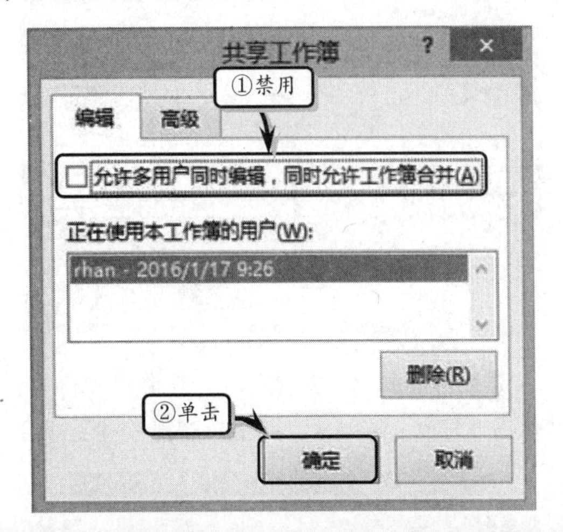

注意

如果用户在取消共享工作簿之前，还进行共享工作簿的保护，用户需要先撤销共享工作簿的保护，再取消共享工作簿的共享。

14.1.2 电子邮件共享

Excel 除了在局域网中共享工作簿外，还可以将自己的工作表或者工作簿通过 Internet 邮件格式发送给其他用户。

1. 作为附件发送

执行【文件】|【共享】命令，在展开的【共享】列表中，选择【电子邮件】选项，同时选择【作为附件发送】选项。

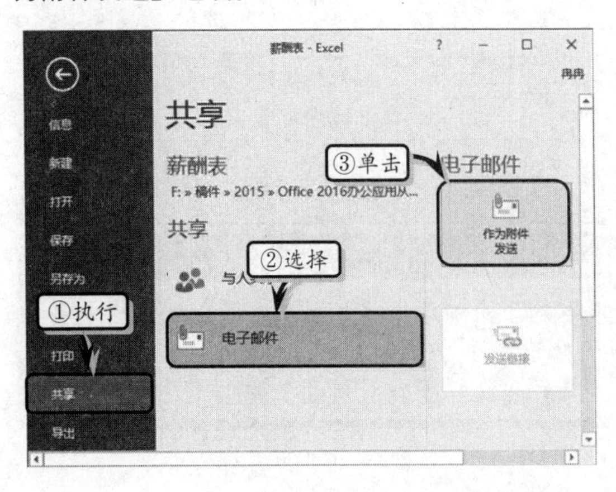

选中该选项，系统会直接打开 Microsoft Outlook 窗口，将完成的演示文稿直接作为电子邮件的附件进行发送，单击【发送】按钮，即可将电子邮件发送到指定的收件人邮箱中。

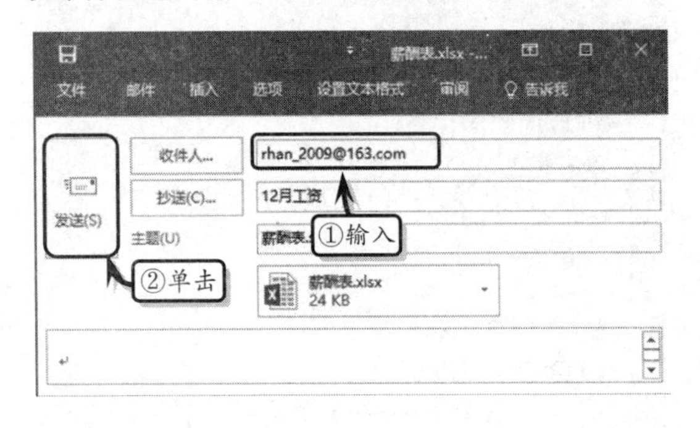

2. 发送链接

如用户将演示文稿上传至微软的 MSN Live 共享空间，则可通过【发送链接】选项，将演示文稿的网页 URL 地址发送到其他用户的电子邮箱中。

3. 以 PDF 形式发送

执行【文件】|【共享】命令，在展开的【共享】列表中，选择【电子邮件】选项，同时单击【以 PDF 形式发送】按钮。

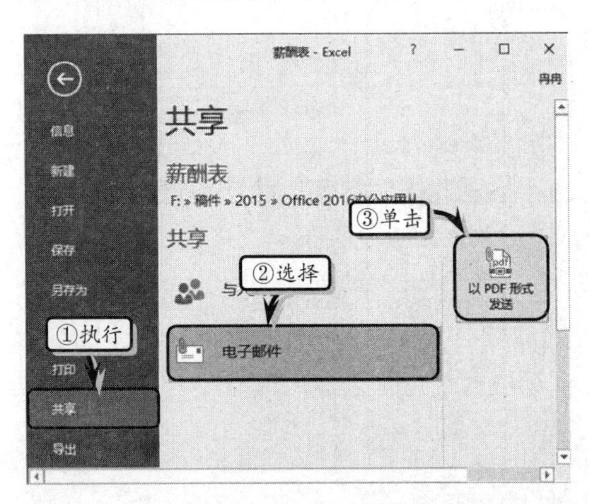

单击该按钮，则 Excel 将把工作表转换为 PDF 文档，并通过 Microsoft Outlook 发送到收件人的电子邮箱中。

4. 以 XPS 形式发送

执行【文件】|【共享】命令，在展开的【共享】列表中，选择【电子邮件】选项，同时选择【以

XPS 形式发送】选项。

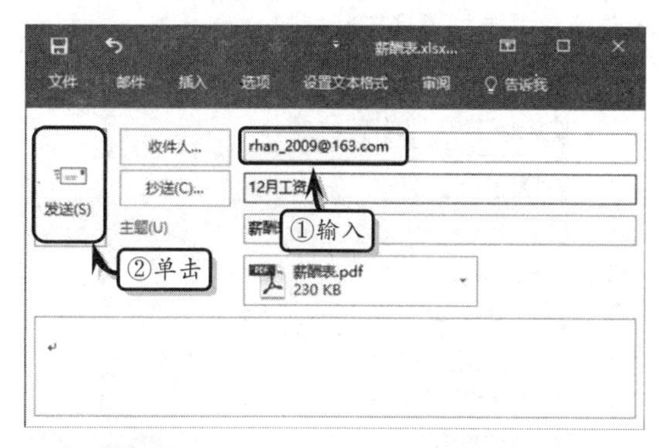

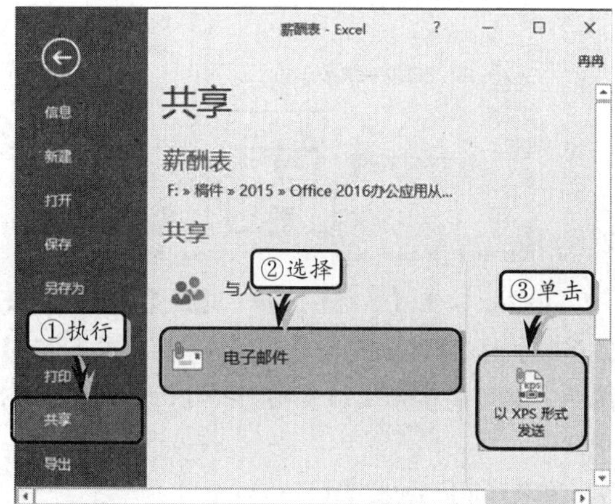

选中该选项，则 Excel 将把工作表转换为 XPS 文档，并通过 Microsoft Outlook 发送到收件人的电子邮箱中。

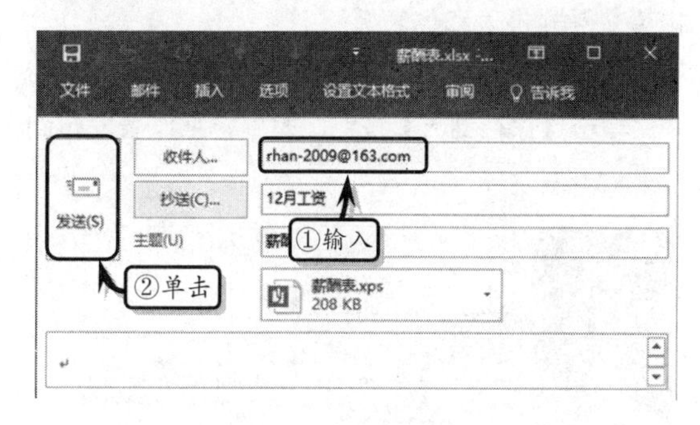

5. 以 Internet 传真形式发送

执行【文件】|【共享】命令，在展开的【共享】列表中，选择【电子邮件】选项，同时单击【以 Internet 传真形式发送】按钮。

单击该按钮，用户可在网页中传真服务的提供商处注册，通过网络向收件人的传真机发送传真，传送演示文稿的内容。

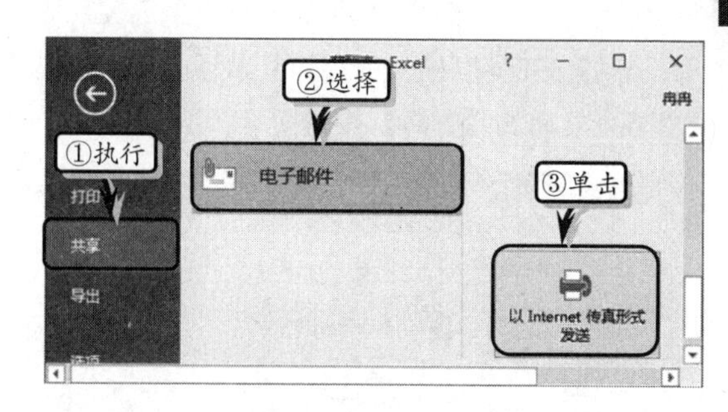

14.1.3 其他共享

在 Excel 中，用户可以将工作表转换为可移植文档格式，以及保存到 OneDrive 中，或保存为其他格式的文档。

1. 保存到 OneDrive

执行【文件】|【共享】命令，在展开的【共享】列表中选择【与人共享】选项，并单击【保存到云】按钮。

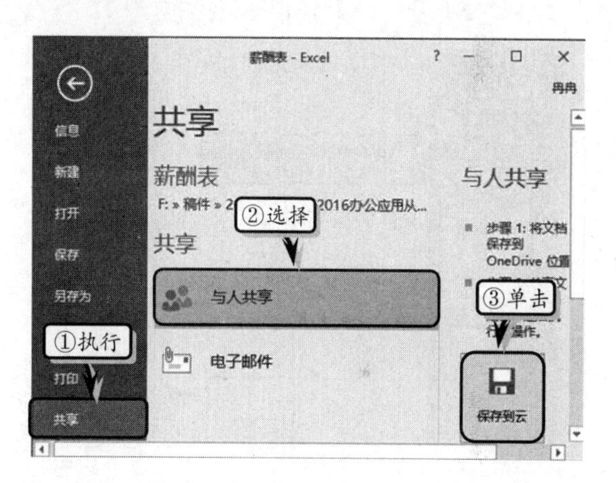

此时，系统将自动切换到【另存为】列表中，选择【OneDrive-个人】选项，并在右侧选择上传位置。

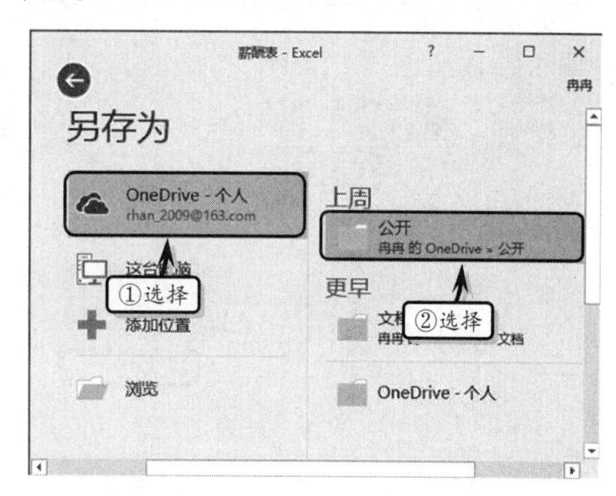

然后，在弹出的【另存为】对话框中，设置保存名称，单击【保存】按钮即可。

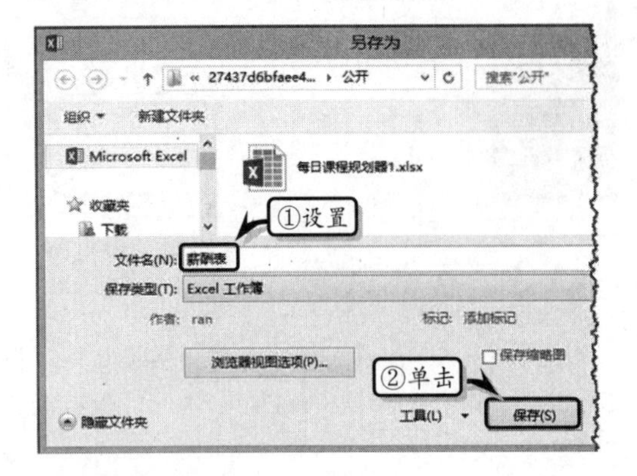

2. 创建 PDF/XPS 文档

执行【文件】|【导出】命令，在展开的【导出】列表中选择【创建 PDF/XPS 文档】选项，并单击【创建 PDF/XPS】按钮。

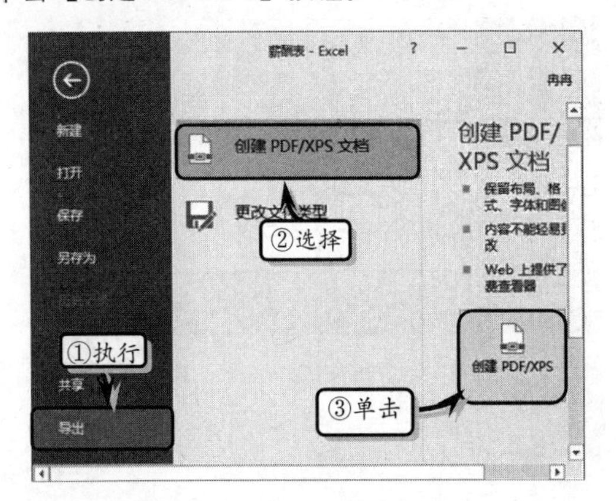

在弹出的【发布为 PDF 或 XPS】对话框中，设置文件名和保存类型，并单击【选项】按钮。

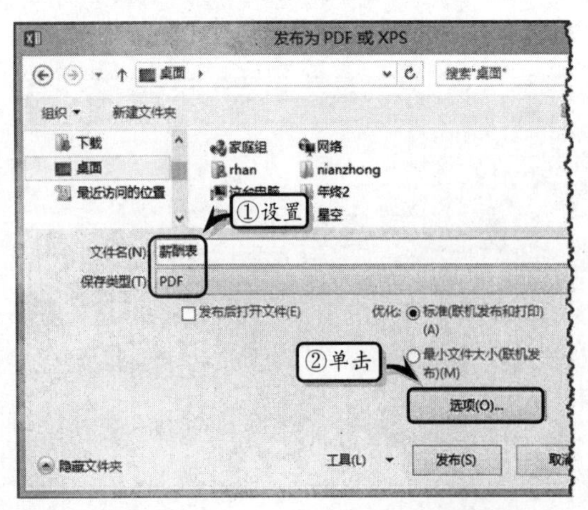

然后，在弹出的【选项】对话框中，设置发布选项，并单击【确定】按钮。

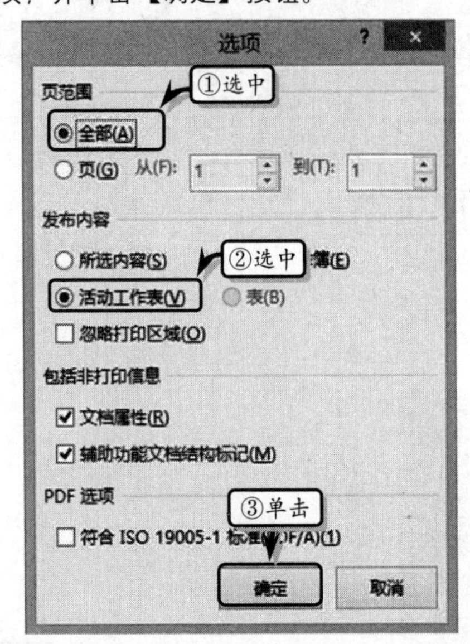

最后，单击【确定】按钮，返回【发布为 PDF 或 XPS】对话框，设置优化的属性，并单击【发布】按钮，即可将演示文稿发布为 PDF 文档或 XPS 文档。

3. 发布到 Power BI

Excel 2016 新增了 Power BI 发布功能，运用该功能可以轻松地将报表分享给其他用户。当用户将报表发布到 Power BI 后，可使用数据模型快速构建交互式报表和仪表板。

启动 Excel 2016，执行【文件】|【发布】命令，单击【保存到云】按钮，即可将工作表发布到 Power BI 中。

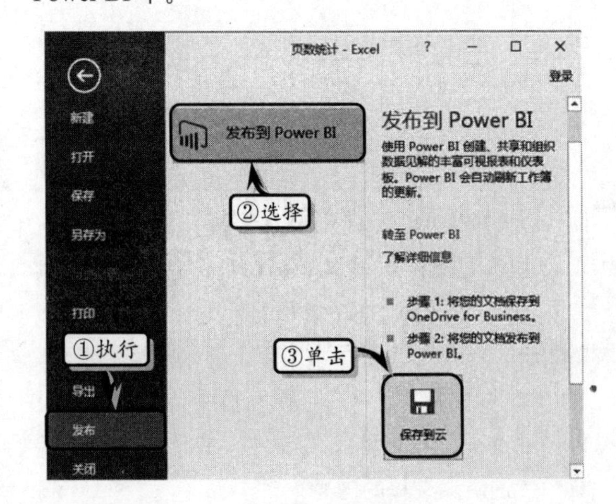

此时，系统将自动切换到【另存为】列表中，选择【OneDrive-个人】选项，并在右侧选择上传位置。

然后，在弹出的【另存为】对话框中，设置保存名称，单击【保存】按钮即可。

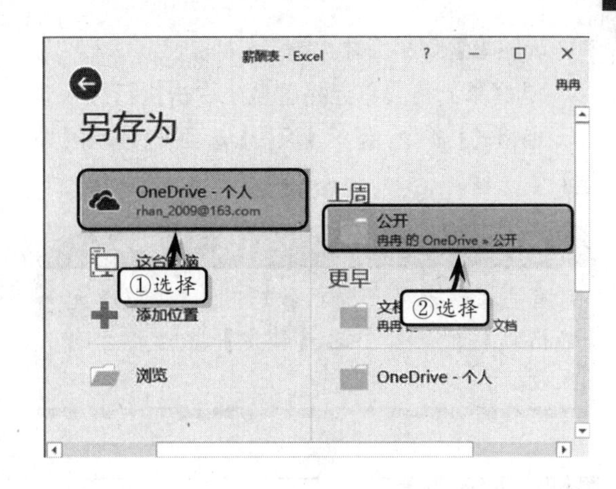

知识链接 14-1　更改文件类型

在 Excel 中，除了可以将工作表导出为 PDF/XPS 文档之外，还可以将工作表存储为文本文件、CSV、DIF 等类型。

14.2 保护文档

除了共享工作簿以供多个用户修改与编辑外，Excel 还允许用户对工作簿进行保护，防止未授权的编辑操作。

> **提示**
> 当工作簿处于共享的状态下，【保护工作簿】与【保护工作表】命令将为不可用状态。

14.2.1 保护工作簿结构与窗口

执行【审阅】|【更改】|【保护工作簿】命令，在弹出的【保护结构和窗口】对话框中，选择需要保护的内容，输入密码即可保护工作表的结构和窗口。

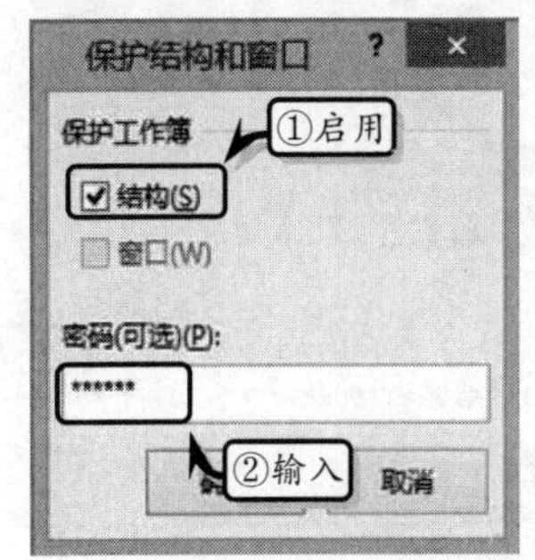

另外，当用户保护了工作簿的结构或窗口后，再次执行【审阅】|【更改】|【保护工作簿】命令，即可弹出【撤销工作簿保护】对话框，输入保护密码，单击【确定】按钮即可撤销保护。

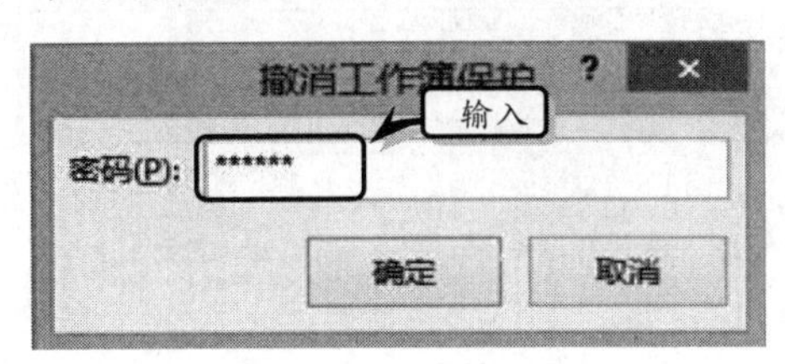

14.2.2 保护工作表和单元格

保护工作表是保护工作表中的一些操作，用户可通过执行【审阅】|【更改】|【保护工作表】命令，在弹出的【保护工作表】对话框中启用所需保护的选项，并输入保护密码。

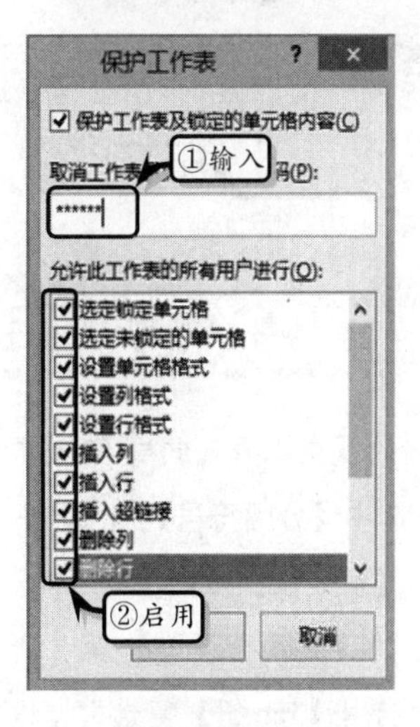

对于所有单元格、图形对象、图表、方案以及窗口等，Excel 所设置的默认格式都是处于保护和可见的状态，即锁定状态，但只有当工作表的所

有单元格设置保护后才生效。

选择单元格或单元格区域，右击执行【设置单元格格式】命令，激活【保护】选项卡，禁用【锁定】复选框。

> **提示**
>
> 只有当工作表处于保护状态时，【设置单元格格式】对话框中的【锁定】复选框才会生效。

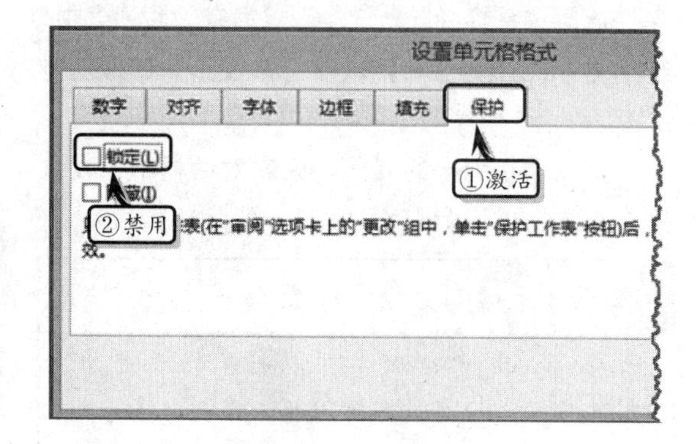

Excel 14.3 使用外部链接

在 Excel 中，除了可以链接本文档中的文件以及邮件之外，还可以链接本工作簿之外的文本文件与网页，以帮助用户创建文本文件与网页的链接。

14.3.1 创建链接

执行【数据】|【获取外部数据】|【自文件】命令，在弹出的【导入文本文件】对话框中选择需要导入的文本文件，单击【导入】按钮即可。

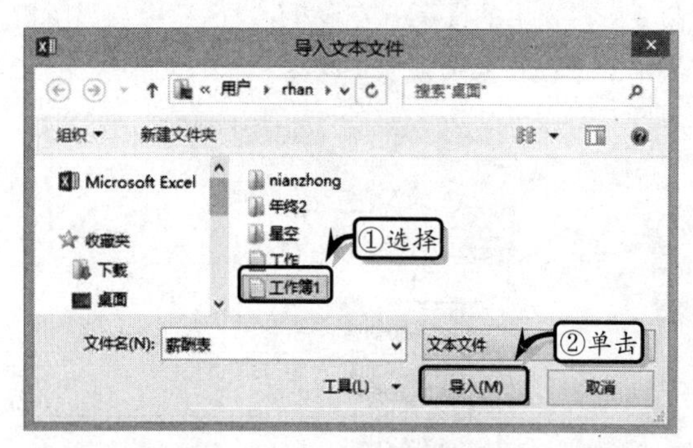

在弹出的【文本导入向导-第 1 步，共 3 步】对话框中，选中【分隔符号】选项，设置相应的选项，并单击【下一步】按钮。

在弹出的【文本导入向导-第 2 步，共 3 步】对话框中，启用【Tab 键】复选框，设置【文本识别符号】选项，并单击【下一步】按钮。

在弹出的【文本导入向导-第 3 步，共 3 步】对话框中，选中【常规】选项，预览数据导入效果，并单击【完成】按钮。

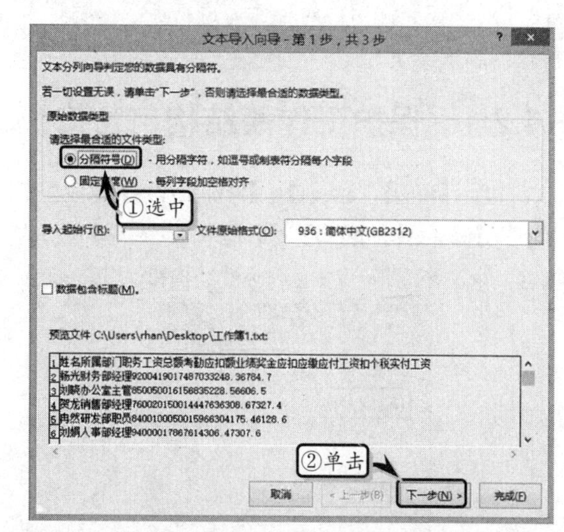

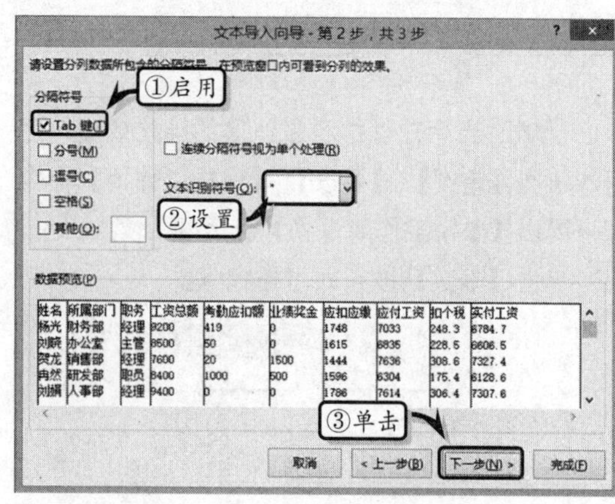

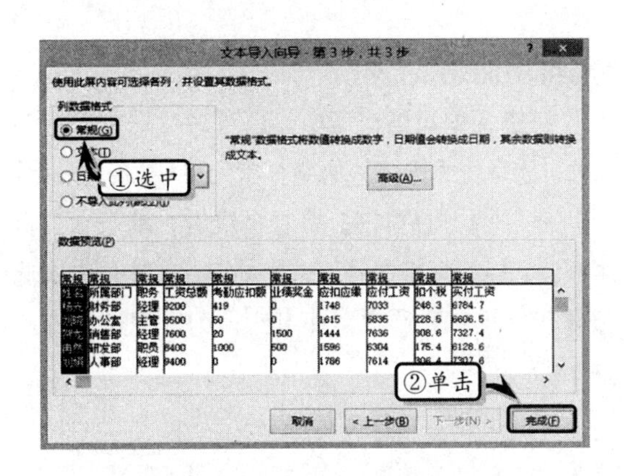

最后，在弹出的【导入数据】对话框中，选择数据表放置位置，并单击【确定】按钮。

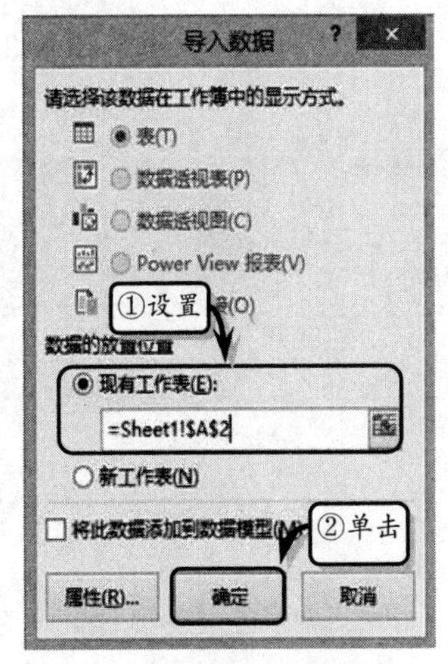

14.3.2　获取和转换数据

在使用 Excel 对数据进行分析之前，可使用新增的【获取和转换】功能轻松地获取和转换数据，以帮助用户查找所需数据并将其导入到指定的位置。该功能在旧版本中只能作为 Power Query 加载项来使用，而新版本的 Excel 则内置了该功能。

1．获取数据

执行【数据】|【获取和转换】|【新建查询】|【从文件】|【从文本】命令，在弹出的【导入数据】对话框中，选择需要导入的数据文件，并单击【导入】按钮。

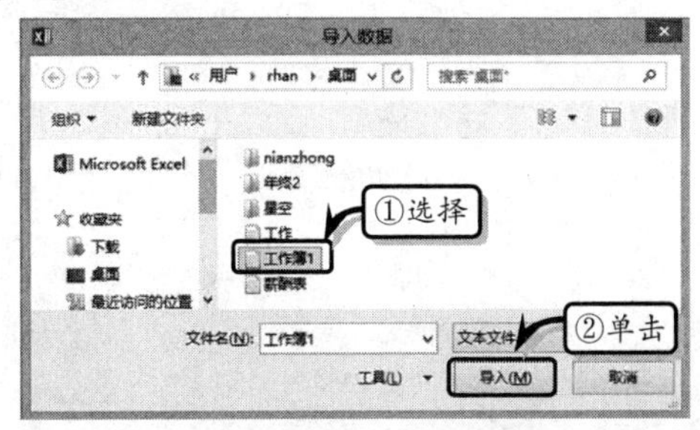

此时，系统会自动弹出【工作簿 1-查询编辑器】窗口，显示查询、转换等工具和链接数据。

2．筛选数据

在【工作簿 1-查询编辑器】窗口中，每列标题中将显示【筛选】按钮，单击相应标题后面的【筛选】按钮，可按照指定条件筛选该列数据。例如，单击【所属部门】标题后面的【筛选】按钮，在其列表中禁用所有复选框，同时启用【财务部】复选框，单击【确定】按钮后即只显示财务部职工的薪酬数据。

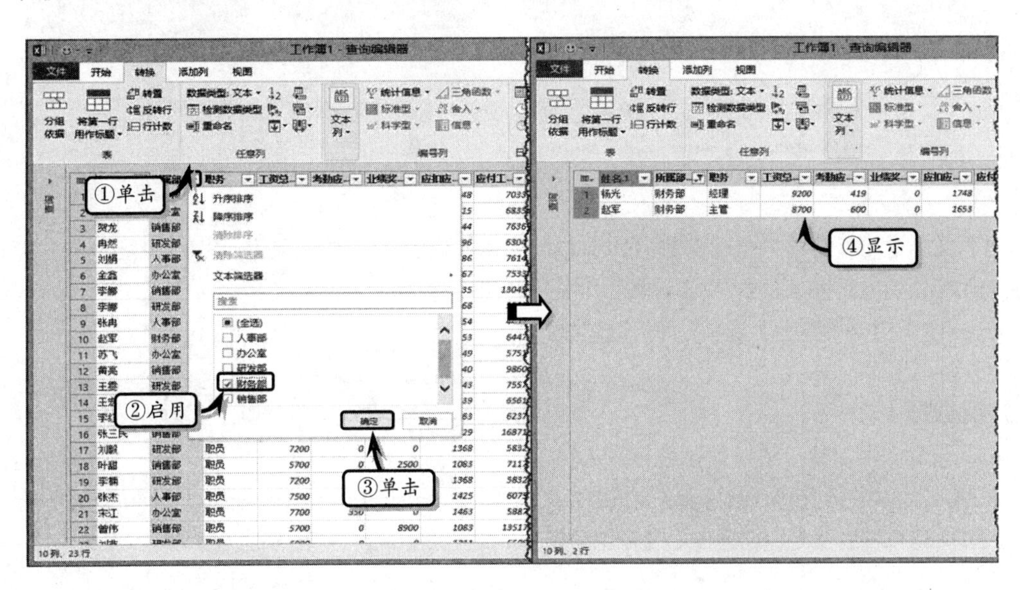

筛选数据之后，可再次单击【所属部门】标题后面的【筛选】按钮，在展开的列表中启用【全选】复选框，单击【确定】按钮，即可取消筛选状态。

提示

在【工作簿 1-查询编辑器】窗口中，执行【开始】|【新建查询】|【新建源】命令，可在编辑器中添加新源。

3．排序数据

在查询编辑器窗口中，也可对数据执行排序操作。选择所需排序列的某个单元格，执行【开始】|【排序】|【升序排序】命令；或者，单击【工资总额】标题栏后面的【筛选】按钮，在其列表中选择【升序排序】选项，即可对该列数据进行升序排序。

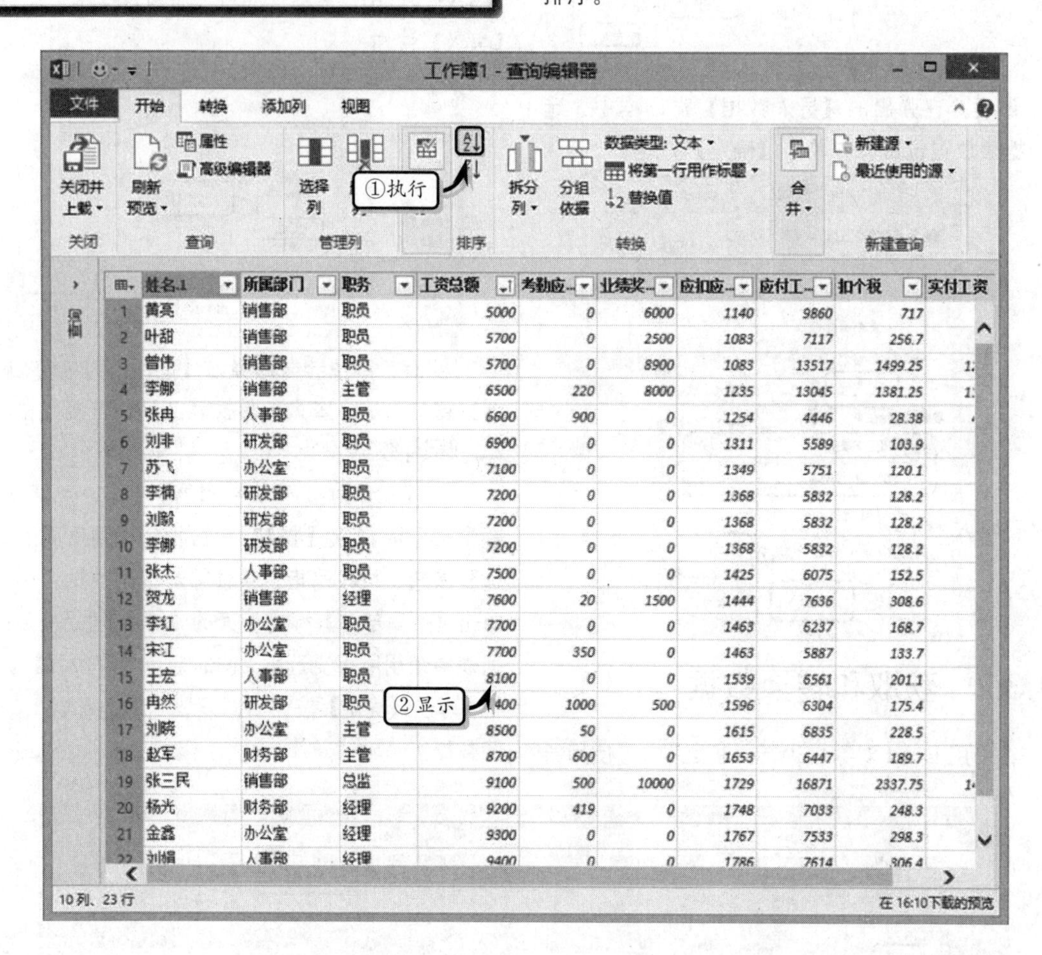

对列数据进行升序排序之后，其【筛选】按钮将自动更改为形状。此时，单击该按钮，在弹出的列表中选择【清除排序】选项，即可取消排序状态。

4．分组数据

在查询窗口中，除了可对数据进行筛选和排序之外，还可以对数据进行分组操作。执行【转换】|【表】|【分组依据】命令，在弹出的【分组依据】对话框中，设置分组依据、新列名、操作等选项即可。

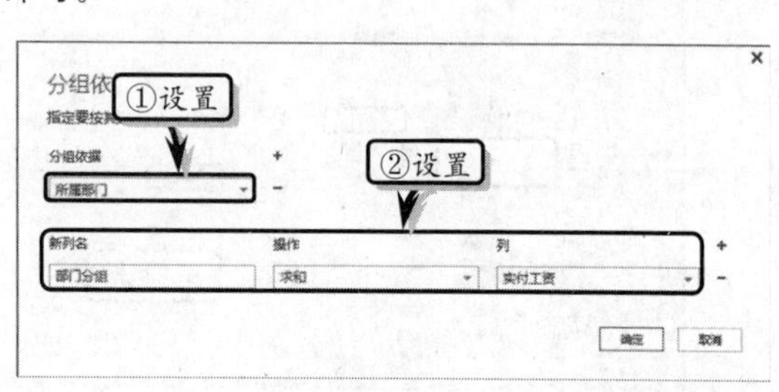

此时，系统将根据所设条件自动创建数据分组，并在查询编辑器窗口中隐藏数据界面，只显示数据分组结果。

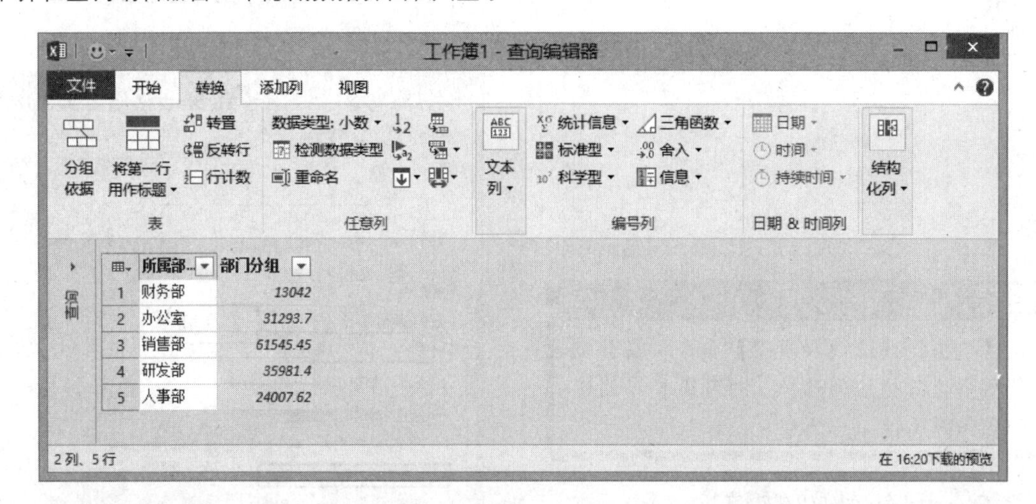

除了对数据进行分组之外，还可以通过【转换】选项卡【编号列】选项组中的命令，对数据进行统计和计算。例如，选择数据列中的某个单元格，执行【转换】|【编号列】|【统计信息】|【求和】命令，即可计算部分分组实付工资的合计值。

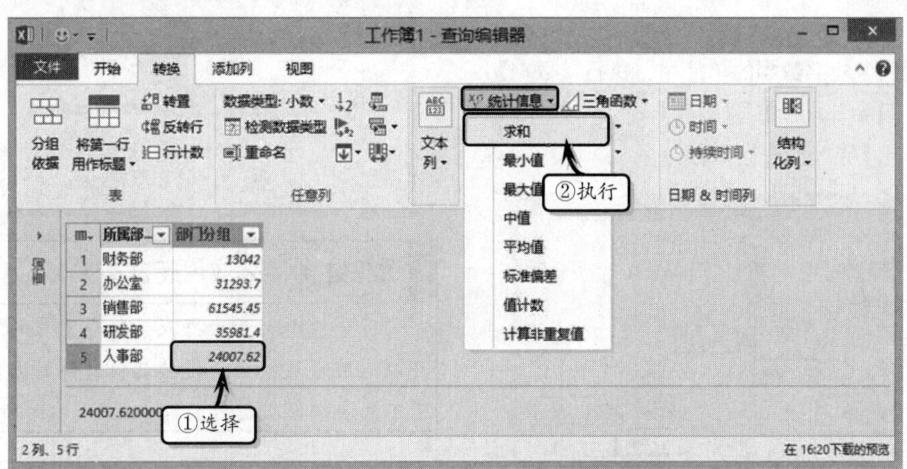

此时，在窗口中只会显示一个求和值，而无法显示链接数据。执行【视图】|【显示】|【查询设置】命令，显示【查询设置】窗格。在该窗口中的【应用的步骤】列表框中，选择上一步骤，可返回到求和之前的界面中。

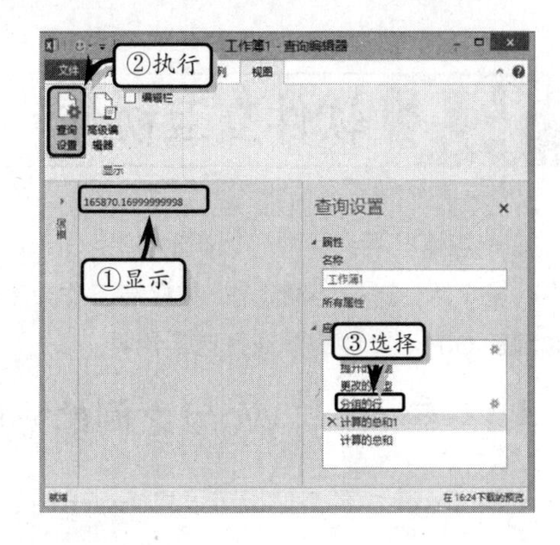

最后，执行【文件】|【关闭并上载】命令，即可将当前数据上载到默认目标文件夹中。除此之外，用户也可以执行【文件】|【放弃并关闭】命令，直接关闭窗口。

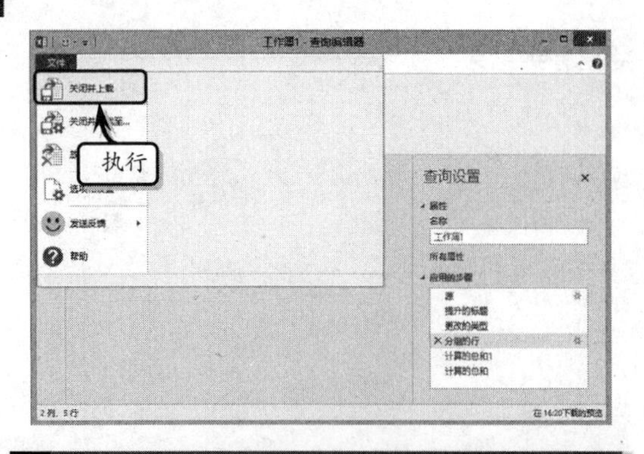

提示

执行【文件】|【选项和设置】命令，在其级联菜单中选择相应的选项，即可设置查询选项和数据源属性。

14.3.3 刷新外部链接

创建外部链接之后，用户还需要刷新外部数据，使工作表中的数据可以与外部数据保持一致，以便获得最新的数据。

选择包含外部数据的单元格，执行【数据】|【连接】|【全部刷新】|【刷新】命令，选择刷新文件，单击【导入】按钮即可。

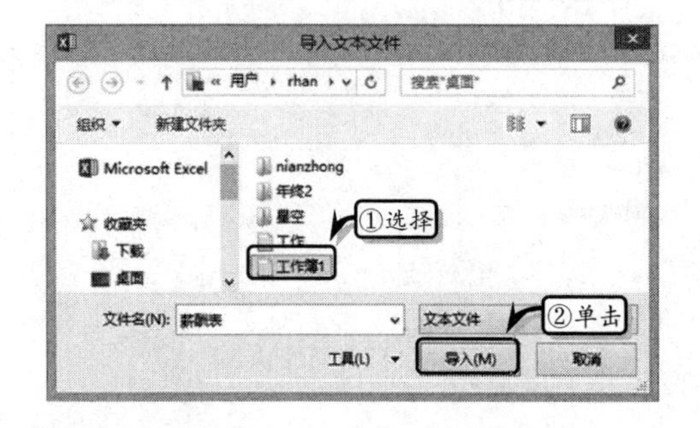

另外，选择包含外部数据的单元格，执行【数据】|【连接】|【全部刷新】|【连接属性】命令，设置刷新选项。

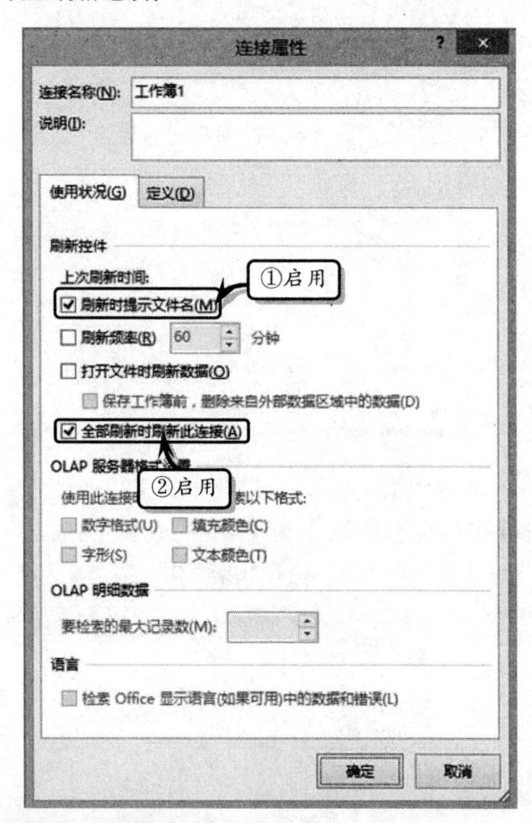

知识链接 14-2 应用超链接

对于包含大量数据或只包含图片的工作表，可以运用超链接功能链接其他文件的方法，来说明工作表中的数据或图片。

14.4 软件交互协作

在一般情况下，用户可以同时使用 Office 套装中的多个组件进行协同工作，在提高工作效率的同时增加 Office 文件的美观性与实用性。

14.4.1 Excel 与 Word 之间的协作

利用 Excel 中的剪贴板可以将 Excel 中的数据、图表等移动到其他程序中。选择需要移动的数据区域，执行【开始】|【剪贴板】|【复制】命令。

技巧

用户也可以选择需要移动的单元格或单元格区域，使用 Ctrl+C 键进行复制。

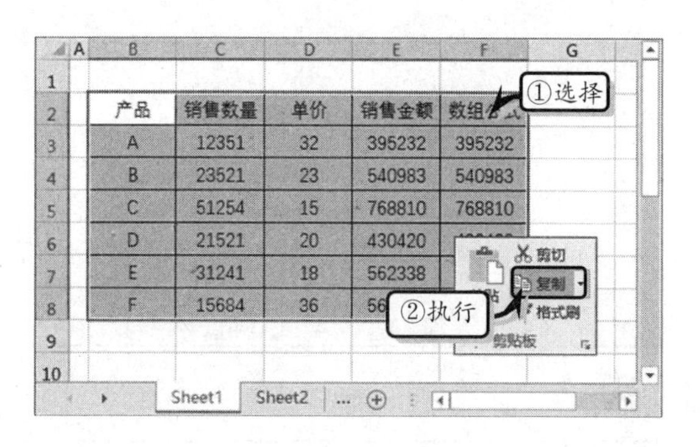

启动 Microsoft Word 2016，打开一个空白文档。执行【开始】|【剪贴板】|【粘贴】|【选择性粘贴】命令。弹出【选择性粘贴】对话框，在【形式】列表框中，选择粘贴形式。例如选择【HTML 格式】。

> **技巧**
>
> 打开一个空白文档，然后用户直接使用组合键 Crtl+Alt+V 进行选择性粘贴。

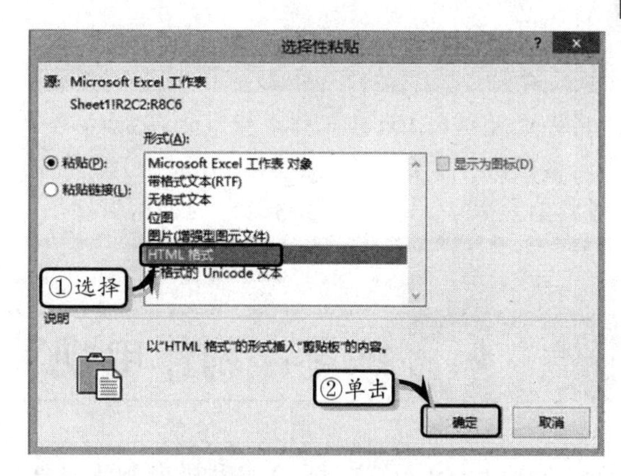

另外用户也可以直接使用鼠标，将 Excel 中的数据或图表移动或复制到 Word 程序中。具体方法为：首先调整两个应用程序窗口的大小，然后选择需要移动或复制的单元格或单元格区域，当鼠标变为✥状时，按住鼠标左键拖动至另一应用程序，松开鼠标即可。

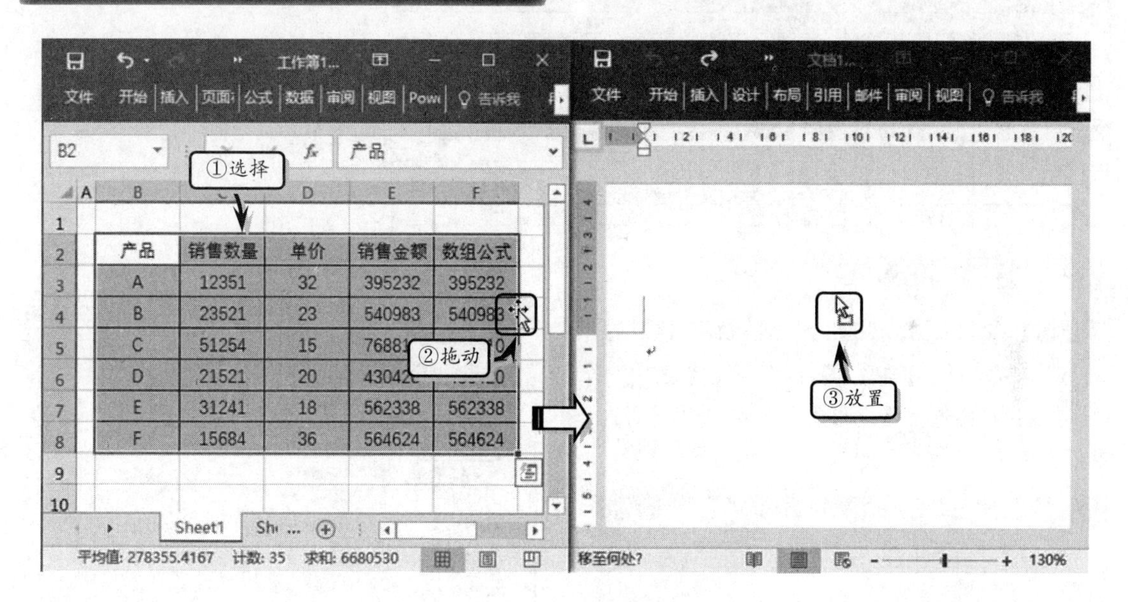

14.4.2 Excel 与 PowerPoint 之间的协作

在 PowerPoint 中不仅可以插入 Excel 表格，还可以插入 Excel 工作表。

在 PowerPoint 中，执行【插入】|【文本】|【对象】命令，在对话框中选中【由文件创建】选项，并单击【浏览】按钮，在对话框中选择需要插入的 Excel 表格即可。

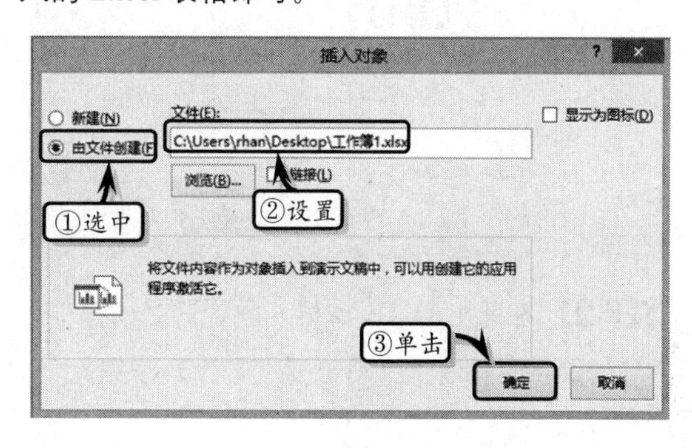

技巧

用户也可以在 Excel 工作表中复制相应的单元格区域，然后切换到 PowerPoint 中，执行【粘贴】命令，直接将表格粘贴到幻灯片中。

14.5 练习：制作电视节目表

使用 Excel，用户可导入各种外部数据文档，将其转换为电子表格并进行美化。在本例中，通过文本文件获取央视新闻频道的一周节目表，将其导入到 Excel 中，进行处理和美化。

日期	播出时间	节目时长	节目名称
2015年12月13日			
	0:00:00	60	午夜新闻
	1:00:00	60	东方时空（重播）
	2:00:00	30	新闻1+1（重播）
	2:30:00	30	国际时讯（重播）
	3:00:00	30	环球视线：国际新闻评论（重播）
	3:30:00	15	焦点访谈（重播）
	3:45:00	60	东方时空（重播）
	4:45:00	30	新闻1+1（重播）
	5:15:00	30	环球视线：国际新闻评论（重播）
	5:45:00	10	焦点访谈（重播）
	5:55:00	5	国旗国歌
	6:00:00	180	朝闻天下
	9:00:00	180	新闻直播间：焦点新闻播报
	12:00:00	30	新闻30分

操作步骤

STEP|01 导入数据。新建工作表，执行【数据】|【获取外部数据】|【自文本】命令，在【导入文本文件】对话框中选择路径和文本文件，单击【导入】按钮。

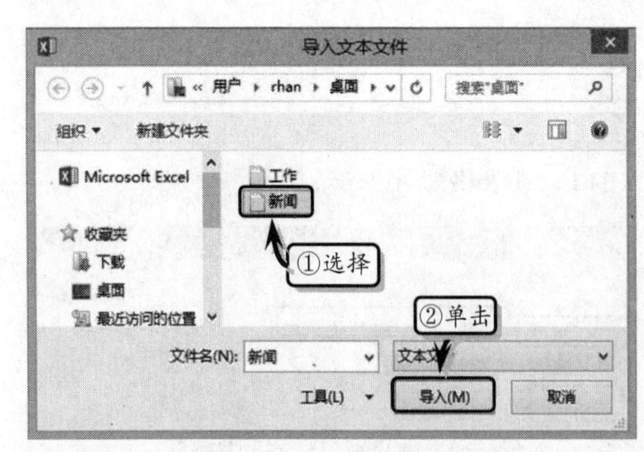

STEP|02 在弹出的【文本导入向导】对话框中选中【分隔符号】选项，单击【下一步】按钮。

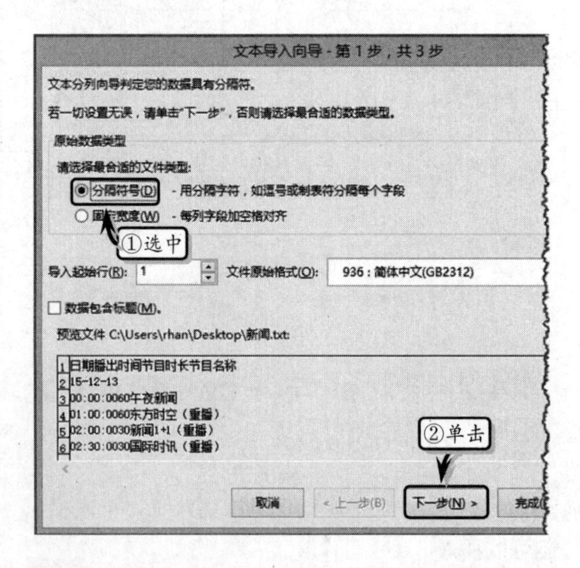

STEP|03 然后，在【文本导入向导-第 2 步，共 3 步】对话框中选中【连续分隔符号视为单个处理】选项，单击【完成】按钮。

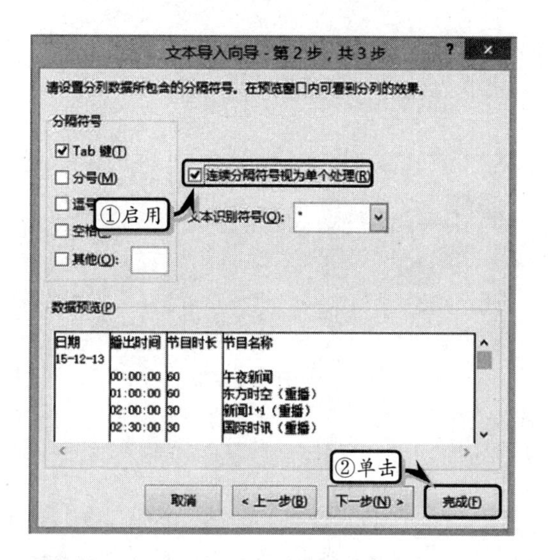

STEP|04 在弹出的【导入数据】对话框中，选择数据的放置位置，单击【确定】按钮，导入数据。

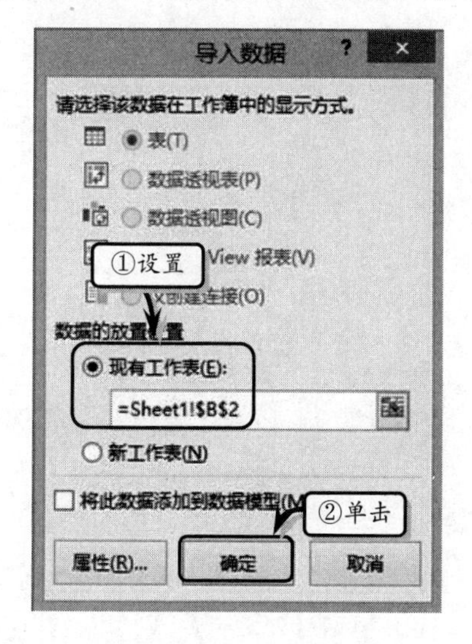

STEP|05 设置填充颜色。选择单元格区域 B3:E3，执行【开始】|【样式】|【单元格样式】|【着色 5】命令，设置其填充颜色。

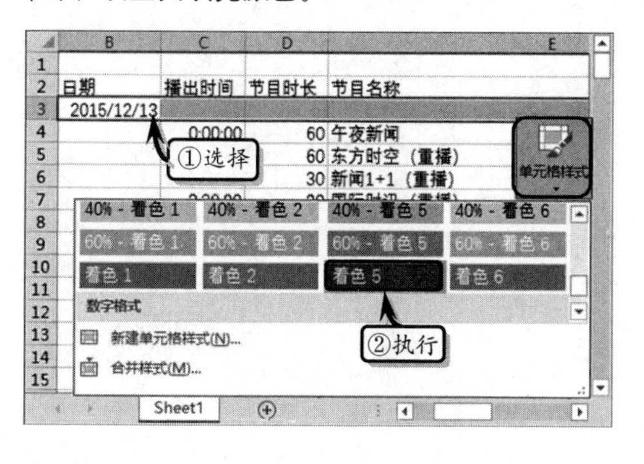

STEP|06 选择单元格区域 B5:E5，执行【开始】|【样式】|【单元格样式】|【20%-着色 5】命令。使用同样方法，分别设置其他单元格区域的填充颜色。

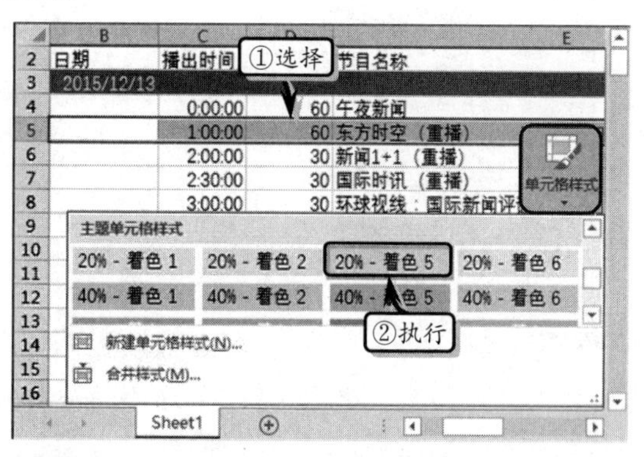

STEP|07 **设置格式。**同时选择单元格 B3、B30、B57、B84、B111、B138 和 B163，执行【开始】|【数字】|【数字格式】|【长日期】命令，设置数字格式。

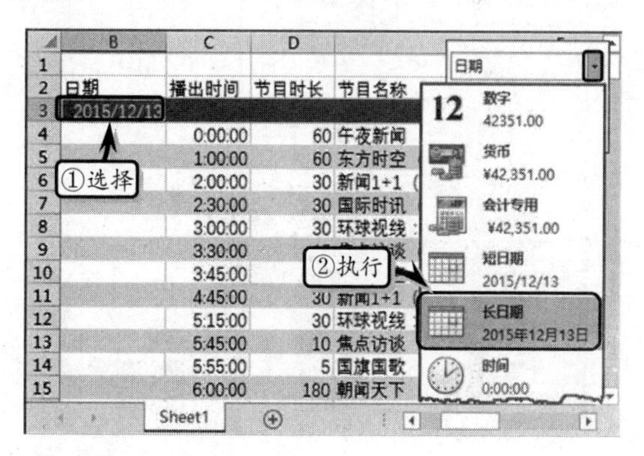

STEP|08 同时，执行【开始】|【字体】|【加粗】命令，设置其文本格式。

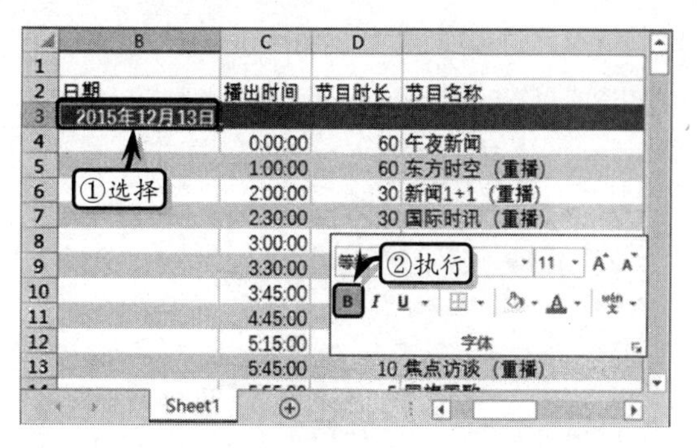

STEP|09 **设置渐变填充颜色。**选择单元格 B2，右击执行【设置单元格格式】命令，激活【填充】

选项卡，单击【填充效果】按钮。

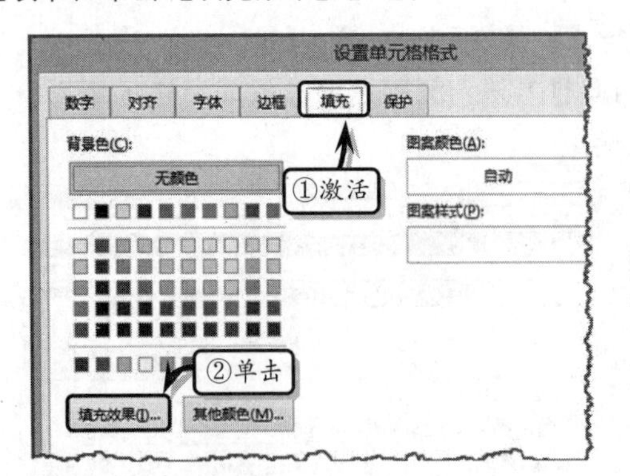

STEP|10 选中【双色】选项，设置【颜色 1】和【颜色 2】的颜色值，选中【垂直】选项，选择一种变形样式，并单击【确定】按钮。

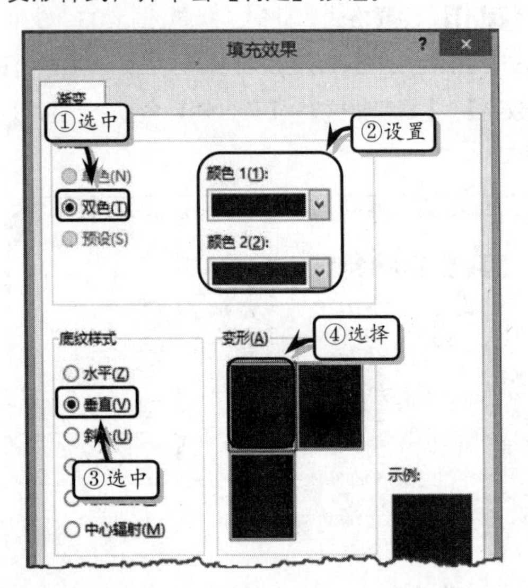

STEP|11 在【设置单元格格式】对话框中，激活【字体】选项卡，设置字形和字体颜色，并单击【确定】按钮。

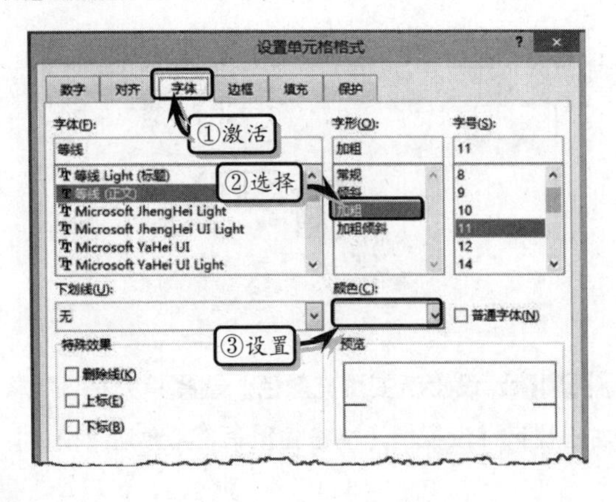

STEP|12 使用同样方法，设置其他单元格的渐变填充颜色和文本格式。

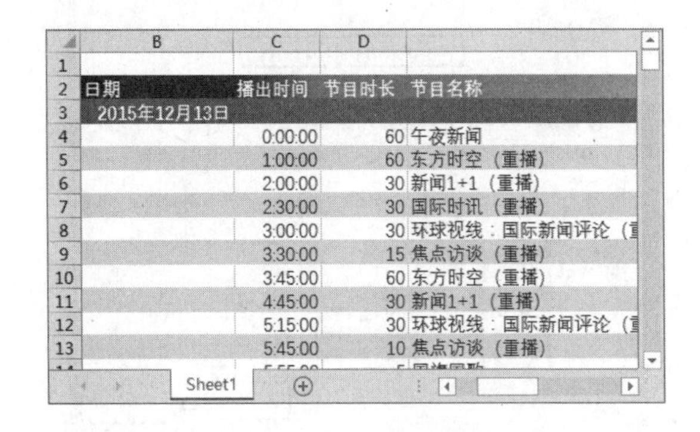

STEP|13 设置边框样式。选择单元格区域 B4:E29，执行【开始】|【字体】|【边框】|【所有框线】命令。使用同样方法，设置其他区域的边框样式。

STEP|14 选择单元格区域 B2:E187，右击执行【设置单元格格式】命令。在【边框】选项卡中，选择线条样式，并单击【外边框】按钮。

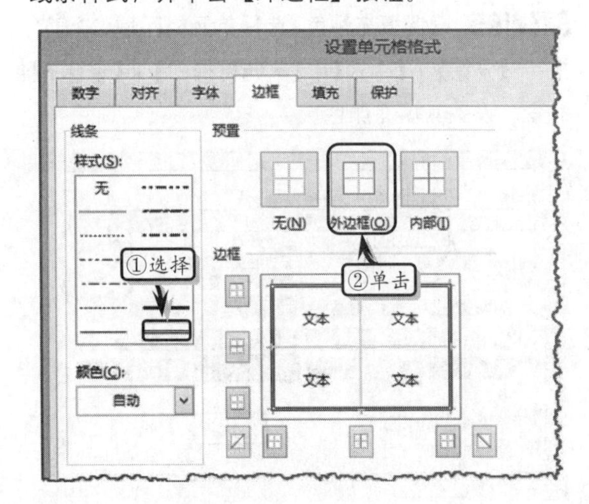

STEP|15 设置窗格。选择第三行中的任意一个单元格，执行【视图】|【窗口】|【冻结窗格】|【冻结拆分窗格】命令，冻结第一行和第二行内容。

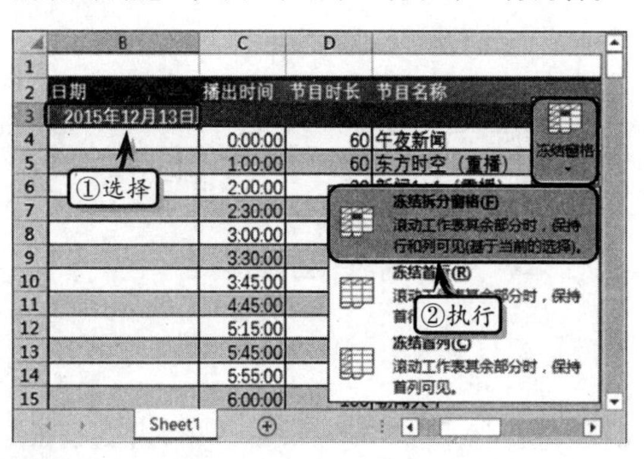

STEP|16 同时，执行【视图】|【显示】|【网格线】命令，禁用工作表中的网格线。

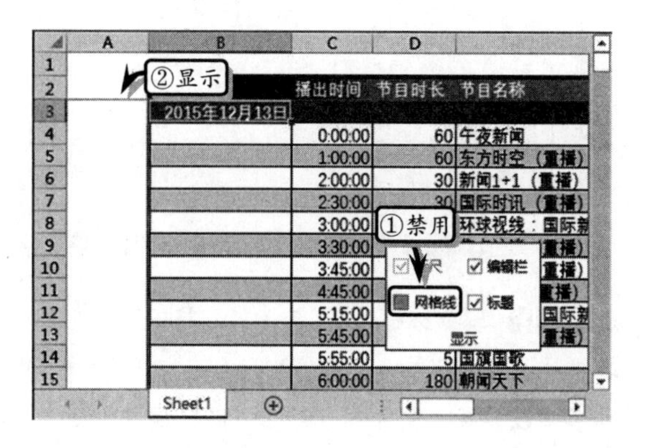

Excel 14.6 练习：制作固定资产查询卡

固定资产折旧表主要表现了企业固定资产的使用及折旧信息，但是对于具有上百种、上千种固定资产的企业来讲，查询某种固定资产的详细信息比较麻烦。为了实现快速查询功能，在本练习中将根据固定资产折旧表与函数功能，来制作固定资产查询系统。

固定资产查询

资产编号	001	资产名称	空调		
启用日期	2009年1月2日	折旧方法	平均年限法		
使用状况	在用	可使用年限	5		
资产原值	20000	已使用年限	3		
残值率	0.05	净残值	1000	已计提月数	47
已计提累计折旧额	14883.33333	剩余计提折旧额	4116.6667	剩余使用月数	13

固定资产折旧表　固定资产查询卡　Sheet3

操作步骤

STEP|01 **输入基础数据。**新建工作簿，插入一个工作表，重命名工作表 Sheet1，制作基础数据并设置数据格式。

固定资产折旧表

编制单位：

可使用年限	启用日期	折旧方法	残值率	已使用年限
5	2013年1月2日	平均年限法	5%	3
5	2013年12月1日	双倍余额递减法	6%	3
4	2013年4月3日	平均年限法	6%	3
10	2012年4月1日	平均年限法	4%	4
3	2013年3月2日	平均年限法	5%	3
4	2012年10月12日	平均年限法	5%	4
2	2013年9月1日	平均年限法	5%	3

STEP|02 制作查询卡。重命名工作表 Sheet2，并在工作表中输入基础数据，并设置其对齐格式。

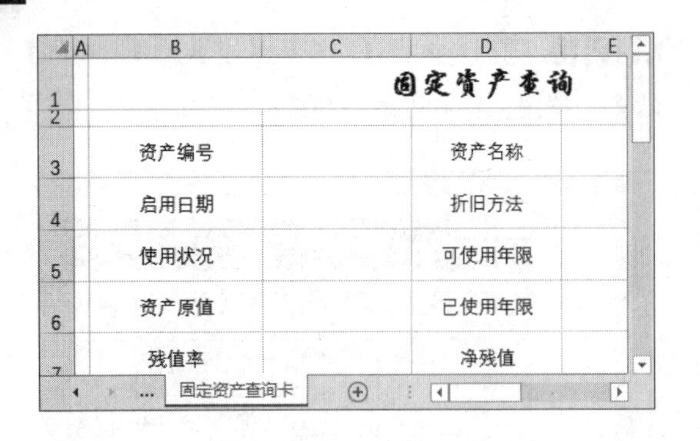

STEP|03 设置边框样式。选择单元格区域 B3:G8，右击执行【设置单元格格式】命令，在【边框】选项卡中设置表格的内部与外部边框样式。

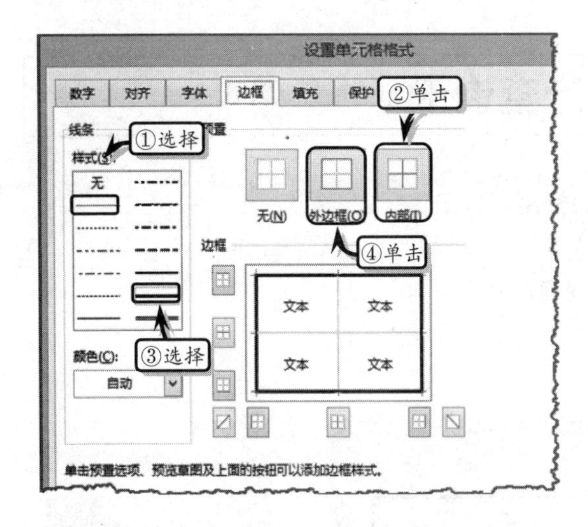

STEP|04 设置填充颜色。选择单元格区域 B3:G8，执行【开始】|【字体】|【填充颜色】命令，在其列表中选择一种色块。

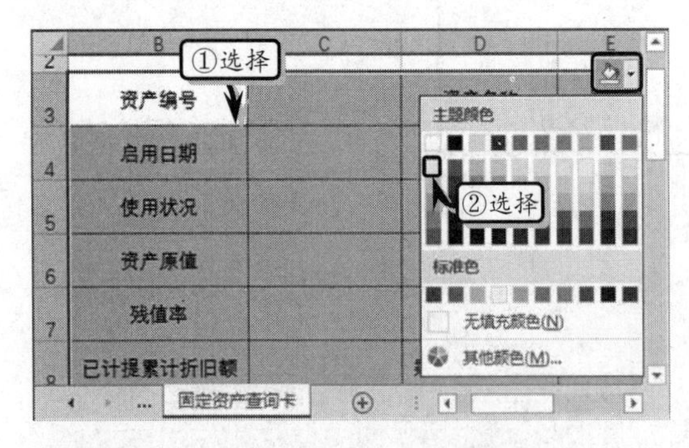

STEP|05 设置数据列表。选中单元格 C3，执行【数据】|【数据工具】|【数据验证】|【数据验证】命令，设置【允许】和【来源】选项。

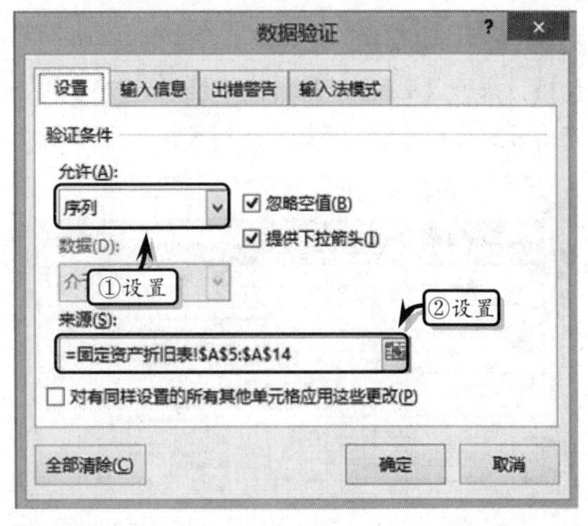

STEP|06 然后，单击单元格 C3 中的下拉按钮，在其下拉列表中选择 001 选项。

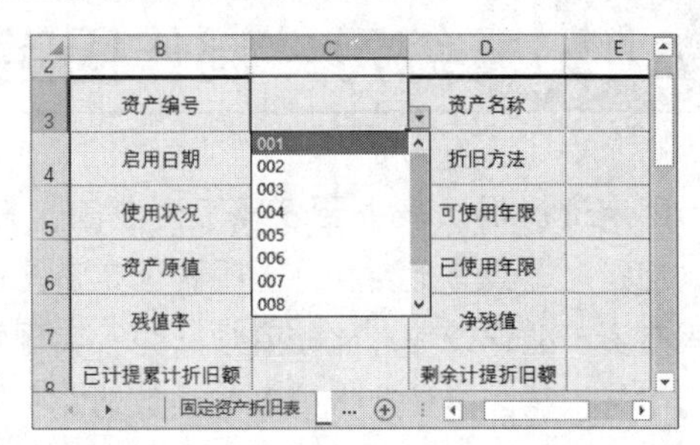

STEP|07 计算数据。选择单元格 C4，在编辑栏中输入计算公式，按 Enter 键返回资产的启用日期。

STEP|08 选择单元格 C5，在编辑栏中输入计算公式，按 Enter 键返回资产的使用状况。

STEP|09 选择单元格 C6，在编辑栏中输入计算公式，按 Enter 键返回资产的原值。

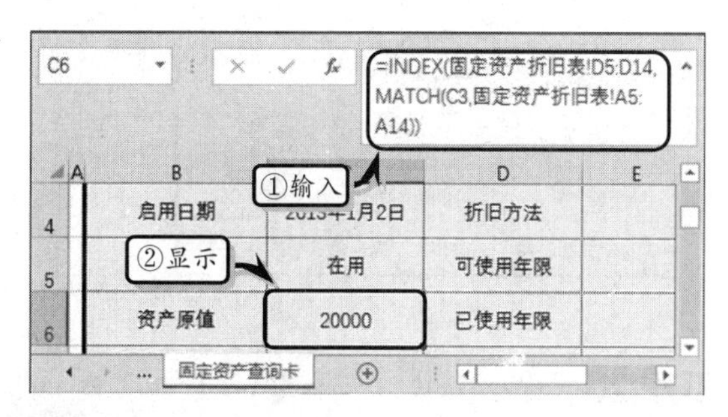

STEP|10 选择单元格 C7，在编辑栏中输入计算公式，按 Enter 键返回资产的残值率。

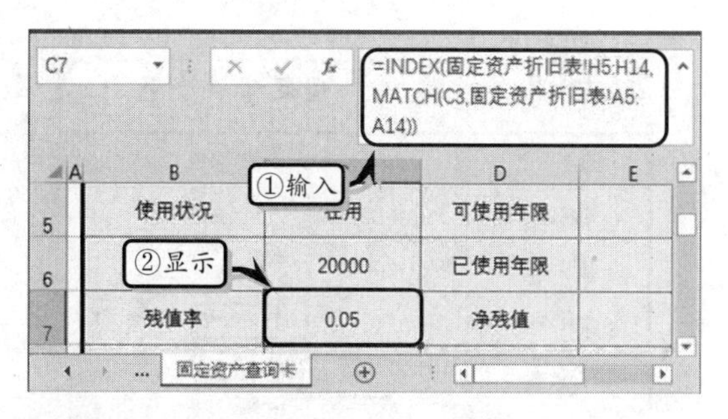

STEP|11 选择单元格 C8，在编辑栏中输入计算公式，按 Enter 键返回资产的已计提累计折旧额。

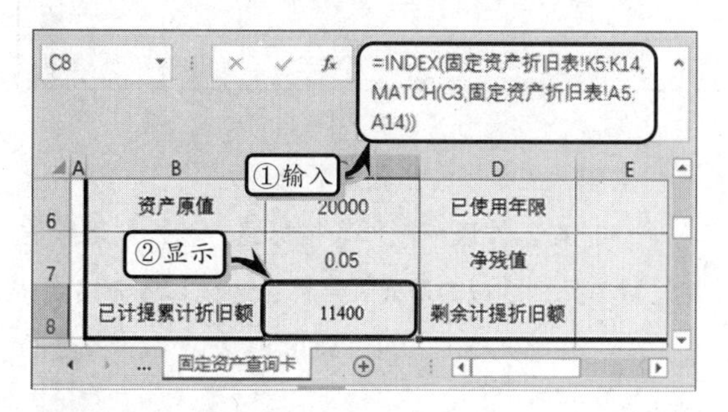

STEP|12 选择单元格 E3，在编辑栏中输入计算公式，按 Enter 键返回资产名称。

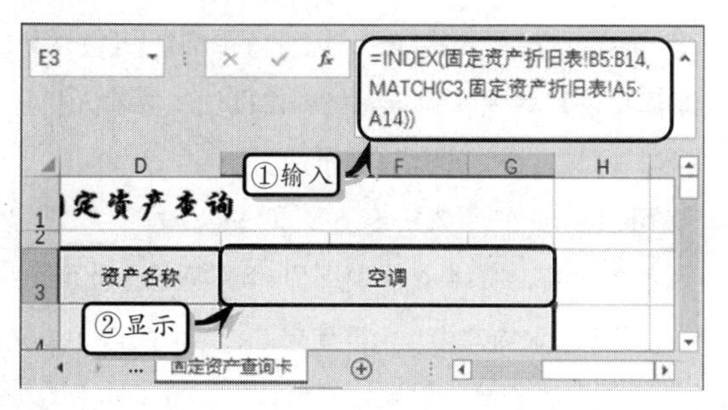

STEP|13 选择单元格 E4，在编辑栏中输入计算公式，按 Enter 键返回资产的折旧方法。

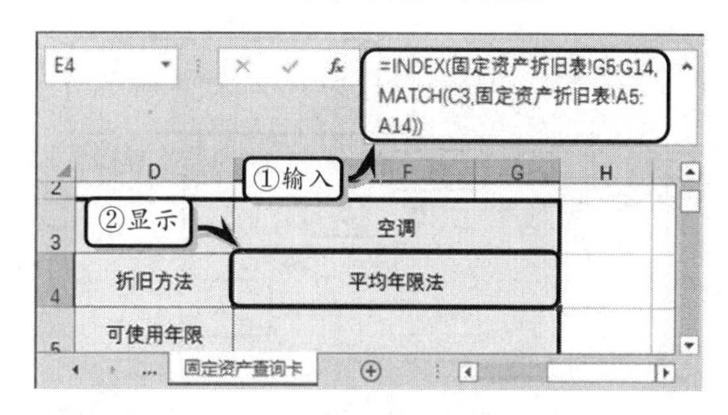

STEP|14 选择单元格 E5，在编辑栏中输入计算公式，按 Enter 键返回资产的可使用年限。

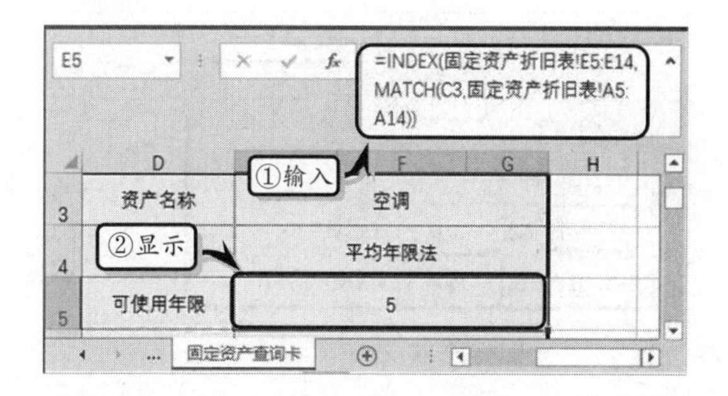

STEP|15 选择单元格 E6，在编辑栏中输入计算公式，按 Enter 键返回资产的已使用年限。

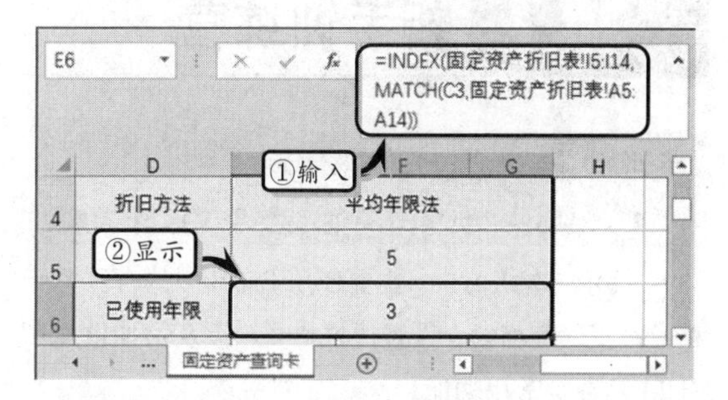

STEP|16 选择单元格 E7，在编辑栏中输入计算公式，按 Enter 键返回资产的净残值。

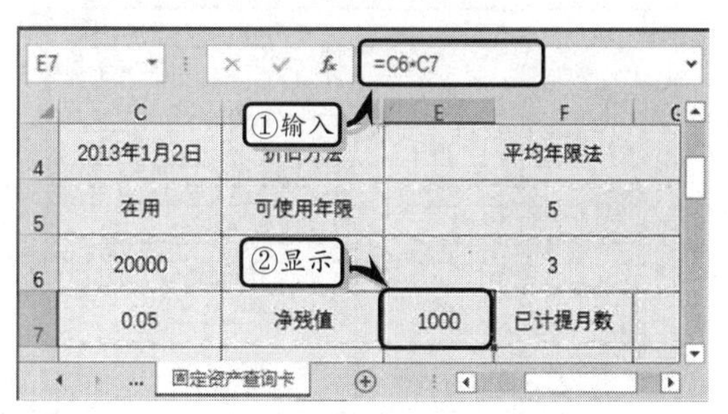

STEP|17 选择单元格 G7，在编辑栏中输入计算公式，按 Enter 键返回资产的已计提月数。

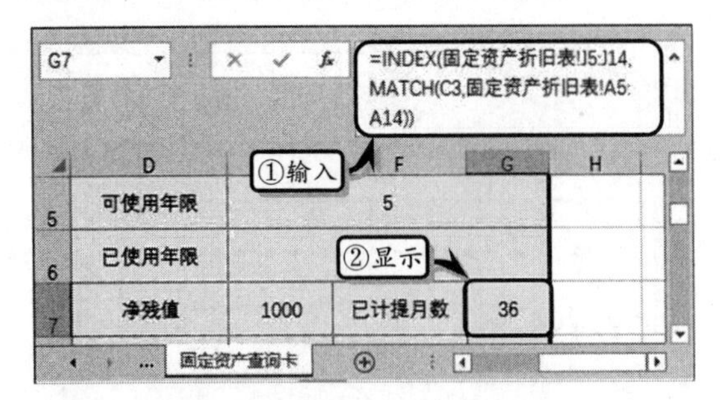

STEP|18 选择单元格 E8，在编辑栏中输入计算公式，按 Enter 键返回资产的剩余计提折旧额。

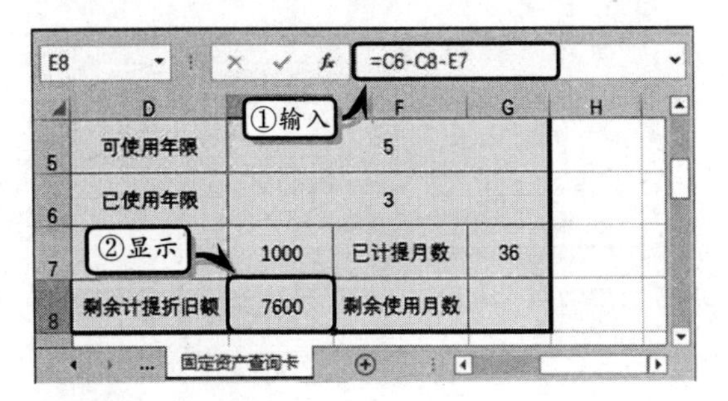

STEP|19 选择单元格 G8，在编辑栏中输入计算公式，按 Enter 键返回资产的剩余使用月数。

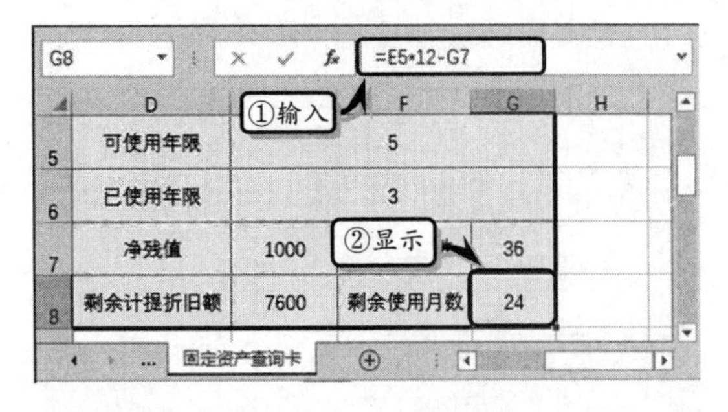

STEP|20 隐藏网格线。选择【视图】选项卡，禁用【显示】选项组中的【网格线】复选框，隐藏网格线。

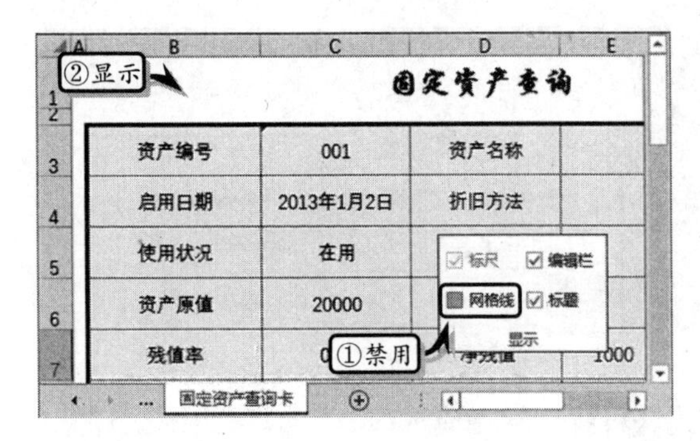

14.7 新手训练营

练习 1：制作会议报销申请表

downloads\14\新手训练营\会议报销申请表

提示：本练习中，主要使用 Excel 中的合并单元格、设置对齐格式、设置边框格式，以及添加批注和 SUM 函数等常用功能。

会议费报销申请表

填表日期： 2015年12月1日

姓　名	马云超	部　门	销售部
会议名称	年度总结报告会	会议类型	例会
参加人数	200	预支费用	¥ 4,500.00
会议时间	2015年12月5日	至	2015年12月8日
会议地点	双子座大厦25楼，会议厅		
费用类型	明　细	金　额	备　注
场地租用费	4天总计	¥ 1,500.00	
会议资料费	200册	¥ 180.00	
	接待人员	¥ 500.00	10人，每人50元

其中，主要制作步骤如下所述。

（1）在工作表中制作表格标题，输入基础数据并设置单元格区域的对齐、字体、边框和填充格式。

（2）在单元格 D20 中，使用 SUM 函数计算金额合计值。

（3）在单元格 D21 中，使用 IF 函数计算补发金额。

（4）选择单元格 C9，执行【审阅】|【批注】|【新建批注】命令，为单元格创建批注，并输入批注内容。同样方法，添加其他批注。

练习 2：制作计算机专业录取表

downloads\14\新手训练营\计算机专业录取表

提示：本练习中，主要使用 Excel 中的合并单元格、设置对齐格式、设置边框格式、设置字体格式等功能，以及 SUM 函数、AVERAGE 函数和 RANK 函数。

2012年计算机专业录取表							
姓名	城市	考试成绩			总成绩	平均成绩	名
		应用基础	网络维护	C++语言			
王玉琳	上海	98	94	92	284	94.67	3
李佩娟	武汉	95	97	89	281	93.67	6
李家玫	成都	93	96	88	277	92.33	1
唐子翔	广州	97	92	93	282	94.00	5
张晋伟	杭州	94	95	89	278	92.67	9
王心雅	北京	92	94	87	273	91.00	1
张美姿	上海	95	94	90	279	93.00	8
郑富吉	苏州	99	95	94	288	96.00	1

其中，主要制作步骤如下所述。

（1）制作表格标题，输入基础数据并设置数据的对齐、字体和边框格式。

（2）在单元格 H4 中，使用 SUM 函数计算总成绩。同样方法计算其他总成绩。

（3）在单元格 I4 中，使用 AVERAGE 函数计算平均成绩。使用同样方法，计算其他平均成绩。

（4）在单元格 J4 中，使用 RANK 函数计算排名。使用同样方法，计算其他排名。

（5）最后，选择相应的单元格区域，执行【开始】|【字体】|【填充颜色】命令，设置单元格区域的背景色。

练习 3：制作净资产计算表

downloads\14\新手训练营\净资产计算表

提示：本练习中，主要使用 Excel 中的合并单元格、设置对齐格式、设置边框格式和填充颜色等常用功能，以及计算公式、SUM 函数和 TODAY 函数。

净资产计算表					
资　产			负　债		
	估计值			估计值	
个人固定资产			贷款余额		
住宅	¥	460,000	质押贷款	¥	200,000
汽车	¥	240,000	房屋贷款	¥	150,000
家具	¥	140,000	购车贷款	¥	140,000
其他	¥	-	房地产投资贷款	¥	500,000
现金或储蓄			教育贷款	¥	-
活期储蓄	¥	120,000	其他贷款	¥	-
定期储蓄	¥	-	其他未偿还债务		
人寿保险（现金值）	¥	-	信用卡债务	¥	9,000
其他	¥	-	其他债务	¥	-
投资					
养老保险	¥	21,000			
债券	¥	-			
共有基金	¥	5,000			
个人股票分红	¥	10,000			
房地产（除个人住宅）	¥	75,000			
其他	¥	-			
资产总值	¥	1,071,000	负债总值	¥	999,000
估计净资产：	¥	72,000			2016年1月24日

其中，主要制作步骤如下所述。

（1）在工作表中制作表格标题，输入基础数据并设置数据的对齐、字体、边框和填充格式。

（2）在单元格 C22 中，使用 SUM 函数资产总值。

（3）在单元格 F22 中，使用 SUM 函数计算负债总值。

（4）在单元格 C24 中，使用公式计算估计净资产额。

（5）在单元格 F24 中，使用 TODAY 函数计算当前日期。

（6）最后，在【视图】选项卡【显示】选项组中，禁用【网格线】复选框，隐藏网格线。

练习 4：制作立体表格

downloads\14\新手训练营\立体表格

提示：本练习中，主要使用 Excel 中的合并单元格、设置对齐格式、设置边框格式，以及设置文本方向、插入形状和设置形状格式等常用功能。

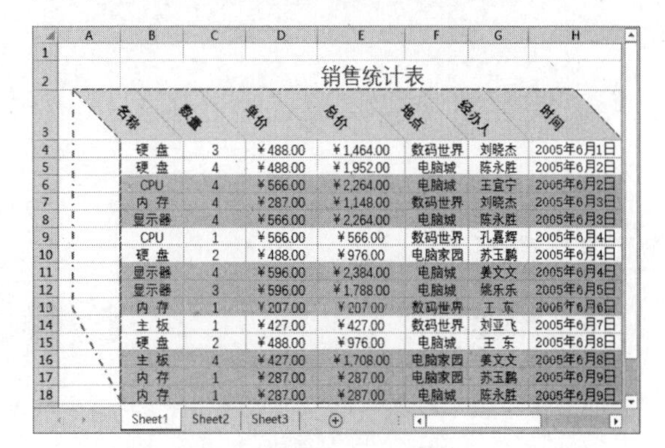

销售统计表						
名称	数量	单价	总价	地点	经办人	时间
硬 盘	3	¥488.00	¥1,464.00	数码世界	刘晓杰	2005年6月1日
硬 盘	4	¥488.00	¥1,952.00	电脑城	陈永胜	2005年6月2日
CPU	4	¥566.00	¥2,264.00	电脑城	王宜宁	2005年6月2日
内 存	4	¥287.00	¥1,148.00	数码世界	刘晓杰	2005年6月3日
显示器	4	¥566.00	¥2,264.00	电脑城	陈永胜	2005年6月3日
CPU	1	¥566.00	¥566.00	数码世界	孔嘉辉	2005年6月4日
硬 盘	2	¥488.00	¥976.00	电脑家园	苏玉鹏	2005年6月4日
显示器	4	¥596.00	¥2,384.00	电脑城	姜文文	2005年6月4日
显示器	3	¥596.00	¥1,788.00	电脑城	姚乐乐	2005年6月5日
内 存	1	¥207.00	¥207.00	数码世界	工 东	2005年6月6日
主 板	1	¥427.00	¥427.00	数码世界	刘亚飞	2005年6月7日
硬 盘	2	¥488.00	¥976.00	电脑城	王 东	2005年6月8日
主 板	4	¥427.00	¥1,708.00	电脑家园	姜文文	2005年6月8日
内 存	1	¥287.00	¥287.00	电脑家园	苏玉鹏	2005年6月9日
内 存	1	¥287.00	¥287.00	电脑城	陈永胜	2005年6月9日

其中，主要制作步骤如下所述。

（1）在工作表中制作表格标题，输入基础数据并设置数据的对齐、字体、边框和填充格式。

（2）选择单元格区域 B2:H2，执行【开始】|【对齐方式】|【方向】|【顺时针方向】命令，设置文本方向。

（3）执行【插入】|【插图】|【形状】|【直线】命令，在工作表中绘制多条直线。

（4）选择所有的直线，执行【格式】|【形状样式】|【形状轮廓】命令，设置直线轮廓颜色、粗细和虚线颜色。

练习 5：制作日程甘特图

downloads\14\新手训练营\日程甘特图

提示：本练习中，主要使用 Excel 中的合并单元格、设置对齐格式、设置边框格式，以及设置填充颜色和使用函数等常用功能。

内勤月工作日程表

2013年1月

编号	任务名称	开始日期	结束日期	持续时间
01	制订全月工作计划	2013/01/03	2013/01/03	1天
02	处理上月经营分析数据	2013/01/04	2013/01/07	4天
03	参加经营分析会议	2013/01/10	2013/01/11	2天
04	清理用户欠费数据	2013/01/12	2013/01/14	3天
05	开展新业务培训	2013/01/17	2013/01/21	5天
06	稽核工单	2013/01/24	2013/01/25	2天
07	预估本月收入	2013/01/26	2013/01/26	1天
08	策划农历春节活动	2013/01/27	2013/01/27	1天
09	购买农历春节活动礼品	2013/01/28	2013/01/28	1天
10	年终工作总结	2013/01/31	2013/01/31	1天

Sheet1 Sheet2 Sheet3

其中，主要制作步骤如下所述。

（1）制作表格标题，输入基础数据并设置数据的对齐、边框和数字格式。

（2）选择相应的单元格区域，设置单元格区域的填充颜色并自定义其边框格式。

（3）自定义单元格区域 F5:F16 的数字格式，并使用 IF 函数计算持续时间。

（4）使用函数分别计算 1 月内每日的工作时间，并使用不同的颜色对其进行填充，使其形成甘特图的样式。

第 15 章

宏与 VBA

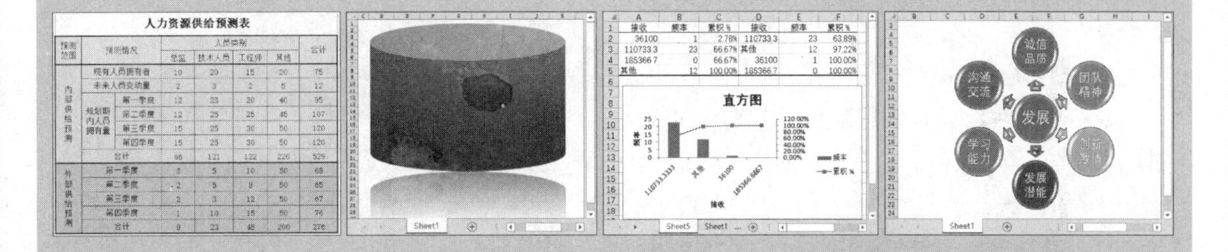

Excel 不仅是一种强大的试算表软件，还具有强大的自行录制、编辑和使用宏功能，实现数据处理的自动化和智能化。另外，VBA 是 Office System 嵌入的一种强大的定制和开发工具，Excel VBA 可以帮助用户解决日常工作中烦琐的操作过程，提高办公效率。本章首先介绍宏的使用和操作方法，然后介绍 VBA 的语法、语句结构、过程和函数等基础知识，让读者对 VBA 有一个初步的了解。

15.1 使用宏

在需要进行大量重复性的操作时，可使用宏功能编辑脚本命令，然后再通过键盘快捷键触发软件快速执行，此时就需要使用到宏。

15.1.1 宏安全

宏是计算机应用软件平台中的一种可执行的抽象语句命令，由格式化的表达式组成，可控制软件执行一系列指定的命令，帮助用户快速处理软件中重复而机械的操作。

在默认状态下，出于安全方面的考虑，Excel 禁止用户使用宏。因此在自行编辑和使用宏之前，用户应手动开启 Excel 对宏的支持。

执行【文件】|【选项】命令，在【Excel 选项】对话框中激活【信任中心】选项卡，单击【信任中心设置】按钮。

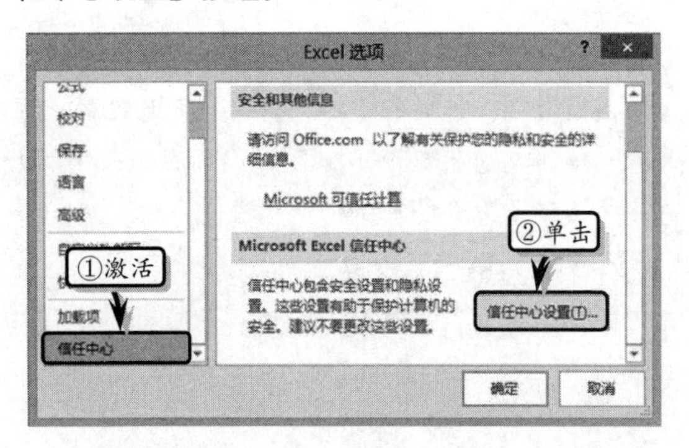

在弹出的【信任中心】对话框中，激活【宏设置】选项卡，然后在右侧的【宏设置】栏中选中【启用所有宏】选项。

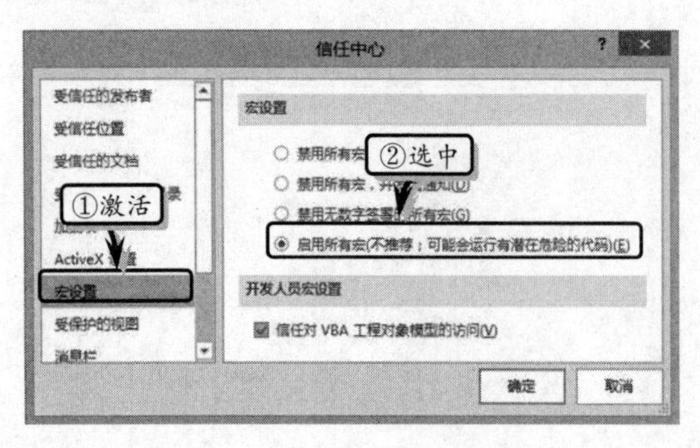

提示

在 Excel 的【宏设置】栏中，所做的任何宏设置更改只适用于 Excel，而不会影响任何其他 Office 程序。

用户在【宏设置】栏中，可以对于在非受信任位置的文档中的宏，进行 4 个选项设置，以及开发人员宏设置。

安全选项	含　义
禁用所有宏，并且不通知	如果用户不信任宏，可以选择此项设置。文档中的所有宏，以及有关宏的安全警报都被禁用。如果文档具有信任的未签名的宏，则可以将这些文档放在受信任位置
禁用所有宏，并发出通知	这是默认设置。如果想禁用宏，但又希望在存在宏的时候收到安全警报，则应使用此选项。这样，可以根据具体情况选择何时启用这些宏
禁用无数字签署的所有宏	此设置与【禁用所有宏，并发出通知】选项相同，但下面这种情况除外：在宏已由受信任的发行者进行了数字签名时，如果用户信任发行者，则可以运行宏
启用所有宏(不推荐，可能会运行有潜在危险的代码)	可以暂时使用此设置，以便允许运行所有宏。因为此设置会使计算机容易受到可能是恶意的代码的攻击，所以不建议用户永久使用此设置
信任对 VBA 工程对象模型的访问	此设置仅适用于开发人员

15.1.2 创建宏

在 Excel 中可通过录制宏和使用 VBA 创建宏两种方法，来创建宏。

1．录制宏

录制宏时，宏录制器会记录用户完成的操作。记录的步骤中不包括在功能区上导航的步骤。

执行【开发工具】|【代码】|【录制宏】命令，在【宏名】文本框中，输入宏的名称。

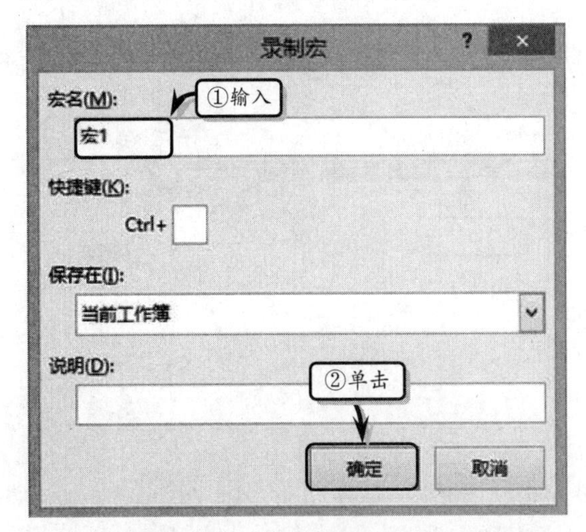

在工作表中，进行一系列操作。如选为单元格区域设置填充颜色，并设置边框格式。然后，单击【代码】|【停止录制】按钮即可。

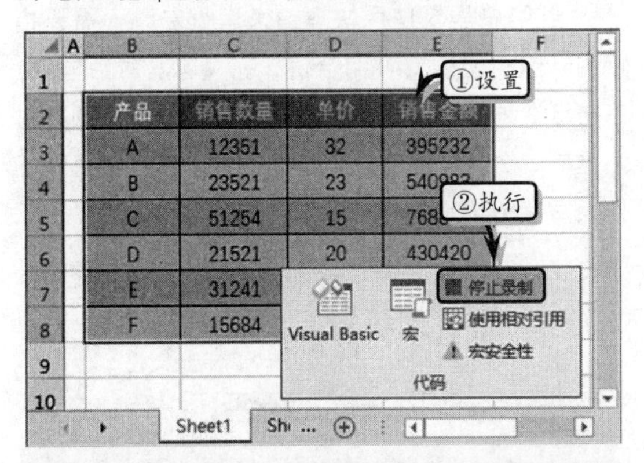

注意

宏名的第一个字符必须是字母。后面的字符可以是字母、数字或下划线字符。宏名中不能有空格，下划线字符可用作单词的分隔符。如果使用的宏名还是单元格引用，则可能会出现错误信息，该信息显示宏名无效。

2．使用 VBA 创建宏

用户除了录制宏的方法外，还可以使用 Visual Basic 编辑器编写自己的宏脚本。

执行【开发工具】|【代码】|Visual Basic 命令，弹出 Microsoft Visual Basic-Book1 窗口。右击【工程资源管理】窗格中的目录选项，执行【插入】|【模块】命令。

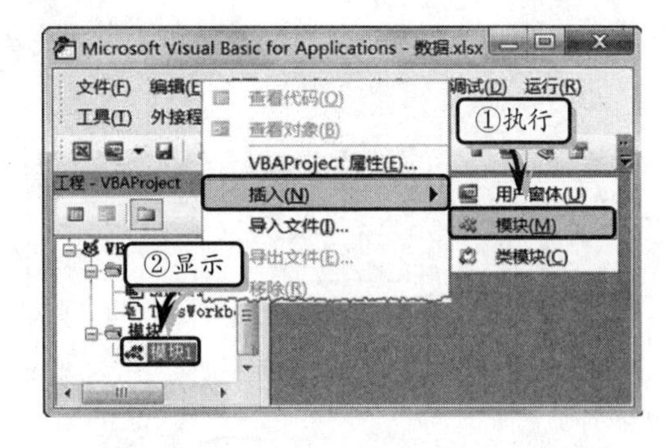

然后，在【模块 1】中输入代码，并单击【常用】工具栏上的【保存】按钮。

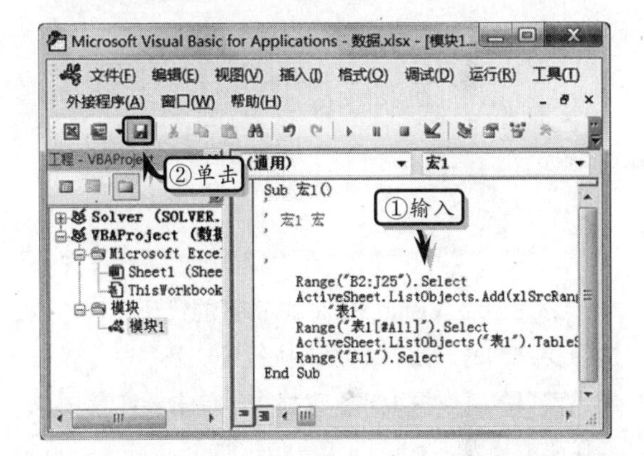

在 VBA 编辑器窗口中，包含 4 个窗格，以及一个工具栏和一个菜单栏，其中，4 个窗格分别为【工程资源管理】、【属性】和【模块编辑】三个主要窗格和一个【对象浏览器】窗格。

窗格名称	功　能
工程资源管理	该窗格列出应用程序中所有当前打开的项目，从中可以打开编辑器
属性	该窗格显示浏览和编辑【工程资源管理】窗格中所选对象的属性
模块编辑	用于显示宏的内容。用户可以通过该编辑器来完成大量的工作

15.1.3　管理宏

用户可以通过复制宏功能，来复制宏的一部

分以创建另一个宏。而运行宏是为了使用创建的宏以达到快速操作工作。

1．复制宏

打开包含要复制的宏的工作簿，执行【开发工具】|【代码】|【宏】命令。在弹出的【宏】对话框的【宏名】列表框中，选择需要复制的宏的名称，并单击【编辑】按钮。

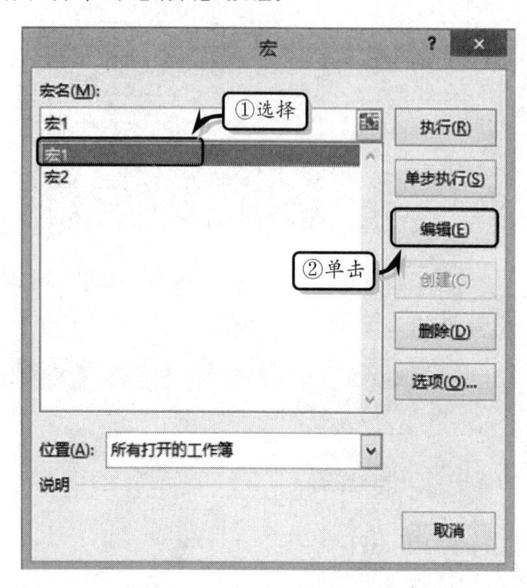

然后，在 Visual Basic 编辑器的代码窗口中，选择要复制的宏所在的行。执行【复制】命令，在代码窗口的【模块编辑】窗格中，单击要在其中放置代码的模块，并执行【粘贴】命令。

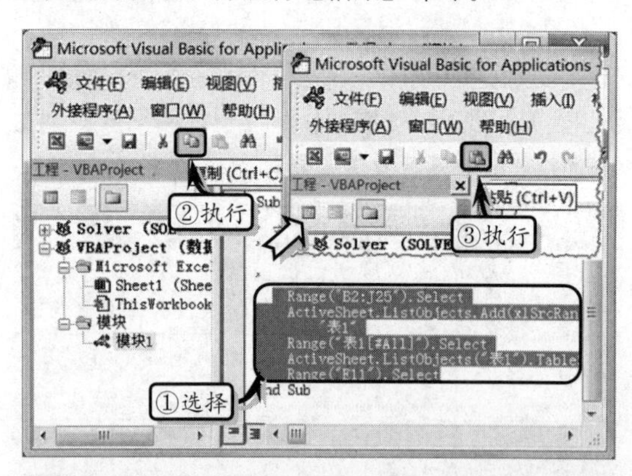

技巧

也可以右击选择内容，然后执行【复制】命令，或者按 Ctrl+C 键。也可以单击鼠标右键，然后执行【粘贴】命令，或者按 Ctrl+V 键。

2．运行宏

通过【宏】对话框来运行宏是常用的一种方法。即执行【开发工具】|【代码】|【宏】命令。在弹出的【宏】对话框中，选择需要运行的宏，单击【执行】按钮。

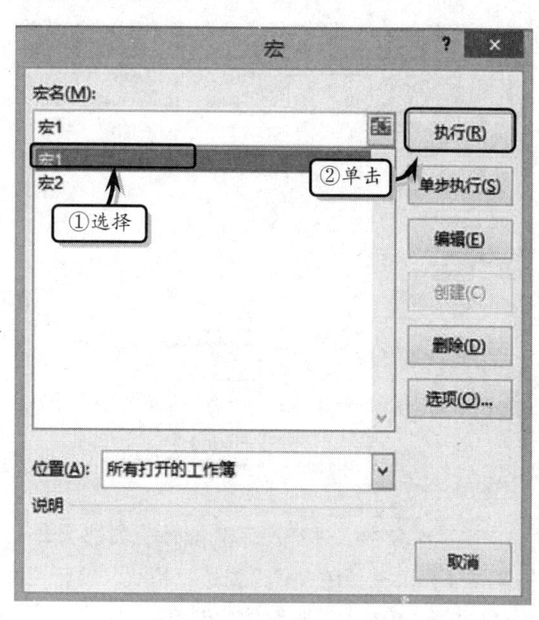

当用户需要使用快捷键来运行宏时，需要指定用于运行宏的 Ctrl 组合键。在【宏】对话框中，单击【选项】按钮。然后，在弹出的【宏选项】对话框中，在【快捷键】文本框中，输入要使用的任何大写字母或小写字母。

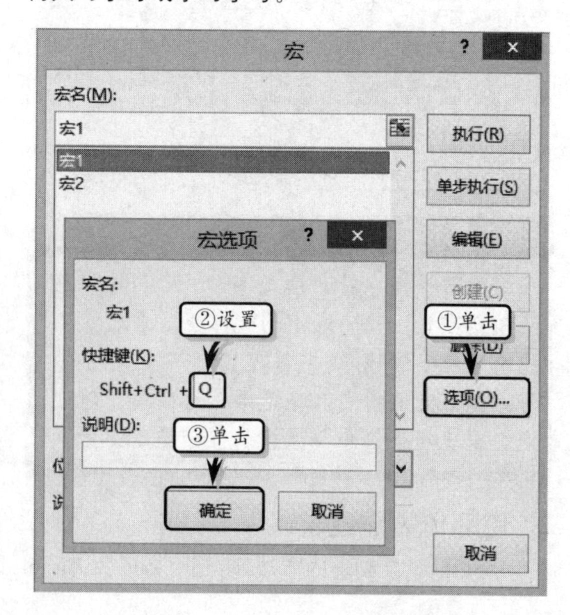

此时，用户只需按 Shift+Ctrl+A 组合键，即可运行该宏。

另外，用户还可以在 VBA 编辑器窗口中，单击【运行子过程/用户窗体】按钮，或者按 F5 键。此时，将执行 VBA 代码。

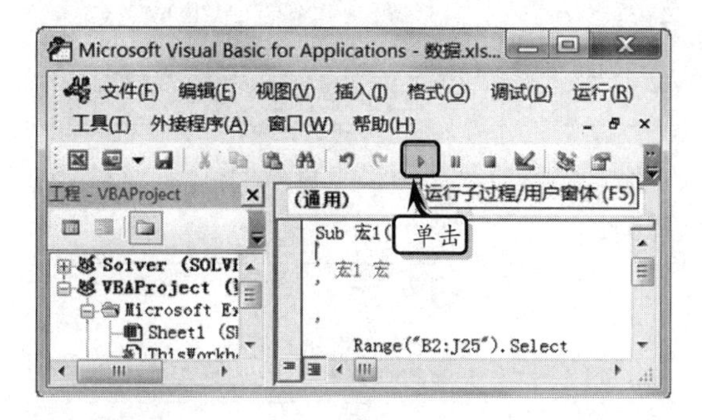

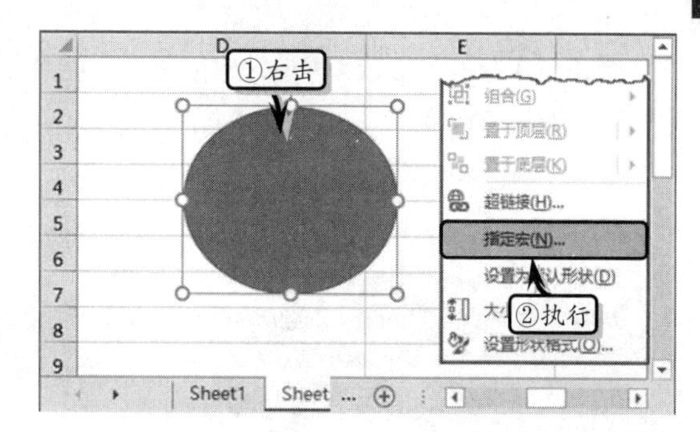

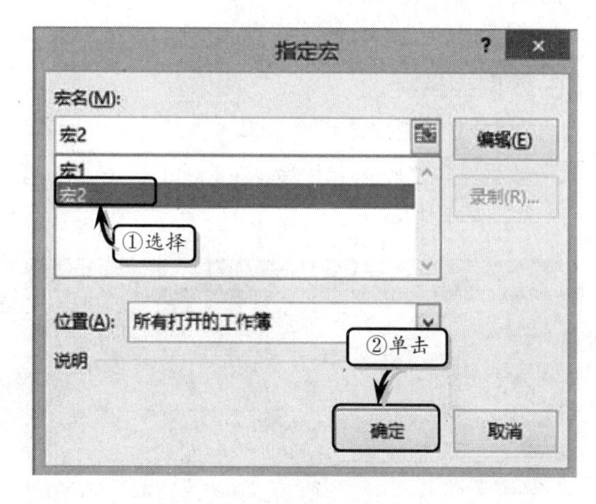

3. 分配宏

在创建宏之后，用户可以将宏分配给对象（如工具栏按钮、图形或控件），以便能够通过单击该对象来运行宏。如插入“椭圆”形状，并右击形状执行【指定宏】命令。

然后，在弹出的【指定宏】对话框中，选择已经录制好的宏，单击【确定】按钮。

Excel 15.2 使用 VBA

Visual Basic for Applications（VBA）是 Visual Basic 的一种宏语言，是微软开发出来在其桌面应用程序中执行通用的自动化（OLE）任务的编程语言，主要用来扩展 Windows 的应用程式功能。

15.2.1 VBA 脚本简介

Excel VBA 是以 Excel 环境为母体、以 Visual Basic 为父体的类 VB 开发环境，即在 VBA 的开发环境中集成了大量的 Excel 对象和方法。

1. 常量

常量是一种恒定的或者不可变化的数值或者数据项，通常表示不随时间变化的某些量和信息，也可以表示某一数值的字符或者字符串。

声明常量需要使用 Const 语句：

```
Const name As Type = Value
```

name 表示常量的名称，Type 表示常量的数据类型，Value 表示常量的值。

例如，定义 myNum 为常量并初始化它的值为 100。

```
Const myNum As Integer = 100
```

在同一行中还可以定义多个常量，但是每个常量都需要定义其数据类型，且以逗号分隔。

```
Const num As Integer = 100, str As
String = Excel
```

2. 变量

变量是动态的存储容器，用于保存程序运行

时需要临时保存的数值或对象。它的值可以在程序运行时按照要求改变。

声明变量需要使用 Dim 语句：

```
Dim name As Type
```

name 表示变量的名称，Type 表示变量的数据类型。

例如，定义 myStr 为字符串类型的变量。

```
Dim myStr As String
```

3. 数据类型

数据类型是构成语言最基本的元素，它可以体现数据结构的特点和用途。在 Excel VBA 中，包含以下几种数据类型。

数据类型	含义
Integer (整数型)	整数型数据就是整数，即没有小数部分的数，其取值范围为 -32 768~32 768
Long (长整数型)	长整数型数据也是整数，但它们的取值范围更大，为-2 147 483 648~2 147 483 647
Single (单精度型)	单精度型数据包含小数部分，存储为 32 位（4B）的数据
Double (双精度型)	双精度型数据比单精度型数据更大，允许存储 64 位（8B）的数据
Decimal (小数型)	小数型数据的存储为 12B（96 位），是带符号的整型
Byte (字节型)	用于存储较少的整数值，其取值范围为 0~255
Currency (货币型)	用于货币计算或固定小数位数的计算
Date (日期型)	用于存储日期和时间。在使用日期型数据时，必须使用"#"号把日期括起来
Boolean (布尔型)	用于存储返回的 Boolean 值，只能是 True 或 False
String (字符串型)	字符串型也是文本型，分为固定长和可变长两种
Variant (变体)	一种可变的数据类型，可以表示任何值，包括数据、字符串、日期、布尔型等

4. 运算符

运算符是表达式中非常关键的构成部分，在 VBA 中运算符包含以下几种。

1）算术运算符

算术运算符通常是在数字中所运用的加、减等计算符号，除此之外还包含求余。

运算符	功能
+	用于求两数之和
-	用于求两数之差或表示表达式的负值
*	用于将两数相乘
/	用于进行两个数的除法运算并返回一个浮点数
\	用于对两个数作除法运算并返回一个整数
Mod	用于对两个数作除法并且只返回余数
^	用于求一个数字的某次方

2）比较运算符

比较运算符主要用于比较两个数值，并返回表示它们之间关系的布尔值。

运算符	功能
<	表示操作数 1 小于操作数 2
<=	表示操作数 1 小于等于操作数 2
>	表示操作数 1 大于操作数 2
>=	表示操作数 1 大于等于操作数 2
=	表示操作数 1 等于操作数 2
<>	表示操作数 1 与操作数 2 不相等
Is	表示操作数 1 与操作数 2 引用的是否为相同对象
Like	用于判断给定的字符串是否与指定的模式相匹配

3）连接运算符

连接运算符用于强制两个表达式进行字符串连接，其主要由"&"符号实现。

```
result = expression1 & expression2
```

如果两个表达式都是字符串表达式，则 result 的数据类型是 String；否则 result 是 String 变体。

另外，还有一种混合连接运算符"+"，其运用很灵活，但也会带来阅读的不便，其结果的类型是根据表达式的类型决定的。

4）逻辑运算符

逻辑运算符允许对一个或多个表达式进行运

算，并返回一个逻辑值。

运算符	含 义
And(逻辑与)	执行逻辑与运算，即如果表达式1和表达式2都是True，则结果返回True；只要其中一个表达式为False，其结果就是False；如果有表达式为Null，则结果为Null
Or(逻辑或)	执行逻辑或运算，即如果表达式1或者表达式2为True，或者表达式1和表达式2都为True，则结果为True；只有两个表达式都是False时，其结果才为False；如果有表达式为Null，则结果也是Null
Not(逻辑非)	对一个表达式进行逻辑非运算，即如果表达式为True，则Not运算符使该表达式变成False；如果表达式为False，则Not运算符使该表达式变成True；如果表达式为Null，则Not运算符的结果仍然是Null
Eqv(相等)	执行与或运算，即判断两个表达式是否相等，当两个表达式都是True或者都是False时，结果返回True；若一个表达式为True而另一个表达式为False时，结果返回False
Imp(蕴含)	执行逻辑蕴含运算，即当两个表达式都为True或者两个表达式都为False时，其结果为True；当表达式1为True，表达式2为False时，其结果为False；当表达式1为False，表达式2为True时，其结果为True；当表达式1为False，表达式2为Null时，其结果为True；当表达式1为True，表达式2为Null时，其结果为Null；当表达式1为Null，表达式2为True时，其结果为True；当表达式1为Null，表达式2为False时，其结果为Null；当两个表达式都为Null时，其结果为Null
Xor(异或)	执行逻辑异或运算，用于判断两个表达式是否不同。若两个表达式都是True或都是False时，其结果就是False；如果只有一个表达式是True，其结果就是True；如果两个表达式中有一个是Null，其结果是Null

逻辑运算符的优先顺序依次为：Not—And—Or—Xor—Eqv—Imp。如果在同一行代码中多次使用相同的逻辑运算符，则从左到右进行运算。

15.2.2 VBA控制语句

对于任何一种编程语言，控制语句都是必不可少的，它用于控制程序执行的流程，以解决实际应用中需要的一些特殊执行顺序。

1．条件语句

条件语句主要依赖于条件值，并根据具体值对程序进行控制。

1）If语句

该语句是程序开发过程中最常见的语句之一，很多判断语句都需要它来实现。

一般写成单行语法形式：

```
If Condition Then [statements]
[Else elsestatements]
```

或者，还可以使用下列语法形式：

```
If Condition Then
       [statements]
[Elseif condition-n Then]
        [statements]…
[Else]
        [statements]
End If
```

其中，Condition和condition-n表示可以产生布尔值的表达式，statements表示执行的语句。

2）Select语句

通过表达式的值，从分支语句中选择其中符合条件的语句，并执行相关表达式。

语法形式如下：

```
Select Case Condition
     Case Value1
     statements
     Case Value2
     statements
…
      [Case Else
```

```
        [statements]]
End Select
```

其中，Condition 表示可以产生布尔值的表达式，Value 为符合条件的值。

2. 循环语句

循环语句是流程控制中最灵活的语句之一，它允许程序重复执行一行或多行代码，使用它可以大大节省人力运算。

1）For…Next 语句

该语句通常用于完成指定次数的循环，其语法形式为：

```
For Counter = Start to End[Step
step]
    [statements]
Next
```

其中，Counter 表示循环计数器的数值变量，Start 和 End 分别表示 Counter 的初始值和结束值，step 表示相邻值之间的跨度，默认为 1。

2）For Each…Next 语句

该语句用于对集合中的每个对象执行重复的任务，其语法形式为：

```
For Each element in group
    [statements]
Next
```

其中，element 表示遍历集合或数组中所有元素的变量名，group 表示对象集合或数组的名称。

3）Do 语句

Do 循环比 For 循环结构更加灵活，其依据条件控制过程的流程，其语法形式为：

```
Do [{While|Until} condition]
   [statements]\
Loop
```

或者

```
Do
   [statements]
Loop [{While|Until} condition]
```

其中，condition 表示可以产生布尔值的表达式，statements 表示一条或多条可执行的程序代码。

3. 跳转语句

Goto 语句通常用来改变程序执行的顺序，跳过程序的某部分直接去执行另一部分，也可返回已经执行过的某语句使之重复执行。

15.2.3 VBA 设计

VBA（Visual Basic for Application）是一种完全面向对象体系结构的编程语言，由于其在开发方面的易用性和具有强大的功能，因此许多用户都要使用这一开发工具进行设计。

下面再来介绍一下，在 VBA 编程过程中，需要经常使用的过程、函数、模块和 Excel 对象模型。

1. VBA 过程

过程是构成程序的一个模块，往往用来完成一个相对独立的功能，可以使程序更清晰、更具结构性。

1）Sub 过程

Sub 过程主要基于事件的可执行代码单元。当过程执行时，不会返回任何值。其语法形式为：

```
[Public|Private] [static] Sub <过
程名>
```

过程语句

```
End Sub
```

例如，弹出一个消息框，其内容为“Hello World!”。

```
Sub MsgHello()
    MsgBox "Hello World!"
End Sub
```

2）Function 过程

Function 过程可以执行一组语句，并且返回过程值，它可以接收和处理参数的值。其语法形式为：

```
[Public|Private] [static]
Function <过程名> [As <数据类型>]
```

过程语句

```
End Function
```

例如，返回数值的绝对值。

```
Function MAbs(m_abs as Integer)
    MAbs = Abs(m_abs)
End Function
```

3）Property 过程

使用 Property 过程可以访问对象的属性，也可对对象的属性进行赋值，其语法形式为：

```
[Public|Private] [static]
Property {Get|Let|Set} <过程名>]
```

过程语句

```
End Property
```

2．VBA 函数

函数是一种过程，它能返回值，也可以接收参数。要使用函数，必须从 Sub 过程或另一个函数内调用，可以使用 Call 关键字或直接指定函数的名字。

```
[Call] subName [,argumentlist]
```

其中，subName 表示需要调用的函数名称，argumentlist 表示需要传递给该函数的变量或表达式列表，每一项用逗号间隔。

注意

在 VBA 中内置了大量的函数，可以直接利用它们完成多个任务，如消息框、用户交互框等。

3．模块和类模块

VBA 代码必须存放在某个位置，这个地方就是模块。有两种基本类型的模块：标准模块和类模块。

1）模块

模块是作为一个单元保存在一起的 VBA 定义和过程的集合。

2）类模块

VBA 允许用户创建自己的对象，对象的定义包含在类模块中。

在 VBA 语言程序中，用户可以创建多个模块，即可将相关的过程聚合在一起，并且使用代码具有可维护性和可重用性，也可以大大提高代码的利用率。在多模块中，可以为不同模块制定不同的行为，一般制定模块行为有 Option Explicit、Option Private Module、Option Compare {Binary | Text | Database }和 Option Base {0 | 1}

4．VBA 对象模型

VBA 对象模型包括 128 个不同的对象，从矩形、文本框等简单的对象到透视表、图表等复杂的对象等。

1）Application 对象

Application 对象提供了大量属性、方法和事件，用于操作 Excel 程序，其中许多对象成员是非常重要的。该对象提供了一个很大的属性集来控制 Excel 的状态。

2）Workbook 对象

Workbook 对象代表了 Excel 的一个工作簿，WorkSheet 对象则代表了工作簿中的一个工作表。而在 Workbook 对象中，包含 Workbook 的属性、Workbook 的方法和 Workbook 的事件。

如通过 Name、FullName 和 Path 属性，来获取当前工作簿的名称等属性。

```
    Sub 当前工作簿信息()
    '获取工作簿名称
    ActiveSheet.Range("A1").Value   =
ThisWorkbook.Name
    '获取工作簿的路径
    ActiveSheet.Range("A2").Value   =
ThisWorkbook.Path
    '获取工作簿的完整路径
    ActiveSheet.Range("A3").Value=Th
isWorkbook.FullName
    End Sub
```

通过运行上述代码内容，即可在 A1、A2 和 A3 单元格中，显示出当前工作簿的信息。

3）WorkSheet 对象

Worksheet 对象表示一个 Excel 中的工作表。使用 Workbook 对象可以处理单个 Excel 工作簿，而使用 WorkSheet 可以处理当前工作簿中的工作表内容。

如下面通过 SaveAs 方法来保存当前工作簿，并指定保存的位置及格式。

```
    Sub 保存工作簿()
    '保存当前工作簿，并指定位置为E磁盘，文
件名为SaveAs.xml
    ActiveWorkbook.SaveAs
"E:\SaveAs.xml"
    End Sub
```

4）Range 对象

Range 对象包含于 Worksheet 对象，表示 Excel 工作表中的一个或多个单元格。Range 对象是 Excel 中经常使用的对象，如在工作表的任何区域之前，都需要将其表示为一个 Range 对象，然后使用该 Range 对象的方法和属性。

Excel 15.3 使用表单控件

表单控件主要包括按钮、列表框、标签等具有特殊用途的功能项，通过表单控件可以为用户提供更为友好的数据界面。

15.3.1 插入表单控件

Excel 内置有 12 种表单控件，下面将具体介绍几种常用的控件。

1．标签

标签控件用于显示说明性文本，如标题、题注或简单的指导信息，通常一个文本框旁边都有一个标签用来标识文本框。

执行【开发工具】|【控件】|【插入】|【标签】命令，拖动鼠标即可在工作表中绘制标签表单控件。

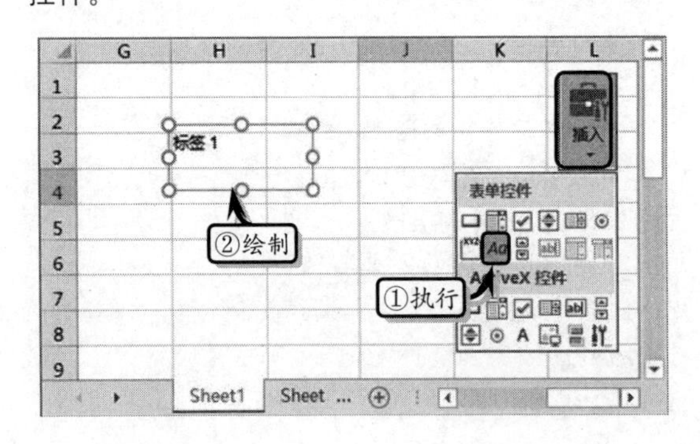

2．列表框

列表框控件用于列出可供用户选择的项目列表。用户可以选择一项或者多项值。

执行【开发工具】|【控件】|【插入】|【列表框】命令，拖动鼠标在工作表中绘制列表框表单控件。

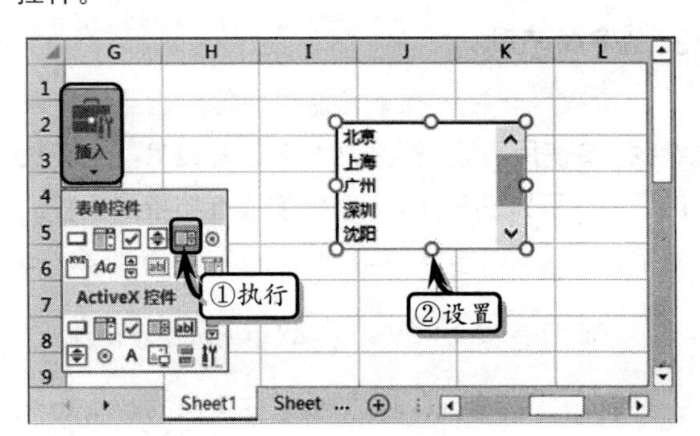

3．组合框

组合框将列表框和文本框的特性结合在一起，用户可以输入新值，也可以选择已有的值。但是，组合框只允许选择其中一项。执行【开发工具】|【控件】|【插入】|【组合框】命令，拖动鼠标即可在工作表中绘制组合框表单控件。

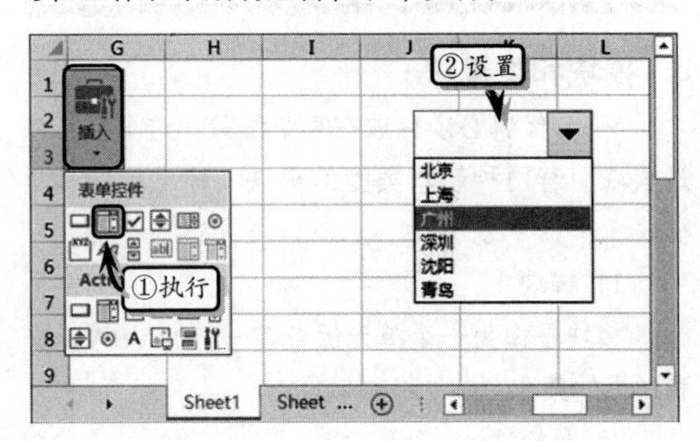

15.3.2 插入 ActiveX 控件

在 Excel 中，除了可以插入表单控件之外，还可以插入可以编辑 VBA 代码的 ActiveX 控件。该类型的控件，可以通过 VBA 代码实现一些动态功能。

1. 文本框

文本框属于 ActiveX 控件，主要用于显示用户输入的信息。同时，也能显示一系列数据，如数据库表、查询、工作表或计算结果。执行【开发工具】|【控件】|【插入】|【文本框】命令，拖动鼠标即可在工作表中绘制文本框表单控件。

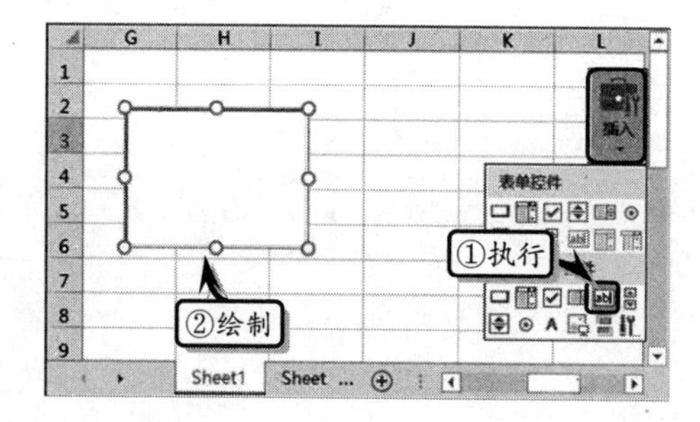

2. 命令按钮

命令按钮是用户界面设计中最常用的控件。开发者可以为命令按钮的 Click 事件指定宏或事件过程，决定命令按钮可以完成的操作。执行【开发工具】|【控件】|【插入】|【命令按钮】命令，拖动鼠标即可在工作表中绘制命令按钮表单控件。

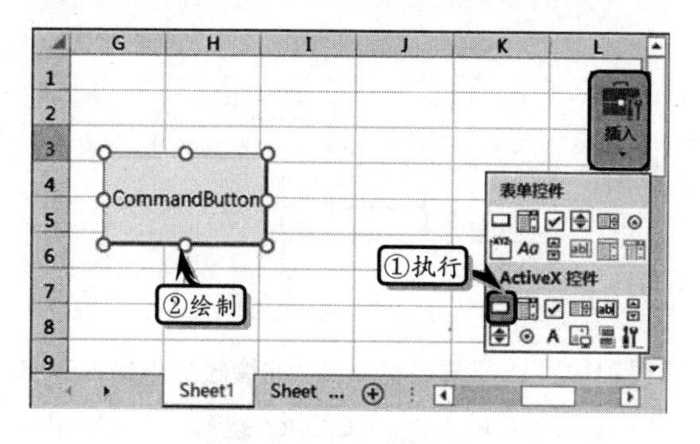

15.3.3 设置控件格式和属性

在工作表中插入控件之后，选择组合框表单控件，右击执行【设置控件格式】命令。在弹出的【设置对象格式】对话框中，激活【控制】选项卡，设置控件的【数据源区域】和【单元格链接】选项，并单击【确定】按钮。

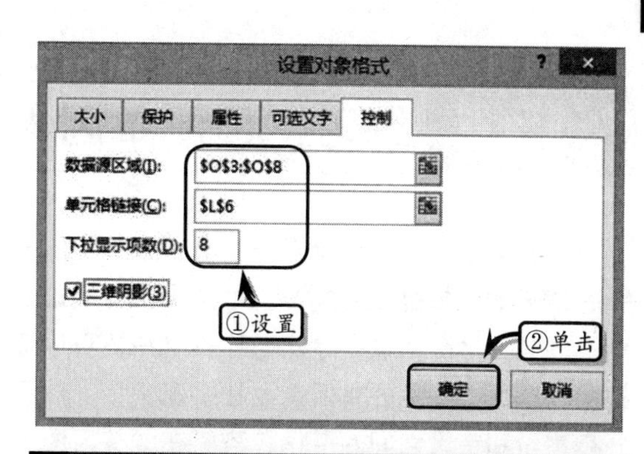

技巧

选择组合框表单控件，执行【开发工具】|【控件】|【属性】命令，也可弹出【设置对象格式】对话框。执行【属性】命令后，其对话框中的内容会随着控件类型的改变而改变。

选择【命令按钮】控件，执行【开发工具】|【控件】|【属性】命令，弹出【属性】对话框。在该对话框中，可以设置控件的名称、字体格式、背景颜色等控件格式。

另外，双击【命令按钮】控件，可在弹出的 VBA 窗口中，编写 VBA 代码，通过控件在一定程度上实现动态执行命令。

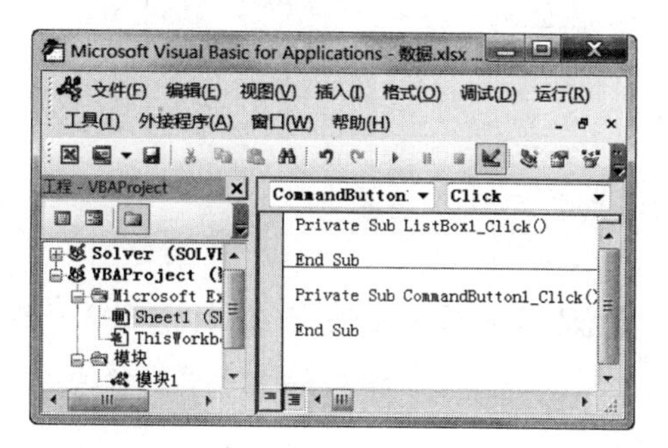

15.4 练习：预测单因素盈亏平衡销量

单因素盈亏平衡销量属于本量利分析中的一种，在此以预测的固定成本、单位可变成本、单位售价等基础数据，来预测单因素下的盈亏平衡销量。除此之外，用户还可以运用图表控件构建的随动态数据变化的单因素盈亏平衡销量，以帮助用户更详细地分析售价和销量之间的变化趋势。在本练习中，将运用 Excel 中的查找和引用函数与控件功能，来制作不同单位售价下的动态预测图表。

基础数据

固定成本	¥500,000.00
单位可变成本	¥2.15
单位售价	¥7.00
单位边际贡献	¥4.85
盈亏平衡销量	103,092.78

模拟运算表

单位售价	盈亏平衡销量
6	129,870.13
6.2	123,456.79
6.4	117,647.06
6.6	112,359.55
6.8	107,526.88
7	103,092.78
7.2	99,009.90
7.4	95,238.10
7.6	91,743.12
7.8	88,495.58
8	85,470.09
8.2	82,644.63
8.4	80,000.00
8.6	77,519.38
8.8	75,187.97
9	72,992.70

动态图表辅助列表

单位售价	盈亏平衡销量	售价列表
8.2	82644.6281	12

8.2
盈亏平衡销量
130000 120000 110000 100000 90000 80000 70000
6.0 6.2 6.4 6.6 6.8 7.0 7.2 7.4 7.6 7.8 8.0 8.2 8.4 8.6 8.8 9.0
盈亏平衡销量 当前盈亏平衡销量

操作步骤

STEP|01 制作基础数据表。在单元格区域 B3:C7 中制作基础数据表框架，输入基础数据并设置边框格式。

	A	B	C	D	E	F
1		基础数据				
2		固定成本	¥500,000.00			
3		单位可变成本	¥2.15			
4		单位售价	¥7.00			
5		单位边际贡献				
6		盈亏平衡销量				
7						

Sheet1

STEP|02 选择单元格 C5，在编辑栏中输入计算单位边际贡献的公式，按 Enter 键返回计算结果。

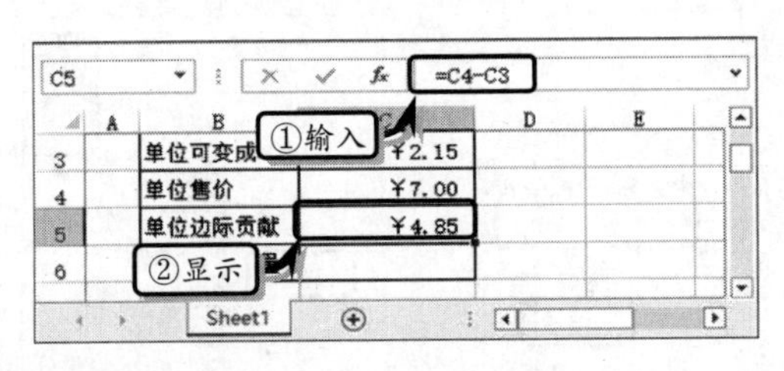

STEP|03 选择单元格 C6，在编辑栏中输入计算盈亏平衡销量的公式，按 Enter 键返回计算结果。

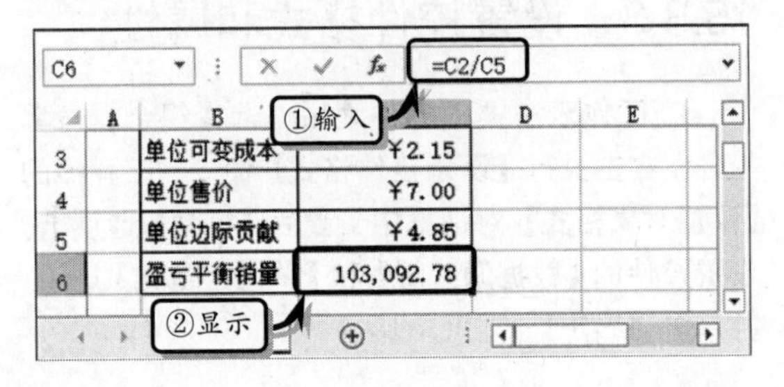

STEP|04 制作模拟运算表。在单元格区域 E2:F18 中制作模拟运算表框架，输入基础数据并设置边框与对齐格式。

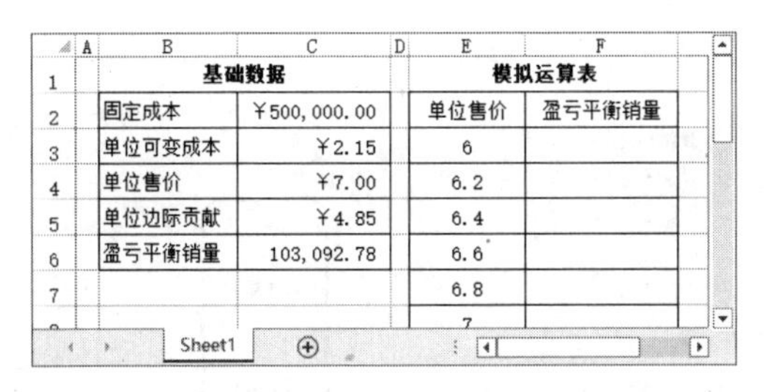

STEP|05 选择单元格 F3，在编辑栏中输入计算盈亏平衡销量的公式，按 Enter 键返回计算结果。

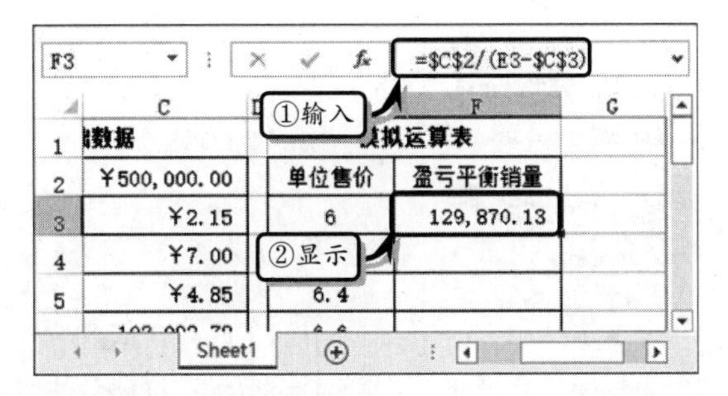

STEP|06 选择单元格区域 E3:F18，执行【数据】|【预测】|【模拟分析】|【模拟运算表】命令，将【输入引用列的单元格】选项设置为【$E$3】。

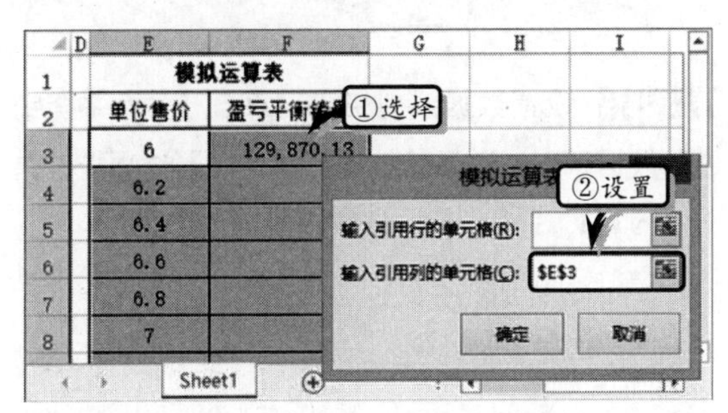

STEP|07 制作辅助列表。制作辅助列表，选择单元格 H3，在编辑栏中输入引用公式，按 Enter 键返回计算结果。

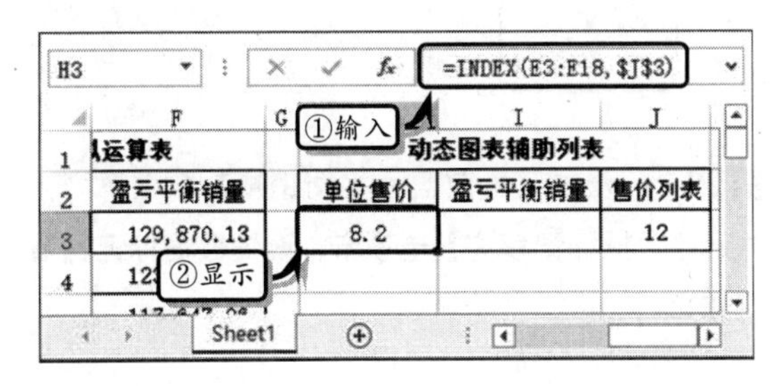

STEP|08 选择单元格 I3，在编辑栏中输入引用盈亏平衡销量的公式，按 Enter 键返回计算结果。

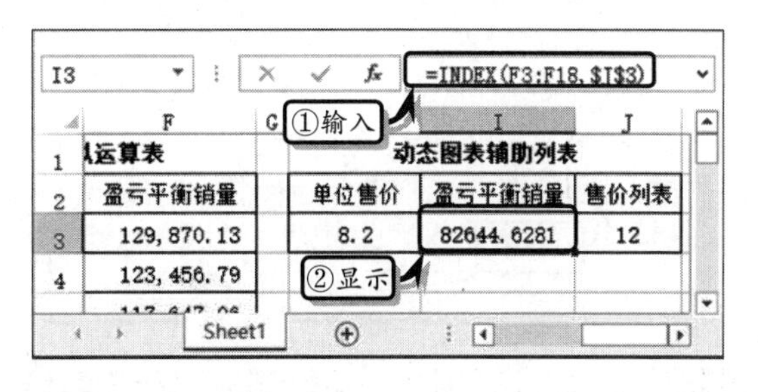

STEP|09 选择单元格 J3，执行【数据】|【数据工具】|【数据有效性】|【数据有效性】命令，设置【允许】与【来源】选项。

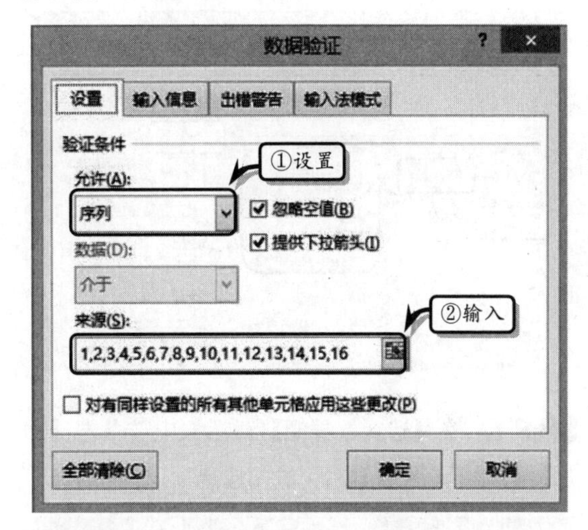

STEP|10 插入图表。同时选择单元格该区域 E3:E18 与 F3:F18，执行【插入】|【散点图（X、Y 或气泡图】|【带平滑线和数据标记的散点图】命令。

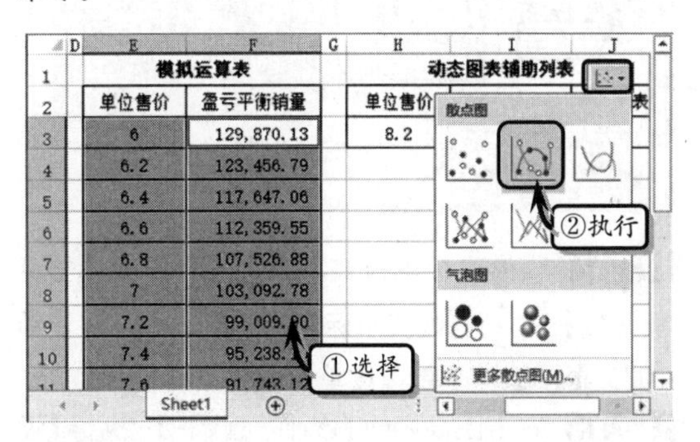

STEP|11 执行【设计】|【图表布局】|【快速布局】|【布局 8】命令，修改图表标题，并修改标题文本。

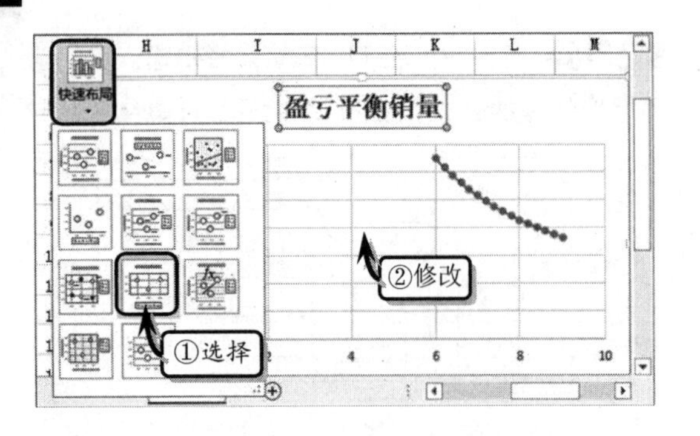

STEP|12 编辑图表数据。选择图表，执行【设计】|【数据】|【选择数据】命令，单击【编辑】按钮，设置【系列名称】选项。

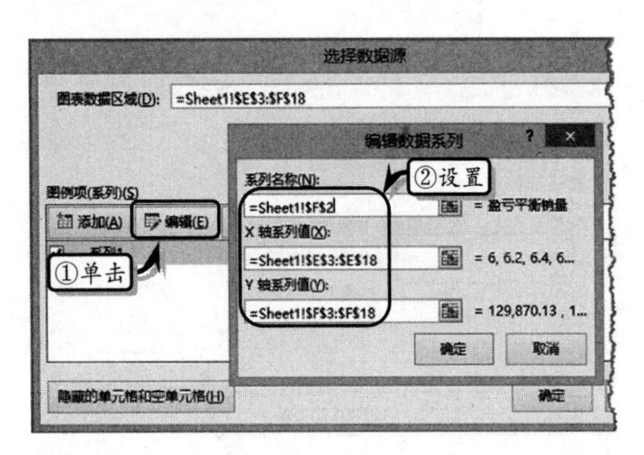

STEP|13 在【选择数据源】对话框中，单击【添加】按钮，设置数据系列的相应选项。

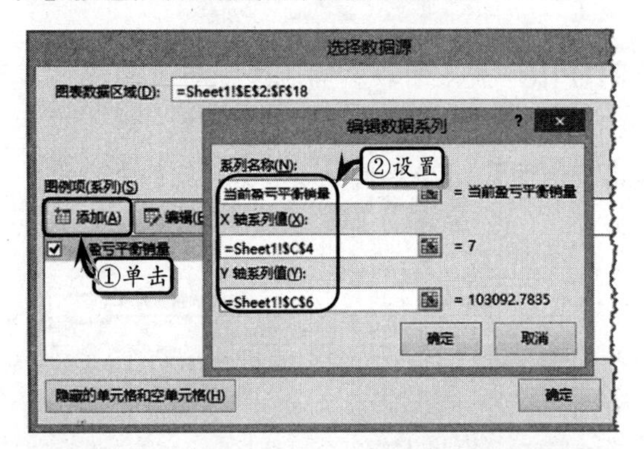

STEP|14 设置坐标轴格式。右击图表中的【垂直（值）轴】，执行【设置坐标轴格式】命令，设置最大值、最小值与主要刻度单位值。

STEP|15 右击图表中的【水平（值）轴】，执行【设置坐标轴格式】命令，设置最大值、最小值与主要刻度单位值。

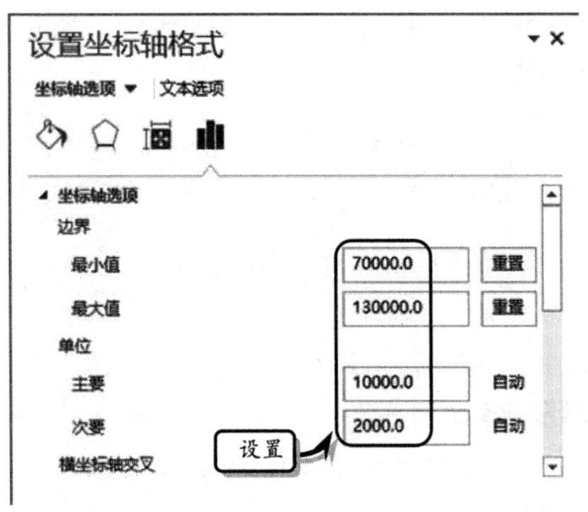

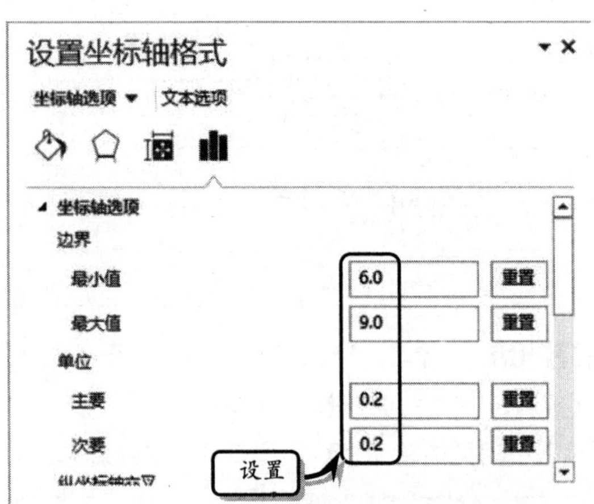

STEP|16 设置数据系列格式。双击【盈亏平衡销量】数据系列，激活【数据标记选项】选项卡，选中【内置】选项，并设置数据系列的类型。

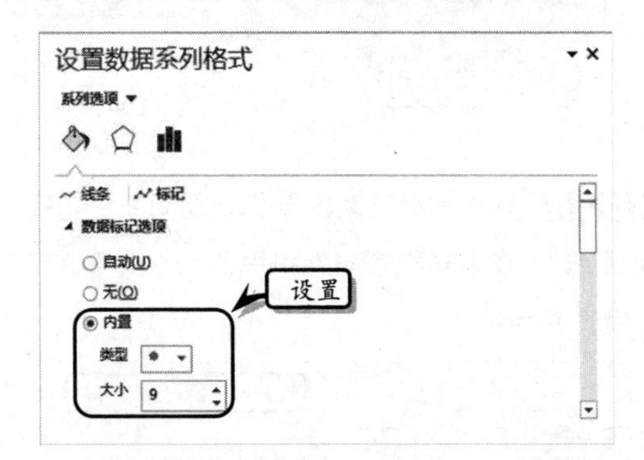

STEP|17 双击【当前盈亏平衡销量】数据系列，激活【数据标记填充】选项卡，设置数据标记的填充颜色。

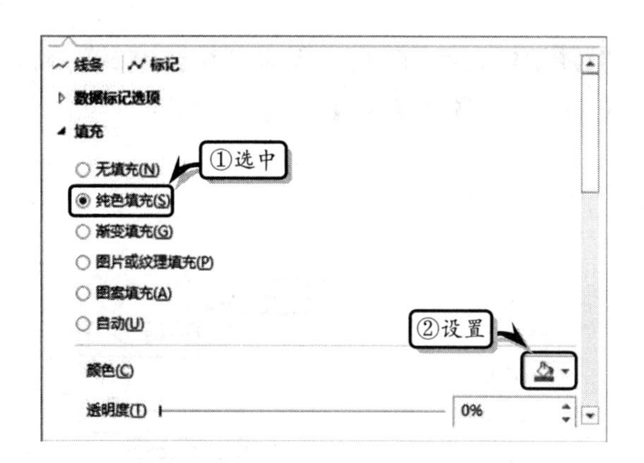

STEP|18 美化图表。选择图表，执行【格式】|【形状样式】|【细微效果-绿色，强调颜色 6】命令，设置图表的样式。

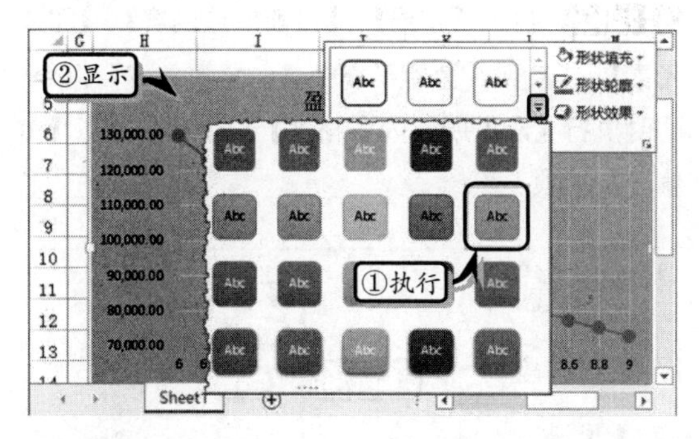

STEP|19 选择绘图区，执行【格式】|【形状样式】|【形状填充】|【白色】命令，设置绘图区的填充颜色。

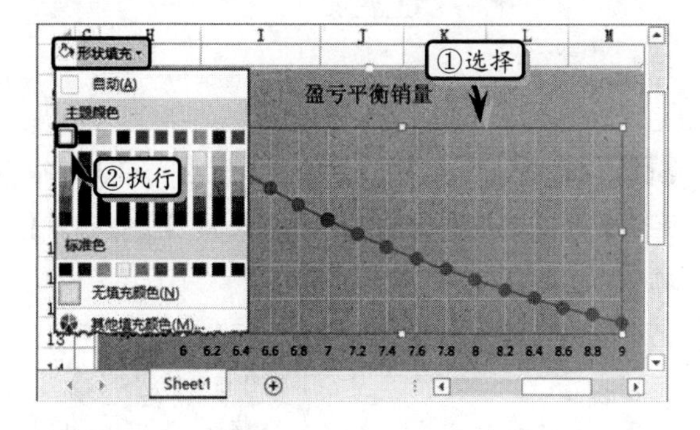

STEP|20 选择图表，执行【格式】|【形状样式】|【形状效果】|【棱台】|【松散嵌入】命令，设置图表的形状效果。

STEP|21 执行【设计】|【图表布局】|【添加图表元素】|【网格线】|【主轴主要水平网格线】命令，隐藏横网格线。使用同样方法，隐藏主要纵网格线。

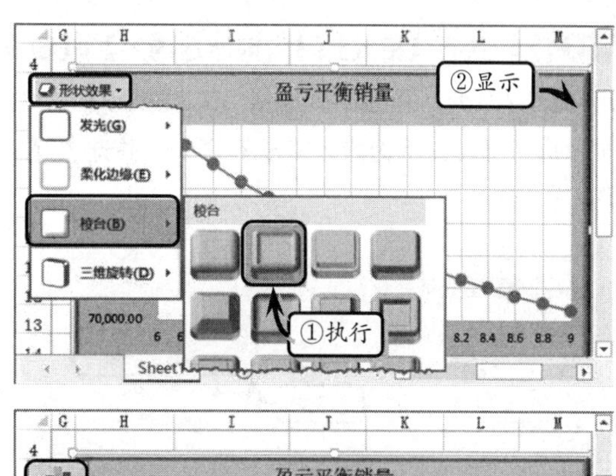

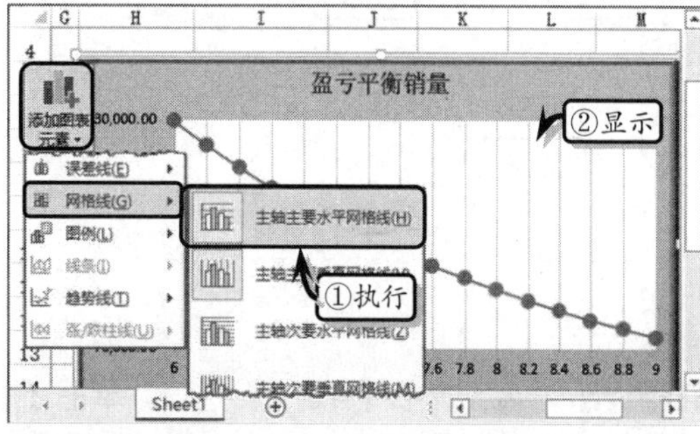

STEP|22 设置图表数据。执行【设计】|【数据】|【选择数据】命令，选择【盈亏平衡销量】选项，单击【编辑】按钮，修改 X 轴与 Y 轴系列值。

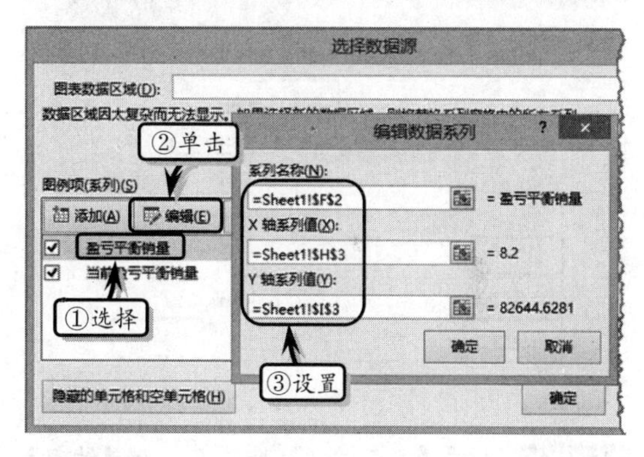

STEP|23 添加分析线。选择图表中的【盈亏平衡销量】数据系列，执行【设计】|【图表布局】|【添加图表元素】|【误差线】|【标准误差】命令。

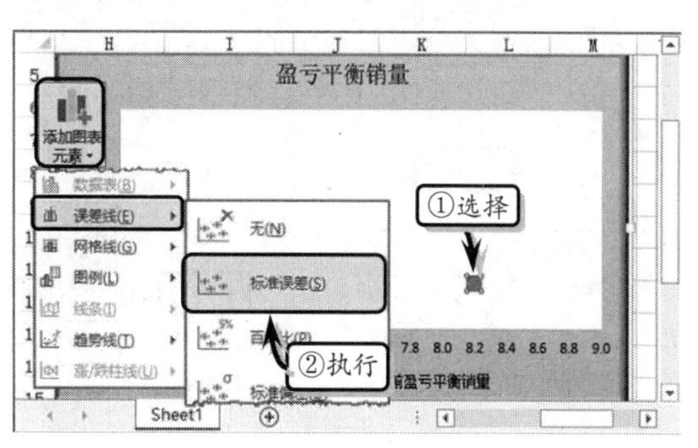

STEP|24 执行【格式】|【当前所选内容】|【图表元素】|【系列“盈亏平衡销量”X 误差线】命令，同时执行【设置所选内容格式】命令，并选中【负偏差】选项。

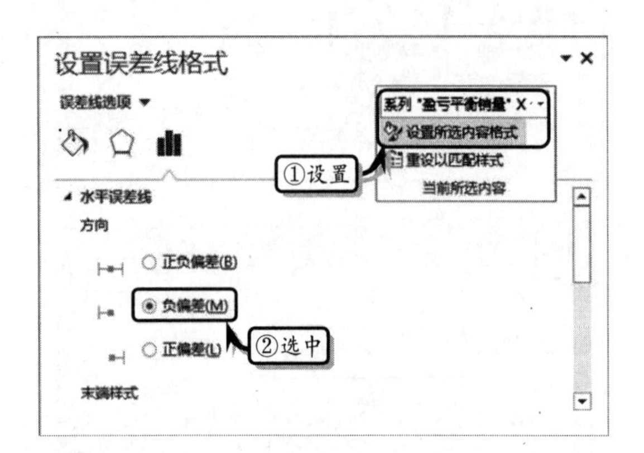

STEP|25 然后，选中【自定义】选项，单击【指定值】按钮，在弹出的对话框中设置【负错误值】选项。

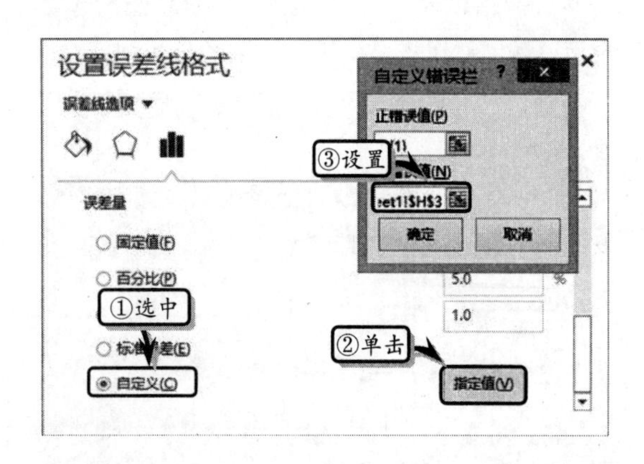

STEP|26 激活【填充线条】选项卡，在【线条】选项组中，选中【实线】选项，并设置线条的颜色。

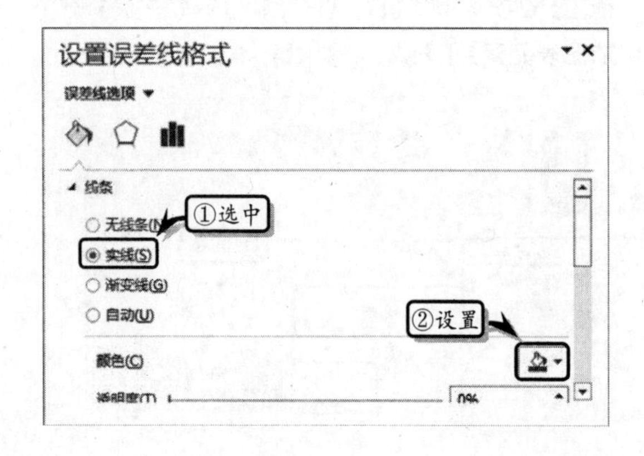

STEP|27 然后，将【宽度】设置为【1.25 磅】，将【短划线类型】设置为【方点】。

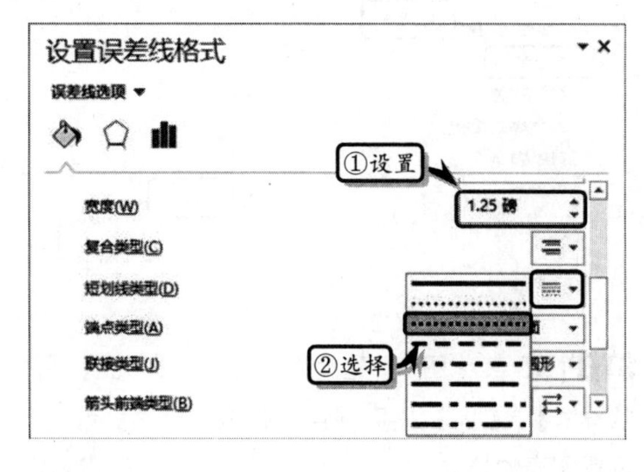

STEP|28 执行【布局】|【当前所选内容】|【图表元素】|【系列“盈亏平衡销量”Y 误差线】命令，同时执行【设置所选内容格式】命令，并选中【负偏差】选项。

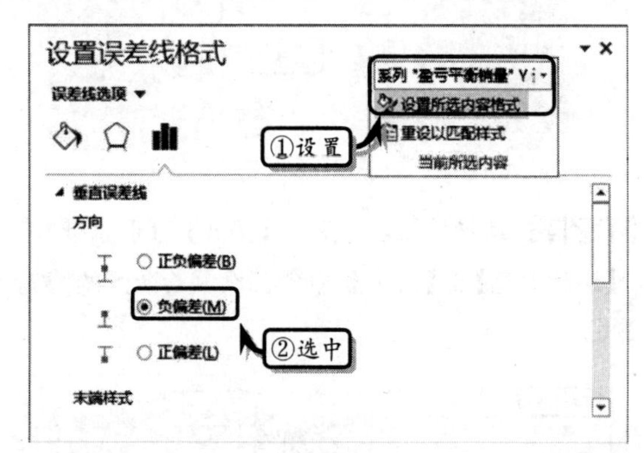

STEP|29 然后，选中【自定义】选项，单击【指定值】按钮，在弹出的对话框中设置【负错误值】选项。

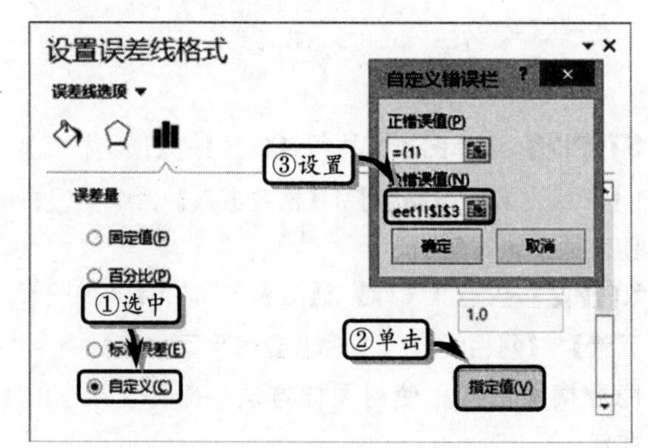

STEP|30 激活【线条颜色】选项卡，选中【实线】选项，并设置线条的颜色。

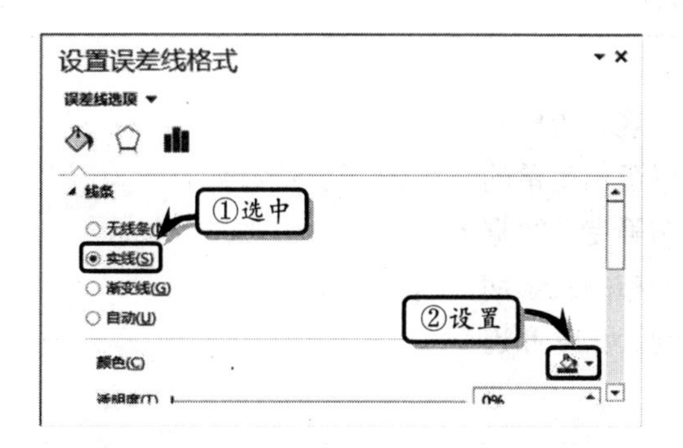

STEP|31 激活【线型】选项卡，分别设置线条的【宽度】与【短划线类型】选项。

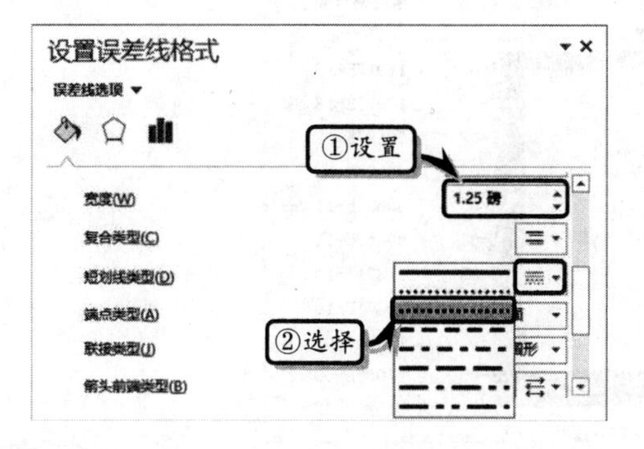

STEP|32 选择【盈亏平衡销量】数据系列，执行【设计】|【图表布局】|【添加图表元素】|【误差线】|【标准误差】命令。

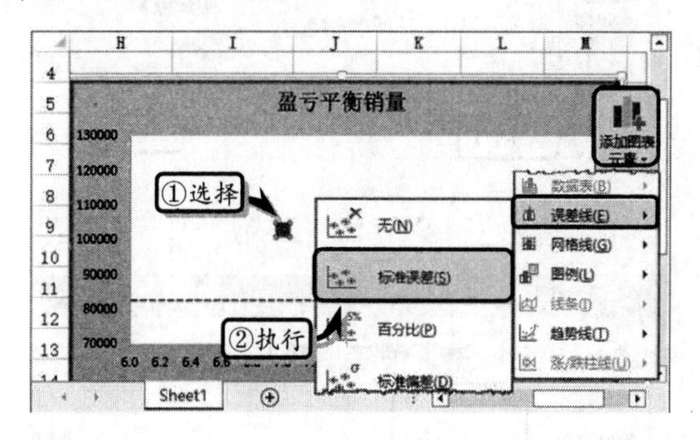

STEP|33 重复步骤（24）~步骤（31）中的方法，为【当前盈亏平衡销量】数据系列添加数据交叉线。

STEP|34 插入控件。执行【开发工具】|【控件】|【插入】|【组合框（窗体控件）】命令，绘制控件。

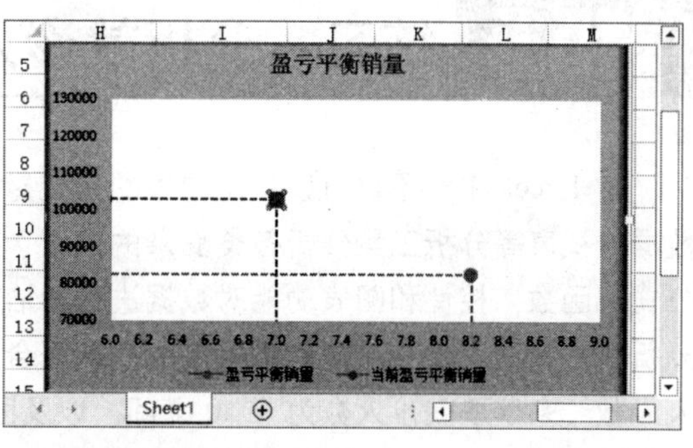

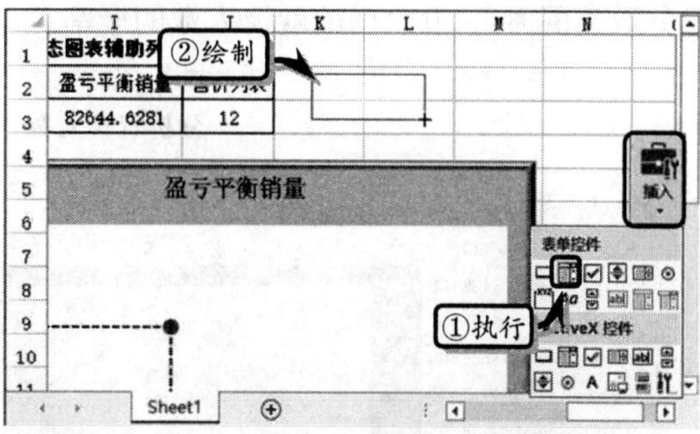

STEP|35 右击控件执行【设置控件格式】命令，激活【控件】选项卡，并设置相应的选项。

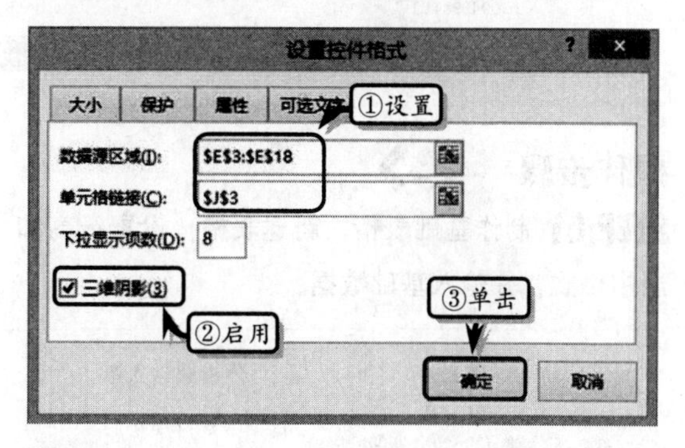

STEP|36 将控件移至图表左上角，设置标题文本格式，调整单元格 J3 中的数值，同时查看图表中数据的变化情况。

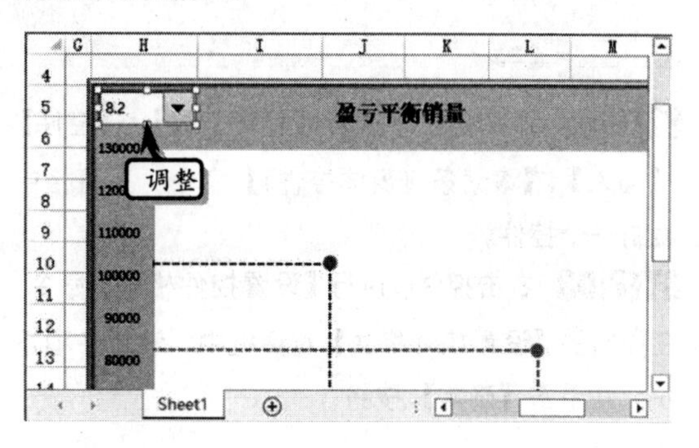

15.5 练习：分析就诊人数

在 Excel 中，不仅可以运用内置的单变量求解、规划求解、数据透视表等分析工具分析各类复杂的数据，还可以运用简单的公式、函数、控件和图表功能对数据进行如泊松分布等专业数据分析。在本练习中，将通过某单位时间内符合泊松分布的就诊病人人数，来获取就诊人数为 1~50 之间，以及固定参数为 20 和连续参数范围为 1~50 之间的就诊人数的概率。

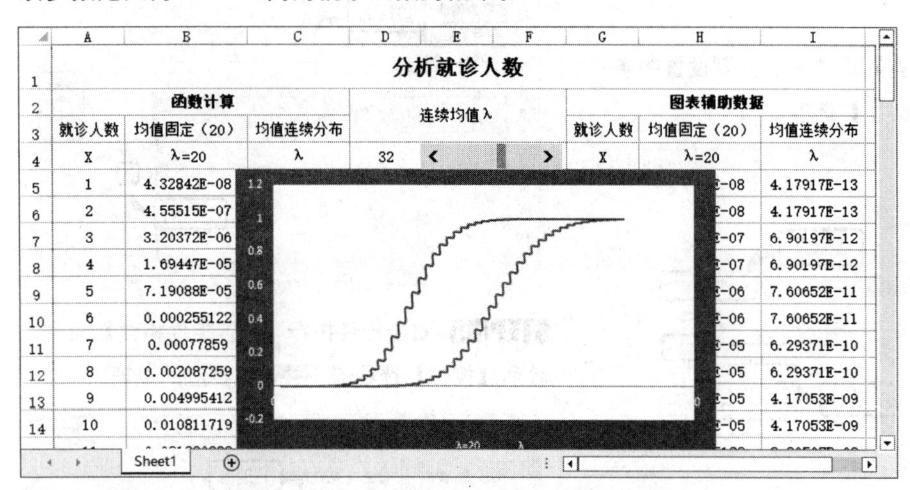

操作步骤

STEP|01 制作基础表格。新建表格，设置行高和居中格式，并输入基础数据。

	A	B	C	D	E	F
1				分析就诊人数		
2	函数计算			连续均值λ		
3	就诊人数	均值固定（20）	均值连续分布			
4	X	λ=20	λ			
5	1					
6	2					
7	3					
8	4					
9	5					

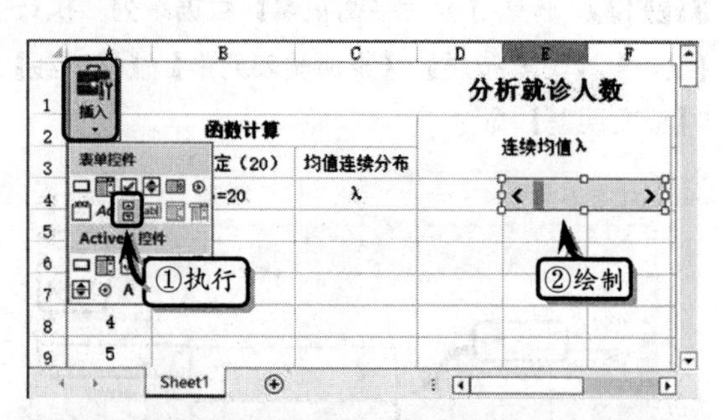

STEP|02 添加控件。执行【开发工具】|【控件】|【插入】|【滚动条（窗体控件）】命令，在表格中绘制一个控件。

STEP|03 右击控件，执行【设置控件格式】命令，在弹出的【设置控件格式】对话框中，设置各项选项，并单击【确定】按钮。

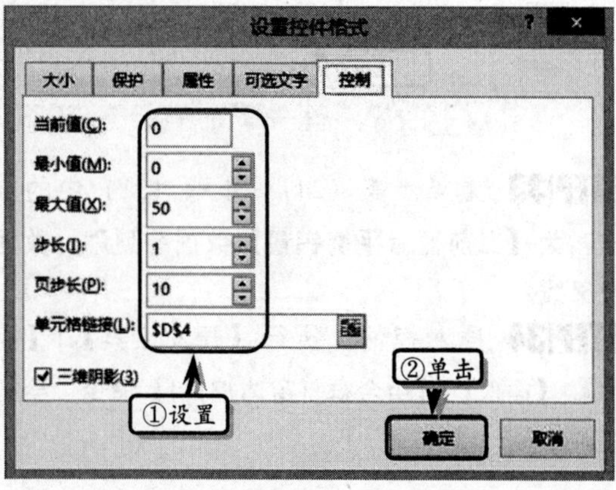

STEP|04 函数计算。选择单元格 B5，在编辑栏中输入计算公式，按 Enter 键返回计算结果。

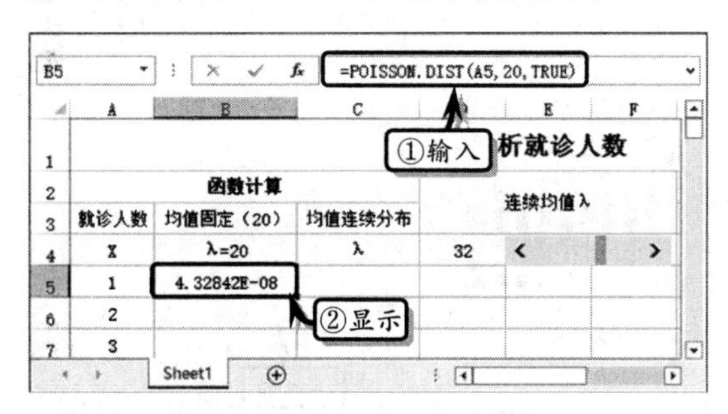

STEP|05 选择单元格 C5，在编辑栏中输入计算公式，按 Enter 键返回计算结果。

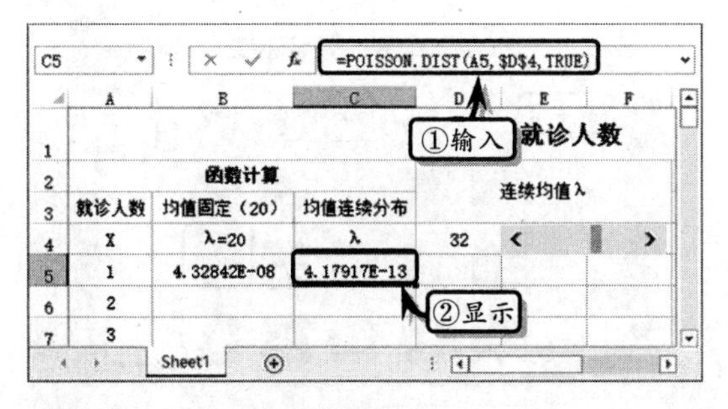

STEP|06 选择单元格区域 B5:C54，执行【开始】|【编辑】|【填充】|【向下】命令，向下填充公式。

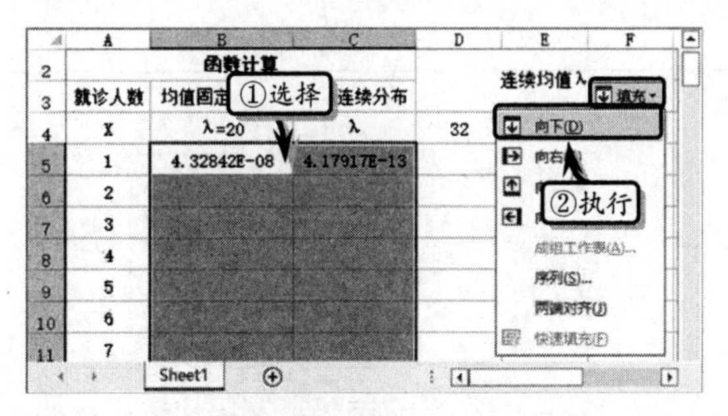

STEP|07 制作图表辅助数据。输入就诊人数，选择单元格 H5，在编辑栏中输入计算公式，按 Enter 键返回计算结果。

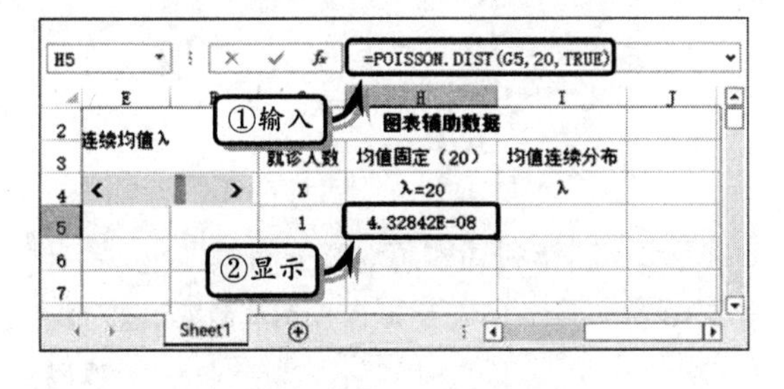

STEP|08 选择单元格 I5，在编辑栏中输入计算公式，按 Enter 键返回计算结果。

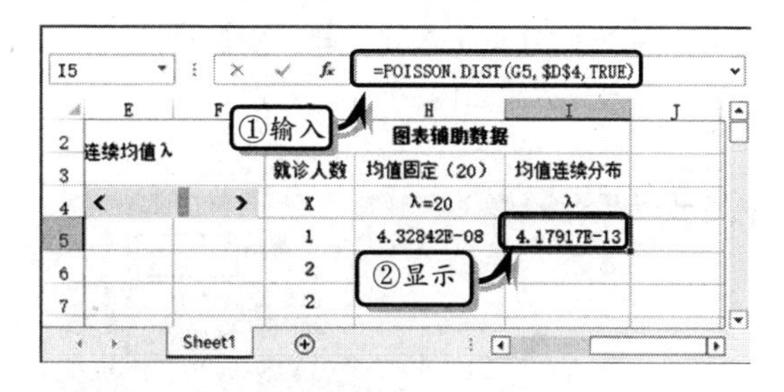

STEP|09 选择单元格 H6，在编辑栏中输入计算公式，按 Enter 键返回计算结果。

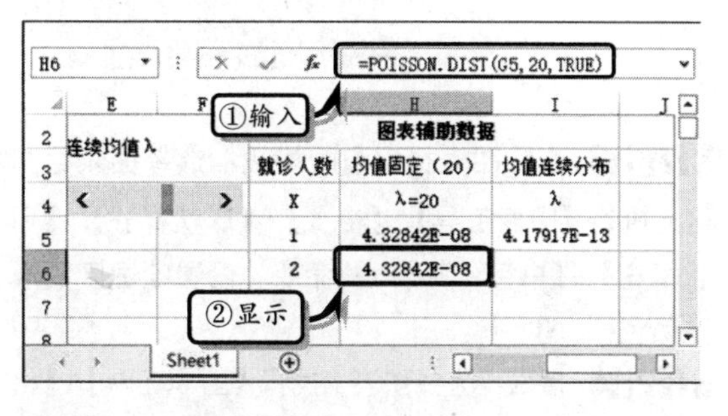

STEP|10 选择单元格 I6，在编辑栏中输入计算公式，按 Enter 键返回计算结果。

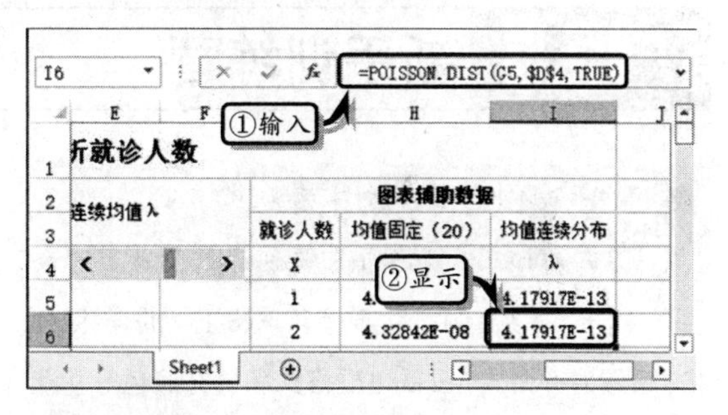

STEP|11 选择单元格区域 H6:I103，执行【开始】|【编辑】|【填充】|【向下】命令，向下填充公式。

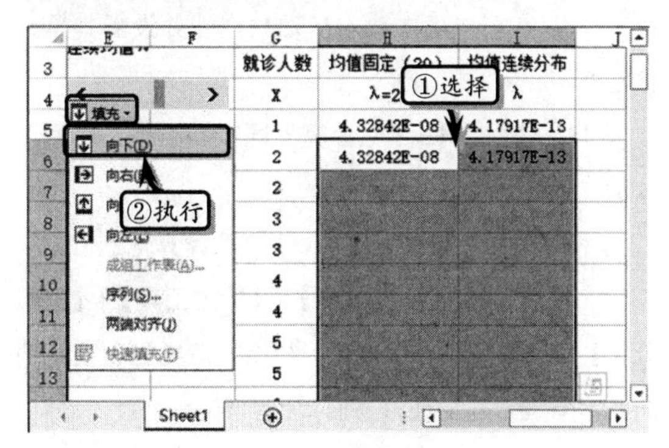

STEP|12 泊松分布曲线图表。选择单元格区域G4:I103，执行【插入】|【图表】|【插入散点图 X、Y 或气泡图】|【带平滑线的散点图】命令，插入累积分布函数的散点图。

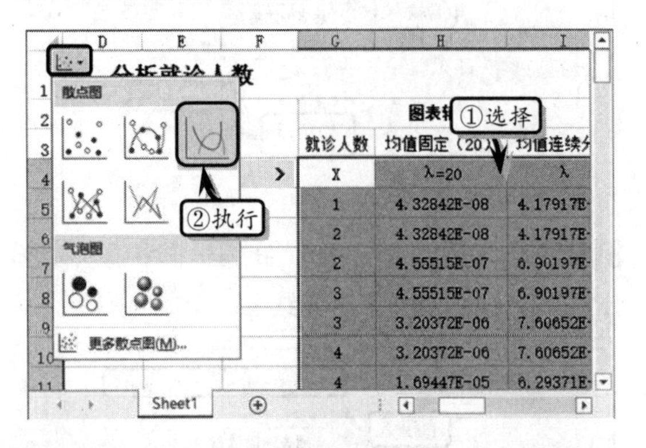

STEP|13 删除图表标题和网格线，选择图表绘图区，执行【图表工具】|【格式】|【形状样式】|【形状填充】|【白色，背景 1】命令，设置绘图区的填充颜色。

STEP|14 然后，选择图表，执行【图表工具】|【格式】|【形状样式】|【其他】|【中等效果，绿色，强调颜色 6】命令，设置图表的形状样式。

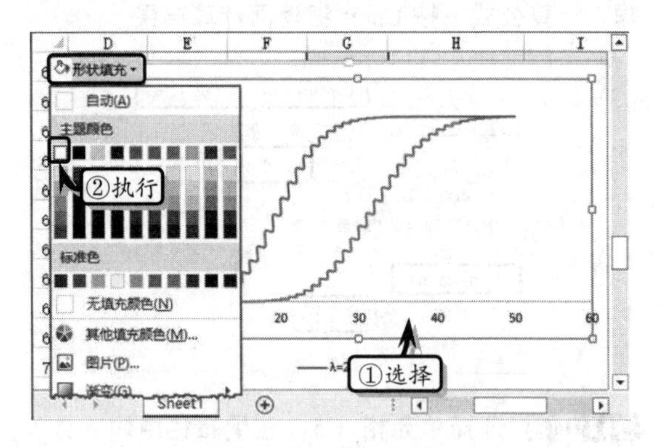

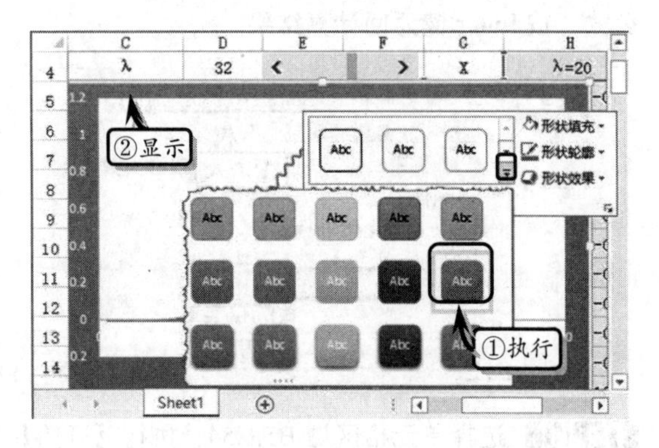

Excel 15.6 新手训练营

练习 1：制作购房贷款方案表

downloads\15\新手训练营\购房贷款方案表

提示：本练习中，主要使用 Excel 中的合并单元格、设置对齐格式、设置边框格式和填充颜色等功能，以及 PMT 函数。

其中，主要制作步骤如下所述。

（1）在工作表中输入基础数据，并设置其单元格格式。

（2）使用 PMT 函数计算不同贷款类型下的月还款额。

（3）然后，使用 LOOKUP 函数计算优选方案。

（4）同时，执行【数据】|【数据工具】|【模拟分析】|【方案管理器】命令，根据贷款类型创建不同的方案管理，并生成方案摘要。

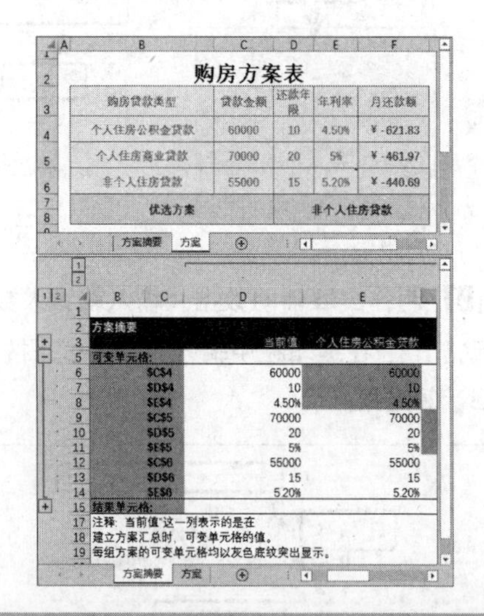

练习 2：制作利润敏感动态分析模型

downloads\15\新手训练营\利润敏感动态分析模型

提示：本练习中，主要使用 Excel 中的合并单元格、设置对齐格式、设置边框格式，以及设置文本方向等常用功能。

利润敏感性动态分析					
基础数据					
项目	变动前数值	变动后数值	变动百分比		动态链接单元格
固定成本	5000	2500	-50.0%		0
单位可变成本	15	7.5	-50.0%		0
单位售价	20	10	-50.0%		0
销量	10000	5000	-50.0%		0
单因素分析					
项目	变动前利润	变动百分比	变动后利润	利润变动额	利润变动幅度
固定成本	45000	-50.0%	47500	2500	5.6%
单位变动成本	45000	-50.0%	120000	75000	166.7%
单位售价	45000	-50.0%	-55000	-100000	-222.2%
销量	45000	-50.0%	20000	-25000	-55.6%
	多因素分析				
	预计利润	变动后利润	利润变动额	利润变动幅度	
	45000	10000	-35000	-77.78%	

其中，主要制作步骤如下所述。

（1）制作表格标题，输入基础数据并设置数据区域的单元格格式。

（2）使用公式计算【基础数据】列表中的变动百分比值。

（3）使用数组公式和普通公式计算单因素分析和多因素分析值。

（4）在单元格中插入【滚动条】控件，并调整控件大小和位置。

（5）右击滚动条，执行【设置控件】格式命令，设置各个控件的格式。

练习 3：制作应收账款图表

downloads\15\新手训练营\应收账款图表

提示：本练习中，主要使用 Excel 中的合并单元格、设置对齐格式、设置边框格式，以及计算公式、插入图表和设置图表格式等功能。

其中，主要制作步骤如下所述。

（1）制作表格标题，输入基础数据并设置数据

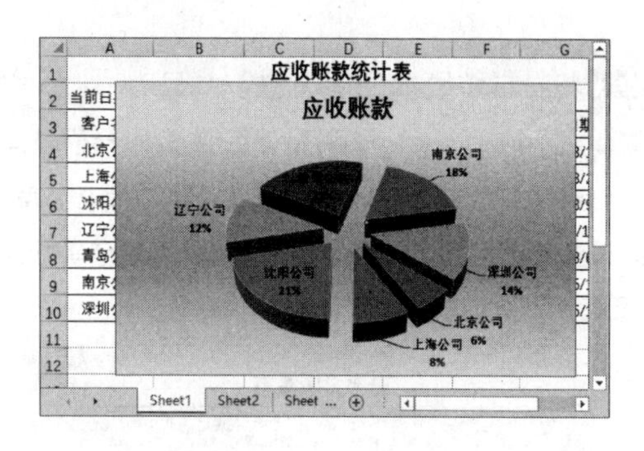

的对齐和边框格式。

（2）使用公式计算结余值，并在表格中插入三维饼图图表。

（3）选择图表区域，设置其渐变填充颜色。

（4）设置数据系列的分离状态，同时设置不同数据系列的填充颜色。

（5）为图表添加数据标签，并设置标签的字体格式。

（6）为图表添加标题文本，并设置文本的字体格式。

练习 4：制作长期借款筹资分析模型

downloads\15\新手训练营\长期借款筹资分析模型

提示：本练习中，主要使用 Excel 中的合并单元格、设置对齐格式、设置边框格式等功能，以及使用 PMT 函数、IF 函数、ROW 函数、PPMT 函数、IPMT 函数和控件等。

其中，主要制作步骤如下所述。

（1）制作表格标题，输入基本信息数据和分析模型数据，并设置单元格区域的对齐、边框和数字格式。

（2）使用 PMT 函数计算【基本信息表】中的分期等额还款金额，并计算借款年利率和还款总期数。

（3）使用 IF 函数和财务等函数计算【分析模型】表格中的各项数值。

（4）最后，在工作表中插入【滚动条】控件，并设置控件格式。

长期借款筹资决策分析							
基本信息表							
借款金额（万）	50		还款总期数	8	借款期限	8	
每年还款期数	1	分期等额还款金额		-￥8	借款年利率	7%	
分析模型							
所得税率		0.45		贴现率		0.12	
期限	等额还款金额	偿还本金	期初尚欠本金	偿还利息	避税额	净现金流量	现值
1	8.37	4.87	50.00	3.50	1.58	6.80	6.07
2	8.37	5.21	45.13	3.16	1.42	6.95	5.54
3	8.37	5.58	39.91	2.79	1.26	7.12	5.07
4	8.37	5.97	34.33	2.40	1.08	7.29	4.63
5	8.37	6.39	28.36	1.99	0.89	7.48	4.24

练习 5：制作量本分析模型

downloads\15\新手训练营\量本分析模型

提示：本练习中，主要使用 Excel 中的合并单元格、设置对齐格式、设置边框格式和填充颜色等功能，以及使用计算公式、INT 函数和控件等。

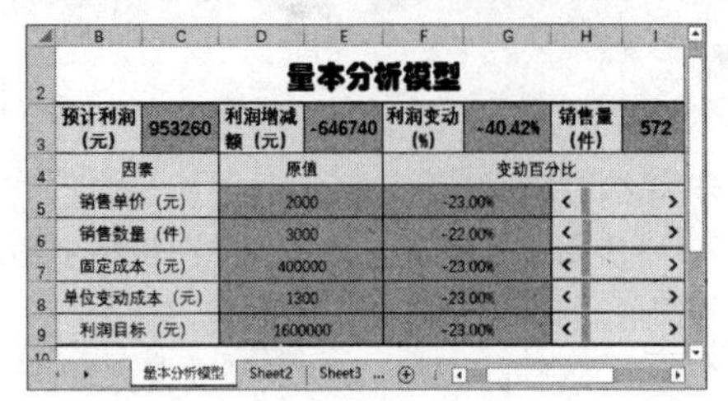

量本分析模型							
预计利润（元）	953260	利润增减额（元）	-646740	利润变动（%）	-40.42%	销售量（件）	572
因素		原值		变动百分比			
销售单价（元）		2000		-23.00%			
销售数量（件）		3000		-22.00%			
固定成本（元）		400000		-23.00%			
单位变动成本（元）		1300		-23.00%			
利润目标（元）		1600000		-23.00%			

其中，主要制作步骤如下所述。

（1）制作表格标题，输入基本信息数据，并设置单元格区域的对齐、边框格式和填充颜色。

（2）使用普通公式计算预计利润、利润增减额、利润变动百分比值以及变动百分比值。

（3）使用 INT 函数计算销售量额。

（4）在工作表中插入 5 个控件，并调整其大小和位置。

（5）右击控件执行【设置控件格式】命令，分别设置每个控件的格式。